PODER E PROGRESSO

Daron Acemoglu
Simon Johnson

Poder e progresso

Uma luta de mil anos entre a tecnologia e a prosperidade

TRADUÇÃO
Cássio de Arantes Leite

Grafia atualizada segundo o Acordo Ortográfico da Língua Portuguesa de 1990, que entrou em vigor no Brasil em 2009.

Título original
Power and Progress: Our Thousand-Year Struggle over Technology and Prosperity

Capa
Pete Garceau

Revisão técnica
Guido Luz Percú

Preparação
Diogo Henriques

Índice remissivo
Luciano Marchiori

Revisão
Jane Pessoa
Luís Eduardo Gonçalves

Dados Internacionais de Catalogação na Publicação (CIP)
(Câmara Brasileira do Livro, SP, Brasil)

Acemoglu, Daron
Poder e progresso : Uma luta de mil anos entre a tecnologia e a prosperidade / Daron Acemoglu, Simon Johnson ; tradução Cássio de Arantes Leite. — 1ª ed. — Rio de Janeiro : Objetiva, 2024.

Título original : Power and Progress : Our Thousand-Year Struggle over Technology and Prosperity.
Bibliografia.
ISBN 978-85-390-0783-7

1. Economia 2. Progresso 3. Tecnologia – Aspectos econômicos 4. Tecnologia – Aspectos sociais I. Johnson, Simon. II. Título.

24-190402 CDD-303.483

Índice para catálogo sistemático:
1. Tecnologia e sociedade : Sociologia 303.483
Eliane de Freitas Leite – Bibliotecária – CRB 8/8415

EDITORA SCHWARCZ S.A.
Praça Floriano, 19, sala 3001 — Cinelândia
20031-050 — Rio de Janeiro — RJ
Telefone: (21) 3993-7510
www.companhiadasletras.com.br
www.blogdacompanhia.com.br
facebook.com/editoraobjetiva
instagram.com/editora_objetiva
twitter.com/edobjetiva

Daron: Para Aras, Arda e Asu, por um futuro melhor
Simon: Para Lucie, Celia e Mary, sempre

Se combinarmos o potencial de nosso maquinário nas fábricas com a valoração dos seres humanos na qual se baseia nosso atual sistema fabril, ficaremos às portas de uma revolução industrial da mais absoluta crueldade. Devemos nos dispor a lidar com os fatos, não com ideologias da moda, se pretendemos atravessar esse período a salvo.

Norbert Wiener, 1949

Sumário

Prólogo

O que é o progresso?

Escutamos diariamente de executivos, jornalistas, políticos e até de alguns colegas no MIT que seguimos de maneira irreversível para um mundo melhor, graças aos avanços sem precedentes da tecnologia. Aí vem mais um celular. Vejam o mais novo carro elétrico. Sejam bem-vindos à última geração das mídias sociais. Em breve, talvez, os avanços científicos serão capazes de solucionar o câncer, o aquecimento global e até a pobreza.

Claro que os problemas permanecem, incluindo a desigualdade, a poluição e o extremismo planeta afora. Mas essas são as dores do crescimento de um mundo melhor. Afinal, dizem, a marcha da tecnologia é inexorável. Não conseguiríamos detê-la nem se quiséssemos, e seria altamente desaconselhável tentá-lo. É mais fácil mudar o ser humano — por exemplo, investindo em habilidades que serão valorizadas no futuro. Se houver problemas crônicos, empreendedores e cientistas talentosos inventarão soluções — robôs mais capazes, inteligência artificial no nível humano, enfim, o que quer que exijam os últimos avanços.

A sociedade compreende que provavelmente nem tudo que foi prometido por Bill Gates, Elon Musk ou Steve Jobs vai acontecer. Mas o mundo como um todo foi influenciado por seu tecno-otimismo. Espera-se que por toda parte as pessoas inovem, descubram o que funciona e deixem para aparar as arestas depois.

Passamos por isso muitas vezes antes. Um exemplo ilustrativo começou em 1791, quando Jeremy Bentham propôs o projeto prisional do panóptico. Em um edifício circular, com luz adequada, argumentava Bentham, guardas postados no centro podiam criar a impressão de vigiar todos ao mesmo tempo sem serem vistos – supostamente, uma maneira muito eficaz (barata) de assegurar o bom comportamento.

A ideia a princípio encontrou alguma aceitação no governo britânico, mas a verba era insuficiente e a versão original jamais foi construída. Ainda assim, o panóptico arrebatou a imaginação moderna. Para o filósofo francês Michel Foucault, ele é um símbolo da vigilância opressiva no coração das sociedades industriais. Em *1984*, de George Orwell, ele opera como o onipresente meio de controle social. Em *Os guardiões da galáxia*, da Marvel, o projeto se revela falho e facilita uma engenhosa fuga da cadeia.

Antes de ser proposto como prisão, o panóptico seria uma fábrica. A ideia original partiu do irmão de Jeremy, Samuel Bentham, um exímio engenheiro naval que na época trabalhava para o príncipe Grigori Potemkin, na Rússia. A ideia de Samuel era possibilitar que poucos supervisores vigiassem o maior número possível de trabalhadores. A contribuição de Jeremy foi estender o princípio a vários outros tipos de organizações. Como ele disse a um amigo, "você ficaria surpreso com a eficácia que esse dispositivo simples e aparentemente óbvio promete trazer para o negócio de escolas, fábricas, prisões e até hospitais".

O apelo do panóptico é muito compreensível – se é você quem está no comando – e não passou despercebido de seus contemporâneos. Uma melhor vigilância levaria a um comportamento mais dócil, e era fácil imaginar como isso seria do interesse da sociedade de maneira geral. Jeremy Bentham era um filantropo, inspirado por projetos para aperfeiçoar a eficiência social e ajudar as pessoas a desfrutar de maior felicidade, ao menos da forma como ele a via. Bentham é considerado hoje o pai da filosofia do utilitarismo, que preconiza maximizar o bem-estar combinado de todos na sociedade. Se alguns tivessem que ser espremidos para um pequeno punhado lucrar um bocado, esse era um aperfeiçoamento digno de consideração.

Mas o panóptico não tinha a ver apenas com a eficiência ou o bem comum. A vigilância nas fábricas significava fazer o operário trabalhar mais duro, sem a necessidade de aumentar seu salário para motivar um maior esforço.

O sistema fabril se disseminou rapidamente pela Grã-Bretanha na metade do século XVIII. Embora ninguém tenha se apressado a construir panópticos, muitos patrões organizaram o trabalho segundo a abordagem geral de Bentham. A manufatura têxtil passou a controlar as atividades previamente realizadas por tecelões habilitados e as subdividiu mais refinadamente, com elementos-chave agora sendo produzidos por novas máquinas. Os proprietários das fábricas empregavam trabalhadores inexperientes, incluindo mulheres e crianças pequenas, para realizar tarefas simples e repetitivas, como girar manivelas, às vezes por até catorze horas diárias. Também supervisionavam atentamente essa força de trabalho de modo a não atrasar a produção. E pagavam baixos salários.

Os trabalhadores se queixavam das condições e do esforço extenuante. O mais revoltante para muitos eram as normas que tinham de seguir na fábrica. Um tecelão afirmou em 1834: "Ninguém apreciaria trabalhar num tear mecânico; os homens não gostam dele, o estardalhaço e o barulho eram tamanhos que alguns quase enlouqueciam; e, além disso, era preciso se sujeitar a uma disciplina simplesmente intolerável para um tecelão manual".

O novo maquinário transformou os trabalhadores em meras engrenagens. Como declarou outro tecelão perante um comitê parlamentar em abril de 1835: "Por mim, se inventarem máquinas capazes de superar o trabalho braçal, que encontrem meninos de metal para manejá-las".

Para Jeremy Bentham, era evidente que os aperfeiçoamentos tecnológicos possibilitavam o melhor funcionamento de escolas, fábricas, prisões e hospitais, e isso seria benéfico para todos. Com seu linguajar floreado, trajes formais e chapéu esquisito, Bentham seria uma figura singular no moderno Vale do Silício, mas seu pensamento permanece incrivelmente em moda. As novas tecnologias, segundo essa visão de mundo, expandem as capacidades humanas e, quando aplicadas à economia como um todo, aumentam enormemente a eficiência e a produtividade. Assim, reza a lógica, a sociedade encontrará mais cedo ou mais tarde uma maneira de partilhar esses ganhos, gerando benefícios para basicamente todo mundo.

Adam Smith, pai fundador da economia moderna no século XVIII, também poderia integrar a diretoria de um fundo de capital de risco ou escrever para a *Forbes*. A seu ver, máquinas melhores levariam quase automaticamente a salários maiores:

Em consequência do melhor maquinário, ou da maior destreza, e de uma divisão e distribuição do trabalho mais adequadas, tudo resultado natural do aperfeiçoamento, uma quantidade muito menor de mão de obra se faz necessária para executar qualquer trabalho particular, e, contudo, como consequência das circunstâncias prósperas da sociedade, o real preço da força de trabalho deve crescer de maneira bastante considerável.

Em todo caso, é inútil resistir. Edmund Burke, contemporâneo de Bentham e Smith, referia-se às leis do comércio como "as leis da natureza e, consequentemente, as leis de Deus".

Como alguém poderia se opor às leis divinas? Como alguém poderia se opor à marcha inexorável da tecnologia? E, seja como for, por que resistir a esses avanços?

A despeito de todo o otimismo, os últimos mil anos de história estão cheios de casos de novas invenções que em nada contribuíram para a prosperidade compartilhada:

- Toda uma série de inovações tecnológicas na agricultura medieval e do início da era moderna — incluindo arados melhores, rotação de culturas mais inteligente, maior uso do cavalo, moinhos aperfeiçoados — não gerou praticamente qualquer benefício para os camponeses, que constituíam quase 90% da população.
- Avanços na construção naval europeia a partir da Idade Média promoveram o comércio transoceânico e geraram imensas fortunas para alguns europeus. Mas esses mesmos navios transportaram milhões de africanos escravizados para o Novo Mundo e possibilitaram a construção de sistemas de opressão que duraram gerações e deixaram legados que perduram até hoje.
- O setor têxtil do início da Revolução Industrial britânica gerou enorme riqueza para alguns, mas manteve a renda do trabalhador estagnada por quase cem anos. Por outro lado, a carga horária aumentou e as condições de vida eram terríveis, tanto nas fábricas como nas cidades abarrotadas.
- O descaroçador de algodão foi uma inovação revolucionária, que elevou imensamente a produtividade do cultivo e transformou os Estados

Unidos no maior exportador mundial da matéria-prima. A invenção, por outro lado, intensificou a selvageria da escravidão, à medida que as fazendas se expandiam pelo Sul americano.

- No fim do século XIX, o químico alemão Fritz Haber desenvolveu fertilizantes artificiais que impulsionaram a produção agrícola. Posteriormente, Haber e outros cientistas usaram as mesmas ideias para projetar armas químicas que mataram e mutilaram centenas de milhares nos campos de batalha da Primeira Guerra Mundial.
- Como discutiremos na segunda metade deste livro, avanços espetaculares na computação enriqueceram um pequeno grupo de empreendedores e magnatas dos negócios ao longo de várias décadas, enquanto a maioria dos americanos sem formação superior ficou para trás, e muitos inclusive viram sua renda declinar.

Alguns leitores talvez objetem neste ponto: mas no fim das contas não tivemos enormes benefícios com a industrialização? Não estamos mais prósperos hoje do que as gerações anteriores — que labutavam por uma miséria e com frequência morriam de fome — graças aos aperfeiçoamentos na produção de bens e serviços?

Sim, estamos muito melhor do que nossos ancestrais. Até mesmo os pobres nas sociedades ocidentais modernas usufruem de um padrão de vida muito mais elevado do que há três séculos, e nossas vidas são muito mais longas e saudáveis, com confortos que as pessoas de um século atrás não poderiam sequer imaginar. Sem dúvida o progresso científico e tecnológico é parte vital dessa história e terá de servir de alicerce para qualquer futuro processo de ganhos compartilhados. Mas a prosperidade ampla do passado não resultou de quaisquer ganhos automáticos, garantidos, do progresso tecnológico. A prosperidade compartilhada na verdade ocorreu apenas quando a direção dos avanços tecnológicos e o modo como a sociedade via a divisão dos ganhos se afastaram dos arranjos que se prestavam primordialmente a uma elite restrita. Somos beneficiários do progresso sobretudo porque nossos predecessores fizeram com que ele funcionasse para mais gente. Como percebeu John Thelwall, escritor e radical do século XVIII, quando os trabalhadores se reuniram nas fábricas e cidades, ficou mais fácil se congregarem em torno de interesses comuns e reivindicar uma participação mais equitativa nos ganhos do crescimento econômico:

> O fato é que o monopólio, e o horrível acúmulo de capital nas mãos de uns poucos, como qualquer doença que não seja absolutamente fatal, comporta, em sua própria enormidade, as sementes da cura. O homem é, por sua própria natureza, social e comunicativo — orgulhoso de exibir o pouco conhecimento que possui e, quando a oportunidade se apresenta, ávido por incrementar suas reservas. Portanto, algo que leve os homens a se reunir, seja lá o que for, embora possa gerar alguns vícios, favorece a difusão do conhecimento e, em última análise, promove a liberdade humana. Por isso toda grande oficina ou manufatura é uma espécie de sociedade política que lei parlamentar alguma pode calar e magistrado algum abolir.

A competição eleitoral, a ascensão dos sindicatos e a legislação para proteger os direitos trabalhistas mudaram a forma como a produção era organizada e os salários determinados na Grã-Bretanha do século XIX. Combinadas à chegada de uma nova onda de inovação vinda dos Estados Unidos, também forjaram uma nova direção para a tecnologia — mais focada em aumentar a produtividade dos trabalhadores do que simplesmente em substituí-los por máquinas ou em inventar novos modos de monitorá-los. Ao longo do século seguinte, essa tecnologia se espalhou pela Europa ocidental e pelo mundo.

A maioria das pessoas no planeta hoje está em melhores condições do que no passado porque cidadãos e trabalhadores nos primórdios das sociedades industriais se organizaram, desafiaram as escolhas da elite dominante acerca da tecnologia e das condições de trabalho e forçaram modos de compartilhar os ganhos advindos dos aperfeiçoamentos técnicos de maneira mais equitativa.

Precisamos fazer o mesmo outra vez.

A boa notícia é que dispomos de ferramentas incríveis, como aparelhos de ressonância magnética, vacinas de mRNA, robôs industriais, internet, enorme poder computacional e quantidades colossais de dados sobre coisas que antes não tínhamos como medir. Podemos usar essas inovações para resolver problemas reais — mas apenas se essas capacidades espantosas estiverem voltadas a ajudar as pessoas. Atualmente, não é nessa direção que rumamos.

A despeito do que a história nos ensina, a narrativa prevalecente retrocedeu a algo incrivelmente próximo do que predominava na Grã-Bretanha de 250 anos atrás. Vivemos numa era ainda mais cegamente otimista e elitista em relação à tecnologia do que nos tempos de Jeremy Bentham, Adam Smith e Edmund Burke. Como mostramos no capítulo 1, os responsáveis pelas grandes decisões estão mais uma vez insensíveis ao sofrimento criado em nome do progresso.

Escrevemos este livro para mostrar que o progresso nunca é automático. O "progresso" atual está mais uma vez enriquecendo um pequeno grupo de empreendedores e investidores, enquanto a maioria das pessoas permanece sem poder e sem benefícios.

Uma visão nova e mais inclusiva da tecnologia só pode emergir se a base do poder social mudar. Para isso, assim como no século XIX, é preciso haver contra-argumentos e organizações capazes de desafiar o pensamento convencional. Confrontar a visão prevalecente e arrancar o leme da tecnologia das mãos de uma reduzida elite talvez seja ainda mais difícil hoje do que na Grã-Bretanha e nos Estados Unidos do século XIX. Mas não é menos essencial.

1. O controle da tecnologia

Na Queda, tal como relatada no livro do Gênesis, o homem conheceu a perda da inocência e o declínio de seu poder sobre a criação. As duas coisas podem ser sanadas até certo ponto, mesmo nesta vida — a primeira, mediante a religião e a fé; a segunda, por meio das artes e das ciências.
Francis Bacon, *Novum Organum*, 1620

Em vez disso, eu via uma autêntica aristocracia, armada com uma ciência aperfeiçoada e trabalhando para levar o sistema industrial de hoje a uma conclusão lógica. Seu triunfo não fora um simples triunfo sobre a natureza, mas um triunfo sobre a natureza e também sobre o próximo.[*]
H. G. Wells, *A máquina do tempo*, 1895

Desde sua primeira versão, em 1927, o Homem do Ano da revista *Time* havia sido quase sempre um único indivíduo, normalmente um líder político de importância mundial ou um capitão da indústria americana. Em 1960, a revista elegeu em vez disso um grupo de pessoas brilhantes: cientistas americanos.

[*] H. G. Wells, *A máquina do tempo*. Trad. de Adriano Scandolara. Rio de Janeiro: Zahar, 2019. (N. T.)

Quinze homens (nenhuma mulher, infelizmente) foram escolhidos por suas notáveis realizações em diversas áreas. Segundo a revista, a ciência e a tecnologia haviam enfim triunfado.

A palavra "tecnologia" vem do grego *tekhne* ("habilidade artesanal") e *logia* ("falar" ou "contar"), implicando o estudo sistemático de uma técnica. Mas tecnologia não é simplesmente a aplicação de novos métodos à produção de bens materiais. Diz respeito, muito mais amplamente, a tudo que fazemos para moldar nosso ambiente e organizar a produção. A tecnologia é o modo como usamos o conhecimento coletivo para aprimorar a alimentação, o conforto e a saúde dos seres humanos, embora com frequência também a usemos para outros propósitos, como a vigilância, a guerra e até o genocídio.

A *Time* homenageou os cientistas em 1960 porque avanços sem precedentes no conhecimento, mediante novas aplicações práticas, haviam transformado por completo a existência humana. O potencial para o progresso parecia ilimitado.

Isso permitiu um ressurgimento triunfal do filósofo inglês Francis Bacon. Em *Novum Organum*, publicado em 1620, ele argumentara que o conhecimento científico possibilitaria nada mais, nada menos, que o controle humano da natureza. Por séculos, as coisas que Bacon escreveu pareceram mera fantasia, conforme o mundo lutava contra desastres naturais, epidemias e pobreza disseminada. Mas, na década de 1960, sua visão ganhou concretude, pois, como escreveram os editores da *Time*, "os 340 anos transcorridos desde o *Novum Organum* testemunharam muito mais avanços científicos do que todos os 5 mil anos precedentes".

Em 1963, o presidente Kennedy afirmou perante a Academia Nacional de Ciências:

> Não consigo pensar em nenhum outro período na longa história do mundo mais excitante e gratificante do que o atual momento da exploração científica. Percebo que a cada porta aberta encontramos outra dezena de portas que nunca sonhamos existir, e assim precisamos continuar avançando.

Para muitos, a abundância agora se entremeava com a própria trama da vida nos Estados Unidos e na Europa ocidental, com grandes expectativas acerca do que viria a seguir tanto nesses lugares como no resto do mundo.

Essa avaliação otimista baseava-se em realizações concretas. A produtividade nos países industriais disparara nas décadas precedentes, de modo que a produção média do trabalhador americano, alemão ou japonês agora era muito superior à de apenas vinte anos antes. Novos bens de consumo, como automóveis, geladeiras, televisores e telefones, tornavam-se cada vez mais acessíveis. Os antibióticos domaram doenças fatais como a tuberculose, a pneumonia e o tifo. Os americanos haviam construído submarinos nucleares e se preparavam para pisar na Lua. Tudo graças a inovações tecnológicas revolucionárias.

Muitos perceberam que tais avanços trariam não só confortos, mas também males. Máquinas que se rebelam contra humanos é um leitmotiv da ficção científica pelo menos desde o *Frankenstein* de Mary Shelley. De forma mais prática, mas não menos deplorável, a poluição e a devastação ambiental ocasionadas pela produção industrial ganharam proeminência cada vez maior, assim como a ameaça nuclear — por sua vez, resultado das assombrosas descobertas na física aplicada. Entretanto, os obstáculos ao conhecimento não eram vistos como intransponíveis por uma geração cada vez mais confiante de que a tecnologia representava a solução de todos os problemas. A humanidade era suficientemente sábia para usar seu conhecimento, e, se havia custos sociais por ser tão inovadora, a solução seria inventar coisas ainda mais úteis.

Havia uma preocupação constante com o "desemprego tecnológico", termo cunhado pelo economista John Maynard Keynes em 1930 para se referir à possibilidade de que novos métodos de produção reduzissem a necessidade de mão de obra humana e contribuíssem para o desemprego em massa. Keynes entendia que as técnicas industriais continuariam a ser rapidamente aprimoradas, mas argumentava também que isso resultaria em "desemprego devido à descoberta de meios para reduzir o uso de mão de obra que superam o ritmo em que somos capazes de encontrar novos usos para ela".

Keynes não foi o primeiro a dar vazão a esses temores. David Ricardo, outro fundador da moderna economia, mostrou-se inicialmente otimista com a tecnologia, defendendo que ela continuaria a elevar o padrão de vida dos trabalhadores, e em 1819 afirmou à Câmara dos Comuns que "o maquinário não diminuiu a demanda por mão de obra". Mas na terceira edição de seu seminal *Princípios de economia política e tributação*, de 1821, Ricardo acrescentou um novo capítulo, "Sobre o maquinário", em que escreveu: "Tenho obrigação ainda maior de declarar o que penso sobre esse assunto porque, a uma nova reflexão, as máquinas passaram por uma mudança considerável". Como ele explicou em uma carta particular nesse mesmo ano, "se o maquinário pudesse realizar todo o trabalho hoje feito pelo trabalhador, não haveria demanda de mão de obra".

Mas as preocupações de Ricardo e Keynes não exerceram grande impacto na opinião vigente. O otimismo na verdade aumentou a partir da década de 1980, depois que o computador pessoal e as ferramentas digitais se dissemina-ram aceleradamente. No fim da década seguinte, as possibilidades de avanços socioeconômicos pareciam ilimitadas. Bill Gates falou em nome de muitos na indústria da tecnologia à época quando afirmou que "as tecnologias [digitais] envolvidas aqui são na verdade um superconjunto de toda a tecnologia das comunicações surgida no passado, como o rádio, o jornal etc. Tudo isso dará lugar a algo muito mais atraente".

As coisas nem sempre saem como o esperado, mas Steve Jobs, cofundador da Apple, captou perfeitamente o espírito do tempo em uma conferência em 2007, com o que veio a se tornar uma frase famosa: "Vamos inventar o amanhã e parar de nos preocupar com o passado".

Na verdade, tanto a avaliação positiva da *Time* como o tecno-otimismo subsequente foram não só exagerados, como deixaram inteiramente de captar o que aconteceu com a maior parte da população nos Estados Unidos após 1980.

Na década de 1960, apenas cerca de 6% dos americanos do sexo masculino entre 25 e 54 anos de idade estavam fora do mercado de trabalho, isto é, ou desempregados há muito tempo ou sem procurar emprego. Hoje, esse número gira em torno de 12%, sobretudo porque homens sem diploma universitário encontram cada vez mais dificuldades para obter trabalhos bem remunerados.

O trabalhador americano, tivesse ou não nível superior, costumava ter acesso a "bons empregos", que, além de pagarem salários decentes, ofereciam estabilidade e oportunidades de carreira. Esse tipo de trabalho praticamente desapareceu para a mão de obra não qualificada. Essas mudanças tumultuaram e prejudicaram as perspectivas econômicas de milhões de americanos.

Ao longo do último meio século, uma mudança ainda maior no mercado de trabalho americano foi observada na estrutura dos salários. Nas décadas que se seguiram à Segunda Guerra Mundial, o crescimento econômico foi rápido e amplamente compartilhado, com trabalhadores das mais variadas formações e capacidades presenciando rápido crescimento na renda real (ajustada pela inflação). Isso acabou. As novas tecnologias digitais estão por toda parte e produziram vastas fortunas para empreendedores, executivos e um punhado de investidores, enquanto o salário real da maioria dos trabalhadores mal se elevou. Pessoas sem formação superior viram a média de seus rendimentos reais declinar a partir de 1980, e até trabalhadores com diploma, mas sem pós-graduação, conheceram ganhos apenas limitados.

As implicações das novas tecnologias para a desigualdade vão muito além desses números. Com o fim dos bons empregos para a maioria e o rápido aumento na renda de um pequeno grupo de pessoas com treinamento em ciências da computação, engenharia e finanças, caminhamos para uma sociedade estratificada em duas camadas, em que a classe trabalhadora e os que controlam os meios econômicos e o reconhecimento social vivem em mundos separados. E o abismo aumenta a cada dia. Esse cenário foi antecipado pelo escritor inglês H. G. Wells em *A máquina do tempo*, uma distopia na qual a tecnologia segregou as pessoas de tal forma que elas evoluem em duas espécies distintas.

Esse não é um problema exclusivo dos Estados Unidos. Graças a uma maior proteção da mão de obra mal remunerada, a negociações coletivas e ao pagamento de salários mínimos decentes, trabalhadores de pouca escolaridade na Escandinávia, na França e no Canadá não enfrentaram tantas perdas salariais quanto seus pares americanos. Mesmo assim, a desigualdade aumentou, e bons empregos para pessoas sem nível superior ficaram escassos também nesses países.

Hoje está claro que as preocupações levantadas por Ricardo e Keynes não podem ser ignoradas. É verdade que não passamos por uma situação catastrófica de desemprego tecnológico, e ao longo das décadas de 1950 e 1960 os trabalhadores se beneficiaram do aumento de produtividade tanto quanto os empreendedores e empresários. Hoje, porém, temos um quadro bem diferente, com a desigualdade cada vez maior e a classe assalariada ficando em boa parte para trás, à medida que os novos avanços se acumulam.

De fato, mil anos de história e evidências contemporâneas deixam uma coisa bem clara: a prosperidade geral trazida pelas novas tecnologias não tem nada de automática. Ela depende de escolhas econômicas, sociais e políticas.

Este livro explora a natureza dessas escolhas, a evidência histórica e contemporânea sobre a relação entre tecnologia, salários e desigualdade, e o que podemos fazer para direcionar as inovações de forma que operem a serviço da prosperidade compartilhada. A fim de preparar o terreno, este capítulo trata de três questões fundamentais:

- O que determina que novas máquinas e técnicas produtivas elevem os salários?
- O que precisamos fazer para redirecionar a tecnologia na construção de um futuro melhor?
- Por que o pensamento corrente entre os empreendedores e visionários da tecnologia está ganhando ímpeto numa direção diferente, mais preocupante, sobretudo devido ao entusiasmo recente com a inteligência artificial?

O TREM DO PROGRESSO

O otimismo em relação aos benefícios compartilhados do progresso tecnológico baseia-se em uma ideia simples e poderosa: "o trem da produtividade". Segundo essa ideia, novas máquinas e métodos que aumentam a produtividade também geram maiores salários. Conforme a tecnologia progride, o trem leva todo mundo a bordo, não só os empreendedores e detentores de capital.

Os economistas perceberam há muito tempo que nem toda demanda por tarefas, e portanto por diferentes tipos de trabalhadores, necessariamente cresce à mesma proporção, de forma que a desigualdade pode aumentar com a inovação. No entanto, a tecnologia é vista de modo geral como o refluxo de maré que faz flutuar todos os barcos, na medida em que promete benefícios a todos. Ela supostamente não deixará ninguém para trás, muito menos na pobreza. Segundo a sabedoria convencional, para corrigir a exacerbação da desigualdade e lançar bases ainda mais sólidas para a prosperidade compartilhada, os trabalhadores devem encontrar um modo de adquirir as novas habilidades necessárias para atuar junto com as novas tecnologias. Como resumiu de forma sucinta um dos mais destacados especialistas em tecnologia, Erik Brynjolfsson: "O que podemos fazer para gerar prosperidade compartilhada? A resposta não está em desacelerar a tecnologia. Em vez de correr contra a máquina, precisamos correr com ela. Esse é nosso maior desafio".

A teoria por trás do trem da produtividade é inequívoca: quando os negócios prosperam, a tendência é expandir a produção. Para isso, as empresas precisam de mais mão de obra, e passam a contratar. E quando muitos negócios tentam fazê-lo ao mesmo tempo, a competição pelos trabalhadores eleva coletivamente os salários.

Mas isso nem sempre é o que acontece. Na primeira metade do século XX, por exemplo, o setor automobilístico era um dos mais dinâmicos da economia norte-americana. À medida que a Ford Motor Company e depois a General Motors introduziam novo maquinário elétrico, construíam fábricas mais eficientes e lançavam modelos de carro melhores, a produtividade disparou, sendo acompanhada pela taxa de emprego. De alguns milhares em 1899, produzindo apenas 2500 automóveis, a quantidade de trabalhadores na indústria saltou para mais de 400 mil na década de 1920. Em 1929, a Ford e a GM vendiam, cada uma, 1,5 milhão de carros por ano. Essa expansão sem precedentes na produção automotiva impulsionou o aumento dos salários por toda a economia, incluindo trabalhadores de pouca instrução formal.

Durante a maior parte do século XX, a produtividade cresceu rapidamente também em outros setores, bem como os salários reais. De modo notável, do fim da Segunda Guerra Mundial até meados dos anos 1970, os salários do trabalhador com nível superior ou apenas ensino médio completo aumentaram aproximadamente à mesma taxa.

Infelizmente, o que ocorreu em seguida não condiz com a ideia de um trem imparável. O modo como os benefícios da produtividade são compartilhados depende das transformações tecnológicas e dos regulamentos, normas e expectativas que determinam como a gerência trata os trabalhadores. Para entender isso melhor, analisemos os dois passos que ligam o aumento da produtividade a salários maiores. Primeiro, o crescimento da produtividade eleva a demanda por trabalhadores, à medida que os negócios tentam incrementar os lucros expandindo a produção e contratando mais gente. Segundo, a maior demanda por trabalhadores aumenta os salários que precisam ser oferecidos para atrair e reter empregados. Acontece que nenhum desses passos está assegurado, como explicaremos nas duas seções a seguir.

A BALADA DA AUTOMAÇÃO

Ao contrário do que reza a crença popular, o incremento produtivo não necessariamente se traduz em maior demanda por mão de obra. A definição padrão de produtividade é a da produtividade média por trabalhador — a produção total dividida pelo número total de empregados. E a esperança é que o seu aumento implique um aumento correspondente na disposição das empresas em empregar os trabalhadores.

Mas o empregador não tem incentivos para contratar com base na produtividade média por trabalhador. O que mais interessa às empresas é a *produtividade marginal* — a contribuição adicional que um trabalhador a mais oferece ao aumentar a produtividade ou servir mais clientes. O conceito de produtividade marginal é diferente do de receita ou produtividade por trabalhador: esta última pode aumentar enquanto a primeira permanece constante ou até diminui.

Para esclarecer a diferença entre produtividade por trabalhador e produtividade marginal, vejamos um vaticínio tantas vezes repetido: "A fábrica do futuro terá apenas dois trabalhadores, um homem e um cão. O homem está ali para alimentar o cão. O cão, para impedir o homem de mexer no equipamento". Essa fábrica de faz de conta rende um bocado, de modo que sua produtividade média — sua produção dividida pelo único funcionário (humano) — é muito alta. No entanto, a produtividade marginal do trabalhador é minúscula; a função do empregado humano é alimentar o cão, e disso se infere que tanto um como outro poderiam ser dispensados sem grande perda de produtividade. Um melhor maquinário poderia aumentar a produtividade por trabalhador, mas é razoável esperar que essa fábrica não tenha pressa em contratar mais trabalhadores e cachorros, tampouco aumentar a remuneração de seu solitário funcionário.

Esse exemplo é extremo, mas representa um elemento importante da realidade. Quando uma companhia automobilística introduz um modelo aperfeiçoado de veículo, como a Ford e a GM fizeram na primeira metade do século XX, isso tende a aumentar a demanda pelos carros da companhia, e tanto as receitas por trabalhador como sua produtividade marginal aumentam. Afinal de contas, a empresa precisa de mais funcionários, como soldadores e pintores, para atender à demanda adicional, e se necessário lhes pagará melhores salários. Por outro lado, vejamos o que acontece quando essa mesma fabricante automotiva instala robôs industriais. Os robôs são capazes de realizar a maior parte das tarefas de solda e pintura, e de forma menos custosa que métodos produtivos envolvendo um grande número de trabalhadores. Como resultado, a produtividade média da companhia aumenta significativamente, mas há menor necessidade de soldadores e pintores humanos.

Esse é um problema geral. Muitas tecnologias novas, como robôs industriais, expandem o conjunto de tarefas realizadas por máquinas e algoritmos, substituindo os trabalhadores que costumavam realizá-las. A automação eleva a produtividade média, mas não eleva — e na verdade pode reduzir — a produtividade marginal do trabalhador.

A automação constituía uma preocupação para Keynes, e não era um fenômeno novo na época em que ele escreveu, no início do século XX. Muitas inovações icônicas da Revolução Industrial britânica na indústria têxtil consistiram em trocar o trabalho de artífices habilitados por novas máquinas de fiação e tecelagem.

O que é verdade para a automação é verdade também para muitos aspectos da globalização. Avanços revolucionários nas ferramentas de comunicação e na logística dos transportes possibilitaram uma onda maciça de terceirização nas últimas décadas, com as tarefas da cadeia produtiva, como a linha de montagem ou o serviço ao consumidor, sendo transferidas para países onde a mão de obra é mais barata. A terceirização reduziu os custos e turbinou os lucros de empresas como a Apple, cujos produtos são feitos de peças fabricadas em diversos países e montados quase inteiramente na Ásia. Mas, nas nações industrializadas, ela também lançou no desemprego trabalhadores que costumavam realizar essas tarefas, e não se viu o menor sinal de um trem poderoso entrando em marcha.

A automação e a terceirização elevaram a produtividade e multiplicaram os lucros corporativos nos Estados Unidos e em outros países desenvolvidos, mas não trouxeram nada que se assemelhasse a uma prosperidade compartilhada. Substituir a mão de obra humana por máquinas e transferir o trabalho humano para países onde o salário é ínfimo não são as únicas opções para melhorar a eficiência econômica. Há inúmeras formas de aumentar a produtividade por trabalhador — e sempre foi assim ao longo da história, como veremos nos capítulos 5 a 9. Algumas inovações, em vez de automatizar ou terceirizar, impulsionam a contribuição individual — por exemplo, novas ferramentas de software que auxiliem os mecânicos de carros em suas tarefas e possibilitem que um serviço de maior precisão incremente a produtividade marginal do trabalhador. Isso é bem diferente de instalar robôs industriais com o objetivo de substituir as pessoas.

Ainda mais importante para elevar a produtividade marginal do trabalhador é a criação de novas tarefas. Houve um bocado de automação na indústria automotiva durante a momentosa reestruturação da indústria empreendida por Henry Ford a partir da década de 1910. Mas os métodos de produção em massa e as linhas de montagem introduziram ao mesmo tempo uma série de novas tarefas em projetos, técnicas, operação de máquinas e serviços administrativos, impulsionando a demanda da indústria por mão de obra (como veremos em detalhes no capítulo 7). Quando novas máquinas criam novos usos para o trabalho humano, isso expande os modos como os trabalhadores podem contribuir para a produção e aumentar sua produtividade marginal.

Novas tarefas foram vitais não apenas no início da indústria automotiva americana como também durante o aumento dos empregos e salários nos dois últimos séculos. Inúmeras ocupações que conheceram rápido crescimento nas últimas décadas — radiologistas especializados em ressonância magnética, engenheiros de rede, operadores de máquinas auxiliadas por computador, programadores de software, profissionais de segurança em TI e analistas de dados — não existiam há oitenta anos. Mesmo pessoas em funções que já existem há um bom tempo, como caixas de banco, professores ou contadores, hoje trabalham numa variedade de tarefas que não existiam antes da Segunda Guerra Mundial, em especial aquelas envolvendo o uso de computadores e modernos dispositivos de comunicação. Em quase todos esses casos, novas tarefas foram introduzidas como resultado de avanços tecnológicos e se constituíram em uma força crucial para o crescimento do emprego. Essas novas tarefas têm sido também parte integrante do aumento de produtividade, pois ajudam no lançamento de novos produtos e numa reestruturação mais eficiente do processo produtivo.

O motivo para os piores temores de Ricardo e Keynes em relação ao desemprego tecnológico não terem se concretizado está intimamente ligado ao surgimento das novas tarefas. A automação foi rápida ao longo de todo o século XX, mas não reduziu a demanda por trabalhadores porque veio acompanhada de outras melhorias e reestruturações que produziram novas atividades e tarefas para os trabalhadores.

A automação em uma indústria também pode impulsionar o emprego — não só em seu setor, mas na economia como um todo — quando reduz os custos ou aumenta a produtividade com suficiente margem. Novas funções, nesse caso, podem surgir de tarefas não automatizadas na mesma indústria ou da expansão de atividades em indústrias relacionadas. Na primeira metade do século XX, o rápido crescimento da indústria automotiva elevou a demanda por uma série de funções técnicas e administrativas não automatizadas. Igualmente importante, o crescimento da produtividade nas fábricas de veículos durante essas décadas proporcionou um impulso fundamental para a expansão das indústrias petrolífera, siderúrgica e química (basta pensar em coisas como gasolina, carroceria de automóveis e pneus). A fabricação automotiva em massa também revolucionou as possibilidades do transporte, ensejando a ascensão de novas atividades de varejo, entretenimento e serviços, sobretudo à medida que a geografia das cidades se transformava.

Haverá pouca geração de novos empregos, porém, se os ganhos de produtividade com a automação forem pequenos — o que chamamos no capítulo 9 de "automação moderada". Por exemplo, quiosques de autoatendimento em supermercados acarretam poucos benefícios à produtividade, pois transferem para os clientes o trabalho de escanear os produtos. Quando eles são introduzidos, empregam-se menos caixas humanos, mas não ocorre um grande incentivo de produtividade para estimular a criação de novos empregos em outra parte. As compras não ficam muito mais baratas, não há expansão na produção alimentícia e a vida do cliente não muda em nada.

A situação é similarmente terrível para os trabalhadores quando as novas tecnologias se concentram na vigilância, como pretendia o panóptico de Jeremy Bentham. O maior monitoramento da mão de obra talvez leve a pequenos incrementos na produtividade, mas sua principal função é extrair mais empenho dos trabalhadores e por vezes achatar sua remuneração, como veremos nos capítulos 9 e 10.

A automação moderada e a vigilância dos funcionários não põem em marcha nenhum trem da produtividade. E mesmo com novas tecnologias que gerem substanciais ganhos produtivos, as rodas do trem giram em falso quando essas tarefas são voltadas predominantemente à automação e o trabalhador fica para trás. A robótica industrial, que já revolucionou a manufatura moderna, traz pouco ou nenhum ganho para a mão de obra quando não vem acompanhada de outras tecnologias que gerem novas tarefas e oportunidades para o trabalhador humano. Em alguns casos, como no coração industrial da economia americana no Meio-Oeste, a rápida adoção de robôs contribuiu em vez disso para demissões em massa e um prolongado declínio regional.

Tudo isso explicita talvez o mais importante sobre a tecnologia: as escolhas. Há com frequência incontáveis maneiras de usar nosso conhecimento coletivo para melhorar a produção e mais ainda para direcionar as inovações. Devemos usar as ferramentas digitais com o intuito de vigiar, implementar automações ou empoderar os trabalhadores, criando novas tarefas produtivas? E onde empreenderemos nossos esforços por futuros avanços?

Quando o trem da produtividade derrapa e não existem mecanismos corretivos automáticos para assegurar os benefícios compartilhados, essas escolhas passam a ser mais importantes — e os que as fazem ficam mais poderosos, tanto do ponto de vista econômico como político.

Em suma, o primeiro passo na cadeia causal do trem da produtividade depende de escolhas específicas: usar tecnologias existentes e desenvolver tecnologias novas para aumentar a produtividade marginal do trabalhador — em vez de simplesmente automatizar o trabalho, tornando humanos redundantes ou intensificando a vigilância.

POR QUE É IMPORTANTE EMPODERAR O TRABALHADOR?

Infelizmente, mesmo um aumento na produtividade marginal é insuficiente para o trem da produtividade impulsionar os salários e o padrão de vida geral. Lembre-se de que o segundo passo na cadeia causal é que um aumento na demanda por trabalhadores induz as empresas a pagarem maiores salários. Isso pode não acontecer por três motivos principais.

O primeiro é uma relação coercitiva entre empregador e empregado. Ao longo de boa parte da história, a maioria dos trabalhadores rurais foi mantida em um regime de servidão de algum tipo. Se um senhor queria extrair mais horas trabalhadas de seus escravizados, não precisava pôr a mão no bolso. Bastava intensificar a coerção para obter maior esforço e produção. Sob tais condições, nem mesmo inovações revolucionárias como o descaroçador de algodão no Sul dos Estados Unidos levaram necessariamente a benefícios compartilhados. Sob condições suficientemente opressivas, mesmo sem considerar a escravidão, a introdução de novas tecnologias pode aumentar a coerção, depauperando ainda mais a mão de obra, seja de escravizados, seja de camponeses, como veremos no capítulo 4.

Em segundo lugar, mesmo sem a coerção explícita, o empregador pode deixar de pagar uma remuneração maior pelo aumento da produtividade se não houver competição. Em muitas sociedades agrícolas primitivas, os camponeses eram legalmente vinculados à terra, de modo que não podiam procurar emprego em outro lugar. Mesmo na Grã-Bretanha do século XVIII, empregados eram proibidos de procurar novos trabalhos, e se tentassem fazê-lo muitas vezes terminavam na cadeia. Quando a alternativa ao emprego é a prisão, dificilmente o empregador oferece uma remuneração generosa.

A história oferece confirmação de sobra. Na Europa medieval, os moinhos de vento, o aprimoramento da rotação de culturas e o uso crescente do cavalo incrementaram a produtividade agrícola. Entretanto, isso se traduziu em pouca ou nenhuma melhora no padrão de vida da maioria dos camponeses. Pelo contrário, a maior parte da produção extra ia para uma reduzida elite, o que ensejou um gigantesco boom na construção, em que catedrais monumentais foram erguidas por toda a Europa. Já no século XVIII, quando o maquinário industrial e as fábricas começaram a se espalhar pela Grã-Bretanha, isso de início não resultou em maiores salários, e em diversos casos piorou o padrão de vida e as condições dos trabalhadores. Ao mesmo tempo, os donos de fábricas acumularam uma riqueza fabulosa.

Por último, e mais importante para o mundo de hoje, os salários eram com frequência negociados, não simplesmente determinados pelas forças impessoais do mercado. Uma corporação moderna muitas vezes consegue obter lucros consideráveis graças a sua posição de mercado ou expertise tecnológica. Quando a Ford Motor Company introduziu pela primeira vez novas técnicas de produção em massa e começou a fabricar carros baratos e de boa qualidade no início do século XX, também se tornou altamente lucrativa. Isso fez de seu fundador, Henry Ford, um dos empreendedores mais ricos de seu tempo. Os economistas chamam esses megalucros de "renda econômica" (ou apenas "renda"), querendo dizer com isso que vão muito além do efetivo retorno de capital normalmente esperado pelos acionistas tendo em vista os riscos de determinado investimento. Com a renda econômica adicionada à mistura, o salário dos trabalhadores é determinado não só pelas forças externas de mercado, mas também pela potencial "divisão de renda econômica" – sua capacidade de negociar parte desses lucros.

Uma fonte de renda econômica é o poder do mercado. Na maioria dos países, a quantidade de equipes esportivas profissionais é limitada, e o ingresso no setor costuma ser restringido pela quantidade de capital exigido. Nas décadas de 1950 e 1960, o beisebol era um negócio lucrativo nos Estados Unidos, mas os jogadores não ganhavam muito, nem mesmo quando a receita das transmissões televisivas entrou na equação. Isso mudou no início da década de 1960, porque os jogadores encontraram maneiras de aumentar seu poder de negociação. Hoje, os donos das equipes de beisebol ainda faturam muito, mas são obrigados a partilhar grande parte de seus lucros com os atletas.

O empregador também pode partilhar sua renda para cultivar a boa vontade e motivar os funcionários a trabalhar com mais afinco, ou porque as normas sociais dominantes o convencem a fazê-lo. Em 5 de janeiro de 1914, Henry Ford introduziu a famosa remuneração mínima de cinco dólares por dia a fim de diminuir o absenteísmo, aumentar a retenção da força de trabalho e supostamente reduzir o risco de greves. Muitos empregadores tentam desde então algo similar, sobretudo quando é difícil contratar e manter pessoal, ou quando motivar os trabalhadores se revela crucial para o sucesso corporativo.

De modo geral, Ricardo e Keynes podem não ter acertado suas previsões em cada detalhe, mas compreenderam que o crescimento de produtividade não levava, necessária e automaticamente, a uma ampla prosperidade compartilhada. Isso só acontece quando novas tecnologias aumentam a produtividade marginal do trabalhador e os ganhos resultantes são compartilhados entre empresas e trabalhadores.

Em um nível ainda mais fundamental, esses resultados dependem de escolhas econômicas, sociais e políticas. Novas técnicas e máquinas não são dádivas caídas do céu. Elas podem se voltar à automação e à vigilância para reduzir os custos trabalhistas. Ou criar novas tarefas e empoderar os trabalhadores. De forma mais ampla, podem gerar prosperidade compartilhada ou desigualdade persistente, dependendo de como são usadas e dos rumos assumidos pelo esforço de inovação mais recente. Em princípio, essas decisões cabem coletivamente à sociedade. Na prática, são tomadas por empreendedores, gestores, visionários e às vezes por líderes políticos, com efeitos determinantes quanto a quem ganha e quem perde com os avanços tecnológicos.

OTIMISMO, COM RESSALVAS

A despeito da explosão de desigualdade, do crescente desemprego e da espera frustrada por um trem da prosperidade que nos socorresse nas últimas décadas, há motivos para ter esperança. Ocorreram tremendos avanços no conhecimento humano e temos margem de sobra para construir uma prosperidade compartilhada com base nesses alicerces científicos, se começarmos a fazer escolhas diferentes quanto à orientação do progresso.

Numa coisa os tecno-otimistas acertaram: as tecnologias digitais revolucionaram o processo científico. Hoje, o conhecimento acumulado da humanidade está ao alcance de todos. Os cientistas dispõem de incríveis instrumentos de medição, como a microscopia atômica, a ressonância magnética e a tomografia cerebral, além de potência computacional para analisar vastas quantidades de dados, de um modo que trinta anos atrás teria parecido impensável.

A investigação científica é cumulativa, e inventores partem do trabalho de outros. Ao contrário do que acontece hoje em dia, o conhecimento no passado costumava se difundir lentamente. No século XVII, estudiosos como Galileu Galilei, Johannes Kepler, Isaac Newton, Gottfried Wilhelm Leibniz e Robert Hooke compartilhavam suas descobertas científicas em cartas que levavam semanas ou até meses para chegar ao destino. O sistema heliocêntrico de Nicolau Copérnico, estabelecendo que a Terra orbitava o Sol, foi desenvolvido durante a primeira década do século XVI. Copérnico escrevera sua teoria em 1514, embora sua obra mais amplamente lida, *Sobre as revoluções das esferas celestes*, tenha sido publicada apenas em 1543. Foi necessário quase um século para que Kepler e Galileu aperfeiçoassem o trabalho de Copérnico, e mais de dois séculos para que suas ideias se tornassem amplamente aceitas.

Hoje, as descobertas científicas viajam à velocidade da luz, em especial quando as necessidades são prementes. O desenvolvimento de vacinas normalmente leva anos, mas, no início de 2020, a Moderna criou uma vacina apenas 42 dias após receber a sequência recém-identificada do vírus da SARS-CoV-2. Todo o processo de desenvolvimento, ensaios clínicos e autorização levou menos de um ano, resultando numa proteção extraordinariamente segura e efetiva para as pessoas contra as doenças graves provocadas pela covid. As barreiras para compartilhar ideias e disseminar o know-how técnico nunca foram tão tênues, e o poder cumulativo da ciência nunca esteve tão forte.

Mas, para desenvolver esses avanços e fazê-los operar em prol de bilhões de pessoas no mundo, é preciso redirecionar a tecnologia. O ponto de partida para isso é confrontar o tecno-otimismo cego de nossa era e desenvolver novas maneiras de usar a ciência e a inovação.

O modo como utilizamos o conhecimento e a ciência depende da visão — de nossa compreensão sobre como transformar o conhecimento em técnicas e métodos voltados a resolver problemas específicos. A visão molda nossas escolhas porque especifica quais são nossas aspirações, o significado de tentar atingi-las, que alternativas levaremos em consideração e quais teremos de ignorar, e como percebemos os custos e benefícios de nossas ações. Em suma, é como imaginamos as tecnologias e suas dádivas, bem como potenciais danos.

A má notícia é que mesmo em tempos de vacas gordas a visão dos poderosos exerce um efeito desproporcional sobre a utilização das ferramentas existentes e a direção da inovação. As consequências da tecnologia estão desse modo alinhadas aos interesses e crenças desses indivíduos, e muitas vezes se revelam custosas para os demais. A boa notícia é que as escolhas e as visões podem mudar.

Uma visão compartilhada entre inovadores é crucial para o acúmulo de conhecimento, mas também para o modo como usamos a tecnologia. Vejamos por exemplo o caso do motor a vapor, que transformou a economia europeia e mundial. As rápidas inovações do início do século XVIII partiam de um entendimento comum do problema a ser solucionado: como realizar trabalho mecânico usando calor. Thomas Newcomen construiu o primeiro motor a vapor de ampla utilização em algum momento de 1712. Meio século depois, James Watt e seu sócio Matthew Boulton aperfeiçoaram o projeto de Newcomen, separando o condensador e produzindo um motor mais eficiente, com sucesso comercial muito maior.

A perspectiva compartilhada se evidencia no que esses inovadores tentavam conseguir: usar o vapor para mover um pistão dentro de um cilindro de modo a gerar trabalho e a seguir aumentar a eficiência desses motores para empregá-los numa série de aplicações diferentes. A visão compartilhada não só possibilitou que eles aprendessem uns com os outros como também garantiu que atacassem o problema de maneiras similares. Eles se concentraram sobretudo no assim chamado motor atmosférico, em que o vapor condensado cria um vácuo dentro do cilindro, permitindo que a pressão atmosférica empurre o pistão. Assim, ao mesmo tempo, eles também ignoraram coletivamente outras possibilidades, como os motores a vapor de alta pressão, originalmente descritos por Jacob Leupold em 1720. Contrariando o consenso científico no século XVII, os motores de alta pressão viraram norma no século XIX.

A antiga visão dos inovadores do motor a vapor também mostra que eles eram altamente motivados e não paravam para refletir sobre o preço pago pelas inovações — o envio de crianças para trabalhos draconianos nas minas de carvão, por exemplo, só se tornou possível com o aperfeiçoamento da drenagem a vapor.

O que é verdade para os motores a vapor é verdade para qualquer tecnologia, cuja concretização depende de uma visão subjacente. Procuramos formas de resolver os problemas com que nos deparamos (eis a visão). Imaginamos que tipo de ferramentas poderiam nos ajudar (também a visão). Dos múltiplos caminhos abertos, focamos um punhado (mais um aspecto da visão). Tentamos então abordagens alternativas, experimentando e inovando com base nesse entendimento. No processo, haverá retrocessos, custos e, quase certamente, consequências imprevistas, incluindo o potencial sofrimento de alguns. Se nos sentimos desencorajados ou decidimos que a coisa certa a fazer é deixar os sonhos de lado, isso constitui outro aspecto da visão.

Mas o que determina qual visão da tecnologia prevalecerá? Ainda que as escolhas sejam sobre a melhor forma de usar nosso conhecimento coletivo, os fatores decisivos não são apenas técnicos ou algo que faça sentido puramente do ponto de vista da engenharia. A escolha nesse contexto é fundamentalmente de poder — o poder de persuadir os outros, como veremos no capítulo 3 —, porque escolhas diferentes beneficiam pessoas diferentes. Aqueles que detêm uma fatia maior de poder têm maior probabilidade de convencer os demais acerca de sua perspectiva, que na maioria das vezes está alinhada a seus interesses. E aqueles que conseguem transformar suas ideias em uma visão compartilhada conquistam tanto mais poder como prestígio social.

Mas não nos deixemos enganar pelas monumentais realizações tecnológicas da humanidade. Visões compartilhadas também podem facilmente nos deixar em apuros. As empresas fazem os investimentos que a gerência considera mais adequados para seu balanço final. Se uma empresa está instalando novos computadores, por exemplo, isso deve significar que as receitas mais elevadas que eles geram compensam os custos. Mas num mundo em que as visões compartilhadas pautam nossas ações, não há garantia de que as coisas corram assim. Se todo mundo se convence de que as tecnologias de inteligência artificial são necessárias, as empresas investirão em IA, mesmo havendo alternativas possivelmente mais benéficas de organizar a produção. De modo similar, se a maioria dos pesquisadores trabalha de determinada forma para promover a IA, os demais podem seguir fielmente — ou mesmo cegamente — seus passos.

Essas questões ganham ainda maior relevância quando lidamos com tecnologias de "propósito geral", como a eletricidade ou os computadores. Esse tipo de tecnologia fornece uma plataforma na qual inúmeras aplicações podem ser construídas e gerar potenciais benefícios — embora às vezes também custos — para muitos setores e grupos. Tais plataformas permitem ainda trajetórias de desenvolvimento vastamente diferentes.

A eletricidade, por exemplo, não era apenas uma fonte de energia barata; também pavimentou o caminho para novos produtos, como rádios, eletroeletrônicos, filmes e televisores. Introduziu um novo maquinário elétrico. Possibilitou uma reestruturação fundamental das fábricas, com iluminação melhor, fontes de energia dedicadas para maquinário individual e a introdução de novas tarefas técnicas e de precisão no processo produtivo. Os avanços fabris baseados na eletricidade aumentaram a demanda não só de matérias-primas e outros insumos industriais, como produtos químicos e combustíveis fósseis, mas também de serviços de varejo e de transporte. Lançaram ainda produtos novos, como novos plásticos, tinturas, metais e veículos, que foram depois usados em outros setores. Mas a eletricidade trouxe também níveis de poluição industrial muito maiores.

Embora tecnologias de propósito geral possam ser desenvolvidas de muitos modos diferentes, assim que uma visão compartilhada se fixa numa direção específica, passa a ser difícil para as pessoas se libertarem de sua influência e explorarem trajetórias alternativas e possivelmente mais benéficas para a sociedade. A maioria dos afetados por tais decisões nunca é consultada. Isso faz com que os rumos do progresso sejam socialmente tendenciosos — a favor dos poderosos tomadores de decisão, com sua visão dominante, e contra aqueles que não têm voz.

Vejamos por exemplo a decisão do Partido Comunista chinês de introduzir um sistema de crédito social que coleta dados de indivíduos, negócios e agências do governo para monitorar sua confiabilidade e obediência. Iniciado em âmbito local em 2009, o sistema pretende criar uma lista nacional de pessoas e empresas indesejáveis por suas declarações ou mensagens nas mídias sociais contra as linhas do partido. Essa decisão, que afeta a vida de 1,4 bilhão de chineses, foi tomada por um punhado de líderes. Ninguém consultou aqueles cuja liberdade de expressão e associação, educação, trabalhos no governo, condições de viajar e até probabilidade de obter serviços e moradia do governo estão agora sendo moldados pelo sistema.

Isso não é exclusivo das ditaduras. Em 2018, o fundador e CEO do Facebook, Mark Zuckerberg, anunciou que o algoritmo da plataforma seria modificado a fim de proporcionar "interações sociais significativas". Isso queria dizer na prática que o algoritmo passaria a priorizar as postagens dos demais usuários, especialmente familiares e amigos, em vez daquelas propagadas por meios de comunicação e marcas estabelecidas. O objetivo da mudança era aumentar o engajamento dos usuários, uma vez que se descobriu que as pessoas tendem a prestar mais atenção e clicar em posts de conhecidos. A principal consequência da mudança foi o aumento da desinformação e da polarização política, uma vez que mentiras e notícias falsas se propagam rapidamente. A mudança não afetou apenas os quase 2,5 bilhões de usuários do Facebook na época; outros bilhões que não utilizavam a plataforma também foram indiretamente afetados pela turbulência política causada com a desinformação resultante. A decisão fora tomada por Zuckerberg; pela diretora de operações da empresa, Sheryl Sandberg; e por alguns outros engenheiros e executivos de primeiro escalão. Os usuários do Facebook e os cidadãos das democracias afetadas não foram consultados.

O que motivou as decisões tanto do Partido Comunista chinês como do Facebook? Em nenhum desses exemplos elas foram ditadas pela natureza da ciência e da tecnologia. Tampouco eram o passo seguinte óbvio em alguma inexorável marcha do progresso. Em ambos os casos podemos perceber o papel nocivo dos interesses — esmagar a oposição ou aumentar a receita com publicidade. Igualmente central foi a visão de liderança dos gestores do Partido Comunista chinês e do Facebook sobre como as comunidades deveriam ser organizadas e quais deveriam ser as prioridades. Mas ainda mais importante foi o modo como eles usaram a tecnologia como estratégia de controle: na China, das opiniões políticas da população; no Facebook, dos dados e atividades sociais dos usuários.

Eis um ponto que H. G. Wells, contando com a vantagem de contemplar 275 anos extras de história humana, foi capaz de captar, e Francis Bacon não: tecnologia tem a ver com controle, não apenas da natureza, mas também, com frequência, do ser humano. Não é que a mudança tecnológica simplesmente beneficie uns mais do que outros. De forma mais fundamental, as diferentes maneiras de organizar a produção enriquecem e empoderam uns e desempoderam outros.

As mesmas considerações são igualmente importantes para a direção da inovação em outros contextos. Os empresários e gestores podem muitas vezes desejar automatizar ou aumentar a vigilância porque isso lhes possibilita fortalecer o controle do processo produtivo, economizar nos salários e enfraquecer o poder de negociação dos trabalhadores. Essa demanda, portanto, se traduz em incentivos para focar a inovação mais na automação e na vigilância, mesmo quando o desenvolvimento de tecnologias mais favoráveis ao trabalhador poderiam aumentar a produção e pavimentar o caminho para a prosperidade compartilhada.

Nesses casos, a sociedade por vezes torna-se presa de visões que favorecem indivíduos poderosos. Essas visões, então, ajudam líderes do mundo dos negócios e da tecnologia a implementar medidas que aumentem sua riqueza, poder político ou status. Essas elites talvez se convençam de que o que é bom para elas é bom para todos. Podem até vir a acreditar que o eventual sofrimento gerado por seu caminho virtuoso é um preço justo a pagar pelo progresso — sobretudo se os que arcam com os custos não têm voz. Assim, quando inspirados por visões egoístas, os líderes negam a existência de caminhos com implicações completamente diferentes, e talvez até fiquem exaltados se alguém lhes aponta alternativas.

As visões nocivas impostas sobre a população sem o seu consentimento são inevitáveis? É impossível contornar o viés social da tecnologia? Estaremos aprisionados em um ciclo constante de visões superconfiantes que moldam nosso futuro e ao mesmo tempo ignoram os danos causados?

A resposta é não. Há motivos para ter esperança, pois a história também nos ensina que uma visão mais inclusiva, abrangendo um conjunto mais amplo de vozes e admitindo as consequências para todos, é igualmente possível. A prosperidade compartilhada é mais provável quando contrapoderes obrigam os empresários e líderes da tecnologia a prestar contas — e impulsionam os métodos produtivos e a inovação numa direção mais favorável ao trabalhador.

Visões inclusivas não evitam as questões mais espinhosas, por exemplo se os benefícios colhidos por uns justificam os custos sofridos por outros. Mas asseguram que as decisões sociais reconheçam plenamente suas consequências sem calar os desfavorecidos.

Enveredar por caminhos egoístas e estreitos ou seguir por uma via mais inclusiva diz respeito a nossas escolhas. Os resultados estão condicionados à existência de contrapoderes e de uma voz ativa entre os excluídos das decisões oficiais. Para não ficarmos enredados na visão das elites, devemos encontrar maneiras de compensar sua influência com fontes de poder alternativas e resistir a seu egocentrismo com uma visão social mais abrangente. Infelizmente, na era da inteligência artificial, isso está cada vez mais difícil.

O FOGO, NOVAMENTE

A vida humana primitiva foi transformada pelo fogo. Em escavações na caverna de Swartkrans, na África do Sul, as camadas mais antigas revelam ossos de hominídeos devorados por criaturas como grandes felinos e ursos. Para esses predadores no topo da cadeia alimentar, os humanos deviam parecer presa fácil. A escuridão das cavernas era um lugar particularmente perigoso, a ser evitado por nossos ancestrais. Então a primeira evidência de fogo é encontrada nesse sítio: uma camada de carvão de cerca de 1 milhão de anos. A partir dessa camada o registro arqueológico se inverte completamente: os ossos passam a ser predominantemente de animais não humanos. O domínio do fogo permitiu que os hominídeos ocupassem as cavernas, virando o jogo do predador e da presa.

Nenhuma outra tecnologia nos últimos 10 mil anos exerceu esse tipo de impacto fundamental em tudo que somos e fazemos. Mas agora há outra candidata, pelo menos segundo seus defensores: a inteligência artificial. Sundar Pichai, CEO da Google, afirma explicitamente que "a IA provavelmente é a coisa mais importante em que a humanidade já trabalhou. Penso nela como algo mais profundo que a eletricidade ou o fogo".

IA é o nome dado ao ramo da ciência da computação que desenvolve máquinas "inteligentes", isto é, máquinas e algoritmos (instruções para resolver problemas) de alto nível de capacidade. As máquinas inteligentes modernas realizam tarefas que muitos julgariam impossível algumas décadas atrás. Os exemplos incluem softwares de reconhecimento facial, ferramentas de busca que adivinham o que você quer encontrar e sistemas de recomendação que unem o usuário aos produtos que ele provavelmente mais apreciará ou, pelo menos, comprará. Muitos sistemas hoje utilizam alguma forma de interface de processamento de linguagem natural entre a fala humana ou questões escritas e computadores. A Siri, da Apple, e o buscador da Google são exemplos de sistemas baseados em IA cotidianamente utilizados no mundo todo.

Os entusiastas da IA também apontam outras realizações impressionantes. Programas de IA podem reconhecer milhares de diferentes objetos e imagens; fornecer tradução básica para mais de cem línguas; ajudar a identificar diferentes tipos de câncer; eventualmente realizar investimentos melhores do que analistas financeiros calejados; auxiliar advogados e assistentes jurídicos a examinar milhares de documentos para encontrar precedentes relevantes para um caso; transformar instruções em língua natural em código de computador; até mesmo compor música que soa estranhamente como Johann Sebastian Bach ou escrever (enfadonhos) artigos de jornal.

Em 2016, a DeepMind, uma empresa de IA, lançou o AlphaGo, que superaria um dos melhores jogadores de go do planeta. O programa de xadrez AlphaZero, capaz de derrotar qualquer mestre enxadrista, veio um ano depois. O programa tem a extraordinária capacidade de aprender sozinho e atingiu um nível sobre-humano com apenas nove horas jogando contra si mesmo.

Animados por esses triunfos, começamos a presumir que a IA afetará todos os aspectos de nossas vidas para melhor. Ela vai tornar a humanidade muito mais próspera, saudável e capaz de conquistar metas louváveis. Segundo o subtítulo de um livro recente sobre o tema, "a inteligência artificial vai transformar tudo". Como afirma Kai-Fu Lee, ex-presidente da Google China, "a IA pode ser a tecnologia mais transformativa da história humana".

Mas e se nessa sopa tiver uma mosca? E se a IA fundamentalmente causar uma disrupção no mercado de trabalho, de onde a maioria extrai seu ganha-pão, multiplicando as desigualdades salariais e trabalhistas? E se o seu principal impacto não for o aumento da produtividade, mas uma redistribuição do poder e da prosperidade que exclua o cidadão comum e contemple apenas aqueles que controlam os dados e tomam as decisões corporativas importantes? E se, percorrendo esse caminho, a IA depauperar bilhões no mundo em desenvolvimento? E se isso reforçar os vieses existentes — por exemplo, baseados na cor da pele? E se destruir as instituições democráticas?

Há evidências crescentes de que todas essas preocupações são válidas. A IA parece fixada numa trajetória que vai agravar as desigualdades, não só nos países industrializados como também por todo o mundo. Alimentada pela coleta maciça de dados realizada por empresas de tecnologia e governos autoritários, ela está sufocando a democracia e fortalecendo os autocratas. Como veremos nos capítulos 9 e 10, a inteligência artificial afeta profundamente a economia, ainda que, pelo andar da carruagem, pouco faça para melhorar nossas capacidades produtivas. Pesadas todas as coisas, o entusiasmo recente com a IA parece uma intensificação do antigo otimismo acerca da tecnologia, a despeito de focar a automação, vigilância e desempoderamento do cidadão comum, aspectos já prevalentes no mundo digital.

Contudo, essas preocupações não são levadas a sério pela maioria dos líderes da tecnologia. Escutamos o tempo todo que a IA trará benefícios. Se ela também gera disrupções, trata-se de um problema de curto prazo, inevitável, mas fácil de corrigir. A solução para as desigualdades produzidas seria mais IA. Demis Hassabis, por exemplo, o cofundador da DeepMind, não apenas acredita que a IA "será a tecnologia mais importante jamais inventada", como também está seguro de que, "ao aprofundar nossa capacidade de perguntar como e por quê, a IA vai ampliar as fronteiras do conhecimento e descortinar novos caminhos de descoberta científica, melhorando a vida de bilhões de pessoas".

Ele não está sozinho. Dezenas e dezenas de especialistas fazem afirmações similares. Como Robin Li, cofundador da ferramenta de busca chinesa Baidu e investidor em várias outras iniciativas importantes de IA: "A revolução inteligente é uma revolução benigna na produção e no estilo de vida e também uma revolução no nosso modo de pensar".

Muitos vão até mais longe. Ray Kurzweil, executivo proeminente, inventor e autor, argumentou com confiança que as tecnologias associadas à IA estão prestes a atingir a "superinteligência", ou "singularidade" — querendo dizer com isso que conseguiremos alcançar prosperidade ilimitada e concretizar nossos objetivos materiais, e talvez alguns imateriais. Ele acredita que os programas de IA ultrapassarão as capacidades humanas a tal ponto que produzirão eles próprios novas capacidades sobre-humanas, ou, ainda mais fantasticamente, que se fundirão aos humanos para criar super-humanos.

A bem da justiça, é preciso dizer que nem todos os líderes da tecnologia estão tão otimistas. Os bilionários Bill Gates e Elon Musk expressaram preocupações com uma superinteligência mal direcionada, ou mesmo malévola, e com as consequências do desenvolvimento descontrolado da IA para o futuro da humanidade. Ainda assim, em uma coisa eles concordam com Hassabis, Li, Kurzweil e muitos outros: a maior parte da tecnologia está destinada a fazer o bem, e podemos e devemos confiar nela, sobretudo na tecnologia digital, para resolver os problemas da humanidade. Segundo Hassabis, "precisamos de uma melhora exponencial no comportamento humano — menos egoísmo, menos visão de curto prazo, mais colaboração, mais generosidade — ou de um aperfeiçoamento exponencial na tecnologia".

Esses visionários não questionam se a mudança tecnológica corresponde sempre a progresso. Consideram perfeitamente natural que a resposta para nossos problemas sociais seja mais tecnologia. Ninguém precisa arrancar os cabelos pelos bilhões de pessoas inicialmente deixadas para trás; em breve elas também se beneficiarão. Devemos prosseguir nossa marcha em nome do progresso. Como diz o cofundador do LinkedIn, Reid Hoffman, "pode acontecer de termos vinte anos ruins? Claro. Mas, se trabalharmos na direção do progresso, nosso futuro será melhor que nosso presente".

Conforme vimos no prólogo, essa fé nos benefícios da tecnologia não é nova. Como Francis Bacon e a história da origem do fogo, tendemos a acreditar que a tecnologia nos capacita a virar o jogo da natureza. Em lugar de frágil presa, graças ao fogo, nos tornamos o predador mais mortífero do planeta. Enxergamos muitas outras tecnologias sob esse mesmo prisma — as distâncias foram conquistadas com os veículos; a escuridão, com a eletricidade; e as doenças, com a medicina.

Contrariamente a todas essas crenças, porém, não devemos presumir que o caminho escolhido beneficiará todo mundo, pois o trem da produtividade com frequência está sem torque e nunca entra em marcha espontaneamente. O que testemunhamos hoje não é o progresso inexorável rumo ao bem comum, mas uma influente visão compartilhada entre os líderes tecnológicos mais poderosos. Essa visão está focada na automação, na vigilância e na coleta de dados em escala maciça, minando a prosperidade compartilhada e debilitando as democracias. Não por coincidência, ela também amplia a riqueza e o poder dessa elite exígua em detrimento do cidadão comum.

Essa dinâmica já produziu uma nova visão oligárquica — uma panelinha de líderes tecnológicos com biografia, visão de mundo, paixões e, infelizmente, pontos cegos semelhantes. Trata-se de uma oligarquia, por ser um pequeno grupo de mentalidade compartilhada que monopoliza o poder social e negligencia suas nocivas consequências para as pessoas sem voz ou poder. A ascendência desse grupo deriva não de tanques e foguetes, mas de seu acesso aos corredores do poder e de sua influência sobre a opinião pública.

A visão oligárquica é muito persuasiva porque conheceu um sucesso comercial brilhante. Também é sustentada por uma narrativa convincente acerca da abundância e do controle sobre a natureza que as novas tecnologias, particularmente as capacidades cada vez mais exponenciais da IA, produzirão. A oligarquia tem carisma, a seu modo nerd. Mais importante ainda, esses oligarcas modernos fascinam os influentes guardiães da opinião: jornalistas, líderes empresariais, políticos, acadêmicos e todo tipo de intelectuais. A visão oligárquica nunca sai de pauta e está sempre diante de um microfone quando argumentos importantes são debatidos.

É crucial refrearmos essa moderna oligarquia, não apenas por estarmos à beira de um precipício. Chegou o momento de agir, porque numa coisa esses líderes estão certos: dispomos de ferramentas incríveis, e as tecnologias digitais podem ampliar o que a humanidade é capaz de fazer. Mas só se pusermos essas ferramentas a serviço das pessoas. E isso não vai acontecer até desafiarmos a visão de mundo predominante entre os atuais chefes da tecnologia global. Essa visão está baseada numa leitura particular — e imprecisa — da história e no que esta implica para o modo como a inovação afeta a humanidade. Comecemos por reavaliar essa interpretação.

PANORAMA GERAL DO RESTO DO LIVRO

Nos demais capítulos, desenvolvemos as ideias introduzidas aqui e reinterpretamos os desdobramentos econômicos e sociais dos últimos mil anos como resultado de uma luta para ditar os rumos da tecnologia e o tipo de progresso — debatendo quem ganhou, quem perdeu e por quê. Como nosso foco está nas tecnologias, a maior parte da discussão gira em torno das regiões onde ocorreram as mudanças tecnológicas mais importantes e consequentes: primeiro, a agricultura na Europa ocidental e na China; depois, a Revolução Industrial na Grã-Bretanha e nos Estados Unidos; e, por fim, as tecnologias digitais nos Estados Unidos e na China. Ao mesmo tempo, enfatizamos o modo como por vezes diferentes escolhas foram feitas em diferentes países, e as implicações das tecnologias nas principais economias do resto do mundo à medida que se espalham pelo planeta, forçosa ou voluntariamente.

O capítulo 2 ("Sonhando com canais") oferece um exemplo histórico de como visões bem-sucedidas podem nos desviar do caminho. O sucesso dos engenheiros franceses na construção do canal de Suez representa um contraste extraordinário com seu espetacular fracasso quando tentaram implantar as mesmas ideias no Panamá. Ferdinand de Lesseps convenceu milhares de investidores e engenheiros do plano impraticável de construir um canal ao nível do mar no país, o que resultou na morte de mais de 20 mil pessoas e na ruína financeira de muitas outras. O episódio serve de advertência para qualquer história da tecnologia: na raiz de grandes desastres com frequência há visões poderosas, que por sua vez se baseiam em sucessos passados.

O capítulo 3 ("Poder de persuasão") destaca o papel fundamental do convencimento no modo como tomamos decisões tecnológicas e sociais importantes. Explicamos como esse poder está enraizado nas instituições políticas e em sua capacidade de determinar as prioridades do momento, e enfatizamos como os contrapoderes e um leque de vozes mais amplo seriam capazes de conter a confiança excessiva e as visões egoístas.

O capítulo 4 ("Cultivando a miséria") aplica as principais ideias de nossa estrutura teórica à evolução das tecnologias agrícolas, do início da agricultura sedentária no Neolítico às principais mudanças na organização da terra e nas técnicas produtivas durante o período medieval e o início da era moderna. Não se vê sinal algum de um trem da produtividade entrando automaticamente em marcha nesses momentos tão importantes. Essas grandes transições agrícolas tenderam a concentrar a riqueza e o poder nas mãos de reduzidas elites, gerando poucos benefícios para o lavrador: os trabalhadores rurais eram destituídos de poder político e social, e a orientação da tecnologia acompanhava as visões de uma elite restrita.

O capítulo 5 ("A revolução dos medianos") traz a reinterpretação de uma das transições econômicas mais importantes da história: a Revolução Industrial. Embora muita coisa tenha sido escrita sobre o período, com frequência se subestima a visão emergente da classe média, dos empreendedores e dos homens de negócios. Suas opiniões e aspirações estavam enraizadas em mudanças institucionais que passaram a empoderar os ingleses "medianos" a partir dos séculos XVI e XVII. Embora a Revolução Industrial tenha sido impulsionada pelas ambições desse novo tipo de classe tentando ascender em riqueza e status, a visão de tais indivíduos estava longe de ser inclusiva. Veremos como surgiram mudanças nos arranjos políticos e econômicos e por que elas foram tão importantes para produzir um novo conceito de domínio sobre a natureza.

O capítulo 6 ("As baixas do progresso") é voltado às consequências dessa nova visão. Nele, explicamos como a primeira fase da Revolução Industrial empobreceu e desempoderou a maioria, e por que isso resultou de um forte viés pela automação e da ausência da voz do trabalhador nas decisões tecnológicas e salariais. Não foi apenas a subsistência econômica que sofreu os efeitos adversos da industrialização, mas também a saúde e a autonomia de grande parte da população. Esse retrato assustador começou a mudar na segunda metade do século XIX, conforme as pessoas comuns se organizavam e exigiam reformas econômicas e políticas. As mudanças sociais alteraram os rumos da tecnologia e elevaram os salários. Mas essa não passou de uma pequena vitória para a prosperidade compartilhada, e as nações ocidentais teriam de percorrer um caminho tecnológico e institucional muito mais longo e contestado para alcançá-la.

O capítulo 7 ("O caminho contestado") analisa como os árduos esforços para orientar a tecnologia e determinar salários, bem como a política de forma mais geral, lançaram os alicerces para o período mais espetacular de crescimento econômico no Ocidente. Durante as três décadas que se seguiram à Segunda Guerra Mundial, os Estados Unidos e outras nações industriais conheceram um rápido crescimento amplamente compartilhado pela maioria dos grupos demográficos. Essas tendências econômicas caminharam de mãos dadas com outros avanços sociais, incluindo melhorias na educação, na saúde pública e na expectativa de vida. Explicamos como e por que a mudança tecnológica não apenas automatizou o trabalho, mas também gerou novas oportunidades para os trabalhadores, e como isso estava embutido em um contexto institucional que fomentou contrapoderes.

O capítulo 8 ("Danos digitais") se debruça sobre a era moderna, começando por como nos desencaminhamos e abandonamos o modelo de prosperidade compartilhada das primeiras décadas do pós-guerra. Central para essa guinada foi o modo como a direção tecnológica se desviou de novas tarefas e oportunidades para os trabalhadores e tendeu à automação do trabalho e ao corte de custos com mão de obra. Esse redirecionamento não foi inevitável, mas antes resultado de uma falta de pressão de trabalhadores, organizações trabalhistas e regulamentação governamental. Essas tendências sociais contribuíram para minar a prosperidade compartilhada.

No capítulo 9 ("Luta artificial"), explicamos como a visão pós-1980 que nos tirou do caminho acabou por definir também a forma como concebemos a fase seguinte das tecnologias digitais, a IA, e como esta exacerbou as tendências de desigualdade econômica. Como também veremos, as tecnologias de IA existentes trazem benefícios apenas limitados para a maioria das tarefas humanas, ao contrário do que afirmam muitos líderes da tecnologia. Além do mais, o uso de IA para monitoramento do local de trabalho não só promove a desigualdade como também desempodera o trabalhador. Pior ainda, na atual conjuntura, a IA ameaça reverter décadas de ganhos econômicos no mundo em desenvolvimento ao exportar globalmente a automação. Nada disso é inevitável. Na verdade, defendemos que a IA, e até mesmo a ênfase na inteligência de máquina, reflete um caminho muito específico para o desenvolvimento das tecnologias digitais, com profundos efeitos distributivos — beneficiando poucos e deixando o restante a ver navios. Mais do que focar a inteligência de máquina, seria mais proveitoso aspirarmos a uma "utilidade de máquina", isto é, uma forma de as máquinas se mostrarem mais úteis para os seres humanos — complementando, por exemplo, as capacidades do trabalhador. Também veremos que, no passado, quando foi tida como meta, a utilidade de máquina levou a algumas das aplicações mais importantes e produtivas das tecnologias digitais, embora hoje ela seja cada vez mais relegada em prol da inteligência de máquina e da automação.

O capítulo 10 ("O colapso democrático") sustenta que os problemas enfrentados pela humanidade podem ser ainda mais graves, pois a coleta maciça de dados usando métodos de IA intensificou a vigilância dos governos e empresas sobre os cidadãos. Ao mesmo tempo, os modelos de negócios baseados em publicidade implementados por IA disseminam a desinformação e acentuam o extremismo. Os atuais rumos da IA são ruins tanto para a economia como para a democracia, e os dois problemas, infelizmente, se autorreforçam.

O capítulo 11 ("Para uma nova orientação tecnológica"), por fim, delineia de que modo podemos reverter essas tendências perniciosas. Ele oferece um modelo para dar outra orientação às transformações tecnológicas mediante a mudança de narrativa, a promoção de contrapoderes e o desenvolvimento de soluções técnicas, regulatórias e programáticas para lidar com aspectos específicos do viés social da tecnologia.

2. Sonhando com canais

Caminhe com cuidado, não desperte a inveja dos venturosos deuses
Furte-se ao Orgulho.
C. S. Lewis, "A Cliché Came Out of Its Cage", 1964

Se o comitê tivesse decidido construir eclusas, eu teria
pegado meu chapéu e voltado para casa.
Ferdinand de Lesseps sobre os planos de construção
do canal do Panamá, 1880

Na sexta-feira, 23 de maio de 1879, Ferdinand de Lesseps se levantou para dirigir a palavra ao Congrès International d'Études du Canal Interocéanique. Delegados do mundo todo haviam afluído a Paris para debater um dos projetos de construção mais ambiciosos da época — ligar os oceanos Atlântico e Pacífico por um canal através da América Central.

No início da conferência, vários dias antes, Lesseps apresentara aos delegados o plano de sua preferência — um canal no nível do mar através do Panamá —, certo de que conseguiria fazer valer sua vontade. Ao que consta, ele concluiu a primeira sessão com um gracejo: "Cavalheiros, vamos apressar esse negócio à americana: queremos ver tudo terminado até terça que vem".

Os representantes americanos não acharam graça. Preferiam um canal pela Nicarágua, que a seu ver traria enormes vantagens econômicas e de engenharia. Assim como os diversos outros especialistas presentes, eles estavam longe de convencidos de que fosse exequível construir um canal no nível do mar em alguma parte da América Central. Muitos protestaram, exigindo um debate mais substancial das alternativas. Mas Lesseps não arredou pé. O canal devia ser construído no Panamá, no nível do mar, sem eclusas.

A visão de Lesseps estava alicerçada em três princípios fortemente arraigados. O primeiro era uma versão oitocentista do tecno-otimismo. O projeto beneficiaria todo mundo, e os canais transoceânicos, uma das aplicações mais importantes dos avanços tecnológicos da época, estimulariam o progresso, reduzindo o tempo necessário para o transporte internacional de mercadorias. Se houvesse obstáculos para construir essa infraestrutura, o socorro viria na forma de tecnologia e ciência. O segundo era a crença nos mercados: até os maiores projetos podiam ser financiados com capital privado, e o retorno beneficiaria investidores e seria mais uma maneira de servir o bem comum. O terceiro era um conjunto de antolhos: o foco de Lesseps estava nas prioridades europeias, e o destino de não europeus pouco importava.

A história de Lesseps é tão relevante em nossa era de tecnologias digitais quanto foi há um século e meio, pois ilustra como visões convincentes são capazes de ganhar força e estender as fronteiras da tecnologia, para o bem ou para o mal.

Lesseps contou com o apoio de instituições francesas e, por vezes, do Estado egípcio. O segredo de sua persuasão estava no magnífico sucesso prévio em Suez, onde ele conseguira convencer investidores franceses e líderes egípcios a aceitar seu plano para um canal, e demonstrara como as novas tecnologias podiam enfrentar o desafio de solucionar problemas espinhosos no decorrer das obras.

Mesmo no auge de seu sucesso, porém, a versão de progresso de Lesseps não se prestava a todos. A mão de obra egípcia coagida a trabalhar no canal de Suez dificilmente estava entre os principais beneficiários de tal feito tecnológico, e a visão de Lesseps parecia indiferente a seu sofrimento.

O projeto do Panamá também ilustra como visões poderosas podem ocasionar fracassos espetaculares, mesmo em seus próprios termos. Presa da confiança e do otimismo, Lesseps se recusou a admitir as dificuldades em volta do projeto mesmo quando se tornaram cristalinamente óbvias para todos. A engenharia francesa conheceu um fracasso humilhante, os investidores perderam fortunas e mais de 20 mil trabalhadores morreram a troco de nada.

"DEVEMOS IR PARA O ORIENTE"

No início de 1798, Napoleão Bonaparte, um general de 28 anos, acabara de derrotar os austríacos na Itália. Agora, estava à procura de sua próxima grande aventura, que de preferência representasse um golpe contra o inimigo público número um da França, o Império Britânico.

Percebendo que as forças navais francesas eram insuficientes para fornecer apoio a uma invasão da Grã-Bretanha, Napoleão propôs sabotar os interesses britânicos no Oriente Médio e abrir novas rotas comerciais com a Ásia. Além do mais, como afirmou a um colega, "devemos ir para o Oriente; as grandes glórias sempre foram conquistadas lá".

O "Oriente" era um palco para o exercício das ambições europeias. A invasão do Egito, no condescendente entender de Napoleão, ajudaria os egípcios a se modernizarem (ou pelo menos era essa a desculpa).

Em julho de 1798, não muito longe das pirâmides, o Exército napoleônico de 25 mil homens enfrentou cerca de 6 mil cavaleiros mamelucos altamente treinados, apoiados por 15 mil soldados de infantaria. Os mamelucos, descendentes de soldados escravizados, vinham governando o Egito como uma aristocracia guerreira desde a Idade Média. Eram famosos pelas ferozes habilidades de combate, e cada cavaleiro era impecavelmente trajado e equipado com uma carabina (arma de cano curto), dois ou três pares de pistolas, lanças diversas e uma cimitarra (espada curta de lâmina curva).

Quando faziam carga, os mamelucos constituíam uma visão impressionante e aterradora. Mas a experiente infantaria de Napoleão, organizada em quadrados e apoiada por canhões móveis, rechaçou o ataque com facilidade e saiu vitoriosa. Os mamelucos perderam milhares de homens, enquanto as baixas francesas foram de apenas 29 mortos e 260 feridos. A capital, Cairo, caiu rapidamente.

Napoleão levava novas ideias ao país, quer os egípcios gostassem ou não. Sua expedição incluía 167 cientistas e estudiosos com a missão de compreender uma das civilizações mais antigas do mundo. A obra conjunta que produziram,

Description de l'Égypte, em 23 volumes, foi publicada entre 1809 e 1829 e fundou o estudo moderno da egiptologia, intensificando o fascínio europeu pela região.

Entre as atribuições conferidas pelo governo francês a Napoleão estava a de explorar a possibilidade de um canal ligando o mar Vermelho ao Mediterrâneo:

> O general em chefe do Exército do Oriente deve invadir o Egito; expulsar os ingleses de todas as suas possessões no Oriente; e destruir todos os seus povoamentos no mar Vermelho. A seguir, bloquear o istmo de Suez e tomar as medidas necessárias para assegurar a livre e exclusiva possessão do mar Vermelho para a República Francesa.

Após vagar no deserto por algum tempo, Napoleão supostamente se deparou com uma longa rota em desuso, ligada a antigas margens de canais. Os especialistas franceses se incumbiram de fazer um levantamento topográfico do que restara dos canais, que ao que parece haviam operado de forma intermitente por milênios, embora não nos últimos seiscentos anos. Os fatos geográficos básicos não tardaram a ser estabelecidos: o mar Vermelho e o Mediterrâneo eram separados por um istmo com pouco mais de 150 quilômetros.

A rota histórica havia sido indireta, via rio Nilo, e se valera de pequenos canais: do norte de Suez ao mar Vermelho e aos lagos Amargos, situados no meio do istmo, e depois para oeste, até o Nilo. Uma rota direta norte-sul jamais fora tentada. Mas a guerra europeia e a busca pela glória se interpuseram, e o projeto do canal permaneceu engavetado por uma geração.

UTOPIA CAPITALISTA

Para compreender a visão de Lesseps, debrucemo-nos antes sobre as ideias de outro reformador social francês, Henri de Saint-Simon, e seus pitorescos seguidores. Saint-Simon era um escritor aristocrata para quem o progresso humano era impulsionado pela inovação científica e pela aplicação de novas ideias à indústria. Mas ele achava também que uma liderança correta era crucial para esse progresso: "Qualquer povo esclarecido adotará a visão de que homens de gênio devem gozar da mais elevada posição social".

O poder deveria estar nas mãos dos que trabalhavam para viver, e particularmente dos "homens de gênio", e não daqueles a quem Saint-Simon chamava de "indolentes", que incluíam sua própria família aristocrática. Uma meritocracia naturalmente facilitaria o desenvolvimento industrial e tecnológico, partilhando de maneira ampla a prosperidade resultante não só na França, como também no mundo todo. Embora tido por alguns como um socialista primitivo, Saint-Simon acreditava piamente na propriedade privada e na importância da livre-iniciativa.

Saint-Simon foi amplamente ignorado em vida, mas, pouco tempo após sua morte, em 1825, suas ideias ganharam força, em parte graças ao eficiente proselitismo de Barthélemy-Prosper Enfantin. Enfantin, ex-aluno da elitista École Polytechnique, atraiu muitos jovens engenheiros para sua órbita. Esse grupo elevou a fé de Saint-Simon na indústria e na tecnologia a um credo quase religioso.

Canais e, mais tarde, ferrovias foram as principais áreas de aplicação dessas ideias. No entender de Enfantin, investimentos como esses tinham de ser organizados por empreendedores e financiados por capital privado. O governo deveria se limitar a fornecer a "concessão", garantindo os direitos necessários para construir e operar determinadas infraestruturas por um período de tempo, de modo a gerar um retorno atraente para os investidores.

Os europeus se interessaram por canais muito antes de Saint-Simon e Enfantin. Entre as realizações de engenharia mais famosas do Antigo Regime na França estava o canal do Midi. Esse curso de 240 quilômetros, inaugurado em 1681, atravessava uma elevação de cerca de 190 metros acima do nível do mar e ligava a cidade de Toulouse ao Mediterrâneo. Ele proporcionou a primeira hidrovia direta entre os oceanos Atlântico e Mediterrâneo e reduziu significativamente o tempo de viagem para os navegadores.

Na segunda metade do século XVIII, a industrialização britânica inicial foi estimulada por uma "revolução no transporte", com dezenas e dezenas de novos canais ligando os rios ingleses ao oceano. O transporte hidroviário era importante também na América do Norte, sendo exemplificado no sucesso do famoso canal do Erie, inaugurado em 1825.

Na década de 1830, Enfantin acreditava que um canal em Suez era o tipo de infraestrutura capaz de gerar prosperidade global compartilhada. Segundo ele, não apenas a França e a Grã-Bretanha se beneficiariam da construção, mas também o Egito e a Índia. Salientando tanto o misticismo religioso da filosofia de seu grupo como seu orientalismo, Enfantin afirmava ainda que o Ocidente (Europa) era masculino e o Oriente (Índia e outras partes), feminino, de modo que o canal iria na verdade unir o mundo numa espécie de matrimônio global mutuamente benéfico!

Após a retirada francesa do Egito, em 1801, o Império Otomano enviou um general, Mohammed Ali, para reafirmar seu controle. Em 1805, ele se tornou oficialmente vice-rei, e ao longo dos seis anos seguintes houve um tenso confronto entre suas forças e a aristocracia mameluca.

Em 1º de março de 1811, Ali convidou a elite mameluca para uma recepção na cidadela do Cairo. A atmosfera era cordial e a comida, excelente, mas, quando passaram em fila por uma estreita travessa medieval, os aristocratas foram assassinados.

Mohammed Ali então se estabeleceu como um modernizador autocrático, fortalecendo seu controle com a importação de tecnologias e ideias modernas da Europa ocidental. Durante todos os seus 43 anos de reinado, ele fez extenso uso de engenheiros europeus nas obras públicas, inclusive em projetos de irrigação e campanhas de saúde. O grupo de Enfantin, ao chegar, em 1833, não teve qualquer dificuldade em se ajustar e mostrou sua utilidade trabalhando em diversos projetos, entre os quais uma barragem dotada de um sistema de comportas para controlar as cheias do Nilo.

Mas Enfantin não conseguiu persuadir Ali a lhe conceder o direito de construir um canal através do país. O homem forte egípcio percebeu que sua posição exigia um delicado equilíbrio entre o poder regional declinante de seu soberano otomano e a força global em ascensão representada por Grã-Bretanha e França. Um canal em Suez poderia perturbar a dança geopolítica que mantinha os europeus e o sultão à distância. Para piorar, uma via direta entre o mar Mediterrâneo e o mar Vermelho iria passar ao largo dos centros populacionais egípcios, com o risco de prejudicar a prosperidade do país.

Enfantin e seus amigos acabaram por alcançar um sucesso comercial impressionante na França, mais notavelmente na década de 1840, com a formação de companhias ferroviárias e bancos operados por sociedades anônimas aptos a emitir ações consideráveis. Enquanto malogravam as tentativas do governo francês de construir ferrovias por longas distâncias, o setor privado conheceu enorme sucesso. Outra nova ideia tomava corpo: pequenos investidores combinarem recursos para financiar grandes projetos industriais.

Quanto à possibilidade de um canal em Suez, as chaves do istmo pertenciam ao soberano egípcio, e a resposta de Ali permaneceu um peremptório não, até sua morte, em 1848. Em 1864, perto do fim da vida, Enfantin admitiu:

> O negócio do canal foi um fracasso na minha mão. Não tive a flexibilidade necessária para lidar com todas as adversidades, para lutar simultaneamente em Cairo, Londres e Constantinopla. [...] Para triunfar, é preciso ter, como Lesseps, a determinação e o ardor de um demônio, que não conhece fadiga nem obstáculos.

A VISÃO DE LESSEPS

Em 1832, conta-se que Lesseps leu o relatório da equipe de levantamento topográfico de Napoleão sobre o canal entre o mar Vermelho e o Mediterrâneo, cruzando o antigo Egito. Pouco depois, ao conhecer Enfantin, Lesseps ficou fascinado pela ideia de que o canal de Suez seria uma forma gloriosa e lucrativa de conectar o mundo.

Lesseps era imbuído das ideias de seu tempo. Seu passado diplomático e círculo social faziam dele um orientalista nato, que enxergava o mundo de uma impassível perspectiva europeia. Nos primeiros vinte anos de sua carreira ele representou os interesses franceses pelo Mediterrâneo, e, em suas memórias, *Souvenirs de quarante ans*, evidencia-se uma crença implícita na superioridade do pensamento europeu. Os franceses, a seu ver, tinham uma missão civilizatória que justificava a ocupação da Argélia na década de 1820, bem como outras expansões coloniais.

Lesseps também internalizou as ideias de Saint-Simon sobre a importância de grandes projetos de infraestrutura pública para unir o mundo e tornar o comércio de longa distância mais fácil e barato. Na verdade, Lesseps foi ainda mais longe, enfatizando que a parceria público-privada era essencial para tais projetos: "Os governos podem encorajar esses empreendimentos, não executá-los. É portanto ao público que devemos recorrer".

Lesseps entendia ainda que sempre poderia contar com a engenhosidade tecnológica. Na década de 1850, a tecnologia era muito mais avançada do que no tempo de Saint-Simon. Os motores a vapor haviam sido aperfeiçoados para criar máquinas cada vez mais potentes, e as inovações na metalurgia produziam novos materiais bem mais resistentes, sobretudo o aço, que revolucionaram a construção civil.

Para Lesseps, a maioria dos engenheiros tinha pouca imaginação; eram demasiado inclinados a lhe dizer o que não dava para ser feito. Assim, ele foi à procura de especialistas capazes de pensar grande — novos equipamentos para dragar as hidrovias, novos meios de abrir caminho na rocha sólida e novas medidas para se proteger de doenças infecciosas. Seu papel deveria ser o de imaginar soluções e obter verba suficiente. Um de seus aforismos favoritos dizia, muito ao estilo de Saint-Simon: "Sempre surgirão homens de gênio". Para Lesseps, isso significava que alguma pessoa brilhante apareceria com uma solução tecnológica para qualquer problema — uma vez que ele houvesse conduzido todo mundo ao ponto em que o problema a ser solucionado ficasse completamente óbvio.

Desde o levantamento de Napoleão, os técnicos debatiam ativamente qual a melhor forma de construir um canal em Suez.

Canais interiores quase sempre necessitam de eclusas: câmaras delimitadas por comportas de ambos os lados, que permitem às embarcações transpor desníveis na hidrovia. Quando a água em uma eclusa entre dois corpos d'água está no nível mais baixo, as comportas desse nível se abrem e a embarcação entra. E uma vez que as comportas na parte inferior se fecham, a água do nível superior enche a câmara, elevando a embarcação até o nível destinado. O procedimento se repete de maneira inversa na transposição do nível mais elevado ao mais baixo.

Os chineses foram pioneiros no desenvolvimento de eclusas efetivas há mais de mil anos. Melhorias posteriores incluíram a invenção, no século XV, da comporta em meia-esquadria, atribuída frequentemente a Leonardo da Vinci, com uma porta de cada lado, que giravam lateralmente e encontravam-se em ângulo apontando para o nível superior, de modo a facilitar a abertura e o fechamento. Novos avanços vieram com as válvulas projetadas por engenheiros franceses, capazes de regular o fluxo da água ao entrar e sair da eclusa. O maravilhoso canal do Erie, ligando Albany, no rio Hudson, a Buffalo, nos Grandes Lagos, tinha originalmente 83 eclusas, que possibilitavam às balsas transpor 170 metros de elevação.

A equipe de Enfantin descobrira que o Mediterrâneo e o mar Vermelho estavam basicamente no mesmo nível, ainda que a maré do mar Vermelho subisse mais. Isso significava que um canal ao nível do mar era teoricamente possível, embora eclusas talvez fossem úteis para reduzir o impacto das marés num canal em Suez.

Lesseps não queria nem ouvir falar nisso. A seu ver, eclusas atrasariam o tráfego de maneira significativa, constituindo um empecilho inaceitável ao fluxo de embarcações prometido na inauguração da rota de Suez. Assim, aferrava-se obstinadamente a um princípio que articularia mais tarde como "um navio jamais voltará a se atrasar".

Lesseps, no entanto, gostava da ideia de utilizar lagos secos, e esse se tornou seu plano: conectar lagos secos ao Mediterrâneo, no norte, e ao mar Vermelho, no sul, e deixá-los encher para auxiliar no funcionamento geral do sistema.

GENTE HUMILDE E AÇÕES MODESTAS

Em 1849, a promissora carreira diplomática de Lesseps chegou abruptamente ao fim após um sério desentendimento com o governo francês. Aos 43 anos, ele se retirou para uma propriedade familiar, aparentemente acabado para o serviço público. Por vários anos, usufruiu da vida de um cavalheiro rural, trabalhando em aperfeiçoamentos agrícolas e correspondendo-se com importantes saint-simonianos sobre seus projetos extravagantes. Em 1853, sofreu uma tragédia pessoal. Perdeu a esposa e um dos filhos, provavelmente para a escarlatina. A desolação o deixou desesperado por alguma distração. Mal imaginava ele que os eventos no Egito em breve lhe proporcionariam muito mais do que apenas isso.

Em 1848, Mohammed Ali, gravemente doente, fora destituído. Seu sucessor e filho mais velho, Ibrahim Pasha, morreu nesse mesmo ano. Com o súbito falecimento do novo vice-rei, em julho de 1854, Mohammed Said, quarto filho de Mohammed Ali, ascendeu ao posto de soberano do Egito.

Durante a estadia de Lesseps no Egito como alto delegado francês na década de 1830, Mohammed Ali lhe perguntara se poderia ajudar seu filho adolescente Mohammed Said a perder peso. Lesseps não só o impressionou aceitando a incomum incumbência como também caiu nas graças de Said, combinando um vigoroso programa de equitação (paixão de ambos) a generosos pratos de massa.

No fim de 1854, parando apenas para se consultar com alguns importantes saint-simonianos e pegar seus mapas emprestados, Lesseps viajou às pressas para o Egito. Ao chegar, foi calorosamente recebido e convidado a acampar no deserto com o novo vice-rei, uma grande honra e um bom augúrio das coisas por vir. Segundo relatou o francês, certa manhã, ao sair de sua barraca, ele observava o sol nascer no horizonte a leste quando um arco-íris assomou na direção oposta e se estendeu pelo céu — um presságio, conforme afirmou mais tarde, de que seria pessoalmente capaz de unir o Oriente e o Ocidente.

À noite, conversando com Mohammed Said, ele pintou um quadro persuasivo de como a tecnologia moderna seria usada para construir um canal que superaria todas as realizações da Antiguidade. Lesseps conta como conseguiu convencer o monarca: "Os nomes dos soberanos egípcios que construíram as pirâmides, esses monumentos ao orgulho humano, estão esquecidos. O nome do príncipe que abrir o grande canal marítimo será abençoado por séculos e séculos até o fim dos tempos".

A concessão de Mohammed Said a Lesseps foi muito parecida com a recebida pelos saint-simonianos para construir ferrovias por longas distâncias. O vice-rei oferecia as terras para o projeto por 99 anos em troca de 15% dos lucros. Lesseps promoveria, levantaria fundos e administraria o canal. Ao menos no papel, o risco financeiro recairia inteiramente sobre acionistas privados, a serem nomeados mais tarde.

Em 1856, a estrutura legal e um projeto rudimentar foram preparados, com base no trabalho detalhado de dois engenheiros franceses a serviço do Egito que conheciam bem as condições locais. Lesseps consultou um punhado de especialistas internacionais em engenharia, os quais concordaram que um canal norte-sul era tecnicamente exequível. Agora Lesseps tinha de encontrar pessoas dispostas a investir no canal e convencer os britânicos a ficar fora do caminho.

Em meados da década de 1850, a maior parte do transporte entre Inglaterra e Índia era feita por mar, em viagens que levavam até seis meses para contornar a acidentada costa africana. Em 1835, a Companhia das Índias Orientais criara uma rota postal no mar Vermelho que transferia passageiros em carroças puxadas por jumentos ou cavalos por mais de 130 quilômetros de deserto, de Suez ao Cairo, depois descia o Nilo e seguia ao longo de um pequeno canal até Alexandria. Essa rota terrestre abreviou o tempo de viagem para menos de dois meses, mas era adequada apenas para cargas valiosas e pouco volumosas.

Em 1858, a fim de auxiliar nesse tipo de baldeação e deixá-la mais atraente para os viajantes, foi construída uma linha ferroviária entre Suez e Alexandria.

Os ventos e as correntezas do mar Vermelho eram pouco indicados para os veleiros europeus de longa distância, e rebocar grandes navios ao longo de um canal de quase duzentos quilômetros não teria sido factível. Mas Lesseps previu corretamente o estágio seguinte da tecnologia de transporte de longa distância — grandes vapores, para os quais o canal de Suez seria perfeito.

No início de 1857, Lesseps tinha um discurso de vendas bem preparado sobre como o canal em Suez reduziria o tempo de viagem e transformaria o comércio mundial. Mas de que vale uma visão se não for compartilhada? Ele sobressaiu nisso em parte devido a sua determinação e seu carisma, e acima de tudo por conversar com as pessoas certas e discutir com sua rede de ligações influentes.

Lesseps viajou pela Grã-Bretanha na primavera e no verão de 1857, apresentando-se em dezesseis cidades e reunindo-se com o maior número possível de industriais proeminentes. Seu sucesso foi estrondoso em lugares como Manchester e Bristol, onde a comunidade de negócios percebeu o valor do transporte mais rápido para o algodão cru indiano destinado às tecelagens britânicas e para os produtos manufaturados, bem como (quando necessário) para soldados fazendo a rota inversa.

Munido de declarações de apoio, Lesseps fez uma de suas visitas regulares ao primeiro-ministro, Lord Palmerston. Para sua decepção, porém, Palmerston se mostrou obstinadamente contra o canal, que via como uma continuação da tradição napoleônica de tentar afastar a Grã-Bretanha das rotas comerciais globais lucrativas. O governo britânico permanecia profundamente cético e fez de tudo para criar obstáculos no Cairo, em Constantinopla e onde quer que exercesse qualquer influência.

Sem se deixar deter, em outubro de 1858, após dois anos de intensa divulgação do projeto, Lesseps estava finalmente pronto para a oferta pública de ações. Ele tentou reunir a maior quantidade possível de investidores, contornando intermediários: 400 mil ações, a quinhentos francos cada, foram colocadas à venda.

Esse preço por unidade era ligeiramente superior à renda média anual francesa da época, o que tornava as ações caras, mas plausivelmente ao alcance da classe média em rápido crescimento. As ações foram oferecidas também em todos os países europeus ocidentais, nos Estados Unidos e no Império Otomano. Em sua última turnê, Lesseps visitou pessoalmente Odessa, Trieste, Viena, Barcelona e Turim, bem como Bordeaux e Marselha, na França.

No fim de novembro de 1858, 23 mil ações haviam sido vendidas, sendo que 21 mil delas para investidores franceses. A procura em outros lugares foi morna, no máximo, e investidores britânicos, russos, austríacos e americanos não adquiriram uma única ação sequer.

A imprensa britânica caçoou que as ações haviam sido compradas por garçons de hotel, padres e funcionários de supermercados. Nas palavras de Lord Palmerston, "gente humilde foi induzida a adquirir ações modestas".

Mas ele fora deixado para trás por Lesseps, que contava com o apoio da classe profissional urbana francesa — engenheiros, juízes, banqueiros, professores, padres, servidores públicos, comerciantes etc. —, além do soberano do Egito, que se ofereceu para comprar todas as ações rejeitadas pelos demais. A participação de Said acabou sendo de 177 mil ações, a um custo superior à sua receita anual total. O Estado egípcio estava apostando tudo no projeto.

NÃO SE PODE FALAR EXATAMENTE EM TRABALHO FORÇADO

Visionários derivam seu poder parcialmente das viseiras que usam — incluindo o sofrimento que ignoram. Não foi diferente com Lesseps, que se preocupava acima de tudo com o comércio europeu, a indústria europeia e, é claro, sua visão eurocêntrica da expansão comercial. Era necessário lidar com o vice-rei do Egito e com o sultão do Império Otomano, e convencê-los, mas as consequências para o egípcio comum não faziam parte de seus cálculos. Os egípcios podiam ser negligenciados ou até coagidos conforme a necessidade, e isso ainda era consistente com a ideia de "progresso" partilhada por Lesseps e muitos de seus contemporâneos.

Quando as obras tiveram início, em 1861, a maior parte da força de trabalho foi fornecida pelo governo egípcio sob o sistema de corveia, que obrigava os camponeses a trabalhar em projetos públicos.

Nos três anos seguintes, havia cerca de 60 mil homens trabalhando no canal a qualquer momento — milhares deles no vale do Nilo, a caminho da área de construção, outros milhares escavando, e o resto a caminho de casa.

Os administradores tinham de preencher as cotas de recrutamento com camponeses que de outro modo teriam permanecido trabalhando em suas próprias terras ou em projetos locais, e o Exército egípcio foi incumbido de transportá-los para a região das obras e supervisionar suas atividades.

As condições eram duras e inflexíveis. Enormes quantidades de rocha eram removidas com picaretas e cestos durante o ano todo, até mesmo no Ramadã, mês de jejum muçulmano. Os trabalhadores dormiam no deserto, recebiam rações mínimas e viviam em condições insalubres. Os salários eram inferiores à metade do valor de mercado e chegavam apenas ao final do mês trabalhado, para desestimular evasões. Os castigos físicos eram rotineiros, mas a companhia tomava o cuidado de ocultar os detalhes. Uma vez encerrado o período de trabalho compulsório, os trabalhadores tinham de se virar sozinhos para voltar para casa.

Críticos britânicos afirmavam que Lesseps conduzia uma operação baseada essencialmente em trabalho escravo. Nas palavras de um parlamentar, "um grande mal era perpetrado por essa companhia [de Suez], no maior descaramento". Um alto funcionário do governo foi ainda mais longe: "O sistema de trabalhos forçados degrada e desmoraliza a população, e mina os recursos produtivos do país".

A resposta de Lesseps ilustra sua abordagem geral. Ele contra-argumentou que era assim que se faziam as coisas no Egito:

> É verdade que sem a intervenção do governo nenhuma obra pública pode ser realizada em um país oriental, mas, lembrando também que os trabalhadores no istmo estão sendo pagos em dia e bem alimentados, não se pode falar exatamente em trabalho forçado. Eles vivem muito melhor no istmo do que empenhados em suas usuais ocupações.

Em 1863, a boa sorte de Lesseps chegou ao fim. Mohammed Said, que mal havia completado quarenta anos, morreu subitamente, e seu sucessor, Ismail, dava muito mais ouvidos a Londres. Críticos britânicos argumentavam havia muito tempo que o sultão proibira o trabalho forçado em todo o Império Otomano, de modo que o arranjo da corveia entre Lesseps e o vice-rei do Egito era ilegal. Assim, o governo britânico redobrou seus esforços diplomáticos para frustrar o projeto do canal, e pareceu convencer Ismail. Em 1864, depois de muitas negociações diplomáticas, coube ao imperador da França, Luís Napoleão, arbitrar a disputa entre a companhia do canal e o soberano egípcio.

Luís Napoleão, sobrinho de Bonaparte, visto por seus apoiadores como um "Saint-Simon a cavalo", mas ridicularizado por Victor Hugo como "O Pequeno Napoleão", inclinava-se pelo apoio a Lesseps. Ele era casado com a filha de um primo de Lesseps, embora, independentemente dessa ligação pessoal, adorasse projetos grandiosos capazes de elevar o prestígio francês. As ruas medievais do centro de Paris estavam prestes a se transformar nos majestosos bulevares arborizados pelos quais a cidade é famosa até hoje, e milhares de quilômetros de novos trilhos haviam sido instalados.

Enquanto o governo britânico tentava cancelar o incômodo projeto, Lesseps podia contar com o apoio de seus modestos acionistas. Luís Napoleão, a despeito de suas ligações pessoais, também não tinha o menor interesse em antagonizar com os investidores franceses. Firmando um acordo, determinou que a corveia fosse suspensa, mas apenas quando o vice-rei pagasse uma generosa compensação.

Lesseps contava agora com uma vultosa verba, mas perdera a maior parte da mão de obra local. Seria impossível convencer trabalhadores europeus — ou de qualquer outro lugar, aliás — a realizar o tipo de trabalho extenuante que os egípcios haviam sido obrigados a fazer, e certamente não pela remuneração que ele se dispunha a pagar.

FRANCESES DE GÊNIO

As visões são impelidas pelo otimismo. Para Lesseps, esse otimismo girava em torno da tecnologia e dos franceses de gênio (homens, é claro), que dariam um jeito no problema. Felizmente, na hora da necessidade, dois deles apareceram. Em dezembro de 1863, Paul Borel e Alexandre Lavalley, ambos saídos da École Polytechnique, haviam aberto uma companhia de dragagem. Borel ganhara experiência na construção das ferrovias francesas e fabricava locomotivas. Lavalley projetara equipamentos especializados na Grã-Bretanha, tornando-se um especialista em metalurgia, e atuara no aprofundamento de portos, na Rússia. A dupla era um verdadeiro time dos sonhos, capaz de multiplicar a produtividade nas obras do canal.

As dragas originais de Lesseps haviam sido projetadas para o Nilo, onde a tarefa consistia principalmente em remover sedimento de aluvião. O projeto do canal, por sua vez, exigia a remoção de quantidades muito pesadas de areia e pedra. As escavadeiras tinham de ser cuidadosamente calibradas para as condições locais, que variavam de maneira significativa ao longo da rota do canal. A companhia de Borel e Lavalley construiu novas máquinas de dragar e escavar, muito mais potentes. E, em pouco tempo, passou a fornecer e cuidar da maior parte da frota de dragagem expandida, que chegou a trezentas máquinas em 1869.

Dos 74 milhões de metros cúbicos de terra tirados do canal principal, consta que as dragas de Borel-Lavalley foram responsáveis por 75% do trabalho, realizado na maior parte entre 1867 e 1869. Quando o canal foi inaugurado, em novembro de 1869, a indústria francesa era líder mundial em escavações, capaz de remover terra nas condições mais difíceis.

Lesseps demonstrara ter razão em todas as questões importantes. Um canal no nível do mar era mais do que viável — era ideal. O progresso tecnológico superara todos os obstáculos. Estrategicamente, o canal foi transformador, fortalecendo o controle do comércio europeu sobre o mundo.

Durante alguns anos o capital investido pareceu ameaçado: o tráfego inicial cresceu de forma mais lenta do que o previsto. Mas Lesseps não demorou a se revelar igualmente presciente nas questões financeiras. A energia a vapor desbancou a vela, os vapores ficaram maiores e o volume do comércio global aumentou rapidamente. As vantagens de um canal no nível do mar em Suez passaram a ficar evidentes para todos os europeus. No fim da década de 1870, vapores transportavam até 2 mil passageiros pelo canal, dia e noite. Sem eclusas para retardar o trajeto, a viagem podia ser feita em menos de um dia. Da perspectiva europeia, a visão de Lesseps rendera plenos frutos.

De forma ainda mais milagrosa, Lesseps viu a concretização de suas esperanças de que a Grã-Bretanha terminasse por apoiar o canal. Em meados da década de 1870, cerca de dois terços do tráfego em Suez era britânico, e manter os navios indo e vindo era tido como uma prioridade estratégica em Londres. Em 1875, aproveitando os apertos financeiros do governo egípcio, o primeiro-ministro Benjamin Disraeli adquiriu uma significativa participação acionária na companhia. O canal de Suez estava agora na prática sob a proteção da marinha mais poderosa do mundo.

Os acionistas de Lesseps ficaram em êxtase. Não importava que, embora prevista para seis anos, a obra tivesse levado dez, nem que a previsão inicial de 5 milhões de toneladas anuais transportadas só se concretizasse na segunda metade da década de 1870. O futuro pertencia a vapores cada vez maiores, para os quais o canal era perfeitamente indicado.

Em 1880, o valor das ações da companhia do canal de Suez mais do que quadruplicara, e a companhia pagava um dividendo anual de cerca de 15%. Lesseps era não só um grande diplomata e audacioso inovador, mas um gênio das finanças, passando a ser conhecido entre seus contemporâneos como *Le Grand Français*.

EMPENHO PANAMENHO

A ideia de um canal passando pela América Central era um velho desejo europeu, que vinha pelo menos desde 1513, quando os exploradores almejavam transportar cargas rapidamente entre os dois oceanos. Uma árdua rota contornava a América do Sul, passando pelo cabo Horn. Mas, em meados do século XIX, a maioria preferia tomar um navio para o Panamá e depois fazer a viagem de trem de aproximadamente oitenta quilômetros através do istmo.

O governo espanhol iniciou alguns preparativos para construir um canal em 1819, mas sem resultados. Por meio século, vários outros planos europeus não deram em nada. Em 1879, com a expansão comercial no Pacífico, um canal através da América Central voltou à pauta.

Um grupo americano preferia uma rota pela Nicarágua. Uma série de eclusas elevaria os barcos vindos do Caribe até um grande lago e depois os baixaria do outro lado. A desvantagem óbvia era que, com tantas eclusas, o tempo de viagem seria maior. Também havia certa preocupação com a atividade vulcânica, e Lesseps fez questão de observar que uma erupção seria desastrosa.

A rota alternativa pelo Panamá e seus supostos paralelos com Suez o atraíram. Desde o início de seu envolvimento, Lesseps se distinguiu pela ênfase na necessidade de construir o canal no nível do mar, sem eclusas, como em Suez.

Em 1878, seus agentes receberam uma concessão do governo da Colômbia, que controlava o território relevante na época. Lesseps obteve termos e condições semelhantes aos de Suez – um prolongado arrendamento de terras e ajuda governamental para financiar o projeto. Ele ainda organizaria a obra e encontraria o capital necessário, como havia feito no Egito.

Uma diferença significativa era que no Panamá não haveria trabalhadores em sistema de corveia, uma vez que o suprimento de mão de obra local era insuficiente. Isso não deteve Lesseps; trabalhadores poderiam ser trazidos da Jamaica e de outras colônias no Caribe. Ao contrário dos europeus, os caribenhos estavam dispostos a trabalhar por salários menores e em condições mais difíceis. Lesseps também estava confiante de que, assim como acontecera em Suez, as máquinas aumentariam a produtividade, e, sempre que necessário, avanços tecnológicos resolveriam eventuais problemas.

Também como em Suez, Lesseps consultou a opinião de especialistas internacionais, embora dessa vez estivesse mais interessado em expressões públicas de apoio que o ajudassem a levantar dinheiro. Mesmo assim, tendo promovido o Congresso de maio de 1879 em Paris, tinha de se certificar de que os especialistas reunidos recomendariam o que ele já planejava fazer.

Por dias e noites a fio, americanos e franceses discutiram questões de engenharia e suas implicações econômicas. A rota do Panamá exigiria mais escavações, custando 50% a mais e expondo um maior número de trabalhadores, por mais tempo, ao risco de doenças. A precipitação pluviométrica no Panamá era mais elevada, o que impunha sérios problemas no manejo de águas. As eclusas necessárias na rota da Nicarágua seriam propensas a danos por terremotos. E assim por diante.

O congresso não tinha a menor intenção de ser uma competição livre e justa entre ideias; muitos delegados haviam sido escolhidos a dedo por Lesseps a fim de garantir uma votação favorável. Ainda assim, em 23 de maio, ficou claro que ele e seus aliados começavam a perder o controle do debate. Percebendo que se tratava do momento perfeito, Lesseps pediu a palavra para encarar os problemas de frente. Ele falou sem recorrer a anotações, demonstrando um domínio extraordinário dos detalhes relevantes, e rapidamente o público passou a comer na palma de sua mão. Se havia algo que ele tinha aprendido em Suez, afirmou, era que grandes realizações exigiam grandes esforços. Claro que surgiriam dificuldades — certamente não fazia sentido tentar realizar coisas fáceis. Não obstante, a tecnologia e os homens de gênio sempre apareceriam para resolver os problemas. Conforme ele contou mais tarde sobre o episódio:

"Não hesito em declarar que o canal do Panamá será mais fácil de começar, terminar e manter do que o canal de Suez".

Quando o capital para Suez começou a minguar, surgiram novas fontes de aporte financeiro; quando a mão de obra para as escavações escasseou, novos equipamentos de escavação foram inventados; quando o povo local foi vítima do cólera, a companhia de Suez respondeu com um programa de saúde pública efetivo. Com base nesses triunfos, Lesseps aprendera a lição de que valia a pena ser audacioso. Visão exigia ambição. Ele afirmou:

> Criar um porto no golfo de Pelúsio; atravessar os pântanos do lago de Menzaleh e transpor o limiar de El-Guisr; escavar as areias do deserto; estabelecer oficinas a cem quilômetros de distância de qualquer aldeia; encher a bacia dos lagos Amargos; impedir as areias de soterrarem o canal — que sonho insano!

Como observou um delegado americano, Lesseps "é o grande escavador de canais; sua influência junto aos conterrâneos é legítima e universal; ele é generoso e prestativo, mas também ambicioso".

Na votação final do congresso, aos 73 anos de idade, Lesseps afirmou de maneira categórica que tocaria a empreitada pessoalmente. Os deputados ficaram impressionados e a maioria votou conforme seus desejos. O Panamá era uma realidade.

DESPERTANDO A INVEJA DOS VENTUROSOS DEUSES

Após o Congresso de Paris, Lesseps viajou para o Panamá, finalmente inspecionando o terreno com seus próprios olhos. Perto do fim de 1879, ele e sua família foram recebidos como se fossem reis. As pessoas se reuniam para saudá-lo em qualquer oportunidade, e houve uma série de bailes comemorativos.

Lesseps chegou durante a salutar estação seca e partiu antes da chegada das chuvas. Dessa forma, deixou de ver por si mesmo o problema sobre o qual havia sido alertado no Congresso em Paris, e que seus engenheiros em breve teriam de enfrentar: o nível do rio subindo rapidamente e os catastróficos deslizamentos de terra. Lesseps também fez pouco-caso das preocupações com doenças infecciosas potencialmente sem controle. Gracejou com os repórteres que o único problema de saúde que haviam tido durante a viagem fora que sua esposa tomara um pouco de sol demais.

Essa negligente desatenção ao detalhe contribuiu para o erro fundamental do projeto: a enorme quantidade de solo e rocha que precisariam ser removidos foi amplamente subestimada. O Congresso de Paris original havia calculado que 45 milhões de metros cúbicos de terra (na maior parte rocha) teriam de ser escavados no Panamá. Esse número subiu para 75 milhões de metros cúbicos após a análise de uma comissão técnica de nove homens que acompanhara Lesseps ao Panamá.

Na verdade, os franceses escavaram pelo menos 50 milhões de metros cúbicos ao longo dos oito anos seguintes. Os americanos, que assumiram as rédeas 25 anos depois de os franceses abandonarem o projeto, acabaram removendo outros 259 milhões de metros cúbicos entre 1904 e 1914 — e isso sem sequer tentar chegar ao nível do mar.

Lesseps se recusou a admitir a realidade geográfica até que fosse tarde demais: uma enorme cadeia montanhosa, em nenhum ponto com menos de noventa metros de altitude, bloqueava a passagem, e um perigoso rio propenso a cheias cruzava a rota planejada do canal. Escavar até o nível do mar, calculou mais tarde um especialista, levaria cerca de dois séculos.

O canal de Suez levou dez anos para ser completado; Lesseps continuava otimista de que o canal panamenho poderia ser construído em seis ou oito anos, no máximo. Seu papel era imaginar o possível, não se preocupar com o que podia dar errado. Como ele próprio escreveu a um de seus filhos após a viagem ao Panamá:

> Agora que passei pelas várias localidades no istmo com nossos engenheiros, não consigo compreender por que hesitaram tanto tempo em declarar a exequibilidade de construir aqui um canal no nível do mar entre os dois oceanos, pois a distância é tão curta quanto a que separa Paris de Fontainebleau.

Outro grande erro de cálculo se seguiu. No Congresso de Paris, o consenso era de que o canal do Panamá custaria cerca de 1,2 bilhão de francos, cerca de três vezes o que fora gasto em Suez. A comissão técnica que acompanhou Lesseps ao Panamá reduziu essa estimativa de custo para 847 milhões, mediante um cálculo bastante duvidoso. Mas, no início de 1880, na viagem de navio do Panamá aos Estados Unidos, Lesseps cortou ainda mais a projeção de custos, para apenas 650 milhões de francos.

Após voltar a Paris, outra vez confiante de que o projeto ia de vento em popa, decidiu levantar bem menos capital do que até ele próprio julgara previamente necessário: apenas 300 milhões de francos. Mais uma vez, não houve ninguém para contrariá-lo. Lesseps gostava de citar a máxima que supostamente ouvira do vice-rei Mohammed Ali no início de sua carreira: "Lembre-se: quando há algo importante a realizar, se existem dois como você, um está em excesso".

Em dezembro de 1880, a companhia de Lesseps emitiu 600 mil ações com valor nominal de quinhentos francos cada. Dessa vez, ele concordou em pagar uma comissão de 4% a alguns grandes bancos de forma a estimular o interesse nas ações. Mais de 1,5 milhão de francos foram gastos para assegurar uma cobertura positiva da imprensa.

O fato de Lesseps ter viajado pessoalmente ao Panamá pouco antes e regressado são e salvo ajudou muito. Mais de 100 mil pessoas demonstraram interesse em adquirir ações, demanda duas vezes maior que a quantidade disponível. Oitenta mil investidores compraram entre uma e cinco ações.

Só que a construção do canal do Panamá exigia um capital pelo menos quatro ou cinco vezes maior do que o obtido nessa primeira rodada, e a companhia, que vivia perpetuamente carente de fundos, tinha de correr atrás de mais dinheiro quase todo ano. À medida que os custos excediam as estimativas iniciais, a credibilidade de Lesseps começava a ruir.

Em Suez, houvera respaldo financeiro: de Mohammed Said, que se dispôs a adquirir ações extras quando a procura inicial fraquejou, e mais tarde de Luís Napoleão, que ofereceu um generoso acordo de arbitragem. No fim das contas, Luís Napoleão também emprestou seu apoio político a uma grande "loteria de ações" — atrativa para o público devido aos prêmios em dinheiro que alguns portadores receberiam. Isso injetou 100 milhões de francos extras no projeto em um momento crítico, quando uma oferta de títulos convencional havia fracassado. Mas Luís Napoleão deixara o poder em 1870, derrotado pela Prússia no campo de batalha. Os políticos eleitos que conduziram a Terceira República Francesa se revelaram muito menos inclinados a socorrer Lesseps e os acionistas de sua companhia no Panamá.

CONTABILIZANDO A MORTE

As obras começaram em fevereiro de 1881, e no início houve razoável progresso na dragagem de portos e rios. Mas, à medida que os trabalhos passavam ao terreno elevado, a escavação ficou mais difícil. Com o início das chuvas, tudo começou literalmente a desmoronar.

No verão, a febre amarela chegou. O primeiro trabalhador do canal faleceu em junho. Segundo uma estimativa, cerca de sessenta pessoas morreram no mesmo ano de malária ou febre amarela, entre elas administradores importantes: era difícil acompanhar.

Em outubro, Lesseps continuava negando a ocorrência de epidemias no Panamá; insistia que os únicos casos de febre amarela eram entre aqueles que já chegavam infectados. Tornou-se um padrão familiar: ignorar a existência de qualquer dificuldade. Após um terremoto de proporções consideráveis em setembro de 1882, ele chegou a assegurar publicamente que não ocorreriam novos terremotos no futuro.

Novos sinais de alerta começaram a aparecer. Em 1882, o empreiteiro geral que supervisionava a construção decidiu abandonar o projeto. Sem se abalar, Lesseps ordenou que sua companhia assumisse a escavação e, em março de 1883, enviou um novo diretor-geral.

A despeito de suas promessas, o problema das doenças ficou cada vez mais grave. A família do novo diretor-geral sucumbiu pouco tempo depois, provavelmente de febre amarela. Lesseps não se deixou dissuadir, aumentando a força de trabalho para 19 mil homens em 1884. A malária e a febre amarela continuavam vitimando uma assustadora quantidade de trabalhadores.

Tudo isso podia ter sido evitado. Algumas medidas profiláticas que franceses, britânicos e outros europeus haviam adotado por mais de um século em operações militares nos países tropicais deveriam ter sido usadas no Panamá, o que teria reduzido imensamente as taxas de mortalidade, mas também o ritmo das escavações. Lesseps foi advertido com todas as letras sobre esses riscos, inclusive durante o Congresso de Paris. Porém, optou por considerar os relatos sobre as condições insalubres na América Central como desinformação espalhada por inimigos.

De 1881 a 1889, a mortalidade cumulativa total foi estimada em 22 mil indivíduos, dos quais cerca de 5 mil eram franceses. Em determinados anos, mais da metade das pessoas vindas da França pereceram. Em qualquer momento, até um terço da força de trabalho podia estar doente.

Aqueles empregados diretamente pela companhia de Lesseps contavam com atendimento médico gratuito, embora o benefício tivesse um lado ruim: as condições hospitalares eram insalubres, com água parada que permitia a procriação de mosquitos, e as epidemias se espalhavam implacavelmente pelas alas. Homens que trabalhavam para os empreiteiros sofriam ainda mais; se não pudessem pagar as diárias do hospital, eram essencialmente abandonados nas ruas.

Nem todo esse sofrimento humano, muito mais dramático e palpável do que a coerção sofrida pelos trabalhadores egípcios em Suez, abalou a determinação de Lesseps. Ele permanecia comprometido com o que imaginava ser a realidade e desinteressado dos problemas diários. Nos anos críticos de 1882-5, recusou-se terminantemente a admitir as informações bem fundamentadas de sua própria equipe, mesmo quando as condições se tornaram terríveis.

Em meados da década de 1880, Lesseps já havia recorrido inúmeras vezes ao mercado de ações, e estava sendo obrigado a pagar um elevado prêmio de risco em termos de juros prometidos. Em maio de 1885, ele aventou a possibilidade de emitir títulos de loteria, que haviam se revelado uma técnica eficaz no último ano do projeto de Suez. Mas, para isso, precisava da permissão da assembleia legislativa. Em fevereiro de 1886, visando angariar apoio político, Lesseps chegou ao Panamá para uma segunda visita. A estadia durou duas semanas. Mais uma vez, com todo fausto e pompa para o francês. Como observou um de seus principais engenheiros, "qualquer homenagem prestada a qualquer outra personalidade que não ele mesmo ameaçava roubar um raio de sua coroa de glória".

O próprio Lesseps pareceu igualmente confiante de que um canal no nível do mar podia ser construído a tempo e com um orçamento expandido. Porém, dessa vez, três especialistas, um deles enviado pela legislatura francesa e dois a serviço da própria companhia, determinaram de forma independente que isso era impraticável. A despeito dos extraordinários poderes de persuasão de Lesseps, a assembleia legislativa começou a prestar atenção nos fatos, e um número suficiente de deputados se recusou a lhe dar ouvidos.

Em outubro de 1887, Lesseps finalmente deu o braço a torcer e adotou um plano provisório que incluía eclusas, a serem projetadas por Alexandre Gustave

Eiffel, que na época trabalhava em sua torre epônima. No fim das contas, após muitas reviravoltas, ele teve permissão de tomar um empréstimo de mais 720 milhões de francos mediante a emissão de títulos de loteria. Em dezembro de 1888, contudo, essas ações haviam sido incapazes de levantar dinheiro suficiente para atender às mínimas exigências. A companhia do canal do Panamá entrou com o pedido de falência.

Lesseps morreu em desgraça poucos anos depois. Seu filho e outros sócios foram condenados à prisão por fraude. O canal ficou abandonado. Mas quem arcou com o verdadeiro preço não foi Lesseps. Investidores haviam contribuído com cerca de 1 bilhão de francos, enquanto 5 mil franceses pagaram com a própria vida; outros 17 mil trabalhadores, na maior parte caribenhos, também pereceram. Tudo isso para construir essencialmente nada.

PANAMÁ À AMERICANA

Em 1904, quando os americanos assumiram o projeto, a ferrovia e o equipamento de dragagem que começaram a utilizar eram quase os mesmos que haviam sido disponibilizados para os franceses. E, no início, eles cometeram muitos dos mesmos erros, incluindo desencadear uma epidemia de febre amarela.

Em última análise, os franceses fracassaram por estarem aprisionados a uma ilusão que não lhes permitiu enxergar os caminhos alternativos que o conhecimento e a tecnologia disponíveis ofereciam — e tampouco admitiram as dificuldades. Eles não mudaram seu curso de ação quando as evidências e os corpos se acumularam, revelando a insensatez de sua atitude. Era a visão consumada de Lesseps, com seu tecno-otimismo e falso senso de confiança. Nesse caso, ela não se limitou a impor os custos sobre os desempoderados, em nome do progresso. Estava profundamente mergulhada na presunçosa indiferença às evidências contrárias; livre dos fatos, marchou rumo ao desastre.

Os americanos naturalmente tinham suas próprias opiniões formadas. Como Lesseps, não prestaram muita atenção nos moradores locais, e as condições para a mão de obra imigrante eram duras. Mas a grande diferença era que, sem a visão superconfiante de Lesseps, os reveses eram significativos, sobretudo para os políticos domésticos. Quando os esforços iniciais fracassaram, trocou-se o alto escalão da liderança, e novas pessoas, ideias e técnicas foram trazidas. Após atrasos na escavação, e diante da ameaça de doenças, o presidente Theodore Roosevelt transferiu o controle do projeto para executivos americanos baseados na região, que tinham muito mais agilidade para reagir às condições locais, incluindo a questão crucial de manter a saúde dos trabalhadores.

Os americanos haviam aprendido bastante sobre doenças tropicais durante sua ocupação de Cuba, e levaram ao Panamá técnicas recém-descobertas de eliminação de mosquitos. A vegetação ao longo do caminho era derrubada, e focos de água parada nas propriedades, eliminados. Estradas e drenos foram melhorados para a remoção de terras férteis.

O conhecimento científico sobre canais e escavação não havia avançado desde a época dos franceses, mas, uma vez livres da visão de Lesseps, os americanos usaram esse conhecimento de forma diferente e mais efetiva. Novos engenheiros trouxeram ideias melhores para organizar a perfuração, a escavação e a logística, desenvolvidas a partir da extensa experiência americana na construção de ferrovias. Os franceses haviam fracassado em remover terra e rocha com rapidez suficiente. O diretor-executivo americano encarou a questão como um problema de itinerário ferroviário, instalando trilhos a uma velocidade fenomenal para manter os trens andando.

Havia também uma grande nova ideia que remetia, ironicamente, ao que fora implementado em Suez e proposto previamente para o canal do Panamá. Se um canal no nível do mar exigia demasiadas escavações, por que não desviar o problemático rio Chagres e inundar as terras elevadas, criando um lago artificial? Então, imensas eclusas permitiriam que os barcos subissem até o nível do lago e navegassem até eclusas que efetuariam a descida do outro lado.

O canal de Suez permanece sem eclusas até hoje, mas um olhar atento ao mapa permite ver uma estrutura com notáveis similaridades à do Panamá. Os engenheiros de Lesseps cavaram um canal do Mediterrâneo ao Grande Lago Amargo e depois o encheram com água do oceano a fim de transformar um leito seco e salgado num (pequeno) mar interior. Lesseps extraíra a lição errada de Suez. Em vez de resistir à construção de eclusas, deveria ter copiado o modo de usar o terreno natural para reduzir a quantidade de escavação exigida. Infelizmente, quando o canal de Suez foi completado, Lesseps estava preso a uma forma de pensar que ignorava todas as demais opções.

O que fazemos com a tecnologia depende da direção que tentamos dar ao progresso, de um custo que encaramos como aceitável, e de como aprendemos com os reveses e as evidências no local. Foi nisso que a visão dos americanos, embora falha e igualmente insensível em alguns aspectos, se provou superior.

ARMADILHAS DA VISÃO

Lesseps era carismático, empreendedor e ambicioso. Contava com boas ligações e o respaldo do Estado francês e, às vezes, egípcio. Seu sucesso anterior era fascinante para muitos de seus contemporâneos. E, mais importante, ele apregoava uma versão oitocentista do tecno-otimismo: grandes investimentos em infraestrutura pública e avanços tecnológicos beneficiariam a todos, na Europa e no mundo. Essa visão conquistou tanto o público francês como os tomadores de decisão franceses e egípcios. Sem ela, Lesseps não teria tido a pura força de vontade que o levou a construir um canal por quase duzentos quilômetros de deserto egípcio, mesmo quando as coisas começaram a tomar um rumo diferente do previsto em seus planos iniciais. A tecnologia não é nada sem visão.

Mas visões muitas vezes implicam lentes distorcidas, limitando o que as pessoas conseguem enxergar. Embora possamos celebrar a antevisão de Lesseps em Suez e seu comprometimento com os avanços tecnológicos, o uso de milhares de trabalhadores egípcios sob coação era tão importante para sua abordagem quanto sua insistência em um canal no nível do mar — e seu estilo de progresso nunca pretendeu incluir esses trabalhadores. Mesmo em seus próprios termos, a visão de Lesseps foi um fracasso colossal, precisamente porque sua maior força, enraizada na confiança e num senso claro de propósito, foi também sua fatídica fraqueza. Sua visão impossibilitou que admitisse o fracasso e se adaptasse a diferentes circunstâncias.

A história dos dois canais ilustra o aspecto mais pernicioso dessa dinâmica. Para o Panamá, Lesseps trouxe as mesmas crenças, o mesmo conhecimento e capital franceses, e, essencialmente, o mesmo apoio institucional da Europa. Mas, dessa feita, falhou em compreender o que era necessário e recusou-se terminantemente a repensar seus planos diante dos fatos locais que contradiziam sua visão original.

Em alguns aspectos Lesseps era dotado de uma sensibilidade extraordinariamente moderna. Seu pendor por projetos grandiosos, seu tecno-otimismo, sua crença no poder do investimento privado e sua indiferença ao destino dos que não tinham voz o deixam em boa companhia com muitas diretorias corporativas dos tempos atuais.

As lições tiradas do fiasco do canal do Panamá repercutem até hoje, em escala ainda maior. Como afirmou um delegado americano ao Congresso de Paris em 1879, "o fracasso deste congresso ensinará ao povo a salutar lição de que, sob a república, ele deve pensar por si mesmo, em vez de seguir a liderança de quem quer que seja". Infelizmente, não podemos argumentar que essa lição foi aprendida.

Antes de discutirmos os apuros pelos quais passamos atualmente e nosso fracasso em aprender com as catástrofes do passado impingidas em nome do progresso, é preciso responder a algumas questões importantes: Por que a visão de Lesseps prevaleceu? Como ele convenceu os outros? Por que as demais vozes, inclusive as dos que sofreram as consequências, foram ignoradas? As respostas dependem do poder social e de determinar se ainda vivemos, em algum sentido significativo, "sob a república".

3. Poder de persuasão

O poder, nesse sentido estrito, é a prioridade da produção sobre o consumo, a capacidade de falar em vez de escutar. Em certo aspecto, é a capacidade de se permitir não aprender.
Karl Deutsch, *The Nerves of Government*, 1963

Somos em boa parte governados, nossas mentes moldadas, nossos gostos formados, nossas ideias sugeridas, por homens dos quais nunca ouvimos falar.
Edward Bernays, *Propaganda*, 1928

Os rumos do progresso, e logo a determinação de vencedores e vencidos, dependem da visão seguida pela sociedade. Por exemplo: a visão de Ferdinand de Lesseps, combinada com uma boa dose de presunção, causou o fiasco do canal do Panamá. Assim, como explicar que ela tenha se tornado dominante, que tenha convencido outros a arriscar seu dinheiro e suas vidas a despeito das probabilidades? A resposta reside no poder social; particularmente, em seu poder de persuadir milhares de pequenos investidores.

Lesseps conquistou enorme credibilidade graças a seu status, a suas ligações políticas e a seu espetacular sucesso em liderar o esforço de construção do canal de Suez. Seu carisma era respaldado por uma narrativa convincente. Ele persuadiu o público e os investidores franceses, assim como indivíduos em posições de poder político, de que construir um canal no Panamá geraria riqueza e traria benefícios mais amplos para a nação. Sua visão era crível em parte porque parecia baseada no melhor conhecimento disponível da engenharia. Lesseps também deixava bem claro, em perfeito alinhamento com quem o financiava, quais interesses realmente importavam: seu foco eram as prioridades e o prestígio da França, bem como o retorno financeiro para os investidores europeus.

Em suma, Lesseps possuía poder de persuasão. Ele era famoso por seu sucesso, tinha a atenção das pessoas, a autoconfiança para insistir em suas visões e a capacidade de determinar a agenda de prioridades do momento.

O poder diz respeito à capacidade de um indivíduo ou grupo de alcançar objetivos explícitos ou implícitos. Se duas pessoas desejam o mesmo pedaço de pão, quem tem mais poder fica com ele. Mas o objetivo não precisa ser material. Às vezes, o que prevalece é uma determinada visão sobre como o futuro deve ser.

Costumamos achar que o poder, em última análise, tem a ver com coerção. Não é bem assim. É verdade que o atrito constante entre e dentro das sociedades, marcado por invasões e dominações, fez da violência algo endêmico na história humana. Mesmo durante períodos de paz, a ameaça de guerra e violência sempre paira sobre nossas cabeças. Ninguém tem grandes chances de reivindicar um pedaço de pão, ou de expressar suas opiniões, sendo pisoteado por uma horda.

Mas a sociedade moderna recorre ao poder de persuasão. Não muitos presidentes, generais ou mandatários são suficientemente fortes para coagir os soldados a travarem uma batalha. Poucos líderes políticos podem por sua própria vontade decretar mudanças nas leis. Esses líderes são obedecidos porque as instituições, normas e crenças lhes conferem grande posição e prestígio. Eles são seguidos porque o povo é convencido a fazê-lo.

ATIRAI EM VOSSO IMPERADOR, SE OUSAIS

Uma série de instituições políticas republicanas emergiram na França nos primeiros dez anos da revolução de 1789. Mas houve também um bocado de caos e desordem, inclusive repetidos golpes e execuções. Napoleão Bonaparte chegou ao poder em 1799 visto como alguém que preservaria os princípios centrais da revolução, como a igualdade perante a lei, o compromisso com a ciência e a abolição do privilégio aristocrático, ao mesmo tempo que traria maior estabilidade ao país.

Em 1804, após uma sequência de triunfos militares, Napoleão foi coroado imperador. A partir daí, passou a ser tanto (possivelmente) o fiel filho da revolução como (definitivamente) o soberano supremo, com um total controle político respaldado por seu imenso prestígio na sociedade francesa. Centenas de milhares de conscritos e voluntários o seguiram até a Itália, através da Europa e pelo interior da Rússia; mas não porque ele fosse dotado de um poder econômico especial, nem porque fosse imperador, tampouco por causa da impressionante artilharia que tinha sob seu comando.

O poder de persuasão de Napoleão fica claramente visível em seu regresso final à França. Após uma série de derrotas, ele foi deposto e exilado na ilha de Elba, no Mediterrâneo. No início de 1815, ele escapou e desembarcou na costa meridional francesa com um punhado de soldados de sua confiança. Rumando para o norte, foi interceptado perto de Grenoble pelo 5º regimento de infantaria. A essa altura, não tinha poder político formal algum, tampouco dinheiro ou qualquer força de coerção digna do nome.

Mas ele não havia perdido seu apelo pessoal. Desmontando do cavalo, caminhou em direção aos soldados que estavam ali para prendê-lo, parou diante dos fuzis e disse, com firmeza: "Soldados do 5º regimento, atirai em vosso imperador, se ousais! Acaso não me reconheceis como vosso imperador? Não sou vosso antigo general?". Então os homens se aproximaram, urrando: "*Vive l'Empereur!*". Na avaliação posterior de Napoleão, "antes de Grenoble, eu era um aventureiro; em Grenoble, virei um príncipe soberano". Oito semanas depois, o imperador reinstaurado tinha 280 mil soldados no campo de batalha e estava mais uma vez comandando manobras contra os inimigos europeus.

Napoleão impunha grande coerção e poder político por sua capacidade de persuadir. Ao longo dos duzentos anos seguintes, o poder e a importância da persuasão só fizeram aumentar, como ilustra vivamente o setor financeiro americano.

AUGE DE WALL STREET

Assim como a coerção e o poder político, o poder econômico também depende da capacidade de persuadir os outros. Atualmente, ele está à nossa volta por toda parte, sobretudo nos Estados Unidos, onde um pequeno grupo é fabulosamente rico e sua riqueza lhe garante grande status e considerável influência nos assuntos políticos e sociais. Um dos nexos mais visíveis desse poderio econômico é Wall Street – os principais bancos e os banqueiros que os controlam.

De onde vem o poder de Wall Street? Os eventos anteriores e posteriores à crise financeira mundial de 2007-8 oferecem uma resposta clara.

Historicamente, a indústria financeira americana sempre foi fragmentada, com inúmeras pequenas empresas e alguns poucos atores nacionais poderosos. Após uma onda de desregulamentação na década de 1970, alguns dos maiores bancos, como o Citigroup, começaram a se expandir e a se fundir com outros para formar conglomerados, abrangendo praticamente todo tipo de transação financeira. Tamanho significava eficiência, segundo o modo de pensar privado e oficial da época; assim, bancos muito grandes podiam oferecer melhores serviços a um custo mais baixo.

Havia também uma dimensão de competição internacional. À medida que a economia europeia se unificava, as companhias financeiras baseadas na Europa ficavam cada vez maiores e mais aptas a operar além das fronteiras internacionais. Os donos dos grandes bancos americanos argumentaram que também deveriam ter permissão para atuar livremente pelo mundo, a fim de colher os benefícios de seu crescimento e alcance global. Jornalistas, ministros das finanças e autoridades de órgãos regulatórios internacionais compraram essa narrativa.

Às vésperas da crise financeira global em 2008, alguns desses bancos haviam assumido um grande risco ao apostar que o preço dos imóveis continuaria a subir indefinidamente. Seus lucros e os bônus de seus executivos e traders foram inflados graças a esses riscos excessivos e a seus pesados empréstimos, que geraram elevados lucros em comparação com o capital investido nessas instituições – mas somente na medida em que as coisas corriam bem. Transações financeiras complexas conhecidas como derivativos também passaram a ser uma poderosa fonte de ganhos para a indústria. As negociações envolvendo opções, swaps e outros instrumentos impulsionaram os lucros durante os anos do boom. Na primeira metade da década de 2000, só a indústria bancária respondia por mais de 40% do total de lucros corporativos americanos. Mas não levou muito tempo para ficar dolorosamente claro que essa mesma estrutura financeira havia ampliado enormemente os prejuízos que algumas firmas sofreriam à medida que os preços dos imóveis e de outros ativos caíssem.

De ambos os lados do Atlântico, ministérios das finanças e bancos centrais recomendaram proteger bancos e banqueiros contra perdas financeiras, mesmo quando esses executivos estavam profundamente envolvidos em atividades questionáveis e potencialmente ilegais, como iludir os tomadores de empréstimo ou distorcer os riscos para o mercado e os reguladores. Segundo funcionários do primeiro escalão do Departamento de Justiça americano, era difícil abrir processos criminais contra as partes responsáveis, porque esses bancos eram "grandes demais para enquadrar". Essa virtual imunidade contra ações na justiça e o acesso a níveis sem precedentes de dinheiro público nada tinham a ver com a capacidade dos executivos de recorrer à força.

E esses bancos também eram, para além da imunidade judicial, "grandes demais para quebrar". Os resgates generosos foram providenciados porque, em plena crise, os bancos e outras grandes corporações financeiras convenceram os responsáveis pelas políticas públicas de que o que era bom para essas empresas e seus executivos era bom para a economia. Após o colapso do Lehman Brothers em setembro de 2008, o argumento predominante passou a ser de que novos fracassos entre as principais instituições financeiras se traduziriam em problemas sistêmicos, prejudicando a economia como um todo.

Assim, era crucial proteger os grandes bancos e outras instituições financeiras importantes — seus acionistas, credores, executivos e traders — o máximo possível e com um mínimo de condições. O poder dessa narrativa residia em sua persuasão. E ela era persuasiva porque os legisladores a viam como uma estratégia econômica sensata, não como um acordo privilegiado para os bancos. Praticamente todas as vozes importantes na questão, inclusive a de jornalistas e acadêmicos da área financeira, compraram essa visão do que precisava ser feito. Durante muito tempo depois disso, eminentes tomadores de decisões continuaram a se vangloriar de como haviam salvado não só a economia americana, mas também a economia mundial, por meio da ajuda aos grandes bancos.

A princípio, o poder de persuasão pode parecer elusivo. O poder político deriva das instituições políticas (as regras do jogo para a legislação e para determinar de quem é a autoridade executiva) e da capacidade de diferentes indivíduos e grupos de formar coalizões efetivas. O poder econômico está ligado ao controle dos recursos e do que será feito com eles. Já a capacidade coercitiva depende de dominar os meios de ação violenta. Mas e a persuasão, de onde vem?

O resgate dos grandes bancos e de seus executivos e credores esclarece as duas fontes da persuasão: o poder das ideias e a determinação da agenda de prioridades do momento.

O PODER DAS IDEIAS

Algumas ideias, especialmente quando expressas no contexto correto e com convicção, têm elevada capacidade de convencimento. As ideias se espalham e ganham influência se conseguem se autorreplicar, ou seja, se persuadem um grande número de pessoas, que depois repetem e divulgam os conceitos ainda mais: uma ideia repetida é uma ideia forte.

Muitos fatores são determinantes para uma ideia ser aceita, reproduzida e divulgada — alguns deles institucionais, outros relacionados ao status social e às redes que a propagam, e outros ainda às qualidades dos indivíduos que a promovem, como o carisma. Em condições normais, a ideia apresentará maior probabilidade de ser passada adiante se for simples, respaldada por uma boa narrativa e soar verdadeira. Também ajuda se ela for defendida por indivíduos com o tipo certo de condição social — aqueles, por exemplo, que demonstram capacidade de liderança e são apoiados por entidades respeitadas, como Napoleão pelo Institut de France e professores de finanças e direito por Wall Street.

As ideias tiveram um papel importante na capacidade de Wall Street de influenciar políticas públicas e regulamentações. Os executivos por trás dos grandes conglomerados financeiros promoveram a ideia de que a economia moderna dependia do funcionamento eficiente de algumas grandes firmas, com pouca regulamentação do governo. A ideia de que a indústria financeira é boa se tornou ainda mais plausível porque estava crescendo como uma parcela da economia e conquistando status, com salários e estilos de vida generosos que os filmes e a mídia retratavam com satisfação.

A inveja e o prestígio engendrados por isso podem ser vistos na maneira como foi recebido, em 1989, o best-seller sobre traders de Michael Lewis, *Liar's Poker: Rising Through the Wreckage of Wall Street*. Lewis escreveu o livro baseado em sua própria experiência, em parte como uma crítica das práticas, dos valores e das atitudes arrogantes da indústria. Ele esperava que o livro desestimulasse os leitores a entrarem no mundo do *trading*. Porém, na época da publicação, o fascínio com Wall Street chegara a tal ponto que os ambiciosos universitários que o leram pelo jeito não se incomodaram com os personagens cruéis e a cultura insensível do mundo financeiro. Alguns escreveram a Lewis pedindo mais dicas de carreira. Na avaliação do próprio autor, o livro virou uma ferramenta de recrutamento para Wall Street.

De onde vêm as ideias convincentes? O que determina se um indivíduo ou grupo é dotado do carisma ou dos recursos para sua imposição? Podemos afirmar seguramente que boa parte do processo é aleatório. A criatividade e o talento importam, claro, e as sociedades e suas regras influenciam profundamente quem detém status social e carisma e quem poderá desenvolver seus talentos e criatividade.

Em muitas sociedades, as minorias, as mulheres e os demais desempoderados econômica ou politicamente são desencorajados a dizer o que pensam ou a ter ideias originais. Como exemplo extremo, porém eloquente, podemos citar o caso das Antilhas britânicas, no auge da economia das fazendas coloniais, quando era proibido ensinar os escravizados a ler. Durante grande parte da história, as mulheres foram alijadas e deliberadamente excluídas de posições de liderança no ramo da ciência e dos negócios.

Até o carisma depende de instituições e condições. Não se trata apenas de algo com que a pessoa nasce; tem a ver com sua autoconfiança e redes de relações sociais. O poder dos grandes bancos, por exemplo, não estava baseado simplesmente em ideias e narrativas. Os executivos e diretores dos bancos pertenciam a redes sociais dotadas de enorme poder econômico, e difundiam essas ideias. A ideia do caráter benévolo da indústria financeira foi repetida por economistas e legisladores, ansiosos para propor teorias e fornecer evidências a fim de corroborá-la.

Uma imensa dose de criatividade, carisma e trabalho duro não garante que ideias impactantes sejam propostas por um acadêmico ou empreendedor. As crenças dominantes e as atitudes de indivíduos e organizações poderosos determinam quais delas soarão convincentes, e não malucas ou tão à frente de seu tempo a ponto de serem ignoradas. É uma tremenda sorte ter a ideia certa, que soe certa, na hora certa.

UM MERCADO NADA IMPARCIAL

Ao refletir sobre por que algumas ideias pegam e outras não, os cientistas sociais costumam se valer de uma analogia com o mercado: as ideias competem por atenção e aceitação, e as melhores naturalmente levam vantagem. Ninguém pode acreditar seriamente hoje que o Sol gira em torno da Terra, ainda que essa ideia tenha outrora parecido irresistível e sido considerada um preceito tanto do islã como do cristianismo por mais de um milênio.

O sistema heliocêntrico foi proposto já no século III AEC, mas perdeu espaço para as teorias geocêntricas de Aristóteles e Ptolomeu. Aristóteles era considerado a suprema autoridade em praticamente todos os assuntos científicos na Europa pré-moderna, e a obra de Ptolomeu aperfeiçoou seu sistema e se mostrou de valor prático — por exemplo, no uso de mapas astronômicos.

No fim, as ideias mais precisas prevalecem, sobretudo quando estão embasadas numa metodologia científica coerente. Previsões verificáveis também ajudam. Isso, contudo, pode levar algum tempo. O sistema ptolomaico foi criticado por estudiosos muçulmanos a partir do ano 1000, mas eles nunca abandonaram completamente a ideia de que a Terra ficava no centro de tudo. O heliocentrismo em sua forma moderna começou a ser desenvolvido por Nicolau Copérnico no início do século XVI; foi significativamente aperfeiçoado por Johannes Kepler no início do século XVII e por Galileu Galilei um pouco mais tarde. Depois disso, foram necessárias décadas para que essas ideias e suas implicações se espalhassem pelos círculos científicos europeus. Os *Princípios matemáticos da filosofia natural*, de Newton, que usavam e ampliavam as ideias de Kepler e Galileu, foram publicados em 1687. Em 1822, até a Igreja católica admitiu que a Terra girava em torno do Sol.

O mercado de ideias, entretanto, é um contexto imperfeito para as escolhas da tecnologia, que estão no cerne deste livro. Para muita gente, a palavra "mercado" implica um campo de jogo nivelado em que diferentes ideias tentam se superar sobretudo por seus méritos. Na maior parte do tempo, não é isso que acontece.

Como destacou o biólogo evolucionário Richard Dawkins, ideias ruins mas atraentes podem prevalecer de maneira espetacular — pense nas teorias conspiratórias ou nas modas malucas entre investidores. E, no caso das ideias, há também o fenômeno natural da "riqueza atrai riqueza": como já mencionamos, quanto mais repetida e vista em fontes diversas, mais plausível e convincente uma ideia parece.

Ainda mais problemático para o conceito do mercado de ideias é que a validade de uma ideia aos olhos do público depende da distribuição predominante do poder na sociedade. Não se trata apenas da autoconfiança e das redes sociais de que pessoas poderosas dispõem para difundir suas ideias; trata-se também de nossa voz ser ampliada ou não pelas organizações e instituições existentes e de termos ou não autoridade para objetar. Uma pessoa pode ter uma ideia sobre como desenvolver determinada tecnologia, ou estar legitimamente preocupada com consequências involuntárias nas quais deveríamos prestar mais atenção. Mas se não dispuser dos meios sociais para explicar por que determinada via tecnológica é melhor, nem do status social para se fazer ouvir, essa ideia não irá longe. Isso é o que captamos com a segunda dimensão do poder de persuasão: a determinação da agenda de prioridades.

ESTABELECENDO A ORDEM DO DIA

Pessoas em posição de autoridade contam com um poder formidável para pautar a discussão pública e convencer os demais. O ser humano tem uma capacidade impressionante de usar o conhecimento coletivo, e é isso que faz da tecnologia algo tão importante para a sociedade. Nossas faculdades mentais, no entanto, têm limites. Raciocinamos segundo categorias grosseiras e às vezes fazemos falsas generalizações. Costumamos basear nossas decisões em regras aproximativas e heurísticas simples. Temos uma série de vieses, como a propensão a encontrar provas para algo em que já acreditamos ("viés da confirmação"), ou a pensar que eventos raros são mais comuns do que na verdade são.

Particularmente importante para nosso debate é o fato de que em situações de escolhas complexas tendemos a levar em conta apenas algumas opções. Nada mais natural, pois não podemos considerar todas as alternativas exequíveis e conceder igual atenção a todos os pontos de vista. Da forma como é, o cérebro já consome 20% da nossa energia metabólica, e isso provavelmente teria dificultado que se tornasse muito mais sofisticado e poderoso durante o processo evolutivo. Mesmo para decidir que biscoito ou queijo comprar, se prestássemos atenção em todas as opções, teríamos de considerar mais de 1 milhão (mais de mil vezes mil, considerando que existem mais de mil tipos de biscoitos e queijos prontamente disponíveis). Em geral não precisamos considerar tantas escolhas, porque utilizamos atalhos e heurísticas aprimorados para tomar decisões razoavelmente boas.

Uma das nossas heurísticas mais poderosas é aprender com os outros. Observamos e imitamos. De fato, esse aspecto social da inteligência é um imenso recurso quando se trata de construir conhecimento coletivo, pois enseja um processo eficiente de aprendizado e tomada de decisão. Mas também gera uma série de vulnerabilidades e fraquezas que são exploradas pelos poderosos. Às vezes o que aprendemos não é bom para nós, mas outros querem que pensemos assim.

Na verdade, tendemos a dar ouvidos às figuras mais eminentes da sociedade. Aqui, também, nada mais natural: não seria factível prestar atenção nas experiências e nos conselhos de um sem-número de pessoas. Concentrar-se nas que mostraram saber o que fazem é uma boa heurística.

Mas quem deve ser considerado competente? Pessoas bem-sucedidas em seus campos são as candidatas óbvias. Mas, muitas vezes, não observamos as especificidades de cada especialidade. Uma heurística aparentemente razoável consiste em prestar mais atenção em quem tem mais prestígio. De fato, acreditamos quase por instinto que as ideias e recomendações de gente dotada de status merecem nossa atenção.

A disposição em seguir o status social e o prestígio e em copiar indivíduos de sucesso é tão entranhada em nossa psique que parece biológica. Podemos percebê-la até no comportamento imitativo de crianças de três anos.

Os psicólogos estudam há tempos como as crianças imitam — na verdade superimitam — o comportamento adulto. Em um experimento, um adulto demonstrou como extrair um brinquedo de uma caixa de plástico com duas fechaduras, uma na parte de cima e outra na frente. O experimentador primeiro destrancou a de cima, depois a da frente, então tirou o brinquedo pela frente. O primeiro passo era completamente desnecessário. Mesmo assim, as crianças copiaram fielmente o gesto. Não teriam compreendido sua futilidade? Pelo contrário. Quando indagadas, ao final do experimento, elas sabiam perfeitamente que era "tolo e desnecessário" abrir a fechadura de cima; mas, mesmo assim, imitaram o procedimento. Por quê?

A resposta parece estar ligada ao status social. O adulto é o especialista, e tem esse status conferido por sua posição. Logo, as crianças tendem a suspender sua descrença e a copiá-lo. O que o adulto faz deve ter uma razão, mesmo que pareça desnecessário e tolo. Crianças mais velhas, na verdade, são mais propensas a esse tipo de superimitação, conforme vão melhorando seu entendimento das deixas e relações sociais — isto é, conforme vão aprimorando seu reconhecimento do status social e passam a seguir aqueles que percebem como tendo um conhecimento especializado.

Em experimentos similares, chimpanzés ignoraram o primeiro passo e foram direto à fechadura da frente — não porque sejam mais inteligentes que nós, mas, ao que parece, porque não são tão predispostos quanto os humanos a respeitar, aceitar e imitar o (suposto) conhecimento especializado.

Outro experimento engenhoso mergulhou um pouco mais fundo nesse tipo de comportamento. Os pesquisadores exibiram para crianças em idade pré-escolar vídeos em que diferentes atores usavam um mesmo objeto de modos diferentes. Nas imagens, também se via uma pessoa que apenas observava algum ator. As crianças tenderam a prestar muito mais atenção no ator sendo observado e a emular a opção tomada por ele.

Elas não estavam apenas imitando um aprendizado, mas seguindo outros aprendizes, algo que os autores interpretaram como um indício de prestígio, um marcador de quem é percebido como tendo o conhecimento especializado correto. Ao que tudo indica, somos dotados de um instinto para levar em consideração os pontos de vista e as práticas de quem julgamos bem-sucedido; de maneira ainda mais reveladora, chegamos a esse veredicto observando quem é obedecido e seguido pelos demais — de volta ao status social!

Respeitar o status social e imitar pessoas de sucesso tem uma clara lógica evolucionária, pois trata-se de pessoas que, por terem feito escolhas corretas, tiveram maior probabilidade de prosperar. Mas o problema aqui também fica óbvio. Nossa propensão a prestar mais atenção em gente de status e prestígio gera poderosos feedbacks: os detentores das fontes de poder social possuem maior status, e tendemos a dar mais ouvidos a eles do que aos demais, conferindo-lhes também maior poder de persuasão.

Em outras palavras, somos imitadores tão bons que é difícil não absorvermos a informação embutida nas ideias e visões com que nos deparamos, normalmente propostas pelos mais poderosos. Essa conclusão é confirmada também em experimentos que revelam que, mesmo diante de uma informação irrelevante rotulada como não confiável, temos dificuldade em resistir a levá-la a sério. Foi exatamente isso que os pesquisadores descobriram no experimento da caixa de plástico: mesmo percebendo que a fechadura de cima era inútil, as crianças continuaram aferradas a seu comportamento imitativo. Um fenômeno similar foi constatado em sites de mídias sociais contendo fake news. Muitos usuários eram incapazes de desconsiderar a desinformação, mesmo que os dados apresentados fossem claramente sinalizados como não confiáveis, e suas percepções continuavam influenciadas pelo que viam.

O poder de determinar prioridades explora esse instinto: os que são capazes de determiná-las devem ser dignos de status, e assim os demais lhes darão ouvidos.

AS PRIORIDADES DO BANQUEIRO

Às vésperas da crise financeira global de 2007-8, os altos executivos dos grandes bancos mundiais detinham poder de sobra para determinar a ordem do dia, uma vez que eram vistos como altamente bem-sucedidos por uma cultura americana que dá imenso valor à riqueza material. À medida que os riscos assumidos e as margens de lucro na indústria cresciam, a fortuna desses executivos aumentava proporcionalmente, elevando ainda mais seu prestígio.

Quando a crise se agravou, essas mesmas empresas sofreram perdas tão grandes que a falência se tornou inevitável. Foi aí que entrou em jogo a carta do "grande demais para quebrar". Os legisladores, que antes apoiavam de maneira incondicional o inchaço e a alavancagem do mundo financeiro, agora se mostravam persuadidos pela ideia de que permitir a falência de tais instituições levaria a um desastre ainda maior.

Quando um jornalista perguntou a Willie Sutton, o famoso criminoso da época da Grande Depressão, por que roubava bancos, consta que ele respondeu: "Porque é onde está o dinheiro". De forma análoga, os modernos titãs das finanças hoje detêm o poder de persuasão porque são eles que possuem o dinheiro.

Durante a crise econômica de 2007-8, os dirigentes dos grandes bancos eram vistos como dotados de considerável expertise — por controlarem um importante setor da economia — e louvados nos meios políticos e de comunicação como indivíduos ultratalentosos, ricamente recompensados por seu conhecimento. Esse status, e o poder de persuasão conferido por ele, permitiu que cerca de uma dezena de banqueiros pautasse a escolha da economia americana: resgatar os acionistas, credores e executivos dos bancos em termos favoráveis ou permitir que quebrassem e a economia fosse arruinada.

Essa prioridade negligenciou opções realistas, como apoiar financeiramente os bancos — para conservar intacto seu caráter legal, mas sem permitir que acionistas e executivos saíssem lucrando — ou demitir e processar os banqueiros que haviam desrespeitado a lei — enganando os clientes e contribuindo para o colapso financeiro, para começo de conversa. A pauta ignorou medidas óbvias de socorro aos desesperados devedores de hipotecas — pois prevaleceu a visão de que a falência desses indivíduos não traria riscos sistêmicos e de que a inadimplência seria ruim para os bancos!

Entre as opções ignoradas estava suspender temporariamente os generosos bônus dos traders e executivos das mesmas instituições que desencadearam a crise e foram resgatadas pelo governo. A companhia de seguros AIG, salva por uma ajuda de 180 bilhões de dólares no outono de 2008, foi ainda assim autorizada a distribuir quase meio bilhão de dólares em bônus, inclusive para os executivos que arruinaram a empresa. No meio da pior recessão desde os anos 1930, nove instituições financeiras que estavam entre as maiores beneficiadas pelos resgates pagaram bônus de mais de 1 milhão de dólares a 5 mil funcionários — sob a justificativa de que precisavam reter o "talento".

A ampla rede social de Wall Street ajudou a definir as prioridades por abranger muitos dos interessados com influência suficiente para dizer que prioridades deveriam ser essas. A porta giratória entre os setores financeiro e público também desempenhou um papel. Quando nossos amigos e ex-colegas nos dizem como ver o mundo, prestamos atenção neles.

Claro que as ideias e a definição da agenda de prioridades estão interligadas. Ideias convincentes têm mais chance de estabelecer essa agenda, e quanto maior o sucesso de alguém em defini-las, mais plausível e poderosa se torna a ideia. A retórica de que a grande indústria financeira é benéfica para a sociedade pareceu irresistível porque os banqueiros e sua turma conquistaram uma posição de autoridade, conceberam a narrativa e forneceram sua interpretação das evidências.

IDEIAS E INTERESSES

As maquinações de Wall Street antes e durante a crise financeira de 2007-8 talvez deem a impressão de que o poder de estabelecer as prioridades é importante para permitir que certos grupos ou indivíduos zelem por seu objetivo final. Os interesses econômicos e políticos dos poderosos certamente costumam vir embalados por ideias. Mas a influência para determinar a ordem do dia vai muito além de interesses egoístas. Na verdade, se aconselhamos outras pessoas a fazerem algo que para nós é obviamente bom, elas via de regra se recusam, vendo isso como uma tentativa grosseira de imposição da nossa vontade. Para que uma ideia seja bem-sucedida, é preciso articular um ponto de vista mais amplo, que transcenda os interesses pessoais, ou pelo menos pareça fazê-lo.

Há outro motivo para que ideias poderosas muitas vezes não sejam aquelas abertamente egoístas. Defendemos muito melhor uma ideia se acreditamos nela de maneira apaixonada, e isso é mais provável se nos convencemos de que não se trata apenas de um estratagema individualista, mas de algo feito em nome do progresso. Assim, era bem mais importante para o sucesso dessa visão dos banqueiros que burocratas, legisladores e jornalistas, com menos interesses materiais diretos envolvidos, adotassem a retórica do caráter benéfico das grandes finanças.

Mas essa dinâmica sugere também que as ideias e os interesses às vezes divergem. Nosso conjunto de crenças molda a forma como encaramos os fatos e pesamos diferentes barganhas. Isso faz com que sejamos movidos por ideias até mesmo quando elas vão contra nossos interesses. Pontos de vista defendidos com paixão costumam ganhar mais preponderância, chegando a ser contagiosos.

A pressão de Lesseps para construir o canal do Panamá no nível do mar, a despeito das duras condições para os trabalhadores, não teve a ver com interesses econômicos. Tampouco sua crença quase mágica de que "homens de gênio" apareceriam com soluções tecnológicas era movida por cálculos egoístas. Lesseps estava genuinamente convencido de que aquela era a maneira certa de usar o conhecimento e a tecnologia científicos disponíveis para o bem comum, e conseguiu persuadir os demais por conta de seu imenso sucesso anterior, e por haver muitas pessoas que acatavam suas opiniões na França.

Da mesma forma, o que prevaleceu de maneira esmagadora durante a crise financeira mundial não foram apenas os interesses dos grandes bancos (ainda que suas diretorias passassem muito bem, obrigado), mas a visão em que esses proeminentes banqueiros acreditavam piamente (afinal, eles não haviam ficado fabulosamente ricos?). Como afirmou Lloyd Blankfein, presidente do banco de investimentos Goldman Sachs, em 2009, ele e seus colegas estavam realizando a "obra divina". Essa combinação entre sucesso passado e a narrativa de atuação pelo bem comum cativou a fundo jornalistas, legisladores e o público. Aos que questionavam essa abordagem ficava reservada a indignação dos justos.

Exemplificamos até aqui como as ideias podem se difundir e ganhar prevalência, determinando as prioridades, o que confere uma posição especial àqueles que pautam o debate.

Mas quem são eles? Indivíduos de condição social elevada. Como pessoas que dispõem de influência social estão em melhor posição para determinar prioridades, acabamos por nos ver diante de um possível círculo vicioso: quanto maior o poder e o status, mais fácil é definir a agenda de prioridades, e a capacidade de definir essa agenda confere maior status e poder. Não obstante, as regras do jogo importam e podem ampliar ou cercear as desigualdades no poder de persuasão.

UM JOGO DE CARTAS MARCADAS

O período subsequente à Guerra Civil Americana ilustra bem o papel central do poder de determinar prioridades, que depende dos grupos com poder decisório. Um comprometido contingente de abolicionistas do Norte acreditava que a guerra transformaria de uma vez por todas a vida política, econômica e social do Sul. Como afirmou um de seus principais membros, Samuel Gridley Howe, pouco antes da Guerra Civil: "Não devemos permitir que essa refrega em que mergulhamos se encerre enquanto o poder escravocrata não for completamente subjugado e a *emancipação assegurada*" (grifos do original).

Em 1º de janeiro de 1863, a Proclamação da Emancipação abriu uma nova fase na história americana. A 13ª Emenda, abolindo a escravidão, veio logo em seguida, no final de 1865. A 14ª Emenda, ratificada em 1868, concedia cidadania e igual proteção a todos os antigos escravizados. Reconhecendo que a mudança jamais seria implementada apenas pela força da lei, tropas federais permaneceram estacionadas no Sul. A 15ª Emenda foi aprovada em 1870, permitindo que os negros americanos participassem efetivamente do processo eleitoral. Agora, passava a ser crime impedir uma candidatura com base em "raça, cor ou condição prévia de servidão".

No início, o ideal dos direitos iguais para todos pareceu se concretizar, inclusive na esfera política. Foi a chamada era da Reconstrução, quando os negros do Sul obtiveram notáveis conquistas socioeconômicas. Eles não precisavam mais tolerar os baixos salários e a coerção diária nas fazendas, podiam abrir negócios sem sofrer intimidações, e seus filhos passaram a poder frequentar a escola. Os negros americanos agarraram rapidamente a chance de empoderamento econômico e engajamento político. Antes da Guerra Civil, em quase todos os estados do Sul o ensino era proibido para escravizados, e em 1860 o analfabetismo grassava em mais de 90% da população negra adulta da região. Depois de 1865, tudo isso mudou.

Como parte desse movimento mais amplo por maiores oportunidades, em 1870 os negros americanos haviam levantado e investido mais de 1 milhão de dólares em educação. Os agricultores negros queriam ter suas próprias terras, bem como a liberdade de decidir o que cultivar e como viver. Um movimento pela melhoria das condições de trabalho e remuneração também se desenvolveu nas vilas e cidades, e o negro urbano passou a organizar greves e a fazer abaixo-assinados exigindo reformas. E até mesmo na zona rural o mercado de trabalho para o negro começou a se transformar, mediante negociações coletivas por termos de contrato e tabelas salariais.

Essa melhora das condições econômicas veio acompanhada da representação política. Entre 1869 e 1891, houve pelo menos um negro em todas as sessões da Assembleia Geral da Virgínia, bem como 52 negros no legislativo da Carolina do Norte e 47 na Carolina do Sul. Ainda mais impressionante, os Estados Unidos elegeram seus dois primeiros senadores negros (ambos pelo Mississippi), além de quinze deputados negros (por Carolina do Sul, Carolina do Norte, Louisiana, Mississippi, Geórgia e Alabama).

Mas tudo foi por água abaixo. Já na segunda metade da década de 1870, os direitos políticos e econômicos dos negros americanos começaram a ser cerceados. Nas palavras do historiador Vann Woodward, "a adoção do racismo extremo no Sul se deveu menos a uma conversão do que a um relaxamento da oposição". E a oposição efetivamente relaxou depois que a contestada eleição de 1876 levou ao Acordo Hayes-Tilden, que pôs o republicano Rutherford Hayes na Casa Branca, mas apenas porque ele concordava em acabar com a Reconstrução e retirar as tropas federais do Sul.

A Reconstrução, assim, em pouco tempo deu lugar à fase conhecida como Redenção, em que a liderança branca sulista prometeu "redimir" o Sul da interferência federal e da emancipação dos negros. O retrocesso instituído por essa elite branca fez o Sul se transformar no que um dos intelectuais negros mais influentes do início do século XX, o sociólogo W. E. B. Du Bois, caracterizou adequadamente como "nada além de um acampamento armado para intimidar os negros".

Com isso ele se referia, é claro, à coerção dos negros americanos no Sul, o que incluía linchamentos e outras formas de execução extrajudicial, bem como o uso de forças policiais. Mas na raiz desse poder coercitivo estava também o sucesso dos brancos no Sul em persuadir o resto da nação de que era aceitável manter os negros sistematicamente em desvantagem, discriminá-los e reprimi-los com violência. O poder de persuasão dos racistas foi particularmente importante para que o país viesse a adotar a segregação e a discriminação sistêmica que veio a ser conhecida como "as leis de Jim Crow".

Como as coisas puderam dar tão errado? Há sem dúvida muitas respostas. A principal tem a ver com a ausência de poder social suficiente para determinar a ordem do dia e promover a plena igualdade socioeconômica.

A falta de oportunidades para o empoderamento dos americanos negros agravou o quadro. Como observou em março de 1864 um importante político antiescravagista da época, o congressista George Washington Julian, ao propor a reforma agrária no Sul: "De que serve uma lei do Congresso abolindo completamente a escravidão ou uma emenda na Constituição para proibi-la se a antiga base agrária do poder aristocrático permanece? A liberdade legítima continuará uma eterna fora da lei enquanto apenas um homem entre trezentos ou quinhentos possuir terras". Infelizmente, essa base de poder permaneceu na prática intocada.

O presidente Lincoln havia compreendido que o acesso aos recursos econômicos era fundamental para promover a liberdade dos americanos negros, e apoiou a decisão do general William Sherman de distribuir "dezesseis hectares e uma mula" para alguns escravizados libertos. Mas, após o assassinato de Lincoln, seu sucessor pró-escravidão, Andrew Johnson, revogou as ordens de Sherman, e os alforriados jamais receberam os recursos necessários para uma independência econômica de algum tipo. Mesmo no auge da Reconstrução os negros continuaram dependentes das decisões econômicas tomadas pela elite branca. Para piorar, o sistema de fazendas coloniais, que sempre dependera do trabalho escravo, não foi erradicado. Muitos fazendeiros conservaram suas imensas propriedades e continuaram a explorar os negros americanos mediante baixos salários e coerção.

Igualmente importante para o fracasso da Reconstrução foi o fato de os americanos negros jamais terem conseguido representação política genuína. Eles nunca foram plenamente representados. Mesmo quando havia políticos negros em Washington, eles estavam distantes da real sede do poder, como os importantes comitês do Congresso e os bastidores onde se fechavam acordos. Assim, eram incapazes de determinar a agenda de prioridades e conduzir os debates essenciais. De todo modo, suas posições no governo nacional em breve chegaram ao fim quando a Reconstrução perdeu força e teve início um retrocesso.

Negros combateram e morreram na Guerra Civil, e foram eles que sofreram as consequências da escravidão e das leis de Jim Crow. Entretanto, como as decisões centrais que determinariam seu meio de vida e futuro político estavam nas mãos de outros, o que lhes foi dado podia e era tomado de volta conforme mudavam os cálculos políticos ou as coalizões — por exemplo, quando Andrew Johnson chegou à presidência ou no Acordo Hayes-Tilden.

Os negros americanos sabiam o que queriam e o modo de consegui-lo, como ficou demonstrado durante as fases iniciais da Reconstrução. Mas por não terem representação política efetiva nem capacidade de influenciar a ordem do dia, não foram capazes de moldar a narrativa nacional. Quando a política e as prioridades nos corredores do poder mudaram, viram-se sem recursos para combater as consequências que isso teria para seu futuro.

No fim do século XIX, à medida que os Estados Unidos expandiam seu império ultramarino para Filipinas, Porto Rico, Cuba e Panamá, houve um ressurgimento do pensamento racista no país. Em um veredicto marcante, a decisão *Plessy v. Ferguson* tomada pela Suprema Corte em 1896 concluiu que "a legislação é impotente para erradicar os instintos raciais" e garantiu a constitucionalidade das práticas de "separados mas iguais" no Sul de Jim Crow. Era a ponta de um iceberg bem mais feio. Em outubro de 1901, os editores da *Atlantic Monthly* (publicação a favor dos direitos iguais) resumiu a mudança de estado de espírito entre a população do Norte:

> Sejam quais forem as benesses da aquisição de território estrangeiro eventualmente trazidas no futuro, sua influência sobre a igualdade de direitos nos Estados Unidos já se provou maligna. Ela fortaleceu a mão do inimigo do progresso negro e postergou mais do que nunca a consumação da perfeita igualdade de privilégio político. Se a raça mais forte e astuciosa é livre para impor sua vontade sobre os "recém-capturados povos escuros" do outro lado do globo, por que não na Carolina do Sul e no Mississippi?

Nesse mesmo número da revista havia um artigo assinado por um dos historiadores mais influentes da época, William A. Dunning. Dunning era um nortista, nascido em Nova Jersey e formado na Universidade Columbia, e integrou o corpo docente da Columbia por toda sua carreira. Mas ele e seus muitos alunos eram altamente críticos da Reconstrução, que no seu entender havia permitido que os *carpetbaggers* (invasores nortistas), em conluio com os *scalawags* (brancos sulistas), controlassem os votos dos escravizados libertos. A assim chamada Escola Dunning foi um eixo central do pensamento dominante na primeira metade do século XX tanto no Norte como no Sul, dando o tom para representações em papel e filme da história americana, incluindo *O nascimento de uma nação*, de D. W. Griffith. O filme é considerado um dos mais importantes da história, mas influenciou profunda e negativamente as visões sociais e políticas com seu retrato desfavorável dos negros americanos e sua justificativa para o racismo e a violência da Ku Klux Klan.

Como se defender do racismo se o grupo majoritário não escuta suas opiniões? E ele de fato não escuta, a menos que você tenha alguma capacidade de determinar a agenda de prioridades.

UMA QUESTÃO DE INSTITUIÇÕES

Para compreender como tudo correu tão mal para os negros americanos após a Reconstrução, precisamos reconhecer o papel do poder econômico e político e de suas instituições.

As instituições econômicas e políticas determinam quem irá dispor de melhores oportunidades para persuadir os demais. As regras do sistema político determinam quem será plenamente representado e quem terá o poder político, e, assim, quem sentará à mesa das decisões. Em diversos sistemas políticos, reis e presidentes influenciam amplamente as prioridades — podendo até ditá-las. Da mesma forma, as instituições econômicas influenciam a alocação de recursos e as redes econômicas para mobilizar apoio e, quando necessário, molhar a mão de políticos e jornalistas.

O poder de persuasão é mais efetivo se temos uma ideia convincente para vender. Mas, como vimos, isso também depende em parte das instituições. Por exemplo, se formos ricos ou politicamente poderosos, desfrutamos de maior status social, o que aumenta nossa persuasão.

O status social é conferido pelas normas e instituições da sociedade. O que é mais importante: sucesso financeiro ou boas ações? Ficar rico herdando a fortuna familiar ou consegui-lo por merecimento próprio? Reservamos nossa admiração aos que alegam conversar com os deuses e falar em seu nome? Acreditamos que os banqueiros devem ser respeitados e colocados em um pedestal ou tratados igual a qualquer pessoa, como acontecia nos Estados Unidos durante a década de 1950?

O status social também reforça outras desigualdades de poder: quanto maior o status, mais é possível usá-lo para obter vantagem econômica, voz política e influência — e, em certas sociedades, até aumentar seu poder coercitivo.

As instituições e ideias andam de mãos dadas. Hoje em dia, muitos valorizam a democracia, pois a ideia se propagou e a aceitamos como uma boa forma de governo, uma vez que as evidências confirmam que ela leva a bons resultados econômicos e a uma distribuição mais justa das oportunidades. Se a confiança nas instituições democráticas desmoronasse, as democracias pelo mundo logo iriam junto. Na verdade, pesquisas mostram que, conforme as democracias vão melhorando sua capacidade de oferecer crescimento econômico, serviços públicos e estabilidade, seu apoio cresce consideravelmente. As pessoas esperam muito desse sistema de governo, e se ele cumpre o que promete, tende a florescer. Mas quando não é capaz de atender as expectativas, a fórmula parece menos atraente.

O impacto das instituições políticas nas ideias é ainda mais forte. Ideias melhores, e as respaldadas pela ciência ou por fatos bem estabelecidos, contam com uma vantagem. Mas as coisas não costumam ser tão preto no branco, e certas ideias não só monopolizam a agenda, como também, e de maneira ainda mais perniciosa, relegam ao ostracismo qualquer argumento contrário efetivo. Os poderes político e econômico são importantes porque são eles que decidem quem terá voz e determinará as prioridades, e quais visões terão direito a assento na mesa onde as decisões são tomadas. Se somos acolhidos em um foro de status elevado, nosso poder de persuasão aumenta, e podemos ajudar a remodelar o poder político e econômico.

A história também importa: uma vez à mesa de decisões, debatendo questões essenciais e influenciando as prioridades, tendemos a permanecer nesse rumo. Ainda assim, como demonstra o período que se seguiu à Guerra Civil Americana, esses arranjos costumam ser refeitos, sobretudo em momentos críticos, quando a balança do poder se altera e novas perspectivas e opções de repente começam a ser vistas como factíveis ou mesmo inevitáveis.

Mas história não é o mesmo que destino. As pessoas possuem "agência" — podem fazer escolhas sociais, políticas e econômicas que rompam com os círculos viciosos. O poder de persuasão não é mais predeterminado do que a história; também podemos remodelar nossa visão sobre quais opiniões serão valorizadas e ouvidas e quem determinará a ordem do dia.

O PODER DE PERSUASÃO É ABSOLUTAMENTE CORRUPTOR

A despeito de nossa tendência a adotar a visão dos poderosos, seria possível ao menos esperar que ela fosse suficientemente inclusiva e aberta, sobretudo por apelar com frequência ao bem comum para justificar seus desígnios? Podemos esperar também que as pessoas no poder ajam com responsabilidade, para que não tenhamos de sofrer as consequências de uma aplicação meticulosa de visões autocentradas que impõem custos aos demais? Provavelmente, trata-se de uma vã esperança. Em 1887, em uma declaração que ficou famosa, o historiador e político britânico Lord Acton afirmou:

> O poder tende a corromper, e o poder absoluto é absolutamente corruptor. Grandes homens são quase sempre homens maus, mesmo quando exercem sua influência, não sua autoridade: e mais ainda se considerarmos a tendência ou a certeza de sua corrupção. A maior heresia de todas é sacralizar alguém por seu cargo.

Lord Acton falava ao arcebispo da Cantuária sobre reis e papas, e não faltam exemplos, históricos ou modernos, de soberanos com poder absoluto sendo absolutamente atrozes.

Mas o aforismo de Lord Acton se aplica de forma igualmente adequada ao poder de persuasão, incluindo o de se autopersuadir. Em termos simples: aqueles que dispõem de poder social com frequência se convencem de que suas ideias (e seus interesses) são mais importantes, e assim encontram justificativas para negligenciar os demais. Um exemplo disso foi a capacidade de Lesseps de racionalizar a coerção contra os trabalhadores no Egito e ignorar a evidência de que a malária e a febre amarela estavam matando milhares no Panamá.

Talvez não haja melhor evidência desse tipo de corrupção que o trabalho do psicólogo social Dacher Keltner. Em experimentos conduzidos durante as duas últimas décadas, Keltner e seus colaboradores reuniram uma enorme quantidade de dados para confirmar que, quanto maior o poder, maior a propensão ao egocentrismo e a ignorar as consequências das próprias ações sobre os demais.

Numa série de estudos, Keltner e seus colegas observaram o comportamento no trânsito dos motoristas de carros de luxo. Em mais de 30% das ocasiões, os carros de luxo avançaram em um cruzamento sem esperar a vez e fecharam outros veículos. Entre os carros comuns, essa proporção foi de 5%. O contraste ficou ainda mais nítido no caso dos "pedestres" (membros da equipe de pesquisa) atravessando a rua pela faixa: os carros de luxo fecharam os pedestres em 45% das ocasiões, contra quase nenhuma ocorrência entre os demais.

Em experimentos laboratoriais, Keltner e sua equipe descobriram também que a riqueza e o status social aumentam a probabilidade de uma pessoa trapacear, apropriando-se ilegalmente de alguma coisa ou reivindicando-a. Entre os ricos se constatou ainda maior tendência a atitudes gananciosas. Isso não se revelou verdadeiro apenas para os autorrelatos, mas também quando os pesquisadores projetavam experimentos em que podiam monitorar se o indivíduo trapaceava ou procedia a outros métodos antiéticos.

De maneira mais notável, os pesquisadores descobriram que a trapaça podia ser induzida simplesmente gerando uma sensação de status mais elevado — por exemplo, estimulando a pessoa a se comparar com outras mais pobres.

O que leva os poderosos a se entregarem a comportamentos egoístas e antiéticos? A pesquisa de Keltner sugere que a resposta talvez esteja relacionada à autopersuasão — sobre o que constitui um comportamento aceitável e o bem comum. Pessoas ricas e proeminentes apenas se convencem de que estão recebendo o que lhes é de direito ou até mesmo que a ganância não é imoral. Nas palavras do inescrupuloso investidor Gordon Gekko, do filme *Wall Street*, de 1987: "Ganância é bom". Um fato interessante foi a constatação feita por Keltner e seus colaboradores de que os não ricos também podem ser levados a se comportar de forma parecida quando expostos a atitudes positivas em relação à ganância.

Como já argumentamos, o poder de persuasão no mundo moderno é a fonte de dominação social mais importante que existe. Mas, com tamanha persuasão, uma pessoa tende a acreditar que a razão está do seu lado e a mostrar menos solidariedade para com os desejos, interesses e aflições dos demais.

ESCOLHENDO A VISÃO E A TECNOLOGIA

O poder social é relevante em todos os aspectos de nossas vidas. E de particular consequência para os rumos do progresso. Mesmo numa roupagem de apelo ao bem comum, as novas tecnologias não beneficiam automaticamente a todos. Com frequência, os que extraem maior proveito dela são aqueles cuja visão domina a trajetória da inovação.

Nossa definição de visão refere-se ao modo como as pessoas acreditam ser capazes de transformar o conhecimento em novas tecnologias direcionadas para resolver conjuntos específicos de problemas. Como nos capítulos 1 e 2, tecnologia aqui significa algo mais amplo do que apenas a aplicação do conhecimento científico para criar novos produtos ou técnicas produtivas. A decisão sobre o uso da energia a vapor ou o tipo de canal a construir é uma escolha tecnológica; assim como o modo de organização da agricultura e o recurso à coerção. As visões da tecnologia, portanto, penetram em quase todos os aspectos da economia e da sociedade.

O que costuma ser verdadeiro para o poder social adquire especial importância quando nos voltamos para a visão tecnológica. Ignoramos olimpicamente as opiniões em contrário quando dispomos de uma narrativa convincente sobre como ampliar a dominação humana da natureza. Os que não concordam ou sofrem com isso podem ser negligenciados ou ter suas reclamações atendidas apenas da boca para fora. Quando uma visão se torna superconfiante, esses problemas se acentuam. Passamos a considerar os que oferecem obstáculos ou defendem caminhos alternativos como insignificantes, desinformados ou totalmente equivocados. Ou recorremos à opressão, simplesmente. A visão justifica tudo.

Decerto não queremos dizer com isso que seja impossível encontrar um modo de combater o egoísmo e as visões presunçosas. E sim que não podemos esperar que o comportamento responsável apareça de forma espontânea. Como observou Lord Acton, nunca devemos contar com a responsabilidade social dos poderosos. E menos ainda quando eles são veementes e dizem sonhar em moldar o futuro. Tudo isso conspira contra o comportamento responsável, pois o poder de persuasão corrompe e tende a torná-los incapazes de compreender ou se importar com o sofrimento alheio.

Devemos moldar o futuro criando contrapoderes, assegurando em particular a presença de um conjunto diversificado de vozes, interesses e perspectivas como forma de compensar a visão dominante. Ao construir instituições que proporcionem acesso a uma ampla gama do público e abram caminho para diferentes ideias influenciarem a agenda, podemos romper com sua monopolização por parte de alguns poucos indivíduos.

Isso também tem relação com as normas sociais — as coisas que a sociedade julga aceitáveis e as que se recusa a considerar ou às quais reage —, com a pressão que a população comum deve fazer sobre as elites e os visionários, e com a vontade dessa população de ter suas próprias opiniões em vez de ficar presa à visão dominante.

Devemos encontrar ainda maneiras de cercear as visões egoístas e superconfiantes, e isso também diz respeito às normas e instituições. A força da presunção é muito menor se os poderosos têm companhia diversa à mesa. Sua voz enfraquece ao ser confrontada com argumentos contrários efetivos e impossíveis de ignorar. E, assim esperamos, começa a se calar assim que é reconhecida e ridicularizada.

QUAL É O PAPEL DA DEMOCRACIA NISSO?

Embora não haja um método a toda prova para atingir tais objetivos, as instituições políticas democráticas são cruciais. O debate sobre os prós e contras da democracia remonta no mínimo a Platão e Aristóteles, nenhum dos quais se mostrou muito animado com esse sistema político, receando a cacofonia de vozes que poderia engendrar. A despeito de temores como esse e das frequentes preocupações com a resiliência da democracia na imprensa popular atual, há claras evidências de que ela é benéfica para o crescimento econômico, a oferta de serviços públicos e a redução da desigualdade na educação, na saúde e nas oportunidades de vida. As pesquisas mostram por exemplo que países recém-democratizados aumentaram seu PIB per capita em 20% a 30% nas duas décadas seguintes à democratização, crescimento com frequência acompanhado de maiores investimentos em educação e saúde.

Por que as democracias são mais eficazes que as ditaduras ou monarquias? Como sempre, a resposta é complexa. Algumas ditaduras são muito malconduzidas, e a maioria dos regimes antidemocráticos tende a favorecer empresas e indivíduos com ligações políticas, frequentemente agraciando-os com monopólios e ensejando expropriações em prol das elites. As democracias costumam desmantelar as oligarquias e restringir os governantes, inculcando-lhes um comportamento respeitador da lei. Geram oportunidades para os menos favorecidos e permitem uma distribuição mais equânime do poder social. Em geral, são ótimas para resolver disputas internas por meios pacíficos. (É verdade, as instituições democráticas não andam lá muito bem das pernas ultimamente nos Estados Unidos e em boa parte do mundo, e voltaremos a discutir as causas disso no capítulo 10.)

Existe mais uma razão para o sucesso da democracia: sua maior força talvez resida justamente na cacofonia. Se dificultamos que um único ponto de vista domine as escolhas políticas e sociais, aumentamos as chances de haver forças de oposição e perspectivas que solapem as visões egoístas impostas ao povo em detrimento de seus desejos ou benefícios.

Essa vantagem da democracia está ligada a uma ideia proposta há mais de duzentos anos por um filósofo francês, o marquês de Condorcet. Condorcet fez a defesa do sistema democrático utilizando o que chamou de "teorema do júri": doze pessoas com diferentes pontos de vista têm maior probabilidade de chegar a uma boa decisão do que um só indivíduo. A contribuição dos jurados envolve tanto suas perspectivas como seus vieses, que deverão variar de uma questão para outra. Se a palavra cabe a um único indivíduo soberano, sujeitamo-nos a suas eventuais decisões ruins. Mas quando uma série de pessoas profere o veredicto, temos a média de seus pontos de vista, que sob condições plausíveis tende a levar a decisões melhores. Uma democracia funcionando bem seria como um imenso júri.

Nosso argumento é um pouco diferente, embora relacionado. A vantagem da democracia talvez não esteja apenas no agregado de visões distintas, mas no estímulo para que diferentes perspectivas interajam entre si e se contrabalancem. Sua maior força residiria desse modo na deliberação dos diferentes pontos de vista, bem como nas discordâncias que isso muitas vezes gera. Logo, como observado no capítulo 1, uma implicação importante da nossa abordagem é que a diversidade não constitui uma característica "agradável" de se ter; sua presença é necessária para contrariar e conter as visões superconfiantes das elites. Essa diversidade é também a essência da força democrática.

Trata-se de um argumento quase diametralmente oposto à visão predominante entre as elites políticas de muitas democracias ocidentais, baseada na ideia de "delegar aos tecnocratas". Esse ponto de vista, que ganhou ampla aceitação em décadas recentes, sustenta que decisões importantes como a política monetária e fiscal, os resgates de falências, a preservação ambiental e a regulamentação da IA devem ser tomadas por tecnocratas especializados.

Não é bom o público se envolver demais nos detalhes de questões de governo como essas.

No entanto, essa exata abordagem tecnocrática levou às políticas que encorajaram os investidores em Wall Street e mais tarde — e em termos incrivelmente generosos — os resgataram e os absolveram da crise financeira de 2007-8. É revelador que grande parte das principais decisões antes, durante e depois da crise tenham sido tomadas a portas fechadas. Vista sob esse prisma, a abordagem tecnocrática da democracia pode facilmente ser presa de uma visão específica, como a dos benefícios das grandes finanças, adotada pela maioria dos tomadores de decisões importantes no início do século XXI.

Em nossa avaliação, a maior parte da real vantagem democrática é evitar a tirania das visões estreitas. Para que isso aconteça, devemos valorizar e promover a diversidade de vozes na democracia. O cidadão comum, alijado pelo consenso tecnocrático, parece compreender isso. O apoio à democracia nas pesquisas anda de mãos dadas com o desdém por especialistas arrogantes, e aqueles que acreditam no sistema democrático não vão querer ceder sua voz política em prol dos tecnocratas e suas prioridades.

Tal diversidade é com frequência deplorada por esses especialistas sob o argumento de que as pessoas comuns são incapazes de dar contribuições valiosas em questões altamente técnicas. Não estamos dizendo que deveríamos reunir grupos de cidadãos das mais variadas formações para discutir as leis da termodinâmica ou aperfeiçoar algoritmos de reconhecimento de voz, e sim que as diferentes escolhas tecnológicas — sobre algoritmos, produtos financeiros e o uso das leis da física — tendem a acarretar diferentes consequências socioeconômicas, e todos devem ter voz para dizer se as consideram desejáveis ou mesmo aceitáveis.

Quando uma empresa desenvolve tecnologia de reconhecimento facial para monitorar rostos numa multidão, seja no intuito de comercializar melhor seus produtos, seja no de coibir a participação das pessoas em manifestações, ninguém está em melhor posição do que seus engenheiros para decidir *como* projetar o software. Mas deve caber à sociedade como um todo a decisão de dizer *se* esse software deve ser projetado e empregado. Dar ouvidos à diversidade de vozes exige esclarecer melhor as consequências da escolha e levar em consideração as expectativas dos não especialistas.

Em suma, a democracia constitui um pilar essencial do que entendemos como as bases institucionais de uma visão inclusiva, em parte devido a uma distribuição mais equilibrada do poder social e às leis mais bem formuladas normalmente oferecidas pelos sistemas democráticos. Mas ela tem a ver também com assegurar uma estrutura em que as pessoas comuns sejam bem informadas e politicamente ativas e em que as normas e a pressão social expressem perspectivas e opiniões diversas, impeçam o monopólio da determinação das prioridades e cultivem contrapoderes.

VISÃO É PODER; PODER É VISÃO

O progresso costuma deixar muita gente para trás, a não ser que sua direção seja mapeada numa orientação mais inclusiva. Uma vez que a direção determina os vencedores e os perdedores, normalmente é motivo de disputas, e a influência social determina qual caminho favorito irá prevalecer.

Como argumentamos até aqui, o poder de persuasão — mais do que o econômico, político ou coercitivo — é fundamental para essa decisão. A influência social de Lesseps não derivava de tanques ou canhões. Ele tampouco era particularmente rico ou detinha algum cargo político importante. Lesseps na verdade possuía poder de persuasão.

A persuasão é particularmente importante no que toca às escolhas tecnológicas, e a visão dos que convencem os demais acerca dos rumos da tecnologia tende a ganhar predominância.

Analisamos ainda de onde vem o poder de persuasão. Claro que ideias e carisma fazem diferença. Mas esse poder também é moldado por forças mais sistêmicas. Os que contam com a capacidade de determinar as prioridades, normalmente pessoas de status elevado com acesso aos corredores do poder, tendem a ser mais persuasivos. Tanto o status social como esse acesso são moldados pelas instituições e normas da sociedade; são elas que decidem se há lugar para vozes e interesses diversos à mesa onde as decisões mais importantes são tomadas.

Segundo nossa abordagem aqui, essa diversidade é crítica por ser o modo mais seguro de constituir contrapoderes e conter visões superconfiantes e egoístas. E embora sejam considerações gerais, mais uma vez se revelam particularmente importantes no contexto da tecnologia.

Vimos além disso como o poder de persuasão gera uma vigorosa dinâmica que se autorreforça: quanto mais gente nos escuta, maior nosso status, e mais bem-sucedidos nos tornamos do ponto de vista econômico e político. Isso nos capacita a difundir nossas ideias com mais veemência, acentuando nosso poder de persuasão e ampliando ainda mais nossos recursos econômicos e políticos.

Esse feedback é ainda mais importante no caso das escolhas tecnológicas. A paisagem da tecnologia não apenas determina quem prospera ou definha, como também, de forma crucial, quem dispõe de poder social. Os que enriquecem com as novas tecnologias, ou têm seu prestígio e voz amplificados, ficam mais poderosos. As próprias escolhas tecnológicas são definidas pelas visões dominantes e tendem a reforçar o poder e o status daqueles cuja visão molda a trajetória da tecnologia.

Essa dinâmica autorreforçadora é uma espécie de círculo vicioso. Historiadores e estudiosos da economia política a ressaltaram, enumerando as vias pelas quais os ricos se tornam mais influentes politicamente, e como esse poder político adicional lhes permite enriquecer ainda mais. O mesmo pode ser dito da nova visão oligárquica que domina o futuro da tecnologia moderna.

Poderíamos imaginar que é bem melhor ser controlado antes pela persuasão do que pela repressão. Em mais de um sentido, é verdade. Mas há duas maneiras pelas quais o poder de persuasão pode ser igualmente pernicioso no contexto moderno. Para começar, pessoas com poder de persuasão também se persuadem a ignorar os que sofrerão com suas escolhas, e com os danos colaterais que irão gerar (pois os persuasores estão do lado certo da história e atuam pelo bem comum). Além disso, escolhas tendenciosas difundidas pelo poder de persuasão são menos evidentes do que as resultantes de violência, de modo que talvez sejam mais facilmente negligenciadas e mais difíceis de corrigir.

Trata-se de uma armadilha da visão: quando determinado ponto de vista ganha predominância, fica difícil escapar de seus grilhões, pois as pessoas tendem a acreditar no que essa visão preceitua. E é claro que as coisas são bem piores quando ela sai do controle, encorajando o excesso de confiança e cegando todos para seus custos.

Os que permanecem alijados do setor tecnológico e dos corredores do poder contemporâneos compreensivelmente sentem-se frustrados, mas na verdade não estão indefesos diante dessa armadilha. Eles podem apoiar narrativas alternativas, construir instituições mais inclusivas e fortalecer outras fontes de poder social.

Como a tecnologia é altamente maleável, há inúmeras narrativas convincentes capazes de apoiar vias alternativas. Dispomos sempre de várias opções tecnológicas, com consequências muito distintas, e se nos prendemos a uma ideia fixa ou a uma visão estreita, normalmente não é por falta de opções. Antes, é porque ela nos foi imposta pelos que determinam as prioridades e distribuem o poder social. Para corrigir em parte essa situação precisamos mudar a narrativa: dissecar a visão dominante, revelar os custos dos rumos atuais e encontrar espaço na mídia para difundir alternativas ao futuro da tecnologia.

O cidadão comum também pode atuar para erigir instituições democráticas que ampliem o poder de determinar as prioridades. Quando diferentes grupos são autorizados a sentar-se à mesa, quando as desigualdades econômicas e portanto as diferenças de status social são reduzidas, e quando a diversidade e a inclusão são preservadas por leis e regulamentos, isso torna mais difícil que os pontos de vista de uns poucos se apropriem do futuro tecnológico.

De fato, como veremos nos próximos capítulos, as pressões institucionais e sociais ao menos em algumas ocasiões ensejaram uma visão e uma direção mais inclusivas para o progresso. O que propomos aqui já foi feito antes e pode ser feito outra vez.

Antes de nos debruçarmos sobre a aplicação dessas ideias no presente contexto, apresentaremos nos três capítulos seguintes o papel complexo e às vezes depauperador da mudança tecnológica, primeiro na agricultura pré-industrial e a seguir nos estágios iniciais da industrialização. Em ambos os casos veremos que, em nome do bem comum, visões estreitas impulsionaram as inovações e a aplicação de novas técnicas. Os ganhos acumulados pelos que controlam a tecnologia normalmente antes prejudicam que beneficiam a população. Somente com o desenvolvimento de contrapoderes robustos é possível impor uma orientação diferente ao progresso, mais favorável à prosperidade compartilhada.

4. Cultivando a miséria

E Babilônia, tão frequentemente destruída. Quem tantas vezes a reconstruiu?
Em que casas viviam os trabalhadores da construção na Lima aurifulgente?
Bertolt Brecht, "Perguntas de um trabalhador que lê", 1935

Os pobres nessas paróquias podem afirmar, sem faltar com a verdade,
que o Parlamento deve zelar pela propriedade; tudo que sei é que
eu tinha uma vaca e uma lei do Parlamento a tomou de mim.
Arthur Young, *An Inquiry into the Propriety of Applying Wastes*
to the Better Maintenance and Support of the Poor, 1801

É do erudito italiano Francesco Petrarca a famosa afirmação de que o período subsequente à queda do Império Romano no ano de 476 foi uma época "mergulhada em trevas e profunda melancolia". Petrarca se referia à falta de inovações na poesia e na arte, mas suas palavras vieram a definir a forma como gerações de historiadores e analistas sociais pensaram os oito séculos que se seguiram às glórias do Império Romano. A crença longamente mantida pelo pensamento convencional era de que essencialmente não houvera progresso de espécie alguma, inclusive avanços tecnológicos, até o Renascimento começar a mudar a coisa de figura, a partir do século XIV.

Sabemos hoje que essa visão estava errada. Ocorreram significativas mudanças e aperfeiçoamentos tecnológicos na produtividade econômica europeia durante a Idade Média. As inovações práticas incluíram:

- o aprimoramento da rotação de culturas em diferentes campos;
- o maior uso de legumes para alimentar os animais e acrescentar nitrogênio ao solo;
- a invenção do arado de rodas pesado, puxado por três ou quatro parelhas de bois;
- o maior uso do cavalo nas atividades de aragem e transporte;
- a invenção de melhores arreios, estribos, selas e ferraduras;
- o maior uso do excremento animal como fertilizante;
- a adoção generalizada do carrinho de mão;
- a invenção de lareiras e chaminés primitivas, que melhoraram enormemente a qualidade do ar em ambientes fechados;
- a invenção de relógios mecânicos;
- a invenção da prensa de vinho;
- a invenção de bons espelhos;
- a invenção da roda de fiar;
- a invenção do tear;
- o maior uso do ferro e do aço;
- o maior acesso ao carvão;
- o aumento da mineração de todo tipo;
- a invenção de melhores balsas e barcos a vela;
- a invenção dos vitrais;
- a invenção das primeiras lunetas.

Mas essa era teve também um aspecto bastante sombrio. A vida de quem trabalhava a terra seguia sendo dura, e em partes da Europa pode ter declinado. O progresso da tecnologia e da economia acabou sendo prejudicial para a maioria da população.

A tecnologia mais definidora da Idade Média talvez tenha sido o moinho, cuja crescente importância é bem ilustrada pela experiência inglesa após a conquista normanda de 1066. No fim do século XI, havia cerca de 6 mil moinhos hidráulicos na Inglaterra, representando aproximadamente um moinho para cada 350 pessoas. Ao longo dos duzentos anos seguintes, a quantidade de rodas-d'água dobrou, e a produtividade aumentou significativamente.

Os primeiros moinhos hidráulicos envolviam uma pequena roda que girava no plano horizontal sob a mó, à qual se conectava por um eixo vertical. Projetos posteriores mais eficientes introduziram uma roda vertical maior, instalada fora do moinho e conectada por engrenagens ao mecanismo de moagem. As melhoras foram notáveis. Uma pequena roda-d'água vertical, operada por cinco a dez pessoas, gerava até dois ou três cavalos-vapor, o equivalente ao emprego de trinta a sessenta trabalhadores braçais — mais do que triplicando a produtividade. Os maiores moinhos verticais do fim do período medieval aumentaram a produção por trabalhador em até vinte vezes em relação à moagem manual.

O moinho hidráulico não podia ser adotado em qualquer parte: era necessário um fluxo de água corrente em um terreno com certo grau de declive. A partir do século XIII, os moinhos de vento estenderam o alcance da energia mecânica, expandindo imensamente a moagem de cereais para a fabricação de pão e cerveja e a pisoagem (preparação) do tecido para a produção de lã. Os moinhos de vento incrementaram a atividade econômica de regiões planas com solo rico, como a Ânglia Oriental.

De 1000 a 1300, os moinhos de água e de vento e outros avanços na tecnologia agrícola praticamente dobraram a produção por hectare. Essas inovações contribuíram para a grande arrancada do setor têxtil da lã inglesa, que posteriormente desempenhou um papel fundamental na industrialização. Embora seja difícil determinar os números exatos, estima-se que a produtividade agrícola per capita tenha aumentado em 15% entre 1100 e 1300.

Seria de imaginar que tais avanços técnicos e produtivos tivessem levado a rendimentos reais mais substantivos. Infelizmente, o trem da produtividade — que eleva os salários e o padrão de vida dos trabalhadores — não se materializou na economia medieval. Exceto para os que pertenciam a uma reduzida elite, a melhora no padrão de vida não se sustentou, e em alguns casos até observou um declínio. O aperfeiçoamento da tecnologia agrícola na Idade Média aprofundou a pobreza da maioria.

A população rural inglesa não levava uma existência confortável no início do século XI. O trabalho na terra era árduo, e os camponeses consumiam pouco mais que o mínimo necessário para sobreviver – as evidências disponíveis sugerem que eles foram ainda mais explorados ao longo dos dois séculos seguintes. Os normandos reestruturaram a agricultura, fortaleceram o sistema feudal e intensificaram a taxação implícita e explícita. O lavrador passou a reservar uma proporção ainda maior de sua produção para o senhor feudal. Com o tempo, os suseranos também impuseram exigências mais onerosas à mão de obra. Em certas partes do país, os camponeses trabalhavam duas vezes mais do que antes da conquista.

Embora a produção de alimentos tenha aumentado e os camponeses trabalhassem ainda mais, a desnutrição se agravou, e os níveis de consumo caíram para um limiar abaixo do qual a subsistência se torna impossível. A expectativa de vida continuava baixa, e é possível que tenha deteriorado para apenas 25 anos.

O panorama piorou de vez no início do século XIV, com uma sequência de fomes que culminaram, em meados do século, na Peste Negra, que varreu entre um terço e metade da população inglesa. A virulenta peste bubônica certamente teria matado muita gente, mas sua assombrosa mortalidade foi motivada pela combinação entre a doença em si e a desnutrição crônica.

Onde fora parar toda a produtividade extra originada com os moinhos, a ferradura, o tear, o carrinho, os avanços na metalurgia? Uma parte serviu para alimentar mais bocas. A população inglesa passou de cerca de 2,2 milhões em 1100 para cerca de 5 milhões em 1300. Mas o crescimento populacional se fez acompanhar do aumento da força de trabalho e da produtividade agrícola.

A produtividade mais elevada, aliada à diminuição do consumo entre a maioria, resultou em um enorme "excedente" para a economia inglesa — ou seja, a produção, acima do mínimo necessário para a sobrevivência, de alimentos, lenha e tecidos. Quem desfrutou disso foi uma pequena elite, que, mesmo numa definição mais abrangente, incluindo os cortesãos, a nobreza e o alto clero, não representava mais do que 5% da população. E contudo ela captou a maior parte do excedente agrícola na Inglaterra medieval.

Parte desse excedente destinava-se a sustentar o desenvolvimento recente dos centros urbanos, que passaram de 200 mil habitantes em 1100 para cerca de 1 milhão em 1300. O padrão de vida nas cidades pareceu melhorar, em gritante contraste com a zona rural. Uma variedade mais ampla de bens, incluindo produtos de luxo, era disponibilizada para os moradores urbanos. A expansão de Londres refletiu essa opulência crescente; sua população mais do que triplicou, chegando a cerca de 80 mil habitantes.

A maior parte do excedente era consumido não pelos centros urbanos, mas pela enorme hierarquia religiosa, que construiu catedrais, mosteiros e igrejas. As estimativas sugerem que, em 1300, bispos, abades e outros clérigos detinham um terço do total das terras agrícolas.

O boom na construção eclesiástica foi de fato espetacular. A partir de 1100, 26 cidades ganharam catedrais e 8 mil novas igrejas foram erguidas. Certos projetos podiam ser considerados faraônicos. A catedral era uma construção de alvenaria numa época em que a maior parte da população vivia em decrépitas casas de madeira. Os projetos eram normalmente encomendados a arquitetos famosos e levavam algo entre cinquenta e cem anos para ser concluídos, empregando centenas de artesãos que trabalhavam todos os dias, além de um grande contingente de mão de obra não qualificada nas pedreiras e no transporte de materiais.

Os trabalhos de construção eram dispendiosos, custando de quinhentas a mil libras por ano, cerca de quinhentas vezes a renda anual de um trabalhador braçal na época. Parte desse dinheiro era levantada com doações voluntárias, mas parte significativa vinha da arrecadação de impostos sobre a população rural.

O século XIII testemunhou uma competição entre as comunidades para ver quem construía a estrutura mais alta. O abade Suger, de Saint-Denis, na França, que passou por um boom semelhante na construção de catedrais, manifestou a visão predominante ao afirmar que os gloriosos edifícios deveriam ser equipados com toda ornamentação imaginável, de preferência em ouro:

> Aqueles que nos criticam alegam que tal celebração [da Santa Eucaristia] requer apenas alma santa, mente pura e intenção fiel. Decerto concordamos plenamente que tais coisas importam mais do que tudo. Mas acreditamos que ornamentações externas e cálices sagrados prestam-se mais a nosso culto do que a qualquer outro lugar, e isso com toda a pureza interior e toda a nobreza exterior.

Estimativas francesas sugerem que até 20% da produção total pode ter sido gasta na construção de edifícios religiosos entre 1100 e 1250. Esse número é tão alto que, se for mesmo real, implica que praticamente toda a produção além da necessária para alimentar as pessoas era empregada com esse fim.

A quantidade de mosteiros também aumentou. Em 1535, havia entre 810 e 820 casas religiosas, "grandes e pequenas", na Inglaterra e no País de Gales.

Quase todas foram fundadas após 940, e a maioria registrada entre 1100 e 1272. Determinado mosteiro possuía mais de 7 mil hectares de terras aráveis, enquanto outro contava com mais de 13 mil ovelhas. Além disso, trinta povoados, conhecidos como burgos monásticos, estavam sob o controle de ordens religiosas, o que significa dizer que a hierarquia da Igreja também vivia da receita desses lugares.

Os mosteiros tinham um apetite voraz. Sua construção e operação eram dispendiosas. A receita anual da abadia de Westminster no fim do século XIII era de 1200 libras, a maior parte derivada da agricultura. Alguns desses impérios agrícolas estavam efetivamente se esparramando. A abadia de Bury St Edmunds, uma das mais ricas, detinha o direito à receita de mais de 65 igrejas.

Para piorar as coisas, os mosteiros eram isentos de impostos. À medida que suas propriedades e seu domínio dos recursos econômicos cresciam, restava cada vez menos para o rei e a nobreza. Enquanto a Igreja controlava um terço das terras cultiváveis, em 1086 a Coroa detinha um sexto (por valor) de toda a terra. Mas, em 1300, recebia apenas 2% do total da renda fundiária na Inglaterra.

Alguns reis tentaram corrigir esse desequilíbrio. Eduardo I promulgou os Estatutos de Mortmain (1279 e 1290), procurando tapar o buraco fiscal com a proibição de novas doações de terra para organizações religiosas sem a permissão da Coroa. Mas essas medidas não deram em nada, porque os tribunais eclesiásticos, em última instância sob controle dos bispos e abades, ajudaram a conceber alternativas legais. Os monarcas não tinham força suficiente para abocanhar a receita da Igreja medieval.

UMA SOCIEDADE DE ORDENS

Por que os camponeses aturavam tal fardo, sujeitando-se a um consumo insuficiente, a uma grande quantidade de horas trabalhadas e a condições insalubres, mesmo com a economia cada vez mais produtiva? Sem dúvida, em parte, porque a nobreza havia se especializado no controle dos meios de repressão e não se acanhava em recorrer à violência quando necessário.

Mas a coerção tinha seus limites. Como demonstrou a Revolta dos Camponeses de 1381, quando o populacho se enfurecia, não era fácil apaziguá-lo. Desencadeada pelas tentativas de coletar impostos sonegados no sudeste da Inglaterra, a rebelião se alastrou rapidamente, e os revoltosos passaram a articular reivindicações como a redução dos impostos, a abolição da servidão e a reforma dos tribunais, infalivelmente tendenciosos contra eles. Segundo o cronista contemporâneo Thomas Walsingham, "as pessoas se juntaram e começaram a clamar por liberdade, planejando se tornar iguais a seus senhores e não mais vinculadas pela servidão a amo algum". Henry Knighton, outro observador da época, comentou:

> Não mais restritos a sua queixa original [relativa aos impostos e ao modo como eram coletados], e não satisfeitos com delitos menores, eles agora planejavam malefícios muito mais radicais e impiedosos: estavam determinados a não ceder até que todos os nobres e magnatas do reino houvessem sido completamente destruídos.

A turba saqueou Londres e invadiu a Torre, onde o rei Ricardo II havia se refugiado. Para pôr fim à revolta, ele concordou com as exigências dos camponeses, inclusive a abolição da servidão. Só que, mais tarde, juntando uma força de defesa bem maior, voltou atrás em suas promessas, derrotou os rebeldes e mandou executar quinhentos deles com requintes de selvageria — em alguns casos, por exemplo, eles foram arrastados e esquartejados.

O descontentamento em geral nunca chegava a esse nível de ebulição porque a aquiescência dos camponeses era obtida pela persuasão. A sociedade medieval é com frequência descrita como uma "sociedade de ordens", consistindo nos que governavam, nos que oravam e nos que trabalhavam. Os que oravam eram fundamentais para persuadir os que trabalhavam a aceitar essa hierarquia.

A imaginação moderna é dotada de certa nostalgia pelos mosteiros. Aos monges atribuímos o crédito por nos transmitirem inúmeros escritos dos tempos greco-romanos, incluindo as obras de Aristóteles, ou mesmo por terem salvado a civilização ocidental. Os mosteiros estão associados a várias atividades produtivas e hoje vendem produtos que vão de molho de pimenta a biscoitos caninos, *fudge*, mel e até tinta de impressora. Os mosteiros belgas desfrutam de renome mundial por sua cerveja (incluindo aquela que é considerada a melhor cerveja do mundo, a Westvleteren 12, da abadia trapista de São Sisto). Uma ordem monástica da Idade Média, os cistercienses, é famosa por seu preparo da terra para o cultivo, pela exportação de lã e, ao menos no começo, pela recusa em explorar o trabalho alheio. Outras ordens, por sua vez, perseveraram na pobreza como uma opção de estilo de vida para seus membros.

Mas o negócio da maioria dos mosteiros não era fabricar produtos nem combater a pobreza, e sim orar. Nesse período turbulento, de população profundamente religiosa, a oração e a persuasão estavam estreitamente ligadas. Cabia aos padres e às ordens religiosas aconselhar as pessoas e justificar a hierarquia existente — e, o mais importante de tudo, difundir uma visão de como a sociedade e a produção deveriam ser organizadas.

O poder de persuasão do clero era amplificado por sua autoridade como emissário divino. Os ensinamentos da Igreja não podiam ser questionados. Qualquer ceticismo manifestado em público levava à pronta excomunhão. As leis igualmente favoreciam a Igreja, bem como a elite secular, e punham o poder na mão dos tribunais locais, conduzidos pela elite feudal, ou dos tribunais eclesiásticos, sob controle da hierarquia da Igreja.

A questão da ascendência da autoridade clerical sobre a secular permaneceu um pomo da discórdia por toda a Idade Média. É famosa a divergência entre Tomás Becket, arcebispo da Cantuária, e Henrique II. Quando o rei insistiu que crimes graves cometidos por clérigos deveriam ser julgados nos tribunais reais, a resposta de Becket foi que "isso decerto jamais acontecerá, pois não compete a um leigo, e sim a um tribunal eclesiástico, julgar o clero ou seja lá o que qualquer um de seus membros haja cometido". Antigo lorde chanceler e conselheiro de confiança do rei, Becket tinha-se na conta de paladino da liberdade (ou alguma forma de liberdade) contra a tirania. O rei viu essa postura como traição, e sua ira resultou na morte do arcebispo.

Mas tal demonstração de força saiu pela culatra, servindo apenas para intensificar o poder de persuasão da Igreja e lhe dar a vantagem nos confrontos com a Coroa. Becket virou mártir e Henrique II foi obrigado a prestar penitência pública em seu túmulo, que permaneceu um importante santuário até 1536, quando, influenciado pela Reforma protestante e querendo se casar outra vez, Henrique VIII voltou-se contra a Igreja católica.

Essa distribuição desigual do poder social na Europa medieval explica por que a elite vivia no conforto enquanto o campesinato era miseravelmente pobre. Mas como e por que as novas tecnologias empobreceram ainda mais a população?

A resposta a essa pergunta tem muito a ver com a natureza socialmente tendenciosa da tecnologia. O modo como ela é empregada sempre esteve ligado à visão e aos interesses de quem detém o poder.

O principal aspecto do panorama produtivo na Inglaterra medieval foi reestruturado após a conquista normanda. Os normandos ampliaram a dominação dos senhores sobre os camponeses, e esse contexto ditou os salários, a natureza do trabalho agrícola e a adoção de novas tecnologias. Os moinhos representavam um investimento significativo, e numa economia em que os proprietários de terras cresciam em número e poder político, nada mais natural que coubesse a eles fazer tais investimentos, e numa direção que fortaleceu ainda mais seu controle da população rural.

Vastas extensões de terra eram operadas pelos próprios senhores feudais, com substancial domínio sobre seus vassalos e todos os demais vivendo em seus castelos. Isso era crucial, pois o morador do campo era obrigado, em essência coagido, a servir como mão de obra não remunerada na propriedade do amo. Os exatos termos desse trabalho — sua duração e até onde coincidia com a estação da colheita — eram com frequência negociados, mas, quando havia desavenças, a decisão cabia aos tribunais locais, controlados pelos senhores.

A produtividade cresceu graças aos moinhos, cavalos e fertilizantes, porque agora era possível ampliar a safra usando a mesma quantidade de terras e trabalhadores. Mas, do trem da produtividade, nem sinal. Para entendermos o porquê, voltemos ao que foi visto no capítulo 1.

Embora os moinhos representassem uma economia de mão de obra em várias tarefas, como a moagem do milho, eles também aumentavam a produtividade marginal do trabalhador. Segundo a perspectiva do trem da produtividade, o patrão contrataria mais gente para operá-los e a competição elevaria os salários. Mas, como vimos, o contexto institucional faz enorme diferença. A maior demanda por mão de obra gera salários mais elevados apenas quando os empregadores competem para atrair pessoas em um mercado de trabalho funcional e não coercitivo.

Não havia mercados de trabalho assim na Europa medieval, e a competição entre os moinhos era pequena. Como resultado, os salários e as obrigações eram normalmente determinados pelos limites da impunidade senhorial. Os senhores também decidiam quanto o campesinato deveria pagar pelo acesso aos moinhos, bem como seus impostos e taxas. O feudalismo normando trouxe maior poder social aos senhores e lhes permitiu explorar os vassalos ainda mais.

Mas por que a introdução de novas máquinas e o ganho de produtividade resultante levaram ao maior arrocho dos camponeses e a um padrão de vida piorado? Imaginemos um cenário em que novas tecnologias aumentam a produtividade, mas o empregador não pode ou não deseja contratar mão de obra extra. Só que ele ainda assim espera por uma maior quantidade de horas trabalhadas para acompanhar sua tecnologia mais produtiva. Como conseguir isso? Um modo com frequência ignorado em relatos convencionais é intensificar a coerção e extrair mais da mão de obra existente. Nesse caso os ganhos de produtividade beneficiam o patrão, mas prejudicam diretamente o trabalhador, sujeito a jornadas mais longas e a salários possivelmente ainda mais baixos.

Foi o que aconteceu após a introdução dos moinhos na Inglaterra medieval. À medida que as novas máquinas eram empregadas e a produtividade crescia, o senhor feudal explorava mais intensivamente o campesinato. A jornada do trabalhador aumentou, proporcionando-lhe menos tempo para cuidar das próprias plantações, e seus rendimentos reais e consumo familiar diminuíram.

A distribuição do poder social e a visão da época também definiram como as novas tecnologias eram desenvolvidas e adotadas. Decisões críticas incluíam onde construir novos moinhos e quem os controlaria. Na sociedade de ordens inglesa, nada mais justo e natural que eles fossem operados pelos senhores feudais e os mosteiros. Esses mesmos indivíduos dispunham da autoridade e do poder para assegurar que nenhuma competição surgisse. Com isso, o preço da produção de cereais e tecidos na economia local era estabelecido por eles — e, em alguns casos, os senhores feudais conseguiam até mesmo proibir a moagem doméstica. Essa via de adoção da tecnologia exacerbou a desigualdade econômica e de poder.

A tentativa do deão Herbert de construir um moinho de vento em 1191 ilustra o papel da visão medieval dominante, respaldada pelo poder coercitivo da elite religiosa e secular, em impor um viés à adoção da tecnologia. O abade de Bury St Edmunds, um dos mosteiros mais ricos e poderosos, não apreciou o empreendedorismo de Herbert e exigiu que o moinho fosse demolido imediatamente, pois competiria com os moinhos de seu mosteiro. Segundo Jocelin de Brakelond, que trabalhava para o abade, "ao saber disso, o deão veio ver o abade e afirmou que tinha o direito de fazer tal coisa em seu feudo livre, e que o livre benefício do vento não deveria ser negado a homem algum; afirmou também que ali desejava moer o próprio milho, não o milho alheio, para que porventura não pensassem que o fazia em detrimento de moinhos vizinhos".

O abade ficou furioso: "Agradeço o senhor como o agradeceria se tivesse cortado meus dois pés. Juro por Deus que nunca mais comerei um pedaço de pão enquanto esse edifício não for derrubado". Na interpretação do direito consuetudinário feita pelo abade, se um moinho existisse, ele seria incapaz de impedir os vizinhos do deão de usá-lo, e isso constituiria uma competição para os moinhos do mosteiro. Por essa mesma interpretação, o deão também não tinha o direito de construir um moinho sem a autorização do abade.

Embora tais argumentos pudessem em princípio ser contestados pelo deão, na prática não havia como fazê-lo, porque qualquer questão relacionada aos direitos do mosteiro seria decidida no tribunal eclesiástico, evidentemente em favor do abade. O deão nem esperou a chegada dos oficiais de justiça para pôr o moinho abaixo.

Com o tempo, a Igreja intensificou seu controle das novas tecnologias. No século XIII, o mosteiro de Saint Albans, em Hertfordshire, gastou cem libras modernizando seus moinhos e depois pressionou os camponeses a processarem seu milho e tecidos ali. Mesmo sem acesso a outros moinhos, os camponeses se recusaram a obedecer. Preferiam fabricar seus tecidos em casa a pagar as altas taxas cobradas pelo mosteiro.

Mas mesmo essa pequena dose de independência ia contra os planos do mosteiro de ser o único beneficiário das novas tecnologias. Em 1274, o abade tentou confiscar o tecido dos camponeses, o que resultou em confrontos físicos com os monges. Os camponeses levaram sua queixa ao tribunal real, que para surpresa de ninguém deliberou que eles deveriam processar seus tecidos no mosteiro, pagando o arrendamento determinado.

Em 1326 houve um conflito ainda mais violento em Saint Albans quando os monges tentaram proibir a moagem doméstica de grãos. O mosteiro foi cercado em duas ocasiões, e, quando enfim prevaleceu, o abade confiscou as mós dos camponeses e pavimentou com elas o pátio do mosteiro. Cinquenta e cinco anos mais tarde, durante a Revolta dos Camponeses, eles invadiram o mosteiro e destruíram o pátio, "símbolo de sua humilhação".

De modo geral, a economia na Idade Média não foi desprovida de progresso tecnológico e reestruturações importantes. Mas, para os camponeses ingleses, tratou-se de uma idade das trevas, porque o sistema feudal normando assegurava que o aumento da produtividade enriquecesse a nobreza e a elite religiosa. Como agravante, a reestruturação da agricultura pavimentou o caminho para uma exploração ainda maior do campesinato, com a exigência de mais excedentes e tributos, e o padrão de vida dos camponeses declinou ainda mais. As novas tecnologias serviram para favorecer a elite e aprofundar o sofrimento dos agricultores.

Esses tempos difíceis para a população comum resultaram de uma estruturação tecnológica e econômica feita pela elite religiosa e aristocrática a fim de dificultar a prosperidade da maioria. A influência cotidiana, exercida graças ao poder de persuasão, repousava sobre um sólido alicerce de crença religiosa reforçada pela ação dos tribunais e pela coerção.

UMA ARMADILHA MALTHUSIANA

Uma interpretação alternativa dos padrões de vida estagnados do período medieval está enraizada nas ideias do reverendo Thomas Malthus. No fim do século XVIII, Malthus argumentou que os pobres eram irresponsáveis. Se recebessem mais terra para criar uma vaca, simplesmente teriam mais filhos. Como resultado, "a população, se não houver controle, aumenta em proporção geométrica. A subsistência, apenas em proporção aritmética. A mais ligeira familiaridade com números mostrará a imensidão da primeira potência em relação à segunda". Como a disponibilidade de terras era limitada, o crescimento populacional superaria o crescimento da produtividade agrícola; logo, qualquer potencial melhora no padrão de vida dos pobres não duraria e seria rapidamente comprometida por mais bocas para alimentar.

Essa visão insensível, que culpa os pobres por sua miséria, não condiz com os fatos. Se existe algum tipo de "armadilha" malthusiana, é a armadilha de pensar que há uma lei inexorável da dinâmica malthusiana.

A pobreza dos camponeses não pode ser compreendida se não reconhecermos como eles eram coagidos — e como o poder político e social moldava quem se beneficiaria da direção do progresso. Durante os milhares de anos que antecederam a Revolução Industrial, a tecnologia e a produtividade não permaneceram estagnadas, ainda que não tenham se aperfeiçoado com a periodicidade e rapidez da segunda metade do século XVIII.

Quem se beneficiaria das novas tecnologias e dos aumentos de produtividade dependia do contexto institucional e do tipo de tecnologia. Durante muitos períodos críticos, como os discutidos neste capítulo, a tecnologia seguiu a visão de uma poderosa elite, e o crescimento produtivo não se traduziu em melhorias significativas para a vida da maioria da população.

Mas o controle da elite sobre a economia oscilava, e nem todos os incrementos de produtividade estavam diretamente sob seu controle como os novos moinhos. Quando os camponeses obtinham safras maiores e os senhores não eram fortes o suficiente para se apoderar do excedente adicional, as condições de vida dos pobres melhoravam.

Após a Peste Negra, por exemplo, muitos senhores ingleses, diante dos campos sem cultivo e da escassez de mão de obra, tentaram extrair mais de seus trabalhadores servis sem aumentar sua remuneração. O rei Eduardo III e seus conselheiros ficaram alarmados com as exigências dos trabalhadores por maior compensação e criaram uma legislação para proibir as demandas salariais. O Estatuto dos Trabalhadores de 1351, adotado como parte dessa reação, assim começava: "Como grande parte das pessoas e especialmente dos trabalhadores e servos pereceu presentemente dessa pestilência, alguns, percebendo a situação dos senhores e a escassez de servos, não estão dispostos a servir, a menos que recebam excessivos salários". Foram estipuladas severas punições, inclusive a prisão, para qualquer trabalhador que abandonasse o serviço. Era particularmente importante que salários mais altos não fossem usados para tirar os trabalhadores de seus campos, de forma que o estatuto decretava "que ninguém além disso pague ou permita que seja pago, a quem quer que seja, maiores remunerações, emolumentos, gratificações ou salários que o de costume".

Tais determinações e leis da Coroa, no entanto, de nada adiantaram. A escassez de mão de obra fez a balança pender em favor dos camponeses, que podiam rejeitar as exigências dos senhores, pedir remuneração melhor, recusar-se a pagar taxas e, se necessário, mudar de castelo ou vila. Nas palavras de Knighton, os trabalhadores ficaram "tão arrogantes e obstinados que não se sujeitavam à ordem do rei, e, se alguém os quisesse, tinha de lhes dar o que pedissem".

O resultado foi uma elevação salarial, como conta John Gower, poeta e cronista da época: "seja qual for o trabalho, a mão de obra é tão cara que, se alguém espera ver algo feito, deve pagar cinco ou seis xelins pelo que antes custava dois".

Uma petição à Câmara dos Comuns em 1376 responsabilizava diretamente a escassez de mão de obra pelo empoderamento de servos e trabalhadores: "assim que os amos os acusam de mau serviço, ou fazem menção de pagar-lhes por seu trabalho conforme disposto nos estatutos [...], eles fogem e abandonam repentinamente o emprego no distrito". O problema era que "eles são admitidos imediatamente em novos lugares, por salários tão apreciados que o exemplo e o encorajamento permitem a todo servo buscar novos ares".

A escassez de mão de obra fez mais do que apenas elevar os salários. O equilíbrio de poder entre senhores e camponeses se alterou, e acusações de desrespeito começaram a surgir por toda a Inglaterra rural. Knighton descreve como "os subalternos se regozijam atualmente no trajar e na paramentação, de tal forma que uma pessoa é indiscernível de outra em esplendor, vestes ou pertences". Ou, nas palavras de Gower: "Os servos são agora senhores, e os senhores são servos".

Em outras regiões da Europa nas quais a elite rural manteve seu domínio não houve erosão similar das obrigações feudais, tampouco evidência de aumento salarial. No leste e no centro do continente, por exemplo, o campesinato era tratado de maneira ainda mais cruel, e desse modo estava menos capacitado a articular exigências, mesmo com a escassez de mão de obra. Além disso, havia menos vilas para onde as pessoas pudessem facilmente escapar. As perspectivas do empoderamento camponês permaneceram mais distantes.

Mas, na Inglaterra, o poder das elites locais erodiu ao longo do século e meio seguinte. Assim, como explica um famoso relato do período, "o senhor do castelo era forçado a oferecer boas condições se não quisesse ver todos seus aldeões desaparecerem". Tais circunstâncias elevaram o salário real por algum tempo.

A dissolução dos mosteiros sob Henrique VIII e a subsequente reestruturação da agricultura foram outro passo que alterou o equilíbrio do poder na Inglaterra rural. O lento crescimento da renda real do campesinato inglês antes do início da era industrial foi consequência desse tipo de flutuação.

No decorrer da Idade Média como um todo, houve períodos em que o aumento da fertilidade humana ocasionado por safras maiores superou a capacidade da terra de alimentar as pessoas, levando a fomes e colapso demográfico. Mas Malthus estava errado em pensar que esse era o único resultado possível. Na época em que ele formulou suas teorias, no final do século XVIII, fazia séculos que os rendimentos reais na Inglaterra, e não apenas a população, vinham numa trajetória ascendente, sem sinal de fomes ou epidemias inescapáveis. Tendências similares são visíveis em outros países europeus nesse período, incluindo as cidades-Estado italianas, a França e a atual área da Bélgica e dos Países Baixos.

Para deixar a narrativa malthusiana sob uma ótica ainda mais negativa, o excedente gerado pelas novas tecnologias na era medieval, como vimos, era consumido não pela excessiva fertilidade dos pobres, mas pela aristocracia e pelo clero, na forma de luxos e catedrais ostentosas. Isso também contribuiu em parte para um padrão de vida mais elevado nas grandes cidades, como Londres.

Não é apenas a evidência da Europa medieval que constitui uma forte refutação da ideia de uma armadilha malthusiana. A Grécia antiga, liderada pela cidade-Estado de Atenas, conheceu um crescimento razoavelmente rápido da produtividade e do padrão de vida entre os séculos IX e IV AEC. Durante esse período de quase quinhentos anos, as casas ficaram maiores, a planta baixa foi aperfeiçoada, os bens familiares se multiplicaram, o consumo per capita aumentou e vários outros indicativos de qualidade de vida melhoraram. Mesmo com a expansão populacional, não se constatou a existência de qualquer dinâmica malthusiana entrando em ação. Essa era de crescimento econômico e prosperidade gregos chegou ao fim apenas por causa da instabilidade política e da invasão.

A produtividade e a prosperidade cresceram também durante a República Romana, a começar em algum momento por volta do século V AEC. Esse período de prosperidade continuou até o primeiro século do império e muito provavelmente se encerrou devido à instabilidade política e aos danos causados por soberanos autoritários na fase imperial romana.

Períodos estendidos de crescimento econômico pré-industrial, sem qualquer indício de uma dinâmica malthusiana, não se restringiram à Europa. Evidências arqueológicas e por vezes até registros documentais sugerem longos episódios de crescimento similar na China, nas civilizações andinas e centro-americanas antes da colonização europeia, no vale do Indo e em partes da África.

A evidência histórica sugere fortemente que a armadilha malthusiana nunca foi uma lei da natureza, e sua existência parece depender de sistemas políticos e econômicos particulares. No caso da Europa medieval, era a sociedade de ordens, com suas desigualdades, coerção e escolhas tecnológicas, que gerava pobreza e falta de progresso para a maioria.

O PECADO AGRÍCOLA ORIGINAL

O viés social das opções tecnológicas não se restringia à Europa medieval e constituiu um eixo da história pré-industrial. Seu início é tão ou mais antigo que a própria agricultura.

Os seres humanos começaram a experimentar a domesticação de plantas e animais há muito tempo. Os cães já coabitavam com o *Homo sapiens* há mais de 15 mil anos. Mesmo enquanto ainda forrageavam — caçando, pescando e coletando —, os humanos seletivamente encorajaram o crescimento de algumas plantas e animais e começaram a influenciar seu ecossistema.

Então, há mais ou menos 12 mil anos, houve um processo de transição para a agricultura sedentária e a domesticação de animais. Sabemos hoje que esse processo ocorreu, e é quase certo que de forma independente, em pelo menos sete diferentes locais do mundo. O cultivo no centro desse palco variou de acordo com a geografia em questão: dois tipos de trigo (*einkorn* e *emmer*) e cevada no Crescente Fértil, parte do que constitui hoje o chamado Oriente Médio; dois tipos de painço (*Setaria italica* e *Panicum milliaceum*) e arroz, respectivamente no norte e no sul da China; abóbora, feijão e milho na Mesoamérica; tubérculos (batatas e inhames) na América do Sul; e vários tipos de quinoa no atual leste dos Estados Unidos. Várias plantas foram domesticadas na África, ao sul do Saara; e a Etiópia domesticou o café (o que merece elogios especiais e deveria contar dobrado).

Na ausência de registros escritos, é impossível dizer ao certo como e quando as coisas ocorreram. Teorias sobre momentos e causas são objeto de acalorados debates. Alguns estudiosos alegam que o aquecimento do planeta gerou abundância, levando por sua vez aos povoamentos e à agricultura; outros sustentam o contrário: como a necessidade é a mãe da invenção, a escassez episódica foi o principal estímulo para que os humanos incrementassem a produção por meio da domesticação. Uns alegam que os povoamentos permanentes surgiram primeiro, seguidos do aparecimento de hierarquias sociais; outros apontam para sinais de hierarquia em itens encontrados em túmulos que pré-datam os povoamentos em milhares de anos. Uns estão com o famoso arqueólogo Gordon Childe, que cunhou o termo "Revolução Neolítica" para descrever essa transição, vendo-a como fundamental para o progresso tecnológico e humano em geral; outros, porém, seguem Jean-Jacques Rousseau e sustentam que a agricultura sedentária foi o "pecado original" da humanidade, pavimentando o caminho para a pobreza e a desigualdade social.

O mais provável é ter havido um bocado de diversidade. Os humanos experimentaram várias plantas e muitos modos de domesticar animais. Cultivos do passado remoto incluíam leguminosas (ervilha, ervilhaca, grão-de-bico e espécies aparentadas), inhames, batatas e outros vegetais e frutas diversas. O figo talvez tenha sido um dos primeiros cultivos da história.

Sabemos também que a agricultura não se difundiu rapidamente, e que muitas sociedades prosseguiram no modo de vida caçador-coletor, mesmo quando a agricultura se sedimentou em lugares próximos. Evidências recentes de DNA, por exemplo, mostram que os caçadores-coletores europeus nativos não adotaram o cultivo da terra por milhares de anos, e que a agricultura acabou chegando à Europa quando lavradores do Oriente Médio se mudaram para lá.

No processo de mudanças socioeconômicas, surgiram muitos tipos diferentes de sociedade. Em Göbekli Tepe, na região central da atual Turquia, registros arqueológicos de povoamentos remontando a 11500 anos mostram o convívio por mais de mil anos do estilo de vida caçador-coletor e agrícola. Objetos funerários e uma rica arte sugerem um significativo grau de hierarquia e desigualdades econômicas nessa antiga civilização.

Em outro sítio famoso, Çatalhöyük, cerca de setecentos quilômetros a oeste de Göbekli Tepe, temos uma civilização ligeiramente posterior, com características bem distintas. A estrutura social de Çatalhöyük, que também durou mais de mil anos, parece ter sido razoavelmente igualitária, a julgar pela uniformidade de objetos funerários, a ausência de uma hierarquia clara e habitações muitos similares (especialmente no monte leste, onde existiram povoamentos por longo tempo). A população de Çatalhöyük parece ter atingido uma dieta saudável ao combinar o cultivo de grãos, a coleta de plantas silvestres e a caça de animais.

Há cerca de 7 mil anos, um cenário muito diferente começou a tomar forma por todo o Crescente Fértil: a agricultura permanente, muitas vezes voltada à monocultura, passou a ser a única alternativa. A desigualdade econômica se intensificou, e uma hierarquia social muito clara emergiu, com as elites no topo consumindo muito sem participar do processo produtivo. Mais ou menos nessa época, o surgimento da escrita ajuda a lançar luz sobre o registro histórico. Apesar de os documentos terem sido redigidos pela elite e seus escribas, fica evidente a opulência que eles atingiram e o imenso poder que detinham sobre o restante da sociedade.

A elite egípcia, responsável pela construção das pirâmides e túmulos, gozava ao que tudo indica de saúde relativamente boa. Seus membros certamente tinham acesso aos cuidados médicos da época, e algumas múmias sugerem uma vida longa e saudável. Os camponeses, por sua vez, sofriam entre outras coisas de esquistossomose, tuberculose e hérnias. A elite dominante viajava confortavelmente e não trabalhava duro. Quem relutasse em pagar os tributos exigidos para sustentar seu confortável estilo de vida era castigado às bastonadas.

O MAL DO CEREAL

A despeito da diversidade original, os cereais se tornaram o principal cultivo na maioria dos lugares onde a agricultura permanente surgiu. Trigo, cevada, arroz e milho pertencem todos à família das gramíneas — sementes pequenas, duras e secas, conhecidas entre os botânicos como cariopses. Esses grãos compartilham algumas características atraentes: contêm pouca umidade e duram depois da colheita, facilitando seu armazenamento. Mais importante, têm elevada densidade energética (calorias por quilo), o que os torna atraentes para o transporte, o que é crucial para alimentar populações que vivem longe do local onde são cultivados. Esses grãos também podem ser produzidos em grande escala se houver uma força de trabalho adequada para plantar, cuidar e colher. Tubérculos e leguminosas, por outro lado, são mais difíceis de armazenar, pois apodrecem facilmente, e têm muito menos calorias por volume (cerca de um quinto do que é fornecido pelos cereais).

Da perspectiva da produção em larga escala e da obtenção de energia significativa com a agricultura, a introdução dos cereais é uma perfeita ilustração do progresso tecnológico. Foi essa combinação entre cultivos e métodos produtivos que possibilitou o surgimento de povoados densos, cidades e finalmente Estados. Mas, vale repetir, o modo como essa tecnologia foi empregada trouxe consequências muito desiguais.

Mais de 5 mil anos atrás, segundo os registros, não havia cidades com mais de 8 mil habitantes no Crescente Fértil. Uruk (no sul do Iraque), com 45 mil moradores, era uma dramática exceção à regra. Nos dois milênios seguintes, as cidades ficaram pouco a pouco maiores: 4 mil anos atrás havia 60 mil pessoas vivendo em Ur (Iraque) e Mênfis (capital do Egito unificado); há 3200 anos, Tebas (Egito) abrigava cerca de 80 mil habitantes; e na Babilônia, há 2500 anos, a população chegou a 150 mil pessoas.

Em cada um desses lugares há claras evidências de uma elite centralizada que se beneficiou enormemente das novas tecnologias, em detrimento dos demais.

É impossível afirmar com algum grau de certeza como eram as condições de vida dos primeiros lavradores. Mas, sob os auspícios dos primeiros Estados centralizados, a maioria das pessoas cultivando cereais como principal meio de vida parece ter vivido definitivamente em piores condições do que seus ancestrais caçadores-coletores. Estima-se que os caçadores-coletores dedicavam cerca de cinco horas diárias a suas atividades de subsistência e consumiam ampla variedade de vegetais, além de carne em abundância. Eles levavam uma vida saudável, chegando a níveis de expectativa de vida de 21 a 37 anos. As taxas de mortalidade infantil eram altas, mas pessoas que chegavam aos 45 anos podiam esperar viver por mais catorze a 26 anos.

Já na época da agricultura permanente, as pessoas provavelmente trabalhavam mais de dez horas diárias. Sua lide também era mais árdua, sobretudo quando os cereais se tornaram o principal cultivo. Muitas evidências indicam que a dieta piorou em relação ao estilo de vida nômade anterior. Consequentemente, o lavrador sedentário era em média dez centímetros mais baixo que o caçador-coletor, apresentava muito mais problemas nos ossos e nos dentes, padecia de um número maior de doenças infecciosas e tinha uma expectativa de vida menor. Estima-se que a expectativa de vida ao nascer girasse em torno dos dezenove anos.

A agricultura em tempo integral era particularmente dura para as mulheres; seus ossos revelam sinais de artrite por conta do trabalho na moagem de grãos. As taxas de mortalidade materna eram também significativamente mais elevadas nas sociedades agrárias, que se tornaram distintamente dominadas por homens.

Assim, por que as pessoas adotaram, ou ao menos aceitaram, uma tecnologia que envolvia trabalho extenuante, condições insalubres, consumo alimentar insuficiente e hierarquia tão íngreme? É claro que, há 12 mil anos, ninguém tinha como prever que tipo de sociedade emergiria da agricultura sedentária. Não obstante, assim como no período medieval, as escolhas tecnológicas e de organização nas sociedades primitivas favoreceram a elite e empobreceram os demais. Durante o Neolítico, as novas tecnologias evoluíram por um período bem mais longo – milhares de anos, não duzentos, como no caso medieval –, e o predomínio da elite muitas vezes se consolidou lentamente. Ainda assim, em ambos os casos, um sistema político que depositava poder desproporcional nas mãos dessa elite foi fundamental. A coerção obviamente teve seu papel, mas o poder de persuasão da liderança religiosa e política foi com frequência o fator decisivo.

A escravidão passou a ser mais comum do que antes, e as antigas civilizações, do Egito à Grécia, contavam com uma quantidade significativa de escravizados. Quando necessário, a coerção também era frequente. Mas, como na Idade Média, para controlar as pessoas no dia a dia não se recorria a ela. A coerção normalmente constituía o pano de fundo, enquanto o centro do palco era ocupado pela persuasão.

ESQUEMA DE PIRÂMIDE

Símbolo da opulência dos faraós, a construção de pirâmides não pode ser considerada um investimento em infraestrutura pública que promovesse o bem-estar material do egípcio comum, embora de fato gerasse bastante emprego. Para construir a Grande Pirâmide de Quéops, em Gizé, há cerca de 4500 anos, foi necessário manter uma força de trabalho rotativa de 25 mil indivíduos por turno durante aproximadamente vinte anos. Um projeto de construção muito maior do que o de qualquer catedral medieval. Por mais de 2 mil anos, todo soberano egípcio aspirou a construir sua própria pirâmide.

Costumávamos presumir que os trabalhadores fossem coagidos por capatazes implacáveis. Mas hoje sabemos que não. A mão de obra que construiu as pirâmides era composta de indivíduos que recebiam salários decentes, muitos deles hábeis artesãos, e eram bem alimentados — inclusive com carne bovina, a mais cara que havia. Para serem persuadidos a se empenhar ao máximo, é provável que recebessem prêmios monetários.

Há registros fascinantes do dia a dia das construções, como o que uma equipe de trabalho em Gizé — chamada "Os ureus de Quéops são sua proa" — fazia para passar o tempo. Em parte alguma desses relatos há menção a punições ou coerção. Os fragmentos remanescentes na verdade revelam o mesmo tipo de artífice especializado e empenhado associado à construção das catedrais medievais europeias. Os imensos blocos tinham de ser transportados da pedreira até o Nilo, depois de barco ao longo do rio, e finalmente puxados até o local das obras. Não há menção à escravidão, embora alguns especialistas modernos considerem que provavelmente havia trabalhos forçados de algum tipo para as pessoas comuns, similares aos existentes nos tempos feudais, e dos quais Lesseps se valeu para construir o canal de Suez na década de 1860.

No tempo dos faraós, o trabalhador qualificado podia ser alimentado e remunerado graças ao excedente extraído da mão de obra agrícola. A tecnologia envolvida no cultivo de cereais havia possibilitado uma grande quantidade de plantações no vale do Nilo, com o posterior transporte do alimento para as cidades. Mas o que permitiu tudo isso foi também a prontidão do lavrador comum em trabalhar tanto por tão pouco. Para isso, era preciso que ele estivesse persuadido da autoridade e do poder do faraó para esmagar quem quer que se pusesse em seu caminho.

É impossível saber ao certo o que se passava na mente de agricultores que viveram há milhares de anos e não deixaram registro escrito de suas aspirações e sofrimentos. A religião organizada provavelmente ajudava a persuadi-los da inevitabilidade de sua sina e da necessária conformidade a seu papel nesta vida. As cosmologias centradas na agricultura revelam claramente a existência de uma hierarquia rígida, com deuses no topo, soberanos e sacerdotes no meio e camponeses embaixo. A recompensa por não reclamar varia conforme os sistemas de crenças, mas geralmente tem a ver com a promessa de uma recompensa futura.

Um eixo central da religião egípcia consistia em ajudar o soberano a ir bem equipado para o além-mundo. Embora não pudessem sonhar com uma vida livre de servidão, as pessoas comuns contavam com a aprovação divina por prestar serviços, construir pirâmides e cultivar os alimentos que permitiam que os faraós alcançassem a maior glória – e um mausoléu também maior. Os mais desafortunados embarcavam com seus amos na viagem para o outro mundo, como mostram as evidências da execução ritual de cortesãos e outros integrantes do séquito real por ocasião do sepultamento.

A elite governante egípcia vivia nas cidades e era composta da hierarquia sacerdotal e dos "reis divinos", supostos descendentes diretos dos deuses. A exemplo do Egito, templos e outros monumentos são vistos na maioria das civilizações antigas, tendo sido erguidos pelos mesmos motivos que a Igreja medieval construía catedrais – para legitimar o domínio da elite, honrando seus deuses, e manter a fé do povo.

UM TIPO DE MODERNIZAÇÃO

A monocultura de cereais e a organização social altamente hierárquica que explorava o excedente agrícola não eram predeterminadas nem ditadas pelo tipo de cultivo realizado. Eram escolhas. Diferentes sociedades, muitas vezes em condições ambientais similares, especializaram-se em produzir outras coisas, como tubérculos e leguminosas. Na antiga Çatalhöyük, os grãos parecem ter sido combinados a uma rica variedade de plantas silvestres, e a carne vinha de animais não domesticados, como auroques, raposas, texugos e lebres. No Egito, antes do estabelecimento da monocultura cerealista, o trigo farro e a cevada foram cultivados no mesmo período em que se caçavam aves aquáticas, antílopes, porcos selvagens, crocodilos e elefantes.

O cultivo de cereais tampouco produziu sempre desigualdade e hierarquia, como ilustram as civilizações mais igualitárias do vale do Indo e mesoamericanas. A lavoura de arroz no Sudeste Asiático se deu no contexto de sociedades menos hierárquicas por milhares de anos, e o início de uma maior desigualdade socioeconômica parece coincidir com a introdução de novas tecnologias agrícolas e militares na Idade do Bronze. A combinação complexa entre cultivo em larga escala, exploração de excedentes e controle de cima para baixo via de regra resultava de decisões políticas e tecnológicas tomadas por elites suficientemente poderosas para persuadir os demais a obedecer.

No que diz respeito ao período Neolítico e à era dos faraós, só podemos fazer estimativas grosseiras de como as novas tecnologias eram selecionadas e usadas, e que tipo de argumentos eram propostos para convencer as pessoas a adotá-las e abandonar os modelos existentes. No século XVIII, porém, vemos mais claramente como emergiu na Inglaterra uma nova visão de modernização agrícola: os que mais tinham a ganhar persuadiam os demais justificando sua opção tecnológica em nome do bem comum.

Em meados do século XVIII, a agricultura inglesa havia mudado bastante. A servidão e a maior parte dos vestígios do feudalismo haviam desaparecido. Não havia senhores feudais controlando diretamente a economia local e obrigando os demais a trabalhar em seus campos ou a processar cereais em seus moinhos. Henrique VIII dissolvera os mosteiros e vendera as terras dos monges em meados do século XVI. As elites rurais eram agora a pequena nobreza da *gentry*: grandes proprietários de terras com o olho cada vez mais afiado para a modernização do campo e o incremento dos excedentes.

O processo de transformação agrícola vinha ocorrendo ao longo dos últimos séculos; o maior uso de fertilizantes e o aperfeiçoamento das tecnologias de colheita haviam aumentado a produção por hectare entre 5% e 45% em relação aos quinhentos anos precedentes, a depender do cultivo. A partir de meados do século XVI, a mudança socioeconômica provavelmente se acelerou. Conforme os grandes proprietários rurais e mosteiros perdiam poder, os ganhos de produtividade passavam a ser distribuídos também entre os camponeses. A partir de mais ou menos 1600, os salários reais subiram com maior regularidade, melhorando a alimentação e a saúde dos trabalhadores do campo.

O crescimento populacional puxou a demanda pela produção agrícola. O aumento das safras entrou na pauta dos debates nacionais. Sem dúvida a economia rural inglesa precisava ser modernizada em alguns lugares. Grande parte da terra se transformara em propriedade privada, administrada pela *gentry*, seus arrendatários ou pequenos proprietários. Mas, em algumas áreas do país, uma quantidade significativa era de "terras comunais", em que os membros das comunidades usufruíam do direito consuetudinário de apascentar rebanhos, colher lenha e caçar. À sua disposição havia também campos abertos e não delimitados. À medida que a propriedade da terra foi se tornando mais valiosa, no entanto, uma quantidade cada vez maior de latifundiários mostrou-se disposta a cercá-las, ignorando o direito consuetudinário. Os chamados cercamentos consistiram em transformar as terras compartilhadas em propriedade privada, protegida por lei, normalmente como uma extensão dos latifúndios existentes.

Cercamentos de vários tipos surgiam de maneira assistemática em várias regiões desde o século XV. Em muitas partes do país, os grandes latifundiários persuadiam a população local em troca de dinheiro ou algum outro tipo de compensação. Mas, para a elite britânica do fim do século XVIII, havia uma grande necessidade de modernização adicional, sobretudo através da expansão das propriedades. Cerca de um terço das cobiçadas terras aráveis continuava sendo de uso comum.

A retórica era expressa em termos do aumento da produtividade e do que era bom para o país, mas a proposta de modernização nada tinha de neutra: significava tirar o acesso do povo à terra e expandir a agricultura comercial. A visão dominante passou a ser a de que esse direito consuetudinário era uma relíquia do passado. Se o povo relutasse em abrir mão dele, deveria ser obrigado a fazê-lo.

Em 1773, o Parlamento britânico aprovou a Lei dos Cercamentos, abrindo caminho para a tão almejada reestruturação fundiária em favor dos grandes proprietários. No entender dos deputados, aparentemente, isso era do interesse nacional.

Arthur Young, um fazendeiro bem-sucedido e autor influente, foi uma voz destacada nesses debates. Em suas primeiras obras, Young enfatizara a importância das novas técnicas agrícolas, incluindo fertilizantes, rotação de culturas e novos arados. A consolidação dos latifúndios tornaria essas tecnologias mais eficazes e fáceis de implementar.

Mas e quanto à resistência popular aos cercamentos? Para compreender a perspectiva de Arthur Young, devemos primeiro reconhecer o contexto em que ele se situava e a visão mais ampla que orientava a tecnologia e a reestruturação agrícola. A Grã-Bretanha continuava sendo uma sociedade hierárquica. A democracia era elitista: menos de 10% da população adulta masculina tinha direito ao voto. Para piorar, essa elite pouco se importava com seus compatriotas menos privilegiados.

O pensamento de Malthus é um indicativo do estado de espírito da época e da visão de mundo dos ricos. Malthus acreditava, para começo de conversa, que seria mais humanitário impedir que o padrão de vida dos pobres se elevasse muito, uma vez que eles voltariam à miséria à medida que tivessem mais filhos. A seu ver,

> um homem nascido em um mundo que já tem dono, se não puder obter a subsistência junto a seus pais, sobre os quais detém justa demanda, e se a sociedade não desejar seu labor, não tem o *direito* de reivindicar a mínima porção do alimento, e, na verdade, não tem qualquer função aí onde se encontra. No abundante banquete da natureza não há vaga reservada para ele (grifo do original).

Young, como muitos de seus contemporâneos de classe média e alta, partiu de conceitos similares. Em 1771, quase três décadas antes de Malthus, ele escreveu: "Se é dos interesses do comércio e da manufatura que estamos falando, só um idiota pode ignorar que as classes baixas devem ser mantidas na pobreza, ou jamais serão industriosas".

Ao aliar essa visão negativa dos pobres à crença no imperativo de empregar melhores tecnologias na agricultura, Young se tornou uma voz ativa a favor de novos cercamentos. Foi nomeado consultor principal do Conselho de Agricultura, e neste papel redigiu abalizados relatórios sobre o estado da agricultura britânica e oportunidades para melhorias.

Young se tornou assim um porta-voz do establishment agrícola, com acesso permanente aos ministros e citado em debates parlamentares. Na condição de especialista, ele escreveu em 1767, com muita eloquência: "O benefício universal resultante dos cercamentos, considero-o plenamente provado: de fato, com tamanha clareza que não admite mais dúvida alguma entre gente sensata e imparcial; os que ora argumentam em contrário não passam de desprezíveis implicantes". Sob essa ótica, era aceitável despojar os pobres e incultos de seus direitos consuetudinários e terras comunais porque os novos arranjos permitiriam o emprego da tecnologia moderna, aumentando a eficiência e produzindo mais alimentos.

Era cada vez maior o número de grandes proprietários rurais que ansiavam por apoio público e aprovação legislativa para seus planos, e Young tornou-se um útil aliado. Ali estava uma avaliação cuidadosa do que precisava ser feito em nome do interesse nacional, e se tal ponto de vista dizia que ignorar os direitos tradicionais e implementar os cercamentos pela força era algo necessário para o progresso, então esse era um preço que a sociedade britânica teria de pagar.

No início do século XIX, porém, os danos colaterais dos cercamentos começavam a ficar claros para quem quisesse ver. O fato de milhares terem sido forçados a viver na pobreza abjeta não era visto como um problema por Malthus. Já a reação de Young, surpreendentemente, foi bem diversa.

Ainda que imbuído dos preconceitos de seu tempo, Young no fundo era um empirista. Viajando e observando em primeira mão a implementação dos cercamentos, sua visão cada vez mais entrou em conflito com as evidências locais.

De forma ainda mais extraordinária, nesse ponto Young mudou de opinião. Ele continuava a acreditar que a redistribuição dos campos abertos e terras comunais resultaria em ganhos de eficiência. Mas admitiu haver muito mais em jogo. O modo como essas terras eram abolidas exercia um enorme impacto na definição dos ganhadores e perdedores com a mudança tecnológica. Em 1800, Young abandonou por completo seu antigo ponto de vista: "Como é para o pobre saber que as Casas do Parlamento são extremamente ciosas da propriedade enquanto um pai de família é forçado a vender sua vaca e suas terras?".

A seu ver, havia outras formas de reestruturar a agricultura sem passar por cima dos direitos da população rural, tirar seus meios de subsistência e explorá-la até o último fio de cabelo. Ele defendeu que oferecer um auxílio na forma de vacas ou cabras não era um impedimento para o progresso. Sustentando melhor sua família, esse pai podia desenvolver um maior compromisso com a comunidade e ser ainda mais simpático ao status quo.

É possível que Young tenha compreendido até uma verdade econômica mais sutil: uma vez expropriados, os camponeses se tornariam uma fonte de mão de obra barata mais confiável para os proprietários de terra — mais um bom motivo para haver tantos latifundiários ansiosos pela mudança. A proteção de seus recursos básicos, por outro lado, talvez fosse um modo de assegurar remunerações mais elevadas na economia rural.

Quando defendia os cercamentos, Young era um especialista altamente conceituado e celebrado pelo establishment britânico. Após essa reviravolta, tudo mudou, e o Conselho de Agricultura o proibiu de publicar artigos. Seu chefe, um aristocrata, deixou claro que qualquer opinião contra os cercamentos não era bem-vinda nos círculos oficiais.

O movimento dos cercamentos ilustra bem como a persuasão e interesses econômicos particulares determinam quem se beneficia da mudança tecnológica. A visão da classe alta britânica sobre o progresso e o que fazer para obtê-lo foi fundamental para a reestruturação da agricultura. Uma perspectiva que em grande medida coincidia com suas segundas intenções: tomar a terra dos pobres em troca de pouca ou nenhuma compensação.

Uma visão que articule um interesse comum é poderosa mesmo quando — e sobretudo quando — há perdedores e vencedores no jogo das novas tecnologias. Ela possibilita, a quem promove a reestruturação e a adoção da nova tecnologia, convencer os demais.

A imposição de uma visão particular à sociedade como um todo envolve o convencimento de muita gente diversa. Era difícil persuadir a população rural a abrir mão de um direito consuetudinário. Era mais factível — e fundamental — influenciar o público urbano, bem como os legisladores. A análise inicial de Young sobre a urgência de implementar os cercamentos desempenhou um papel significativo nesse processo. Era previsível que os grandes proprietários de terras ouvissem apenas o que queriam escutar e relegassem Young ao ostracismo quando ele mudou de opinião.

A opção tecnológica também foi fundamental. Mesmo expressa na linguagem do progresso e do interesse nacional, havia muitas escolhas complexas envolvendo a implementação das novas tecnologias, e tais decisões determinavam como a elite seria beneficiada, e os pobres, negligenciados. A abolição do direito consuetudinário foi uma escolha. Sabemos hoje que ela não foi ditada pela marcha inexorável do progresso. O sistema de terras comunais e campos abertos poderia ter sido mantido por mais tempo conforme a agricultura britânica era modernizada, pois a história mostra que não era incompatível com as novas tecnologias e o aumento da produtividade.

No século XVII, a agricultura de campo aberto estava na vanguarda do cultivo de ervilha e feijão, e, no século seguinte, de trevo e nabo. O solo das terras cercadas contava com melhores sistemas de drenagem, porém mesmo em áreas onde isso fazia alguma diferença a produção por hectare era mais elevada apenas em 5%, em 1800. Em terras aráveis com solo mais leve e boa drenagem natural, e terras de pastagem, a produtividade em campo aberto era apenas cerca de 10% inferior à das terras cercadas. A produção per capita também só era ligeiramente maior no caso dos produtores de terras fechadas.

A reestruturação da agricultura deu o tom do desenvolvimento econômico britânico nas décadas seguintes e determinou quem ficava com os lucros: os latifundiários, com a ajuda do Parlamento, quando necessário, e não as pessoas sem propriedades.

A modernização tecnológica na agricultura passou a ser uma desculpa para expropriar os pobres do campo. Mas será que contribuiu para o tão necessário aumento de produtividade na Grã-Bretanha no fim do século XVIII? Não há consenso em torno dessa questão, com as estimativas indo de nenhum ganho a aumentos significativos nas safras. Mas não há dúvida de que a desigualdade aumentou e de que os pobres saíram perdendo.

Nada disso era inevitável. A destituição do direito consuetudinário da população e o crescimento da pobreza no campo foram opções impostas em nome do progresso tecnológico e do interesse nacional. E o parecer final de Young procede: os ganhos de produtividade podiam ter sido atingidos sem afundar os camponeses numa miséria ainda pior.

O DESCAROÇADOR DE ALGODÃO

A implementação dos cercamentos deixa bem claro que a reestruturação tecnológica da produção, mesmo quando supostamente feita em nome do progresso e do bem comum, costuma oprimir ainda mais os desempoderados. Dois episódios históricos envolvendo sistemas econômicos e continentes diferentes são emblemáticos de suas consequências. Nos Estados Unidos do século XIX, podemos ver as cruéis implicações da tecnologia transformativa do descaroçador de algodão.

Eli Whitney figura junto com Thomas Edison como um dos empreendedores tecnológicos mais criativos da história americana. Em 1793, seu descaroçador aperfeiçoado aumentou a rapidez do processamento do algodão da variedade *Gossypium hirsutum*. Na avaliação do próprio Whitney, "um homem com um cavalo produz mais do que cinquenta homens com as antigas máquinas".

Em seus primeiros dias, a indústria têxtil americana dependia de uma variedade de algodão de fibras longas que só se desenvolvia próximo à Costa Leste. Uma alternativa, o *Gossypium hirsutum*, era mais adaptável. Mas suas grudentas sementes prendiam-se com tanta força às fibras que os descaroçadores disponíveis não davam conta de removê-las. A máquina de Whitney revolucionou esse trabalho e expandiu enormemente a área de cultivo do *Gossypium hirsutum*, aumentando a demanda de trabalho escravo no Sul Profundo, primeiro no interior da Carolina do Sul e da Geórgia, e depois nos estados de Alabama, Louisiana, Mississippi, Arkansas e Texas. O algodão passou a reinar nessas áreas de povoamento esparso onde europeus e nativos mantinham anteriormente uma agricultura de subsistência.

A produção de algodão no Sul passou de 680 toneladas em 1790 para 16 500 toneladas em 1800 e 76 500 toneladas em 1820. Em meados do século XVIII, o Sul respondia por três quintos das exportações americanas, quase inteiramente compostas de algodão. Cerca de três quartos do algodão mundial eram cultivados na região nessa época.

Com uma mudança tão transformadora elevando a produtividade de forma tão espetacular, seria justificado falar em interesse nacional e bem comum? Quem sabe dessa vez haveria benefícios também para os trabalhadores, pondo o trem da produtividade em marcha? Novamente, não se viu nada disso.

Embora os proprietários de terras no Sul e muitos outros sulistas envolvidos na cadeia de produção e fornecimento de algodão tenham se beneficiado imensamente dos avanços tecnológicos, os trabalhadores que de fato puxavam a produção passaram a ser cada vez mais explorados. Ainda pior do que no período medieval europeu, a maior demanda por mão de obra, sob condições coercitivas, não se traduziu em salários mais elevados, mas num tratamento mais cruel, de modo a espremer até a última gota de suor do trabalho escravo.

Os fazendeiros sulistas promoveram uma série de inovações para elevar a produtividade, incluindo novas variedades de algodão. Mas, quando os direitos humanos são fracos ou inexistentes, como na Europa medieval ou nas fazendas do Sul americano, o aperfeiçoamento da tecnologia pode levar facilmente à intensificação da exploração da mão de obra.

Em 1780, logo após a independência, havia cerca de 558 mil escravizados nos Estados Unidos. O comércio de negros se tornou ilegal a partir de 1º de janeiro de 1808, quando havia cerca de 908 mil escravizados no país. A importação de trabalhadores forçados para o país foi reduzida a quase zero, mas a população de escravizados aumentou para 1,5 milhão em 1829 e 3,2 milhões em 1850. Nesse ano, 1,8 milhão de escravizados trabalhavam na produção algodoeira.

Entre 1790 e 1820, 250 mil escravizados foram transportados para o Sul Profundo. No total, cerca de 1 milhão trabalhavam em fazendas cuja produtividade havia crescido com a tecnologia do descaroçador. O número de escravizados na Geórgia dobrou na década de 1790. Em quatro condados no interior da Carolina do Sul, a população escrava cresceu de 18,4% em 1790 para 39,5% em 1820 e 61,1% em 1860.

Um certo juiz Johnson, de Savannah, Geórgia, assim louvou a contribuição de Whitney: "Indivíduos mergulhados na pobreza e afundados na ociosidade de repente ascenderam a uma vida próspera e respeitável. Nossas dívidas foram quitadas, nosso capital observou um aumento e o valor de nossas terras triplicou". Com "nós", é claro, o juiz referia-se aos brancos.

A vida dos escravizados nas plantações de tabaco, principal cultivo do século XVIII na Virgínia, era sem dúvida muito precária. Mas a viagem para o Sul Profundo era ainda mais brutal, e suas circunstâncias pioravam nos campos de algodão, que eram maiores e com um trabalho "arregimentado e incessante". Um escravizado recordou o que acontecia quando os preços do algodão subiam no mercado inglês: "ainda que o aumento seja insignificante, os pobres escravos sentem as consequências de imediato, pois são açulados com mais rigor e o chicote não para de estalar".

Assim como na Inglaterra medieval, o contexto institucional determinava quem usufruía do progresso. No Sul dos Estados Unidos, ele sempre foi moldado pela coerção. A violência e os maus-tratos dos negros americanos se intensificaram depois que o descaroçador abriu caminho para o cultivo de algodão por uma vasta área no Sul. Um sistema já cruel ficava muito pior.

O incremento da produtividade definitivamente não se traduziu em melhor remuneração ou tratamento para a mão de obra escrava. Livros contábeis registravam o exato lucro obtido com o trabalho escravo e ajudavam a planejar como extrair uma produção ainda maior. Castigos desumanos, em muitos casos uma forma de tortura, eram rotineiros, junto com a violência em todas as suas formas, incluindo agressões sexuais e estupros.

Como vimos no capítulo 3, boa parte do que possibilitou a escravidão no Sul foi o fato de os brancos do Norte terem sido persuadidos a consentir. Nesse aspecto, a visão de progresso nos Estados Unidos ao final do século XVIII teve um papel fundamental. O racismo baseado em uma suposta hierarquia natural em que brancos ocupavam o topo já existia havia muito tempo. Agora, no entanto, novas ideias eram acrescentadas ao caldo para tornar o sistema escravocrata aceitável no país inteiro.

A famosa doutrina do "bem positivo da escravidão" foi proposta por James Henry Hammond, congressista e depois governador da Carolina do Sul, e desenvolvida por John Calhoun, vice-presidente dos Estados Unidos de 1825 a 1832. Tratava-se de uma reação direta aos que denunciavam a imoralidade da escravidão. Em um discurso à Câmara dos Representantes em 1836, Hammond afirmou:

> [A escravidão] não é um mal. Pelo contrário, creio que tenha sido a maior bênção com que a bondosa Providência agraciou nossa gloriosa região. Pois sem ela as dádivas de nosso solo fértil e nosso frutuoso clima teriam sido em vão. A forma como se deu a história do breve período em que dela usufruímos fez de nossos campos sulistas proverbiais por sua abundância, gênio e conduta.

E prosseguiu, explicitando a ameaça de violência caso os Estados Unidos tentassem emancipar os escravizados:

> No instante em que esta Casa proceder a uma legislação sobre o tema, a União será dissolvida. Caso a fortuna me reserve aqui um assento, eu o abandonarei assim que for dado o primeiro passo decisivo para legislar sobre a questão. Irei para casa rezar e, se puder, praticarei a desunião e a guerra civil, caso seja necessário. Uma revolução que mergulhe esta República em sangue deve vir em seguida.

E, por fim, ele afirmou que os escravizados iam muito bem, obrigado:

> Ouso dizer que, enquanto classe, não há raça mais feliz e contente na face da Terra. Entre eles nasci e em seu meio fui criado, e, até onde chegam meu conhecimento e minha experiência, devo dizer que eles são felizes com toda razão. São incumbidos de tarefas leves, bem-vestidos, bem alimentados — muito melhor do que os trabalhadores livres de qualquer região do mundo, à exceção talvez da nossa e dos demais Estados desta confederação —, sua integridade e vida são protegidas por lei, seus padecimentos são aliviados inteiramente pelo cuidado mais bondoso e interessado, e seus afetos domésticos são valorizados e preservados — ao menos até onde sei, com ciosa delicadeza.

O discurso de Hammond virou um surrado refrão, seus elementos repetidos muitas vezes ao longo das décadas: a escravidão era um problema sulista e ninguém deveria interferir; a escravidão era essencial para a prosperidade dos brancos, particularmente na indústria do algodão; e os escravizados eram felizes. E, se o Norte insistisse em pressionar, o Sul lutaria para defender tal sistema.

UMA "COLHEITA DA TRISTEZA" TECNOLÓGICA

À primeira vista, os Estados Unidos do século XIX talvez pareçam ter pouco em comum com a Rússia bolchevique. Mas um olhar mais profundo revela paralelos surpreendentes.

O setor algodoeiro americano prosperou graças ao aperfeiçoamento do descaroçador e a outras inovações, e às expensas do trabalho escravo nas grandes fazendas. A economia soviética se desenvolveu rapidamente a partir da década de 1920 com o maior uso de tratores e colheitadeiras no cultivo de cereais, e às expensas de milhões de pequenos fazendeiros.

No caso soviético, a coerção foi justificada como uma forma de obter o que a liderança via como um tipo de sociedade ideal. Lênin assim expressou essa ideia em 1920: "O comunismo é o poder soviético somado à eletrificação de todo o país".

A liderança comunista percebeu desde o princípio que tinha muito a aprender com as operações fabris em larga escala, incluindo os métodos de "gerência científica" de Frederick Taylor e a linha de montagem das fábricas automotivas de Henry Ford. No início da década de 1930, cerca de 10 mil trabalhadores americanos qualificados, entre os quais engenheiros, professores, metalúrgicos, encanadores e mineiros, viajaram à União Soviética para ajudar a instalar e empregar tecnologias industriais no país.

O principal objetivo era construir a indústria soviética, mas a experiência com a Nova Política Econômica da década de 1920 havia mostrado que o aumento da mão de obra exigiria um suprimento de cereais suficientemente elevado e estável, necessário também para alimentar a população urbana cada vez maior, além de constituir uma fonte essencial de receitas de exportação, por sua vez utilizadas para a importação de maquinário industrial e agrícola.

Liev Trótski afirmou na década de 1920 que o futuro da União Soviética estava na coletivização forçada da agricultura. Nikolai Bukhárin e Ióssif Stálin discordaram, defendendo que a industrialização não excluía os pequenos fazendeiros. A morte de Lênin selou o destino de Trótski: inicialmente relegado ao ostracismo, ele foi exilado da União Soviética em 1929.

Então Stálin mudou completamente de ideia, afastou Bukhárin e implementou a coletivização. Os cúlaques, nome dado aos pequenos fazendeiros, prosperavam e deviam ser considerados um bastião do capitalismo no país. Stálin nutria ainda uma profunda desconfiança dos ucranianos, parte dos quais se aliara aos rebeldes anticomunistas durante a guerra civil.

Para ele, a coletivização deveria vir combinada à mecanização, e os Estados Unidos eram o exemplo a ser seguido. A agricultura no Meio-Oeste americano, com solo e condições climáticas similares aos de certas regiões da União Soviética, passava por uma acelerada mecanização, alcançando ganhos de produtividade espetaculares. Stálin dependia das exportações de cereais para adquirir implementos agrícolas do Ocidente, como tratores e colheitadeiras, de modo que a experiência de mecanização americana serviu como modelo inspirador.

Na década de 1930, a coletivização e a redistribuição das terras dos pequenos fazendeiros prosseguiu a pleno vapor, e a agricultura soviética se mecanizava bem mais amplamente. Na década de 1920, cereais exigiam 20,8 trabalhadores-dia por hectare. Esse número havia caído para 10,6 em 1937, sobretudo pelo uso de tratores e colheitadeiras.

Mas o processo de coletivização foi imensamente disruptivo, resultando na fome e na perda de cabeças de gado. A produção disponível para consumo (a produção total subtraída do necessário para a semeadura e para a alimentação dos animais) caiu 21% entre 1928 e 1932. Houve um certo efeito rebote, mas a produção agrícola total aumentou em apenas 10% entre 1928 e 1940 — e boa parte desse aumento resultou da irrigação em regiões da Ásia Central controladas pelos soviéticos que impulsionavam a produção de algodão.

Segundo estimativas recentes, a produção agrícola total da União Soviética no fim da década de 1930 teria sido de 29% a 46% mais elevada sem a coletivização, sobretudo porque a produção de gado teria sido maior. Mas as "vendas" de cereais, eufemismo para as transferências obrigatórias ao Estado, foram 89% mais elevadas em 1939 do que em 1928. O campesinato era sugado até o talo.

O preço em vidas humanas foi espantoso. Com uma população inicial de 150 milhões, houve um "excesso de mortalidade" da ordem de 4 milhões a 9 milhões de pessoas, causado pela coletivização e pela obrigação de produzir alimento. O pior ano foi 1933, mas os anteriores também apresentaram mortalidade elevada. Nas áreas urbanas, o padrão de vida possivelmente se elevou e os operários da construção e das fábricas eram cada vez mais bem alimentados. Assim como na Inglaterra medieval e no Sul americano, os ganhos de produtividade não elevaram os rendimentos reais nem melhoraram a vida dos trabalhadores agrícolas.

É claro que os pontos de vista de Stálin, de um abade medieval e de um fazendeiro colonial sulista eram completamente diferentes. Mais do que a religião ou os interesses da elite, a justificativa para o progresso tecnológico soviético era o bem supremo do proletariado — e cabia ao Partido Comunista definir no que consistia esse bem supremo.

O progresso tecnológico agora seguia a cartilha da liderança soviética, cuja manutenção no poder teria sido difícil sem um aumento da produtividade agrícola. Seja qual for o caso — elites feudais na Europa medieval, fazendeiros americanos, líderes do Partido Comunista russo —, a tecnologia era socialmente tendenciosa, e seu emprego em nome do progresso causou devastação.

Nada disso poderia ter sido alcançado sem o aumento da coerção. Milhões de camponeses sujeitavam-se a uma cruel exploração porque as alternativas eram o fuzilamento ou o exílio em condições desumanas na Sibéria. A coletivização deixou em seu rastro um reinado de terror por toda a União Soviética. Cerca de 1 milhão de pessoas foram executadas ou morreram na prisão só em 1937-8. De 17 milhões a 18 milhões foram enviadas aos gulagui, os campos de trabalhos forçados, entre 1930 e 1956, numa estimativa que não inclui todas as remoções forçadas nem os danos irreparáveis causados a familiares.

Mas, novamente, o controle não se resumia à coerção. Quando Stálin decidiu coletivizar a agricultura, a máquina de propaganda comunista entrou em marcha e passou a anunciar tal estratégia como progresso. O principal público-alvo eram os próprios membros do partido, que tinham de ser persuadidos para que a liderança continuasse no poder e implementasse seus programas. Stálin usou todos os meios de propaganda à sua disposição, apresentando a coletivização como um triunfo tanto para consumo doméstico como estrangeiro:

> O sucesso de nossas políticas de coletivização da agricultura deve-se entre outras coisas ao fato de elas repousarem no *caráter voluntário* do movimento e na *consideração pela diversidade de condições* nas várias regiões da União Soviética. As fazendas coletivas não devem ser implementadas à força. Isso seria tolo e reacionário (grifos do original).

A coletivização soviética evidencia mais uma vez que o modo específico de empregar a tecnologia na agricultura, além de tendencioso, é também uma opção. A agricultura poderia ser organizada de muitas formas, e os próprios soviéticos experimentaram com algum sucesso o modelo das pequenas fazendas durante a Nova Política Econômica de Lênin.

Como em episódios anteriores discutidos neste capítulo, a visão da elite determinou os rumos da tecnologia agrícola, mas quem pagou o preço foram milhões de pessoas comuns.

O VIÉS SOCIAL DA MODERNIZAÇÃO

Nossa era é obcecada pelas tecnologias e sua promessa de progresso. Como vimos, alguns visionários proeminentes afirmam que vivemos na melhor das épocas, enquanto, para outros, avanços ainda mais espetaculares nos aguardam — trazendo prosperidade ilimitada, elevando a expectativa de vida humana ou até promovendo a colonização de outros planetas.

As mudanças tecnológicas são uma constante na história, assim como pessoas influentes decidindo sobre seus rumos. Nos últimos 12 mil anos, a tecnologia agrícola avançou de forma cíclica e por vezes dramática. Em diversas ocasiões, o crescimento produtivo trouxe benefícios também para a população geral. Mas essas melhorias não traziam automaticamente um gradual benefício a um maior número de pessoas. Os benefícios compartilhados ocorreram apenas quando a propriedade da terra e as elites religiosas não se mostraram suficientemente dominantes para impor sua visão e extrair todo o excedente das novas tecnologias.

Em muitos episódios definidores das transições agrícolas, os benefícios foram compartilhados de forma bem mais restrita. O processo de acelerada transformação empreendido pelas elites nessas ocasiões foi com frequência defendido em nome do progresso. Mas a mudança dificilmente coincidiu com qualquer conceito de bem comum, e os ganhos foram absorvidos apenas pelos que estavam na vanguarda tecnológica. Os demais se beneficiaram muito pouco de tais transições.

A definição exata de bem comum varia de uma época para outra: no período medieval, era uma sociedade bem-ordenada; na Inglaterra do fim do século XVIII, alimentar a população cada vez maior sem aumentar o preço dos alimentos; na União Soviética da década de 1920, implementar a versão de socialismo tal como concebida pelos líderes bolcheviques.

Em cada uma delas, o crescimento da produtividade agrícola beneficiou sobretudo a elite. O grupo no poder — fossem grandes proprietários rurais ou funcionários do governo — decidia sobre o uso de maquinário e a organização do plantio, da colheita e outras tarefas. Além disso, a despeito dos demonstráveis ganhos de produtividade, a maioria da população sempre ficava para trás. A mão de obra nos campos não se beneficiava da modernização agrícola; continuava a trabalhar por muitas horas e a viver sob condições duras, e, na melhor das hipóteses, não presenciava nenhuma piora em seu bem-estar material.

É difícil explicar tais episódios formativos para alguém que acredita que os benefícios da produtividade necessariamente se disseminam pela sociedade e trazem melhores salários e condições de trabalho. Mas quando constatamos que as inovações tecnológicas acompanham os interesses dos poderosos, cuja visão orienta sua trajetória, tudo faz mais sentido.

O cultivo de cereais em larga escala, a construção de moinhos (monopolizada por senhores feudais e abades), o descaroçador de algodão (e suas consequências para a escravidão) e a coletivização soviética foram opções tecnológicas específicas, cada uma das quais no inequívoco interesse da elite dominante. Previsivelmente, o que veio a seguir não se parecia em nada com o trem da produtividade: o aumento da produção apenas serviu para que o grupo no poder extraísse mais trabalho da mão de obra agrícola, aumentando a quantidade de horas trabalhadas e ficando com uma parte maior de sua produção. Esse foi o padrão na Inglaterra medieval, no Sul americano e na Rússia soviética. Com os cercamentos britânicos no fim do século XVIII foi um pouco diferente, mas a população rural mais uma vez saiu perdendo, tendo sido espoliada de seu direito consuetudinário às terras comunais para coletar lenha, caçar e apascentar animais domésticos.

Sabemos menos sobre o que ocorreu durante os milênios transcorridos após a Revolução Neolítica. Mas, quando a agricultura permanente surgiu, há cerca de 7 mil anos, o padrão devia ser muito similar ao que constatamos na história recente. Em todas as civilizações antigas dependentes de cereais, a população geral parece ter vivido em piores condições do que seus ancestrais caçadores-coletores. As pessoas no poder, por outro lado, viviam melhor.

Nada disso pode ser considerado uma consequência inexorável do progresso: Estados centralizados e despóticos não surgiram indiscriminadamente; a agricultura não exigia uma elite propensa à coerção e à persuasão religiosa para extrair o máximo do excedente; novas tecnologias como moinhos não precisavam ficar sob um rígido monopólio; a modernização da agricultura tampouco exigia a expropriação da terra dos pobres camponeses. Em quase todos esses casos havia caminhos alternativos, e outras sociedades, diante de problemas similares, fizeram escolhas diferentes.

Não obstante essas vias alternativas, a longa história da tecnologia agrícola mostra um decidido viés em favor das elites, especialmente quando combinaram a coerção à persuasão religiosa. Ela sugere que devemos sempre examinar com cuidado as ideias sobre o que constitui o progresso, sobretudo quando pessoas poderosas anseiam em nos vender uma visão particular.

Naturalmente, a agricultura é diferente da manufatura, assim como a produção de bens físicos é diferente das tecnologias digitais ou do potencial futuro da inteligência artificial. Será que podemos ter mais esperanças hoje de que as tecnologias de nossa era sejam inerentemente mais inclusivas? Afinal, nossos líderes devem ser mais esclarecidos que faraós, fazendeiros sulistas ou bolcheviques.

Nos dois capítulos seguintes veremos que a experiência da industrialização foi de fato diferente, mas não porque o motor a vapor ou o grupo no poder mostrasse alguma tendência a ser mais inclusivo. E sim porque reuniu uma grande quantidade de pessoas nas fábricas e centros urbanos, gerou novas aspirações entre os trabalhadores e permitiu o surgimento de contrapoderes de um tipo nunca visto na sociedade agrícola.

Podemos afirmar que a primeira fase da industrialização foi ainda mais socialmente tendenciosa, produzindo desigualdades mais dramáticas do que a modernização agrícola. Só depois o aparecimento de contrapoderes efetuou uma correção de curso dramática que, após muitas interrupções e recomeços, redirecionou grande parte do mundo ocidental para um novo caminho de mudanças tecnológicas e desdobramentos institucionais que impulsionaram a prosperidade compartilhada.

Infelizmente, como veremos do capítulo 8 em diante, quatro décadas de emprego da tecnologia digital sabotaram os mecanismos subjacentes desenvolvidos ao longo do século XX. E, com a chegada da inteligência artificial, nosso futuro começa a parecer de forma desconcertante com nosso passado agrícola.

5. A revolução dos medianos

A necessidade, reconhecidamente a mãe da invenção, agitou de tal forma a inteligência dos homens destes tempos que parece longe de inadequado, a título de distinção, chamá-los de a Era dos Projetos.
Daniel Defoe, *An Essay upon Projects*, 1697

O triunfo das artes industriais promoverá a causa da civilização mais rapidamente do que seus defensores mais enfáticos teriam esperado, e contribuirá bem mais para a prosperidade permanente e o fortalecimento do país do que as mais esplêndidas conquistas de uma guerra vitoriosa. As influências assim engendradas, as artes assim desenvolvidas, continuarão por muito tempo a lançar seus efeitos benévolos sobre países mais extensos do que aqueles onde o cetro da Inglaterra é soberano.
Charles Babbage, *The Exposition of 1851*, 1851

Na quinta-feira, 12 de junho de 1851, agricultores de Surrey, no sul da Inglaterra, vestiram suas melhores roupas e embarcaram num trem para a capital. Não se tratava de um passeio turístico. A viagem na verdade era subsidiada pelos ricos locais, e o objetivo era proporcionar a eles um vislumbre do futuro.

No gigantesco Crystal Palace, construído no Hyde Park londrino especialmente para a Grande Exposição, podiam ser vistos diamantes lendários, invenções impactantes, telescópios e muito mais. Mas as estrelas da exibição eram as novas máquinas industriais. Para o grupo de agricultores, caminhar entre as atrações era como aterrissar em um planeta diferente.

Era possível observar ali quase qualquer aspecto do processo industrial, com particular destaque para a fabricação de algodão, agora mecanizada da fiação à tecelagem, e o vasto "maquinário móvel" a vapor. Havia 976 itens listados sob a Classe 5, "Máquinas de uso direto, incluindo carros, trens e mecanismos navais", e 631 sob a Classe 6, "Maquinário industrial e ferramentas". A mais impressionante demonstração desse novo mundo talvez fosse a máquina capaz de dobrar incríveis 240 envelopes por hora.

Os estandes representavam a Europa, os Estados Unidos e, principalmente, o Reino Unido; afinal, o intuito era exibir conquistas patrióticas. Havia 13 mil expositores, entre os quais 2007 de Londres, 192 de Manchester, 156 de Sheffield, 134 de Leeds, 57 de Bradford e 46 das olarias de Staffordshire.

Assim o historiador econômico T. S. Ashton resume o século que precedeu a exposição:

> "Por volta de 1760, uma onda de engenhocas varreu a Inglaterra." Com tais palavras, não ineptamente, um jovem aluno iniciou sua resposta a uma questão sobre a Revolução Industrial. Mas não apenas engenhocas, e sim inovações de vários tipos — na agricultura, no transporte, na manufatura, no comércio e nas finanças —, haviam explodido tão repentinamente que seria difícil encontrar um paralelo em qualquer outra época ou lugar.

O motor a vapor fomentou um grande salto no domínio humano sobre a natureza, e muitos visitantes da Grande Exposição puderam observar as tecnologias de mineração, tecelagem e transporte serem transformadas ainda em seu tempo de vida.

Ao longo de praticamente toda a história humana, nossa capacidade de produzir alimentos sempre acompanhou, grosso modo, o crescimento populacional. Em tempos de vacas gordas, a maioria podia contar com o suficiente para comer. Em tempos menos auspiciosos, tomados por fomes, guerras e outras desgraças, muitos morriam de inanição. A produtividade passava por longos períodos de crescimento quase zero. Mesmo com as muitas inovações medievais que vimos no capítulo 4, a qualidade de vida de um lavrador europeu por volta de 1700 e de um lavrador egípcio há milhares de anos não era muito diferente. Segundo as melhores estimativas disponíveis, o PIB per capita (em termos reais, ajustados ao preço) era quase o mesmo no ano 1000 do que fora mil anos antes.

A moderna demografia de nossa espécie pode ser dividida em três fases. A primeira marcou um aumento gradual da população, de 100 milhões em 400 AEC para 610 milhões em 1700 EC. Na maioria das sociedades, em quase qualquer época, a elite rica nunca ultrapassou 10% da população. Os demais subsistiam com não muito além do mínimo necessário.

A segunda fase observou uma aceleração, com a população mundial aumentando para 900 milhões em 1800. A indústria começou a se desenvolver na Grã-Bretanha, mas as taxas de crescimento continuavam baixas, e os céticos podiam encontrar muitas razões para explicar por que se revelariam difíceis de sustentar. Outros países foram ainda mais lentos na adoção de novas tecnologias. A taxa de crescimento anual média per capita de 1000 a 1820 foi de apenas 0,14% na Europa ocidental como um todo e de 0,05% no mundo.

Então veio a terceira fase, absolutamente sem precedentes, e já evidenciada em 1820. Desse momento em diante, a produtividade per capita mais do que dobrou no século seguinte por toda a Europa ocidental, e as taxas de crescimento da produtividade per capita entre as maiores economias europeias variaram de 0,81% na Espanha a 1,13% na França de 1820 a 1913.

O crescimento econômico pré-industrial foi um pouco mais rápido na Inglaterra, possibilitando que o país largasse na frente de líderes tecnológicos anteriores, como Itália e França, embora ainda atrás da grande potência da época, os Países Baixos. A produção nacional inglesa per capita dobrou de 1500 a 1700. Após a formação da Grã-Bretanha, com a unificação entre Inglaterra e Escócia em 1707, a nação viu sua produtividade aumentar em 50% ao longo dos 120 anos seguintes, tornando-se a liderança mundial. Nos cem anos subsequentes, ela acelerou e chegou a uma taxa de crescimento anual média de cerca de 1%, o que significa dizer que a produção per capita britânica mais do que dobrou entre 1820 e 1913.

Por trás dessas estatísticas reside um fato simples: o conhecimento prático se expandiu radicalmente no século XIX, sobretudo nas áreas de engenharia. As redes ferroviárias permitiram transportar quantidades maiores de mercadorias a um custo menor, além de facilitarem muito as viagens. Os navios ficaram maiores, e os custos de frete para percursos de longa distância diminuíram. Os elevadores permitiram que as pessoas vivessem e trabalhassem em prédios mais altos. No fim do século, a eletricidade começara a transformar não só a iluminação e a organização das fábricas, como também todos os aspectos dos sistemas de energia urbanos, e lançara a base para o telégrafo, o telefone, o rádio e, mais tarde, todo tipo de eletrodomésticos.

Grandes avanços na medicina e na saúde pública reduziram significativamente os problemas com doenças, diminuindo assim a morbidez e a mortalidade associadas às cidades populosas. As epidemias ficaram cada vez mais controláveis. A redução da mortalidade infantil permitiu que mais gente chegasse à idade adulta, e, junto com a diminuição da mortalidade materna, elevou significativamente a expectativa de vida. A população dos países em processo de industrialização aumentou bruscamente.

Não se tratava apenas das inovações na engenharia e nos métodos produtivos. Ocorria uma transformação na relação entre a ciência e sua aplicação. Boas ideias que antes não passavam de teoria agora se tornavam de fundamental importância para a indústria. Em 1900, as principais economias do mundo compreendiam importantes setores industriais. Grandes empresas possuíam departamentos de pesquisa e desenvolvimento, visando transformar o conhecimento científico na leva seguinte de novos produtos. Progresso virou sinônimo de invenção, e tanto um como outro pareciam irresistíveis.

O que motivou essa ampla onda de invenções? Veremos neste capítulo que, em boa parte, ela se deveu a uma nova visão.

O maquinário exibido no Crystal Palace não era produto de uma elite restrita ou de cientistas proeminentes, mas fruto do trabalho de uma nova classe de criativos empreendedores originários sobretudo das Midlands e do norte da Inglaterra. A maioria desses inovadores não provinha de famílias de renome ou fortuna, sendo composta de pessoas modestas que conquistaram sua riqueza pouco a pouco, mediante o sucesso nos negócios e a engenhosidade tecnológica.

Sustentamos neste capítulo que foi acima de tudo o surgimento dessa arrojada classe de empreendedores e inventores — essencialmente a "Era dos Projetos" de Daniel Defoe — que deu origem à Revolução Industrial britânica. No capítulo 6, explicamos como essa nova visão de progresso não beneficiou a todos e como essa situação começou a mudar no século XIX.

Provavelmente ninguém exemplifica melhor essa nova Era dos Projetos do que George Stephenson. Nascido em 1781 de pais analfabetos e pobres na Nortúmbria, ele não frequentou a escola e só começou a ler e escrever aos dezoito anos. Mas, nas primeiras décadas do século XIX, Stephenson era reconhecido por ser não apenas um importante engenheiro, mas também um inovador visionário que determinava os rumos da tecnologia industrial.

Em março de 1825, Stephenson foi chamado a depor perante um comitê parlamentar que legislaria acerca da proposta de construção de uma estrada de ferro entre Liverpool e Manchester, ligando um porto importante ao coração da florescente indústria algodoeira. Como qualquer rota potencial envolveria a expropriação de terras, a questão seria votada. Stephenson fora contratado pela companhia ferroviária para fazer o levantamento topográfico.

Havia forte oposição ao projeto por parte dos proprietários das terras envolvidas, e mais ainda dos donos dos lucrativos canais que percorriam a mesma rota e enfrentariam dura competição com a ferrovia. Consta que um deles, o duque de Bridgewater, lucrava mais de 10% ao ano com o negócio de transporte fluvial (um retorno impressionante para a época).

Na audiência, a argumentação de Stephenson foi arrasada por Edward Alderson, um eminente advogado contratado para defender os interesses dos donos de canais. O trabalho de Stephenson fora desleixado: a altura de uma das pontes propostas era inferior ao nível das cheias do rio que cruzaria; algumas de suas estimativas de custos eram claramente aproximações grosseiras; ele era vago em detalhes importantes, como omitir a linha base do levantamento topográfico. Alderson, com toda a eloquência de um destacado aluno de Cambridge e futuro juiz, chamou o plano da ferrovia de "o projeto mais absurdo que já ocorreu a alguém conceber". E prosseguiu: "Afirmo que ele [Stephenson] nunca teve um plano [...] nem creio que seja capaz de elaborar um. Por ignorância ou alguma outra coisa que não mencionarei".

Stephenson não abriu a boca. Sua falta de formação o impedia de responder na retórica apropriada, e, para piorar as coisas, seu pesado sotaque da Nortúmbria era considerado de difícil compreensão no sul da Inglaterra. Com muitas exigências a cumprir e pessoal de menos, ele não apenas destacara uma equipe incompetente para fazer o levantamento, como deixara de supervisionar o trabalho. O questionamento agressivo de Alderson o pegou desprevenido, e ele foi incapaz de oferecer uma réplica.

Mas Stephenson podia ser qualquer coisa, menos ignorante. No início da década de 1800, ele era conhecido em todas as minas de carvão de Tyneside, no nordeste da Inglaterra, como um engenheiro confiável, capaz de ajudar os operadores de poço a solucionar problemas técnicos.

Em 1811, ele teve sua grande oportunidade. A nova mina de High Pit estava prestes a ser fechada, porque a rudimentar bomba a vapor instalada no local não funcionava direito, impedindo que a água fosse extraída. Consultados, os respeitáveis especialistas locais chegaram à conclusão de que a mina tornara-se inútil e até mesmo perigosa. Descendo à casa das máquinas certa noite, Stephenson examinou o problema de perto e afirmou que tudo de que precisava para consertar a bomba era uma equipe de trabalhadores de confiança, que pediu permissão para contratar. Dois dias depois, o poço estava seco.

Em 1812, um grupo de ricos latifundiários conhecidos como os Grandes Aliados encarregou Stephenson de seu maquinário para extração de carvão, e, em 1813, ainda trabalhando como consultor independente de engenharia a serviço do grupo, ele passou a construir e empregar seus próprios motores a vapor. O mais potente deles tinha capacidade para extrair mil galões de água por minuto de uma altura de noventa metros. Stephenson também construiu redes de trilhos subterrâneos para transportar carvão empregando motores estacionários.

A ideia de levar o carvão do poço ao mercado usando trilhos não era novidade. Desde o final do século XVII havia caminhos de madeira ou ferro ao longo dos quais os vagões eram puxados por cavalos. Com o crescimento da demanda por carvão nas cidades, um grupo de comerciantes de Darlington decidira construir uma rede de trilhos improvisada ligando poços de mina a vias navegáveis. A ideia era que a rede fosse utilizada por veículos adaptados, conduzidos por operadores autorizados, em troca do pagamento de uma espécie de pedágio.

Stephenson pensava diferente, e pensava grande. Apesar do passado modesto, da falta de formação, das dificuldades que enfrentava ao se expressar diante de um advogado de Cambridge, sua ambição não conhecia limites. Ele acreditava na tecnologia como uma forma prática de resolver problemas e era suficientemente autoconfiante para ignorar o pensamento limitado daqueles no topo da hierarquia social.

No dia em que a Lei da Ferrovia de Stockton e Darlington foi aprovada, em 19 de abril de 1821, George Stephenson procurou Edward Pearse, um proeminente comerciante quacre em Darlington e importante defensor da nova linha. Naquele momento, havia três principais abordagens para a tração em estradas de ferro: cavalos; motores estacionários que rebocavam os vagões colina acima e deixavam a gravidade cuidar do resto; e locomotivas.

Os mais tradicionalistas preferiam os cavalos. Era um método oneroso, mas funcionava. Engenheiros proeminentes e progressistas recomendavam motores estacionários, não muito melhores.

Stephenson calculava que um motor a vapor equipado com rodas metálicas seria capaz de gerar tração suficiente em trilhos de ferro, ao contrário do que ditava a visão convencional, segundo a qual um trilho liso não geraria atrito suficiente para que um motor potente acelerasse e desacelerasse em segurança, sendo mais como esquiar no gelo. A avaliação de Stephenson se baseava em sua experiência nas minas. E ele convenceu Pearse de que tinha a melhor solução.

Não que houvesse uma locomotiva à disposição de Stephenson, ou que ele tivesse solucionado os problemas práticos de produzir motores funcionais para estradas de ferro. Os motores a vapor de baixa pressão existentes (ou motores "atmosféricos") — do tipo originalmente construído por Thomas Newcomen, significativamente aperfeiçoado por James Watt e instalado em High Pit pelo próprio George Stephenson — eram grandes demais e não produziam energia o bastante. Havia motores de alta pressão mais potentes, mas eles nunca haviam demonstrado funcionar de maneira confiável em larga escala, e menos ainda para puxar diariamente pesados vagões de carvão montanha acima.

Construir um motor a vapor de alta pressão leve o bastante para se movimentar era um enorme desafio: os primeiros modelos vazavam óleo, tinham potência insuficiente ou explodiam com trágicas consequências. O ferro forjado era frágil demais para os trilhos. Os motores e os vagões precisavam de algum tipo de sistema de suspensão.

De todo modo, Stephenson pouco a pouco conseguiu aperfeiçoar os projetos existentes e demonstrar que uma locomotiva podia andar em segurança a uma velocidade extraordinária para a época: cerca de dez quilômetros por hora em uma rota de cinquenta quilômetros. A inauguração oficial da linha e a operação do trem de Stephenson foram tratadas como um grande evento, atraindo atenção nacional, e pouco tempo depois uma série de visitas internacionais.

Mas a ferrovia de Stockton e Darlington tinha graves falhas de projeto que logo se tornaram evidentes, entre as quais a construção de apenas uma linha com "desvios" em diversos pontos. Ninguém respeitava as normas de precedência. Vagões puxados a cavalo, com seus condutores embriagados, só complicavam ainda mais o problema. Os descarrilamentos e as brigas de socos eram comuns. Não era factível permitir que os diversos interessados operassem nas mesmas ferrovias. Mas Stephenson aprendeu as duras lições e decidiu que os futuros serviços ferroviários deveriam funcionar de maneira diferente.

A ambição e os conhecimentos técnicos de Stephenson não eram seus únicos recursos. Seu entusiasmo pela locomotiva a vapor era contagiante. Foi desse modo que ele conseguiu trazer Edward Pearse a bordo em julho de 1821, levando-o a concluir que, "se forem um sucesso no transporte não só de produtos, mas também de passageiros, as ferrovias serão adotadas em toda Yorkshire, e depois em todo o Reino Unido".

Ao longo dos cinco anos seguintes, Stephenson continuou a aperfeiçoar os motores, os trilhos e a operação de um sistema integrado. Preferia contratar seus próprios homens, a maioria deles engenheiros de minas de carvão com mínima instrução formal: um bando de autodidatas abrindo caminho cuidadosamente por um terreno perigoso — no sentido literal e metafórico.

Na época das primeiras ferrovias, a calamidade estava sempre à espreita: caldeiras explodiam, pesados equipamentos caíam e freios falhavam. Stephenson perdera tanto o irmão como o cunhado em acidentes industriais nesses primórdios.

A despeito dos reveses, sua reputação como solucionador de problemas cresceu. E a devastadora argumentação legal de Alderson não foi suficiente para impedir a linha Liverpool-Manchester de obter a aprovação parlamentar mais tarde, em 1826. Entre idas e vindas, Stephenson ficou incumbido de projetar e construir a primeira estrada de ferro moderna.

A ferrovia foi inaugurada em setembro de 1830. Todos os trens que utilizavam sua linha de mão dupla eram de propriedade da companhia, que também cuidava das operações e era muito exigente com os funcionários, mas premiava seu empenho remunerando-os com o dobro do salário praticado no mercado regional, que era de uma libra por semana.

Os primeiros maquinistas e os bombeiros de plantão junto aos motores das locomotivas eram profissionais altamente qualificados. Os trens dessa época não tinham freio: a única maneira de pará-los era utilizando uma série de válvulas que, acionadas na ordem correta, engatavam a ré. No início, havia um único maquinista no país capaz de fazer isso no escuro (os demais precisavam que o bombeiro segurasse uma luz em determinado ângulo).

Os funcionários incumbidos de vender as passagens tinham de ser incorruptíveis, pois lidavam com uma quantidade considerável de dinheiro vivo. A exigência também era elevada para o pessoal de segurança, recursos humanos e manutenção de maquinário, de quem se exigia pontualidade e cumprimento das normas. Os empregados da ferrovia tinham direito a chalés e trabalhavam elegantemente uniformizados. Mas o maior incentivo, e a principal maneira de partilhar os ganhos de produtividade, eram os bons salários.

A bem-sucedida trajetória de Stephenson exemplifica o que aconteceu na indústria ferroviária e ainda mais amplamente em outros setores. Homens práticos, nascidos com recursos escassos, eram capazes de propor, financiar e implementar inovações úteis, cada uma delas representando pequenos ajustes individuais que, no conjunto, aumentaram a eficiência das máquinas e a produtividade dos trabalhadores.

Tudo isso trouxe possibilidades inteiramente novas. As ferrovias de fato reduziram o custo do carvão nas áreas urbanas. Mas o verdadeiro impacto foi bem maior. A disponibilidade de viagens de passageiros por curtas e longas distâncias expandiu-se significativamente. O setor ferroviário também proporcionou um novo estímulo à metalurgia, pavimentando o caminho para o estágio seguinte da industrialização britânica na segunda metade do século XIX, e foi igualmente fundamental para avanços posteriores em maquinário industrial.

As estradas de ferro revolucionaram ainda o transporte de materiais e a circulação de bens e serviços. Produtos alimentícios como o leite chegavam diariamente às grandes cidades, permitindo que a produção se distribuísse por uma área mais ampla, pois agora não era mais preciso que viesse de pequenos fazendeiros locais. Aliás, o modo como as pessoas se deslocavam pelo país e pensavam sobre as distâncias também passou por uma mudança profunda, e assim nasceram os subúrbios e os fins de semana na praia — algo inimaginável para a maioria, antes do trem.

O caso de George Stephenson ajuda ainda a compreender melhor como a Grã-Bretanha ocupou a vanguarda não apenas das ferrovias, mas também das grandes fábricas, das cidades em rápida expansão e de novos modos de organizar o comércio e as finanças.

Stephenson representava uma nova estirpe. A Idade Média, como vimos, foi uma época de hierarquia rígida, onde cada um tinha seu lugar. Havia pouca margem para a mobilidade social. Mas, em meados do século XVIII, na Grã-Bretanha, os "medianos" — homens de origem modesta, mas que se identificavam com a classe média — puderam nutrir grandes sonhos e progredir rapidamente. Aqui, três coisas chamam a atenção. Primeiro, tratou-se de uma oportunidade sem precedentes para que as classes inferiores na Europa pré-industrial materializassem suas aspirações; segundo, tais aspirações, que normalmente giravam em torno da tecnologia, da solução de problemas práticos e da obtenção de fama e riqueza, estimularam as pessoas a adquirirem as habilidades mecânicas necessárias para a concretização de suas ideias; e, terceiro, ainda mais extraordinariamente, a sociedade britânica não impediu que elas corressem atrás desses sonhos.

O que permitiu que as pessoas alimentassem tais ambições e ousassem colocá-las em prática foram as profundas mudanças sociais e institucionais da sociedade inglesa ao longo dos séculos precedentes (que por sua vez fomentaram a ascensão irresistível da classe média).

Essa nova mentalidade prenunciou a Era dos Projetos. Antes de nos debruçarmos sobre ela, porém, convém analisar por que o foco na tecnologia não pode ser explicado apenas pela revolução científica — que mudou a forma como as pessoas, principalmente os intelectuais, pensavam a natureza.

A CIÊNCIA NA LINHA DE LARGADA

Em 1816, Sir Humphry Davy foi homenageado pela Royal Society com a importante medalha Rumford. A serviço da Royal Institution, em Londres, Davy, um dos principais químicos do país, havia investigado a causa de desastres na mineração e, com base em cuidadosos experimentos laboratoriais, concluído que um novo tipo de "lâmpada de segurança" poderia reduzir as explosões fatais. A aclamação nacional que ele obteve foi tão gratificante quanto a constatação de que a ciência aplicada era capaz de melhorar a vida das pessoas.

De modo que Davy ficou perplexo quando um desconhecido sem qualquer formação científica afirmou ter produzido uma lâmpada de segurança igualmente eficaz, talvez até mesmo antes de sua invenção. Esse outro inovador era ninguém menos que George Stephenson.

Davy, embora de origem humilde, era um inegável produto da revolução científica, apoiando-se sobre os ombros de Robert Boyle (1627-91), Robert Hooke (1635-1703) e Isaac Newton (1643-1727), antigos luminares da Royal Society londrina, fundada em novembro de 1660. Davy era um pioneiro no estudo das propriedades dos gases, incluindo o óxido nítrico, e também demonstrara como baterias podiam ser usadas para gerar um arco elétrico — um passo crucial para compreender as propriedades da eletricidade e da luz artificial.

A autoconfiança de Davy em 1816 era inabalável. Ele concluiu precipitadamente que o experimento de Stephenson só podia ser um plágio e escreveu ao eminente grupo de financiadores do rival — os Grandes Aliados — exigindo uma retratação: "Os órgãos científicos públicos aos quais pertenço devem ser notificados desse ataque indireto a meu renome científico, minha honra e minha sinceridade". Afinal, era inconcebível que o protegido do grupo estivesse na vanguarda da inovação.

Mas os Grandes Aliados não se abalaram. O experimento de Stephenson fora bem documentado por pessoas confiáveis. Um de seus membros, William Losh, avaliou que não cabia a uma organização sediada em Londres determinar o que era ou não original: "Devo dizer que estou pouco me lixando para a notificação dos 'órgãos científicos públicos' aos quais o senhor pertence".

Outro apoiador de Stephenson, o conde de Strathmore, foi ainda mais contundente em sua resposta: "Jamais permitirei que um indivíduo de mérito seja deplorado por se situar em uma posição obscura".

A controvérsia da lâmpada de segurança ilustra não só como a Grã-Bretanha havia se distanciado de sua sociedade medieval de ordens, mas também o contraste entre duas abordagens da inovação. A primeira, representada por Davy, baseava-se no que hoje entendemos como método científico moderno e avançava a passos largos: nas primeiras décadas do século XIX, passara a ser principalmente "baseada em evidências" — exigindo que as hipóteses fossem testadas em laboratório ou em condições controladas de algum tipo e que fosse possível reproduzir as experiências. A segunda, exemplificada por Stephenson, não era voltada à academia nem pretendia impressionar cientistas, focando em vez disso a resolução de problemas reais. Ainda que indiretamente influenciada pelo conhecimento científico da época, essa abordagem dizia respeito ao conhecimento exclusivamente prático, com frequência adquirido no processo de ajustar máquinas e verificar a melhoria de desempenho.

As Provas de Rainhill, organizadas pela Ferrovia Liverpool-Manchester em 1829 com o objetivo de premiar o melhor projeto de locomotiva a ser utilizado pela companhia, são uma clara demonstração desse ponto. Na condição de engenheiro-chefe da linha Liverpool-Manchester, Stephenson era o responsável por projetar e construir as rotas principais — calculando as pontes e os túneis necessários, a inclinação das rampas e o grau das curvas, e resolvendo o difícil problema de como atravessar uma traiçoeira área pantanosa. Os critérios de inscrição foram especificados pela diretoria: locomotivas a vapor, com rodas metálicas, sobre trilhos de ferro, em linhas de mão dupla. Nada de carroças com condutores embriagados.

O fornecedor seria decidido numa competição aberta, realizada em público. Nessa época, os princípios do motor a vapor, formulados por James Watt em 1776, já eram amplamente acessíveis. Watt travara uma guerra contra o desenvolvimento de motores de alta pressão, defendendo as patentes de seus modelos na justiça e saindo suficientemente vitorioso para desacelerar o ritmo da inovação. Mas as patentes expiraram em 1800, e seus projetos entraram em domínio público.

As Provas de Rainhill eram uma combinação de prêmio Nobel e reality show. Haveria uma significativa premiação em dinheiro (quinhentas libras), mas estava bem claro que o mercado a ser estabelecido era imenso, não se resumindo apenas à Grã-Bretanha, mas estendendo-se também para a Europa, as Américas e o mundo todo. Os potenciais inventores e os renomados cientistas devem ter esfregado as mãos.

Foi um dos momentos mais fascinantes na história da engenharia. Henry Booth, empresário do milho de Liverpool e um importante financiador da ferrovia, ficou impressionado com a variedade de candidatos:

> Foram recebidas comunicações de toda classe de pessoas, cada uma delas recomendando um aperfeiçoamento na potência ou no vagão; de professores de filosofia ao mais humilde mecânico, foram todos zelosos em suas ofertas de assistência: Inglaterra, Estados Unidos e Europa continental também prestaram grande auxílio.

Assim como os jurados de uma competição culinária, os diretores tinham total clareza do que desejavam: uma locomotiva de quatro ou seis rodas, com pressão de caldeira manejável, capacidade para trafegar em trilhos com bitola de 56,5 polegadas, a um preço inferior a 550 libras por motor. Além disso, ela deveria ser capaz de puxar três toneladas por tonelada de peso, por uma distância de 110 quilômetros, a uma velocidade média de quinze quilômetros por hora. As provas seriam realizadas em um trecho plano de trilhos com rampas íngremes nas duas pontas.

A maioria dos candidatos deixava tanto a desejar que não passou sequer das avaliações preliminares. A competição ficou entre cinco locomotivas. Uma delas, a *Cycloped*, provavelmente não passava de uma piada para mostrar como o progresso tecnológico era um caminho sem volta: um cavalo numa esteira acionava as rodas da máquina. Das quatro locomotivas restantes, a *Perseverance* não conseguiu ultrapassar dez quilômetros por hora; a *Novelty* mal saiu do lugar, de tantos vazamentos na caldeira; um cilindro da *Sans Pareil* rachou — e a vencedora foi a *Rocket*, projetada e construída por George Stephenson e seu filho Robert sem qualquer ajuda do establishment científico da época.

A contribuição da Royal Society, de seus membros ou da comunidade científica foi praticamente zero. Nenhum cientista desempenhou qualquer papel no projeto da locomotiva de Stephenson, na forma como as peças de metal foram moldadas e montadas ou no modo como gerava o vapor e eliminava a fumaça.

A educação recebida pelo filho de Stephenson ilustra a mentalidade dessa era de inovadores. Robert frequentou boas escolas e teve oportunidade de estudar as várias disciplinas necessárias para se tornar um excelente engenheiro. Mas largou os estudos aos dezesseis anos, sem a menor intenção de entrar para uma universidade ou trabalhar em pesquisa de laboratório, e, junto com seu pai e outros, pôs as mãos na massa para solucionar problemas práticos em mineração, levantamento topográfico e construção de motores.

Essas inovações industriais britânicas, contudo, foram parte de um movimento pan-europeu mais amplo conhecido como revolução científica. Boyle, Hooke e Newton eram ingleses, mas muitos de seus pensadores mais inovadores, como Johannes Kepler, Nicolau Copérnico, Galileu Galilei, Tycho Brahe e René Descartes, nunca pisaram na ilha. Eles se comunicavam entre si e com seus pares ingleses em latim, ressaltando a natureza supranacional da empreitada.

Da mesma forma, não foi apenas na Europa que ocorreu um extenso período de descobertas científicas. A China estava cientificamente muito à frente da Europa em 1500, e podemos afirmar que permaneceu na vanguarda pelo menos até 1700. O período da dinastia Song (960-1279) foi particularmente criativo. Na verdade, quase todas as grandes inovações europeias da Idade Média e do início da Revolução Industrial remetem plausivelmente, de maneira direta ou indireta, à China. Tecnologias chinesas adotadas relativamente cedo pelos europeus incluem o uso da energia eólica, a prensa de tipo móvel e os relógios. Ideias que mais tarde impulsionaram a Revolução Industrial também foram importantes, incluindo máquinas chinesas para tecelagem mecanizada, fundição de ferro e aço e eclusas em canais. Os chineses também faziam amplo uso do papel-moeda, por algum tempo empregado tanto no comércio doméstico como internacional.

Ao final da dinastia Song, as autoridades chinesas desencorajaram a investigação científica, e a visão compartilhada de uma ciência rigorosa e empírica que se afirmou na Europa a partir do início do século XVII não conheceu equivalente na China. Entretanto, a ausência de uma industrialização chinesa até o século XX mostra que os avanços científicos em si não foram suficientes para desencadear uma Revolução Industrial.

Essa avaliação não pretende subestimar o papel da ciência na industrialização. A revolução científica forneceu três contribuições cruciais. Primeiro, a ciência preparou o terreno para as habilidades mecânicas dos empresários ambiciosos e autodidatas da época. Algumas das descobertas científicas mais importantes — muitas delas envolvendo ferro e aço — entraram para o conhecimento prático da era e desse modo contribuíram para uma base de fatos úteis da qual os empreendedores partiram para projetar novas máquinas e técnicas produtivas.

Segundo, como veremos em mais detalhes no capítulo 6, a partir da década de 1850, os métodos e o conhecimento científicos tornaram-se muito mais importantes para a inovação industrial devido aos avanços no campo do eletromagnetismo e da eletricidade, e mais tarde com um foco crescente nos novos materiais e processos químicos. O desenvolvimento da indústria química estava estreitamente ligado às descobertas científicas, como a invenção do espectroscópio em 1859. De maneira mais ampla, o telégrafo (década de 1830), o processo Bessemer de fabricação de aço (1856), o telefone (1875) e a luz elétrica (comercializada em 1880) vieram diretamente das investigações científicas.

Terceiro, homens ambiciosos como George Stephenson foram atraídos para a tecnologia porque viveram num tempo moldado pela Era das Descobertas. Esse período, que teve início no fim do século XV, testemunhou grandes avanços nas tecnologias navais, levando à expansão dos europeus por regiões do mundo com as quais eles haviam tido pouco contato até então. Na cabeça das pessoas, a revolução científica era justamente esse processo de descobrir e quem sabe moldar o ambiente físico e social. Agora o europeu podia navegar em águas hostis, subjugar outros povos e expandir seu domínio sobre a natureza.

Mas que outros fatores além da ciência ajudaram a Grã-Bretanha a ocupar a vanguarda da Revolução Industrial?

POR QUE A GRÃ-BRETANHA?

O padrão básico dos eventos formativos da indústria foi bem analisado pela história da economia. Houve uma ascensão sustentada no setor têxtil do algodão a partir do início do século XIX, com os empreendedores ingleses do norte desempenhando um papel essencial. O novo maquinário representou um salto de produtividade, primeiro na fiação e depois na tecelagem.

Ao mesmo tempo, profissionais em outros setores, como a metalurgia e a olaria, adotaram novas máquinas para melhorar a qualidade da produção, incrementando assim a produtividade per capita. A mudança da energia hidráulica para a energia a vapor para bombear a água das minas constituiu um avanço extraordinário. Perto do fim do século XVIII, o vapor se tornou a principal fonte de energia das fábricas. Da década de 1820 em diante, a instalação de motores a vapor sobre rodas possibilitou o transporte muito mais rápido e barato por longas distâncias. Além disso, inovações nas finanças durante o século XIX facilitaram o comércio entre regiões distantes, a construção de grandes fábricas e o financiamento de ferrovias.

Todos esses elementos são difíceis de questionar, e a linha de tempo básica para a ascensão do setor industrial não está em debate. Mas o que explica por que isso ocorreu primeiro na Grã-Bretanha? E por que começou no século XVIII?

Desde que o termo "revolução industrial" foi cunhado, no fim do século XIX, uma ampla variedade de pensadores propôs explicações para a primazia britânica. As teorias podem ser agrupadas em cinco categorias principais: geografia, cultura (incluindo religião e empreendedorismo), recursos naturais, fatores econômicos e políticas de governo. Algumas são bem engenhosas, mas todas as principais candidatas deixaram importantes questões por responder.

Alguns atribuem esse desenvolvimento econômico britânico à geografia. Mas isso parece estranho enquanto proposição geral, considerando que a Inglaterra e outras partes das Ilhas Britânicas continuaram atrasadas pelo menos até o século XVI. Por milhares de anos a prosperidade europeia se concentrou sobretudo em torno da bacia do Mediterrâneo. Mesmo quando a Era das Descobertas abriu rotas comerciais através do Atlântico, a Grã-Bretanha permaneceu significativamente atrás de Espanha, Portugal e Países Baixos no que dizia respeito às novas oportunidades coloniais.

Como vimos no capítulo 4, da conquista normanda, em 1066, até o final do século XVI, a Inglaterra permaneceu um sistema feudal. O rei era forte, e os barões por vezes criavam problemas, sobretudo quando o trono estava em jogo. Os camponeses viviam muitas vezes oprimidos. Em poucas vilas, as pessoas adquiriram alguns direitos ao longo dos anos, mas nada perto do que foi conquistado nas principais cidades italianas durante o Renascimento (da década de 1330 até cerca de 1600). O atraso inglês se refletiu nas artes, que não se comparavam ao que era produzido em outras partes da Europa ocidental e na China. Ao longo de todo o período medieval, a Inglaterra produziu pouca coisa de valor duradouro.

Por ser uma ilha, o país teria desfrutado de alguma vantagem? Ele pode ter sofrido menos invasões ao longo dos anos. Mas invasões estrangeiras e instabilidade não foram um grande problema para a região tecnologicamente mais avançada do mundo, a China, da década de 1650 a meados do século XIX, até a chegada da Rebelião Taiping e das Guerras do Ópio. Além disso, em outras nações europeias, mesmo no período da Reconquista espanhola (700-1492) ou da Itália renascentista, a participação em conflitos militares não atrapalhou a geração de prosperidade. França e Espanha não enfrentaram nenhuma grande ameaça de invasão ao longo dos séculos XVII e XVIII, e os Países Baixos foram forjados pela necessidade de manter espanhóis e franceses à distância.

Os britânicos construiriam uma Marinha formidável, mas seu poderio esmagador sobre as nações rivais viria apenas muito após o início da era industrial. As forças navais britânicas eram substancialmente menores do que a Armada espanhola no século XVI, foram repetidamente derrotadas pelos holandeses no século XVII e superadas com graves consequências pelos franceses durante a Revolução Americana na década de 1770. Em 1588, os ingleses sobreviveram à invasão da Armada espanhola enviada pelo monarca Filipe II não devido à superioridade de sua tecnologia ou estratégia naval, mas graças a acontecimentos fortuitos: o tempo ruim e uma série de erros condenaram a tentativa dos espanhóis.

Como os rios ingleses são adequados para a instalação de rodas hidráulicas, a princípio o transporte fluvial era muito mais fácil e barato do que o rodoviário. Alguns rios puderam ser facilmente conectados entre si e com o mar por canais, e isso foi útil no fim do século XVIII (daí a oposição do duque de Bridgewater, e de outras partes interessadas nos canais, ao desenvolvimento das primeiras ferrovias).

Outros países, porém, inclusive a Alemanha, a Áustria e a Hungria, possuem quantidades assombrosas de vias navegáveis, e a França realizou um programa notável de construção de canais muito antes dos investimentos britânicos nessa infraestrutura. Além disso, a fase de transporte por canais teve vida relativamente curta na industrialização britânica. A maior parte da Revolução Industrial se deu sobre trilhos, e os pioneiros das ferrovias britânicas não viam a hora de vender locomotivas, vagões e todos os equipamentos relevantes a interessados na Europa e em outras partes. A transferência de tecnologia se revelou uma tarefa simples, por intermédio de aluguel, cópia ou aperfeiçoamento de projetos. As locomotivas construídas por Matthias Baldwin na Pensilvânia na década de 1830, por exemplo, resultaram, nos anos 1840, em motores mais indicados para viagens de longa distância sob as condições americanas do que os fabricados no estrangeiro.

Outro aspecto da geografia também costuma ser sugerido como causa. O desenvolvimento industrial é considerado mais fácil em algumas latitudes, em parte porque elas abrigam regiões intrinsecamente mais salutares. Mas a Grã-Bretanha não dispunha de qualquer vantagem discernível em termos de saúde pública na fase pré-industrial. A mortalidade infantil era elevada, e a expectativa de vida muito baixa. Isso para não mencionar a gravidade das epidemias, como a Peste Negra, que varreu entre um terço e metade da população do país no século XIV.

Haveria alguma outra vantagem em pertencer a uma latitude "afortunada"? Como vimos no capítulo 4, o Oriente Médio e o Mediterrâneo oriental foram os primeiros a adotar o que costumamos chamar de "civilização". Os povos que viviam nessas regiões mantiveram registros escritos e viveram sob a autoridade de um Estado por mais tempo do que quaisquer outros. Mas esses sistemas sociais e políticos dificilmente se revelaram propícios ao crescimento econômico duradouro.

Mesmo após a ampla disponibilização das tecnologias industriais no século XIX, não houve uma rápida adoção de novos maquinários nem a construção de parques industriais na área original do Crescente Fértil, tampouco nas regiões de outras grandes civilizações do passado, como a Grécia ou a Itália meridional. Se havia alguma vantagem especial conferida pela história à industrialização no século XVIII, era estranho que fosse a Grã-Bretanha a desfrutá-la. Um mundo de distância separa o Crescente Fértil de Birmingham.

Além do mais, a maioria dessas características geográficas não distinguia a Grã-Bretanha da China. A China conta com rios caudalosos e um longo litoral. Grande parte do país fica em latitudes amenas. Contudo, os chineses não transformaram seus impressionantes avanços científicos em tecnologia industrial.

Se não a geografia, teria havido alguma profunda vantagem cultural britânica na atitude em relação a riscos, empreendimentos, comunidades ou alguma outra coisa? Mais uma vez, a resposta é negativa, pois a Inglaterra não estava culturalmente à frente de seus rivais europeus antes de 1600.

No fim do século XVI, a maior parte da zona rural inglesa se converteu ao protestantismo. No início do século XVII, o trabalho astronômico de Galileu foi perseguido pelo dogma católico e pela hierarquia da Igreja italiana determinada a preservar seu monopólio na interpretação das escrituras. No fim desse século, Isaac Newton e seus contemporâneos ingleses ainda precisavam se precaver contra heresias, embora não corressem os mesmos riscos nem estivessem sujeitos às proibições impostas pelos resquícios de teocracias medievais.

Entretanto, houve muitos outros países europeus convertidos ao protestantismo que a princípio não adotaram as tecnologias industriais, como os países da Escandinávia, a Alemanha e a futura República Tcheca. A França, país predominantemente católico, não ficava atrás da Grã-Bretanha em termos de conhecimento científico geral no século XVIII. No início do século seguinte, o país esteve também entre os primeiros a adotar as tecnologias industriais. A Baviera católica tornou-se uma usina de inovações industriais no século XIX, condição que exibe até hoje. A predominantemente católica Bruges, no noroeste da Europa (atual Bélgica), adotou a tecnologia têxtil antes da Grã-Bretanha: seus fiandeiros e tecelões eram os mais hábeis da Europa no século XV.

Também é pouco provável que minorias religiosas, como os quacres ou outras seitas protestantes não conformistas do norte da Inglaterra, tenham desempenhado um papel decisivo. Embora tais crenças religiosas influenciassem a mentalidade e as ambições de alguns indivíduos, a maioria dos outros países que passaram pela Reforma exibiam um cadinho de grupos similar, mas só se industrializaram mais tarde.

E quanto aos extraordinários empreendedores na vanguarda das inovações? Embora eles tenham sua importância, a transformação dizia respeito a muito mais do que apenas um punhado de indivíduos. Na indústria têxtil, por exemplo, no mínimo três centenas de empreendedores deram uma contribuição significativa para o desenvolvimento das técnicas modernas de manufatura no século XVIII. De maneira mais ampla, a Revolução Industrial envolveu investimentos de milhares ou mesmo dezenas de milhares de pessoas, se incluirmos todos os tomadores de decisão e investidores relevantes do século XVIII e início do século XIX.

Os recursos naturais tampouco foram um fator determinante na industrialização britânica. Uma visão alternativa muito influente atribui maior peso à disponibilidade de carvão. De fato, a Grã-Bretanha se beneficiou do minério de ferro de boa qualidade próximo aos depósitos de carvão no norte inglês e nas Midlands. Mas isso não explica a fase inicial crítica da Revolução Industrial britânica, liderada pelas fábricas têxteis, que extraíam sua energia da água. Um estudo calculou qual teria sido o grau de desenvolvimento da economia britânica em 1800 se o motor a vapor de James Watt nunca tivesse sido inventado, e concluiu que a defasagem não teria superado um mês!

O carvão e o ferro se tornaram muito mais fundamentais na segunda fase da Revolução Industrial, após 1830. Mas a matéria-prima mais essencial durante a primeira fase foi o algodão, cujo cultivo é inviável na Grã-Bretanha e na maior parte da Europa continental.

Os fatores econômicos também costumam ser considerados quando se trata de explicar o ímpeto britânico. Acima de tudo, as tecnologias que reduzem o emprego da mão de obra ficam muito mais atraentes quando os salários são elevados, porque nesse caso reduções ainda maiores de custos são asseguradas pelo uso de novas tecnologias. Em meados do século XVIII, em algumas partes da Grã-Bretanha, particularmente em Londres, pagavam-se talvez os maiores salários do mundo. Mas os salários também eram altos nos Países Baixos e em algumas regiões da França.

Em todo caso, os custos de mão de obra contribuíram, mas não foram a principal causa por trás da industrialização britânica. O aumento de produtividade no setor têxtil, quando enfim ocorreu, foi de fato espetacular — a produção per capita decuplicou, e mais tarde centuplicou. As diferenças salariais relativamente modestas entre a Grã-Bretanha, os Países Baixos e a França dificilmente foram determinantes para a adoção dessas tecnologias.

Além do mais, a relação entre salários e adoção de tecnologia só se aplica quando os custos do trabalho são elevados em relação à produtividade. Quando o trabalhador é produtivo, fica menos atraente substituí-lo. Parte do que explicava os altos salários na Grã-Bretanha do século XVIII eram seus artífices hábeis e bem treinados.

Teriam essas habilidades artesanais ou de engenharia funcionado como gatilho da Revolução Industrial britânica? O conhecimento prático de mecânica entre inovadores como George Stephenson era digno de nota, mas a qualificação da força de trabalho aparentemente não constituiu um fator determinante. A mão de obra especializada, com produtividade elevada, não era a norma na economia britânica. A taxa de alfabetização no país oferece um indício dos níveis gerais de qualificação. Em 1500, apenas 6% dos adultos ingleses sabiam assinar o próprio nome, e três séculos depois essa proporção saltou para 53%. Os holandeses apresentavam taxa de alfabetização mais elevada no mesmo período, ao passo que a Bélgica ficou à frente em 1500 e logo atrás em 1800. França e Alemanha começaram quase no mesmo nível da Inglaterra; em 1800, haviam ficado para trás, com 37% e 35%, respectivamente.

Além disso, inúmeras tecnologias icônicas da época, em vez de utilizarem habilidades artesanais aprimoradas ao longo dos séculos, visavam substituí-las por maquinário e pela mão de obra barata de homens, mulheres e crianças sem qualificação. Como exemplo podemos citar a chamada revolta ludita, em que os tecelões perderam espaço para a mecanização (voltaremos a isso no capítulo 6).

A produtividade agrícola tampouco gerou uma vantagem decisiva para a Grã-Bretanha. A produção agrícola havia aumentado nos séculos precedentes, preparando o terreno para um crescimento urbano espetacular. Mas nisso também a Grã-Bretanha nada tinha de excepcional. Houve aumentos da produtividade agrícola em muitas partes da Europa ocidental, incluindo França, Alemanha e Países Baixos, que também testemunharam um rápido crescimento urbano. Além disso, como vimos no capítulo 4, esse crescimento foi limitado na Europa medieval, e não é provável que tenha desencadeado a industrialização. A inexistência de uma divisão dos ganhos também significou que eles não geraram ampla demanda por artigos têxteis ou produtos de luxo na Grã-Bretanha.

Os níveis relativamente altos de qualificação, salários e produtividade agrícola tampouco diferenciavam a Grã-Bretanha da China. Como afirmou o historiador Mark Elvin, a partir do século XIV a China caiu em uma "armadilha do alto nível de equilíbrio" precisamente por ter salários e produtividade elevados, mas nenhuma tendência à industrialização.

A população britânica e a demanda por alimentos e roupas cresceram rapidamente no século XVII e início do século XVIII. A população da Inglaterra foi de 4,1 milhões em 1600 para 5,5 milhões em 1700. Mas o maior crescimento populacional veio durante a industrialização: de 1700 a 1841, quando foi realizado o primeiro censo abrangente, a população praticamente triplicou. Esse crescimento resultou em parte da elevação dos salários e do nível de nutrição, mas foi possibilitada também pela revolução nos transportes, que permitiu a chegada do alimento às cidades.

Tampouco na inovação financeira reside a origem da Revolução Industrial. Muitas inovações importantes nas finanças ocorreram na Itália renascentista e nos Países Baixos e alimentaram o crescimento do comércio e das viagens no Mediterrâneo e no Atlântico; na época, as Ilhas Britânicas eram economicamente atrasadas. No início do século XVIII, os financistas londrinos dispunham-se a patrocinar o comércio de longa distância, mas hesitavam em se aventurar na industrialização. Os lucros obtidos com o comércio tendiam a ser reinvestidos no comércio. A criação do Banco da Inglaterra foi benéfica para as finanças públicas e para o crédito no comércio de além-mar, embora tivesse pouca ligação com o desenvolvimento industrial. Na maior parte, esses empreendedores do norte financiavam suas atividades com os lucros acumulados, e por meio de empréstimos de amigos, familiares e outros de sua comunidade de negócios.

De modo similar, um ambiente legal regulamentando os contratos financeiros e comerciais permaneceu impraticável pelo menos até a era das ferrovias. A versão moderna da sociedade limitada só foi plenamente estabelecida na década de 1850. É muito difícil argumentar que a Grã-Bretanha contou na prática com alguma vantagem legal indisponível para outros países europeus.

De modo geral, não há qualquer indicativo de que a Grã-Bretanha contasse com uma vantagem inerente na disponibilidade financeira para novos empreendimentos utilizando máquinas. Comparado à bem estabelecida prática continental, o sistema bancário comercial permaneceu rudimentar até pelo menos os primeiros anos do século XIX.

E quanto ao papel das políticas públicas britânicas em proporcionar tal dianteira? Após a Revolução Gloriosa de 1688, a Grã-Bretanha tinha um Parlamento forte, e os direitos dos proprietários de terras e comerciantes eram bem protegidos. Contudo, o mesmo se dava em países como a França, onde boa parte dos privilégios feudais continuavam a proteger os grandes donos de terras e comerciantes contra expropriações.

O governo britânico ansiava por construir seu império no além-mar e, com o tempo, fortaleceu sua Marinha sob a justificativa de apoiar o comércio internacional. Mas esse império colonial permaneceu economicamente modesto por um longo tempo. A Grã-Bretanha obteve controle sobre a maior parte da Índia apenas na segunda metade do século XVIII, pouco antes de perder seu domínio sobre as colônias norte-americanas.

Estimativas de lucros com o comércio escravagista e com as fazendas coloniais no Caribe indicam que o tráfico humano contribuiu para a industrialização, embora seu efeito direto não seja suficientemente amplo para explicar a primazia britânica. A Grã-Bretanha foi uma participante central do comércio escravo no Atlântico, mas Portugal, Espanha, França, Países Baixos e Dinamarca foram igualmente ativos, e alguns obtiveram lucros muito maiores do que a Grã-Bretanha no decorrer dos séculos.

Não houve uma estratégia britânica deliberada nem políticas de governo apoiando a industrialização. Tais ideias eram longe de plausíveis quando ninguém compreendia a natureza do que podia ser inventado nem a profundidade de suas consequências. Se havia um país europeu na vanguarda do encorajamento à industrialização, esse país era a França, no período do século XVII em que Jean-Baptiste Colbert ficou encarregado das políticas econômicas.

Alguns argumentam que na verdade a ausência de ação governamental descrita pelo filósofo econômico Adam Smith como "laissez-faire" determinou o crescimento econômico britânico. Porém a maioria dos outros países europeus tampouco fez algo para ajudar – ou impedir – a industrialização. Quando o governo francês adotou algo semelhante a uma estratégia de industrialização sob Colbert, seu relativo sucesso tornou ainda mais difícil pensar que a ausência de políticas governamentais possa ter constituído um ingrediente secreto britânico. Em todo caso, a era britânica do laissez-faire acompanha a fase inicial, determinante, da industrialização, caracterizada pelas políticas que protegeram o setor algodoeiro e depois incrementaram as exportações.

UMA NAÇÃO DE NOVOS-RICOS

Em meados do século XIX, a Grã-Bretanha testemunhou o coroamento de um longo processo de transformação social que resultou numa nova classe de cidadãos. Milhares de britânicos no meio da pirâmide passaram a sonhar em ascender socialmente por meio do empreendedorismo e do domínio das tecnologias. A Europa continental também passou por um processo similar de afrouxamento das hierarquias e de homens (e muito raramente mulheres) ambicionando riqueza e status. Mas em nenhum outro país do mundo havia tantas pessoas aspirando à mobilidade social. A classe dos "medianos" foi fundamental para as inovações e a introdução de novas tecnologias durante a maior parte dos séculos XVIII e XIX na Grã-Bretanha.

No início do século XVIII, o zeitgeist se transformara no que Daniel Defoe definiu como a Era dos Projetos. Homens de status intermediário procuravam oportunidades de progredir, fosse por meio de investimentos concretos, fosse pela especulação financeira voltada ao enriquecimento rápido. A Bolha dos Mares do Sul, que estourou em 1720, foi um caso extremo, mas também exemplificou o fascínio com os novos empreendimentos, particularmente por parte de pequenos investidores em busca de lucro.

Nesse contexto, começaram a surgir os inovadores envolvidos no que hoje chamamos de processos industriais, entre os quais os mais bem-sucedidos foram Abraham Darby (ferro-gusa em altos-fornos alimentados a coque, 1709), Thomas Newcomen (motor a vapor, 1712), Richard Arkwright (máquina de fiar, 1769), Josiah Wedgwood (trabalhos em cerâmica, 1769) e James Watt (motor a vapor aperfeiçoado, 1776). Esses homens não sabiam latim e não perdiam muito tempo com trabalhos acadêmicos.

Darby era filho de um fazendeiro independente; Newcomen era ferreiro e vendia ferramentas para minas; os pais de Arkwright eram pobres demais para mandá-lo para a escola, e sua primeira ocupação foi como barbeiro e peruqueiro; Wedgwood era o 11º filho de um oleiro. O pai de Watt fora construtor de navios, ocupando portanto uma classe social mais elevada, mas, na época em que o filho ainda estudava, estava à procura de trabalho como fabricante de instrumentos, tendo fracassado terrivelmente em seu negócio anterior.

Esses pioneiros, como quase todos que moldaram a tecnologia pelo menos até 1850, eram homens práticos sem grande instrução formal. Assim como George Stephenson, começaram de baixo e ascenderam ao longo das décadas conforme investidores e clientes passavam a apreciar o que tinham a oferecer.

Das 226 pessoas que fundaram grandes empreendimentos industriais durante esse período, apenas duas vinham de berço nobre, e menos de 10% tinham ligação com as classes altas. De toda forma, elas não provinham da base da sociedade — seus pais atuavam na pequena manufatura ou tinham algum tipo de ofício ou comércio. E a maioria desses industriais possuía habilidades práticas e havia trabalhado em empreendimentos mais modestos antes de criar o que vieram a ser grandes negócios.

Eram todos homens extremamente ambiciosos — não algo que se esperaria de gente nascida em condições modestas numa sociedade de ordens como a da Europa medieval. Eles acreditavam na tecnologia não só como motor do progresso, mas também como escada social. Mas o mais notável foi seu sucesso.

O que explica seu arrojo? De onde eles tiraram a ideia de que poderiam realizar seus sonhos usando o poder da tecnologia? E o que permitiu que suas tentativas não fossem de algum modo frustradas?

Na altura em que esses homens entraram em cena, um lento processo de mudança social e política erodira alguns dos aspectos mais sufocantes da hierarquia social inglesa, preparando o terreno para seu advento. Noções de individualismo e resquícios de soberania popular remontando a mil anos podem ter desempenhado um papel importante, proporcionando a base para algumas dessas mudanças. Mas o mais determinante foi uma série de grandes transformações institucionais que moldaram esse processo de mudança social e convenceram a aristocracia a acomodar essa nova classe de cidadãos.

UMA NOVA MOBILIDADE SOCIAL

Em 1300, a ideia de ascender do nada à proeminência nacional teria sido impensável para a maioria dos ingleses, e ainda mais absurda se eles soubessem que o caminho para isso seria a inventividade. Para o clérigo William Harrison, em sua obra *Description of England*, de 1577, a sociedade inglesa se dividia em quatro níveis: cavalheiros (incluindo a nobreza); cidadãos urbanos; fazendeiros independentes; e, na base, trabalhadores, lavradores, artífices e servos. Um século mais tarde, em 1695, quando esboçou seus famosos *Ranks, Degrees, Titles and Qualifications*, Gregory King utilizou via de regra as mesmas categorias. O lugar ocupado por uma pessoa determinava seu status e poder, fosse no século XVI ou no XVII.

Essa sociedade estratificada era amplamente aceita e tinha raízes históricas profundas. Após a conquista normanda, em 1066, os novos soberanos da Inglaterra estabeleceram um sistema feudal centralizado, com o poder concentrado nas mãos do rei: a monarquia objetivava a aquisição de território por meio do casamento e da conquista; os senhores feudais e a pequena nobreza eram obrigados a fornecer soldados para o Exército; e empreendimentos comerciais raramente eram vistos como prioridade.

Mas já em 1300 essa trama social dava seus primeiros sinais de desgaste. A famosa Magna Carta de 1215 preparou o terreno para a criação do primeiro Parlamento e concedeu direitos à Igreja e à nobreza — ao mesmo tempo contemplando (ao menos da boca para fora) algumas necessidades da população em geral. Mesmo assim, quando Elizabeth I subiu ao trono, em 1558, a hierarquia social inglesa parecia extraordinariamente estagnada desde o século XIV. E o país continuava atrasado do ponto de vista econômico, muito atrás da Itália renascentista ou da incipiente indústria têxtil na região que hoje engloba a Bélgica e os Países Baixos.

O pai de Elizabeth, Henrique VIII, havia abalado o sistema tradicional. Henrique encabeçou mudanças políticas com consequências abrangentes. Ele confrontou a Igreja católica e as ordens eclesiásticas para se casar com Ana Bolena e se autoproclamou chefe da Igreja da Inglaterra em 1534. Seguindo por esse caminho, dissolveu os mosteiros e confiscou suas consideráveis propriedades após 1536. No início desse processo, cerca de 2% da população masculina pertencia a ordens religiosas, que coletivamente detinham um quarto de toda a terra do país. Essas terras foram vendidas, dando início a uma nova etapa de mudanças sociais: o patrimônio de algumas famílias ricas cresceu significativamente, bem como o número de proprietários de terras.

Ao final do reinado de Henrique, muitos alicerces da sociedade de ordens medieval estavam ruindo. Mas os frutos dessa transformação podem ser percebidos mais facilmente durante o longo reinado de Elizabeth I, entre 1558 e 1603. Uma classe comercial poderosa, sobretudo em Londres e outras cidades portuárias, já se evidenciava no período e ficava mais assertiva e ativa no comércio ultramarino. As mudanças no campo talvez tenham sido ainda mais importantes. Foi o momento de ascensão dos fazendeiros independentes e dos artesãos como novas forças socioeconômicas.

Essas mudanças sociais se aceleraram com a expansão da Inglaterra para além-mar. Quando Colombo "descobriu" a América, em 1492, e Vasco da Gama contornou o cabo da Boa Esperança, em 1497, novas e lucrativas oportunidades se descortinaram para os europeus. A Inglaterra largara atrás nas aventuras coloniais, e no reinado de Elizabeth não possuía nenhuma colônia significativa no estrangeiro, tampouco uma Marinha poderosa o bastante para confrontar os espanhóis ou portugueses.

Mas as fraquezas inglesas nesse caso foram também sua força. Quando Elizabeth decidiu entrar na briga colonial, recorreu a corsários como Francis Drake: piratas que equipavam seu próprio navio e, munidos da carta de corso, invadiam possessões espanholas e portuguesas e saqueavam seus navios. Se tudo corresse bem, a monarca podia esperar uma fatia generosa da pilhagem (Drake circum-navegou o globo e gerou grande fortuna para Elizabeth); do contrário, sempre havia ao menos certa negação plausível.

O comércio transatlântico alterou de forma significativa a balança do poder na Inglaterra, enriquecendo e estimulando os comerciantes de além-mar e seus aliados domésticos. Londres e outras cidades portuárias viraram uma poderosa fonte de apoio político para os opositores dos impostos elevados e das arbitrariedades dos reis. As sociedades mercantis e coloniais ganharam voz cada vez mais ativa nos círculos do poder, e numa era de efetiva sublevação política e social, isso fazia toda diferença.

No início do século XVII, Jaime I declarou ser herdeiro do "direito divino dos reis", insinuando uma visão da sociedade que teria soado familiar para monarcas normandos ou faraós egípcios. O rei, representante de Deus na Terra, devia governar como um pai faria com a própria família, e cabia aos membros da sociedade lhes prestar obediência e admiração como filhos bem-comportados. Essa postura e certas medidas autoritárias tomadas por Jaime e seu filho Carlos I não foram bem recebidas entre os proprietários rurais e os comerciantes urbanos, pavimentando o caminho para a Guerra Civil de 1642-51.

As plenas implicações do conflito estavam além da compreensão de seus participantes. Mas, em certos momentos, ficou evidente que havia algo em ebulição na sociedade inglesa. A amplitude da transformação política e social fica muito evidente nas ideias articuladas pelo grupo radical dos Niveladores.

Os Niveladores foram um movimento de protesto social do início da Guerra Civil representado no Exército Novo criado pelo Parlamento. Sua principal reinvindicação eram direitos políticos para todos ("um homem, um voto"), além do que hoje chamaríamos mais amplamente de direitos humanos. Suas exigências atingiram um ponto crítico durante os chamados debates Putney de outubro/novembro de 1647, quando eles confrontaram os líderes do Exército. O coronel Thomas Rainsborough, um dos niveladores mais articulados, expressou-as da seguinte forma:

> Pois na verdade creio que o homem mais pobre na Inglaterra tem uma vida a viver assim como o mais proeminente; e dessa forma, senhor, creio ficar deveras claro que todo homem vivendo sob um governo deveria primeiro, pelo próprio consentimento, submeter-se a esse governo; e que o homem mais pobre na Inglaterra não está de modo algum vinculado, em sentido estrito, a um governo no qual ele não teve voz alguma e que o deseja submeter.

A visão de Rainsborough se baseava no sufrágio universal:

> Nada encontro na Lei de Deus que determine que um lorde possa escolher vinte burgos, um cavalheiro apenas dois, e que um homem pobre não possa escolher nenhum. Não vejo nada assim na lei da natureza, tampouco na lei das nações. Mas creio que todos os ingleses devem se sujeitar às leis inglesas; e creio verdadeiramente que, como qualquer um haverá de afirmar, a fundação de todas as leis reside no povo; e, se reside no povo, estou determinado a buscar essa isenção.

Os líderes militares, incluindo Oliver Cromwell e o então comandante em chefe, Lord Fairfax, contra-atacaram. Para eles, o poder político tinha de ser mantido nas mãos de quem possuía terras e propriedades. Após diversas rodadas de vigoroso debate, os Niveladores foram derrotados e suas ideias saíram de cena.

A Guerra Civil terminou com a vitória dos parlamentaristas e foi seguida de uma comunidade de nações que durou até 1660. Mas, em retrospecto, deveríamos considerar as três décadas seguintes como uma continuação da tentativa de impor limites ao poder da Coroa — e de definir quais grupos sociais deveriam preencher o vácuo.

Esse processo culminou na Revolução Gloriosa de 1688, mas não devemos nos enganar com a palavra "revolução": o movimento nada teve de revolucionário, em nada lembrando a Revolução Francesa de 1789. Não houve redistribuição da propriedade nem qualquer declaração de direitos universais, como pleiteavam os Niveladores, tampouco qualquer mudança dramática na governança do país. Para aqueles que ocuparam o poder, a preservação da propriedade e dos direitos dos donos de terras deveria ser o princípio organizador central da vida política.

Essas correntes de pensamento são cruciais para compreendermos não só as aceleradas mudanças na sociedade inglesa, como também parte de suas características distintivas.

Chegamos assim a algumas respostas à longa série de questões apresentadas nos parágrafos anteriores: os principais fatores da Revolução Industrial britânica foram o empreendedorismo e a inventividade de um novo grupo de homens de origens relativamente modestas, dotados de conhecimentos práticos e da ambição de inovar em termos tecnológicos.

Nada impedia que senhores feudais ou homens fortes locais buscassem inovações, mas isso raramente aconteceu. Que a inovação partisse de seus vassalos era igualmente improvável. Com os recursos obtidos por seus mosteiros, os abades podiam exercer esse papel, o que de fato ocorreu nos tempos medievais, mas não com muita frequência. Assim, a ascensão de um novo grupo de pessoas foi decisiva para a inovação industrial. Era de suma importância que esses novos homens fossem engenhosos e aspirassem à riqueza e à ascensão social, e que a sociedade lhes permitisse buscar esses objetivos. O declínio da sociedade feudal permitiu que eles sonhassem grande.

O feudalismo também declinou em outras partes da Europa, embora em nenhum lugar sua ordem tenha sido desafiada do modo como se viu na Grã-Bretanha. Houve rebeliões campesinas e novas ideias filosóficas na França, na Alemanha e na Suécia. Contudo, elas não alteraram a base do poder como aconteceu durante a Guerra Civil Inglesa e a Revolução Gloriosa, e as mudanças socioeconômicas que engendraram jamais alcançaram as mesmas proporções que atingiram na sociedade britânica.

Essa perspectiva explica também o caso chinês. Ainda que detivesse os avanços científicos e outros pré-requisitos para a industrialização, a China não contava com a estrutura institucional adequada para encorajar uma nova classe de inovadores a desafiar as maneiras estabelecidas de organizar a produção e as hierarquias existentes. Nesse aspecto, o país nada tinha de excepcional; praticamente o mundo todo era assim. Algumas ideias científicas desenvolvidas à margem da sociedade organizada não eram consideradas uma ameaça à ordem dominante. A inovação podia ter valor militar (como a pólvora) ou para determinar a data de festivais religiosos (como os conhecimentos astronômicos). Mas, certamente, não lançaria a base para uma Revolução Industrial.

Embora houvesse uma revolução social na Grã-Bretanha, ela não desafiava a hierarquia social existente. Tratava-se de uma revolução no interior do sistema, e suas ambições se caracterizavam por uma fixação na propriedade, no sentido de que pessoas que enriqueciam deviam ser levadas a sério.

Para ascender socialmente era preciso enriquecer. E, uma vez rico, o céu era o limite. Mas, na economia britânica do século XVIII, em rápida transformação, a riqueza não estava ligada apenas à propriedade da terra. Era possível ganhar dinheiro no comércio ou na manufatura, e o status social viria junto. Nesse ambiente relativamente fluido, era natural que muitos homens proativos de origens modestas ambicionassem um sucesso que era uma versão modificada da ordem existente, e não que tentassem pôr abaixo todo o edifício social.

O diário do comerciante Thomas Turner resume as aspirações de classe média do século XVIII:

> Oh, que prazer são os negócios! Como é preferível uma vida ocupada e ativa (quando empenhada em vocações honestas) a um modo de vida supino e ocioso, e feliz daquele cuja fortuna é estar onde o comércio se encontra com o encorajamento, e as pessoas têm a oportunidade de se entregar a ele com vigor.

Mas a questão ia além do comércio e dos negócios. O desenvolvimento de novas tecnologias foi uma aspiração natural da nova classe média na Era das Descobertas. Antigas verdades e costumes estabelecidos caíram por terra. Como previra Francis Bacon, o controle da natureza estava cada vez mais na ordem do dia.

NOVO NÃO QUER DIZER INCLUSIVO

A indústria britânica brotou de uma revolução na visão. Ela foi alimentada e implementada por milhares de homens (e às vezes mulheres) de origem humilde, educação limitada e nenhuma riqueza herdada. Em essência, rebeldes dentro da ordem social.

O fim de uma hierarquia antiga sugere algo capaz de produzir uma visão inclusiva e, consequentemente, uma tendência de prosperidade compartilhada. Mas não foi nada disso que aconteceu a curto prazo.

Na Grã-Bretanha do século XVIII e início do século XIX, os trabalhadores não tinham representação política e, à parte uma ou outra manifestação, nenhuma forma de se expressar coletivamente. A camada mais arrojada da classe média, por sua vez, aspirava a ascender dentro do sistema prevalecente, aceitando seus valores. Muitas dessas pessoas, como Richard Arkwright, adquiriam propriedades para melhorar seu status social.

Nas palavras de um observador contemporâneo, o deputado Soame Jenyns: "O comerciante compete com o primeiro da nossa nobreza em termos de casas, mesa, mobília e equipagem". Ou como afirmou outro contemporâneo, Philip Stanhope, conde de Chesterfield: "As pessoas de classe média neste país tentam imitar seus melhores".

Esses candidatos a subir na vida adotavam a mesma visão condescendente da aristocracia whig em relação aos pobres, fossem rurais ou urbanos – que consideravam uma "classe medíocre", a um mundo de distância deles próprios, a ambiciosa classe "mediana", para a qual havia um lugar no sistema. Gregory King achava que os pobres "depreciavam a riqueza da nação" por não contribuírem com ela. Nas palavras de outro contemporâneo, William Harrison, eles não possuíam "voz nem autoridade na comunidade das nações e devem ser governados, não governar".

Segundo essa visão, era perfeitamente natural que a classe aspirante focasse o acúmulo de riqueza, sem se preocupar em melhorar os padrões de vida de seus subalternos ou da comunidade de modo geral. Assim, como veremos no capítulo a seguir, as escolhas envolvendo tecnologia, organização, crescimento estratégico e políticas salariais feitas pelos empreendedores industriais ao mesmo tempo os enriqueceram e negaram aos trabalhadores os benefícios do aumento de produtividade – até que os próprios trabalhadores dispusessem de poder político e social suficiente para mudar as coisas.

6. As baixas do progresso

E assim a força muscular, ou a mera mão de obra, torna-se, a cada dia, mais e mais obsoleta, tremendo toda à aproximação do inverno, encolhendo-se toda ao relancear de um proprietário de máquinas ou de terras, percorrendo inutilmente, rua após rua, as pernas fatigadas e o coração pesado, em busca de "algo para fazer".
Horace Greeley, *The Crystal Palace and Its Lessons*, 1851

Foi a indústria que fez com que o trabalhador, recém-liberado da servidão, pudesse ser utilizado novamente como puro e simples instrumento, como coisa, a ponto de ter de se deixar encerrar em cômodos que ninguém habitaria e que ele, dada a sua pobreza, é obrigado a manter em ruínas. Tudo isso é obra exclusiva da indústria, que não poderia existir sem esses operários, sem a sua miséria e a sua escravidão.[*]
Friedrich Engels, *A situação da classe trabalhadora na Inglaterra*, 1845

O Relatório da Comissão Real de Inquérito sobre Trabalho Infantil, publicado em 1842, causou perplexidade entre os britânicos. Por décadas, havia uma inquietação crescente no país com as chamadas "condições da Inglaterra", que

[*] As citações de *A situação da classe trabalhadora na Inglaterra*, de Friedrich Engels, foram retiradas da tradução de B. A. Schumann (São Paulo: Boitempo, 2008). (N. T.)

incluíam entre outras coisas a precariedade de moradia das crianças e seu uso como mão de obra. Mas, na falta de informações sistematizadas, havia muita discordância sobre sua real situação nas minas de carvão e fábricas, e se isso constituía um problema que exigia novas leis.

A comissão parlamentar realizou uma cuidadosa investigação durante três anos, e seu relatório incluía extensos apêndices reproduzindo na íntegra as entrevistas feitas com crianças e seus familiares e trabalhadores de todo o país.

Nas profundezas da terra, crianças pequenas realizavam trabalhos extenuantes por horas a fio, como vemos no depoimento de David Pyrah, de Flockton, West Yorkshire:

> Vou fazer onze anos. Eu trabalhava num poço do sr. Stansfield. Tive um acidente no Natal, um dormente caiu em cima de mim e fiquei incapacitado. Normalmente, eu começava a trabalhar às seis, mas havia dias em que era às quatro. A gente ia embora às seis ou sete, às vezes às três — quando terminasse o serviço. O trabalho era muito duro. As estradas [a altura do túnel] tinham menos de um metro, mas no fundo era meio metro. Eu não gostava porque era muito baixo e eu tinha que trabalhar até a noite.

Crianças que operavam portas de alçapão eram chamadas de "porteiras". Quando cresciam, podiam ser usadas como "transportadoras" e puxar carregamentos de carvão ao longo dos trilhos, recurvadas ou até engatinhando. O testemunho de William Pickard, supervisor geral da mina em Denby, revela como as crianças eram valiosas no subterrâneo, por caberem nos menores espaços:

> Usamos porteiras até recentemente, e elas costumavam começar já aos seis anos de idade [...]. Com oito ou nove anos, elas passam a transportadoras. O menor leito [de carvão] em que estamos trabalhando tem apenas 25 centímetros. A gente abre uma galeria de 65 centímetros de altura. As crianças menores vão lá.

Meninas eram igualmente empregadas. Sarah Gooder, de oito anos, afirmou operar um alçapão usado para impedir o vazamento de gases tóxicos:

> Sou porteira no poço de Gawber. O trabalho não me deixa cansada, mas fico no alçapão sem luz e tenho medo. Eu chego às quatro, às vezes às três e meia da

> manhã, e saio às cinco e meia. Nunca paro pra dormir. Às vezes, quando tenho uma luz, eu canto; mas no escuro, nunca; então não tenho coragem de cantar, não gosto de ficar no poço.

Ou como testemunhou uma jovem de quinze anos, Fanny Drake, de Overton, West Yorkshire: "Às vezes empurro [o vagão] com a cabeça e ela dói tanto que não consigo nem encostar; e fica embaralhada também. Tenho muita dor de cabeça, resfriado, tosse e garganta inflamada. Não sei ler, mas conheço as letras".

Os pais tinham conhecimento de tudo isso, mas admitiam consentir com a situação por precisarem do dinheiro, e pelo fato de outras fontes de rendimento serem ainda menos atraentes. Como afirmou uma certa sra. Day, mãe de duas meninas: "Tenho duas filhas no poço: a mais nova está com oito e a mais velha faz dezenove em maio. Se as meninas não vão para o poço, têm que pegar uma tigela e mendigar".

O depoimento dos patrões era tão sincero quanto. O lucro da mineração vinha em primeiro lugar. Segundo Henry Briggs, coproprietário de uma mina em Flockton:

> Os veios de carvão são estreitos demais, ficaria muito caro ter caminhos para cavalos ou estradas mais altas. Se proibissem as crianças de trabalhar nos poços, teríamos que parar de minerar os melhores veios de Flockton, porque ia custar caro demais para aumentar a altura dos túneis.

No século XVII, a lenha, principal combustível durante o período medieval, fora substituída pelo carvão, que possui maior densidade energética e mais calorias por quilo e por volume. Ele também podia ser carregado em maior quantidade nas balsas e navios, reduzindo ainda mais o custo com transporte.

Em meados do século XVIII, os poços começaram a ficar cada vez mais fundos. Enquanto no final do século anterior a profundidade não ultrapassava cinquenta metros, ela aumentou para cem metros após 1700, duzentos metros em 1765 e trezentos metros depois de 1830. O maquinário também começou a exercer um impacto, primeiro com o uso de rodas-d'água e moinhos de vento para içar o carvão, e, após 1712, com os motores a vapor de Newcomen para bombear a água. Ainda no século XVIII, o carvão passou a ser puxado dentro das minas por cavalos, como aconteceu no nordeste da Inglaterra. Motores a vapor mais eficientes foram desenvolvidos, entre outras coisas, para ajudar a impedir inundações nas minas mais profundas. O aperfeiçoamento do transporte sobre rodas com o uso da energia a vapor foi uma importante motivação para George Stephenson e outros inventores ferroviários do início do século XIX.

Na década de 1840, a mineração do carvão era uma das indústrias mais bem estabelecidas no país e utilizava o equipamento mecânico mais moderno que havia. O setor carvoeiro empregava mais de 200 mil trabalhadores, e as crianças respondiam por 20% a 40% desse total.

Os observadores do ambiente de trabalho da época não alimentavam ilusões sobre as condições de vida. Na agricultura familiar, por exemplo, já aos seis anos uma criança podia ajudar a cuidar dos animais ou realizar outras tarefas, principalmente na época da colheita. No setor têxtil, as crianças também auxiliavam os pais desde cedo no trabalho braçal, como a fiação.

Mas sua longa jornada em um ambiente incrivelmente insalubre e perigoso, no qual trabalhavam seminuas, não tinha paralelo histórico nessa escala. Em meados da década de 1850, a situação da mão de obra infantil não dava sinais de melhora, à medida que poços cada vez mais fundos iam sendo escavados.

Por mais pavorosas que fossem, as condições nas minas nada tinham de incomuns. No setor algodoeiro elas também eram draconianas, como atesta o relatório da comissão parlamentar em sua segunda parte. E o sofrimento não se limitava às crianças. Embora trabalhando por mais horas e sob condições ainda mais desumanas do que no período pré-industrial, a mão de obra adulta teve pouquíssimo ou nenhum aumento real de salário. A poluição e as doenças infecciosas em cidades densas com infraestrutura precária abreviavam a vida e aumentavam a taxa de morbidade.

Ficava cada vez mais claro para o público vitoriano que, embora a industrialização fizesse a riqueza de muitos, a maioria dos trabalhadores vivia menos, com pior saúde e em condições mais brutais do que antes. Em meados da década de 1840, escritores e políticos de ambos os lados do espectro se perguntavam como era possível que ela tivesse piorado a vida de tanta gente, e se haveria um modo de estimular o crescimento da indústria e ao mesmo tempo compartilhar mais amplamente seus benefícios.

Havia um caminho alternativo, e veremos neste capítulo que a Grã-Bretanha o adotou na segunda metade do século XIX. O viés tecnológico contra a classe trabalhadora é sempre uma opção, não um efeito colateral inevitável do "progresso". Para reverter esse viés, escolhas diferentes precisavam ser feitas.

Condições melhores para a maioria só se tornaram possíveis quando mudanças tecnológicas geraram novas oportunidades para os trabalhadores, elevando os salários. E passaram a ser uma realidade após o surgimento de contrapoderes nas fábricas e na arena política. Essas mudanças trouxeram melhorias de saúde pública e infraestrutura, capacitaram os trabalhadores a negociar melhores condições e remuneração e contribuíram para o redirecionamento da transformação tecnológica. Mas, como veremos, também no resto do mundo, sobretudo nas colônias europeias, cuja população não tinha voz política, os efeitos da industrialização foram com frequência sombrios.

MAIS TRABALHO E MENOS DINHEIRO

O trem da produtividade sugere que, com o rápido avanço tecnológico nas fases iniciais da Revolução Industrial, os salários deveriam ter aumentado. Mas não foi isso que aconteceu: pelo contrário, a renda real da maioria estagnou, conforme a jornada de trabalho aumentava e as condições se deterioravam.

Estudos detalhados reconstituíram o custo dos alimentos e de outros artigos essenciais, como combustível e moradia, e o padrão geral fica razoavelmente claro. No fim do século XVII, a "cesta básica" da maioria da população inglesa não era muito diferente do que havia sido para o camponês dos tempos medievais. O principal item da dieta eram os cereais, usados tanto no pão como na cerveja. No caso inglês, o trigo, cultivado sobretudo domesticamente. Os demais vegetais eram consumidos segundo a estação e podia haver uma pequena quantidade de carne uma ou duas vezes por semana. Cestas básicas similares podem ser elaboradas para outras partes da Europa, assim como para a Índia e a China. Três padrões amplos emergem desses dados.

Em primeiro lugar, entre 1650 e 1750, houve uma lenta melhora da renda real na Inglaterra, provavelmente resultado do crescimento da produtividade na agricultura e da expansão do comércio de longa distância com a Ásia e as Américas, o que elevou a renda em Londres e nas cidades portuárias, como Bristol e Liverpool, e também os salários em todo o país — ainda que de forma modesta. Assim, por volta de 1750, os salários na Inglaterra eram um pouco mais altos se comparados aos praticados na Europa meridional, na Índia e na China. O consumo médio de calorias por trabalhador não qualificado, por exemplo,

1. Ferdinand de Lesseps:
"o grande escavador de canais".

2. Panóptico de Jeremy Bentham, proposto em 1791 para uma vigilância mais "eficiente" nas prisões, escolas e fábricas.

3. O canal de Suez. Segundo Lesseps, "o nome do príncipe que abrir o grande canal marítimo será abençoado por séculos e séculos até o fim dos tempos".

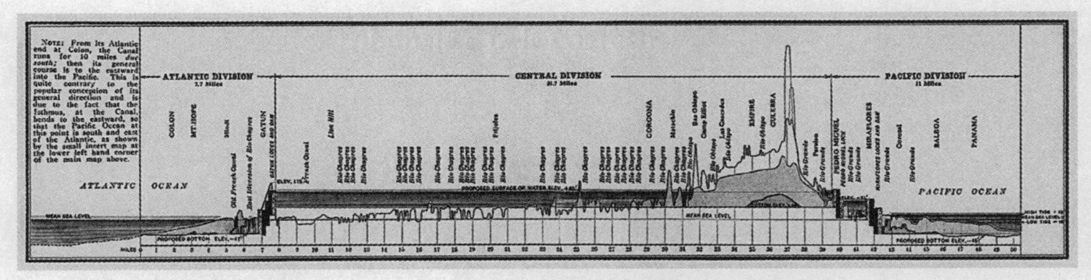

4. A visão de Lesseps de um canal sem eclusas no Panamá foi um fracasso completo, resultando em mais de 20 mil mortes e ruína financeira.

5. Uma importante tecnologia medieval que propiciou grandes ganhos de produtividade, o moinho gerou poucos benefícios para os camponeses.

6. Os ganhos de produtividade medievais possibilitaram a construção de monumentos como a catedral de Lincoln, o edifício mais alto do mundo de 1311 a 1548.

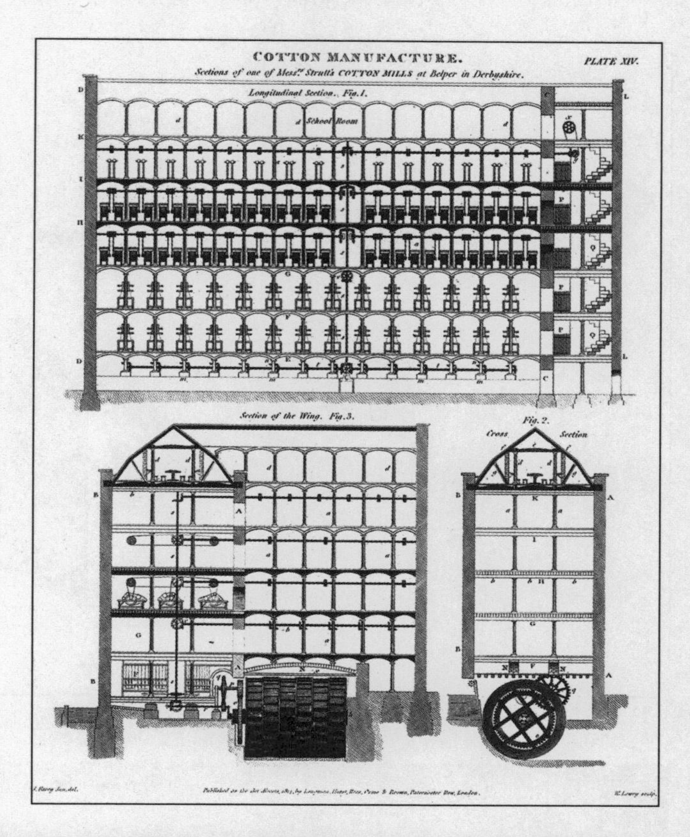

7. Grandes fábricas têxteis, como esta usina de algodão movida a energia hidráulica em Belper, Derbyshire, mais do que centuplicaram a produtividade média. Mas as condições eram insalubres, os trabalhadores não tinham autonomia, o trabalho infantil era onipresente e os salários permaneciam baixos.

8. Internos da All Saints Workhouse, em Hertford, executando um trabalho repetitivo e extenuante, como era comum para muitos daqueles que recebiam "ajuda" proporcionada pela Lei dos Pobres.

9. O descaroçador de Eli Whitney impulsionou a produção algodoeira no Sul americano, pavimentando o caminho para a expansão e intensificação da escravidão.

10. Eli Whitney foi também um pioneiro na adoção de peças intercambiáveis no Norte dos Estados Unidos, aumentando a produtividade da mão de obra não qualificada e reduzindo a necessidade de trabalhadores com qualificação. Esta foto mostra engrenagens projetadas por Charles Babbage, que tentava criar uma "máquina de calcular inteiramente automática".

11. O *Rocket* de George Stephenson venceu com folga as Provas de Rainhill em 1829, tornando-se a base para projetos que dominaram o mundo.

12. O *Archimedes*, construído na década de 1880, à espera de passageiros na estação de Euston. As ferrovias pagavam salários elevados e lideraram a expansão da indústria britânica.

13. Dejetos humanos e efluentes industriais eram despejados no rio Tâmisa, criando um terreno fértil para doenças infecciosas.

14. O sistema de esgoto de Londres, projetado por Joseph Bazalgette (no alto, à dir.), rivaliza com as pirâmides egípcias em imaginação e aplicação. Em termos de impacto sobre a saúde pública, Bazalgette se saiu melhor.

15. Nesta gravura estilizada de uma fábrica de manteiga do século XIX, cada máquina é conectada a uma cinta pelo mesmo eixo de transmissão.

16. Segundo Henry Ford, "o motor permitiu que o maquinário fosse organizado segundo a sequência do trabalho, e isso por si só provavelmente dobrou a eficiência da indústria". Nesta foto, de 1919, vemos a fábrica da Ford junto ao rio Rouge, em Michigan, movida inteiramente a eletricidade.

era cerca de 20% a 30% maior do que havia sido nos tempos medievais, e os trabalhadores desfrutavam de uma dieta ligeiramente mais nutritiva e com mais carne do que quinhentos anos antes. Outras partes do mundo permaneciam às voltas com os mesmos problemas de desnutrição observados no século XIII.

Em segundo lugar, a partir de 1750, houve um crescimento de produtividade razoavelmente rápido, sobretudo no setor têxtil. As primeiras máquinas de fiar aumentaram a produção por hora quase quatrocentas vezes. Na Índia, nessa mesma época, a fiação de cinquenta quilos de algodão cru exigia 50 mil horas de trabalho. Na Inglaterra, com a criação da "mula de fiar", em 1790, a mesma produção exigia apenas mil horas de labor. Em 1825, com o aperfeiçoamento do maquinário, o tempo de trabalho exigido caiu para 135 horas.

Mas a renda real mudou pouco, se é que mudou. O poder aquisitivo de um trabalhador não qualificado em meados do século XIX era mais ou menos o mesmo de cinquenta ou até cem anos antes. Tampouco houve grande melhora na dieta da maioria da classe trabalhadora britânica durante o primeiro século da industrialização.

Em terceiro lugar, embora trabalhadores qualificados desfrutassem de salários mais elevados ao longo desse período, o conceito de qualificação mudou bastante. Operadores de tear no início do século XIX eram considerados qualificados e ganhavam melhor. Mas, como veremos mais adiante, a automação eliminou amplas categorias de emprego que exigiam habilidades manuais, inclusive o trabalho realizado pelos tecelões. Assim, essa mão de obra foi forçada a procurar emprego em funções não qualificadas por uma remuneração menor. Pelo menos até meados do século XIX, os ganhos salariais dos trabalhadores industriais qualificados foram precários ou fugazes.

Igualmente importante foi a transformação do mercado de trabalho britânico ao longo de todo esse período, com horas mais longas e uma organização do trabalho muito diferente. Como apontou o historiador da economia Jan de Vries, a Revolução Industrial foi na verdade uma "revolução industriosa", uma vez que todos passaram a trabalhar mais arduamente.

Em meados do século XVIII, trabalhava-se em média 2760 horas ao ano (possivelmente o mesmo que um século antes); em 1800, esse número passou a 3115; e, nos trinta anos seguintes, aumentou para 3366 — quase 65 horas semanais. Entretanto, as jornadas mais longas não se traduziram em aumento dos rendimentos para a maioria da população.

Especialistas debatem em que medida esse aumento foi voluntário, em resposta a melhores oportunidades econômicas, e em que medida foi imposto por patrões. É uma boa pergunta para se fazer do conforto de uma poltrona no século XXI, mas, no começo do século XIX, todo trabalhador britânico sabia que sua carga horária e suas condições de trabalho eram piores do que um século antes. Era a única forma de sobreviver na nova economia fabril.

Antes da Revolução Industrial, muitos artigos eram produzidos por trabalhadores qualificados em pequenas oficinas. O fim da Idade Média testemunhou um aumento na produção de livros e na fabricação de relógios; a partir do século XVI, desenvolveu-se na Inglaterra uma indústria têxtil considerável, principalmente de produtos de lã; e, no século XVII, tanto a mineração de carvão como de estanho estavam bem estabelecidas.

Boa parte da produção de lã era terceirizada para as oficinas domésticas, onde as pessoas podiam trabalhar no seu próprio ritmo e eram pagas por peça, de acordo com sua produtividade. Era muito trabalho por pouco dinheiro, mas ao menos havia certo grau de autonomia. A maioria dos trabalhadores tirava proveito dessa flexibilidade adaptando a carga horária e os processos produtivos às próprias necessidades — acomodando o período que passavam trabalhando na lavoura, por exemplo. Eles também tiravam um tempo para descansar (muitas vezes, para curar a bebedeira da noite anterior). Os tecelões não costumavam trabalhar às segundas, e por vezes nem às terças, e quando necessário compensavam trabalhando nas noites de sexta e sábado. A maioria dos trabalhadores não precisava manter um registro cuidadoso do tempo, e nem sequer tinha acesso a relógios.

O trabalho fabril mudou tudo isso. O imaginário moderno sobre as primeiras fábricas deve muito à vívida descrição feita por Adam Smith da fábrica de alfinetes em sua obra clássica, *A riqueza das nações*. Smith enfatizava como a divisão do trabalho nas fábricas melhorava a eficiência, permitindo que cada trabalhador se concentrasse em uma tarefa específica do processo de fabricação de alfinetes. Mas a organização fabril primitiva tinha tanto a ver com a disciplina do trabalhador quanto com a divisão da mão de obra pela eficiência técnica. As fábricas impunham normas rígidas sobre quando os trabalhadores deveriam chegar e quando podiam ir para casa. Exigiam jornadas de trabalho significativamente maiores e um processo decisório muito mais hierárquico. Sua organização era inspirada nos primeiros exércitos modernos.

O código de treinamento militar criado pelo príncipe holandês Maurício de Nassau, o estrategista mais influente do início do século XVII, especificava mais de vinte passos envolvidos no disparo de um mosquete. Aperfeiçoando um método que remontava aos romanos, os exercícios passaram a ser a principal maneira de organizar as tropas: os movimentos feitos a um comando de voz possibilitavam que as fileiras da infantaria se virassem, adotassem formações, dessem meia-volta e assim por diante. Com alguns meses de treinamento, centenas de soldados aprendiam a combater lado a lado, preservando a coesão sob fogo inimigo ou em face de uma carga de cavalaria. Usando esses métodos, os exércitos ficaram maiores. No século XVII e início do século XVIII, normalmente compreendiam dezenas de milhares de homens. O Exército Novo, que se tornou a principal força na Guerra Civil Inglesa durante a década de 1640, tinha mais de 20 mil soldados.

A palavra inglesa *factory* deriva de uma raiz latina que significa prensa de óleo ou moinho. No século XVI, o termo era usado para designar um escritório ou posto mercantil pequeno. Como "edifício para produzir mercadorias", o significado remete ao início do século XVII. A partir de 1721, a palavra passou a representar algo totalmente novo: um espaço onde uma grande quantidade de gente, em boa parte mulheres e crianças, era reunida para operar máquinas. As primeiras fábricas têxteis empregavam até mil pessoas; dividiam as tarefas em componentes simples, enfatizavam a repetição, usavam disciplina rígida para manter todos trabalhando ao mesmo tempo e, é claro, reduziam de maneira significativa a autonomia da mão de obra.

Richard Arkwright, um dos inovadores e industriais mais bem-sucedidos da era, construiu seus primeiros moinhos próximo a operações de mineração de carvão. A escolha não se devia à facilidade de acesso a uma fonte de energia, pois suas fábricas eram movidas pela força hidráulica. Arkwright planejava contratar as famílias dos mineiros para trabalhar em seus moinhos. Mulheres e crianças eram consideradas mais destras e dóceis do que homens adultos nesse sistema altamente regimentado. A água nunca parava de fluir, assim seus moinhos podiam funcionar de forma ininterrupta. Construir fábricas era dispendioso, e o alto capital investido levava os empreendedores a desejarem extrair máximo proveito de seu equipamento, de preferência dia e noite, e definitivamente pela noite adentro.

A disciplina nessas novas fábricas poderia parecer familiar a Maurício de Nassau, mas o amplo uso de crianças teria sido uma revelação. Os trabalhadores tinham de chegar ao mesmo tempo a cada turno; aprender a operar as máquinas, normalmente com uma série limitada de ações. Estas, por sua vez, tinham de ser precisas: qualquer desvio no padrão exigido podia atrapalhar a produtividade ou danificar o equipamento. Embora não houvesse panópticos de Jeremy Bentham por toda parte, os empregados eram fortemente supervisionados e tinham de permanecer concentrados na produção e obedecer às regras.

As queixas sobre as condições de trabalho eram comuns, e os operários se ressentiam particularmente da perda de autonomia, uma vez que estavam sujeitos à estrutura hierárquica das fábricas. Uma balada popular de Lancashire capturou o sentimento:

Assim, vinde todos, ó tecelões do algodão, devei acordar bem cedo,
Pois havei de trabalhar nas fábricas do alvorecer à meia-noite:
Não caminheis em vosso jardim de duas a três horas diárias,
Pois devei permanecer às ordens, e manter vossas navetas ocupadas.

Os acidentes de trabalho eram incontáveis, e havia pouca consideração pela segurança ou alguma perspectiva de compensação da mão de obra. Um sujeito de Manchester cujo filho morrera em um acidente afirmou: "Tive sete filhos, mas nem que fossem 77 eu deveria ter enviado um deles para a fábrica de algodão". O problema não era apenas o trabalho árduo, "das seis da manhã às oito da noite", mas também as condições, a disciplina e os acidentes.

Como os trabalhadores não eram organizados nem tinham influência política, os patrões os remuneravam a seu bel-prazer. A disciplina fabril intensa, a jornada prolongada e as condições desumanas devem ser encaradas sob um mesmo prisma. Quando o patrão detém todo o poder, não precisa partilhar com o trabalhador os ganhos de produtividade — e seus lucros são maiores. Assim, nessa época, a política da menor paga por mais trabalho foi consequência do desequilíbrio da balança entre o capital e a mão de obra.

Um fator que ajudava o empregador a manter uma remuneração mínima em troca do máximo trabalho era o modo como os pobres, e sobretudo os órfãos, eram tratados na Inglaterra vitoriana. Nas fábricas de Arkwright, por exemplo, empregavam-se muitas crianças de albergues locais, que iam parar nesse tipo de instituição porque os pais não podiam sustentá-las. Consideradas para fins legais como "aprendizes", elas eram proibidas por lei de deixar o emprego e, em todo caso, não tinham permissão de sair nem para comer. Logo, jamais poderiam exigir melhores salários ou condições de trabalho.

Os monumentais projetos de construção da antiguidade egípcia e romana contavam em sua essência com hábeis artesãos treinados ao longo de muitos anos. As fábricas britânicas, por sua vez, empregavam trabalhadores não qualificados, inclusive mulheres e crianças, e a maioria não adquiria grande coisa a título de capacitação. Não se aprende nada abrindo um alçapão no subterrâneo ou empurrando um carrinho de carvão com a cabeça. A mão de obra infantil perdida por invalidez ou acidentes fatais era facilmente reposta.

No raiar do século XIX, a indústria algodoeira britânica se tornara a maior do mundo — e grandes fortunas eram feitas. Arkwright virou um dos homens mais ricos da Inglaterra (em um episódio famoso, emprestou 5 mil libras à duquesa de Devonshire para cobrir suas dívidas de jogo). Embora a industriosa classe média estivesse a todo vapor, havia poucos passageiros a bordo do trem da produtividade.

E o pior ainda estava por vir.

O MOVIMENTO LUDITA

Em 27 de fevereiro de 1812, conforme a Revolução Industrial entrava em marcha, no sentido literal e figurativo, Lord Byron dirigia a palavra à Câmara dos Lordes. O jovem Byron, famoso por sua poesia romântica, falava com a mesma eloquência com que escrevia. Mas seu tema nesse dia era brutalmente real: a Lei contra a Destruição de Máquinas Têxteis, que propunha a pena de morte para quem danificasse o maquinário fabril recém-inventado, em particular da tecelagem.

A transformação do algodão cru em tecido remonta à Antiguidade, mas, ao longo de 2 mil anos de história, os aperfeiçoamentos nos métodos produtivos foram apenas modestos. Com a onda de invenções britânica iniciada na década de 1730, a fiação se mecanizou e passou a ser realizada a um custo cada vez menor nas grandes fábricas, empregando sobretudo mão de obra não qualificada.

Desse modo, o preço do fio de algodão caiu cerca de quinze vezes em relação ao patamar anterior, o que em princípio era vantajoso para os trabalhadores especializados da tecelagem. Consequentemente, a indústria se expandiu, embora a sorte dos tecelões tenha sido de breve duração. Ondas subsequentes de invenções mecanizaram o setor e transferiram a tecelagem para o chão de fábrica, diminuindo a necessidade de mão de obra qualificada.

A onda de industrialização foi recebida em 1811-2 com um quebra-quebra de máquinas perpetrado pelo grupo de tecelões dos luditas — palavra derivada de Ned Ludd, personagem apócrifo a quem se atribuía uma revolta destrutiva semelhante em 1779. O movimento repudiava o mero vandalismo. Como os luditas de Nottinghamshire afirmavam em uma carta, "nosso objetivo não é a pilhagem; é às necessidades comuns da vida que voltamos nosso olhar, no presente momento". De todo modo, a reação do governo foi propor substituir a deportação forçada para a Austrália prevista em lei pela pena capital.

Byron discursou apaixonadamente, antecipando dois séculos de debates sobre tecnologia e empregos:

> Os trabalhadores rejeitados, na cegueira de sua ignorância, em lugar de se regozijarem com esses aperfeiçoamentos técnicos tão benéficos à humanidade, conceberam-se como um sacrifício aos aperfeiçoamentos da mecânica. Na tolice de seus corações, imaginaram que o sustento e o bem-estar de laboriosos pobres fossem objeto de maior consequência que o enriquecimento de uns poucos indivíduos mediante o aperfeiçoamento dos instrumentos de comércio que alijaram o trabalhador de seu ganha-pão e fizeram dele algo indigno de ser empregado.

A passagem de Byron pela política foi breve, e ele não exerceu grande impacto durante o pouco tempo em que permaneceu atuante; o que não deixa de ser uma pena, pois ele sabia como usar as palavras:

> Cruzei o palco da guerra na península [grega]; visitei algumas das províncias mais oprimidas da Turquia; mas jamais contemplei, nem sob o mais despótico governo infiel, uma desgraça tão sórdida como a que presencio desde meu regresso, em pleno âmago de um país cristão.

A industrialização estava destruindo empregos, meios de subsistência e vidas. As décadas subsequentes provaram que Byron não exagerava. Na verdade, ele enxergou apenas parte do mal que estava sendo perpetrado.

Horace Greeley, o renomado editor de um jornal americano, chegou a uma conclusão semelhante após visitar a Grande Exposição de 1851 em Londres. Para ele, boa parte da angústia de meados do século se devia ao fato de que o maquinário — a automação — estava substituindo os trabalhadores:

> Por toda parte a marcha da invenção é constante, rápida, inexorável. O ceifador humano de trinta anos atrás vê hoje uma máquina cortando o cereal vinte vezes mais rápido do que ele jamais conseguiu; obtém três dias de trabalho a serviço dela quando antes tinha três semanas de colheita regular: o trabalho é tão bem-feito quanto antes, e muito mais barato; mas sua parcela do produto está tristemente reduzida. A máquina de aplainar executa admiravelmente o serviço de duzentos homens e remunera com salários moderados três ou quatro; a máquina de costura, cujos custos são moderados, realiza de forma fácil e barata o trabalho de quarenta costureiras; mas provavelmente nem todas as costureiras do mundo seriam capazes de adquirir uma máquina dessas sequer.

Como vimos no capítulo 1, o maquinário serve para substituir a mão de obra mediante a automação ou para elevar a produtividade marginal do trabalhador. Entre exemplos do primeiro caso estão os moinhos d'água e os moinhos de vento, que assumiram algumas tarefas até então realizadas manualmente, mas também aumentaram a necessidade de mão de obra para processar e lidar com os cereais e a lã, agora mais baratos, inclusive criando novas tarefas.

A pura automação é diferente, porque não aumenta a contribuição dos trabalhadores para a produção e portanto não gera a necessidade de trabalhadores extras. Assim, ela tende a ter consequências mais profundas para a distribuição de renda, criando de um lado grandes vencedores (os proprietários das máquinas) e do outro uma profusão de perdedores (incluindo os desempregados). Por isso o efeito do trem da produtividade é mais fraco quando há muita automação.

A onipresença da automação, em particular no setor têxtil, foi um dos motivos para que o trem da produtividade não saísse do lugar e os salários continuassem baixos mesmo à medida que a economia britânica se mecanizava, no fim do século XVIII e início do século XIX. Em *The Philosophy of Manufactures*, de 1835, Andrew Ure, um cronista dos primórdios do sistema fabril britânico, observou:

> De fato, a divisão — ou, antes, adaptação — do trabalho para os diferentes talentos humanos é pouco considerada no emprego fabril. Pelo contrário, sempre que um processo exige peculiar destreza e firmeza de mão, é retirado o quanto antes do *astuto* trabalhador humano, propenso a irregularidades de todo tipo, e deixado ao encargo de um mecanismo peculiar, tão autorregulador que até uma criança poderia supervisioná-lo (grifo do original).

Infelizmente, uma criança "supervisionar" a tarefa não era apenas uma figura de linguagem.

Os próprios luditas parecem ter compreendido não só o que as máquinas representavam para seu futuro, como também que se tratava de uma escolha tecnológica feita em nome de poucos. Nas palavras de um tecelão de Glasgow:

> Os teóricos da economia política atribuem maior importância ao acúmulo agregado de riqueza e poder do que ao modo como ela se difunde ou a seus efeitos no interior da sociedade. O fabricante em posse de capital e o inventor de novas máquinas avaliam apenas como utilizá-las em proveito e vantagem próprios.

As melhorias na produtividade têxtil na verdade geraram empregos em outros setores da economia britânica — por exemplo, na fabricação de máquinas e ferramentas. Por décadas, no entanto, essa demanda adicional por mão de obra não foi suficiente para promover um aumento salarial. Além do mais, qualquer novo trabalho que os tecelões pudessem obter não condizia com suas qualificações e ganhos precedentes. Os luditas estavam certos em pensar que as máquinas têxteis destruiriam seu meio de subsistência.

Na época, a mão de obra britânica ainda não era sindicalizada para poder realizar negociações coletivas. Embora as piores práticas de coerção dos tempos medievais fossem coisa do passado, muitos trabalhadores estavam sujeitos a uma relação semicoercitiva com seus patrões. O Estatuto dos Trabalhadores de 1351 só foi revogado em 1863. Já o Estatuto dos Artífices, decretado em 1562-3, e que de forma semelhante exigia o serviço compulsório e proibia que uma pessoa deixasse o emprego antes do fim estipulado em contrato, continuava sendo usado para processar os trabalhadores. Uma versão revisada da Lei do Senhor e do Servo, renovando a proibição da quebra de contrato pelos trabalhadores, foi adotada pelo Parlamento em 1823 e 1867. Entre 1858 e 1867, foram abertos 10 mil processos com base nessas leis. Esses casos normalmente começavam com a detenção de trabalhadores sobre os quais constasse alguma queixa. Elas também foram regularmente usadas para impedir a organização sindical, até serem revogadas em 1875.

Essas condições alinhavam-se perfeitamente à visão dos segmentos politicamente poderosos da sociedade. Suas atitudes, e as implicações delas, são bem ilustradas pela Comissão Real sobre o Funcionamento das Lei dos Pobres, de 1832, reunida para reformar as leis dos tempos elisabetanos.

A antiga Lei dos Pobres já era mesquinha e inclemente. Mas, no entender dos novos pensadores da época, não era capaz de motivar as classes desfavorecidas a suprirem a necessidade de mão de obra. A comissão, assim, propôs organizar a assistência aos pobres em torno dos albergues públicos, acolhendo-os ao mesmo tempo que os forçava a trabalhar. Ela também recomendou que os requisitos para a obtenção de uma vaga nos albergues fossem mais rígidos e que eles pusessem menos ênfase no acolhimento do que na motivação para trabalhar.

O peso para o contribuinte, principalmente a aristocracia, a *gentry* e as classes médias, também deveria ser reduzido. Houve consenso político, e as recomendações da comissão foram adotadas em 1834, embora numa versão mais branda. Os albergues públicos criaram na prática o que um especialista descreveu como um "sistema prisional para punir a pobreza".

Nesse contexto, era pequena a probabilidade de que um trabalhador recebesse salários mais elevados ou participação nos lucros. A jornada de trabalho mais longa, a perda de autonomia e o salário real estagnado não foram a única consequência nos primórdios da industrialização. O viés social da tecnologia também exerceu um amplo efeito empobrecedor.

A CONSUMAÇÃO DA ENTRADA NO INFERNO

Com a industrialização, a poluição se tornou um imenso problema, sobretudo pelo uso crescente do carvão. Se a energia para o boom dos têxteis havia sido hidráulica, depois de 1800 o carvão passou a ser o combustível predileto para o cada vez mais onipresente motor a vapor. Embora também pudessem ser alimentadas por rodas-d'água sempre que o curso tivesse fluxo suficiente, com os novos motores as fábricas podiam ser construídas em qualquer parte

— perto de portos, minas de carvão, contingentes de mão de obra ou tudo isso ao mesmo tempo.

Com a energia do vapor, os grandes centros industriais viraram uma selva de chaminés, cuspindo fumaça dia e noite. A primeira fábrica de algodão foi construída em Manchester na década de 1780, e, em 1825, havia 104 operações similares. Havia ainda 110 motores a vapor registrados na cidade. Segundo um observador,

> um motor de cem cavalos-vapor, que tem a força de 880 homens, proporciona um movimento rápido para 50 mil fusos, produzindo fios de algodão perfeitos: cada fuso forma um fio separado, e a quantidade total funciona em uníssono em um imenso edifício erguido com esse propósito e adaptado de forma a receber as máquinas sem que espaço algum seja desperdiçado. Setecentas e cinquenta pessoas são suficientes para realizar todas as operações dessa fábrica de algodão; e, com a assistência do motor a vapor, elas serão capazes de fiar o equivalente a 200 mil pessoas sem maquinário, ou uma pessoa produzirá tanto quanto 266.

A poluição estava fora de controle nas primeiras fases da industrialização, causando grande quantidade de mortes e um declínio inimaginável na qualidade de vida da maioria da população. Friedrich Engels foi contundente sobre as consequências para a classe trabalhadora:

> É verdadeiramente revoltante o modo como a sociedade moderna trata a imensa massa dos pobres. Ela os atrai para as grandes cidades, onde respiram uma atmosfera muito pior que em sua terra natal. Põe-nos em bairros cuja construção torna a circulação do ar muito mais difícil que em qualquer outro local. Impede-os de usar os meios adequados para se manterem limpos: a água corrente só é instalada contra pagamento e os cursos de água poluídos não podem ser utilizados para a higiene; compele-os a jogar na rua todos os detritos e as imundícies, toda a água servida e até mesmo os excrementos mais nauseabundos, para os quais não há outra forma de escoamento — enfim, obriga-os a empestear seus próprios locais de moradia.

Sir Charles Napier, um calejado general, foi destacado para comandar forças de paz em Manchester em 1839. Embora não tão radical quanto Engels, ele ainda assim ficou abismado com as condições na cidade, referindo-se a elas em seu diário como "a consumação da entrada no inferno!".

O notório fog londrino, provocado principalmente pela queima do carvão, gerou episódios de "exposição aguda à poluição" ruins o bastante para corresponderem a uma de cada duzentas mortes no país por mais de um século.

Mas a poluição não foi a única responsável pela brevidade e sordidez da vida na Grã-Bretanha do século XIX. As doenças infecciosas representavam uma ameaça cada vez mais fatal para os habitantes urbanos. Embora tivesse havido alguns avanços contra as doenças infecciosas predominantes no século XVIII, particularmente a varíola, as cidades industriais, populosas e em rápido crescimento, proporcionaram um terreno fértil para novas epidemias. A primeira epidemia global de cólera ocorreu em 1817, seguida de surtos regulares até o fim do século, quando a importância da água limpa foi plenamente compreendida.

A taxa de mortalidade nas cidades industriais superpopulosas crescia de forma vertiginosa. Em Birmingham, a mortalidade por mil habitantes em 1831 foi de 14,6, e em 1841 de 27,2. Aumentos similares foram registrados em Leeds, Bristol, Manchester e Liverpool. Nas novas cidades manufatureiras, metade de todas as crianças morria antes de chegar aos cinco anos.

Algumas partes de Manchester tinham apenas 33 banheiros para cada 7 mil pessoas; Sunderland, apenas um para cada 76 habitantes. A maioria das instalações sanitárias não era ligada a uma rede de esgoto, resultando em fossas urbanas que quase nunca eram limpas. Em todo caso, a maioria dos sistemas de esgoto era incapaz de lidar com a quantidade de dejetos humanos.

Nesse ambiente, uma doença muito antiga, a tuberculose, ressurgiu como um flagelo. Estudos revelam a presença da tuberculose em múmias egípcias, e a doença assombra povoamentos densos há muito tempo. Ela se tornou uma das grandes assassinas no século XIX à medida que as condições superpopulosas e insalubres nas grandes cidades chegavam a proporções sem precedentes. Em seu auge, em meados do século, foi responsável por cerca de 60 mil mortes ao ano na Inglaterra e no País de Gales, num período em que a mortalidade total anual ficou entre 350 mil e 500 mil indivíduos. As evidências indicam também que a maioria das pessoas sofria de alguma forma de tuberculose ao longo da vida.

Doenças de infância altamente contagiosas como a escarlatina, o sarampo e a difteria se revelaram devastadoras pelo século XX adentro, quando já haviam sido implementados programas de vacinação. A presença do sarampo e da tuberculose, ambas doenças respiratórias, agravou os efeitos da poluição, aumentando ainda mais as taxas de mortalidade. A mortalidade materna permaneceu elevada ao longo de todo esse período. Os hospitais também contribuíam para a propagação das infecções até que a importância de lavar as mãos fosse devidamente compreendida, mais para o final do século.

A população de Manchester era pouco maior do que 20 mil habitantes no início da década de 1770. Em 1823, mais de 100 mil pessoas viviam na cidade, tentando se ajustar ao ambiente de superlotação, ruas imundas, escassez de água e fuligem.

As condições de vida sórdidas e populosas, aliadas ao álcool barato, geravam um novo risco: a violência crescente, inclusive no interior das famílias. A violência doméstica sem dúvida já existia antes da industrialização, e a preocupação com o bem-estar infantil, em termos de educação, nutrição e saúde, passou a ser norma apenas no século XX. Ainda assim, não havia tanto abuso de álcool quando todos consumiam apenas a fraca cerveja *ale*. O apreço britânico por destilados teria começado apenas após a Batalha de Ramillies, em 1706. O hábito do gim se firmou no século XVIII, e, em meados do século XIX, o alcoolismo grassava. E conforme o preço do tabaco diminuía, o cigarro chegava também às classes trabalhadoras.

Para o britânico instruído, a nação enfrentava uma decadência moral mais abrangente. O influente escritor Thomas Carlyle se debruçou sobre o problema, cunhando em 1839 a expressão "as condições da Inglaterra". Uma leva de romances sociais tratou dos males da vida fabril, incluindo obras de Charles Dickens, Benjamin Disraeli, Elizabeth Gaskell e Frances Trollope.

A avaliação física dos recrutas britânicos na Segunda Guerra dos Bôeres, entre 1899 e 1902, confirmou que a nação estava profundamente enferma. A industrialização produzira um desastre de saúde pública.

O EQUÍVOCO DOS WHIGS

A *História da Inglaterra* de Thomas Macaulay, publicada originalmente em 1848, assim sintetiza o passado britânico recente:

> a história do nosso país durante os últimos 160 anos é eminentemente a história de um aprimoramento físico, moral e intelectual. Aqueles que comparam a era que lhes coube a uma idade de ouro existente apenas em sua imaginação podem falar em degeneração e decadência: mas nenhum homem corretamente informado sobre o passado se mostrará disposto a assumir uma visão sombria ou desesperançada do presente.

Essa visão otimista reflete o que é conhecido mais amplamente como a interpretação whig da história, relacionada ao pressuposto econômico mais moderno de um trem da produtividade que entra em marcha automaticamente. Ambas as perspectivas baseiam-se na ideia de que o progresso inevitavelmente leva a coisas boas para a maioria.

O relato de Andrew Ure sobre a proliferação de fábricas na Grã-Bretanha refletia o otimismo dos anos 1830 — e antecipava a retórica dos atuais visionários da tecnologia. Mesmo ao falar sobre como os trabalhadores qualificados estavam perdendo seus empregos, Ure escreveu com confiança:

> Assim é o sistema fabril, repleto de prodígios em mecânica e economia política, prometendo, em seu futuro crescimento, vir a ser o grande ministro civilizatório do globo, possibilitando a este país, em sua essência, difundir, entre inúmeras pessoas, junto com seu comércio, o sangue vital da ciência e da religião.

Infelizmente, o mundo é bem mais complicado do que sugerem tais opiniões, e pela precisa razão de que as melhorias socioeconômicas estão longe de ser automáticas, mesmo com a mudança das instituições e a introdução de novas tecnologias.

O otimismo whig era compreensível, pois refletia a visão das classes sociais ascendentes na Inglaterra, incluindo a *gentry* e as novas sociedades mercantis e depois industriais. Também era superficialmente plausível, pois a industrialização de fato trouxe pessoas e ideias novas para o primeiro plano. Contudo, essa forma de mudança social não chegou infalivelmente à maioria da população, como vimos neste capítulo.

Industrialistas como Arkwright demoliram as hierarquias existentes no início do século XIX não porque quisessem derrubar as barreiras sociais ou estabelecer uma real igualdade de oportunidades — certamente não para a "classe medíocre" de pessoas. Na verdade, os empreendedores da "classe mediana" em ascensão queriam buscar suas próprias oportunidades, subir na vida e passar à camada superior da sociedade. A visão que desenvolveram refletia e legitimava esse impulso. A eficiência era o principal objetivo, segundo rezava o argumento prevalecente, e buscada no interesse nacional. Novos líderes tecnológicos, econômicos e políticos estavam na vanguarda do progresso, e todos se beneficiariam dele, ainda que não o compreendessem completamente.

O pensamento de Jeremy Bentham, assim como de Saint-Simon, Enfantin e Lesseps, na França, é emblemático dessa visão. Além de uma crença firme na tecnologia e no progresso, os partidários de Bentham baseavam-se em duas ideias centrais. A primeira era de que o governo não tinha nada que interferir nos contratos firmados entre adultos. Se as pessoas concordavam em trabalhar por longas horas sob condições insalubres, problema delas. Havia uma preocupação pública legítima pela vida das crianças, mas os adultos só podiam contar consigo mesmos.

A segunda era que o valor de qualquer política pública podia ser calculado segundo quanto ganhavam ou perdiam os envolvidos. Logo, se a reforma das condições de trabalho infantil resultaria em ganhos para as crianças, era necessário pesá-la contra as perdas que representariam para os empregadores. Em outras palavras, mesmo que os ganhos infantis fossem substanciais — por exemplo, em saúde ou escolarização —, a medida não deveria ser adotada se as perdas para o empregador, principalmente em termos de lucros, fossem maiores.

Para os grupos dotados de voz política, incluindo a ascendente classe dos medianos, parecia uma atitude moderna e eficiente e justificava sua crença de que a marcha do progresso era de fato inexorável, ainda que produzisse baixas pelo caminho.

E, durante as décadas iniciais do século XIX, assim o progresso marchou, com todos os seus percalços. Só um tolo ou algo pior o questionaria ou tentaria obstruí-lo.

Cinquenta anos depois, o panorama era bem diferente.

Na segunda metade do século XIX, os salários começaram a crescer de modo regular. De 1840 a 1900, a produtividade por trabalhador cresceu 90%, e o salário real, 123%. Isso incluía um substancial aumento da renda e melhorias na dieta e nas condições de vida da mão de obra não qualificada. Pela primeira vez na era moderna, a produtividade e os salários subiram quase à mesma taxa.

As condições de trabalho também melhoraram. A jornada de trabalho média caíra para nove horas para muitos trabalhadores (54 horas por semana para construtores e engenheiros, 56,5 horas por semana no setor têxtil e 72 horas por semana nas ferrovias) e havia folga para quase todos aos domingos. O castigo físico no local de trabalho se tornara raro, e, como observamos, a Lei do Senhor e do Servo foi finalmente revogada em 1875. Leis de trabalho infantil reduziram enormemente a presença infantil nas fábricas, e um movimento surgiu para oferecer ensino elementar gratuito para a maioria das crianças.

A saúde pública também observou uma melhora dramática, embora o fog londrino ainda levasse meio século para ser controlado. As condições sanitárias nas grandes cidades também melhoraram, e ocorreu um amplo progresso na prevenção de epidemias. A expectativa de vida começou lentamente a subir, de quarenta anos em meados do século XIX para quase 45 no início do século XX. Nenhum desses avanços sociais se restringiu à Grã-Bretanha. Um progresso similar ocorreu na maior parte da Europa e em outros países em industrialização. Seria uma reabilitação da interpretação whig da história?

Longe disso. Nada houve de automático em nenhuma das melhorias que prenunciavam uma partilha mais ampla dos ganhos de produtividade e da higiene urbana. Elas resultaram de um processo contestado de reformas políticas e econômicas.

O trem da produtividade precisa de duas condições prévias para operar: aumento da produtividade marginal do trabalhador e suficiente poder de negociação para a mão de obra. Ambos os elementos estiveram em larga medida ausentes durante o primeiro século da Revolução Industrial britânica, mas começaram a se materializar após a década de 1840.

Na primeira fase da Revolução Industrial, que tanto alarmou Lord Byron, as principais inovações tecnológicas tiveram a ver com a automação, mais notavelmente a substituição de fiandeiros e tecelões pelo novo maquinário têxtil. Como vimos no capítulo 1, os avanços na automação não excluem a prosperidade compartilhada, mas se houver um predomínio da automação, ocorre um desequilíbrio — os trabalhadores precisam ser realocados de seu trabalho anterior, ao mesmo tempo que há tarefas novas insuficientes em outras posições na produção.

Foi o que começou a acontecer perto do fim do século XVIII, com os trabalhadores têxteis desempregados e enfrentando dificuldades para encontrar um novo emprego com remuneração no mesmo patamar anterior. Essa fase foi longa e dolorosa, como Lord Byron admitiu e a maioria da classe trabalhadora sentiu na pele. Entretanto, na segunda metade do século XIX, a tecnologia havia mudado de direção.

Podemos afirmar que a tecnologia definidora da segunda metade do século XIX foi a ferrovia. Quando a locomotiva *Rocket* de Stephenson venceu as Provas de Rainhill, em 1829, havia cerca de 30 mil trabalhadores empregados no transporte por mala-posta em longas distâncias, com mil companhias de pedágio mantendo cerca de 1500 quilômetros de estradas. Poucas décadas depois, muitas centenas de milhares trabalhavam na construção e administração das ferrovias.

O trem a vapor reduziu os custos de transporte e eliminou alguns empregos — como no ramo dos coches. Mas as ferrovias fizeram muito mais do que simplesmente automatizar o trabalho. Para começar, os avanços ferroviários geraram muitas tarefas novas na indústria do transporte, exigindo uma série de habilidades, que iam da construção à venda de passagens, manutenção, engenharia e administração. Vimos no capítulo 5 que muitos desses empregos ofereciam melhores condições de trabalho e salários maiores quando as companhias ferroviárias partilhavam parte de seus altos lucros com os funcionários.

Como vimos no capítulo 1, os avanços tecnológicos podem estimular a demanda geral por trabalhadores, e esse efeito é mais potente se eles elevarem significativamente a produtividade ou estabelecerem ligações com outros setores. As ferrovias fizeram isso à medida que o custo de transportar passageiros e carga por longas distâncias ficava cada vez menor. A viagem de coche por longas distâncias praticamente desapareceu, mas as ferrovias aumentaram a demanda pela viagem de coche por curtas distâncias, pois as pessoas e mercadorias vindas de longe precisavam trafegar entre as cidades.

Mais importantes foram as ligações da ferrovia com outras indústrias, que geraram efeitos positivos em outros setores, como o de insumos para a indústria do transporte ou aqueles que usavam intensamente serviços de transporte e assim puderam se expandir. O advento das ferrovias aumentou a demanda por uma série de insumos, sobretudo produtos de ferro de alta qualidade, necessários para deixar os trilhos mais fortes e as locomotivas mais potentes.

O abatimento no custo de transporte de produtos finalizados também possibilitou a expansão da indústria metalúrgica, que, após a criação do processo de Bessemer, em 1856, passou a fabricar aço em imensas quantidades. Mais benefícios advieram à medida que o aço abundante e o carvão mais barato ajudavam a expandir outros setores, como o da indústria têxtil e de uma série de novos produtos, como alimentos processados, mobília e os primeiros eletrodomésticos. A ferrovia impulsionou o comércio tanto no atacado como no varejo.

Em suma, as ferrovias britânicas do século XIX representam o arquétipo de uma tecnologia transformativa sistêmica que elevou a produtividade no transporte e em diversos outros setores, além de ter criado novas oportunidades para a mão de obra.

Mas as inovações não se limitaram às ferrovias. Outras indústrias emergentes também contribuíram para elevar a produtividade marginal dos trabalhadores. As novas tecnologias fabris geraram demanda tanto por mão de obra qualificada como sem qualificação. Os metais, sobretudo após os avanços na produção de ferro e aço, foram o carro-chefe desse processo. Nas palavras do presidente do Instituto de Engenheiros Civis, em 1848:

> A rápida introdução do ferro fundido, bem como a invenção de novas máquinas e processos, exigiram mais trabalhadores do que a classe dos construtores de fábricas era capaz de fornecer, e homens mais treinados antes no trabalho com ferro foram trazidos ao setor. Uma nova classe de operários se formou, e às fábricas que surgiram, foram anexadas fundições de ferro e latão, com ferramentas e máquinas para construir maquinário de toda sorte.

Essas novas indústrias receberam um impulso extra das novas ferramentas de comunicação, como o telégrafo na década de 1840 e o telefone nos anos 1870, gerando muitos empregos em comunicações e manufatura. Elas também produziram novas sinergias com o setor do transporte à medida que aperfeiçoaram a eficiência e a logística das ferrovias. Embora o telégrafo tenha substituído outras formas de comunicação por longas distâncias, como o correio, o número de trabalhadores desempregados não se comparava ao de novos empregos na indústria das comunicações.

De modo similar, o telefone substituiu o telégrafo, inicialmente para a comunicação dentro das cidades, e depois a longa distância. Mas, assim como aconteceu com o telégrafo e a ferrovia, não se tratou de pura automação. Construir e operar sistemas telefônicos era um trabalho intensivo e dependia criticamente de uma série de novas tarefas e ocupações, como operação da mesa telefônica, manutenção e várias novas funções de engenharia. Em pouco tempo, as ligações telefônicas empregavam grande quantidade de mulheres, tanto para operar o sistema público como nas organizações. No início, era impossível fazer uma ligação sem o auxílio de uma telefonista. O primeiro sistema de discagem automática no Reino Unido surgiu apenas em 1912. A última mesa telefônica de operação manual em Londres continuou a funcionar até 1960.

O desenvolvimento do telefone na verdade se deu juntamente com a expansão do setor telegráfico, em parte porque a competição fez os preços despencarem. Em 1870, antes do telefone, foram enviados 7 milhões de telegramas no Reino Unido. Em 1886, essa quantidade havia aumentado para 50 milhões por ano. A rede telegráfica americana transmitiu mais de 9 milhões de mensagens em 1870 e mais de 55 milhões em 1890.

De modo geral, as implicações para a mão de obra advindas dessas tecnologias foram mais favoráveis do que durante a automação do setor têxtil na primeira fase da Revolução Industrial, pois criaram novas tarefas e desencadearam aumentos de produtividade numa série de setores, expandindo a demanda por mão de obra. Porém, como veremos, esses resultados dependiam muito das escolhas sobre como esses métodos produtivos eram desenvolvidos e utilizados.

DÁDIVAS TRANSATLÂNTICAS

Outro fator ajudou imensamente a pôr a Grã-Bretanha no rumo da prosperidade compartilhada: inovações recentes do outro lado do Atlântico. Embora mais atrasada do que a britânica, a indústria americana deu um salto na segunda metade do século XIX. A tecnologia nos Estados Unidos pendeu para os ganhos de eficiência e contribuiu para o crescimento da produtividade marginal do trabalhador. E à medida que se espalhou pela Grã-Bretanha e pela Europa, elevou ainda mais a demanda por mão de obra nessas regiões.

Os Estados Unidos tinham abundância de terras e capital, mas escassez de mão de obra, sobretudo qualificada. O pequeno número de artesãos que havia emigrado para o país desfrutava de salários e poder de negociação maiores do que em seus países natais. Esse custo elevado da mão de obra fez com que as invenções americanas com frequência priorizassem, além da automação, novas maneiras de impulsionar a produtividade dos trabalhadores menos qualificados. Nas palavras de Joseph Whitworth, futuro presidente da Instituição de Engenheiros Mecânicos que visitou a indústria americana em 1851:

> As classes trabalhadoras são em número relativamente baixo, mas tal fato é contrabalançado pela sofreguidão com que recorrem ao auxílio do maquinário em praticamente todos os departamentos da indústria — e na verdade pode ser considerado uma de suas principais causas.

E como afirmou em 1897 o francês E. Levasseur, em visita às usinas de aço, fábricas de seda e distribuidoras de alimentos:

> O gênio inventivo do americano talvez seja um talento nativo, mas foi inquestionavelmente estimulado pelo alto padrão dos salários. Pois quanto mais o empresário tenta economizar no custo da mão de obra, mais caro sai para ele. Por outro lado, quando o maquinário concede maior força produtiva ao trabalhador, é possível pagar-lhe mais.

Isso era resultado, entre outras coisas, da ênfase de Eli Whitney em peças padronizadas que pudessem ser combinadas de diferentes formas, facilitando a produção de armas por mão de obra não qualificada. O próprio Whitney descrevia seu objetivo como sendo o de "implementar as operações corretas e efetivas do maquinário em lugar dessa habilidade do artesão que é adquirida apenas com a longa prática e a experiência; uma espécie de habilidade que não se possui neste país em nenhum grau considerável".

A maior parte da tecnologia europeia, inclusive na Grã-Bretanha, dependia de artífices qualificados para ajustar as peças segundo seu uso. A nova abordagem não apenas reduzia a necessidade de mão de obra qualificada. Whitney visava construir uma "abordagem sistêmica", combinando o maquinário especializado à mão de obra não especializada para aumentar a eficiência. Os ganhos ficaram evidentes para um comitê parlamentar britânico que fez uma visita de inspeção a fábricas de armas que usavam peças intercambiáveis:

> O trabalhador cuja função é "montar" as armas pega as diferentes peças indiscriminadamente de uma fileira de caixas e não precisa de praticamente nada além de uma chave de fenda e um pequeno cinzel para produzir um mosquete.

Mas a tecnologia não gerava desqualificação. Um ex-superintendente do arsenal de Samuel Colt em Connecticut notou que as peças intercambiáveis reduziam a necessidade de mão de obra em "cerca de 50%", mas exigiam "trabalhadores de primeira linha e o pagamento de maiores salários". Uma produção de qualidade na verdade não podia ser obtida sem o envolvimento de mão de obra bem treinada.

O que veio a ser conhecido, um tanto grandiosamente, como o "sistema americano de manufatura" teve um lento começo. O primeiro pedido de armamentos de Whitney foi entregue ao governo federal com quase uma década de atraso. Ainda assim, o sistema se expandiu rapidamente à medida que a produção armamentista passou por uma revolução na primeira metade do século XIX. A seguir foi a vez das máquinas de costura. A companhia fundada pelo fabricante Nathaniel Wheeler com o inventor Allen B. Wilson em 1853 produzia no início menos de oitocentas máquinas com métodos manuais tradicionais. Na década de 1870, a empresa introduziu peças intercambiáveis e novas máquinas-ferramentas especializadas, e sua produção anual excedeu 170 mil unidades. A companhia de máquinas de costura Singer foi além, combinando peças intercambiáveis, maquinário especializado e projetos melhores, produzindo mais de 500 mil unidades por ano. A marcenaria e depois as bicicletas foram as indústrias seguintes a serem transformadas pelo sistema americano.

Em 1831, Cyrus McCormick inventou uma ceifadora mecânica. Em 1848, ele mudou sua produção para Chicago, fabricando mais de quinhentas por ano para os fazendeiros da pradaria. O aumento de produtividade resultante impulsionou a produção de cereais, barateou o alimento em outras regiões do mundo e impeliu a população jovem a trocar a zona rural pelas cidades em desenvolvimento.

Segundo o Censo de Manufaturas de 1914, havia 409 estabelecimentos de máquinas-ferramentas nos Estados Unidos. Muitas delas eram superiores a tudo que se produzia no mundo. Já na década de 1850, o relatório do Comitê Britânico sobre o Maquinário dos Estados Unidos observava:

> No que diz respeito ao maquinário normalmente empregado por engenheiros e fabricantes de máquinas, os americanos estão no geral atrás do que produzimos na Inglaterra, mas, na adaptação de aparato especial para operações isoladas em quase todos os ramos da indústria, exibem uma dose de engenhosidade combinada a uma energia arrojada que faríamos bem em imitar se esperamos manter nossa presente posição no grande mercado mundial.

Com a ajuda dos vapores e do telégrafo, em pouco tempo essas máquinas se espalhavam pela Grã-Bretanha, pelo Canadá e pela Europa, elevando os salários de trabalhadores qualificados ou não, como haviam feito nos Estados Unidos. Em 1854, Samuel Colt inaugurou um arsenal também em Londres, às margens do Tâmisa. Em 1869, Singer fundou uma fábrica na Escócia capaz de produzir 4 mil máquinas por semana, e outra em Montreal, no Canadá, não muito tempo depois.

Na verdade, o potencial do novo maquinário para aumentar a eficiência foi reconhecido muito antes nas indústrias britânicas de metais e máquinas-ferramentas. Após os aperfeiçoamentos de Watt no motor a vapor e o uso do maquinário de algodão inventado por Arkwright, um especialista britânico notou:

> O único obstáculo à realização de fim tão desejável [aumentar a produção de algodão e outros produtos] consistia em nossa quase total dependência da destreza manual para a formação e produção dessas máquinas tal como exigido, e a necessidade de agentes mais confiáveis e produtivos tornava imperativa alguma mudança no sistema. Em suma, surgiu uma súbita demanda por maquinário de insólita precisão, ao passo que o contingente de trabalhadores existente à época não era adequado no que dizia respeito ao número nem à capacidade de atender as carências da época.

A adoção dessas máquinas e métodos aumentou a produtividade na indústria britânica, ao mesmo tempo expandindo o leque de tarefas e oportunidades disponíveis para a mão de obra.

Mas a mudança tecnológica por si só não é o bastante para elevar os salários. O trabalhador também precisa aumentar seu poder de negociação com o patrão, como aconteceu na segunda metade do século XIX. À medida que a indústria se expandia, as empresas competiam por fatias de mercado e mão de obra. Os trabalhadores passaram a obter salários maiores por meio da negociação coletiva. Foi a culminação de um longo processo iniciado no começo do século e que rendeu frutos apenas em 1871, quando os sindicatos obtiveram plena legalidade. Essa transformação institucional foi acompanhada por um ímpeto mais amplo por representação política.

A ERA DOS CONTRAPODERES

A primeira fase da Revolução Industrial britânica foi moldada por uma visão que orientou a tecnologia e determinou como os benefícios do novo maquinário industrial seriam (ou não) compartilhados. A adoção de diferentes rumos para a tecnologia e a distribuição dos ganhos com a produtividade mais elevada necessariamente implicaram uma visão diferente.

Um primeiro passo nesse processo foi a constatação de que, em nome do progresso, grande parte da população era lançada na pobreza. O segundo foi as pessoas se organizarem e exercerem contrapoderes em oposição aos que controlavam a tecnologia e enriqueciam no processo.

Na sociedade medieval, essa organização era difícil não só devido à persuasão exercida pela sociedade de ordens, mas também porque a estrutura da economia agrícola impedia a coordenação entre as pessoas e o intercâmbio de ideias. A industrialização e as cidades populosas mudaram isso. Como ilustra a afirmação do escritor e radical britânico John Thelwall que vimos no prólogo, as fábricas ajudaram os trabalhadores a se organizar. Isso aconteceu porque, segundo ele,

> embora nem toda oficina possa ter um Sócrates entre os desfavorecidos de sua sociedade, nem toda cidade fabril possa ter um homem dotado de tal sabedoria, virtude e *oportunidades* para instruí-los, ainda assim uma espécie de espírito

> socrático necessariamente se desenvolverá sempre que um grupo numeroso se reunir (grifo do original).

Dessa concentração dos trabalhadores nas fábricas e cidades surgiram diversos movimentos para exigir melhores condições de trabalho e representação política. O mais importante deles talvez tenha sido o cartismo.

A Carta do Povo, elaborada em 1838, exigia direitos políticos. Na época, apenas cerca de 18% da população masculina adulta na Grã-Bretanha podia votar – antes da Lei da Reforma de 1832, esse número era inferior a 10%. A força propulsora do cartismo foi a criação de uma Carta Magna mais radical que contemplasse a população comum.

As seis reivindicações da Carta do Povo eram: direito a voto para todos os homens acima de 21 anos; fim da obrigatoriedade de ser proprietário de terras para concorrer ao Parlamento; eleições parlamentares anuais; divisão do país em trezentos distritos eleitorais; remuneração para os deputados; votação secreta. Os cartistas compreendiam que essas reivindicações eram cruciais para uma sociedade mais justa. J. R. Stephens, um de seus líderes, argumentou em 1839 que

> o sufrágio universal é uma questão de faca e garfo, de pão e queijo [...]. Por sufrágio universal quero dizer que todo trabalhador no país tem direito a um bom casaco nas costas, um bom chapéu na cabeça, um bom telhado para abrigar a família e um bom jantar sobre a mesa.

As exigências cartistas parecem hoje plenamente razoáveis e receberam forte apoio na época, angariando mais de 3 mil assinaturas. Mas se depararam com a firme oposição dos que controlavam o sistema político. Todas as petições dos cartistas foram rejeitadas pelo Parlamento, que se recusou a considerar qualquer legislação para melhorar a representação do povo. Após a detenção de vários líderes do movimento, ele perdeu força e se desfez no fim da década de 1840.

Mas a demanda por representação política entre as classes trabalhadoras não desapareceu com o fim dos cartistas. O bastão foi passado à União da Reforma Nacional e à Liga da Reforma, na década de 1860. Em resposta às manifestações pela reforma política no Hyde Park londrino, a Lei da Segunda Reforma de 1867 estendeu o direito ao voto a chefes de família acima de 21 anos e locatários do sexo masculino que pagavam pelo menos dez libras por ano de aluguel, o que dobrou o eleitorado. A Lei da Reforma de 1872 introduziu a votação secreta. E, em 1884, a legislação estendeu ainda mais o sufrágio, e cerca de dois terços da população masculina passaram a votar.

Os cartistas inovaram também na organização trabalhista, e o crescimento do movimento sindical mostrou que ele tinha vindo para ficar. Embora os trabalhadores pudessem se organizar e entrar em greve, na primeira metade do século XIX era em princípio ilegal que formassem sindicatos para negociar coletivamente. Mudar essa situação passou a ser um dos principais objetivos políticos do movimento de reforma iniciado com os cartistas.

A pressão foi essencial para a formação da Comissão Real de Sindicatos em 1867, que levou à plena legalização das atividades sindicais com a Lei dos Sindicatos promulgada em 1871. O Comitê de Representação do Trabalhador, formado sob os auspícios do novo sindicalismo, tornou-se a base do Partido Trabalhista, proporcionando voz política e bases mais institucionais aos trabalhadores, que podiam agora confrontar os patrões e exigir a criação de leis.

Essa organização e o sucesso do cartismo tinham grande relação com a prevalência da indústria e o fato de que a maioria das pessoas agora trabalhava e vivia nas populosas áreas urbanas. Em 1850, quase 40% da população britânica morava em cidades; em 1900, os residentes urbanos constituíam quase 70% da população total. Como antecipara Thelwall, era muito mais fácil organizar os trabalhadores na cidade grande do que nas sociedades agrícolas do passado.

A pressão pela democratização também ajudou a mudar fundamentalmente o modo como o governo funcionava. O temor da democracia plena levou até mesmo os políticos mais conservadores a encorajarem reformas gradativas por meio da legislação. Antes de introduzir a Primeira Lei da Reforma de 1832, que aumentou o eleitorado de 400 mil para mais de 650 mil pessoas e reestruturou os distritos eleitorais para que fossem mais representativos, o primeiro-ministro whig, conde Grey, declarou: "Não apoio nem jamais apoiei o sufrágio universal e os parlamentos anuais, tampouco quaisquer outras dessas extensas mudanças que foram, lamento dizer, promulgadas em excesso neste país por cavalheiros de quem poderíamos esperar coisa melhor".

O mesmo pode ser dito das reformas posteriores, sobretudo quando propostas por políticos conservadores. Benjamin Disraeli, por exemplo, rompeu com o governo tory de Robert Peel devido à revogação da Lei do Milho em 1848. Ele alcançou a proeminência e depois virou primeiro-ministro alinhando-se aos proprietários de terra que desejavam manter os preços do grão elevados mediante tarifas fixas nas importações. Ao mesmo tempo, cortejou apoio mais amplo valendo-se de reformas políticas, jingoísmo e "conservadorismo paternalista". Disraeli foi também o arquiteto da Segunda Lei da Reforma, de 1867, que dobrou o número de eleitores, e não se opôs à legislação da reforma fabril. Os latifundiários que o apoiavam não desejavam o início de uma revolução nas cidades manufatureiras.

Junto com a reforma política ocorreram mudanças abrangentes no serviço público. Antes dela, muitos cargos no governo eram verdadeiras sinecuras. A maioria dos servidores manifestava uma visão um tanto fria das reais necessidades da população comum — como vimos no projeto e na implementação da nova Lei dos Pobres. Mas, a partir de meados do século, alguns deles, desfrutando de maior grau de autonomia, passaram a atuar em prol do que podemos chamar até certo ponto de um interesse social mais amplo. O ideal de eficiência inspirado em Bentham fora anteriormente usado para justificar a crueldade de suas políticas. Agora esses funcionários chegavam à mesma conclusão da Comissão Real de Inquérito sobre Trabalho Infantil: a de que o livre mercado não necessariamente acarretava justiça social.

O saneamento é um exemplo perfeito dessa mudança. Como vimos, na década de 1840, as cidades fabris britânicas conviviam com esgoto a céu aberto, e a maioria das acomodações humanas era infestada de bactérias e outros patógenos letais. Os dejetos das latrinas no fundo das casas raramente eram removidos, e o mau cheiro ficava insuportável, num grau difícil de imaginar para a maioria de nós hoje em dia. Alguns lugares contavam com sistemas de esgoto, mas principalmente para captar a água da chuva e impedir alagamentos. Durante muito tempo, nenhuma tentativa de melhorar a infraestrutura pública foi feita, e em muitas jurisdições na verdade era proibido ligar o vaso sanitário à rede de esgoto.

Edwin Chadwick mudou tudo isso. Embora fosse um admirador de Jeremy Bentham, com o tempo ele passou a se preocupar com o sofrimento da população comum e empreendeu uma extensa investigação das condições sanitárias urbanas, focada sobretudo nas cidades fabris. Seu relatório, que veio à luz em 1842, causou comoção e pôs o problema no topo da agenda política.

Chadwick observou ainda que diferentes opções tecnológicas e o aperfeiçoamento das redes de esgoto levariam à remoção dos dejetos e reduziriam amplamente a disseminação de doenças. Os domicílios deveriam dispor de água para descarregar os dejetos por encanamentos cerâmicos até locais onde eles pudessem ser processados em segurança. Para isso, o projeto dos esgotos precisava mudar. Os esgotos de tijolos britânicos haviam sido concebidos sobretudo para coletar os sedimentos, e o serviço municipal se encarregava da remoção periódica do excesso. Com o novo sistema, tudo fluiria livremente até seu destino. A despeito de certa oposição, as inovações de Chadwick prevaleceram e revolucionaram o modo como as cidades se organizavam, trazendo extensas melhorias à saúde pública.

O consenso político também mudou durante esse processo. Até os conservadores foram persuadidos da necessidade de aperfeiçoar o saneamento. Em Manchester, em abril de 1872, Disraeli discursou com veemência em prol de "melhorias sanitárias" e de um aprimoramento mais amplo da saúde pública:

> Uma terra pode se encher de troféus históricos, de museus de ciências e galerias de arte, universidades e bibliotecas; o povo pode ser civilizado e engenhoso; o país talvez até seja famoso nos anais e grandes feitos do mundo, mas se a população declinar a cada dez anos e a estatura da raça diminuir a cada dez anos, a história deste país, cavalheiros, em breve será a história do passado.

As políticas públicas passaram a responder à pressão, e os parlamentares tinham de pensar sobre suas responsabilidades sociais. Ninguém queria conviver com epidemias nem mortes prematuras, fossem por doença ou pelas perigosas condições de trabalho — não quando o eleitorado tinha o poder de tirar políticos do cargo, e os sindicatos, de manter a pressão nas alturas.

AOS DEMAIS, A PENÚRIA

Podemos acompanhar o impacto econômico das inovações tecnológicas do século XIX tanto na Grã-Bretanha como nos Estados Unidos, mas seria errado pensar que as inovações exerceram seus efeitos mais significativos nessas economias, ou que esses efeitos foram iguais em todos os países. Na verdade, eles variaram de país a país, conforme as diferentes escolhas que eles fizeram sobre como usar o conhecimento tecnológico disponível — com implicações muito distintas.

Na Grã-Bretanha, mesmo tecnologias que geraram um princípio de prosperidade compartilhada ameaçavam afundar na miséria extrema centenas de milhões de pessoas no mundo todo, como de fato fizeram. Vemos isso mais claramente entre as populações colhidas pela rede global de matérias-primas e produtos manufaturados, em rápida expansão.

Em 1700, os produtos de cerâmica, metalurgia e tecidos estampados da Índia, feitos por artesãos altamente qualificados, e bem remunerados para os padrões da época, estavam entre os mais avançados do mundo. O tão cobiçado "aço de Damasco", originário da Índia, e o calicô e a musselina de alta qualidade eram altamente valorizados na Inglaterra. A indústria de produtos de lã inglesa reagiu adotando medidas protecionistas.

O sucesso inicial da Companhia das Índias Orientais, criada para atuar no comércio de especiarias, se deveu na verdade à importação de roupas e artigos têxteis de algodão para a Grã-Bretanha. A companhia organizava a produção desses itens na Índia porque era lá que ficavam os trabalhadores qualificados e as matérias-primas. Por cerca de uma centena de anos de domínio britânico, as exportações indianas para a Europa cresceram.

Então ocorreu uma inovação, e a energia hidráulica passou a ser usada para operar máquinas de fiação de seda e, posteriormente, de algodão. A Grã-Bretanha dispunha de rios velozes e um bocado de capital para investir. E o custo do transporte do algodão cru até o porto de Liverpool era baixo em relação ao preço do produto final.

A Companhia das Índias Orientais havia impedido a exportação de algodão para a Índia. Mas seu monopólio comercial do produto chegou ao fim em 1813, resultando em um imenso influxo de artigos têxteis, sobretudo de Lancashire, no mercado indiano. Foi o início da desindustrialização da economia indiana. Na segunda metade do século XIX, a fiação doméstica não representava mais do que 25% do mercado nacional, provavelmente menos. Os pequenos artesãos ficaram sem trabalho com as importações baratas e tiveram de voltar ao cultivo de alimentos e outras plantações. A Índia se ruralizou de 1800 a 1850, com a parcela da população vivendo em áreas urbanas declinando de cerca de 10% para menos de 9%.

Muita coisa ainda estava por vir. Membros da elite britânica alegavam que a sociedade indiana deveria ser remodelada com fins civilizatórios. Lord Dalhousie, governador-geral da Índia no início da década de 1850, defendia que a colônia adotasse instituições, administração e tecnologia ocidentais. A ferrovia, afirmava ele, "permitirá que a Índia obtenha a melhor segurança que se pode conceber hoje para a extensão contínua dessas grandes medidas de aprimoramento público e para o consequente incremento da prosperidade e riqueza nos territórios confiados a seu encargo".

Mas, em vez de incrementar a economia, a ferrovia promoveu os interesses britânicos, e assim o controle sobre a população indiana aumentou. Em seu memorando de 20 de abril de 1853, que moldaria as políticas públicas no subcontinente por quase um século, Lord Dalhousie apresenta três argumentos a favor da ferrovia: melhorar o acesso ao algodão cru para a Grã-Bretanha; vender produtos manufaturados "europeus" em partes mais remotas do país; e atrair capital britânico para empreendimentos ferroviários na expectativa de que atraíssem posteriormente outras atividades industriais.

A primeira linha de trem indiana foi construída em 1852-3 usando as técnicas mais recentes disponíveis. Motores modernos foram importados da Inglaterra. Dalhousie tinha razão sobre o valor do acesso ampliado ao algodão cru. Entre 1848 e 1856, a Índia se desindustrializou ainda mais, e sua exportação de algodão cru dobrou, fazendo do país primordialmente um exportador de produtos agrícolas, bem como de artigos como açúcar, seda, salitre e índigo. Além disso, as exportações de ópio cresceram imensamente. De meados do século XIX até a década de 1880, o ópio foi a principal exportação indiana, sendo vendido pelos britânicos sobretudo à China.

As ferrovias indianas ampliaram o comércio doméstico, permitindo um melhor nivelamento de preços entre lugares distantes. Também impulsionaram a renda no campo. O transporte por carro de bois ou vias fluviais não era suficientemente eficaz para oferecer competição. Mas a indústria do ferro e aço não sofreu nenhum impacto significativo, e os trens para as ferrovias indianas eram adquiridos em sua maior parte junto à Grã-Bretanha. Em 1921, a Índia continuava incapaz de construir locomotivas.

Como agravante, a ferrovia se tornou um instrumento de opressão, tanto por intenção como por omissão. A intenção era explícita: as estradas de ferro eram utilizadas para deslocar tropas pelo país a fim de reprimir tumultos locais. Uma boa rede de ferrovias reduzia o custo da repressão, e isso foi fundamental para que uns poucos milhares de funcionários britânicos conseguissem controlar uma população de mais de 300 milhões.

A omissão constitui um aspecto ainda mais horrível. Quando diversas regiões do país foram acometidas pela fome, o alimento poderia ter chegado por trem. Mas, em diferentes momentos da década de 1870, e depois em Bengala nos anos 1940, sob o governo de Winston Churchill durante a guerra, as autoridades britânicas se recusaram a providenciar o transporte, condenando à morte milhões de indianos.

Justificativas para isso nunca deixaram de ser dadas, mas a verdade é que os britânicos jamais investiram o suficiente em irrigação, hidrovias e água limpa, e negaram o uso das ferrovias aos indianos enquanto eles morriam de inanição. A postura britânica pode ser bem sintetizada na reação de Churchill em 1929, quando instado a conhecer líderes do movimento de independência indiano para se inteirar melhor sobre as mudanças no país: "Estou plenamente satisfeito com o que sei sobre a Índia. Não preciso que nenhum maldito indiano venha me ensinar".

A ferrovia só se tornaria um meio efetivo de combate à fome após a partida dos britânicos.

A tecnologia tem um imenso potencial para elevar a produtividade e melhorar a vida de bilhões de pessoas. Mas, como vimos, seus rumos são com frequência parciais e tendem a produzir benefícios acima de tudo para os que dispõem de poder social. Indivíduos sem participação ou voz política normalmente ficam para trás.

CONFRONTANDO O VIÉS TECNOLÓGICO

A visão whig da história é reconfortante, mas enganosa. O "progresso" tecnológico nada tem de automático. No capítulo 4, vimos como uma série de técnicas agrícolas novas e importantes nos últimos 10 mil anos não só pouco fizeram para aliviar o sofrimento humano, como por vezes, na verdade, agravaram a pobreza. O primeiro século de industrialização se provou quase igualmente desanimador, quando uns poucos ficaram muito ricos e a maioria viu seu padrão de vida declinar e sofreu à medida que as cidades eram assoladas por doenças e pela poluição.

Se a segunda metade do século XIX foi diferente, isso não se deveu a nenhum avanço inexorável em direção ao progresso, e sim às mudanças na natureza da tecnologia e à ascensão dos contrapoderes, que obrigaram as elites a empreender tentativas sérias de compartilhar os benefícios do aumento de produtividade.

Ao contrário do ímpeto pela automação da primeira fase, as tecnologias da segunda fase da Revolução Industrial criaram novas oportunidades para a mão de obra, qualificada ou não. A ferrovia gerou uma série de novas tarefas e estimulou o resto da economia mediante ligações com outros setores. Ainda mais importante foi a orientação tecnológica americana pelo aumento da eficiência, que expandiu a quantidade de tarefas a serem realizadas por trabalhadores fabris e pelo novo maquinário, em boa parte devido à escassez de trabalhadores qualificados no país. À medida que se espalhavam pelos Estados Unidos e pela Europa, essas inovações geraram novas oportunidades para os trabalhadores e elevaram sua produtividade marginal em todo o mundo industrializado.

As mudanças institucionais caminharam igualmente na direção de impulsionar a força de trabalho, de modo que a produtividade mais elevada fosse compartilhada entre o capital e a mão de obra. O crescimento industrial atraiu as pessoas para a cidade e permitiu a organização e o desenvolvimento de ideias compartilhadas. Isso mudou a política tanto no local de trabalho como em âmbito nacional.

Na Grã-Bretanha, o cartismo e a ascensão dos sindicatos expandiram a representação política e transformaram o escopo da ação governamental. Nos Estados Unidos, a organização sindical combinada aos protestos nas fazendas fez o mesmo. Por toda a Europa, a ascensão das fábricas se traduziu em maior facilidade para organizar os trabalhadores.

A democratização contribuiu de maneira crucial para a partilha dos ganhos de produtividade, na medida em que facilitou a negociação coletiva por melhores salários e condições de trabalho. Com novas indústrias, produtos e tarefas aumentando a produtividade do trabalhador e os lucros sendo compartilhados pelos patrões com os empregados, os salários aumentaram.

A representação política também significou uma busca pela despoluição da cidade, e as questões de saúde pública começaram a ser levadas mais a sério.

Nada disso foi automático, e com frequência só ocorreu após lutas prolongadas. Além disso, as condições melhoraram apenas para quem era dotado de suficiente voz política. O direito ao voto era quase inexistente para as mulheres no século XIX; assim, as oportunidades econômicas e os direitos mais amplos para elas demoraram a chegar.

Ainda mais chocante era a significativa deterioração das condições na maioria das colônias europeias. Algumas regiões, como a Índia, foram desindustrializadas à força quando os artigos têxteis britânicos inundaram o país. Outras, inclusive na Índia e em partes da África, foram transformadas em fornecedoras de matéria-prima para atender o apetite voraz da crescente produção industrial europeia. E outras ainda, como o Sul americano, testemunharam o aumento da escravidão — o pior tipo de coerção possível contra o trabalhador —, além da discriminação cruel das populações nativas e dos imigrantes. Tudo em nome do progresso.

7. O caminho contestado

Sou jovem, tenho vinte anos de idade; e contudo nada conheço da vida além de desespero, morte, medo e a fátua superficialidade lançada sobre um abismo de tristeza. Observo como as pessoas são jogadas umas contra as outras e, em silêncio, inadvertidas, tolas, obedientes e inocentes, entregam-se à mútua trucidação.

Erich Maria Remarque, *Nada de novo no front*, 1929

Há um acordo unânime entre os membros acerca desses pontos fundamentais:

1. A automação e o progresso tecnológico são essenciais para o bem-estar geral, a força econômica e a defesa da nação.

2. Esse propósito pode e deve ser atingido sem o sacrifício de valores humanos.

3. A obtenção do progresso tecnológico sem o sacrifício de valores humanos exige uma combinação de ação privada e governamental, consoante com os princípios de uma sociedade livre.

Comitê Consultivo da Presidência sobre Políticas de Gestão do Trabalho, 1962

Após as reformas e o redirecionamento da mudança tecnológica na segunda metade do século XIX, uma certa esperança parecia justificada. Pela primeira vez em milhares de anos havia uma confluência entre o rápido progresso tecnológico e as precondições institucionais para que os benefícios fossem compartilhados por todos, não apenas por uma exígua elite.

Mas avancemos até 1919 para ver como as fundações dessa prosperidade compartilhada estão se desfazendo. Para muitos na Europa durante o início do século XX, a chegada à vida adulta foi marcada pelas disparidades econômicas crescentes e se deu em meio à carnificina sem precedentes causada pela Grande Guerra, que matou cerca de 20 milhões de pessoas. As mortes trágicas de milhões de jovens foram resultado de uma tecnologia militar brutalmente efetiva, indo de novos armamentos a bombas, tanques e aeronaves mais potentes, além de gases venenosos.

Esse aspecto sinistro do desenvolvimento tecnológico não escapou à maioria. As guerras eram uma ocorrência comum havia milênios, mas a imensa destrutividade das armas evoluiu gradativamente apenas a partir da Idade Média. Em 1815, quando foi derrotado em Waterloo, Napoleão e seus adversários haviam combatido sobretudo com mosquetes de curto alcance e canhões de alma lisa, em larga medida os mesmos que haviam sido utilizados por séculos. Os instrumentos de morte do século XX eram muito mais avançados.

O sofrimento não acabava com a guerra. Uma pandemia de gripe sem precedentes devastou o mundo a partir de 1918, infectando mais de 500 milhões de pessoas e causando 50 milhões de mortes. Embora a década do pós-guerra tenha testemunhado uma retomada do crescimento, especialmente nos Estados Unidos e na Grã-Bretanha, em 1929 a Grande Depressão mergulhou boa parte do mundo na mais aguda contração econômica jamais vivida na era industrial.

Recessões e colapsos econômicos não eram novidade. Os Estados Unidos sofreram pânicos bancários e recessões em 1837, 1857, 1873, 1893 e 1907. Mas nada se comparava à Grande Depressão em termos de disrupção e vidas arruinadas. As crises anteriores tampouco geraram algo comparável aos níveis de desemprego que os Estados Unidos e grande parte da Europa vivenciaram após 1930. Não era necessário ter uma bola de cristal na década de 1930 para ver que o mundo caminhava como um sonâmbulo rumo à nova carnificina fomentada pela tecnologia.

O romancista austríaco Stefan Zweig captou o desespero de muitos de sua geração quando, antes de se suicidar com a esposa, em 1942, escreveu em suas memórias, intituladas *O mundo de ontem*:

> Mesmo a partir do precipício do terror pelo qual tateamos hoje semicegos, com a alma conturbada e destruída, sempre volto a erguer os olhos para aquelas velhas constelações que brilhavam sobre a minha infância e me consolo com a fé herdada de que este retrocesso um dia parecerá ser apenas um intervalo no eterno ritmo do sempre em frente.*

Seu otimismo cauteloso de que se tratava de um intervalo no caminho inexorável do progresso é questionável. Na década de 1930 o otimismo da versão whig da história era um luxo para poucos.

Mas os eventos, pelo menos a médio prazo, provaram que Zweig estava com a razão. Após a Segunda Guerra Mundial, grande parte do mundo ocidental e alguns países asiáticos criaram novas instituições em prol da prosperidade compartilhada e desfrutaram de um rápido crescimento que beneficiou quase todos os segmentos das sociedades. As décadas subsequentes a 1945 vieram a ser chamadas na França de "*les trentes glorieuses*", os trinta anos gloriosos, e o sentimento era amplamente difundido pelo mundo ocidental.

Esse crescimento apresentou dois blocos de construção fundamentais, como os que começaram a emergir no Reino Unido durante a segunda metade do século XIX: primeiro, uma orientação para a nova tecnologia que ensejou não apenas uma economia de custos com a automação, como também uma série de novas tarefas, produtos e oportunidades; e, segundo, uma estrutura institucional que impulsionou os contrapoderes dos trabalhadores e a regulamentação governamental.

Tais blocos de construção foram assentados durante as décadas de 1910 e 1920, sugerindo que deveríamos considerar as primeiras sete décadas do século XX como parte de um mesmo período, embora com significativos retrocessos ao longo do percurso. Estudar esses dois blocos de construção, e a visão desenvolvida junto com eles, oferece pistas sobre como reconstruir a prosperidade compartilhada hoje, ao mesmo tempo demonstrando como o resultado foi na verdade contingente e difícil. Houve oposição de forças poderosas em muitos pontos cruciais, motivada por visões estreitas e interesses egoístas. Embora não tenha prevalecido de cara, ela lançou as bases para o

* Stefan Zweig, *Autobiografia: o mundo de ontem*. Trad. de Kristina Michahelles. Rio de Janeiro: Zahar, 2014. (N. T.)

subsequente esfacelamento da prosperidade compartilhada, que veremos mais adiante, no capítulo 8.

UM CRESCIMENTO ELETRIZANTE

O PIB norte-americano em 1870, pouco após a Guerra Civil, foi de 98 bilhões de dólares; em 1913, saltou para 517 bilhões (em valores corrigidos). Os Estados Unidos eram não só a maior economia mundial, como também, junto com Alemanha, França e Grã-Bretanha, líderes na ciência. As novas tecnologias permeavam a economia americana e transformavam a vida das pessoas.

Mas havia muito com que se preocupar, como a desigualdade, as condições de vida, a destituição e o empobrecimento dos trabalhadores, problemas similares aos que o povo britânico havia enfrentado nas décadas posteriores a 1750. A preocupação na verdade talvez tenha sido até maior nos Estados Unidos, que em meados do século XIX continuavam em grande parte um país rural – em 1860, 53% da força de trabalho atuava na agricultura. A rápida mecanização do campo ameaçava produzir milhões de desempregados.

E os novos implementos ajudaram a concretizar esse cenário. A ceifadeira de McCormick, introduzida em 1862 e continuamente aperfeiçoada desde então, reduziu a necessidade de mão de obra nas colheitas. As ceifadeiras, enfeixadoras, debulhadoras, cortadoras e colheitadeiras mudaram por completo a agricultura americana a partir da década de 1860, reduzindo a proporção de trabalhadores por hectare em várias etapas do ciclo de cultivo. A exigência de mão de obra para a produção de milho em 1850, usando métodos manuais, era de mais de 449 trabalhadores-hora por hectare. A mecanização reduziu a necessidade de mão de obra para menos de 69 trabalhadores-hora por hectare em 1896. A redução foi similar nas plantações de algodão (de 415 para 195 trabalhadores-hora por hectare) e de batata (de 269 para 94 trabalhadores-hora por acre) ao longo do mesmo período. Os ganhos potenciais foram ainda mais assombrosos nos cultivos de trigo, passando de mais de 153 trabalhadores-hora por hectare em 1850 para apenas sete trabalhadores-hora por hectare em 1896.

As consequências da mecanização para a mão de obra foram amplas. A participação da força de trabalho no valor agregado agrícola foi de cerca de 32,9% em 1850. Em 1909-10, caiu para 16,7%. A fração da população americana empregada na agricultura declinou de forma igualmente rápida, chegando a 31% em 1910.

Se a indústria americana também tivesse caminhado na direção da automação do trabalho e do corte da mão de obra, as implicações para a força de trabalho teriam sido funestas. Mas algo bem diferente aconteceu. À medida que a indústria inovava, a demanda por mão de obra aumentava significativamente. A parcela de trabalhadores empregados na manufatura americana foi de 14,5% em 1850 para 22% em 1910.

Isso não significava apenas mais gente trabalhando na manufatura; a participação da mão de obra na renda nacional também cresceu, um sinal eloquente de que a tecnologia se movia numa direção mais favorável ao trabalhador. Durante o mesmo período, sua participação em valor agregado na manufatura e nos serviços aumentou de cerca de 46% para 53% (o resto foi para os donos do maquinário e os investidores).

Como os Estados Unidos puderam evitar a fase ludita vivida pela industrialização britânica enquanto sua mão de obra era substituída por máquinas e sofria com salários estagnados ou em declínio?

Parte da resposta tem a ver com o direcionamento tecnológico adotado pelos americanos à medida que as máquinas eram cada vez mais utilizadas. Como vimos no capítulo 6, os Estados Unidos precisaram elevar a produtividade fazendo um melhor uso da mão de obra, cuja oferta estava relativamente baixa. O sistema de peças intercambiáveis de Eli Whitney procurou simplificar o processo produtivo de forma que trabalhadores não especializados pudessem fabricar produtos de alta qualidade. Tentativas parecidas de melhorar a produtividade continuaram ao longo da segunda metade do século XIX. Um sinal desse caráter inovador foi a explosão de pedidos de patentes: os Estados Unidos concederam 2193 patentes em 1850; em 1910, essa quantidade havia aumentado para 67 370.

Mais importante que a quantidade de patentes, porém, foi a direção que essa energia inovadora assumiu a partir de dois eixos, a produção em massa e a sistematização, ambas inspiradas no exemplo de Whitney: a primeira significou o uso do maquinário para massificar uma produção padronizada e confiável a um baixo custo; a segunda foi voltada a integrar engenharia, design, trabalho braçal e maquinário e organizar diferentes partes do processo produtivo de maneira mais eficiente.

O trem da produtividade depende de novas tarefas e oportunidades e de uma estrutura institucional que permita ao trabalhador compartilhar dos ganhos de produtividade. Vimos no capítulo 1 que ele também tem mais chance de funcionar quando os avanços tecnológicos geram melhorias consideráveis, e estas por sua vez estimulam uma maior demanda por mão de obra em outros setores — por exemplo, mediante a ligação regressiva (voltada à cadeia de fornecimento) e progressiva (voltada à cadeia de consumo). A abordagem sistêmica e a produção em massa foram particularmente importantes nesse aspecto porque objetivaram reduzir o custo como um todo e aumentar significativamente a produção, gerando demanda por insumos de outros setores e potencial incremento produtivo.

Essa orientação tecnológica elevou a produtividade marginal e o padrão de vida do trabalhador, como avalia o francês E. Levasseur, citado no capítulo 6:

> Os fabricantes consideram que o movimento [de adoção de máquinas industriais] foi vantajoso para o trabalhador enquanto vendedor de mão de obra, pois o nível dos salários subiu; enquanto consumidor de produtos, pois passou a adquirir mais com a mesma quantia; e enquanto trabalhador braçal, pois sua tarefa ficou menos onerosa, a máquina realizando quase tudo que exigia grande esforço. Em lugar de empregar os músculos, o trabalhador virou um inspetor, fazendo uso da inteligência.

Embora essas tendências fossem visíveis na década de 1870, duas mudanças inter-relacionadas as acentuaram e transformaram a indústria americana: a eletricidade e o maior uso da informação, da engenharia e do planejamento no processo produtivo.

A eletricidade conheceu inovações a partir do fim do século XVIII, mas os grandes avanços que remodelaram o mundo começaram na década de 1880. Thomas Edison não apenas ajudou a ciência a compreender a luz, como também deu início à sua adoção em massa. Seus bulbos de filamento centuplicaram a quantidade de luz disponível para ler nas horas escuras da noite.

A eletricidade é particularmente importante por ser uma tecnologia de propósito geral. A nova e versátil fonte de energia não só possibilitou a criação de muitos dispositivos novos, como estimulou organizações fundamentalmente diferentes. E as opções disponíveis para desenvolver e usar a tecnologia elétrica tiveram efeitos distributivos bastante diversos.

Os novos dispositivos de comunicação possibilitados pela eletricidade — sobretudo o telégrafo, o telefone e o rádio — exerceram um enorme impacto na indústria americana e seus consumidores. Com o aperfeiçoamento das comunicações, a logística e o planejamento também melhoraram, revelando-se cruciais para o sucesso da abordagem sistêmica.

Podemos afirmar que a principal aplicação da eletricidade no processo produtivo foi transformar a operacionalidade das fábricas. Andrew Ure assim descreveu a essência do setor fabril britânico em 1835: "A expressão 'sistema fabril', em tecnologia, designa a operação combinada de muitas ordens de trabalhadores, adultos e jovens, cuidando com zelosa habilidade de um sistema de máquinas produtivas continuamente impelido por uma fonte central de energia".

O uso dessa "fonte central de energia" representou um avanço, argumentou Ure, porque aumentou a eficiência e a coordenação. Mas a dependência de uma única fonte energética, como vento, água ou vapor, também provocava um gargalo: limitava a divisão do trabalho, forçava o maquinário a se aglomerar em torno dessa fonte, não permitia que determinadas máquinas usassem mais energia quando necessário e levava a frequentes paralisações que afetavam todo o processo produtivo. Não havia basicamente nenhum modo de sequenciar máquinas na ordem em que as tarefas precisavam ser completadas, porque a localização de cada uma era ditada por suas necessidades energéticas. Por exemplo, máquinas movidas por sistemas de polias tinham de ser instaladas próximas à fonte central: quanto mais longe, menos energia. Isso postergou a introdução das esteiras rolantes, e os produtos semifinalizados tinham de ser movidos de um lado para outro entre máquinas situadas em partes diferentes da fábrica.

Tudo mudou com a distribuição da energia elétrica por domicílios e locais de trabalho a partir de 1882. A eletricidade se difundiu rapidamente. Em 1889, cerca de 1% da energia utilizada em fábricas era elétrica. Em 1919, essa proporção ultrapassou os 50%.

Com a chegada da eletricidade, as fábricas ficaram bem mais produtivas. A iluminação elétrica permitiu que os trabalhadores enxergassem melhor seu ambiente e operassem o maquinário com maior precisão. A ventilação e a manutenção também ficaram mais simples. Como observou um arquiteto em 1895, "a luz elétrica incandescente é o ápice de todos os métodos de iluminação: não exige cuidado algum; está sempre pronta; não prejudica o ar do ambiente; não produz calor; não tem cheiro; oferece nitidez perfeita; e é regular como um relógio". A eletricidade também prometia novas aplicações, entre as quais relógios elétricos, dispositivos de controle e novas fornalhas capazes de ser integradas ao maquinário para melhorar a precisão do trabalho mecânico.

Ainda mais importante foi a reestruturação da fábrica com o sequenciamento flexível do maquinário. Cada equipamento podia dispor de sua própria fonte dedicada de energia local. A Westinghouse Electric & Manufacturing Company estava na vanguarda de muitas dessas inovações. Em 1903, como enfatizou um de seus engenheiros,

> a grande vantagem do impulso elétrico reside em sua maior flexibilidade e na liberdade que oferece para o melhor planejamento de todo o ambiente e a disposição das ferramentas. Grandes ferramentas equipadas com motores independentes podem ser instaladas no lugar mais conveniente para o trabalho, sem qualquer preocupação com as limitações que havia no passado, quando a energia precisava ser extraída do sistema de polias. Além disso, como já mencionado, há ainda a imensa vantagem que é a possibilidade de usar grandes ferramentas portáteis. A ausência do sistema de polias também proporciona um espaço livre para a operação de guindastes, que podem assim ser utilizados com o maior proveito. Uma oficina sem redes de polias e cintas é muito mais leve e atraente, e a experiência mostra que a produtividade da mão de obra aumenta de maneira substancial em ambientes bem iluminados e ventilados.

Essas expectativas não eram infundadas. A flexibilidade de localização e a estrutura modular permitiram um rápido aumento no número de máquinas especializadas. Uma das primeiras fábricas a fazer uso delas foi a Columbia Mills, na Carolina do Sul. Construída inicialmente junto a um canal para utilizar energia hidráulica, ela fez a transição para a eletricidade no fim da década de 1890 e começou imediatamente a colher os benefícios da iluminação. Na Columbia, assim como nas primeiras fábricas da Westinghouse, a fonte de energia dedicada para diferentes tipos de maquinário permitiu um layout de fábrica mais simples, menos transporte interno de produtos e um controle muito mais fácil da energia empregada por cada máquina em particular.

A energia elétrica também significava menor necessidade de manutenção e uma estrutura mais modular, em que pequenos reparos podiam ser feitos sem suspender o processo geral de produção. A reestruturação fabril, o maquinário elétrico e as esteiras rolantes foram adotados em diversas indústrias e resultaram em extraordinários ganhos de produtividade. Estima-se que as fundições que introduziram esses métodos tenham produzido até dez vezes mais ferro em um espaço menor.

Os consideráveis ganhos de produtividade com a energia elétrica foram vitais para a expansão da economia e para aumentar a procura de trabalhadores vindos de outros setores que não a manufatura. Além disso, trouxeram grandes benefícios para os trabalhadores, graças ao modo como a eletricidade foi usada para reestruturar as fábricas.

NOVOS ENGENHEIROS, NOVAS TAREFAS

Em teoria, qualquer tarefa pode ser automatizada por uma nova fonte de energia sem alterar em grande medida a quantidade de mão de obra necessária. O maquinário mais avançado e o aumento da potência mecânica sem dúvida implicaram alguma automação. Entretanto, perto da virada do século XX, a demanda por trabalhadores na indústria americana aumentou significativamente, elevando sua participação na renda nacional.

O motivo para isso reside em grande parte numa outra mudança fundamental da organização produtiva: a chegada da energia elétrica nas fábricas mudou o papel de seus engenheiros e pessoal administrativo, que reestruturaram as operações com resultados positivos para a produtividade e a mão de obra.

A manufatura americana da década de 1850 era parecida com a britânica. O empreendedor investia capital, providenciava a instalação das máquinas e geria a força de trabalho. Alguns antigos fabricantes, como Richard Arkwright, destacaram-se na introdução de novas técnicas produtivas. Mas, de modo geral, pouco era feito a título de planejamento da produção, coleta de informação, análise de eficiência e aperfeiçoamento contínuo. A contabilidade e o controle de inventário eram desordenados; atenção insuficiente era dada ao design e quase nenhuma ao marketing. Os aspectos organizacionais da indústria começaram a mudar nas últimas décadas do século XIX, anunciando a era dos engenheiros-gestores.

Em 1860, os funcionários de colarinho-branco (isto é, pessoal administrativo), incluindo gestores e engenheiros, compunham menos de 3% de todos os empregados nas manufaturas dos Estados Unidos. Em 1910, essa proporção aumentara para quase 13%. Ao mesmo tempo, a força de trabalho manufatureira total se expandiu de menos de 1 milhão para mais de 9 milhões de pessoas. A quantidade de colarinhos-brancos continuou a aumentar após a Primeira Guerra Mundial, chegando a quase 21% da força de trabalho em 1940.

Os funcionários de colarinho-branco reorganizaram a fábrica de um modo mais eficaz, elevando nesse processo a demanda por mão de obra — não só entre si, como também para os funcionários de colarinho-azul (isto é, trabalhadores braçais e operários), que agora realizavam diferentes tarefas. Os gestores coletavam informação, procuravam aumentar a eficiência, aprimoravam os designs e reajustavam continuamente os métodos produtivos, introduzindo novas funções e tarefas. A combinação entre o papel dos engenheiros, a informação coletada pelo pessoal administrativo e a chegada da eletricidade foi crucial para a instalação de dispositivos elétricos especializados e a implementação das novas atividades que os acompanhavam, como soldar, bater cartão e operar máquinas especializadas.

Assim, a reestruturação da manufatura ensejada pelos colarinhos-brancos gerou empregos relativamente bem remunerados para os colarinhos-azuis. Conforme a escala da produção se expandia, maior a demanda por pessoal administrativo.

Outra dimensão do crescimento do emprego veio das ligações estabelecidas pelas novas fábricas para a venda no atacado e no varejo. Conforme a produção em massa se expandia, novas vagas para engenheiros, gestores, pessoal de vendas e diretores surgia também nesses setores.

Vale observar ainda que muitas tarefas administrativas exigiam mais habilidades do que a maioria dos empregos oferecidos no século XIX. Funcionários de escritório, por exemplo, precisavam ser suficientemente alfabetizados e proficientes em matemática para monitorar a produção, os inventários e a contabilidade e produzir relatórios adequados. Nesse sentido, outra tendência da economia americana foi de grande ajuda: a rápida expansão do número de trabalhadores com ensino médio completo. Em 1910, menos de 10% das pessoas com até dezoito anos tinha o ensino médio completo. Em 1940, esse número subiu para 40%. Isso era resultado dos grandes investimentos em educação feitos na segunda metade do século XIX, com as escolas públicas locais oferecendo ensino elementar por todo o país. Na década de 1880, no

Nordeste e no Meio-Oeste americanos, cerca de 90% das crianças brancas entre oito e doze anos de idade iam à escola. (Entre crianças negras a escolaridade era bem mais baixa.) A análise estatística confirma o papel vital das novas tarefas e indústrias para o aumento da demanda por mão de obra. Um estudo assinala que as novas indústrias com um conjunto mais diverso de ocupações estavam na vanguarda tanto do crescimento geral do emprego como da expansão das ocupações de colarinho-branco na manufatura americana durante esse período. Outro estudo estima que, entre 1909 e 1949, o crescimento da produtividade americana esteve associado ao crescimento do número de empregos, e que esse padrão se manifestou primeiro nas novas indústrias que utilizavam maquinário elétrico e a eletrônica.

Vale a pena destacar também dois aspectos críticos da orientação tecnológica dessa era.

Primeiro, as empresas continuaram a automatizar partes do processo produtivo. E não só na agricultura, mas também por toda a economia, o novo maquinário substituiu a mão de obra em determinadas tarefas. A diferença fundamental para a primeira fase da Revolução Industrial britânica era que a redução das exigências de mão de obra motivadas pela automação foi compensada, às vezes numa proporção superior a um para um, por outros aspectos da tecnologia que geraram oportunidades para os trabalhadores — sobretudo aqueles com escolaridade básica —, que passaram a ser empregados na manufatura ou no setor de serviços.

Segundo, embora alguns benefícios para os trabalhadores advindos da expansão dos vários setores fosse natural, haja vista os aumentos de produtividade e as ligações regressivas e progressivas das novas fábricas, outros resultaram das escolhas feitas pelas empresas e pelos novos engenheiros-gestores. A orientação do progresso nessa época não foi uma consequência inexorável da natureza das principais inovações científicas da era. A eletricidade, de fato, como tecnologia de propósito geral, permitia diferentes aplicações e rumos de desenvolvimento.

Gestores e engenheiros poderiam ter optado por aumentar a aposta na automação de modo a cortar custos nas indústrias, mas, em vez disso, seguiram desenvolvendo a tecnologia americana e forçaram a construção de novos sistemas e maquinários, aumentando a eficiência e, no processo, a capacidade da mão de obra, qualificada ou não. Essas opções tecnológicas foram fundamentais para o crescimento da demanda industrial por mão de obra, o que mais do que compensou o declínio da procura por trabalhadores na agricultura e em determinadas tarefas manufatureiras.

SENTADO AO VOLANTE DA INDÚSTRIA

A melhor ilustração de como a eletricidade, a engenharia, a abordagem sistêmica e as novas tarefas se combinaram reside na indústria automobilística.

A fabricação de automóveis nos Estados Unidos teve início em 1896. A Ford Motor Company, dirigida pelo famoso engenheiro-gestor Henry Ford, foi fundada em 1903. Seus primeiros veículos, conhecidos como Modelos A, B, C, K, R e S, foram produzidos com técnicas industriais comuns, aliando elementos do sistema de peças intercambiáveis a habilidades artesanais. Tratava-se de automóveis de preço mediano que atendiam a um nicho do mercado.

Ford ambicionava produzir carros em grande quantidade que pudesse vender por um preço acessível. O Modelo N, um primeiro passo nesse sentido, fracassou em romper com o paradigma. Sua fábrica na avenida Piquette, em Detroit, empregava a antiga arquitetura da alimentação centralizada e seu maquinário elétrico era incompleto.

A grande reviravolta se deu com o famoso Modelo T, que Ford lançou em 1908 como "um carro para as massas", e que se tornou possível graças a uma mistura perfeita de avanços ocorridos em outras indústrias e adaptados para a produção de automóveis. A empresa se transferiu para Highland Park, nos arredores de Detroit, inaugurando uma fábrica de máquinas-ferramentas organizada em um único piso e toda equipada com maquinário elétrico. O espaço combinava a nova organização fabril com a adoção em larga escala de peças intercambiáveis — e, mais tarde, esteiras rolantes — para a produção em massa. Um anúncio dizia: "Fabricamos 40 mil cilindros, 10 mil motores, 40 mil volantes, 20 mil eixos, 10 mil carrocerias, 10 mil itens de cada parte que integra o carro, todos *exatamente iguais*" (grifos do original).

A produção em massa propiciou a expansão. A produtividade da companhia em pouco tempo ultrapassou 200 mil automóveis por ano, um número espantoso para a época.

O espírito inovador de Ford foi captado por um repórter do *Detroit Journal* que visitou a nova fábrica onde o Modelo T era produzido. Ele resumiu sua essência como "Sistema, sistema, sistema!". Um estudo detalhado de Fred Colvin, publicado na *American Machinist*, chegou à mesma conclusão:

> A sequência de operações seguida é tão meticulosa que não apenas encontramos furadeiras entre pesadas fresadoras e até prensadeiras, como também fornalhas de carbonização e equipamento de metal Babbit no meio das máquinas. Isso reduz o manuseio do trabalho ao mínimo; pois, quando uma peça chegou ao estágio de ser carbonizada, chegou também à fornalha que a carboniza, e, caso o trabalho seja finalizado por moagem, os moedores ficam facilmente ao alcance quando ela deixa o tratamento carbonizador.

O próprio Henry Ford foi bem claro nessa questão:

> O fornecimento de todo um novo sistema de geração elétrica representou uma emancipação das cintas e polias para a indústria, pois finalmente tornou-se possível munir cada ferramenta de seu próprio motor elétrico. Isso talvez pareça um mero detalhe de menor importância. Mas a indústria moderna não poderia prosseguir com as cintas e polias por uma série de motivos. O motor permitiu que o maquinário fosse organizado segundo a sequência do trabalho, e isso por si só provavelmente dobrou a eficiência da indústria, pois eliminou uma enorme quantidade de manuseio inútil. O sistema de cintas e polias também implicava desperdício de potência — um desperdício tão grande, na verdade, que nenhuma fábrica podia de fato crescer, pois até a cinta mais longa era pequena para as exigências modernas. [...] Ferramentas de alta velocidade também eram impossíveis sob as antigas condições — as cintas e polias eram incapazes de lidar com as velocidades modernas. Sem as ferramentas de alta velocidade e os aços mais refinados que elas produzem, não haveria nada disso que chamamos de indústria moderna.

A nova organização produtiva, aliada às inovações de maquinário, tornou possível produzir um carro bem mais barato e confiável, e capaz de ser operado sem qualquer conhecimento especial de motores ou peças mecânicas. O Modelo T foi inicialmente vendido por 850 dólares (cerca de 25 mil dólares atuais); outros automóveis custavam em torno de 1500 dólares.

O pioneirismo da indústria automobilística é captado também nesta avaliação de Ford:

A produção em massa não é meramente produção de quantidade, pois isso pode ser obtido sem nenhum dos requisitos para ela. Tampouco é meramente produção maquinal, que também pode existir sem qualquer semelhança com a produção em massa. Produção em massa significa focar o projeto manufatureiro nos princípios de potência, precisão, economia, sistema, continuidade e velocidade. A interpretação desses princípios, por meio de estudos sobre operação, desenvolvimento e coordenação de máquinas, é tarefa evidente da gerência.

As implicações para a mão de obra foram parecidas com as que se seguiram à introdução do sistema fabril em outras indústrias, mas bem mais acentuadas por vários motivos. A produção automobilística em massa representou uma demanda por insumos muito maior e um considerável impulso para muitos outros setores dependentes do transporte entre bens e consumidores. Em termos tecnológicos, a indústria automobilística estava entre os setores mais avançados da economia, e desse modo fez uso mais extenso de engenharia, projetos, planejamento e outras áreas. Ela estava, desse modo, na vanguarda da criação de novas tarefas de colarinho-branco.

Ford foi também um líder na introdução de novas tarefas de colarinho-azul, pois, com a reestruturação da fábrica, a natureza da montagem, pintura, solda e operação de máquinas se transformou. Os operários pagaram um preço pela mudança, pois era frequente se queixarem das exigências nas fábricas da companhia.

Esse problema de adequação do trabalhador teve várias consequências, a mais importante delas sendo taxas muito elevadas de absenteísmo e rotatividade. A alta rotatividade era particularmente desafiadora para Henry Ford e seus engenheiros porque interferia diretamente na linha de montagem e dificultava o planejamento da produção. A rotatividade em Highland Park chegou a impressionantes 380% ao ano em 1913! Era impossível reter a mão de obra, e os que ficavam recorriam cada vez mais às greves. O motivo desse descontentamento está bem resumido na carta da esposa de um trabalhador: "Seu sistema em cadeia é *escravizante*! *Meu Deus!* Sr. Ford! Meu marido chega em casa prostrado e vai se deitar sem jantar, de tão esgotado". Reações como essa induziram a companhia a aumentar a remuneração, primeiro para 2,34 dólares ao dia, chegando depois aos famosos cinco dólares diários, valor notavelmente elevado para uma economia na qual a maioria labutava por muito menos. Conforme o salário aumentou, a rotatividade e o absenteísmo diminuíram, e a produtividade do trabalhador também cresceu, segundo Ford.

Uma das principais formas de aumentar a produtividade era oferecendo treinamento. A Ford Motor Company exigia habilidades especiais, mas elas não eram difíceis de adquirir. A fábrica flexível havia criado uma estrutura de tarefas modular, com a maior parte do maquinário exigindo de quem o manuseava apenas o conhecimento de uma série de passos bem definidos e seu funcionamento. Como enfatizou Colvin, "a ênfase do trabalho todo está na simplicidade".

A combinação de maquinário avançado e treinamento de novas habilidades como base da geração de novas oportunidades e aumento da demanda de mão de obra se revelaria crucial também no pós-guerra. Em 1967, um gestor da Ford assim descreveu a estratégia de contratações da empresa: "Quando abria uma vaga, bastava dar uma olhada na sala de espera: se houvesse alguém ali com o coração batendo e que não fosse um alcoólatra óbvio, estava contratado". Na prática, isso se traduziu em uma oportunidade sem precedentes para pessoas de baixa escolaridade e sem conhecimento especializado ingressarem no mercado de trabalho. Com o maquinário avançado elas podiam ser treinadas e usadas produtivamente, expandindo a demanda geral por mão de obra. As implicações foram abrangentes: criou-se uma força poderosa para a prosperidade mais amplamente compartilhada — alguns dos empregos mais bem remunerados eram abertos a trabalhadores não qualificados.

Havia outro motivo para a empresa ser receptiva a salários maiores. Nas palavras de Magnus Alexander, engenheiro elétrico que ajudara a projetar as linhas de montagem da Westinghouse e da General Electric, "produtividade gera poder de compra". E o poder de compra era vital para a produção em massa.

Esses avanços não se restringiram à Ford Motor Company, passando a fazer parte da indústria americana. A General Motors em pouco tempo superou a Ford em inventividade, investindo mais em maquinário e desenvolvendo uma estrutura produtiva mais flexível. Produção em massa significava mercado de massa, mas o mercado de massa não necessariamente significava todo mundo comprando carros da mesma cor — pretos. A GM compreendeu isso antes da Ford, e embora a Ford insistisse em oferecer um mesmo Modelo T para todos, independentemente de gostos e necessidades, a GM usou sua estrutura de produção flexível para oferecer modelos mais versáteis.

UMA PERSPECTIVA NOVA (E INCOMPLETA)

Na visão dos empreendedores da classe mediana que puseram em marcha a fase inicial da Revolução Industrial britânica, era necessário aumentar a eficiência para reduzir os custos e gerar mais lucros. Como isso afetaria as pessoas da classe medíocre que eles empregavam pouco interessava. Entre os americanos, o lucro foi também a prioridade número um, e as fases iniciais da industrialização no país trouxeram considerável aumento da desigualdade. Industriais como Andrew Carnegie (na siderurgia) e John D. Rockefeller (no petróleo) adotaram novas técnicas, dominaram seus setores e fizeram imensas fortunas.

Esses magnatas da indústria geralmente eram avessos a organizações trabalhistas. Henry Ford, por exemplo, instruía o chefe de segurança a recorrer à violência contra grevistas ou mesmo simples simpatizantes do movimento sindical.

Mas muitos deles admitiam que na era da eletricidade uma relação mais cooperativa com a força de trabalho e a comunidade seria benéfica para suas companhias. Henry Ford foi um pioneiro também nisso. Além dos cinco dólares diários, sua empresa introduziu um programa de aposentadoria e outras amenidades, bem como uma série de benefícios para as famílias, sinalizando a intenção de dividir parte dos substanciais lucros obtidos com as novas tecnologias e a produção maciça de veículos.

O que movia Ford, porém, não era o altruísmo. Ele adotou tais medidas porque acreditava que os salários mais elevados iriam reduzir a rotatividade, coibir as greves, prevenir as custosas paralisações da linha de montagem e elevar a produtividade. Muitas empresas importantes seguiram seu exemplo, introduzindo suas próprias versões de políticas de salários elevados e programas de benefícios. Magnus Alexander sintetizou a essência dessa nova abordagem, argumentando que

> enquanto o laissez-faire e o individualismo intensivo marcaram a vida econômica na primeira metade da história dos Estados Unidos, a ênfase hoje passou à admissão voluntária das obrigações sociais, subentendida na orientação dada às atividades econômicas e aos esforços de cooperação nacionais e internacionais pelo interesse comum.

Outro a consolidar essa visão foi o economista americano John R. Commons, que defendia uma espécie de "capitalismo de bem-estar" em que os aumentos de produtividade beneficiassem a classe trabalhadora em função dos laços de lealdade e reciprocidade entre empregadores e empregados. Segundo ele, o foco na redução de custos por meio do corte de mão de obra era uma aposta errada.

Mas o capitalismo de bem-estar estava fadado a permanecer apenas uma aspiração enquanto não houvesse mudanças institucionais que permitissem que os trabalhadores se organizassem e exercessem contrapoderes. Isso começou a acontecer após a Grande Depressão, e longe dos Estados Unidos.

ESCOLHAS NÓRDICAS

A Grande Depressão teve início com a queda abrupta do preço das ações nos Estados Unidos em 1929, arruinando seu valor de mercado em poucos meses. Isso levou a uma paralisação primeiro da economia americana e depois mundial. Em 1933, o PIB americano caíra 30%, e o desemprego subira em 20%. Seguiram-se inúmeras falências bancárias, e muitas pessoas comuns perderam todas as suas economias.

O choque com o colapso do mercado de ações e o consequente caos econômico eram palpáveis. Começaram a circular rumores de que havia investidores pulando das janelas dos arranha-céus. Posteriormente se viu que não era bem assim. Ao investigar as taxas de suicídio da cidade de Nova York, o legista-chefe identificou um declínio em outubro e novembro de 1929. Mas ainda que investidores se esborrachando nas calçadas fosse um exagero, o lamaçal econômico em que o país afundara era bem real.

Embora originada nos Estados Unidos, a crise econômica se espalhou rapidamente pelo mundo. Em 1930, a maior parte da Europa passava por uma contração econômica ainda mais profunda. Cada país reagia a seu modo às dificuldades econômicas, com distintas consequências políticas e sociais. A Alemanha já vinha sendo atormentada pela polarização política desde essa época, e vários partidos de direita tentavam minar a governabilidade dos sociais-democratas. Os parlamentares foram incapazes de oferecer uma resposta abrangente, e parte de suas medidas aprofundaram ainda mais a crise. Não demorou para o PIB alemão entrar em queda livre, chegando a aproximadamente metade de seu valor em 1929, e o desemprego foi a 30%.

As dificuldades econômicas, a incompetência e, aos olhos de muitos, a reação indiferente dos políticos pavimentaram o caminho para uma quase completa perda de legitimidade dos partidos estabelecidos, e para a ascensão do Partido Nacional-Socialista. Os nazistas não passavam de um movimento político marginal, que havia obtido apenas 2,6% dos votos em 1928. Essa porcentagem aumentou na primeira eleição após a Depressão e continuou a subir até chegar a 33% na última eleição livre, em 1933, o que permitiu a Hitler ocupar o cargo de chanceler.

Uma dinâmica parecida foi observada na França, que também conheceu uma debilitante derrocada econômica, reações políticas incoerentes e ineficazes e o crescimento dos partidos extremistas, embora o governo democraticamente eleito persistisse.

Na Suécia, um país pequeno e ainda atrasado em termos econômicos, as coisas foram bem diferentes. A economia sueca na década de 1920 era predominantemente agrícola, e metade da população trabalhava na lavoura. O sufrágio masculino universal só veio em 1918, e a influência política dos trabalhadores da indústria era limitada. Mas o partido político que os representava (o SAP, ou Partido Operário Social-Democrata da Suécia) contava com uma grande vantagem. No fim do século XIX, sua liderança havia percebido que as instituições precisavam ser reformadas. Para isso era preciso chegar democraticamente ao poder, abandonando a linha marxista e se aproximando dos trabalhadores rurais e das classes médias. Como afirmou um de seus líderes mais influentes, Hjalmar Branting, em 1886:

> Num lugar atrasado como a Suécia, não podemos fechar os olhos para o fato de que a classe média desempenha um papel cada vez mais importante. Os trabalhadores necessitam de toda ajuda nesse sentido, da mesma forma que a classe média precisa do respaldo dos trabalhadores para conseguir resistir a [nossos] inimigos comuns.

Com a chegada da Grande Depressão, o SAP iniciou uma campanha por políticas públicas mais robustas, com um lado tanto macroeconômico (aumento dos gastos do governo e dos salários na indústria, a fim de alavancar a demanda, e uma política monetária expansionista desvinculada do padrão-ouro) como institucional (oferecendo as bases para a partilha consistente de lucros entre mão de obra e capital, a redistribuição via taxação e programas de seguridade social).

Seus membros buscaram montar uma coalizão, embora no começo tenham encontrado dificuldades. Os políticos de centro-direita se recusavam a trabalhar com o partido, e durante esse período os partidos trabalhistas e agrários viviam às turras, não só na Suécia como também em grande parte da Europa ocidental. O SAP, organicamente ligado aos sindicatos, desejava manter os salários elevados na indústria e expandir o emprego na manufatura. Para os sindicatos, a elevação do preço dos alimentos minava tais planos, pois com isso o custo dos tão necessários programas governamentais subiria, corroendo a renda real do trabalhador. Os proprietários rurais mantinham o preço dos alimentos lá em cima e não queriam que os recursos públicos fossem direcionados a programas industriais.

A liderança do SAP compreendia a importância crítica de uma coalizão que desse ao partido uma maioria robusta no Parlamento. Isso era em parte uma reação às terríveis condições econômicas, pois a partir de 1930 a pobreza e o desemprego haviam crescido rapidamente no país, mas devia-se também ao fato de seus líderes terem percebido como a inação estava empurrando outros países europeus para os braços dos extremistas.

No período que precedeu as eleições nacionais de 1932, Per Albin Hansson, chefe do partido, apresentou-o como o "lar do povo", acolhendo os trabalhadores e a classe média. O programa afirmava:

> O objetivo do partido não é apoiar uma classe trabalhadora em detrimento de outra. Em sua luta pelo futuro, ele não faz distinção entre a classe trabalhadora industrial e a classe agrícola, ou entre os que trabalham com as mãos e os que trabalham com o cérebro.

O apelo funcionou, e sua votação foi de 37% em 1928 para quase 42% em 1932. O Partido Operário Social-Democrata da Suécia também convenceu o Partido Agrário a participar de uma coalizão em torno do nome de Hansson, prometendo medidas de proteção ao setor agrícola em troca do apoio ao aumento de gastos, inclusive no setor industrial.

Tão importante quanto as reações macroeconômicas era a nova estrutura institucional sendo construída pelo partido. A solução que ele elaborou para institucionalizar a participação nos lucros foi juntar o governo, os sindicatos e os negócios para firmar acordos que fossem mutuamente benéficos, assegurando a distribuição equitativa dos ganhos de produtividade entre o capital e a força de trabalho.

A comunidade de negócios inicialmente se opôs a esse modelo corporativista, encarando o movimento trabalhista da mesma forma que os empresários alemães e americanos — como algo a ser evitado. Mas isso começou a mudar após as eleições de 1936, que trouxeram novos ganhos para o SAP. Os empresários, então, começaram a perceber que não seriam mais capazes de derrubá-lo pela simples oposição.

Em um famoso encontro em 1938 na cidade turística de Saltsjöbaden, uma parcela significativa da comunidade de negócios enfim concordou com os ingredientes básicos do sistema social-democrata escandinavo. Os elementos mais importantes eram a determinação dos salários no nível industrial, em que os lucros e ganhos de produtividade seriam compartilhados com o trabalhador, e a significativa expansão dos programas redistributivos e de seguro social, além de regulamentações governamentais. Mas o acordo não pretendia destituir a comunidade de negócios. Todo mundo concordava que as empresas privadas tinham de permanecer produtivas, e isso seria conseguido mediante o investimento em tecnologia.

Dois elementos desse acordo são particularmente dignos de nota.

Primeiro, as empresas teriam de pagar altos salários e negociar empregos e condições de trabalho com os sindicatos, evitando demissões em massa para reduzir os custos de pessoal. Dessa forma, elas teriam incentivos para aumentar a produtividade marginal da mão de obra, estabelecendo uma preferência natural por tecnologias amigáveis aos trabalhadores.

Segundo, negociações em nível industrial geravam incentivos para as empresas elevarem a produtividade sem recear que isso levasse a novos aumentos salariais. Para pôr em termos simples, se uma empresa conseguisse incrementar sua produtividade acima do nível de seus concorrentes, e os salários negociados permanecessem mais ou menos os mesmos, esse aumento de produtividade se traduziria em lucros maiores. Essa constatação foi uma poderosa motivação para os negócios inovarem e investirem em novo maquinário. Quando essa atitude se espalhou pela indústria, acabou elevando o nível dos salários, gerando benefícios tanto para a mão de obra como para o capital.

De forma notável, portanto, o modelo corporativista implementado pelo SAP e pelos sindicatos suecos concretizou parte das aspirações da visão do capitalismo de bem-estar que pessoas como J. R. Commons articulavam nos Estados Unidos. A diferença era que o capitalismo de bem-estar pensado como um presente voluntário das empresas era altamente incerto, e com frequência se deparava com a resistência de gestores focados no aumento dos lucros e na redução dos salários. Por outro lado, quando era incorporado a uma estrutura institucional que fomentava os contrapoderes dos trabalhadores e contava com a regulação do Estado, pisava em terreno muito mais firme.

Os sindicatos também desempenharam um papel fundamental no fortalecimento da capacidade regulatória do Estado. Eles implementaram e monitoraram os programas de bem-estar expandidos, permitindo a comunicação entre os trabalhadores e a gerência quando novas tecnologias eram introduzidas ou havia reduções de pessoal.

No início do século XX, a Suécia era um país extremamente desigual. A participação do 1% mais rico na renda nacional estava acima de 30%, sendo maior do que a da maioria dos países europeus. Nas décadas que se seguiram ao estabelecimento da estrutura institucional básica dessa nova coalizão, o emprego e a produtividade cresceram rapidamente, mas a desigualdade declinou. Na década de 1960, a Suécia havia se tornado um dos países mais igualitários do mundo, com a participação do 1% mais rico girando em torno de 10% da renda nacional.

ASPIRAÇÕES DE UM NEW DEAL

A exemplo do Partido Operário Social-Democrata da Suécia, o presidente americano Franklin Delano Roosevelt se elegeu com a promessa de enfrentar a Grande Depressão. Sua visão e a dos trabalhistas suecos tinham muito em comum. A resposta macroeconômica na forma de aumento de gastos, o apoio aos preços agrícolas, o investimento em obras públicas e outras políticas criadas para apoiar a demanda foram fundamentais. Em 1933, o governo FDR introduziu um salário mínimo pela primeira vez na história dos Estados Unidos, algo tido não apenas como uma medida de redução da pobreza, mas também como um meio de estabilização macroeconômica, capaz de gerar maior poder de compra para os trabalhadores. Igualmente importante foi a reformulação institucional, centrada na criação de contrapoderes para fazer oposição aos negócios tanto por meio de regulamentações do governo como de um movimento trabalhista mais forte.

Nessa reformulação institucional, os defensores do New Deal partiram das reformas implementadas pelo movimento progressista (que discutiremos em maiores detalhes no capítulo 11). Mas seus planos iam além.

O economista Rexford Tugwell, membro do "grupo de especialistas" de FDR, captou a essência da abordagem regulatória dos defensores do New Deal: "Um governo forte com um executivo plenamente fortalecido pela delegação legislativa constitui a única saída para nosso dilema, e o caminho a seguir para a consumação de nossas vastas possibilidades socioeconômicas". Com base nessa filosofia, o governo introduziu o que o *New York Times* chamou de "o alfabeto das quarenta agências do New Deal", indo de AAA (Agricultural Adjustment Administration) a USES (United States Employment Service), e começou a implementar diversas políticas similares às adotadas pelo Partido Operário Social-Democrata da Suécia, incluindo controle de salários e de preços, proteção aos trabalhadores sob "códigos de práticas justas" e medidas contra o trabalho infantil.

Podemos afirmar que as ações voltadas ao fortalecimento do movimento trabalhista foram ainda mais importantes: baseavam-se na crença de que, a despeito das reformas da era progressista, as empresas continuavam não compartilhando seus lucros e ganhos de produtividade com os trabalhadores, e de que os baixos salários geravam desigualdade e problemas macroeconômicos. A desigualdade era alta e seguia crescendo. Em 1913, o 1% mais rico representava cerca de 20% da renda nacional, e esse número continuou a subir, excedendo 22% no fim da década de 1920.

Uma iniciativa fundamental do governo FDR foi a Lei Wagner de 1935, que reconheceu o direito de organização dos trabalhadores (sem intimidações nem ameaças de demissão do patrão) e introduziu diversos procedimentos arbitrais para resolver as disputas. Mesmo antes da Depressão, alguns intelectuais e empresários admitiam que os ganhos de produtividade não seriam compartilhados de forma equânime sem negociação coletiva, mesmo quando companhias como a Ford elevavam os salários para reduzir a rotatividade.

Em 1928, o engenheiro americano pioneiro Morris Llewellyn Cooke falou perante a Taylor Society, um grupo dedicado à "gestão científica":

> Os interesses da sociedade — trabalhadores inclusos — sugere certo grau de negociação coletiva com o intuito de que o lado mais fraco possa ser representado nas negociações quanto a jornada, salários, status e condições de trabalho. A negociação coletiva eficiente implica a organização dos trabalhadores numa base extensa o bastante — digamos, nacional — para que esse poder de negociação seja efetivo.

Cooke, que mais tarde foi funcionário de alto escalão dos governos Roosevelt e Truman, defendia que, considerando a prevalência das grandes corporações modernas, era crucial que os trabalhadores se organizassem e "encarassem a organização trabalhista de algum tipo, como os sindicatos, como uma profunda necessidade social".

Carle Conway, presidente do conselho diretor da Continental Can e um "herói do empreendimento capitalista", segundo a Harvard Business School, surpreendentemente, era pró-sindicato:

> Sem dúvida qualquer um que tenha estado no negócio durante [os últimos trinta anos] teria de ser ingênuo para pensar que a gerência, enquanto grupo, desejava a negociação coletiva e algumas outras reformas enfim conquistadas pelos trabalhadores. Mas não parece igualmente provável que uma melhor compreensão dos princípios fundamentais envolvidos na luta dos últimos trinta anos entre a mão de obra e a gerência possa atuar para harmonizar os dois pontos de vista em um objetivo comum, e desse modo fazer a negociação coletiva e muitas outras reformas operarem no interesse tanto dos trabalhadores como da gerência?

Mas, ao contrário dos trabalhistas suecos, os proponentes do New Deal não veriam suas aspirações plenamente concretizadas. Parte da resistência vinha dos democratas do Sul, que, preocupados com a ameaça que as políticas do New Deal representavam para a segregação, agiram para deixar a legislação menos abrangente do que na Suécia.

Os aspectos do New Deal voltados ao aumento de gastos e à popularização da negociação coletiva também se depararam com firme rejeição e foram com frequência vetados pela Suprema Corte. As políticas de FDR, no entanto, conseguiram impedir a derrocada macroeconômica e deram grande impulso ao movimento trabalhista. Ambos os elementos desempenhariam um importante papel no pós-guerra.

Era vital que essas reformulações institucionais, tanto na Suécia como nos Estados Unidos, ocorressem no contexto de um sistema democrático. O próprio FDR tentou centralizar o poder e driblar a resistência a suas políticas na Suprema Corte aumentando o número de juízes do tribunal, mas suas tentativas de moldar o judiciário foram barradas pelo próprio partido.

Os Aliados venceram a Segunda Guerra Mundial porque os Estados Unidos puseram toda sua economia a serviço da guerra: fábricas que produziam máquinas de lavar passaram a desovar aviões, lanchas de desembarque foram fabricadas aos milhares. Quando a guerra começou, o país tinha seis porta-aviões; no início de 1945, fabricava um porta-aviões por mês (que, embora menor, era altamente eficiente).

O Exército americano enfrentava dificuldades em construir uma logística de apoio confiável para seus soldados no estrangeiro. Em setembro de 1942, quando as forças do general Eisenhower se preparavam para invadir a África do Norte, Ike reclamou com Washington que os suprimentos necessários não haviam chegado à Inglaterra. A cáustica resposta do Departamento de Guerra foi: "Parece que enviamos todos os itens pelo menos duas vezes, e a maioria deles três vezes". Embora as remessas transatlânticas tenham continuado caóticas por vários anos, isso não impediu o país de sair vitorioso no conflito. Como gracejou um general, "o Exército americano não resolve seus problemas — ele os esmaga".

Toda essa produção demandou o máximo empenho dos trabalhadores. Após a vitória em 1945, qual seria sua recompensa por esses esforços extraordinários?

ANOS GLORIOSOS

Embora tenham sido lançados nas primeiras quatro décadas do século XX, os alicerces da prosperidade compartilhada passaram praticamente despercebidos da maioria dos americanos. A primeira metade do século viveu as duas guerras mais brutais e destrutivas da história, além de uma depressão econômica generalizada que instilou ansiedade e incerteza nos sobreviventes. Os temores foram profundos e duradouros. Pesquisas recentes mostram que a Grande Depressão deixou muitas pessoas traumatizadas e relutantes em assumir riscos financeiros pelo resto da vida. Houve períodos de crescimento robusto na primeira metade do século, mas quase sempre associado aos benefícios desfrutados pelos ricos, de forma que a desigualdade continuou elevada e às vezes até aumentou.

Contra esse pano de fundo seguiram-se décadas notáveis depois de 1940. O PIB per capita americano subiu a uma taxa média de mais de 3,1% entre 1940 e 1973, crescimento motivado pelos incrementos de produtividade tanto durante como após a guerra. Outro índice importante é a produtividade total dos fatores (PTF), um indicador de crescimento econômico que elimina a contribuição dos aumentos no capital social (maquinário e edifícios). A taxa de crescimento da PTF é portanto uma medida mais precisa do progresso tecnológico, pois determina em que proporção o crescimento do PIB deriva de inovações tecnológicas e aumentos de eficiência. A média do crescimento da PTF americana (fora do setor agrícola e governamental) entre 1891 e 1939 foi inferior a 1% ao ano. Entre 1940 e 1973, ela cresceu a uma média de quase 2,2% ao ano. Isso não foi motivado apenas pelo boom durante e imediatamente após a guerra. A taxa média de crescimento anual da PTF entre 1950 e 1973 ainda estava acima de 1,7%.

Essa taxa de expansão sem precedentes da capacidade produtiva da economia baseava-se nos avanços tecnológicos iniciados nas décadas de 1920 e 1930, mas era vital também que eles fossem rapidamente adotados e efetivamente organizados.

Os métodos de produção em massa já estavam bem estabelecidos no setor automobilístico e se difundiram por toda a indústria americana após a guerra. A própria fabricação de carros continuava a se expandir velozmente. Na década de 1930, os Estados Unidos produziram uma média de 3 milhões de automóveis por ano. Na década de 1960, a produção crescera para quase 8 milhões. Não seria exagero dizer que os Estados Unidos criaram o automóvel e que o automóvel recriou os Estados Unidos.

As relações estabelecidas com outras indústrias foi crucial para melhorar a capacidade produtiva da economia. A produção automobilística em massa gerou crescentes demandas por insumos em quase todos os setores. Ainda mais importante, conforme a malha viária era ampliada e a população ganhava acesso ao carro e a outros meios de transporte modernos, a geografia das cidades se transformou, com os subúrbios observando um rápido crescimento. As melhorias no transporte promoveram ainda opções de serviços e lazer como shopping centers, hipermercados e grandes cinemas.

Tão notável quanto a velocidade do crescimento global e os incrementos de produtividade foi a natureza inclusiva da prosperidade. Na primeira metade do século XX, os picos de crescimento estavam longe de serem amplamente compartilhados. Nas décadas do pós-guerra, o contraste é gritante.

Para começar, a desigualdade diminuiu rapidamente durante e após a Segunda Guerra Mundial. A fatia do 1% mais rico na distribuição de renda caíra para menos de 13% em 1960, comparada a sua máxima de 22% na década de 1920. Outros aspectos da desigualdade durante os anos do pós-guerra também declinaram, em parte devido a regulamentações mais rígidas e controles de preços. Dois pesquisadores que estudaram o período ficaram tão impactados com o declínio da desigualdade que o apelidaram de a "Grande Compressão".

Ainda mais extraordinário foi o padrão de crescimento ulterior. O salário real acompanhou e por vezes subiu mais rapidamente que a produtividade, registrando uma taxa de crescimento geral de quase 3% entre 1949 e 1973. E esse crescimento foi amplamente compartilhado. Por exemplo, o aumento do salário real entre homens tanto de baixa escolaridade como de formação superior ficou igualmente próximo de 3% ao ano durante esse período.

Qual teria sido o ingrediente secreto da prosperidade compartilhada nas décadas do pós-guerra? A resposta reside nos dois elementos que enfatizamos anteriormente neste capítulo: uma orientação tecnológica que gerou novas tarefas e funções para trabalhadores de todos os níveis de habilidade e uma estrutura institucional que os capacitou a compartilhar os ganhos de produtividade com os patrões e gestores.

A orientação tecnológica partiu do que fora iniciado na primeira metade do século. A maioria das tecnologias fundamentais da era da prosperidade compartilhada fora inventada décadas antes e implementada somente nos anos 1950 e 1960. Isso fica muito claro no caso do motor de combustão interna, cuja tecnologia básica passou por aperfeiçoamentos posteriores, mas permaneceu mais ou menos inalterada.

O crescimento americano robusto no pós-guerra não era uma garantia imediata de que essas tecnologias beneficiariam os trabalhadores. A divisão da prosperidade foi contestada no dia em que a Segunda Guerra Mundial chegou ao fim. Como veremos, garantir que o crescimento econômico beneficiasse uma seção transversal da sociedade deu muito trabalho.

O CHOQUE ENTRE AUTOMAÇÃO E SALÁRIOS

As inquietações com o desemprego tecnológico manifestadas por John Maynard Keynes (vistas no capítulo 1) talvez tenham sido ainda mais relevantes nas décadas do pós-guerra. As máquinas-ferramentas continuaram a ser aperfeiçoadas, e os notáveis avanços no maquinário numericamente controlado partiram de ideias que remontavam ao tear de Joseph-Marie Jacquard, projetado em 1804, e um dos dispositivos de automação da tecelagem mais importantes do século XIX, capaz de realizar tarefas que até mesmo tecelões qualificados achavam desafiadoras. A inovação revolucionária consistiu em conceber e projetar uma máquina que obedecesse a padrões predeterminados numa série de cartões perfurados.

O maquinário numericamente controlado das décadas de 1950 e 1960 levou essa ideia um passo adiante, conectando uma variedade de máquinas primeiro a cartões perfurados e depois a computadores. Agora, furadeiras, tornos, fresadoras e outras máquinas podiam ser instruídas a implementar tarefas produtivas antes realizadas pelos trabalhadores.

A revista *Fortune* captou o entusiasmo com o controle numérico (também conhecido como automação programável de máquina-ferramenta) em um artigo de 1946 intitulado "The Automatic Factory", anunciando que "a ameaça e as promessas das máquinas autônomas estão mais próximas do que nunca". Outro artigo nessa mesma edição, "Machines Without Men", afirmava: "Imaginemos uma fábrica limpa, espaçosa e continuamente em operação, como uma usina hidrelétrica. Não se vê ninguém em seu interior". A fábrica do futuro seria operada por engenheiros e técnicos, sem boa parte dos trabalhadores manuais: essa era uma expectativa compartilhada por inúmeros gestores, particularmente ansiosos por qualquer novo método que permitisse a redução de custos com mão de obra.

O controle numérico também recebeu investimentos substanciais da Marinha e da Força Aérea, que viam os avanços na automação como algo de importância estratégica. Porém, mais importantes do que a participação direta do governo nas tecnologias de automação eram sua liderança e seus incentivos para o desenvolvimento das tecnologias digitais. O esforço de guerra renovou a disposição do Departamento de Defesa em gastar com ciência e tecnologia, e boa parte dele foi direcionada aos computadores e ao aprimoramento da infraestrutura digital.

Os políticos se deram conta disso e começaram a ver o desafio da geração de emprego numa era de automação acelerada como algo determinante. O presidente John F. Kennedy afirmou em 1962: "Considero nosso principal desafio na década de 1960 manter o pleno emprego numa época em que a automação sem dúvida está substituindo o homem".

E, de fato, por todo esse período os avanços nas tecnologias de automação continuaram, indo além do maquinário numericamente controlado e da manufatura. Na década de 1920, por exemplo, as mesas telefônicas eram operadas de forma manual, geralmente por mulheres jovens. A Bell Company era a maior empregadora americana de mulheres com menos de vinte anos. Ao longo das três décadas seguintes, mesas telefônicas automáticas foram introduzidas pelo país. A maioria das telefonistas perdeu o emprego, e, em 1960, a função praticamente deixou de existir. Em mercados locais onde ocorreu a introdução das mesas telefônicas automáticas, houve menos trabalho para as mulheres.

Mas os temores com a redução das oportunidades de emprego não se concretizaram; os trabalhadores se saíram razoavelmente bem, e a demanda por todo tipo de capacitação continuou a crescer ao longo das décadas de 1950 e 1960 e início dos anos 1970. Nas décadas seguintes, por exemplo, a maior parte das telefonistas dispensadas pela Bell Company encontrou novas oportunidades com a expansão do setor de serviços e dos escritórios comerciais.

Em essência, as tecnologias da época geraram oportunidades na mesma proporção em que eliminaram tarefas. Isso se deveu aos mesmos motivos vistos no contexto da produção em massa na indústria automobilística. Aperfeiçoamentos na tecnologia de comunicações, transporte e manufatura impulsionaram outros setores. Mas, ainda mais importante, esses avanços produziram novos empregos também nos setores onde foram introduzidos. Nem o controle numérico nem o maquinário automático eliminaram completamente a operação humana, entre outras coisas porque as máquinas não eram inteiramente automatizadas e geravam uma gama de tarefas adicionais à medida que mecanizavam a produção.

Uma pesquisa recente sobre a evolução das ocupações nos Estados Unidos a partir de 1940 revela que na década seguinte havia novos cargos e atribuições de sobra para trabalhadores de colarinho-azul, como vidraceiros, mecânicos, motoristas de caminhão e trator, pedreiros e artesãos; na década de 1960, serradores, mecânicos, operadores de esteira de triagem, moldadores de metal, condutores de caminhão e trator e lubrificadores de maquinário. A manufatura continuou a gerar novos empregos também para técnicos, engenheiros e pessoal administrativo.

Em outras áreas, a expansão foi além das tarefas técnicas. As indústrias de atacado e varejo cresciam rapidamente, oferecendo uma variedade de empregos em serviço ao cliente, marketing e *back office*. Por toda a economia americana nessa época as ocupações gerenciais, burocráticas e profissionais cresceram mais rápido do que todas as demais. A maioria das tarefas que tais trabalhadores realizavam não existia na década de 1940. Como na manufatura, quando esses empregos exigiam conhecimento especializado, muitas empresas seguiram a prática da primeira metade do século e continuaram a contratar trabalhadores sem qualificação formal — e uma vez tendo recebido treinamento para as tarefas necessárias, eles passavam a desfrutar dos melhores salários pagos por esses cargos.

Como antes da guerra, muitas tarefas em crescimento exigiam um nível mais elevado de alfabetização e de conhecimentos matemáticos básicos, mas também habilidades sociais para se comunicar em organizações complexas e resolver problemas surgidos da interação com clientes e operação de maquinário avançado. Com isso, as novas tarefas só seriam uma realidade plenamente consumada quando a mão de obra fosse capacitada nas habilidades necessárias para dominá-las. Felizmente, como já acontecera antes, o ensino nos Estados Unidos se expandiu depressa, e as qualificações para esses novos papéis tornaram-se prontamente disponíveis. Muitos trabalhadores de colarinho-azul agora tinham o ensino médio, e as vagas em engenharia, áreas técnicas, projetos e gestão puderam ser preenchidas por pessoas com formação superior.

No entanto, seria incorreto pensar que a tecnologia do pós-guerra estava predestinada a seguir uma orientação que gerasse novas tarefas para compensar as que eram rapidamente automatizadas. A disputa pela orientação da tecnologia esquentou como parte das tensões entre a mão de obra e a gerência, e os avanços nas tecnologias amigáveis aos trabalhadores não podem ser separados da configuração institucional que induziu as empresas a se moverem nessa direção, sobretudo devido aos contrapoderes do movimento trabalhista.

O papel crucial da Lei Wagner e dos sindicatos no esforço de guerra fortaleceu a mão de obra, e havia uma grande expectativa de que os sindicatos viessem a constituir um suporte da trama institucional dos Estados Unidos no pós-guerra. Harold Ickes, secretário do Interior de FDR, confirmou essa expectativa quando falou perante uma convenção sindical, ao fim da guerra: "Agora que se puseram em marcha, vocês não devem permitir que ninguém se interponha em seu caminho".

O movimento trabalhista ouviu essas palavras e as pôs em prática para valer. Em sua primeira negociação com a General Motors após a guerra, a United Auto Workers (UAW), o sindicato dos trabalhadores automobilísticos, reivindicou grandes aumentos salariais. A GM não concordou e ocorreu uma greve geral. O setor automobilístico não estava sozinho. Nesse mesmo ano, 1946, houve uma onda mais ampla de greves, que o Departamento de Estatísticas do Trabalho chamou de "o período de maior concentração de conflitos entre mão de obra e gerência na história do país". Uma greve de eletricistas paralisou outra gigante da indústria americana, a General Electric.

Não havia unanimidade contra a automação no movimento trabalhista justamente por conta do entendimento de que ela era inevitável, e de que, com as escolhas corretas, a redução de custos seria benéfica para todas as partes interessadas. O que se exigia era o uso das inovações tecnológicas para gerar novas tarefas e permitir que o trabalhador se beneficiasse em alguma medida da redução de custos e dos ganhos de produtividade. Em 1955, por exemplo, a UAW declarou: "Oferecemos nossa cooperação [...] numa busca comum por políticas públicas e programas [...] que assegurem que o maior progresso tecnológico resulte em maior progresso humano".

Em 1960, a GM instalou uma furadeira numericamente controlada em sua divisão de carrocerias em Detroit e pagava a um operador de máquina o mesmo que pagava ao operador da furadeira de torre manual. O sindicato discordou, argumentando que se tratava de uma nova tarefa que implicava responsabilidades e qualificações extras. Mas a questão era mais profunda. O sindicato queria estabelecer um precedente, determinando que trabalhadores qualificados ou semiqualificados tinham direito adquirido sobre as novas tarefas, e essa interpretação preocupava a gerência, porque significava a perda do controle do processo produtivo e das opções organizacionais. As duas partes não chegaram a um acordo e o caso seguiu para arbitragem. Em 1961, o juiz decidiu a favor do sindicato, concluindo que "a gerência não eliminou nenhuma função nem alterou qualquer método, processo ou meio da manufatura".

As implicações da determinação foram abrangentes. A GM viu-se obrigada a providenciar treinamento adicional e aumentar o salário de operadores do maquinário numericamente controlado. A lição geral era de que o operador "tem de adquirir habilidades adicionais para manusear os sistemas de controle numérico" e que "o maior esforço exigido dos trabalhadores nas máquinas automatizadas lhes dá direito a uma remuneração maior". Na verdade, para os sindicatos, a questão central era o treinamento. Eles insistiram em programas que assegurassem aos trabalhadores a aquisição do nível de habilidades necessário para operar o novo maquinário e desfrutar de seus benefícios.

O papel dos sindicatos em moldar a forma como as tecnologias da automação eram adotadas e como os trabalhadores se saíam no processo também pode ser visto a partir de outra tecnologia icônica da era: os contêineres. A introdução dos grandes contêineres metálicos no transporte de longa distância na década de 1950 revolucionou a indústria do transporte, reduzindo imensamente os custos do frete pelo mundo todo. A tecnologia simplificou e eliminou inúmeras tarefas manuais que os estivadores costumavam realizar, como embalar, desembalar e reembalar páletes. Também permitiu a introdução de outros equipamentos pesados para erguer e transportar as cargas. Em muitos casos, como no porto de Nova York, os contêineres reduziram significativamente a quantidade de trabalho na estiva.

Na Costa Oeste, porém, as coisas correram de maneira bem diferente. Quando os contêineres chegaram, os portos do Pacífico já enfrentavam problemas. Uma investigação do Congresso em 1955 revelara ineficiências endêmicas causadas pelas práticas de trabalho, muitas vezes sob os auspícios do Sindicato Internacional de Estivadores e Funcionários de Depósito (ILWU). Harry Bridges, um líder veterano e independente que dirigia o braço local do ILWU, compreendeu que a reforma trabalhista era necessária para a sobrevivência tanto do sindicato como dos estivadores: "Quem acha que podemos continuar segurando a mecanização não saiu dos anos 1930 e segue lutando por uma causa que já vencemos naquela época". Isso levou o ILWU a encorajar a introdução da nova tecnologia, mas de modo que beneficiasse os trabalhadores, especialmente os de seu sindicato. Em 1956, o comitê de negociações do ILWU recomendou:

> Acreditamos ser possível encorajar a mecanização na indústria e ao mesmo tempo estabelecer e reafirmar nossa jurisdição de trabalho, bem como a quantidade mínima praticável de estivadores, de modo que o ILWU possa se ocupar de todo o trabalho desde as ferrovias nos arredores dos píeres até os porões dos navios.

Era em essência uma abordagem similar à da UAW em suas negociações com a GM: permitir a automação, mas garantir que também houvesse novas funções para os trabalhadores. O que fez essa abordagem funcionar foi a credibilidade de Bridges junto à força de trabalho e seu esforço em se comunicar com a gerência acerca das escolhas tecnológicas. Embora inicialmente nem todos os membros sindicais estivessem abertos às novas tecnologias, eles acabaram convencidos por Bridges e pelos demais líderes sindicais locais. Nas palavras de um jornalista que cobriu os eventos no fim da década de 1950, "todos os estivadores começaram a falar sobre o que pode ser conseguido com a mecanização sem que se percam empregos e renda, benefícios, aposentadorias e assim por diante".

Os contêineres automatizaram o trabalho, incrementando a produtividade e aumentando a quantidade de carga que passava pelos portos do Pacífico. Os navios podiam ser carregados mais rapidamente e com quantidades muito maiores de produtos. À medida que o tráfego aumentava, a demanda por estivadores crescia, e assim o sindicato começou a reivindicar uma adoção mais rápida de guindastes e outras máquinas. Como Bridges afirmou à gerência em 1963, "os dias de suar na execução dessas tarefas precisam ficar para trás".

A indústria automobilística e a marinha mercante não eram casos excepcionais. A economia como um todo testemunhou uma automação constante nas décadas do pós-guerra, mas em muitos casos gerando novas oportunidades para a mão de obra. Um estudo recente calcula que essa automação teria reduzido a participação do trabalhador na renda nacional em 0,5% ao ano durante as décadas de 1950, 1960 e 1970. No entanto, o desemprego ocasionado pela automação foi quase perfeitamente contrabalançado por outros avanços tecnológicos, que geraram novas tarefas e oportunidades para a mão de obra. Com isso, nos principais setores da economia — manufatura, serviços, construção e transporte —, a participação do trabalhador permaneceu constante. Esse padrão de equilíbrio permitiu que os ganhos de produtividade se traduzissem num aumento do salário médio e da remuneração entre trabalhadores com diferentes qualificações.

As novas tarefas do período desempenharam um papel fundamental não só na promoção do aumento da produtividade como também na distribuição dos ganhos por todo o espectro de habilidades. Nas indústrias com novas tarefas constatamos a elevação tanto da produtividade como da demanda por mão de obra sem qualificação.

As escolhas tecnológicas e de divisão da renda econômica nos Estados Unidos ao longo dessas décadas foram determinantes em muitos sentidos. Mas, para um europeu, os problemas americanos eram uma banalidade se comparados a seus conflitos de ordem mais existencial.

ABOLIÇÃO DA CARESTIA

A população alemã sofreu pesadamente com a guerra. Muitas cidades, incluindo Hamburgo, Colônia, Düsseldorf, Dresden e até Berlim haviam sido arrasadas pelo bombardeio aliado. Mais de 10% da população alemã perecera e possivelmente 20 milhões de alemães ficaram desabrigados. Muitos milhões de indivíduos de língua alemã foram forçados a se deslocar para o oeste.

França, Bélgica, Países Baixos e Dinamarca, vítimas da brutal ocupação nazista, também foram à ruína. Uma grande proporção de sua malha viária estava destruída. Como na Alemanha, a maior parte dos recursos fora direcionada aos armamentos, e a escassez grassava.

A Grã-Bretanha, embora poupada da devastadora ocupação, também penava no pós-guerra. O país ficara para trás no tocante à adoção de aparelhos modernos. Poucas famílias tinham geladeira e fogão, já comuns na América do Norte, e apenas metade dos domicílios contava com água aquecida ou encanamento interno.

Das cinzas da guerra brotou algo inesperado. As três décadas seguintes testemunharam um crescimento econômico vertiginoso em boa parte da Europa — da Escandinávia à Alemanha, França e Grã-Bretanha. O PIB per capita em termos reais aumentou a uma taxa média de cerca de 5,5% na Alemanha, entre 1950 e 1973; de pouco mais de 5% na França, 3,7% na Suécia e 2,9% no Reino Unido. Em todos os casos, esse crescimento foi compartilhado de forma extraordinariamente abrangente. A participação do 1% mais rico na renda nacional, que no fim da década de 1910 pairava acima de 20% na Alemanha, na França e no Reino Unido, caiu para menos de 10% na década de 1970 nos três países.

As bases dessa prosperidade compartilhada não foram diferentes das que se viram nos Estados Unidos. Uma primeira etapa proporcionada por tecnologias amplamente amigáveis aos trabalhadores produziu novas tarefas ao mesmo tempo que automatizava os processos. Nisso, a Europa acompanhou os Estados Unidos, que haviam ultrapassado até mesmo a Europa continental em termos de tecnologia industrial. Os avanços implementados nos Estados Unidos se espalhavam pela Europa, e a tecnologia industrial e os métodos de produção em massa foram rapidamente adotados. Houve todo tipo de incentivo para as empresas europeias abraçarem essas tecnologias, e o programa de reconstrução do pós-guerra sob os auspícios do Plano Marshall forneceu uma importante estrutura para a transferência tecnológica, assim como o generoso apoio de muitos governos europeus às atividades de pesquisa e desenvolvimento.

Dessa forma, uma orientação tecnológica que procurava extrair o máximo proveito da mão de obra, qualificada ou não, espalhou-se dos Estados Unidos para a Europa, elevando de maneira substancial a quantidade de países que passaram a investir tanto na manufatura como nos serviços para seus crescentes mercados de massa.

Na maior parte da Europa, como nos Estados Unidos, esse caminho do desenvolvimento econômico foi fomentado por investimentos cada vez maiores na educação e em programas de treinamento, assegurando que houvesse trabalhadores com as habilidades necessárias para preencher as novas posições. Conforme ascendia à classe média, o trabalhador mais bem remunerado impulsionava a demanda pelos novos produtos e serviços que suas indústrias começavam a produzir em massa.

Mas as escolhas tecnológicas desses países não foram uniformes. Cada um organizou a economia a seu próprio modo, e tais escolhas naturalmente afetaram a forma como o novo conhecimento industrial era utilizado e aperfeiçoado. Enquanto nos países nórdicos os investimentos em tecnologia eram feitos no contexto do modelo corporativista, a indústria alemã desenvolveu um sistema único de capacitação que estruturou tanto as relações entre a mão de obra e a gerência como as opções tecnológicas (veremos essa questão em mais detalhes no capítulo 8).

Igualmente crucial foi a segunda etapa da prosperidade compartilhada: o poder do movimento trabalhista e as bases institucionais gerais surgidas na Europa do pós-guerra.

Os Estados Unidos começaram timidamente a fortalecer o movimento trabalhista e a construir um Estado regulatório na década de 1930. O mesmo padrão de pequenos passos entremeados com diversos retrocessos caracterizou a evolução das instituições americanas no pós-guerra. Outros pilares da moderna rede de proteção social e das regulamentações foram pouco a pouco introduzidos, culminando no programa Grande Sociedade do presidente Lyndon Johnson durante a década de 1960.

Abaladas por duas guerras mundiais, muitas nações europeias mostraram maior disposição em criar novas instituições, e talvez estivessem ainda mais preparadas para aprender com o exemplo escandinavo.

Na Grã-Bretanha, uma comissão do governo liderada por William Beveridge publicou um relatório em 1942 que chacoalhou as estruturas. O documento começava dizendo que "momentos revolucionários na história mundial são épocas de revoluções, não de remendos", e identificava os cinco grandes problemas da sociedade — carestia, doença, ignorância, sordidez e ociosidade —, declarando: "A abolição da carestia requer antes de mais nada o aperfeiçoamento do seguro estatal, ou seja, medidas contra interrupções e perdas do poder aquisitivo". O relatório propunha o modelo de um programa gerido pelo Estado que protegesse as pessoas "do berço ao túmulo", com taxação redistributiva, seguridade social, seguro-desemprego, compensação por acidentes de trabalho, aposentadoria por invalidez, programas de auxílio às crianças e sistema de saúde universal.

Essas propostas, recebidas pelo público britânico em plena guerra, causaram impacto imediato. Conta-se que os soldados deram vivas quando a notícia chegou ao campo de batalha. Ao final do conflito, o Partido Trabalhista foi alçado ao poder com uma campanha que prometia implementar tais medidas integralmente.

Métodos similares foram adotados na maioria dos países europeus, e o Japão implantou sua própria versão de seguridade social.

O PROGRESSO SOCIAL E SEUS LIMITES

No longo arco da história, nada se compara às décadas que se seguiram à Segunda Guerra Mundial. Até onde se sabe, nunca houve um período mais acelerado de prosperidade compartilhada.

Na Antiguidade, o mundo greco-romano conheceu séculos de crescimento, só que bem mais vagaroso, na faixa de 0,1% a 0,2% ao ano. Além disso, ele se baseava na exploração de indivíduos sem direito à cidadania, como escravizados, mulheres e outros. As classes de patrícios e aristocratas foram as principais beneficiárias desse crescimento, embora a prosperidade também tenha chegado a um grupo mais amplo de cidadãos.

Na Idade Média, como vimos no capítulo 4, ele foi lento e desigual. Com o início da Revolução Industrial britânica, por volta de 1750, a taxa de crescimento aumentou, mas foi inferior à das décadas de 1960 e 1970, cuja média ficou acima de 2,5% ao ano em boa parte do mundo ocidental.

Outros aspectos desse crescimento do pós-guerra foram igualmente distintivos. O nível de escolaridade médio e superior costumava ser privilégio da classe média alta e dos ricos. Depois da guerra, isso mudou, e, na década de 1970, tanto o ensino médio como o superior se democratizaram por quase todo o Ocidente.

Houve tremendos avanços também na saúde. As condições no Reino Unido, assim como em outras partes, já não eram mais tão más como no início do século XIX. Mas as doenças infecciosas grassaram na primeira metade do século XX, e quem mais sofreu com elas foram os pobres. Isso mudou nas décadas do pós-guerra. A expectativa de vida na Grã-Bretanha aumentou de cinquenta anos, em 1900, para 72, em 1970; nos Estados Unidos, de 47 para 71; e na França, de 47 para 78. Em todos esses casos, o que impulsionou a mudança foram as melhorias no bem-estar e nas condições sanitárias da classe trabalhadora, mediante investimentos em saúde pública e na construção de hospitais e clínicas.

Mas não convém se deixar levar demais por essa avaliação otimista. Mesmo num período de prosperidade sem paralelo no mundo ocidental, três grupos permaneceram fundamentalmente excluídos tanto do poder político como dos benefícios econômicos: mulheres, minorias (principalmente americanos negros) e imigrantes.

Muitas mulheres continuavam aprisionadas em relações de poder patriarcal no seio de suas famílias e comunidades. Essa situação havia começado a mudar de figura com a emancipação feminina no início do século, com o ingresso cada vez maior das mulheres na força de trabalho a partir da Segunda Guerra Mundial e com mudanças mais amplas nas atitudes sociais. Com isso, sua condição geral melhorou, e a defasagem salarial em relação aos homens diminuiu. Ainda assim, a discriminação na família, nas escolas e nos locais de trabalho continuou. Uma maior paridade de gênero em termos de remuneração, de ocupação de cargos gerenciais e de liberação social tem chegado apenas lentamente.

As minorias sofreram ainda mais. Embora a situação econômica do negro americano tivesse melhorado nas décadas de 1950 e 1960, e a defasagem salarial diminuído de maneira significativa, os Estados Unidos continuavam tão racistas quanto antes, sobretudo no Sul. O trabalhador negro dificilmente tinha acesso a bons empregos, e o impedimento às vezes partia dos próprios sindicatos. Os linchamentos seguiram sendo uma realidade pela década de 1960, e inúmeros políticos de ambos os partidos ao longo da maior parte desse período defendiam uma plataforma aberta ou veladamente racista.

Os imigrantes também ficaram excluídos do eixo do poder. Trabalhadores turcos e da Europa meridional trazidos à Alemanha devido à escassez de mão de obra no pós-guerra permaneceram cidadãos de segunda classe ao longo de todo esse período. Quando os Estados Unidos precisaram de mão de obra para cultivar seus campos, recorreram aos mexicanos, que muitas vezes trabalhavam sob condições cruéis por salários baixíssimos; quando a maré política mudou, eles deixaram de ser bem-vindos. O Programa Bracero, que em seu auge levou cerca de 350 mil mexicanos às fazendas americanas, foi descontinuado em 1964 porque, segundo o Congresso, os imigrantes estariam tirando o emprego de americanos.

Os maiores excluídos desse período de prosperidade foram povos fora da Europa e da América do Norte, embora algumas nações não ocidentais como o Japão e a Coreia do Sul tenham observado um rápido crescimento, com razoável divisão da riqueza. Mas vale notar que esse crescimento se baseou na adoção e por vezes no aperfeiçoamento dos sistemas de produção industrial em larga escala desenvolvidos nos Estados Unidos, e em circunstâncias particulares de cada lugar, que encorajaram uma partilha mais equitativa dos frutos do crescimento: no Japão, as relações empregatícias de longo prazo e as generosas políticas salariais; na Coreia do Sul, a ameaça da Coreia do Norte e a força do movimento trabalhista, especialmente após a democratização do país, em 1988.

Mas esses casos foram exceções. As colônias europeias remanescentes tinham pouca voz e pouca chance de prosperidade compartilhada. A independência, que chegou para a maioria entre 1945 e 1973, não significou o fim da miséria, da violência e da repressão. Muitas ex-colônias europeias em pouco tempo viram suas instituições caírem nas mãos de soberanos autoritários que se valiam do sistema herdado para enriquecer, favorecer grupos de interesse e oprimir os demais. A Europa não só lavou as mãos como por vezes ofereceu apoio a cleptocratas locais em troca de acesso a recursos naturais. Nos Estados Unidos, a CIA ajudou a promover golpes de Estado contra governos democraticamente eleitos — no Irã, no Congo, na Guatemala e em outros países — e ofereceu apoio a soberanos amigáveis ao país, a despeito de serem corruptos e até assassinos. A maior parte do mundo não ocidental permaneceu muito atrasada em termos socioeconômicos.

Enquanto isso, no âmbito doméstico, a divisão da riqueza nos Estados Unidos se tornava uma realidade cada vez mais distante, e o trabalhador se via alijado do poder por conta de uma legislação omissa e de uma tecnologia orientada para a maior automação, como veremos no capítulo seguinte.

8. Danos digitais

A boa notícia sobre os computadores é que eles fazem o que lhes dizemos para fazer; a má notícia é que eles fazem o que lhes dizemos para fazer.
Atribuído a Ted Nelson, pioneiro da tecnologia da informação

Podemos afirmar que a progressiva introdução de novo equipamento computadorizado, automatizado e robotizado reduziu o papel da mão de obra assim como a introdução de tratores e outros implementos agrícolas reduziu e depois eliminou completamente o papel dos cavalos e outros animais de tração.
Wassily Leontief, "Technological Advance, Economic Growth, and the Distribution of Income", 1983

Os primórdios da revolução computacional tiveram lugar no nono andar da Tech Square, no MIT, entre 1959 e 1960, onde um bando de rapazes de aspecto desleixado costumava escrever códigos em *assembly* nas altas horas da madrugada. Por vezes chamada de "ética hacker", a visão que os movia constituiu um prenúncio do futuro espírito dos empreendedores no Vale do Silício.

Os dois eixos dessa ética eram a descentralização e a liberdade. Os hackers desprezavam a principal empresa de computadores da época, a IBM, que no seu entender aspirava a controlar e burocratizar a informação. Antecipando um mantra que mais tarde seria com frequência mal-empregado pelos empreendedores da tecnologia, eles defendiam que "toda informação deve ser gratuita", e sua desconfiança da autoridade beirava o pensamento anárquico.

Assim aconteceu com um dos grupos mais famosos da comunidade hacker no norte da Califórnia no início da década de 1970. Um de seus luminares, Lee Felsenstein — um ativista político que via nos computadores um meio de libertar as pessoas e gostava de citar a frase "o sigilo é a pedra angular de toda tirania", extraída do romance de ficção científica *Revolt in 2100* —, trabalhou em aperfeiçoamentos de hardware com o objetivo de democratizar a computação e romper com o domínio da IBM e de outras empresas.

Outro importante pioneiro, Ted Nelson, publicou o que pode ser considerado um manual do hackeamento, o *Computer Lib/Dream Machines*, que abre com o slogan "O PÚBLICO NÃO TEM DE CONSUMIR O QUE É DESOVADO", e prossegue:

> ESTE LIVRO É PELA LIBERDADE PESSOAL
> E CONTRA A RESTRIÇÃO E A COERÇÃO [...]
> Um canto que podemos levar para as ruas:
> O PODER DO COMPUTADOR PARA O POVO!
> ABAIXO A CIBERBOSTA!

Com "ciberbosta" ele se referia às lorotas sobre computadores e informação utilizadas pelas elites como justificativa para que eles fossem controlados por especialistas de rabo preso com o poder.

Os hackers não eram simples rebeldes às margens da revolução informática. Eles foram fundamentais para inúmeros avanços em software e hardware, simbolizando valores e atitudes mantidos por diversos cientistas da computação e empresários (ainda que estes não partilhassem de seus hábitos de trabalho e higiene pessoal).

Mas a visão descentralizada do futuro da computação e da informação não se limitou aos desgrenhados hackers do MIT e de Berkeley. Grace Hopper foi uma cientista pioneira que trabalhou no Departamento de Defesa na década de 1970 e desempenhou um importante papel na inovação de software, concebendo um novo modo de escrever programas que resultou na linguagem COBOL. Para Hopper, o computador representava igualmente um modo de ampliar o acesso à informação, e ela exerceu imensa influência em seu uso numa das maiores organizações do mundo: as Forças Armadas americanas.

Com a tecnologia mais promissora da era na mão desses visionários, seria de imaginar que nas décadas seguintes houvesse uma ascensão renovada dos contrapoderes, a criação de novas ferramentas para aumentar a produtividade e o estabelecimento de alicerces ainda mais sólidos para a prosperidade compartilhada.

Mas na verdade as tecnologias digitais representaram um grande revés para a divisão da riqueza. O crescimento dos salários desacelerou, a participação do trabalhador na renda nacional caiu abruptamente e as desigualdades salariais dispararam a partir de 1980. Embora muitos fatores tenham contribuído para essa transformação, incluindo a globalização e o enfraquecimento do movimento trabalhista, a mudança da orientação tecnológica foi de suma importância. A computação automatizou o trabalho e deixou a mão de obra pouco qualificada em posição desvantajosa em relação ao capital e a pessoas com formação superior.

Para compreender esse redirecionamento precisamos primeiro reconhecer as mudanças sociais mais amplas que ocorriam nos Estados Unidos. Os negócios se organizaram melhor contra a classe trabalhadora e regulamentações do governo, mas de suma importância foi o novo princípio organizador de grande parte da sociedade, segundo o qual maximizar os lucros e enriquecer os acionistas constituíam um bem comum. Essa visão gananciosa conduziu a comunidade tecnológica na direção de uma "utopia digital" baseada no design de cima para baixo do software com o intuito de automatizar e controlar a mão de obra — algo bem diferente do que sonhavam os primeiros hackers. O consequente viés tecnológico não apenas gerou desigualdade, como fracassou em cumprir a promessa de um espetacular crescimento de produtividade, como veremos a seguir.

UM RETROCESSO

Quaisquer esperanças de que as décadas subsequentes à fase inicial da revolução informática trariam mais prosperidade compartilhada foram rapidamente por água abaixo. O crescimento econômico após meados da década de

1970 não se pareceria em nada com o das décadas de 1950 e 1960. Parte da desaceleração resultou das crises do petróleo de 1973 e 1979, que provocaram altos níveis de desemprego e estagflação por todo o mundo ocidental. Mas a transformação mais fundamental na estrutura do crescimento econômico ainda estava por vir.

O salário real médio americano (remuneração por hora) cresceu cerca de 2,5% ao ano entre 1949 e 1973. Então, de 1980 em diante, ele praticamente congelou, aumentando apenas 0,45% ao ano, ainda que a produtividade média dos trabalhadores continuasse a crescer (com uma taxa anual média de mais de 1,5% de 1980 até os dias de hoje).

Essa desaceleração do crescimento estava longe de atingir todas as pessoas da mesma forma. Trabalhadores com nível superior continuaram a desfrutar de rápido crescimento, mas aqueles que tinham apenas o ensino médio sofreram perda salarial média de cerca de 0,45% ao ano entre 1980 e 2018.

O abismo não aumentou apenas devido aos diferentes níveis de formação. A partir de 1980, a desigualdade deu um salto em todos os aspectos. A participação do 1% mais rico na renda nacional americana foi de 10% nesse ano a 19% em 2019.

Mas o salário e a desigualdade de renda contam apenas parte da história. Os Estados Unidos sempre se orgulharam de ser a terra da oportunidade, em que pessoas de origem modesta podiam ascender socialmente e ter filhos que seriam mais prósperos que os pais. Da década de 1980 em diante, porém, o "sonho americano" se viu sob pressão cada vez maior. Entre aqueles que nasceram em 1940, 90% ganhavam mais do que os pais, em valores ajustados para a inflação; entre os nascidos em 1984, a proporção era de apenas 50%. O público americano tem plena consciência das perspectivas sombrias para a maioria dos trabalhadores. Uma pesquisa recente feita pelo Pew Research Center revelou que 68% dos americanos acreditam que a atual geração de crianças viverá maior aperto financeiro que a geração de seus pais.

Outras dimensões do progresso econômico também conheceram um retrocesso. Em 1940, a remuneração média entre a população negra de ambos os sexos representava menos da metade do que ganhavam os brancos. Em 1979, o salário por hora do homem negro americano chegou a 86% da remuneração dos brancos. Depois disso a desigualdade se acentuou, e essa proporção caiu para 72%. Entre a população negra feminina houve um retrocesso similar.

A distribuição da renda entre capital e mão de obra também mudou de forma significativa. Ao longo da maior parte do século XX, cerca de 67% a 70% da renda nacional ia para a classe trabalhadora e o resto para o capital (na forma de pagamentos por maquinário e lucros). A partir da década de 1980, as coisas começaram a ficar muito melhores para o capital e muito piores para os trabalhadores. Em 2019, a participação da classe trabalhadora na renda nacional caíra para menos de 60%.

Essas tendências não se limitaram aos Estados Unidos, embora por vários motivos tenham sido menos pronunciadas em outros lugares. Em 1980, o país já era mais desigual do que a maioria das demais economias industrializadas, e posteriormente apresentou um dos crescimentos de desigualdade mais acentuados do mundo. Vários outros países não ficaram muito atrás.

A participação do trabalhador na renda nacional vem observando uma tendência decrescente prolongada na maioria das economias industrializadas. Na Alemanha, por exemplo, caiu de cerca de 70% no início da década de 1980 para cerca de 60% em 2015. Ao mesmo tempo, a distribuição de renda tendeu ainda mais em favor dos mais ricos. De 1980 a 2020, a participação do 1% mais rico na Alemanha aumentou de cerca de 10% para 13%, e no Reino Unido de 7% para 13%. Nesse mesmo período, a desigualdade cresceu até em países nórdicos: a participação do 1% mais rico aumentou de 7% para 11% na Suécia e de 7% para 13% na Dinamarca.

O QUE ACONTECEU?

A prosperidade compartilhada do pós-guerra teve dois pilares: junto com a automação, novas oportunidades foram criadas para todo tipo de mão de obra, e uma divisão mais robusta da renda preservou o poder aquisitivo dos salários. Depois de 1970, ambos os pilares desmoronaram — e em nenhum lugar de forma mais espetacular do que nos Estados Unidos.

Mesmo em tempo de vacas gordas a orientação tecnológica e a elevação dos salários são contestadas. Se dependesse apenas deles, muitos gestores adorariam reduzir os custos com mão de obra limitando os aumentos salariais e priorizando a automação, que exclui o trabalhador de várias tarefas e enfraquece seu poder de negociação. Esse viés influencia o caminho seguido pelas inovações e conduz a tecnologia ainda mais na direção da automação. Como vimos no capítulo 7, essas tendências foram em parte contidas com a negociação coletiva no pós-guerra e a pressão dos sindicatos para que as empresas introduzissem mais tarefas especializadas e fornecessem treinamento sistemático para lidar com o novo maquinário.

O declínio do movimento trabalhista nas últimas décadas representou um golpe duplo para a prosperidade compartilhada. O crescimento salarial desacelerou em parte porque os sindicatos americanos se enfraqueceram e perderam poder de negociação. E, sem sindicatos fortes, o trabalhador fica sem voz alguma sobre a orientação da tecnologia.

Duas outras mudanças acentuaram o problema.

Primeiro, sem os contrapoderes trabalhistas, uma visão bem diferente ganhou força no mundo corporativo. Cortar custos de mão de obra tornou-se prioridade, e dividir os ganhos de produtividade com o trabalhador virou sinônimo de incompetência gerencial. Além de adotar uma postura menos maleável nas negociações salariais, as empresas transferiram sua produção para fábricas não sindicalizadas em território nacional e, cada vez mais, no estrangeiro. Muitas introduziram bônus para gestores e prêmios por excelência no alto escalão. A terceirização, como estratégia de corte de custos, virou moda. Grandes empresas como a GM e a General Electric costumavam contratar funcionários para funções de pouca qualificação, como o trabalho em cafeteria, limpeza ou segurança, e esses funcionários desfrutavam dos mesmos benefícios dos demais. Mas, na visão voltada ao corte de custos a partir da década de 1980, essa prática passou a ser vista como um desperdício, de modo que os gestores terceirizaram tais funções a fornecedores externos, que praticavam baixos salários, interrompendo assim um canal de crescimento para os trabalhadores.

Segundo, a automação não foi uma simples escolha dentro de um variado menu de tecnologias. Com o redirecionamento da indústria, o próprio menu deu uma forte guinada no sentido da maior automação e se afastou das tecnologias amigáveis aos trabalhadores. Todo um leque de ferramentas digitais possibilitou novas maneiras de substituir a mão de obra por máquinas e algoritmos, e as empresas se aproveitaram da ausência de contrapoderes para adotar entusiasticamente a automação e negligenciar a criação de novas tarefas e oportunidades para os trabalhadores, sobretudo aqueles sem formação superior. Assim, embora continuasse a crescer, a produtividade na economia americana não foi acompanhada pela produtividade marginal.

Vale repetir que a prosperidade compartilhada não foi arruinada pela automação em si, mas por um portfólio tecnológico desequilibrado que decidiu priorizá-la e ignorar a geração de novas tarefas para os trabalhadores. A automação, além disso, ainda que tenha sido rapidamente implementada nas décadas do pós-guerra, foi contrabalançada por outras mudanças tecnológicas que elevaram a demanda por mão de obra. Pesquisas recentes revelam que, a partir de 1980, a automação se acelerou, com menos tarefas e tecnologias que criavam oportunidades para as pessoas. Essa mudança explica grande parte da deterioração do status dos trabalhadores na economia. A participação da mão de obra na manufatura — onde o aceleramento da automação e o desacelerramento na criação de novas tarefas foram mais pronunciados — declinou de cerca de 65% em meados da década de 1980 para cerca de 46% no fim da década de 2010.

A automação também costuma causar grande desigualdade porque se concentra em tarefas normalmente realizadas por trabalhadores de menor capacitação nas fábricas e escritórios. Quase todos os grupos demográficos que presenciaram declínio do salário real a partir de 1980 eram especializados em tarefas que foram automatizadas. Estimativas recentes sugerem que a automação responde por até três quartos do aumento geral na desigualdade entre diferentes grupos demográficos nos Estados Unidos.

A indústria automotiva é um indicativo dessas tendências. As companhias automobilísticas americanas estiveram entre os empregadores mais dinâmicos do país nas oito primeiras décadas do século XX e, como vimos no capítulo 7, ocuparam a vanguarda não só da automação, mas também da introdução de novas tarefas e funções para os trabalhadores. O emprego de colarinho-azul na indústria automotiva era farto e bem remunerado. Trabalhadores sem ensino superior e às vezes até sem ensino médio eram contratados e treinados para operar o sofisticado maquinário novo em troca de salários atraentes.

Porém, em décadas recentes, a natureza e a disponibilidade do trabalho na indústria automotiva mudaram de maneira fundamental. Muitas das tarefas na oficina, como pintura, solda e trabalhos de precisão, bem como uma série de trabalhos de montagem, foram automatizadas com o uso de robôs e softwares especializados. Os salários dos trabalhadores de colarinho-azul na indústria não aumentaram muito após 1980. Conquistar o sonho americano na indústria automotiva é muito mais difícil hoje do que foi nas décadas de 1950 ou 1960.

Podemos perceber as implicações dessa mudança tecnológica e produtiva nas estratégias de contratação da indústria. Desde a década de 1980 as gigantes automobilísticas americanas pararam de contratar e treinar mão de obra sem instrução para tarefas de produção complexas e passaram a aceitar apenas candidatos altamente qualificados com instrução formal, e isso apenas após uma bateria de testes de aptidão e personalidade e entrevistas. Essa nova estratégia de recursos humanos foi possibilitada pelo fato de haver muito mais candidatos do que vagas disponíveis, e de muitos deles terem o ensino superior.

Os efeitos das tecnologias de automação para o sonho americano não se limitam à indústria automotiva. Funções de colarinho-azul no chão das fábricas e em serviços de escritório, que costumavam proporcionar mobilidade ascendente para pessoas vindas de condições desvantajosas, foram o principal alvo da automação por robôs e software em toda a economia americana. Na década de 1970, 52% dos trabalhadores americanos estavam empregados nessas ocupações de "classe média". Em 2018, esse número havia caído para 33%. Trabalhadores que outrora ocuparam esses cargos foram com frequência empurrados para posições de menor remuneração, como construção, limpeza ou cozinha, e viram seus rendimentos reais despencarem. À medida que esses empregos desapareciam por toda a economia, o mesmo acontecia com diversas oportunidades para a mão de obra sem ensino superior.

Embora a diminuição da divisão de renda econômica e o foco da automação nas novas tecnologias tenham sido as causas mais importantes do declínio da participação do trabalhador na economia, bem como da desigualdade, outros fatores também tiveram um papel importante. A terceirização no estrangeiro contribuiu para a deterioração das condições trabalhistas: inúmeros empregos nas indústrias automobilística e eletrônica foram transferidos para economias de baixa remuneração, como China e México. Ainda mais importante foi a crescente importação de mercadorias chinesas, que afetou de modo adverso muitas indústrias manufatureiras americanas e as comunidades onde se localizavam. O número total de empregos perdidos para a competição chinesa entre 1990 e 2007, pouco antes da Grande Recessão, gira em torno de 3 milhões. Mas os efeitos das tecnologias de automação e da ausência de distribuição de renda sobre a desigualdade foram ainda mais amplos do que as consequências do "choque chinês".

A competição chinesa na importação impactou sobretudo os setores manufatureiros de valor agregado baixo, como têxteis, vestuário e brinquedos. A automação, por outro lado, concentrou-se em setores manufatureiros de maior valor agregado e maiores salários, como carros, eletrônicos, metais, produtos químicos e serviços de escritório. O declínio deste último grupo desempenhou um papel ainda mais central na disparada da desigualdade. Como resultado disso, e embora a competição da China e de outros países com baixa remuneração tenha reduzido o emprego na manufatura e impedido o crescimento dos salários de modo geral, o principal motor da desigualdade salarial foi a orientação tecnológica.

Essas tendências da tecnologia e do comércio por vezes devastaram comunidades locais. Muitas cidades no coração industrial dos Estados Unidos especializadas na indústria pesada, como Flint e Lansing, em Michigan, Defiance, em Ohio, e Beaumont, no Texas, ofereciam oportunidades de emprego para dezenas de milhares de trabalhadores de colarinho-azul. Mas, depois de 1970, essas regiões entraram em decadência, à medida que os trabalhadores perdiam o emprego para a automação. Outras áreas metropolitanas, como Des Moines, em Iowa, e Raleigh-Durham e Hickory, na Carolina do Norte, especializadas em artigos têxteis, vestuário e mobiliário, também foram afetadas de forma negativa pela competição das importações chinesas. As perdas de vagas na manufatura, fosse pela automação ou pela importação, encolheram a renda dos trabalhadores por toda a economia local, reduzindo a demanda no varejo, no atacado e em outros serviços, em alguns casos mergulhando toda uma região em uma profunda e duradoura recessão.

Os desdobramentos desses efeitos regionais vão além da economia e nos fornecem um microcosmo dos problemas mais amplos enfrentados pelos Estados Unidos. Conforme os empregos na manufatura desapareciam, os problemas sociais se multiplicavam. O número de casamentos diminuiu, mas o de crianças nascidas fora do matrimônio aumentou, e houve um agravamento dos problemas de saúde mental nas comunidades mais afetadas. Em termos mais amplos, as perdas de emprego e a diminuição das oportunidades econômicas, sobretudo para americanos sem ensino superior, parecem ter sido o principal motivo para o crescimento do que os economistas Anne Case e Angus Deaton chamam de "mortalidade por desespero" – mortes prematuras causadas por drogas, álcool e suicídio. Em parte por essa razão, a expectativa de vida nos Estados Unidos declinou por vários anos consecutivos, algo sem paralelo na história recente das nações ocidentais.

Quando a crescente desigualdade é debatida em rodas de conversa, a explicação costuma variar entre globalização e tecnologia. Para muitos o problema é uma decorrência inevitável da tecnologia, enquanto a globalização é até certo ponto uma escolha (por exemplo, economias avançadas como a americana podem decidir em que medida permitirão a importação de produtos vindos de países com baixa remuneração).

Trata-se de uma falsa dicotomia. A tecnologia não só não possui uma orientação predeterminada como nada tem de inevitável. O aumento da desigualdade se deve às escolhas tecnológicas feitas pelas empresas e outros atores poderosos. Em todo caso, globalização e tecnologia andam juntas. O imenso boom nas importações de países distantes e as complexas cadeias de suprimentos globais envolvidas na terceirização de empregos para China ou México são possibilitados pelos avanços nas tecnologias de comunicação. Com ferramentas digitais mais capacitadas a monitorar e coordenar as atividades em instalações remotas, as empresas reestruturaram a produção e transferiram para o estrangeiro inúmeras tarefas de montagem e produção que costumavam realizar em território nacional. Nesse processo, eliminaram também muitas vagas de colarinho-azul de qualificação intermediária, exacerbando a desigualdade.

A globalização e a automação na verdade são sinérgicas, movidas pela mesma pressão por cortar custos com mão de obra e descartar trabalhadores, e foram ambas facilitadas pela inexistência de contrapoderes no local de trabalho e nas instâncias de decisão política desde 1980.

A automação, a terceirização no estrangeiro e a competição dos importados chineses também impactaram outras economias avançadas, mas de forma mais sutil. A negociação coletiva não declinou tanto na maior parte da Europa. Nos países nórdicos, a cobertura sindical permaneceu elevada. Não coincidentemente, ainda que seus níveis de desigualdade também tenham subido, esses países não observaram os declínios no salário real que caracterizaram a tendência do mercado de trabalho norte-americano. Na Alemanha, como veremos, as empresas com frequência transferiram os trabalhadores em ocupações de colarinho-azul para novas tarefas, escolhendo uma orientação tecnológica um pouco diferente e mais amigável à mão de obra. Na França também o salário mínimo e os sindicatos limitaram o crescimento da desigualdade, embora ao custo de um maior desemprego.

Feitas essas ressalvas, as tendências tecnológicas foram amplamente similares na maioria dos países ocidentais e mostraram implicações análogas. De forma mais reveladora, os empregos nas ocupações de colarinho-azul e de escritório declinaram em quase todas as economias industrializadas.

Tudo isso suscita duas questões óbvias: como os negócios puderam ficar tão poderosos em relação ao trabalhador e sabotar a distribuição da riqueza? E por que a tecnologia se tornou antitrabalhista? A resposta para a primeira questão, como veremos a seguir, está relacionada a uma série de transformações institucionais nos Estados Unidos e em outras nações ocidentais. A resposta para a segunda também tem a ver com essas mudanças institucionais, mas de forma crucial envolve a emergência de uma nova visão digital utópica (que, na verdade, é em grande medida distópica), que lançou as tecnologias e práticas numa direção cada vez mais antitrabalhista. Nas próximas seções começaremos pelos desdobramentos institucionais e voltaremos a ver como a ética hacker idealista das décadas de 1960 e 1970 se transformou em uma agenda para a automação e o desempoderamento do trabalhador.

O MAL-ESTAR NO ESTABLISHMENT LIBERAL

No capítulo 7, vimos como uma espécie de equilíbrio entre os negócios e a mão de obra organizada surgiu nos Estados Unidos após a década de 1930. Ele foi reforçado pelo crescimento salarial robusto dos empregos em geral, com ou sem qualificação, e por uma orientação tecnológica amplamente amigável ao trabalhador. Dessa forma, a paisagem política e econômica dos Estados Unidos na década de 1970 e nas primeiras décadas do século XX foi bem diferente. A opressiva influência dos meganegócios, como a Carnegie Steel Company e a John D. Rockefeller Standard Oil, agora era coisa do passado.

Emblemático dessas mudanças foi o ativismo de proteção ao consumidor promovido por Ralph Nader, cujo livro *Unsafe at Any Speed*, publicado em 1965, constituiu um manifesto pela prestação de contas do mundo corporativo.

Embora mais voltado a uma crítica da indústria automobilística, o alvo de Nader era acima de tudo as práticas nocivas dos grandes negócios.

Diversas regulamentações fundamentais do governo resultaram do ativismo do consumidor. A Lei Nacional de Trânsito e Segurança de Veículos Automotores, de 1966, que estabeleceu os primeiros padrões de segurança nessa área, era uma resposta direta às questões propostas por Nader. A Agência de Proteção Ambiental foi criada em 1970 com a finalidade explícita de prevenir a poluição e os danos ambientais causados pelas empresas. A Agência de Segurança e Saúde Ocupacional foi criada em dezembro desse mesmo ano. Embora alguns desses problemas fossem supervisionados previamente pelo Departamento de Normas do Trabalho, a agência detinha uma autoridade bem maior sobre os negócios. A Lei de Segurança dos Produtos ao Consumidor, que entrou em vigor em 1972, foi ainda mais abrangente ao proporcionar a uma agência independente a autoridade para estabelecer normas, fazer o recall de produtos e abrir processos contra empresas.

O título VII da Lei dos Direitos Civis de 1964 já proibira a discriminação no emprego com base em raça, gênero, cor, religião e nacionalidade, mas a lei teve pouca eficácia sem um órgão para monitorar sua aplicação. Isso mudou com a criação da Lei da Oportunidade Igual de Emprego, de 1972, contra a discriminação de americanos negros e outras minorias no local de trabalho.

A Food and Drug Administration, que existia desde o início do século, ganhou significativos poderes com a emenda Kefauver-Harris de 1962 e as reestruturações do serviço de saúde pública dos Estados Unidos entre 1966 e 1973. O ímpeto pela mudança veio com uma conhecida série de escândalos na Europa e nos Estados Unidos que convenceu os legisladores de que a agência precisava ser mais independente para aprovar apenas medicações seguras e eficazes. E, em 1974, foi iniciado o processo do Departamento de Justiça para desmembrar a AT&T, que dominava o setor de telefonia nos Estados Unidos.

Essas mudanças refletiram uma abordagem regulatória nova e mais robusta. Muitas foram implementadas sob um presidente republicano, Richard Nixon, embora não representassem uma ruptura abrupta com o establishment republicano do pós-guerra. Dwight Eisenhower já se movera na mesma direção, definindo-se como um "republicano moderno", que pretendia manter a maior parte do que restara do New Deal.

A década de 1960 testemunhou ainda o sucesso do movimento dos direitos civis e uma maior mobilização entre a esquerda americana para apoiá-los e também exigir novas reformas políticas. Lyndon Johnson inaugurou os programas Grande Sociedade e Guerra contra a Pobreza, adaptando ao contexto norte-americano alguns princípios fundamentais de uma rede de proteção social em estilo europeu.

Nem todos viam essas mudanças como benéficas. As restrições à condução dos negócios podiam muitas vezes beneficiar o trabalhador e o consumidor, mas eram motivo de ressentimento entre empresários e executivos. Alguns segmentos do setor se organizaram contra as regulamentações e a legislação que fortaleciam os sindicatos desde o começo do século XX. Sua atividade se acelerou durante o New Deal, quando executivos de algumas das maiores corporações — como DuPont, Eli Lilly, General Motors, General Mills e Bristol-Meyers — fundaram organizações como a American Enterprise Association (mais tarde, American Enterprise Institute) e a American Liberty League para formular críticas e alternativas às políticas do New Deal.

Após a guerra, muitos homens de negócios continuavam animados pela crença de que o país estava sendo perdido para os "liberais". Em seu livro de 1965, *The Liberal Establishment: Who Runs America and How*, M. Stanton Evans escreveu que "o principal detalhe sobre o establishment liberal é o seguinte: quem manda é ele".

As primeiras organizações e *think tanks* de direita obtinham financiamento de americanos ricos avessos à filosofia do New Deal. Como de hábito, a ideologia se misturava aos interesses materiais. As doações filantrópicas e caritativas visando isenção tributária feitas pelas grandes corporações americanas tenderam a apoiar causas alinhadas a seus interesses estratégicos (por exemplo, companhias energéticas filantropicamente financiando *think tanks* contra a ciência do clima).

Muito se discute o pernicioso papel do capital na política americana. Mas essa história tem mais nuances do que imaginamos. Além da eventual corrupção no nível federal, as posições políticas por vezes mudam devido a contribuições de campanha de doadores abastados. Mas, na maior parte do tempo, os políticos e suas equipes precisam ser persuadidos de que determinada abordagem legislativa serve ao interesse público ou a seus eleitorados.

Nenhuma quantia em dinheiro é suficiente para isso a menos que uma versão alternativa sobre como a economia de mercado deve ser estruturada seja aceita. Durante as décadas de 1950 e 1960, os elementos para essa visão começaram a se amalgamar.

BOM PARA O PAÍS, BOM PARA A GM

Em 1953, o presidente Dwight Eisenhower nomeou Charles Wilson, na época presidente da General Motors, como secretário de Defesa. Na audiência de posse, Wilson precisou defender sua controversa decisão de manter suas substanciais ações da GM, e assim cunhou a máxima: "O que é bom para o país é bom para a General Motors — e vice-versa".

A seu ver, era inconcebível imaginar uma situação em que uma medida boa para o país não fosse boa também para a GM. Mas, de maneira compreensível, a frase foi equivocadamente interpretada no sentido contrário. Na década de 1980, a mentalidade de que tudo que fosse bom para os negócios ou para as grandes corporações seria igualmente bom para o país havia se tornado um chavão. Tratava-se de uma mudança de 180 graus em relação às atitudes predominantes na década de 1930, e a ideia que passava a vigorar era a de que não havia melhor maneira de ajudar a sociedade do que mudar as leis em benefício das empresas e potencializar os lucros.

Na raiz desse retrocesso havia um bocado de esforço de empreendedores e organizações políticas. Uma de suas lideranças intelectuais era a revista conservadora *National Review*, fundada por William F. Buckley Jr. em 1955. Ele esperava que sua publicação combatesse as tendências de esquerda, porque, "em sua maturidade, os Estados Unidos letrados rejeitaram o conservadorismo em favor da experimentação social radical". Ele continuava: "Como as ideias governam o mundo, os ideólogos, tendo conquistado a classe intelectual, simplesmente chegaram e começaram a mandar nas coisas".

A influente organização Business Roundtable concordou que "os negócios têm um problema muito sério com a comunidade intelectual, os meios de comunicação e a juventude. A contínua hostilidade desses grupos ameaça todos os negócios". Em 1975, um anúncio do grupo na *Reader's Digest* dizia: "Nosso 'ganha-pão' diário neste país está mais do que nunca sob ataque", e identificava a ameaça com argumentos como "o sistema de livre-iniciativa nos torna egoístas e materialistas" e "a livre-iniciativa concentra riqueza e poder nas mãos de uns poucos". A Câmara de Comércio, representando teoricamente todos os negócios americanos, uniu-se à Business Roundtable para pressionar contra regulamentações do governo.

Em 1978, quando buscava a nomeação presidencial republicana, George H. W. Bush fez um discurso para altos executivos numa conferência em Boston no qual captou esse estado de espírito: "Há menos de cinquenta anos, Calvin Coolidge pôde dizer que o negócio dos Estados Unidos são os negócios. Atualmente, o negócio dos Estados Unidos parece ser regulamentar os negócios".

A despeito das inúmeras tentativas de *think tanks* e líderes, continuava a faltar um paradigma consistente capaz de justificar a ideia de que o que era bom para os negócios era bom para todos. O trem da produtividade foi uma parte fundamental dessa nova visão, mas com sua lógica estendida para ainda mais longe. Mudanças organizacionais ou leis boas para os negócios também devem ser boas para a sociedade como um todo porque, por um raciocínio similar, aumentarão a demanda por trabalhadores e se traduzirão em prosperidade compartilhada. Levemos isso um passo adiante e o resultado é a "economia de gotejamento", termo identificado atualmente com as políticas econômicas do presidente Ronald Reagan na década de 1980, incluindo a ideia de cortar impostos dos muito ricos: afinal, se pagassem menos impostos, os ricos investiriam mais, aumentando a produtividade e beneficiando todo mundo.

A aplicação dessa perspectiva à regulamentação leva a conclusões diametralmente opostas às ideias que moveram Ralph Nader e outros ativistas da proteção ao consumidor. Segundo essa visão de livre mercado, quando a economia está funcionando bem, a regulamentação é na melhor das hipóteses desnecessária. Se as empresas comercializam produtos de baixa qualidade ou nocivos à saúde, a indignação do consumidor cria oportunidades para que outras empresas ou novos atores ofereçam alternativas melhores, que serão acolhidas com entusiasmo pelo público.

Assim, o mesmo processo competitivo subjacente ao trem da produtividade pode atuar também como força disciplinadora da qualidade do produto. Vista por esse prisma, a regulamentação pode até ser contraproducente, prejudicando o consumidor e o trabalhador. Se o mercado já está incentivando os negócios a oferecerem produtos seguros e de boa qualidade, regulamentações adicionais só serviriam para atrapalhar o processo e reduzir a rentabilidade, forçando os negócios a aumentarem os preços ou diminuírem a demanda por mão de obra.

Essas ideias sobre o processo de mercado idealizado integram a teoria econômica desde que *A riqueza das nações* de Adam Smith introduziu o conceito da mão invisível — metáfora para a hipótese de que o mercado proporciona bons resultados para todos se houver suficiente competição. Sempre houve debate sobre esse ponto, com o lado oposto defendido por pessoas como John Maynard Keynes, que observa que os mercados não funcionam de forma ideal. Por exemplo, como vimos, o trem da produtividade quebra quando não existe competição suficiente no mercado de trabalho. O mesmo acontece quando não há suficiente competição no mercado de produtos. Tampouco podemos contar que o mercado entregue artigos de boa qualidade quando o consumidor tem dificuldade em distinguir os bons produtos dos prejudiciais.

Nos círculos acadêmicos e políticos, o pêndulo oscilou periodicamente entre perspectivas ora favoráveis, ora céticas em relação ao mercado. As décadas do pós-guerra decididamente penderam para o lado do ceticismo, em parte por influência das ideias de Keynes e das políticas e regulamentações introduzidas na era do New Deal. Mas havia muitos bolsões de economistas ultraconservadores pró-mercado — por exemplo, na Universidade de Chicago e na Hoover Institution, da Universidade Stanford.

Essas ideias começaram a se fundir em um todo mais coerente na década de 1970. Houve muitos fatores de contribuição operando nesse caso. Alguns intelectuais, como Friedrich Hayek, escreveram críticas ao consenso das políticas públicas no pós-guerra que foram amplamente lidas. Hayek desenvolveu suas teorias na Viena do entreguerras, onde os conceitos de livre mercado haviam se popularizado e o desastre do planejamento central soviético era mais do que óbvio. Hayek deixou a Áustria no início da década de 1930 para estudar na London School of Economics, onde continuou a desenvolver muitas de suas ideias. Em 1950, ele se transferiu para a Universidade de Chicago, e sua influência ficou ainda maior.

Particularmente importante era a visão de Hayek de que, enquanto sistema descentralizado, os mercados eram muito melhores em usar a informação dispersa pela sociedade. Por outro lado, sempre que o planejamento central e a regulamentação governamental eram utilizados para a alocação de recursos, havia uma perda da informação sobre o que o consumidor verdadeiramente queria e como implementar aumentos de produtividade.

Não há dúvida de que o processo de regulamentar nunca é fácil, e de que o pós-guerra sofreu com as imprevistas consequências e ineficiências causadas pelos legisladores. Por exemplo, a indústria da aviação americana foi rigidamente regulamentada pelo Departamento de Aeronáutica Civil durante boa parte desse período. O departamento determinava horários, rotas e preços de passagens e decidia quais companhias aéreas entrariam nos novos mercados. À medida que a tecnologia da aviação se aperfeiçoou e a procura por viagens aéreas cresceu, essas regulamentações foram ficando cada vez mais arcaicas, contribuindo para ineficiências gritantes na indústria. A Lei de Desregulamentação das Companhias Aéreas de 1978 permitiu que as próprias linhas aéreas determinassem o preço das passagens. Isso facilitou o ingresso de novas companhias no mercado, intensificando a competição e derrubando os preços, num processo que de maneira geral foi bem recebido pelo consumidor.

DO LADO DOS ANJOS E ACIONISTAS

A ideia de que mercados desregulados operam no interesse nacional e do bem comum veio a constituir a base de uma nova abordagem das políticas públicas. Mas não havia consenso sobre um conjunto claro de recomendações para os líderes dos negócios — como deveriam se comportar, e o que justificaria suas ações? As respostas vieram de dois economistas da Universidade de Chicago, George Stigler e Milton Friedman. As visões de Stigler e Friedman sobre economia e política apresentavam alguma sobreposição à de Hayek, mas em determinados aspectos iam além. Tanto Stigler como Friedman opunham-se mais do que Hayek às regulamentações.

Friedman, um ganhador do prêmio Nobel de economia assim como Hayek e Stigler, fez importantes contribuições em muitas áreas, incluindo macroeconomia, teoria dos preços e políticas monetárias. Podemos afirmar, porém, que seu trabalho mais influente não apareceu em um periódico acadêmico, mas num breve artigo publicado em setembro de 1970 na *New York Times Magazine*, intitulado, sem falsa modéstia, "A Friedman Doctrine". Friedman argumentou que a "responsabilidade social" dos negócios era mal interpretada.

Os negócios deveriam se ocupar apenas de obter lucros e gerar retornos elevados a seus acionistas. Em termos simples, "a responsabilidade social dos negócios é aumentar os lucros".

Friedman articulava uma ideia que já estava no ar. As décadas precedentes haviam testemunhado críticas às regulamentações do governo e novas vozes se pronunciando a favor do mecanismo de mercado. Não obstante, o impacto da doutrina de Friedman é difícil de exagerar. De uma só tacada ela cristalizou uma nova visão em que os grandes negócios que faziam dinheiro eram heróis e não os vilões pintados por Ralph Nader e seus aliados. E, além disso, proporcionou aos executivos um mandamento claro: aumentar os lucros.

A doutrina recebeu apoio também por uma diferente via. Outro economista, Michael Jensen, argumentou que gestores de empresas de capital aberto não estavam suficientemente comprometidos com os acionistas, buscando, em vez disso, projetos voltados à autoglorificação ou construindo impérios perdulários. Jensen sustentava que esses gestores precisavam ser controlados com mais rigor, mas isso era difícil, e o caminho mais natural foi vincular sua remuneração ao valor produzido para os acionistas, premiando-os com bônus generosos e ações por valorizarem a empresa no mercado.

A doutrina de Friedman, junto com a emenda Jensen, trouxe aos Estados Unidos uma "revolução do valor para o acionista": as empresas e seus gestores deveriam se empenhar na maximização do valor de mercado. Mercados desregulados, combinados ao trem da produtividade, trabalhariam dessa forma pelo bem comum.

A Business Roundtable concordou e sugeriu que os cidadãos recebessem educação em "economia", uma vez que o maior conhecimento econômico os deixaria mais favoravelmente propensos aos negócios e a políticas como a redução da carga tributária, que impulsionaria o crescimento e beneficiaria a todos. Em 1980, ela afirmava: "A Business Roundtable acredita que futuras mudanças na política tributária deveriam ter o objetivo de melhorar o investimento ou o lado da oferta da economia a fim de aumentar a qualidade e o escopo de nossa capacidade produtiva".

Duas implicações adicionais dessa doutrina talvez tenham sido ainda mais importantes.

Primeiro, ela punha o dinheiro acima de tudo, uma vez que turbinar os lucros estaria alinhado ao bem comum. Algumas empresas levaram isso ainda mais longe. A combinação entre a doutrina de Friedman e os generosos bônus para o alto escalão fez com que diversos executivos primeiro se aventurassem por áreas cinzentas e, posteriormente, entrassem no vermelho. O caso da Enron, gigante da energia e queridinha do mercado de ações, é emblemático. Sediada em Houston, ela foi escolhida como a "Empresa Mais Inovadora dos Estados Unidos" por seis anos consecutivos pela revista *Fortune*. Mas, em 2001, descobriu-se que seu sucesso financeiro se devia em boa parte a relatórios enganosos e fraudes sistemáticas que haviam turbinado o desempenho da empresa no mercado de ações (e renderam centenas de milhões de dólares a seus executivos). Embora a Enron seja campeã nesse quesito, muitas outras empresas e executivos se envolveram em mutretas semelhantes, e vários outros escândalos vieram à tona no início do século XXI.

Segundo, a doutrina de Friedman criou um desequilíbrio entre a gerência e a mão de obra. A divisão dos ganhos de produtividade com os trabalhadores foi um eixo central da prosperidade compartilhada após 1945, tendo sido impulsionada pelo poder de negociação coletiva dos trabalhadores para que as empresas pagassem melhores salários, pelas normas sociais de divisão dos benefícios do crescimento e até por ideias de "capitalismo de bem-estar", como vimos no capítulo 7. A doutrina de Friedman pressionou numa direção diferente: um bom CEO não precisava remunerar bem. Sua responsabilidade social era exclusivamente com os acionistas. Muitos CEOs de alta visibilidade, como Jack Welch, da General Electric, abraçaram a sugestão e adotaram a linha dura contra aumentos salariais.

Em nenhum outro lugar o impacto da doutrina de Friedman foi visto de modo mais claro do que nas escolas de negócios. Na década de 1970, teve início a profissionalização dos gestores, e a proporção de indivíduos formados nas faculdades de administração nesse período aumentou rapidamente. Em 1980, cerca de 25% dos CEOs das empresas públicas tinham formação em negócios. Em 2020, esse número passou de 43%. Muitos professores nessas faculdades abraçavam a doutrina de Friedman e partilhavam dessa visão com os futuros gestores.

Uma pesquisa recente revela que administradores formados em escolas de negócios passaram a implementar a doutrina de Friedman sobretudo no que dizia respeito à política salarial. Nas empresas geridas por eles, os salários permaneceram estagnados. Gestores americanos e dinamarqueses sem diploma de administração dividem com seus funcionários cerca de 20% de qualquer aumento no valor agregado; entre os que frequentaram escolas de negócios, esse número é zero. De forma um pouco decepcionante para a imagem das faculdades de administração e dos economistas da escola Friedman-Jensen, não há evidências de que gestores com formação universitária aumentem a produtividade, as vendas, as exportações ou os investimentos. Mas eles de fato elevam o valor para os acionistas, pois cortam salários. E, além disso, se autopremiam com bônus mais polpudos.

A resistência ao New Deal, porém, acompanhada da postura antirregulamentação e antitrabalhista de alguns executivos e da doutrina de Friedman, não foi o bastante. No começo da década de 1970, a desregulamentação por atacado e o desmantelamento do movimento trabalhista eram ideias na periferia do pensamento econômico, a despeito das novas queixas sobre o peso das crescentes regulamentações. Isso mudou com a crise do petróleo de 1973 e a estagflação que se seguiu, que foram interpretadas como um fracasso do sistema existente e um sinal de que a economia americana não estava mais funcionando. Uma correção de curso era necessária, e a doutrina de Friedman e sua promoção do poder dos negócios contra as regulamentações e a organização dos trabalhadores passaram a ser vistas como a resposta.

Ideias que costumavam ser defendidas por *think tanks* fora do pensamento ortodoxo começaram a ganhar adeptos entre legisladores e empresários. Barry Goldwater, candidato presidencial republicano na eleição de 1964, fracassou em obter apoio mais amplo entre a comunidade de negócios em parte porque suas ideias antirregulamentação pareciam extremas na época. Em 1979, ele se vangloriou de que "agora que os princípios que defendi em 1964 viraram o evangelho por todo o espectro político, não sobrou realmente muita coisa". Ronald Reagan reafirmou essa conclusão pouco depois de eleito, quando declarou a uma multidão de ativistas conservadores: "Não fosse a predisposição de Barry Goldwater em empreender essa caminhada solitária, não estaríamos aqui esta noite falando em comemoração".

QUANTO MAIOR, MELHOR

Mesmo aceitando a visão de que o mecanismo de mercado funciona de forma infalível, de que as regulamentações são praticamente desnecessárias e de que o negócio dos negócios deve ser a maximização do valor para os acionistas, havia ainda um problema complicado do ponto de vista das grandes corporações.

Muitos negócios têm capacidade considerável de determinar seus preços porque dominam fatias do mercado ou possuem uma clientela leal. Pense no poder de mercado da Coca-Cola, por exemplo, que controla 45% do mercado de refrigerantes e pode moldar significativamente os preços da indústria. Monopólios correspondem ao começo do desmanche do mecanismo de mercado. A situação piora ainda mais quando essas empresas conseguem impedir a entrada de novos competidores ou são capazes de adquirir negócios rivais, como os "barões ladrões" americanos perceberam tão bem no fim do século XIX.

Adam Smith, o proponente original da magia do mecanismo de mercado, condenava o modo como a associação até de um pequeno grupo de empresários podia prejudicar o bem comum. Numa famosa passagem de *A riqueza das nações*, ele diz: "Pessoas de um mesmo ramo comercial raramente se reúnem, nem sequer para festejar e se divertir, mas [quando isso acontece] a conversa termina numa conspiração contra o público ou em algum esquema para elevar os preços". Partindo das ideias de Smith, muitos defensores do livre mercado permaneceram céticos em relação às grandes corporações, e alguns soaram o alarme quando as fusões e aquisições turbinaram o poder dos grandes atores.

A interferência no funcionamento do mercado não é a única razão para nossa desconfiança dos grandes negócios. Uma proposição muito conhecida em economia é o efeito de substituição de Arrow (assim chamado em homenagem a Kenneth Arrow, ganhador do Nobel), mais tarde popularizado pelo teórico dos negócios Clayton Christensen como o "dilema do inovador". Segundo esse princípio, grandes corporações são inovadoras tímidas porque temem corroer os próprios lucros com as ofertas existentes. Se um novo produto irá consumir a receita que a corporação obtém com o que já produz, qual o sentido em ir atrás dele? Por outro lado, um novo concorrente poderia estar ansioso por fazer algo diferente, uma vez que seu único interesse são esses novos lucros. As evidências disponíveis apoiam essa conjectura. Entre empresas inovadoras, as menores e mais novas investem quase o dobro em pesquisa, e assim tendem a crescer muito mais rápido do que negócios maiores e mais antigos.

Mais importante ainda é o impacto das grandes corporações no poder político e social. Louis Brandeis, magistrado da Suprema Corte americana, acertou em cheio quando afirmou: "Podemos ter democracia ou riqueza concentrada nas mãos de poucos, mas não ambas". Ele se opunha às grandes corporações não apenas por aumentarem a concentração de poder e criarem as condições para monopólios, sabotando o mecanismo de mercado. A seu ver, conforme cresciam, elas passavam a exercer um poder político desproporcional, e a riqueza gerada para seus donos degradava ainda mais o processo político. Brandeis não focava tanto o poder social — por exemplo, a origem das ideias e visões que adotamos —, mas seu raciocínio se estende também a esse domínio. Quando algumas empresas e seus executivos alcançam maior status e poder, fica mais difícil se opor a sua visão.

Na década de 1960, porém, diversos economistas já articulavam ideias mais céticas quanto à utilidade de medidas antitruste visando limitar o poder dos grandes negócios. De particular importância para isso foi George Stigler, que via a ação antitruste, a exemplo das regulamentações, como parte da intromissão geral dos governos. As ideias de Stigler inspiraram estudiosos legais com algum conhecimento de economia, mais notavelmente Robert Bork.

A influência e a personalidade de Bork iam muito além da academia. Ele foi o advogado-geral de Richard Nixon e depois se tornou procurador-geral interino quando seu predecessor e o vice deste renunciaram, por não aceitarem a pressão do presidente para demitirem Archibald Cox, o promotor independente que investigava o escândalo de Watergate. Bork não teve os mesmos escrúpulos e mandou Cox embora tão logo assumiu o cargo.

Mas o maior mérito de Bork consistia em sua erudição. Ele pegou as ideias de Stigler e outras relacionadas e articulou uma nova abordagem do antitruste e da regulamentação do monopólio. Em seu cerne estava o pressuposto de que grandes corporações dominando um mercado não necessariamente constituíam um problema que exigisse intervenção do governo. A questão-chave era se prejudicavam os consumidores aumentando os preços, e o ônus de prová-lo caberia às autoridades. Do contrário, era de presumir que essas companhias beneficiavam o consumidor com sua maior eficiência, e assim não havia necessidade de legislar a respeito. Logo, grandes empresas como Google e Amazon podiam parecer e até se comportar como um monopólio, mas, segundo tal doutrina, nenhuma medida do governo seria necessária enquanto não se comprovasse a elevação de preços.

O Manne Economics Institute for Federal Judges, fundado em 1976 com financiamento corporativo, ofereceu cursos intensivos para dezenas e dezenas de magistrados, mas a economia que eles aprendiam era uma versão muito específica baseada nas ideias de Friedman, Stigler e Bork. Esses juízes foram portanto influenciados por seu pensamento e passaram a se valer do linguajar econômico com mais frequência em seus pareceres. Por incrível que pareça, também passaram a tomar decisões mais conservadoras e a emitir constantemente veredictos contra as agências regulatórias e ações antitruste. A Sociedade Federalista, fundada em 1982 com apoio similarmente generoso dos executivos antirregulamentação, tinha um objetivo parecido — cultivar alunos de direito, juízes e magistrados da Suprema Corte pró-negócios e antirregulamentação. Foi um sucesso fenomenal: seis dos atuais juízes da Suprema Corte vieram dela.

Esse novo enfoque dos grandes negócios trouxe amplas consequências. Hoje em dia, os Estados Unidos abrigam algumas das megacorporações mais dominantes da história: Google, Facebook, Apple, Amazon e Microsoft, juntas, valem cerca de um quinto do PIB americano. No início do século XX — quando o público e os reformistas estavam ultrajados com o problema do monopólio —, o valor das cinco maiores corporações não ultrapassava um décimo do PIB. Não é assim apenas no setor tecnológico. De 1980 em diante, a concentração do poder de mercado nas mãos das maiores empresas aumentou em mais de três quartos da indústria americana.

A nova abordagem antitruste foi crucial para isso. O Departamento de Justiça bloqueou apenas um punhado de fusões e aquisições nas últimas quatro décadas. Essa estratégia não intervencionista permitiu que o Facebook comprasse o WhatsApp e o Instagram, e que a Amazon adquirisse a Whole Foods; além disso, possibilitou a fusão da Time Warner com a America Online e a da Exxon com a Mobil, revertendo parte do desmembramento da Standard Oil. Nesse ínterim, Google e Microsoft haviam adquirido uma quantidade de startups e pequenas empresas que poderiam se transformar em rivais.

As implicações do rápido crescimento dos grandes negócios são abrangentes. Muitos economistas defendem que eles desfrutam hoje de maior poder de mercado, o qual exercem tanto para impedir a inovação de rivais como para enriquecer seus altos executivos e acionistas. Monopólios gigantescos costumam ser ruins para o consumidor, pois distorcem os preços e a inovação, e também são um prenúncio de complicações para o trem da produtividade, uma vez que reduzem a competição pela mão de obra. Eles potencializam a desigualdade no topo enriquecendo seus já abonados acionistas. Houve ocasiões em que as grandes corporações partilharam o lucro com seus empregados, mas de modo geral as mudanças institucionais das últimas décadas tornaram essa partilha improvável: estamos vendo o eclipse do poder do trabalhador.

UMA CAUSA PERDIDA

Os efeitos da doutrina de Friedman na determinação dos salários talvez tenham sido tão importantes quanto seu impacto direto. Se os gestores preocupados em maximizar o valor para os acionistas estavam do lado dos anjos, qualquer coisa em seu caminho era uma distração, ou um obstáculo ao bem comum. Por isso a doutrina de Friedman proporcionou um impulso extra à campanha dos gestores contra o movimento trabalhista.

A despeito do importante papel dos sindicatos americanos para a prosperidade compartilhada nas décadas do pós-guerra, a relação com a gerência sempre foi tensa. Assim que os funcionários votam por se filiar a um sindicato, cresce extraordinariamente a probabilidade de que a fábrica feche as portas. Isso se deve em parte ao fato de corporações com muitas unidades transferirem sua produção para estabelecimentos não sindicalizados. Os executivos adiam as votações e adotam táticas variadas para dissuadir os trabalhadores de se filiar aos sindicatos; se isso não dá certo, seus empregos vão parar em outro lugar.

O conflito inerente a essa relação tem raízes tanto idiossincráticas quanto institucionais. Alguns sindicatos desenvolveram laços estreitos com o crime organizado devido a sua presença em atividades controladas por mafiosos. Líderes como Jimmy Hoffa, presidente dos Teamsters, a Irmandade Internacional dos Caminhoneiros, veio a simbolizar esse lado sombrio e provavelmente contribuiu para o declínio do apoio público às organizações trabalhistas. Hoffa passou um período na prisão por conta do pagamento de propinas e de vários outros crimes e provavelmente foi assassinado pela máfia.

Mais importante do que os pecados dos líderes sindicais é o modo como os sindicatos americanos estão estruturados. Vimos no capítulo 7 que acordos coletivos na Suécia e em outros países nórdicos foram organizados no contexto do modelo corporativista, que tentava fomentar maior comunicação e cooperação entre gerência e mão de obra. Eles também determinavam os salários no nível industrial. O sistema alemão combina negociação salarial no nível industrial a conselhos de trabalho no nível corporativo, que representam a voz do trabalhador. Nos Estados Unidos, por outro lado, a Lei Taft-Hartley de 1947 enfraqueceu algumas disposições pró-sindicato da Lei Wagner e determinou que a negociação coletiva tivesse lugar no nível das unidades, além de proibir a ação industrial secundária, como boicotes em solidariedade a grevistas. Assim, os sindicatos americanos organizam e negociam salários em seus locais de trabalho imediatos, sem qualquer coordenação da indústria. Esse arranjo engendra relações mais conflituosas entre empresas e trabalhadores. Quando acredita que a adoção de uma linha dura contra o sindicato é capaz de reduzir os salários e gerar uma vantagem competitiva, a gerência fica menos propensa a atender às reivindicações sindicais.

A partir de 1980, a balança do poder pendeu ainda menos para o movimento trabalhista. A postura inamovível de Reagan contra a Organização dos Controladores Profissionais de Tráfego Aéreo em 1981 foi particularmente importante nisso. Quando as negociações entre a organização e a Agência Nacional de Aviação chegaram a um impasse, os controladores decretaram greve, ainda que esse tipo de ação por parte de funcionários públicos fosse ilegal. O presidente americano demitiu os grevistas de imediato, declarando que eles constituíam uma "ameaça à segurança nacional". Os negócios aproveitaram a deixa do líder e muitas empresas importantes passaram a recorrer a demissões em massa de funcionários em greve.

Mesmo antes da era Reagan e do retrocesso corporativo, o auge da sindicalização nos Estados Unidos já ficara para trás. No início da década de 1980, porém, ainda havia cerca de 18 milhões de trabalhadores filiados, e os sindicatos ficavam com 20% de sua remuneração. Desde então houve um constante declínio, em parte devido à postura mais dura dos negócios e dos políticos contra os sindicatos e em parte porque as vagas minguaram no setor mais pesadamente sindicalizado da manufatura. Em 2021, apenas 10% da mão de obra era sindicalizada. Além disso, na década de 1980, a maioria dos gatilhos assegurando aumentos salariais automáticos sem acordos em ampla escala foi negociada sem a participação dos sindicatos, enfraquecendo ainda mais os trabalhadores e sua expectativa de participação nos lucros.

Essa guinada antitrabalhista não se limitou aos Estados Unidos. Margaret Thatcher, eleita primeira-ministra britânica em 1979, priorizou a desregulamentação, implementou um sem-número de leis pró-negócios e combateu de maneira veemente o movimento sindical, de modo que os sindicatos britânicos também perderam grande parte de sua antiga força.

UMA REENGENHARIA SINISTRA

A crescente concentração industrial e o declínio da participação nos lucros representaram uma primeira salva de advertência para o modelo de prosperidade compartilhada das décadas de 1950 e 1960, mas por si só não teriam causado a tremenda reviravolta que ocorreu. Para isso foi preciso que a orientação tecnológica também assumisse um rumo antitrabalhista. E foi aí que as tecnologias digitais entraram na história para valer.

A doutrina de Friedman encorajou as empresas a aumentarem seus lucros pelos meios que fossem necessários, e, na década de 1980, a ideia foi plenamente abraçada pelo setor corporativo. A compensação para os executivos na forma de ações proporcionou um grande impulso para essa transformação. A cultura no escalão superior das corporações começou a mudar. Na década de 1980, a narrativa preferida dos empresários americanos era a rivalidade com os eficientes fabricantes japoneses, primeiro no setor de eletrônicos e depois na indústria automobilística. A diretoria das empresas americanas sentia-se pressionada a dar uma resposta.

Como resultado dos investimentos amplamente balanceados em automação e novas tarefas nas décadas de 1950 e 1960, a produtividade marginal do trabalhador aumentara, e sua participação na renda permanecera em larga medida constante, pairando perto de 70% entre 1950 e o início da década de 1980. Mas, a partir daí, muitos gestores americanos passaram a ver a mão de obra como um custo, não como um recurso, e para enfrentar a competição estrangeira os custos tinham de ser cortados. Isso significava reduzir a quantidade de gente empregada na produção automatizada. Lembremos que a automação aumenta a produção por trabalhador, mas, ao alijar a mão de obra, limita e pode até reduzir sua produtividade marginal. Quando isso acontece numa escala grande o bastante, a demanda pela mão de obra diminui e há menor crescimento salarial.

Para cortar custos com mão de obra, os negócios americanos necessitavam de uma nova visão e de novas tecnologias, que vieram, respectivamente, das escolas de negócios e do incipiente setor tecnológico. As principais ideias sobre cortes de custos estão bem sintetizadas no livro de Michael Hammer e James Champy, *Reengineering the Corporation: A Manifesto for Business Revolution*, de 1993. Nele, os autores defendem que as empresas americanas haviam se tornado altamente ineficazes, sobretudo devido ao excesso de gestores intermediários e trabalhadores de colarinho-branco. A reengenharia era necessária para aumentar a competitividade dos negócios, e novos softwares poderiam fornecer as ferramentas necessárias.

Para sermos justos, Hammer e Champy enfatizam que reengenharia não é simples automação, mas também adotam a perspectiva de que um uso mais eficaz do software eliminaria muitas tarefas não qualificadas:

> Grande parte do antigo trabalho rotineiro é eliminado ou automatizado. Se o antigo modelo consistia em tarefas simples para pessoas simples, o novo consiste em empregos complexos para pessoas inteligentes, elevando o sarrafo para o ingresso na força de trabalho. Poucos trabalhos simples, rotineiros, não qualificados, serão encontrados em um ambiente de reengenharia.

Na prática, as pessoas inteligentes para os trabalhos complexos eram quase sempre trabalhadores com nível superior. Empregos bem remunerados para trabalhadores sem formação passaram a ser escassos.

Os sumos sacerdotes da nova visão vinham da emergente consultoria empresarial, serviço que mal existia na década de 1950. Seu crescimento coincide com as tentativas de submeter o mundo corporativo a uma reformulação mediante um "melhor" uso das tecnologias digitais. Junto com as escolas de negócios, importantes empresas de consultoria como McKinsey e Arthur Andersen também promoveram o corte de custos. Conforme tais ideias eram apregoadas pelos especialistas em gestão empresarial, ficava cada vez mais difícil para os trabalhadores resistir.

Assim como a doutrina de Friedman, *Reengineering the Corporation* cristalizou ideias e práticas que já vinham sendo implementadas. Quando o livro foi publicado, várias grandes empresas americanas já haviam utilizado ferramentas de software para reduzir o pessoal ou expandir as operações sem que houvesse a necessidade de contratar novos funcionários. Em 1971, uma grande campanha publicitária da IBM anunciava suas "máquinas de processamento de texto" como uma ferramenta que permitiria aos gestores aumentar sua produtividade e automatizar várias funções administrativas.

Em 1981, a IBM lançou sua linha padronizada de computadores pessoais com uma série de capacidades novas e em pouco tempo eram desenvolvidos novos softwares para a automação do trabalho de escritório, incluindo serviços administrativos e funções de *back office*. Em 1980, Michael Hammer já antecipara a ampliação da tendência:

> A automação do escritório é simplesmente uma extensão do tipo de coisas que o processamento de dados já faz há anos, atualizada para tirar vantagem das novas possibilidades de hardware e software. O processamento distribuído para substituir a correspondência, a captura de dados na fonte para reduzir a redigitação e os sistemas orientados ao usuário final são maneiras pelas quais a "automação do escritório" será levada além das aplicações tradicionais e em auxílio de todos os segmentos do escritório.

O vice-presidente da Xerox nessa época fez uma previsão: "Deveremos presenciar o pleno desabrochar da revolução pós-industrial quando o trabalho intelectual rotineiro for tão automatizado quanto o trabalho mecânico durante o século XIX". Outros se mostraram mais preocupados com esses desdobramentos, mas ainda assim esperavam "a automação de todas as fases na manipulação da informação: da coleta à disseminação".

Entrevistas da década de 1980 com a mão de obra tanto de colarinho-azul como branco revelavam a ansiedade em face das novas tecnologias digitais. Como afirmou um trabalhador, "não sabemos o que vai acontecer conosco no futuro. A tecnologia moderna está tomando o controle. Qual será nossa função?".

Foi a chegada dessas primeiras tecnologias digitais que em 1983 deixou Wassily Leontief (outro economista vencedor do Nobel) preocupado com a possibilidade de a mão de obra humana conhecer o mesmo destino dos cavalos e se tornar praticamente desnecessária para a produção moderna.

Essas expectativas não eram completamente infundadas. Um estudo de caso sobre a introdução de um novo software em um grande banco mostra que as novas tecnologias adaptadas na década de 1980 e no início dos anos 1990 levaram a uma significativa redução no número de trabalhadores empregados no processamento de cheques. As tarefas de *back office* foram automatizadas com igual rapidez em várias indústrias nessa mesma época.

Conforme tais tecnologias se espalhavam, muitas ocupações bem remuneradas começaram a entrar em declínio. Em 1970, cerca de 33% das mulheres americanas executavam trabalhos de escritório por salários decentes. Nas seis décadas seguintes esse número caiu constantemente, e hoje está em 19%. Uma pesquisa recente mostra que essas tendências de automação contribuíram de forma decisiva para a estagnação salarial e a diminuição de funcionários administrativos com pouca e média qualificação.

Mas de onde veio o software que deu suporte à redução de pessoal? Não dos primeiros hackers, que se opunham terminantemente ao controle corporativo da informática. Projetar softwares para demitir trabalhadores teria sido um anátema para eles. Lee Felsenstein antecipou esse tipo de demanda e protestou contra ela: "A abordagem industrial é sinistra e não funciona: seu lema é 'Projetado por gênios, usado por idiotas', e o slogan para lidar com a plebe ignara é 'NÃO PONHA A MÃO'!". Em vez disso, ele insistia na importância da "capacidade do usuário de aprender a usar a ferramenta para obter algum controle sobre ela". Nas palavras de um de seus sócios, Bob Marsh, "queremos tornar o microcomputador acessível a seres humanos".

William (Bill) Henry Gates III tinha outras coisas em mente. Ele se matriculou em Harvard para cursar o preparatório de direito e a seguir matemática, mas largou os estudos em 1975 e fundou a Microsoft com Paul Allen. Allen e Gates partiram do trabalho revolucionário de muitos outros hackers e produziram um compilador rudimentar usando linguagem BASIC para o Altair, que em seguida transformaram num sistema operacional para a IBM. Monetizar o negócio foi uma preocupação de Gates desde o início. Em uma carta aberta em 1976, ele acusava hackers de roubarem os softwares criados por ele e Allen: "Como praticamente todo mundo que mexe com computador deve saber, o roubo de softwares é generalizado".

Gates estava determinado a encontrar um modo de enriquecer com o software. Vender para empresas grandes e estabelecidas era o caminho óbvio. Aonde a Microsoft e Gates iam, praticamente o resto da indústria ia atrás. No início da década de 1990, uma parte importante da indústria dos computadores, incluindo nomes familiares como Lotus, SAP e Oracle, fornecia software administrativo para as grandes corporações e capitaneava a fase seguinte da automação no escritório.

Embora as consequências para o emprego advindas do software administrativo tenham sido provavelmente mais relevantes, as tendências gerais também podem ser vistas nos efeitos de outra tecnologia icônica da era: os robôs industriais.

Os robôs, voltados ao desempenho de tarefas manuais repetitivas como movimentação de carga, montagem, pintura e solda, são a ferramenta de automação quintessencial. Máquinas autônomas que realizam tarefas humanas cativam a imaginação popular desde a mitologia grega. A ideia assumiu contornos mais nítidos em *R.U.R.*, uma imaginativa peça de 1920 escrita pelo tcheco Karel Čapek que introduziu a palavra "robô": na história de Čapek, os autômatos controlam as fábricas e trabalham para o homem, mas não demoram a se insurgir contra seus amos. O medo de robôs fazerem todo tipo de coisas ruins faz parte do debate público desde então. Ficções científicas à parte, uma coisa é certa: os robôs automatizam o trabalho.

O atraso americano na robótica durante a década de 1980 se deveu em parte ao fato de os Estados Unidos não sofrerem a mesma pressão demográfica enfrentada por países como Alemanha e Japão. Na década de 1990, a automação começou a se espalhar rapidamente pela manufatura americana. Assim como o software administrativo, os robôs executavam o que haviam sido programados para fazer — reduzir o papel da mão de obra na cadeia produtiva. A indústria automobilística foi completamente revolucionada pela automação e hoje emprega muito menos seres humanos em tarefas tradicionais de colarinho-azul.

Por mais efetivos que possam ser, os robôs não puseram o trem da produtividade em marcha na manufatura americana: apenas aumentaram o desemprego e reduziram os salários. Assim como no caso da automação das funções de colarinho-branco pelo software de escritório, a tecnologia da robótica rapidamente eliminou funções de colarinho-azul. Nas décadas de 1950 e 1960, alguns dos melhores trabalhos disponíveis para a mão de obra sem ensino superior — soldagem, pintura, movimentação de cargas e montagem — começaram sistematicamente a desaparecer. Em 1960, quase 50% dos homens americanos tinham ocupações de colarinho-azul, proporção que mais tarde diminuiu para 33%.

NOVAMENTE, UMA QUESTÃO DE ESCOLHA

Poderia a guinada para a automação, iniciada por volta de 1980, ser um resultado inevitável do progresso tecnológico? Talvez os avanços na informática fossem por sua própria natureza mais favoráveis a ela. Embora seja difícil descartar completamente essa possibilidade, inúmeras evidências apontam para o papel das escolhas na orientação da tecnologia e na estratégia de corte de custos.

As tecnologias digitais, mais até do que a eletricidade (discutida no capítulo 7), têm um propósito geral, possibilitando um amplo leque de aplicações. Diferentes escolhas sobre sua orientação provavelmente se traduzirão em perdas e ganhos para diferentes segmentos do povo. Com efeito, muitos hackers originais acreditavam que o computador empoderaria a mão de obra e enriqueceria seu trabalho, em vez de automatizá-lo. Veremos no capítulo 9 que eles não estavam errados: várias ferramentas digitais importantes representaram um poderoso complemento ao labor humano. Mas, infelizmente, a indústria dos computadores se encaminhou para a automação desde o princípio.

Embora tivessem acesso às mesmas ferramentas de software e tecnologia robótica, outros países seguiram um caminho bem diferente do americano. As fábricas alemãs ainda tinham de negociar com os sindicatos e prestar contas aos representantes trabalhistas em seus conselhos corporativos, e, compreensivelmente, receavam dispensar trabalhadores que haviam passado por anos de aprendizado, desenvolvendo uma série de habilidades. Tendo isso em mente, elas fizeram ajustes tecnológicos e organizacionais para aumentar a produtividade marginal de sua mão de obra, amenizando o impacto da automação.

Assim, ainda que a automação industrial tenha sido mais rápida na Alemanha — onde a quantidade de robôs por trabalhador era o dobro da americana —, as empresas procuraram oferecer recapacitação para trabalhadores de colarinho-azul e realocá-los em novas tarefas, com frequência ocupações técnicas, de supervisão ou administrativas. Esse uso criativo do talento da mão de obra também fica evidente no modo como as empresas alemãs usam novos softwares. No centro de programas como a Indústria 4.0 ou a Fábrica Digital, que se popularizaram na manufatura alemã durante as décadas de 1990 e 2000, estava o uso de softwares de design e controle de qualidade, que possibilitaram a uma força de trabalho bem treinada contribuir para as tarefas de criação e inspeção — por exemplo, na elaboração de protótipos virtuais e softwares para detectar problemas. Isso garantiu o crescimento da produtividade marginal mesmo num momento em que a indústria alemã introduzia rapidamente novos robôs e ferramentas informáticas. Não admira que, após a adoção da robótica, a realocação dos trabalhadores de colarinho-azul para novas tarefas técnicas seja mais pronunciada nos locais onde os sindicatos são mais fortes.

Ao fim da Segunda Guerra Mundial, a Alemanha enfrentava uma séria carência de mão de obra devido à perda de grande parte de sua população masculina durante o conflito. O problema persistiu conforme a taxa de natalidade no país declinou com mais rapidez do que no resto da Europa, resultando numa intensa procura por mão de obra qualificada na década de 1980. Assim como a escassez encorajara usos tecnológicos mais amigáveis aos trabalhadores nos Estados Unidos do século XIX, as empresas alemãs foram induzidas a buscar formas de extrair o máximo proveito das capacidades de sua mão de obra, investindo em programas de treinamento que atualmente duram de três a quatro anos. E, à medida que as tecnologias de automação eram adotadas, também estimularam os trabalhadores a fazer cursos de recapacitação.

Como resultado dessas prioridades e ajustes, entre 2000 e 2018, a quantidade de trabalhadores na indústria automotiva alemã aumentou. Isso foi acompanhado por um incremento de 30% para 40% nas ocupações técnicas e de colarinho-branco, como engenharia, projetos e reparos. No mesmo período, as fábricas de carro americanas, cuja produção seguia uma trajetória similar à alemã, fecharam cerca de 25% de suas vagas e não investiram em uma modernização ocupacional semelhante.

O caso alemão não foi único. O Japão, enfrentando o mesmo problema de escassez de mão de obra, adotou a robótica de forma ainda mais rápida, mas combinando-a à criação de novas tarefas. Com ênfase na produção flexível e na qualidade, as empresas japonesas não automatizaram todas as ocupações no chão de fábrica, criando em vez disso uma série de tarefas complexas e bem remuneradas para seus funcionários. Além disso, elas investiram não só em softwares para planejamento flexível, gestão da cadeia de fornecimento e tarefas de criação, mas também em ferramentas de automação. Houve menos encolhimento da força de trabalho na indústria japonesa do que na americana nesse mesmo período.

Em países escandinavos como Finlândia, Noruega e Suécia, onde a negociação coletiva continua sendo importante e uma ampla parcela da força de trabalho industrial permanece coberta por acordos coletivos, as empresas seguiram partilhando os ganhos de produtividade com os trabalhadores, e a automação muitas vezes veio combinada a outras adaptações tecnológicas mais favoráveis à mão de obra.

Nas décadas de 1950 e 1960, os sindicatos americanos também podiam ter se objetado ao excesso de tecnologias de automação ou exigido mudanças para proteger os trabalhadores, como na Alemanha. Mas, nos anos 1990, o movimento trabalhista nos Estados Unidos estava enfraquecido. Com a visão predominante enfatizando o corte de custos e a superioridade dos processos inteiramente automatizados, os trabalhadores americanos passaram a ser vistos como um estorvo a ser eliminado do processo produtivo, e não como pessoas com habilidades que podiam se tornar mais valiosas com treinamento e investimentos tecnológicos apropriados. Essas escolhas de automação e corte de mão de obra passaram assim a se autorreforçar, uma vez que a automação reduzia também a quantidade de trabalhadores de colarinho-azul sindicalizados, representando mais um golpe ao movimento trabalhista.

As políticas do governo também contribuíram para isso. O sistema tributário americano sempre foi mais favorável ao capital do que à mão de obra, na prática cobrando menos impostos sobre os lucros do capital do que sobre a renda do trabalhador. A partir da década de 1990, a assimetria fiscal entre capital e mão de obra se aprofundou, sobretudo na indústria de equipamentos e softwares. Sucessivos governos diminuíram os impostos para as grandes empresas e os ricos, reduzindo a carga tributária sobre o capital (porque os retornos dos investimentos de capital vão desproporcionalmente para essas pessoas). A partir de 2000, os abatimentos de impostos corporativos bombaram com margens de depreciação cada vez mais generosas sobre a indústria de equipamentos e software. Embora supostamente temporários, foram com frequência prorrogados e depois alterados para termos ainda mais generosos.

No geral, enquanto a alíquota da renda trabalhista, baseada na folha de pagamento e no imposto de renda, permaneceu acima de 25% nos últimos trinta anos, as efetivas alíquotas sobre a indústria de equipamento e software (incluindo todos os ganhos de capital e impostos de renda) foram de cerca de 15% para menos de 5% em 2018. Assim, os negócios passaram a ter um apetite cada vez maior por equipamentos de automação, e essa demanda alimentou ainda mais o desenvolvimento das tecnologias de automação, em um ciclo autorreforçador.

A evolução das políticas do governo em pesquisa e ciência pode ter sido mais um fator de contribuição. Antes da Segunda Guerra Mundial, o governo já financiava generosamente a pesquisa no setor privado e na ciência, sobretudo em áreas consideradas prioritárias para a defesa nacional. Isso representou um poderoso estímulo para itens como antibióticos, semicondutores, satélites, engenharia aeroespacial, sensores e a internet.

Ao longo das últimas cinco décadas, o governou perdeu sua posição de liderança estratégica na tecnologia e diminuiu seu financiamento. Os gastos federais com pesquisa e desenvolvimento caíram de cerca de 2% do PIB em meados da década de 1960 para cerca de 0,6% hoje. O governo também está mais propenso a apoiar as prioridades de pesquisa determinadas pelas grandes corporações. Com isso, são elas que determinam a orientação tecnológica, sobretudo na era digital. E tanto seus incentivos como sua mentalidade pedem por mais automação.

Como vimos, as tecnologias e estratégias de negócios americanas se espalharam amplamente pelo mundo, ainda que os países tenham diferido na forma como adotaram e configuraram as tecnologias de automação. A doutrina de Friedman e as ideias ligadas ao uso das ferramentas digitais para cortes de custos influenciaram as práticas de negócios no Reino Unido e no resto da Europa. Assim, por exemplo, os efeitos provocados por gestores profissionais saídos de escolas de negócios na Dinamarca e nos Estados Unidos são notavelmente parecidos. A consultoria empresarial se difundiu por todo o mundo ocidental e as novas tecnologias digitais e a robótica foram rapidamente adotadas. A automação e a globalização reduziram a parcela da força de trabalho envolvida em ocupações de colarinho-azul e de escritório em praticamente todas as nações industrializadas. Assim, a despeito da variação entre países, a orientação do progresso americano exerceu um significativo impacto global.

A orientação tecnológica que priorizou a automação não pode ser compreendida a menos que reconheçamos a nova visão digital surgida na década de 1980. Ela combinou o ímpeto pelo corte de custos com a mão de obra, enraizado na doutrina de Friedman, a elementos de ética hacker, mas abandonou a filosofia dos primeiros hackers, como Lee Felsenstein, que era antielitista e desconfiada do poder corporativo. Felsenstein admoestou a IBM e outras grandes corporações por tentarem fazer mau uso da tecnologia com sua mentalidade do tipo "projetado por gênios, usado por idiotas", e voltada a eliminar as pessoas do processo produtivo.

Havia uma euforia (semelhante à que Lesseps manifestava pelos canais) com as possibilidades da tecnologia, contanto que guiada por programadores e engenheiros talentosos. Bill Gates resumiu o tecno-otimismo quando proclamou: "Apresente-me um problema e irei atrás da tecnologia para consertá-lo". A ideia de que essa tecnologia pudesse ser socialmente tendenciosa — a favor deles e contra a maioria — não parece ter ocorrido a Gates e seus colegas.

A transformação da ética hacker em utopia digital corporativa teve a ver em grande parte com aspirações de dinheiro e poder social. Para os engenheiros de software da década de 1980, correspondeu a escolher entre manter seus ideais ou enriquecer numa futura megacorporação. Muitos optaram pela segunda alternativa.

Enquanto isso, o antiautoritarismo se transformou em fascínio pela "disrupção", fazendo de práticas e meios de vida disruptivos bem-vindos e até encorajados. As palavras até podiam ser diferentes, mas o raciocínio subjacente lembrava os empreendedores britânicos do início do século XIX, que se sentiam plenamente justificados para ignorar qualquer dano colateral criado ao longo do caminho por suas práticas, especialmente para a classe trabalhadora. Alguns anos depois, Mark Zuckerberg faria de "*Move fast and break things*" ["Avance rápido e quebre coisas"] um mantra do Facebook.

Praticamente toda a indústria foi dominada por uma visão elitista. Softwares e programação eram coisas para nerds supertalentosos, sendo os demais, menos dotados, de pouca utilidade. O jornalista Gregory Ferenstein entrevistou dezenas de fundadores e líderes de startups de tecnologia que expressaram essas opiniões. Um deles afirmou que "pouquíssima gente dá uma contribuição imensa como essa para o bem maior de criar empresas importantes e liderar questões importantes". Era desnecessário dizer que essas pouquíssimas pessoas que contribuíam para o bem público deveriam ser generosamente recompensadas. Como afirmou Paul Graham, um empreendedor do Vale do Silício e, segundo a *Business Week*, uma das "25 pessoas mais influentes da internet":

> Virei especialista em aumentar a desigualdade econômica e passei a última década trabalhando forte para isso. [...] Não é possível impedir grandes variações na riqueza sem impedir as pessoas de enriquecerem, e não é possível fazer isso sem impedir que elas abram startups.

O elitismo dessa visão foi ainda mais representativo na questão da natureza do trabalho. A maioria era estúpida demais até para executar direito o que seus empregos exigiam, de modo que o uso dos softwares projetados pelos líderes da tecnologia para reduzir a dependência corporativa dos falíveis seres humanos mostrava-se plenamente justificado. Assim a automatização do trabalho passou a ser parte dessa visão — e, quem sabe, sua implicação mais poderosa.

"MENOS NAS ESTATÍSTICAS DE PRODUTIVIDADE"

O trem da produtividade é fundamental para essa visão da utopia digital. Mas, diante da degradação das condições de grande parte da classe trabalhadora, observada a partir dos aperfeiçoamentos tecnológicos, fica muito mais difícil afirmar que os ganhos da produtividade são pelo bem comum.

Se o patrão desfruta de demasiado poder em relação à mão de obra, a tecnologia ruma numa direção avessa à classe trabalhadora e os ganhos de produtividade não se traduzem em crescimento do emprego em outros setores, podemos dizer que o trem mal deixa a estação. Mas há um problema ainda mais fundamental: nas últimas décadas, tem havido menos crescimento da produtividade para compartilhar, embora sejamos bombardeados com novos produtos e aplicativos diariamente.

Nos anos 1960 e 1970, as pessoas usavam seus telefones e televisores por décadas, e só os substituíam quando quebravam. Hoje, muitos trocam de aparelho eletrônico como quem troca de roupa. A cada geração os celulares ficam mais chiques, rápidos e potentes, com uma infinidade de novos recursos. A Apple lança um iPhone novo quase todo ano.

O ritmo da inovação, de modo geral, parece ter disparado. Em 1980, o Departamento de Patentes e Marcas Registradas dos Estados Unidos admitiu 62 mil novas patentes. Em 2018, esse número chegou a 285 mil. Nesse mesmo período, a população americana cresceu menos de 50%.

Além disso, grande parte do aumento tanto no número de patentes como dos gastos com pesquisa é promovida por novas patentes em eletrônica, comunicações e software, áreas que teoricamente nos conduziriam na direção do progresso. Mas, examinando a questão com cuidado, os frutos da revolução digital ficam bem mais difíceis de enxergar. Em 1987, Robert Solow, vencedor do prêmio Nobel, comentou sobre os pequenos ganhos de investimentos com as tecnologias digitais: "A era do computador é visível em tudo, menos nas estatísticas de produtividade".

Os tecno-otimistas responderam que Solow tinha de ser paciente: o crescimento viria em breve. Mais de 35 anos se passaram e continuamos à espera. E, nesse tempo, na verdade, os Estados Unidos e a maioria das outras economias ocidentais testemunharam algumas das décadas mais inexpressivas em termos de aumento da produtividade desde o início da Revolução Industrial.

Focando a mesma medida vista no capítulo 7, a produtividade total dos fatores (PTF), o crescimento médio americano a partir de 1980 foi inferior a 0,7%, comparado a uma taxa média de 2,2% entre as décadas de 1940 e 1970. A diferença é extraordinária: significa que, se o crescimento da PTF tivesse permanecido tão elevado quanto nas décadas de 1950 e 1960, a partir de 1980 a economia americana teria conhecido uma taxa de crescimento anual do PIB 1,5% mais elevada. Essa desaceleração da produtividade não é apenas um problema decorrente da crise financeira global de 2008. O crescimento de produtividade americano entre os anos de boom de 2000 e 2007 foi inferior a 1%.

Apesar das evidências em contrário, os líderes tecnológicos continuam a afirmar como somos sortudos por viver nessa era de inovações. O jornalista Neil Irwin sintetizou essa visão otimista no *New York Times*: "Vivemos na idade de ouro da inovação, uma época em que a tecnologia digital está transformando os alicerces da existência humana".

O lento crescimento da produtividade seria assim apenas uma questão de não reconhecermos plenamente todos os benefícios obtidos com as mais recentes tecnologias. O economista-chefe da Google, Hal Varian, alega que o problema se deve a um erro de medição: não estamos incorporando corretamente os benefícios de produtos como celulares, que também funcionam como câmera, computador, GPS, dispositivo musical etc., assim como não apreciamos os verdadeiros ganhos de produtividade com as ferramentas de busca aperfeiçoadas e a informação abundante na internet. Seu colega na Goldman Sachs, Jan Hatzius, concorda: "O mais provável é que os estatísticos estejam enfrentando dificuldades cada vez maiores para medir corretamente o crescimento da produtividade, sobretudo no setor tecnológico". Para ele, o crescimento real da economia americana a partir de 2000 pode ser sete vezes maior do que o estimado pelas agências estatísticas.

Em princípio os benefícios das novas tecnologias para o consumidor e para a produtividade deveriam aparecer nos números da PTF, que se baseiam no crescimento do PIB ajustado para mudanças no preço, na qualidade e na variedade de um produto. Assim, produtos que aumentam significativamente o bem-estar do consumidor deveriam se traduzir em crescimento da PTF muito mais elevado. Na prática, é claro, tais ajustes são imperfeitos, e erros de medição podem surgir. Esses problemas, no entanto, dificilmente explicam a desaceleração da produtividade.

A mesma dificuldade de medir os incrementos de qualidade e os benefícios sociais mais amplos advindos dos novos produtos se configura desde que as estatísticas de renda nacional foram elaboradas pela primeira vez. Está longe de óbvio que as tecnologias digitais tenham agravado o problema. Coisas como encanamentos, antibióticos e o sistema rodoviário geraram uma panóplia de novos serviços e trouxeram efeitos indiretos que foram medidos imperfeitamente nas estatísticas nacionais. Além disso, os problemas de medição não explicam a atual desaceleração da produtividade; as indústrias que mais investem em tecnologias digitais não exibem desaceleração de produtividade diferencial ou evidência de incrementos de qualidade mais rápidos do que as menos informatizadas.

Alguns economistas, como Tyler Cowen e Robert Gordon, acreditam que esse desempenho decepcionante reflete oportunidades cada vez menores para avanços revolucionários. Ao contrário dos tecno-otimistas, eles alegam que as grandes inovações são coisa do passado e que daqui em diante todo aperfeiçoamento será gradativo, gerando apenas lentos aumentos de produtividade.

Embora os economistas não tenham chegado a um consenso sobre o que de fato vem ocorrendo, poucos acreditam que o mundo está ficando sem ideias. Como vimos no capítulo 1, houve tremendos avanços nas ferramentas de investigação científica e técnica e na aquisição de comunicação e informação. Mais do que sofrer com uma carência de ideias, muitas evidências sugerem que a economia ocidental, sobretudo a americana, tem desperdiçado as oportunidades e o conhecimento científico disponíveis. Há pesquisa e inovação de sobra. Contudo, a economia não recebe o retorno esperado dessas atividades.

O simples fato é que o portfólio americano de pesquisa e inovação ficou altamente descompensado. Embora cada vez mais recursos sejam despejados nos computadores e dispositivos eletrônicos, quase todos os demais setores manufatureiros ficaram atrasados. Uma pesquisa mostra que as inovações recentes parecem beneficiar as empresas maiores e mais produtivas, ao passo que as situadas na segunda e terceira camadas do mundo industrializado ficaram para trás, muito provavelmente porque seus investimentos nas tecnologias digitais não estão valendo a pena.

Mais importante ainda, os ganhos de produtividade com a automação sempre podem ser um pouco limitados, sobretudo se comparados com a introdução de novos produtos e tarefas que transformam o processo produtivo, como nas velhas fábricas da Ford. Automação significa substituir a mão de obra humana por máquinas e algoritmos, que são menos custosos, e a redução dos custos de produção em 10% ou mesmo 20% para determinadas tarefas tem consequências relativamente pequenas na PTF ou na eficiência do processo produtivo. Por outro lado, a introdução de novas tecnologias como eletrificação, novos projetos ou novas tarefas produtivas esteve na raiz de ganhos de PTF transformativos ao longo da maior parte do século XX.

Conforme negligenciou o incremento da produtividade marginal do trabalhador e criou novas tarefas para os seres humanos nos últimos quarenta anos, a inovação também deixou passar diversas oportunidades. A indústria automotiva nos dá uma ideia dessas oportunidades perdidas. Embora a introdução de robôs e softwares especializados tenha aumentado sua produção por trabalhador, há evidências de que um maior investimento humano teria trazido benefícios ainda maiores. Foi o que as fabricantes japonesas descobriram no começo da década de 1980. À medida que automatizavam cada vez mais as tarefas, elas perceberam que a produtividade continuava praticamente a mesma, pois, sem a mão de obra humana, elas perdiam flexibilidade e a capacidade de se adaptar às oscilações de demanda e produção. Isso levou a Toyota a trazer os operários de volta para o chão de fábrica.

A empresa demonstrou as mesmas possibilidades também nos Estados Unidos. Em 1982, a fábrica da GM em Fremont, na Califórnia, sofria com pouca produtividade, baixa qualidade e conflitos trabalhistas, e acabou fechando as portas. No ano seguinte, a Toyota e a GM lançaram uma joint venture a fim de produzir carros para ambas as companhias e reabriram as instalações de Fremont, conservando a liderança sindical e a força de trabalho anteriores. Mas a Toyota aplicou seus próprios princípios de gestão ao negócio, combinando o maquinário avançado à capacitação, flexibilidade e iniciativa do trabalhador. Em pouco tempo, a fábrica em Fremont atingiu níveis de produtividade e qualidade comparáveis aos da indústria automotiva japonesa.

A fábrica de carros elétricos da Tesla aprendeu recentemente as mesmas três lições. Movida pela utopia digital de Musk, a Tesla planejava originalmente automatizar quase todas as etapas da produção. Não funcionou. Conforme os custos se multiplicavam e os atrasos impediam a empresa de atender a demanda, o próprio Musk admitiu: "A automação excessiva da Tesla foi um erro. Para ser mais preciso, um erro meu. Os humanos são subestimados".

Isso não deveria ter sido uma grande surpresa. O próprio Karel Čapek admitia as limitações dos robôs em executar um trabalho mais refinado que o dos humanos: "Os mistérios e a petulante segurança de um jardineiro de verdade, que caminha a esmo sem pisar em nada, só vêm com anos de prática".

As oportunidades perdidas trazem mais consequências para a inovação do que para a organização fabril. Na corrida pela maior automação, os gestores ignoraram os investimentos tecnológicos que poderiam ter aumentado a produtividade do trabalhador oferecendo informação melhor, plataformas para colaboração e criando novas tarefas, como vimos no capítulo 9. Com um portfólio de inovações mais equilibrado, em lugar do foco excessivo na automação promovido pela utopia digital, a economia poderia ter alcançado um crescimento produtivo mais rápido.

A causa mais importante do crescimento da desigualdade e da perda de espaço entre a maioria dos trabalhadores americanos é o novo viés social da tecnologia. Como vimos, não convém depositarmos todas as nossas fichas na esperança de que a tecnologia inexoravelmente traga benefícios gerais. O trem da produtividade funciona apenas em circunstâncias específicas. Quando a competição entre os empregados é insuficiente, a mão de obra detém pouco ou nenhum poder e a automação é incessante, ele permanece parado na estação.

A automação ocorreu com grande velocidade no pós-guerra, mas veio acompanhada de tecnologias igualmente inovadoras que elevaram a produtividade marginal do trabalhador e a demanda por mão de obra. A combinação dessas duas forças, somada a um ambiente propício à negociação coletiva, garantiu a marcha do trem da produtividade.

A partir de 1980 tudo mudou de figura. Constatamos uma automação mais acelerada, mas somente algumas tecnologias contrabalançam o viés antitrabalhista. O crescimento salarial também desacelerou à medida que o movimento trabalhista ficava cada vez mais enfraquecido. Na verdade, a inexistência de oposição da classe trabalhadora foi provavelmente uma causa importante da maior ênfase na robótica. Muitos gestores, mesmo durante períodos de relativa prosperidade compartilhada, tendem pela automação, pois ela lhes permite reduzir custos com mão de obra e o poder de negociação dos trabalhadores. Quando houve um enfraquecimento dos contrapoderes representados pelo movimento trabalhista e pela regulamentação governamental, a divisão dos lucros diminuiu e um viés natural pela automação se estabeleceu. O trem da produtividade passou a levar muito menos gente a bordo.

Para piorar as coisas, sem o desafio dos contrapoderes, as tecnologias digitais embarcaram num sonho utópico renovado, intensificando o uso de software e maquinário. As soluções digitais impostas de cima para baixo pelas lideranças tecnológicas passaram a ser vistas quase por definição como sendo de interesse público. Mas o resultado para os trabalhadores estava mais para distópico: eles perderam seus empregos e seu ganha-pão.

Havia outras formas de desenvolver e usar as tecnologias digitais. Os primeiros hackers, guiados por uma visão diferente, empurraram as fronteiras da tecnologia na direção de uma maior descentralização e a tiraram das mãos das grandes corporações. Diversos sucessos notáveis se baseavam nessa abordagem alternativa, ainda que ela tenha permanecido sobretudo à margem dos principais acontecimentos da indústria tecnológica, como logo veremos.

Assim, o viés da tecnologia foi acima de tudo uma opção — e socialmente concebida. A seguir as coisas começariam a ficar bem piores em todos os aspectos, quando os visionários encontraram uma nova ferramenta para refazer a sociedade: a inteligência artificial.

9. Luta artificial

Nada que tenha sido escrito sobre o assunto pode ser considerado decisivo — e assim encontramos por toda parte homens dotados de gênio mecânico, de grande perceptividade geral e entendimento discriminativo, sem o menor escrúpulo de pronunciar o Autômato uma pura máquina, desconectada em seus movimentos da agência humana e, consequentemente, sem qualquer comparação, a invenção mais espantosa da humanidade.
Edgar Allan Poe, "O jogador de xadrez de Maelzel", 1836

O mundo do futuro será uma luta cada vez mais exigente contra as limitações de nossa inteligência, não uma confortável rede onde nos deitaremos à espera de ser servidos por nossos escravos robôs.
Norbert Wiener, *God & Golem, Inc.*, 1964

Em abril de 2021, a revista *The Economist* publicou seu relatório especial sobre o futuro do trabalho, lançando uma advertência aos que se preocupavam com a desigualdade e a redução das oportunidades de emprego: "Desde a aurora do capitalismo as pessoas sempre deploraram o mundo do trabalho, acreditando que o passado foi melhor do que o presente e que os trabalhadores atuais sofrem um descaso sem igual".

Os temores acerca da automação inteligente seriam particularmente exagerados, e as "percepções populares sobre o mundo do trabalho são largamente enganosas". A seguir o relatório reafirmava de maneira clara o trem da produtividade: "Na verdade, ao baixar os custos produtivos, a automação pode gerar maior demanda por bens e serviços, estimulando empregos difíceis de serem automatizados. A economia deverá precisar de menos caixas de supermercados, porém de mais massagistas terapêuticos".

Na avaliação geral do relatório, "um futuro brilhante" aguardava o trabalho.

A McKinsey, uma empresa de consultoria em gestão, expressou conclusão semelhante no início de 2022, como parte de sua parceria estratégica com o Fórum Econômico Mundial em Davos:

> Para muitos integrantes da força de trabalho mundial, a mudança às vezes pode parecer uma ameaça, sobretudo no que diz respeito à tecnologia. O sentimento vem com frequência aliado aos temores de que a automação substituirá as pessoas. Mas, se olharmos para além das manchetes, veremos que o contrário tem se provado verdadeiro, com as tecnologias da quarta revolução industrial estimulando a produtividade e o crescimento por toda a manufatura e a produção em locais de trabalho tanto informatizados como ainda por informatizar. Essas tecnologias têm gerado emprego e serviços diferentes que estão transformando a manufatura e ajudando a construir carreiras gratificantes, compensadoras e sustentáveis.

A *Economist* e a McKinsey articulavam assim a visão sustentada por inúmeros empreendedores e especialistas do setor tecnológico de que não havia motivos para se preocupar com a IA e a automação. O Pew Research Center entrevistou acadêmicos e líderes tecnológicos e citou mais de uma centena deles, com a esmagadora maioria afirmando que, a despeito das desvantagens, a IA traria amplos benefícios econômicos e sociais.

Quase todos concordaram que pode ocorrer alguma disrupção pelo caminho — como perda de vagas de emprego —, mas que esses custos de transição são inevitáveis. Nas palavras de um especialista,

> nos próximos doze anos a IA possibilitará maior eficiência a todo tipo de profissões, sobretudo as que envolvem "salvar vidas": a medicina individualizada, o policiamento, até a guerra (em que os ataques se concentrarão antes em inutilizar a infraestrutura do que em matar combatentes inimigos e civis).

Mas ele também admitiu: "Claro que haverá um lado ruim: maior desemprego em certos trabalhos 'mecânicos' (por exemplo, motoristas de transportes, serviços de alimentação, robótica e automação etc.)".

Em todo caso, convém não arrancarmos os cabelos por causa desses aspectos negativos: afinal, contamos com esses mesmos empreendedores da tecnologia e sua filantropia para aliviar o ônus social. Como declarou Bill Gates no Fórum Econômico Mundial de 2008, essas pessoas bem-sucedidas têm oportunidade de fazer o bem ao mesmo tempo que promovem seus negócios, ajudando os menos afortunados com novos produtos e tecnologias: "o desafio é projetar um sistema em que os incentivos de mercado, incluindo o lucro e o reconhecimento, impulsionem a mudança", objetivando "melhorar a vida dos que não se beneficiam completamente das forças de mercado". Gates apelidou esse sistema de "capitalismo criativo" e estabeleceu a meta filantrópica de que todo mundo "assuma um projeto de capitalismo criativo no ano que vem" como uma forma de aliviar os problemas mundiais.

Neste capítulo, argumentamos que essa visão de que a nova tecnologia, incluindo máquinas inteligentes, liderada por empreendedores talentosos, conduz inexoravelmente a benefícios não passa de ilusão — a ilusão da IA. Assim como a convicção de Lesseps sobre as vantagens dos canais tanto para investidores como para o comércio global, trata-se de uma visão enraizada em ideias, mas que ganha um empurrãozinho extra por levar a riqueza e o poder às mãos das elites ao atrelar a tecnologia à automação e à vigilância.

Mesmo expressar as capacidades digitais em termos de máquinas inteligentes é um aspecto desnecessário dessa visão. As tecnologias digitais são de propósito geral e podem ser desenvolvidas de muitas maneiras diferentes. Ao determinar sua orientação devemos focar os objetivos humanos — algo que chamaremos de "utilidade de máquina". Encorajar o uso de máquinas e algoritmos para complementar as capacidades humanas e empoderar as pessoas levou no passado a inovações revolucionárias com um fator de utilidade de máquina elevado. Por outro lado, a mania da IA encoraja a coleta de dados em escala maciça, o desempoderamento do trabalhador e do cidadão e uma corrida maluca pela automação do trabalho, mesmo que moderada — isto é, em que os benefícios para a produtividade são pequenos, quando muito. Não por coincidência, a automação moderada enriquece aqueles que controlam as tecnologias digitais.

A IDEALIZAÇÃO DA IA

As pessoas têm razão em se empolgar com os avanços das tecnologias digitais. Novas capacidades de máquina podem aumentar exponencialmente as coisas que fazemos e mudar para melhor inúmeros aspectos da vida. E os avanços são tremendos. O Generative Pre-Trained Transformer 3 (GPT-3), lançado em 2020 pela OpenAI, e o ChatGPT, lançado em 2022 pela mesma empresa, são sistemas de processamento de linguagem natural com capacidades notáveis. Previamente treinados e otimizados com quantidades gigantescas de dados de textos da internet, esses programas são capazes de gerar artigos quase humanos, inclusive poesia; comunicar-se em linguagem humana normal; e, o mais impressionante, transformar em código de computador instruções dadas em linguagem natural.

Softwares têm uma lógica simples. Um programa, ou algoritmo, é uma receita que instrui a máquina a receber uma série pré-especificada de inputs e realizar uma série de computações passo a passo. Por exemplo, o tear de Jacquard recebia como input diversos cartões perfurados e ativava um processo mecânico elegantemente projetado que movia uma trave e tecia os fios para produzir os padrões especificados nos cartões. Cartões diferentes geravam padrões diferentes, alguns deles extraordinariamente complexos.

Costumamos nos referir aos computadores modernos como "digitais" porque os inputs estão representados de forma discreta, assumindo um valor dentre um conjunto finito de valores (normalmente expressos como zeros e uns). Mas eles partilham com o tear de Jacquard o mesmo princípio geral: implementam exatamente a sequência de cálculos ou ações especificada pelo programador.

Não existe um consenso acerca da inteligência artificial. Alguns especialistas a definem como sendo máquinas ou algoritmos que demonstram "comportamento inteligente" ou "capacidades de alto nível" — embora o que isso significa esteja aberto a debates. Outros oferecem definições motivadas por programas como o GPT-3, considerando que máquinas inteligentes têm metas, observam o ambiente, obtêm novos inputs e tentam realizar seus objetivos. Por exemplo, o GPT-3 recebe objetivos distintos em diferentes aplicações e tenta realizá-los da forma mais bem-sucedida possível.

Seja qual for a definição exata da moderna inteligência de máquina, fica claro que novos algoritmos digitais estão sendo amplamente aplicados a todos os domínios de nossas vidas. Mais do que tentar decidir entre diferentes definições, usamos "moderna IA" para captar a abordagem prevalente nesse domínio hoje.

A aplicação de tecnologias digitais ao processo produtivo — por exemplo, com maquinário numericamente controlado — pré-data em muito a moderna IA. As maiores inovações em computação dos últimos setenta anos vieram da criação de softwares para realizar tarefas em áreas como preparação de documentos, gestão de bancos de dados, contabilidade e controle de inventário. O software além disso pode gerar novas capacidades produtivas. Em projetos assistidos por computador, aumenta a precisão e a facilidade com que os trabalhadores realizam tarefas de projeto. O trabalho de caixas e outros que atendem diretamente o consumidor torna-se potencialmente mais produtivo. Como enfatizamos no capítulo 8, ele também permite a automação.

Para ser automatizada por um software tradicional, a tarefa tem de ser "rotineira", ou seja, deve envolver passos previsíveis implementados em uma sequência definida. Tarefas rotineiras são realizadas de forma repetitiva, incorporadas a um ambiente previsível. Por exemplo, a digitação é rotineira. Assim como o crochê e outras tarefas produtivas simples que envolvem uma significativa dose de atividade repetitiva. O software é combinado ao maquinário que interage com o mundo físico para automatizar várias tarefas de rotina, e o moderno equipamento numericamente controlado, como impressoras ou tornos assistidos por computador, faz isso com frequência. O software também é parte da tecnologia de robótica usada amplamente para a automação industrial.

Mas apenas uma pequena fração das tarefas humanas é de fato rotineira. A maioria das coisas que fazemos envolve algum nível de resolução de problemas. Lidamos com novas situações ou desafios concebendo soluções que formulam analogias com base na experiência e no conhecimento. Empregamos flexibilidade quando o ambiente relevante muda. Dependemos fortemente da interação social, como a comunicação e a explicação, ou simplesmente a camaradagem que muitos colegas de trabalho e clientes desfrutam no processo das transações econômicas. Coletivamente, somos uma espécie muito criativa.

O serviço ao cliente, por exemplo, exige uma combinação de habilidades sociais e de resolução de problemas. Há dezenas de milhares de problemas que um cliente pode encontrar, alguns deles raros ou inteiramente idiossincráticos. É relativamente fácil ajudar um cliente que perdeu um voo e gostaria de pegar o próximo avião disponível. Mas e se ele foi parar no aeroporto errado ou agora precisa voar para um novo destino?

As modernas abordagens de IA têm sido usadas para estender a automação a um leque mais amplo de tarefas rotineiras, como serviços de caixa de banco. A automação pré-IA — por exemplo, os caixas eletrônicos — foi abrangente na década de 1990, com foco em tarefas simples, como saques. O depósito de cheques era apenas parcialmente automatizado. O caixa eletrônico aceitava depósitos, e a tecnologia de reconhecimento de caracteres em tinta magnética era usada para separar os cheques segundo o código bancário e o número da conta. Mas os humanos continuavam necessários para outras tarefas rotineiras, como reconhecer assinaturas, organizar a contabilidade e monitorar cheques especiais. Com base em avanços mais recentes no reconhecimento de caligrafia por IA e ferramentas de tomada de decisão, os cheques agora podem ser processados sem envolvimento humano.

De maneira mais significativa, a ambição da IA é expandir a automação a tarefas não rotineiras, incluindo serviço ao cliente, declaração de IR e até consultoria financeira. Muitas tarefas envolvidas nesses serviços são previsíveis e podem ser inequivocamente automatizadas. Por exemplo, as informações de remuneração e imposto de renda (como o formulário W-2 nos Estados Unidos) podem ser lançadas automaticamente nos campos relevantes para calcular as obrigações tributárias, ou a informação relevante sobre depósitos e saldos pode ser fornecida a um cliente de banco. Recentemente, a IA se aventurou também por tarefas mais complexas. Um software sofisticado de preenchimento do imposto pode questionar o usuário sobre gastos ou itens que parecem suspeitos, e menus ativados por voz podem ser apresentados ao cliente para que categorize seus problemas (ainda que muitas vezes funcione de maneira imperfeita, acabe transferindo parte do trabalho para o usuário e cause atrasos maiores conforme os clientes esperam que um humano lhes forneça a ajuda necessária).

Na automação robótica de processos, por exemplo, o software implementa tarefas após observar ações humanas na interface de usuário gráfica do aplicativo. Os bots são atualmente empregados em tarefas bancárias, decisões sobre empréstimos, comércio eletrônico e várias funções de suporte de software. Exemplos proeminentes incluem sistemas de reconhecimento de voz automatizados e chatbots que aprendem com práticas remotas de suporte de TI. Muitos especialistas acreditam que esse tipo de automação vai se espalhar para uma infinidade de tarefas atualmente realizadas por trabalhadores de colarinho-branco. O jornalista Kevin Roose, do *New York Times*, resume o potencial da automação robótica de processos da seguinte forma:

> Inovações recentes em IA e aprendizado de máquina criaram algoritmos capazes de superar o desempenho de médicos, advogados e banqueiros em certos aspectos de seus trabalhos. E, à medida que forem aprendendo a executar tarefas mais valorizadas, os bots irão galgar a escada corporativa.

Supostamente nos beneficiaremos todos dessas espetaculares novas capacidades. Os atuais CEOs de empresas como Amazon, Facebook, Google e Microsoft afirmam que a IA transformará beneficamente a tecnologia nas próximas décadas. Nas palavras de Kai-Fu Lee, ex-presidente da Google China: "Como a maioria das tecnologias, a IA acabará por produzir impactos mais positivos do que negativos em nossa sociedade".

Mas as evidências não apoiam completamente essas promessas ambiciosas. Embora a inteligência de máquina esteja entre nós há duas décadas, sua tecnologia só começou a se difundir após 2015. O crescimento é visível nos gastos das empresas com atividades relacionadas a IA e no número de vagas para trabalhadores com qualificações especializadas nesse campo (incluindo aprendizado de máquina, visão de máquina, aprendizagem profunda, reconhecimento de imagem, processamento de linguagem natural, redes neurais, máquinas de vetores de suporte e análise probabilística de semântica latente).

Monitorando essa pegada indelével, podemos perceber que os investimentos em IA e a contratação de especialistas em IA se concentram em organizações dependentes de tarefas que podem ser realizadas por essas tecnologias, como funções atuariais e contábeis, análise de aprovisionamento e aquisição e vários outros serviços de escritório que envolvem reconhecimento de padrões, computação e reconhecimento básico de fala. No entanto, esses mesmos negócios também diminuem de maneira substancial suas contratações gerais — por exemplo, reduzindo vagas para todos os demais tipos de cargo.

De fato, as evidências indicam que a inteligência de máquina até o momento se concentrou predominantemente na automação. Além disso, a despeito das alegações de que a IA e a automação robótica de processos estão se expandindo para tarefas não rotineiras e altamente especializadas, a maior parte do ônus da automação de IA até o momento recaiu sobre a mão de obra sem formação, já desfavorecida por formas anteriores de automação digital. Também não há evidências de que trabalhadores pouco qualificados estejam se beneficiando das aplicações de IA, embora obviamente quem dirige tais empresas observe ganhos para si e seus acionistas.

Para nosso alívio, parece que, por ora, o avanço da IA não irá gerar desemprego em massa. Como os robôs industriais vistos no capítulo 8, a atual tecnologia até o momento consegue realizar apenas um conjunto pequeno de tarefas, e seu impacto no mercado de trabalho é limitado. Não obstante, ela caminha numa direção tendenciosa contra o trabalhador e vem acabando com alguns empregos. Seu maior impacto provável é uma redução salarial ainda maior, não a criação de um futuro completamente sem trabalho. O problema é que embora a IA fracasse na maior parte do que promete, ainda assim consegue reduzir a demanda por mão de obra.

A FALÁCIA DA IMITAÇÃO

Então por que toda essa ênfase na inteligência de máquina? Nossa preocupação deveria ser se as máquinas e os algoritmos são úteis para nós. Por exemplo, segundo a maioria das definições, o sistema de posicionamento global (GPS) pode não ser inteligente porque se baseia na implementação de um algoritmo de busca direta (o algoritmo de busca A*, concebido originalmente em 1968). Mas os dispositivos de GPS oferecem um serviço tremendamente útil para os humanos. Quase nenhum especialista classificaria uma calculadora de bolso como inteligente, mas elas realizam tarefas impossíveis para a maioria dos seres humanos (como multiplicar de imediato números muito grandes).

Em lugar de nos concentrar na inteligência de máquina, deveríamos nos perguntar até que ponto as máquinas são úteis para nós — ou seja, definir a utilidade de máquina. O foco na utilidade de máquina nos poria numa trajetória socialmente mais benéfica, sobretudo para o trabalhador e o cidadão. Mas antes de ver tais argumentos devemos compreender de onde vem o atual foco na inteligência de máquina, o que nos leva à visão desenvolvida por Alan Turing.

O matemático britânico foi fascinado pelas capacidades de máquina ao longo de toda sua carreira e, em 1936, deu uma contribuição fundamental à definição de "computável". Kurt Gödel e Alonzo Church haviam se debruçado pouco antes sobre o problema de como definir o conjunto de funções computáveis, ou seja, aquele cujos valores podem ser calculados por um algoritmo. Turing criou o modo mais eficiente de pensar sobre a questão.

Ele imaginou um computador abstrato, hoje conhecido como máquina de Turing, capaz de realizar computações segundo inputs especificados em uma fita potencialmente infinita — por exemplo, instruções para implementar operações matemáticas básicas. A seguir, definiu que a função era computável se a máquina fosse capaz de computar seus valores. Uma máquina de Turing é considerada universal se consegue computar qualquer número calculável por qualquer máquina de Turing. Vale observar que se a mente humana é em essência um computador muito sofisticado e as tarefas que realiza estão na classe das funções computáveis, então uma máquina de Turing universal poderia reproduzir todas as capacidades humanas. Mas, antes da Segunda Guerra Mundial, Turing não se aventurou na questão de se máquinas podiam realmente pensar e até que ponto poderiam ir na realização de tarefas humanas.

Durante a Segunda Guerra Mundial, Turing trabalhou no departamento de pesquisa ultrassecreto de Bletchley Park, onde matemáticos e outros especialistas trabalhavam para decifrar mensagens de rádio alemãs criptografadas. Ele concebeu um algoritmo — e projetou uma máquina — para acelerar o trabalho, ajudando a inteligência britânica a compreender as comunicações supostamente indecifráveis dos alemães.

Depois de Bletchley, Turing deu prosseguimento à pesquisa que fazia antes da guerra. Em 1947, ele declarou perante uma cética Sociedade Matemática de Londres que as máquinas podiam se tornar inteligentes. Sem desanimar com a fria reação, em 1951 ele escreveu: "É impossível fazer a máquina pensar por nós: eis um lugar-comum normalmente aceito sem questionamento. A finalidade deste artigo é questionar a afirmação".

Em seu seminal artigo de 1950, "Maquinaria computacional e inteligência", ele apresenta uma definição de máquina inteligente, imaginando um "jogo da imitação" (hoje chamado teste de Turing) em que o avaliador dialoga com um humano e uma máquina: comunicando as perguntas por teclado, ele deve dizer qual é qual. Se a máquina for capaz de não ser detectada, será considerada inteligente.

Por tal definição, nenhuma máquina hoje pode ser chamada de inteligente. Mas podemos transformar essa definição numa classificação de inteligência de máquina menos categórica. Assim, definimos o conceito de "paridade humana": quanto mais capaz de executar tarefas tão bem quanto humanos uma máquina for, mais inteligente será.

Para o próprio Turing, o problema era mais sutil. Passar no teste talvez não significasse uma real capacidade de raciocínio: "Não quero dar a impressão de que para mim a consciência não tem mistério. A tentativa de localizá-la, por exemplo, está ligada a uma espécie de paradoxo". A despeito dessas reservas, a moderna IA seguiu os passos de Turing e está em busca de máquinas que funcionem de maneira autônoma, apresentem paridade humana e um dia finalmente superem nossa capacidade.

A EMPOLGAÇÃO COM A IA E SEUS FIASCOS

O fascínio pela inteligência de máquina muitas vezes leva a exageros. Jacques de Vaucanson, um inventor francês do século XVIII, entrou merecidamente para a história da tecnologia por suas inúmeras inovações, incluindo o projeto do primeiro tear automático e um torno deslizante para cortar metais que revolucionou a incipiente indústria de máquinas-ferramentas. Hoje, porém, ele é lembrado principalmente como uma fraude por seu "pato digestor", um artefato mecânico dividido em compartimentos que batia asas, ingeria sólidos e líquidos e defecava.

Pouco tempo depois foi a vez do "turco mecânico" do inventor húngaro Wolfgang von Kempelen: um "autômato" em tamanho natural trajando manto e turbante otomanos e capaz de jogar xadrez. O mecanismo derrotou muitos jogadores notáveis, como Napoleão Bonaparte e Benjamin Franklin, solucionou o conhecido problema do cavalo (em que a peça deve percorrer todos os quadrados), e até respondia perguntas utilizando um painel com letras. Mas seu sucesso se devia a um mestre enxadrista oculto na mesa sob o tabuleiro.

Na década de 1950, a moda renasceu. Uma conferência de 1956 no Dartmouth College promovida pela Fundação Rockefeller marcou o início da atual abordagem da área e a origem do termo "inteligência artificial". Herbert Simon, um dos jovens cientistas presentes ao evento e futuro ganhador do

Nobel, captou o otimismo quando escreveu que "as máquinas serão capazes, em vinte anos, de executar qualquer trabalho humano".

Em 1970, numa entrevista à revista *Life*, Marvin Minsky, coorganizador da conferência em Dartmouth, demonstrou que continuava confiante:

> Dentro de três a oito anos teremos máquinas com a inteligência geral de um ser humano médio. Quero dizer máquinas capazes de ler Shakespeare, lubrificar veículos, fazer politicagem no trabalho, contar piadas, brigar. Nesse ponto a máquina começará a se educar a uma fantástica velocidade. Em poucos meses, atingirá o nível de um gênio, e alguns meses depois disso seus poderes serão incalculáveis.

Tal expectativa de um intelecto no nível humano, por vezes chamada de "inteligência artificial geral", não tardou a ser frustrada. Para início de conversa, a conferência em Dartmouth não deu em nada. À medida que as espetaculares promessas dos pesquisadores iam ficando pelo caminho, o financiamento secou e teve início o que veio a ser conhecido como o "inverno da IA".

No início da década de 1980, houve um entusiasmo renovado graças aos avanços em tecnologia da computação e ao razoável sucesso de sistemas especializados, que prometiam oferecer dicas e recomendações tão boas quanto especialistas. Foram desenvolvidos aplicativos capazes de diagnosticar doenças e identificar moléculas. Não demorou para que a IA voltasse a ser decantada como a ferramenta capaz de igualar a inteligência humana e os financiamentos voltassem. Ao final da década, com a promessa mais uma vez não se concretizando, um segundo inverno desceu sobre a disciplina.

A terceira onda de euforia começou no início do século XXI, com um enfoque no que é por vezes chamado de IA "estreita", cujo objetivo é dominar tarefas específicas, como identificar objetos em imagens, traduzir textos ou disputar partidas de xadrez e outros jogos. O objetivo mais amplo continuava a ser a paridade humana.

Só que agora, em lugar da abordagem matemática e lógica que procurava reproduzir a cognição humana, os pesquisadores convertiam as tarefas em problemas de previsão ou classificação. O reconhecimento de imagem, por exemplo, pode ser concebido como prever, a partir de uma longa lista, a qual categoria ela pertence. Os programas de IA passam assim a se basear em técnicas estatísticas aplicadas a conjuntos maciços de dados para fazer classificações cada vez mais precisas. Mensagens de mídias sociais, que circulam por bilhões de pessoas, são ilustrativas desse tipo de dados.

Digamos que a tarefa seja identificar se há um gato numa foto. Pelo antigo método, a máquina tinha de modelar todo o processo decisório humano. A abordagem moderna contorna isso baseando-se num grande conjunto de dados de seres humanos tomando decisões de reconhecimento corretas sobre imagens para ajustar um modelo estatístico aos dados, aplicá-lo a novas fotos e prever quando os humanos dirão que há um gato presente.

O progresso foi possibilitado pela maior velocidade de processamento e pelas novas unidades de processamento gráfico, originalmente usadas para gerar gráficos de alta resolução em video games, que se revelaram uma poderosa ferramenta para a preparação de dados. Também houve importantes avanços com a redução do custo para armazenar e acessar enormes conjuntos de dados, a ampliação do poder computacional distribuído por diversos dispositivos, aperfeiçoamentos dos microprocessadores e a computação na nuvem.

Igualmente importante foi a evolução do aprendizado de máquina, sobretudo a "aprendizagem profunda", utilizando modelos estatísticos multicamadas, como redes neurais. Na análise estatística tradicional, um pesquisador normalmente começa por uma teoria especificando uma relação causal. Uma hipótese ligando a avaliação do mercado de ações americano a taxas de juros é um exemplo simples desse tipo de relação causal, e naturalmente se presta à análise estatística para investigar se ela se ajusta aos dados e prever futuros movimentos. Teorias vêm do raciocínio e do conhecimento humanos, muitas vezes baseados na síntese de percepções passadas e em algum pensamento criativo, e especificam o conjunto de relações possíveis entre diversas variáveis. Combinando essa teoria a um conjunto de dados relevante, os pesquisadores ajustam uma linha ou uma curva a uma nuvem de pontos em seu conjunto de dados e fazem inferências e previsões com base nessas estimativas. A depender do sucesso dessa primeira abordagem, haverá o input humano adicional na forma de uma teoria revisada ou de uma completa mudança de foco.

Por outro lado, em modernas aplicações de IA, a investigação não começa com hipóteses claras, causais. Por exemplo, os pesquisadores não especificam quais características na versão digital de uma imagem são relevantes para reconhecê-la. Modelos multicamadas, aplicados a vastas coleções de dados, tentam compensar essa falta de hipóteses prévias. Cada camada diferente pode lidar em essência com um diferente nível de abstração; uma camada representa as margens da imagem e identifica seus contornos amplos, enquanto a seguinte atenta para outros aspectos, como a presença de olhos ou patas nessa área. A despeito dessas ferramentas sofisticadas, sem a colaboração entre o ser humano e a máquina, fica difícil traçar as inferências corretas a partir dos dados, e essa deficiência motiva a necessidade por quantidades de dados e capacidade computacional ainda maiores para a identificação de padrões.

O típico algoritmo de aprendizado de máquina começa por ajustar um modelo flexível a uma amostra de dados e a seguir faz previsões que são aplicadas a um conjunto de dados mais amplo. No reconhecimento de imagem, por exemplo, um algoritmo de aprendizado de máquina pode ser treinado em uma amostra de imagens que indicariam a presença de um gato. Esse primeiro passo leva a um modelo capaz de fazer previsões em um conjunto de dados muito maior, e o desempenho dessas previsões informa a rodada seguinte de incrementos algorítmicos.

Essa nova abordagem da IA teve três importantes implicações.

Primeiro, combinou a IA ao uso de quantidades maciças de dados. Nas palavras do cientista da computação Alberto Romero (que se desiludiu com a indústria e a abandonou em 2021): "Se você trabalha em IA muito provavelmente está coletando dados, limpando dados, rotulando dados, separando dados, treinando com dados, avaliando com dados. Dados, dados, dados. Tudo para um modelo dizer: *É um gato*". Esse foco em vastas quantidades de dados é uma consequência fundamental da ênfase na autonomia, cuja inspiração vem de Turing.

Segundo, essa abordagem fez a moderna IA parecer altamente escalável e transferível, e sem dúvida em domínios muito mais interessantes e importantes que o reconhecimento de gatos. Uma vez "resolvido" esse problema, podemos passar a fazer o mesmo com tarefas de reconhecimento de imagem mais complexas ou problemas aparentemente não relacionados, como determinar o significado de sentenças em uma língua estrangeira. O potencial, portanto, é de um uso efetivamente onipresente da IA na economia e em nossas vidas — para o bem ou para o mal.

No caso extremo, a meta passa a ser o desenvolvimento de uma inteligência geral completamente autônoma, capaz de fazer *tudo* de que um ser humano é capaz. Nas palavras do cofundador e CEO da DeepMind, Demis Hassabis, o objetivo é "solucionar a inteligência e depois usar isso para solucionar todo o resto". Mas será essa a melhor maneira de desenvolver as tecnologias digitais? A questão normalmente nem é feita.

Terceiro, e mais problematicamente, essa abordagem forçou a área ainda mais na direção da automação. Se as máquinas podem ser autônomas e inteligentes, é natural que tirem mais tarefas dos trabalhadores. As empresas podem dividir os empregos existentes em tarefas mais estreitas, usar programas de IA e a abundância de dados para aprender com base na ação humana e depois substituir os humanos por algoritmos para realizar essas tarefas.

Uma visão elitista promove esse foco na automação. A maioria dos humanos, segundo os proponentes dessa visão, não é muito boa nas tarefas que realiza. Como diz um site de IA, "humanos são naturalmente propensos a cometer erros". Por outro lado, há programadores muito talentosos capazes de escrever algoritmos sofisticados. Como afirma Mark Zuckerberg, "alguém excepcional no que faz não é apenas um pouco melhor do que alguém muito bom. É cem vezes melhor". Ou, nas palavras do cofundador do Netscape, Marc Andreessen, "cinco grandes programadores proporcionam resultados infinitamente melhores do que mil programadores medíocres". Com base nessa visão de mundo, mais valeria usar o projeto tecnológico de cima para baixo proposto por um talento excepcional a fim de limitar o erro humano e seu custo no local de trabalho. Substituir trabalhadores por máquinas e algoritmos, assim, passa a ser aceitável, e a coleta de quantidades maciças de dados pessoais, vista como normal. Tal abordagem é mais uma justificativa para considerar como critério de progresso almejar a paridade humana em vez da complementação homem-máquina, e se ajusta de maneira muito confortável à ênfase corporativa no corte de custos com mão de obra.

O HUMANO SUBVALORIZADO

Mesmo com o desemprego e a coleta maciça de dados, o crescimento de produtividade propiciado pelas novas tecnologias por vezes aumenta a demanda por trabalhadores e impulsiona seus rendimentos. Mas esses benefícios só aparecem quando as novas tecnologias elevam substancialmente a produtividade. Hoje em dia, essa é uma preocupação séria, pois a IA até o momento trouxe um bocado de automação moderada com benefícios de produtividade limitados.

Ao aumentar de modo substancial, a produtividade pode compensar alguns efeitos negativos da automação – por exemplo, incrementando a demanda por mão de obra em tarefas não automatizadas ou estimulando o emprego em setores que subsequentemente se expandem. Entretanto, se as reduções de custo e os ganhos de produtividade forem pequenos, esses efeitos benéficos não virão. A automação moderada é particularmente problemática porque substitui os trabalhadores mas fracassa em cumprir o que promete em termos de produtividade.

Na era da IA, há um motivo fundamental para a automação moderada. Os humanos na verdade são bons na maioria das coisas que fazem, e os resultados da automação por IA dificilmente nos deixarão impressionados se ela apenas nos substituir em tarefas para as quais acumulamos habilidades relevantes ao longo dos séculos. Automação moderada é o que temos, por exemplo, quando empresas instalam quiosques de autoatendimento que não funcionam direito e não melhoram a qualidade do serviço ao cliente. Ou quando representantes do serviço ao consumidor, especialistas em TI ou consultores financeiros de talento perdem o trabalho para algoritmos de IA que não apresentam bom desempenho.

Muitas tarefas produtivas realizadas por humanos são uma mescla de atividades rotineiras e outras mais complexas que envolvem comunicação social, resolução de problemas, flexibilidade e criatividade. Para tais atividades os humanos recorrem ao conhecimento tácito e à expertise. Além do mais, grande parte dessa expertise é altamente dependente do contexto e difícil de transferir para algoritmos de IA, desse modo correndo grande risco de ser perdida assim que as tarefas relevantes são automatizadas.

Para ilustrar a importância do conhecimento acumulado, vejamos o exemplo das sociedades caçadoras-coletoras vistas no capítulo 4. Estudos etnográficos mostram que os caçadores-coletores regularmente exibem um grau notável de adaptação às condições locais. Por exemplo, a mandioca-brava é um tubérculo altamente nutritivo originário dos trópicos. É usada para fazer farinha, pão, tapioca e bebidas alcoólicas. Mas é uma planta venenosa, pois contém dois açúcares produtores de cianeto. Se for consumida crua ou sem cozimento adequado, pode causar intoxicação e até a morte.

Os povos indígenas do Yucatán desenvolveram uma série de práticas para remover o veneno da planta, como descascá-la e deixá-la de molho antes de cozinhá-la por longo tempo (jogando fora a água do cozimento). Alguns europeus no início não compreenderam esses métodos e os interpretaram como tolo primitivismo, mas depois pagaram o preço.

A adaptabilidade e a engenhosidade humanas não são menos importantes na economia moderna, embora sejam com frequência ignoradas pelas elites tecnológicas. Há um forte consenso entre urbanistas e engenheiros de que os semáforos são cruciais para a segurança e o fluxo adequado de carros. Em setembro de 2009, a cidade costeira de Portishead, na Inglaterra, desligou os semáforos em um de seus cruzamentos mais agitados, num experimento chamado de "ruas nuas". Contrariando os temores de muitos especialistas, os motoristas se adaptaram e recorreram ao bom senso. Ao fim de quatro semanas, o trânsito no local havia melhorado significativamente sem que a quantidade de acidentes aumentasse. Portishead não é nenhuma exceção. Vários outros experimentos como esse mostraram resultados similares, embora haja dúvidas se uma grande metrópole sem semáforos seria praticável. De todo modo, a história serve como ilustração de que, ao tirar do ser humano a iniciativa e o julgamento, a tecnologia muitas vezes piora as coisas em vez de melhorar.

O mesmo acontece com as tarefas produtivas. O poder da inteligência humana deriva do fato de ela ser situacional e social: a capacidade de compreender e reagir ao ambiente possibilita que nos adaptemos de maneira fluida a mudanças de condições. Em um ambiente pouco familiar que ofereça sinais de perigo, a mente fica mais alerta mesmo se estivermos descansando ou dormindo. Em outros ambientes percebidos como previsíveis, podemos realizar tarefas mais rapidamente usando rotinas aprendidas. Também é a inteligência situacional que nos ajuda a reagir a mudanças mais amplas das circunstâncias e a reconhecer rostos e padrões, usando inputs de múltiplos contextos relevantes.

A inteligência humana também é social de três formas importantes.

Primeiro, boa parte da informação necessária para a resolução de problemas e a adaptação bem-sucedidas reside na comunidade, que conquistamos por meio de comunicação implícita e explícita — por exemplo, imitando o comportamento de outros. Interpretar esse tipo de dados externos é parte vital da cognição humana e está na base da ênfase na "teoria da mente". É ela que capacita os seres humanos a conjecturar sobre o estado mental alheio e assim compreender corretamente suas intenções e conhecimento.

Segundo, nosso raciocínio se baseia na comunicação social; desenvolvemos argumentos e contra-argumentos em favor de diferentes hipóteses e avaliamos nossa cognição à luz desse processo. Os seres humanos tomariam péssimas decisões sem essa dimensão social da inteligência. De fato, cometemos erros em ambientes de laboratório controlados que impedem a ativação desses aspectos da inteligência, mas em situações mais naturais evitamos boa parte deles.

Terceiro, adquirimos habilidades e capacidades extras mediante a empatia mostrada em relação aos outros e o compartilhamento de metas e objetivos que ela enseja.

O papel central das dimensões situacional e social da inteligência está relacionado à fraca relação entre aspectos analíticos da cognição humana, tal como medida por testes de QI, e várias dimensões de sucesso. Até mesmo nas áreas científicas e técnicas, os indivíduos mais bem-sucedidos são aqueles que combinam QI moderadamente elevado a habilidades sociais e outras capacidades humanas.

Na maioria dos ambientes de trabalho, a inteligência situacional e social propicia não só a adaptação flexível às circunstâncias, como também a comunicação com os clientes e os demais empregados para melhorar a qualidade do serviço e reduzir os erros. Desse modo, não causa espécie que, a despeito da disseminação das tecnologias de IA, muitas empresas cada vez mais busquem trabalhadores com habilidades antes sociais que matemáticas ou técnicas. Na raiz dessa demanda crescente por habilidades sociais está o fato de que tanto as tecnologias digitais como a IA são incapazes de realizar tarefas essenciais que envolvam interação social, adaptação, flexibilidade e comunicação.

Ainda assim, ignorar as capacidades humanas pode se tornar uma profecia autorrealizável, pois as decisões pela automação gradualmente reduzem o escopo para a interação social e o aprendizado humano. Tomemos mais uma vez como exemplo o serviço de atendimento ao cliente. Humanos bem treinados podem ser muito bons em lidar com problemas precisamente por criarem um laço social com quem precisa de ajuda (por exemplo, solidarizando-se com alguém que acaba de sofrer um acidente e precisa acionar o seguro). O atendente consegue compreender rapidamente a natureza do problema e oferecer uma solução específica, entre outras coisas mediante a comunicação com o cliente. São essas interações que fazem um representante de SAC ganhar experiência e ficar cada vez melhor em seu trabalho.

Agora imaginemos uma situação em que o SAC seja dividido em tarefas mais estreitas e as de *front-end* sejam atribuídas a algoritmos, que muitas vezes são incapazes de identificar e solucionar de forma plenamente satisfatória os complexos problemas que encontram. Após uma infinidade de menus, um ser humano finalmente aparece para apagar o incêndio. Mas a essa altura o cliente com frequência está frustrado, as oportunidades iniciais para a construção de um vínculo social se perderam e o atendente não obtém a mesma quantidade de informação, comprometendo sua capacidade de aprender e se adaptar às circunstâncias específicas. Isso diminui a eficácia dos trabalhadores humanos e encoraja gestores e tecnólogos a procurarem novas maneiras de reduzir ainda mais as tarefas alocadas a eles.

Essas lições sobre a inteligência humana e a adaptabilidade são com frequência ignoradas pela comunidade de IA, que se apressa em automatizar uma série de tarefas independentemente do papel desempenhado pela destreza humana.

O triunfo da IA na radiologia é bastante alardeado. Em 2016, Geoffrey Hinton, um dos modernos criadores da aprendizagem profunda, ganhador do Prêmio Turing e cientista da Google, sugeriu que "deveríamos parar de treinar radiologistas agora mesmo. Já ficou perfeitamente óbvio que daqui a cinco anos a aprendizagem profunda será melhor que eles".

Nada do tipo ocorreu, e desde 2016 a demanda por radiologistas na verdade aumentou, por um motivo muito simples. Um diagnóstico radiológico completo requer até mais inteligência situacional e social do que, por exemplo, o SAC, e no momento ele está além da capacidade das máquinas. Pesquisas recentes mostram que aliar a perícia humana a novas tecnologias tende a ser muito mais eficaz. Por exemplo, algoritmos de aprendizado de máquina de última geração melhoram o diagnóstico de danos aos vasos sanguíneos da retina entre pacientes de diabetes. No entanto, a precisão aumenta significativamente quando utilizados para identificar casos graves de retinopatia diabética que são então encaminhados para o diagnóstico de um oftalmologista.

O diretor de tecnologia da divisão de veículos autônomos da Google afirmou em 2015 que seu filho de onze anos certamente nunca precisaria de uma carteira de motorista. Em 2019, Elon Musk previu que a Tesla teria 1 milhão de veículos inteiramente automatizados nas ruas até o fim de 2020.

Essas previsões não se concretizaram pelo mesmo motivo. Como o experimento da remoção dos semáforos mostrou, dirigir em cidades agitadas exige enorme quantidade de inteligência situacional para se adaptar às mudanças de circunstâncias, e ainda mais inteligência social para reagir ao comportamento dos demais motoristas e dos pedestres.

A ILUSÃO DA IA GERAL

O apogeu da atual abordagem da IA inspirada pelas ideias de Turing é a busca por uma inteligência geral em nível humano.

A despeito de tremendos avanços como o GPT-3 e os sistemas de recomendação, é pouco provável que a atual abordagem da IA desvende a inteligência humana ou sequer atinja níveis muito elevados de produtividade em diversas das tarefas de tomada de decisão atribuídas a seres humanos. Tarefas que envolvem aspectos sociais e situacionais da cognição humana continuarão a oferecer formidáveis desafios à inteligência de máquina. Quando observamos os detalhes do que foi conseguido, a dificuldade de traduzir os sucessos existentes para a maioria das tarefas humanas fica evidente.

Vejamos os tão propalados sucessos da IA, como o programa de xadrez AlphaZero, comentado no capítulo 1. O AlphaZero é considerado "criativo" por executar jogadas que mestres enxadristas não perceberam ou não levaram em consideração. Entretanto, não se trata de inteligência real. Antes de mais nada, o programa é extremamente especializado para o xadrez e outros jogos similares. Mesmo tarefas simples, como aritmética ou jogos que exigem interação social, estão além de suas capacidades. Para piorar, não existe uma maneira óbvia de adaptar a arquitetura do AlphaZero a diversas coisas feitas por humanos, como elaborar analogias, disputar jogos com regras menos rígidas ou aprender uma língua, algo que qualquer criança de um ano de idade pode fazer com proficiência.

A inteligência do AlphaZero para o xadrez também é muito específica. Embora sejam impressionantes, os movimentos determinados pelas regras não envolvem o tipo de criatividade regularmente exibida por humanos — como traçar analogias entre contextos díspares, não estruturados, e elaborar soluções para problemas novos e variados.

Até o GPT-3, embora mais versátil e impressionante que o AlphaZero, mostra as mesmas limitações. Ele só realiza as tarefas para as quais foi treinado e não possui capacidade de discernimento, de modo que fica totalmente perdido quando recebe instruções conflitantes ou incomuns. A tecnologia igualmente não possui qualquer aspecto da inteligência social ou situacional humana. O GPT-3 é incapaz de raciocinar sobre o contexto em que as tarefas estão situadas e vale-se de relações causais. Como resultado, muitas vezes não compreende as instruções mais simples e dificilmente reage da maneira adequada a ambientes em transformação ou completamente novos.

A discussão na verdade ilustra um problema mais amplo. As abordagens estatísticas usadas para reconhecimento e previsão de padrões são pouco indicadas para capturar a essência de muitas habilidades humanas. Para começar, essas abordagens terão dificuldade com a natureza situacional da inteligência, porque as circunstâncias humanas exatas são difíceis de definir e codificar.

Outro eterno desafio para as abordagens estatísticas é o "sobreajuste", normalmente definido como a utilização de mais parâmetros do que o exigido para se ajustar a determinada relação empírica. O sobreajuste faz com que um modelo estatístico reaja a aspectos irrelevantes ou transitórios dos dados e pode levar a previsões e conclusões imprecisas. Os estatísticos conceberam muitos métodos para contornar o problema — por exemplo, desenvolvendo algoritmos numa amostra diferente daquela em que foram empregados. Mas o sobreajuste permanece uma pedra no sapato das abordagens estatísticas, porque está fundamentalmente ligado às desvantagens da IA atual: a falta de uma teoria sobre o fenômeno que está sendo modelado.

Para explicar esse problema, precisamos de uma compreensão mais ampla do sobreajuste, baseado em usar elementos irrelevantes ou transitórios de uma aplicação. Vejamos por exemplo a tarefa de diferenciar entre lobos e cães da raça husky. Embora um humano seja excelente nisso, a IA enfrenta dificuldades. Bons desempenhos do algoritmo geralmente se devem ao sobreajuste: os cães são identificados com base no ambiente urbano, como gramados aparados e hidrantes, e os lobos, com base no ambiente natural, como montes nevados. Tais elementos são irrelevantes em dois sentidos fundamentais. Primeiro, humanos não dependem desses contextos para definir ou diferenciar os animais. Segundo, e ainda mais preocupante, à medida que o planeta aquece, o habitat dos lobos irá mudar, e eles talvez precisem ser identificados em diferentes cenários. Em outras palavras, como o contexto não é uma característica definidora, qualquer abordagem que se baseie nele levará a previsões equivocadas conforme o mundo evolui ou o ambiente muda.

O sobreajuste é particularmente problemático para a inteligência de máquina porque gera uma falsa sensação de sucesso quando seu desempenho na realidade é ruim. Por exemplo, uma associação estatística entre duas variáveis, digamos, a temperatura e o PIB per capita de um país, não necessariamente indica que o clima tenha um impacto considerável no desenvolvimento econômico. Pode ser simplesmente resultado de como o ser humano afetou regiões com diferentes condições climáticas em diversas partes do globo durante processos históricos específicos. É fácil, no entanto, confundir causação e correlação sem uma teoria correta, e com o aprendizado de máquina isso muitas vezes acontece.

O problema do sobreajuste piora muito quando o algoritmo lida com uma situação inerentemente social envolvendo nova informação. A reação humana leva em conta que o contexto relevante muda o tempo todo ou pode mudar *devido* às medidas tomadas com base na informação fornecida pelo algoritmo. Imaginemos uma situação em que o algoritmo identifica os erros cometidos por uma pessoa ao procurar emprego — por exemplo, aspirar a um cargo com muitos candidatos e poucas vagas. Os procedimentos desenvolvidos contra o sobreajuste, como separar as amostras de treinamento e testes, não elimina o problema relevante: ambas podem ser adaptadas a um ambiente particular em que há muitas vagas não preenchidas. Mas isso pode mudar com o tempo justamente por lidarmos com uma situação social em que os humanos reagem à evidência disponível. Os indivíduos são encorajados pelo algoritmo a se candidatar a um emprego que se torna menos atraente pelo excesso de candidatos. Sem compreender plenamente esse aspecto situacional e social da cognição humana e de como o comportamento muda dinamicamente, o sobreajuste continuará no caminho da inteligência de máquina.

Há outras implicações preocupantes para a falta de inteligência social da IA. Embora seu acesso a uma ampla comunidade de usuários garanta a incorporação das dimensões sociais dos dados, com as atuais abordagens existentes ela não leva em consideração que o entendimento humano se baseia na imitação seletiva, na comunicação e na argumentação entre pessoas. Como resultado, muitas tentativas de automação parecem antes reduzir do que aumentar a flexibilidade, ao passo que trabalhadores bem treinados conseguem responder de forma rápida e fluida às mudanças de circunstâncias, com frequência aproveitando as habilidades e perspectivas aprendidas com os colegas de trabalho.

Claro que esses argumentos não excluem a possibilidade de que uma abordagem completamente nova possa solucionar o problema da IA geral num futuro próximo. Contudo, até o momento, não há qualquer sinal de que estejamos perto de encontrá-la. E tampouco essa é a principal área de investimento em IA. O foco da indústria continua sendo a coleta maciça de dados e a automação de tarefas estreitas com base em técnicas de aprendizado de máquina.

O problema econômico dessa estratégia de negócios fica claro: quando os humanos não são tão inúteis e as máquinas inteligentes não tão inteligentes quanto normalmente se supõe, o resultado é a automação moderada — que traz muito desemprego e poucos dos prometidos ganhos de produtividade. Na verdade, nem as empresas se beneficiam muito dessa automação, e parte da adoção da IA talvez se deva ao hype, como observou o cientista da computação Alberto Romero: "Tamanho é o poder de marketing da inteligência artificial que várias empresas a implementam sem saber por quê. Todo mundo só quer embarcar no trem da IA".

O PANÓPTICO MODERNO

Outro uso popular da moderna IA ilustra como o entusiasmo pela tecnologia autônoma combinado à coleta maciça de dados forjou uma orientação muito específica para as tecnologias digitais, trazendo ganhos modestos para as empresas e perdas significativas para a sociedade, principalmente para a classe trabalhadora.

O uso de ferramentas digitais para monitorar funcionários não é novidade. Quando a autora e pesquisadora Shoshana Zuboff entrevistou trabalhadores entrando em contato pela primeira vez com as tecnologias digitais no início da década de 1980, uma queixa recorrente era a intensificação da vigilância. Como afirmou um deles, "o sistema digital de rastreamento de gastos tornou-se um instrumento para sermos monitorados pela gerência. Ele pode detectar qualquer mudança, fazendo um acompanhamento minuto a minuto". Mas nada se compara ao que presenciamos hoje.

A Amazon, por exemplo, coleta uma quantidade imensa de dados sobre seus entregadores e funcionários de depósito, posteriormente combinando-os a algoritmos para reestruturar o trabalho de modo a aumentar a produtividade e minimizar as interrupções.

A empresa, que é a segunda maior empregadora do setor privado nos Estados Unidos, paga um salário mínimo mais elevado que diversos outros comércios varejistas, como o Walmart. Mas existe uma percepção geral de que ser empregado da Amazon é ruim. Os trabalhadores devem se ater a rotinas estritas e a um ritmo acelerado e são monitorados continuamente para impedir que façam pausas muito longas ou frequentes. Reportagens recentes revelam que uma proporção considerável de funcionários em muitas unidades são demitidos por não atenderem às expectativas, e que algumas dessas demissões são automáticas, baseadas nos dados coletados (embora a Amazon negue isso). Como afirmou um advogado: "Os trabalhadores se queixam o tempo todo de que na prática são tratados como robôs, pois são monitorados e supervisionados por esses sistemas automatizados".

Como vimos, o panóptico de Jeremy Bentham não foi concebido apenas como prisão, mas como um modelo para as primeiras fábricas britânicas. Só que o patrão dos séculos XVIII e XIX não dispunham de tecnologia para a vigilância constante. A Amazon, sim. Nas palavras de um funcionário de Nova Jersey, "eles basicamente veem tudo que você faz, e a vantagem é toda deles. Não somos valorizados como seres humanos. É aviltante".

Esses ambientes excessivamente monitorados são também perigosos. Um relatório recente da Agência de Segurança e Saúde Ocupacional revela que, em 2020, os funcionários dos depósitos da Amazon sofreram cerca de seis acidentes graves para cada 200 mil horas trabalhadas, índice quase duas vezes maior do que a média da indústria, e outros estudos mostram uma taxa de acidentes ainda mais elevada, sobretudo em períodos de pico, como o Natal, quando o monitoramento da mão de obra é intensificado. A Amazon, além disso, exige que seus entregadores e colaboradores externos baixem e utilizem continuamente um aplicativo de rastreamento de dados chamado "Mentor". A empresa anunciou recentemente ferramentas de IA adicionais para monitorar os entregadores. A FedEx e outros serviços de entregas também coletam muitos dados de seus funcionários e os utilizam para impor rígidos itinerários, o que explica por que eles vivem correndo contra o tempo.

A coleta extensa de dados hoje chegou também ao escritório, e o tempo de uso dos computadores e outras coisas são intensamente vigiados.

Certa dose de monitoramento é uma prerrogativa do empregador, que precisa ter certeza de que seus funcionários estão desempenhando as tarefas que lhes foram designadas e não danifiquem nem utilizem o maquinário de forma errada. Mas, tradicionalmente, o incentivo costumava vir da relação de boa vontade estabelecida entre eles e o patrão, mediante os bons salários e os benefícios gerais oferecidos. Uma pessoa podia receber uma folga por não estar se sentindo bem em determinado dia; ou, por outro lado, trabalhar com um empenho extra caso surgisse a necessidade. O monitoramento permite ao patrão economizar nos salários e extrair mais dos funcionários. Nesse aspecto, é uma "atividade de transferência de renda", ou seja, pode ser empregada para impedir a divisão dos ganhos de produtividade e transferir a renda da mão de obra para o capital, com pouco ou nenhum aumento da produção.

Outra área em que métodos de IA são utilizados para transferir renda é a jornada de trabalho. Uma separação clara entre as horas de trabalho e descanso e a previsibilidade do horário são fundamentais para o trabalhador se resguardar. Pense por exemplo em um fast food. Saber que sua jornada vai das oito da manhã às quatro da tarde proporciona aos funcionários um pouco de autonomia e privacidade. Mas digamos que o gestor lhes peça um dia, sem aviso, para ficarem além do horário. Sua resposta vai depender: dos contrapoderes, isto é, dos acordos coletivos que impedem a exploração do trabalhador; das normas no local de trabalho; e da tecnologia, que determina se o estabelecimento tem como estimar previamente a demanda e organizar seus horários em tempo real.

Os contrapoderes já praticamente inexistem, sobretudo na indústria de serviços; o respeito às normas e a boa vontade em relação aos funcionários também são artigo raro; e a IA e a coleta maciça de dados estão pavimentando o caminho para uma "flexibilização" da jornada.

Muitas indústrias que lidam diretamente com o consumidor abandonaram horários previsíveis, adotando em vez disso uma combinação de "contratos de zero hora" e mudanças de horário em tempo real. Com o contrato de zero hora o empregador não tem qualquer obrigação de oferecer uma quantidade mínima de trabalho. O horário em tempo real, por outro lado, lhe permite ligar para o celular do funcionário à noite e instruí-lo a chegar mais cedo no dia seguinte ou a pedir que fique além do expediente. Bem como cancelar turnos sem avisar de antemão.

As duas coisas estão baseadas na coleta de dados e nas tecnologias de IA (como o software de programação de horários da Kronos), permitindo ao patrão fazer previsões de demanda e coordenar a força de trabalho para se adaptar a ela. Uma versão extrema disso é o "*clopening*", em que o funcionário sai mais tarde e chega mais cedo no dia seguinte. Isso, novamente, é uma imposição sobre os trabalhadores, muitas vezes de última hora, conforme os gestores, valendo-se das ferramentas de IA, julgarem mais adequado para suas necessidades.

Há muitos paralelos entre a flexibilização da jornada e o monitoramento do empregado. O mais importante é que são ambos exemplos de tecnologias moderadas: geram poucos ganhos de produtividade, a despeito dos substanciais custos para os trabalhadores. Com monitoramento adicional, as empresas podem abandonar suas tentativas de gerar boa vontade e fazer cortes salariais. Mas isso não aumenta muito a produtividade: o trabalhador não fica melhor em sua função por estar recebendo menos — na verdade, perderá motivação e ficará menos produtivo. Com a flexibilização da jornada, as empresas podem aumentar um pouco sua receita trazendo mais funcionários quando a demanda é alta e menos quando as coisas estão calmas. Em ambos os casos, o ônus sobre o trabalhador é mais substancial do que os benefícios à produtividade. Nas palavras de um trabalhador britânico empregado com um contrato de zero hora, "não existe plano de carreira. Fiquei na função seis anos e meio. Como o trabalho não mudou, nada de promoção. Não tenho nenhuma perspectiva de subir na empresa. Perguntei se por acaso não poderia fazer algum curso e ouvi um sonoro não". A despeito dos custos para os trabalhadores e dos ganhos de produtividade pequenos, efêmeros, as empresas com intenção de cortar custos e aumentar o controle sobre os trabalhadores continuam a buscar as tecnologias de IA, e os pesquisadores apegados à ilusão da IA por sua vez as fornecem.

Mas haverá outra maneira de usar as tecnologias digitais que não seja a serviço da automação incessante e do monitoramento do trabalhador? A resposta é sim. Quando as tecnologias digitais são conduzidas na direção de ajudar e complementar os humanos, os resultados podem e costumam ser muito melhores.

A ESTRADA NÃO PERCORRIDA

Quando interpretamos a história tanto recente como remota, com frequência recaímos em uma falácia determinista: o que aconteceu teve de acontecer. Muitas vezes isso não é exato. Há muitos caminhos possíveis ao longo dos quais a história poderia ter evoluído. O mesmo vale para a tecnologia. A atual abordagem que domina a terceira onda de IA baseada em coleta maciça de dados e automação incessante é uma escolha. E é na verdade uma escolha custosa, não só porque segue o viés das elites pela automação e vigilância, prejudicando a subsistência dos trabalhadores, como também porque desvia energia e pesquisa de outras direções mais socialmente benéficas visando tecnologias digitais de propósito geral. Veremos a seguir que paradigmas priorizando a utilidade de máquina obtiveram notáveis sucessos no passado quando tentaram oferecer oportunidades frutíferas para o futuro.

Mesmo antes da conferência no Dartmouth College, o polímata Norbert Wiener, do MIT, já articulava uma visão diferente da que é seguida hoje, propondo as máquinas como complemento aos humanos. Embora Wiener não usasse o termo utilidade de máquina, sua inspiração vinha de ideias similares. O que esperamos da tecnologia não é um conceito amorfo de inteligência ou "capacidades de alto nível", mas que se preste aos objetivos da humanidade. O foco na utilidade de máquina em vez da IA aumenta nossas chances de chegar lá.

Wiener identificou três questões críticas que representam um entrave para os sonhos da inteligência de máquina desde Turing.

Primeiro, superar e substituir humanos é difícil, porque as máquinas sempre foram imperfeitas em imitar organismos vivos. Como afirmou Wiener em um contexto ligeiramente diferente, "o melhor modelo material para um gato é outro gato, ou, preferivelmente, o mesmo gato".

Segundo, a automação exerceu um efeito negativo imediato nos trabalhadores. Nas palavras de Wiener: "Lembremos que a máquina automática, seja lá o que sintamos a seu respeito, é o equivalente econômico exato do trabalho escravo. Qualquer mão de obra competindo com escravos deve aceitar as consequências econômicas do trabalho escravo".

E, por fim, o ímpeto da automação também fez com que os cientistas e tecnólogos perdessem o controle da orientação tecnológica: "É necessário perceber que a ação humana é uma ação de feedback", disse Wiener. Ou seja, ajustamos o que fazemos com base na informação daquilo que acontece à nossa volta. Mas "quando uma máquina construída por nós é capaz de operar com base nos dados que recebe a um ritmo que não podemos acompanhar, talvez não saibamos o momento de desligá-la até que seja tarde demais". Mas nada disso era inevitável: as máquinas podiam ter sido aproveitadas como um complemento às habilidades humanas. Como escreveu Wiener em um artigo de 1949 para o *New York Times* (parte dele publicado postumamente em 2013): "Podemos ser humildes e viver uma boa vida com a ajuda das máquinas ou ser arrogantes e perecer".

Dois visionários pegaram o bastão das mãos de Wiener. O primeiro foi J. C. R. Licklider, que encorajou a adoção e o desenvolvimento dessa abordagem de maneiras produtivas. Licklider, cuja formação original era em psicologia, mais tarde passou à tecnologia da informação e propôs ideias que se tornariam cruciais para computadores em rede e sistemas de computação interativos. Uma elaboração clara dessa visão aparece em seu artigo revolucionário de 1960, "Man-Computer Symbiosis". A análise de Licklider segue relevante até hoje, mais de sessenta anos após a publicação do texto, especialmente em sua ênfase de que,

> comparadas ao homem, as máquinas de computação são muito rápidas e precisas, mas limitadas a realizar apenas algumas operações elementares ao mesmo tempo. O homem é flexível, capaz de "se programar de maneira contingente" com base na informação recém-recebida.

O segundo proponente dessa visão alternativa, Douglas Engelbart, também articulou ideias que são precursoras de nosso conceito de utilidade de máquina. Engelbart queria tornar o computador mais amigável e fácil de operar para não programadores, por ter a convicção de que ele seria sumamente transformativo quando "estimulasse a capacidade dos homens de lidar com problemas complexos e urgentes".

As inovações mais importantes de Engelbart vieram espetacularmente a público numa apresentação mais tarde apelidada como a "mãe de todas as demonstrações". Numa conferência organizada pela Associação para Maquinaria da Computação em parceria com o Instituto de Engenheiros Elétricos e Eletrônicos em dezembro de 1968, Engelbart introduziu o protótipo do mouse. A engenhoca, que consistia em uma caixinha de madeira com dois rolamentos e um botão, não se parecia em nada com o mouse a que estamos acostumados, mas a fiação aparente em sua parte traseira levou à comparação com um camundongo. O mouse transformou a relação do usuário com a máquina da noite para o dia. A inovação também colocou o Macintosh de Steve Jobs e Steve Wozniak à frente dos PCs e sistemas operacionais da Microsoft. Outras inovações de Engelbart, algumas das quais igualmente apresentadas na mesma ocasião, incluíam o hipertexto (que é a própria essência da internet, mais tarde chamada por Steve Jobs de "bicicleta da mente"), telas em *bitmap* (que possibilitaram várias outras interfaces) e protótipos da interface de usuário gráfica. As ideias de Engelbart continuaram a render diversos outros avanços, sobretudo sob os auspícios da Xerox (e muitas delas foram mais uma vez cruciais para o Macintosh e outros computadores).

A visão alternativa de Wiener, Licklider e Engelbart lançou os alicerces para alguns dos acontecimentos mais frutíferos na tecnologia digital, ainda que atualmente essa visão seja eclipsada pela ilusão da IA. Para compreender essas realizações, e por que não receberam tanta atenção quanto os sucessos do paradigma dominante, precisamos primeiro discutir como a utilidade de máquina funciona na prática.

A UTILIDADE DE MÁQUINA EM AÇÃO

Há quatro formas distintas, mas relacionadas, pelas quais as tecnologias digitais podem ser orientadas para a utilidade de máquina, ajudando e empoderando o ser humano.

Primeiro, as máquinas e os algoritmos aumentam a produtividade do trabalhador nas tarefas que ele já realiza. Quando um artesão hábil dispõe de um cinzel melhor ou um arquiteto tem acesso a um software próprio para a elaboração de projetos, a produtividade de ambos aumenta significativamente. Quando novas tecnologias digitais, como o mouse de Engelbart e a interface gráfica, são bem-sucedidas, expandem as habilidades humanas. Mas essa expansão pode ser obtida também com aperfeiçoamentos no projeto da máquina. É a isso que aspiram disciplinas conhecidas como interação humano-computador e projeto centrado em humanos. Essas abordagens admitem que toda máquina, e em particular computadores, precisa que certos aspectos sejam usados mais produtivamente pelas pessoas e prioriza o desenho de novas tecnologias que aumentam a conveniência humana e a usabilidade.

Como põe as capacidades da máquina a serviço das pessoas, essa abordagem tende a complementar a inteligência humana; porém, apesar dos notáveis benefícios que já nos trouxe, muito mais ainda pode ser feito. Ferramentas de realidade virtual e realidade aumentada guardam um potencial tremendo para aumentar as capacidades humanas em tarefas como planejamento, projeto, inspeção e treinamento. Mas as aplicações podem ir além dos trabalhos técnicos e de engenharia.

O atual consenso na comunidade de tecnologia e engenharia é resumido por Kai-Fu Lee: "Os robôs e a IA dominarão os processos de manufatura, entrega, projeto e marketing da maioria dos produtos". A despeito de tais afirmações, como vimos no capítulo 8, as tentativas de empregar novas ferramentas de software foram uma importante fonte de crescimento da produtividade no contexto do Indústria 4.0, o programa da indústria alemã que permitiu maior flexibilidade diante das transformações na demanda.

Esse potencial é ainda mais bem ilustrado pela manufatura japonesa, onde muitas empresas priorizaram a flexibilidade e a participação do trabalhador nos processos decisórios, mesmo com a introdução de maquinário avançado e por vezes automatizado. O pioneiro dessa abordagem foi W. Edwards Deming, outro engenheiro adepto da visão de Wiener, Licklider e Engelbart. Ele foi fundamental para estabelecer uma abordagem produtiva flexível na manufatura japonesa centrada na qualidade. Em retribuição, recebeu as maiores honrarias no Japão, e o Prêmio Deming foi criado em seu nome. A realidade aumentada e a realidade virtual fornecem atualmente muitas novas vias para esse tipo de colaboração humano-máquina, incluindo capacidades melhoradas para o trabalho de precisão executado por humanos, projetos mais adaptativos e maior flexibilidade em responder às circunstâncias em transformação.

O segundo tipo de utilidade de máquina é ainda mais importante e foi nosso foco nos capítulos 7 e 8: a criação de novas tarefas para os trabalhadores. Novas tarefas foram cruciais para expandir a demanda por mão de obra, qualificada ou não, mesmo numa época em que fabricantes como a Ford automatizavam parte do processo produtivo, reorganizavam o trabalho e faziam a transição para a produção em massa. As tecnologias digitais também criaram várias novas tarefas técnicas e de projeto durante o último meio século (ainda que a maioria das empresas tenha priorizado a automação digital). A realidade aumentada e a realidade virtual também podem produzir mais novas tarefas no futuro.

O ensino e a saúde oferecem uma ilustração vívida de como os avanços em algoritmos podem introduzir novas tarefas.

Mais de quatro décadas atrás, Isaac Asimov observou o problema de nosso atual sistema de ensino:

> O que as pessoas hoje chamam de ensino é imposto ao indivíduo. Todo mundo na sala de aula é obrigado a aprender a mesma coisa, em um mesmo dia, a uma mesma velocidade. Mas os alunos são todos diferentes. Para uns, a aula está indo rápido demais; para outros, lentamente; para outros ainda, na direção errada.

Quando Asimov escreveu essas palavras, sua proposta para um ensino personalizado não passava de um sonho. À exceção das aulas particulares, havia pouca possibilidade disso. Hoje em dia, temos as ferramentas para fazer da personalização uma realidade em muitas salas de aula. Na verdade, deveria ser possível reconfigurar as tecnologias digitais existentes com esse fim. As mesmas técnicas estatísticas usadas para a automação de tarefas podem também ser usadas para identificar em tempo real grupos de alunos que tenham dificuldades com problemas semelhantes, bem como os que possam ser expostos a um mesmo material avançado. O conteúdo relevante pode então ser ajustado para pequenos grupos. Evidências na área da pesquisa do ensino indicam que a personalização rende dividendos consideráveis e é mais útil justamente naquilo de que a sociedade tem maior necessidade: melhorar as habilidades cognitivas e sociais dos alunos de origem socioeconômica modesta.

A situação no sistema de saúde é parecida: o tipo certo de utilidade de máquina pode empoderar significativamente as equipes de enfermagem e outros profissionais de saúde, e seria mais útil na área de atenção primária à saúde, prevenção e aplicações médicas de baixa tecnologia.

A terceira contribuição das máquinas para as capacidades humanas pode ser ainda mais relevante no futuro próximo. A tomada de decisão costuma ser limitada pela precisão da informação, e até a criatividade humana depende de um acesso oportuno à informação precisa. A maioria das tarefas criativas exige traçar analogias, encontrando novas combinações de métodos e projetos existentes. As pessoas que executam tal trabalho concebem em seguida esquemas previamente não testados que são confrontados com as evidências e os argumentos e então refinados. Todas essas tarefas humanas podem ser auxiliadas pela filtragem acurada e pelo fornecimento de informação útil.

A rede mundial de computadores, cuja criação costuma ser atribuída ao cientista da computação Tim Berners-Lee, é um exemplo quintessencial desse tipo de apoio para a cognição humana. No fim da década de 1980, a internet completara duas décadas de existência, mas não havia um modo simples de acessar o tesouro de informações que a rede continha. Com ajuda do cientista da computação belga Robert Cailliau, Berners-Lee desenvolveu o conceito de hipertexto de Engelbart e introduziu hyperlinks para permitir à informação de um site conectar-se a informações relevantes em outras partes da rede. Os dois cientistas projetaram o primeiro navegador de internet para recuperar essa informação e a batizaram de World Wide Web, ou simplesmente Web. A Web é um marco na complementaridade humano-máquina: ela permite que as pessoas tenham acesso à informação e ao conhecimento produzidos por outros em um grau essencialmente sem paralelo no passado.

A utilidade de máquina permite muitas outras aplicações além do fornecimento de melhor informação para trabalhadores, consumidores e cidadãos. Os melhores sistemas de recomendação são capazes de agregar massas de informação e apresentar aspectos relevantes para ajudar o usuário em sua tomada de decisão.

A quarta categoria, baseada no uso de tecnologias digitais para criar novas plataformas e mercados, pode se revelar a mais importante aplicação da visão de Wiener-Licklider-Engelbart. A produtividade econômica é inseparável da cooperação e do comércio. Unir pessoas de diferentes habilidades e talentos sempre foi um aspecto preponderante do dinamismo econômico, que pode ser poderosamente expandido pelas tecnologias digitais.

Uma ilustração desse fenômeno vem da indústria pesqueira no estado de Kerala, no sul da Índia, que foi revolucionada pelo uso do celular. Em alguns mercados locais, os pescadores voltavam com os barcos cheios de peixe, mas a procura era insuficiente, derrubava o preço, e a mercadoria apodrecia. A poucos quilômetros dali, havia pouco pescado e muita procura nos mercados, levando a preços altos, demanda não atendida e amplas ineficiências. O serviço de telefonia celular foi introduzido por todo o estado de Kerala em 1997. Os pescadores e as peixarias passaram a usar a tecnologia para obter informações sobre a distribuição da oferta e da procura nos mercados litorâneos. Assim, a dispersão de preços e o desperdício diminuíram muito. A moral econômica básica dessa história é clara: a tecnologia da comunicação permitiu a criação de um mercado unificado, e um estudo cuidadoso desse episódio deixa claro que tanto os pescadores como os consumidores se beneficiaram de forma significativa.

As oportunidades para novas conexões e a criação de mercados são potencialmente maiores com as tecnologias digitais, e algumas plataformas já recorrem a elas. Um exemplo inspirador é o dinheiro móvel e o sistema de transferência de valores M-Pesa, que foi introduzido no Quênia em 2007 e oferece serviços bancários baratos e rápidos pelo celular. O sistema se espalhou por 65% da população queniana dois anos após sua introdução e foi adotado desde então por diversos outros países em desenvolvimento. Estima-se que tenha gerado amplos benefícios para tais economias. Em outro exemplo, o Airbnb criou um novo mercado em que as pessoas podem alugar acomodações, expandindo a escolha para os consumidores e gerando competição com cadeias hoteleiras.

Mesmo em áreas como a tradução, em que a automação por IA demonstra resultados razoáveis, existem alternativas complementares baseadas na criação de novas plataformas. Por exemplo, em vez de dependermos unicamente de traduções totalmente automatizadas e com frequência de baixa qualidade, poderíamos construir plataformas que reunissem pessoas em busca de serviços de alta qualidade e pessoas multilíngues de todas as partes do mundo.

Novas plataformas não precisam se restringir às que são especializadas em transações monetárias. Estruturas digitais descentralizadas podem ser utilizadas para construir plataformas para modos mais amplos de colaboração, compartilhamento de conhecimentos e ação coletiva, como veremos no capítulo 11.

Os casos de sucesso da utilidade de máquina estão entre as aplicações mais produtivas das tecnologias digitais, pavimentando o caminho para um sem-número de outras inovações. Mesmo assim, eles pouco influenciaram a atual orientação da IA. O McKinsey Global Institute estimou que, em 2016, os gastos mundiais totais com IA foram de 26 bilhões a 39 bilhões de dólares — destes, entre 20 bilhões e 30 bilhões vieram de um punhado de *big techs* nos Estados Unidos e na China. Infelizmente, até onde nos consta, a maior parte desses gastos foi destinada à coleta maciça de dados objetivando automação e vigilância.

Então por que as empresas de tecnologia não desenvolvem ferramentas para ajudar os humanos e ao mesmo tempo estimular a produtividade? Há diversos motivos para isso, todos instrutivos sobre as forças mais amplas com que nos deparamos. Vejamos o exemplo do ensino, e lembremos que novas tarefas são úteis em parte porque aumentam a produtividade, gerando empregos significativos e bem remunerados para humanos — nesse caso, professores. Contudo, novas tarefas no ensino implicam custos maiores para escolas com orçamentos já apertados. A maioria das escolas públicas, como quaisquer organizações modernas, estão focadas na contenção de custos com mão de obra e talvez tenham dificuldade em contratar mais professores. Dessa forma, softwares para ajudar na avaliação dos alunos ou qualquer outra possibilidade de automação do ensino podem parecer mais atraentes para elas.

O mesmo acontece na saúde. A despeito dos 4 trilhões gastos com saúde nos Estados Unidos, os hospitais também enfrentam pressões de orçamento, e a falta de enfermeiros ficou dolorosamente evidenciada durante a pandemia de covid-19. Novas tecnologias que aumentassem as capacidades e responsabilidades da enfermagem se traduziriam na contratação de mais enfermeiros para um serviço de saúde de alta qualidade. Eis um ponto fundamental: se a intenção é cortar custos com mão de obra, a complementaridade das máquinas não interessa às organizações.

Outro desafio é que as novas plataformas e os novos métodos de agregar e fornecer informação ao usuário também abrem possibilidades inéditas de exploração. A internet, além de uma fonte de informações úteis para as pessoas, tornou-se uma tecnologia para a publicidade digital e a disseminação de desinformação. E sistemas de recomendação são usados rotineiramente para direcionar o usuário a produtos específicos, a depender dos incentivos financeiros da plataforma. As informações obtidas pelos gestores com as ferramentas digitais ajudam em suas tomadas de decisão, mas ao mesmo tempo servem para que eles monitorem os trabalhadores mais de perto. Alguns sistemas de recomendação alimentados por IA incorporam e reforçam vieses existentes — por exemplo, preconceito racial em contratações e no sistema de justiça. Aplicativos de transporte urbano e de entregas exploram trabalhadores sem qualquer tipo de amparo legal. Assim, até mesmo os usos mais promissores da complementaridade humano-máquina dependem de três coisas: incentivos de mercado; visão e prioridades dos líderes de tecnologia; e contrapoderes.

Além disso, há uma barreira igualmente intransponível para a complementaridade humano-máquina. À sombra do teste de Turing e da ilusão da IA, os principais pesquisadores na área estão determinados a alcançar a paridade humana e tendem a valorizar tais realizações em detrimento da utilidade de máquina. Isso imprime à orientação tecnológica um viés de corte de custos pela substituição da mão de obra pela IA. Contando, é claro, com uma mãozinha do capital corporativo.

Desse modo, a inovação tende a focar maneiras de tirar tarefas dos trabalhadores e alocá-las a programas de IA. Esse problema, sem dúvida, é amplificado por incentivos financeiros vindos de grandes organizações determinadas a cortar custos através do uso de algoritmos.

A MÃE DE TODAS AS TECNOLOGIAS INADEQUADAS

Não são apenas os trabalhadores e cidadãos do mundo industrializado que pagarão o pato pela ilusão da IA.

A despeito do crescimento econômico em muitas nações pobres nas últimas cinco décadas, mais de 3 bilhões de pessoas no mundo em desenvolvimento ainda vivem com menos de seis dólares diários, muito pouco para as necessárias três refeições por dia, sem mencionar moradia, vestuário e saúde. Muitos depositam suas esperanças na tecnologia para aliviar essa pobreza. Novas tecnologias, introduzidas e aperfeiçoadas na Europa, nos Estados Unidos ou na China, podem ser adotadas por nações em desenvolvimento e turbinar seu crescimento econômico. Acredita-se que o comércio internacional e a globalização também sejam ingredientes cruciais nesse processo, pois nações de baixa remuneração podem exportar seus produtos graças a tecnologias avançadas.

Histórias de sucesso de crescimento econômico acelerado — como as de Coreia do Sul, Taiwan, ilhas Maurício e, mais recentemente, China — parecem confirmar isso. Cada país alcançou taxas de crescimento médio per capita de mais de 5% ao ano por períodos de mais de trinta anos. Em todos os casos, as tecnologias industriais desempenharam um importante papel no crescimento, assim como as exportações.

Mas os benefícios da importação de tecnologia para os países em desenvolvimento têm mais nuances do que normalmente se presume. Alguns economistas, como Frances Stewart, perceberam na década de 1970 que isso na verdade poderia piorar as coisas em termos de desigualdade e pobreza, pois as tecnologias ocidentais são com frequência "inadequadas" para as necessidades das nações em desenvolvimento. A agricultura africana ilustra o problema. Países de remuneração elevada e média respondem por quase todos os gastos com pesquisa em tecnologia agrícola, e uma fração significativa é direcionada ao eterno problema de pragas e patógenos, que segundo se estima destroem cerca de 40% da produção agrícola mundial. Variedades de cultivos resistentes (incluindo mais de 5 mil patentes de biotecnologia e diversas variedades geneticamente modificadas) foram desenvolvidas para combater a traça do milho europeia, uma praga na Europa ocidental e na América do Norte. O mesmo vale para o besouro da raiz do milho nos Estados Unidos e partes da Europa ocidental e a larva do algodão, outrora uma das principais ameaças à produção americana.

Mas os mesmos cultivos e produtos químicos não servem para a agricultura africana e sul-asiática, que enfrenta diferentes pragas e patógenos. A traça do talo de milho africana e o gafanhoto-do-deserto que devasta quase todos os cultivos na África e em grande parte da Ásia Meridional representam enormes barreiras para a produtividade agrícola dessas regiões, mas receberam muito menos atenção (pouquíssimas patentes e nenhuma variedade geneticamente modificada). A quantia total investida em pesquisa e as inovações direcionadas aos problemas do mundo em desenvolvimento e de baixa remuneração foram no geral ínfimas. Estimativas sugerem que a produtividade global agrícola poderia ser ampliada em até 42% se a pesquisa em biotecnologia fosse redirecionada para as pragas e patógenos que afetam o mundo em desenvolvimento.

Novos cultivos e produtos químicos voltados predominantemente à agricultura ocidental são um exemplo de tecnologia inadequada. A ênfase de Stewart não era tanto em pragas e patógenos, mas no funcionamento dos novos métodos produtivos envolvendo pesado investimento de capital. O maquinário industrial complexo das fábricas e as colheitadeiras e outros implementos agrícolas podem ser incompatíveis com as necessidades do mundo em desenvolvimento, onde o capital é escasso e gerar bons empregos para a população durante o processo de crescimento é um imperativo primordial.

Tais incompatibilidades custam caro para o progresso econômico. As nações em desenvolvimento podem acabar não usando as novas tecnologias, ou por serem pouco indicadas para suas necessidades ou por serem um investimento pesado demais. Na verdade, variedades de cultivo desenvolvidas nos Estados Unidos raramente são exportadas para as nações mais pobres, a menos que aconteça de terem clima e patógenos muito similares. E mesmo quando novas tecnologias desenvolvidas em economias avançadas são introduzidas no mundo em desenvolvimento, os benefícios são com frequência limitados, porque os países que as recebem podem não dispor da mão de obra altamente qualificada exigida para manter e operar as novas máquinas. Além disso, tecnologias importadas do mundo rico tendem a criar uma estrutura dual, com um pequeno setor de capital elevado e profissionais altamente habilitados com excelentes remunerações e outro setor muito maior com poucos empregos bons. Em suma, as tecnologias inadequadas não conseguem reduzir a pobreza mundial e podem em vez disso agravar a desigualdade tanto entre o Ocidente e o resto do mundo como entre uma nação em desenvolvimento e outra.

Muitas pessoas no mundo em desenvolvimento já tinham consciência desses imperativos. Algumas das inovações mais transformadoras do século XX surgiram no que chamamos hoje de "Revolução Verde", puxada por pesquisadores de México, Filipinas e Índia. As novas variedades de arroz inventadas no Ocidente não eram adequadas para o solo e as condições climáticas desses países. Um grande avanço ocorreu em 1966 com a criação de uma nova variedade de arroz híbrido, o IR8, que rapidamente duplicou a produção de arroz nas Filipinas. O IR8 e cultivares relacionados desenvolvidos em colaboração com institutos de pesquisa indianos foram em pouco tempo adotados também na Índia e revolucionaram a agricultura do país, em algumas regiões chegando a proporcionar safras dez vezes maiores. O financiamento internacional da Fundação Rockefeller e a liderança dos cientistas, especialmente do agrônomo Norman Borlaug, posteriormente agraciado com o prêmio Nobel da paz por salvar mais de 1 bilhão de pessoas da fome, também foram fundamentais.

Hoje em dia, enfrentamos a mãe de todas as tecnologias inadequadas na forma da IA, mas nenhum esforço na linha da Revolução Verde foi feito (tampouco há muitos pesquisadores de IA imbuídos do espírito de Borlaug).

A redução da pobreza e o rápido crescimento econômico em lugares como Coreia do Sul, Taiwan e China não resultaram apenas da importação dos métodos produtivos ocidentais. Seu sucesso econômico resultou do aproveitamento mais efetivo dos recursos humanos graças às novas tecnologias, que geraram novas oportunidades de emprego para boa parte da força de trabalho. E esses países também aumentaram o investimento em educação a fim de aperfeiçoar a combinação das tecnologias às habilidades da população.

A moderna IA oferece obstáculos a esse caminho. As tecnologias digitais, a robótica e outros equipamentos de automação já aumentaram as exigências de qualificação profissional da produção global e começaram a refazer a divisão de trabalho internacional – contribuindo, entre outras coisas, para um processo de desindustrialização em muitas nações em desenvolvimento cuja força de trabalho consiste sobretudo em indivíduos de baixa escolaridade.

Mais uma vez, a inteligência artificial é o próximo ato nesse drama. Em vez de gerar empregos e oportunidades para a maioria da população nos países pobres e de remuneração média, a atual orientação da IA eleva a demanda por capital e por trabalhadores, e até por serviços altamente qualificados, como os das empresas de consultoria empresarial e tecnológica. Esses são justamente os recursos mais carentes no mundo em desenvolvimento. Como nos exemplos do crescimento dominado pelas exportações e da Revolução Verde, muitas dessas economias contam com recursos abundantes que podem ser utilizados para puxar o crescimento econômico e reduzir a pobreza. Mas eles permanecerão inutilizados se o futuro tecnológico enveredar pelos caminhos ditados pela ilusão da IA.

O RESSURGIMENTO DA SOCIEDADE EM DUAS CAMADAS

No início da Revolução Industrial britânica no século XVIII, a maioria da população detinha pouco poder político ou social. Assim, era previsível que a orientação do progresso e do crescimento produtivo piorasse as condições de vida para milhões de pessoas. Isso só começou a mudar quando uma redistribuição do poder alterou o curso da tecnologia, elevando a produtividade marginal dos trabalhadores, e instituições e normas surgiram para assegurar a participação nos lucros, fazendo com que a produtividade elevada se traduzisse em crescimento salarial. Esse embate entre a tecnologia e o poder do trabalhador começou a transformar a natureza altamente hierárquica da sociedade britânica na segunda metade do século XIX.

Nos capítulos 6 e 7, seguimos esse processo da Grã-Bretanha aos Estados Unidos, à medida que a liderança tecnológica mudava. A tecnologia americana do século XX encaminhou-se ainda mais decisivamente na direção de elevar a produtividade marginal do trabalhador, de forma que lançou as fundações da prosperidade compartilhada não apenas em âmbito doméstico, como também em boa parte do resto do mundo, à medida que as técnicas e inovações americanas se espalhavam e possibilitavam a produção em massa e a ascensão da classe média em dezenas de países.

Os Estados Unidos permaneceram na vanguarda da tecnologia pelos últimos cinquenta anos, e seus métodos e práticas de produção, especialmente em inovações digitais, continuam a se espalhar pelo planeta, mas agora com consequências bem diferentes. O modelo americano de prosperidade compartilhada foi por água abaixo a partir da década de 1980, à medida que o poder se concentrava nas mãos das megacorporações, as instituições e normas que protegiam a participação nos lucros se desfaziam e a tecnologia assumia uma orientação predominantemente automatizada.

Muito antes da década de 2010 já voltávamos a uma sociedade em duas camadas, com uma visão tecnológica arraigada em prol da automação e do monitoramento opressivo do trabalhador. Após o agravamento da ilusão da IA, vemos esse processo se acelerar.

A moderna IA concentra ainda mais as ferramentas nas mãos das elites tecnológicas, capacitando-as a criar novas maneiras de automatizar o trabalho, alijando os seres humanos e supostamente desempenhando todo tipo de boa ação, como aumentar a produtividade e resolver os principais problemas enfrentados pela humanidade (ou pelo menos é o que elas alegam). Graças ao poder da IA, essas elites sentem cada vez menos necessidade de consultar o resto da população. Na verdade, muitos de seus líderes acham que os humanos não são lá muito ajuizados e talvez nem sejam capazes de saber o que é bom para si mesmos.

O casamento das tecnologias digitais e dos grandes negócios havia criado um número cada vez maior de bilionários em meados da década de 2000. Tais fortunas se multiplicaram assim que as ferramentas de IA começaram a se difundir, na década de 2010. Mas não por se mostrarem incrivelmente produtivas, como alegavam seus defensores. Pelo contrário, a automação por IA com frequência nem aumenta muito a produtividade. E, pior, não contribui em nada para a prosperidade compartilhada. Não obstante, fascina e enriquece magnatas e gestores de alto escalão, ao mesmo tempo que desempodera a classe trabalhadora e cria novos modos de monetizar informações pessoais, como veremos no capítulo 10.

Chamamos de ilusão da IA as viseiras que nos impedem de enxergar essa nova corrida maluca pelo uso das tecnologias digitais para automatizar o trabalho e vigiar as pessoas. Ela está prestes a se intensificar na próxima década com o desenvolvimento de algoritmos mais potentes, a ampliação da conectividade global e máquinas e dispositivos permanentemente conectados à nuvem, permitindo uma coleta de dados mais extensa.

Hoje, nos movemos cada vez mais em direção à distopia futurista de *A máquina do tempo* de H. G. Wells. Nossa sociedade já apresenta duas camadas, com o topo ocupado por magnatas que acreditam piamente fazer por merecer sua riqueza, devido à sua espantosa genialidade, e embaixo a população comum, que os líderes da tecnologia veem como propensa ao erro e facilmente substituível. Conforme a IA é introduzida em cada vez mais aspectos da economia moderna, o abismo entre essas duas camadas tende a aumentar.

Nada disso precisava ter sido assim. As tecnologias digitais não precisavam ser utilizadas apenas para automatizar o trabalho, e as tecnologias de IA não precisavam ser aplicadas de modo indiscriminado para amplificar essa tendência. A comunidade tecnológica não precisava ter ficado hipnotizada pela inteligência de máquina e podia ter optado por trabalhar na utilidade de máquina. Não existe nada predeterminado para a tecnologia seguir esse caminho, tampouco há qualquer coisa de inevitável na sociedade em duas camadas que nossos líderes estão criando.

Há maneiras de escapar de nosso atual beco sem saída reconfigurando a distribuição de poder na sociedade e redirecionando a mudança tecnológica. Essa mudança terá de funcionar por meio de processos de baixo para cima, democráticos. De maneira sinistra, porém, a IA também está arruinando a democracia.

10. O colapso democrático

A história das mídias sociais ainda está por ser escrita,
e suas consequências nada têm de neutras.
Chris Cox, diretor de produto, Facebook, 2019

Se todos mentem o tempo todo, o resultado não é acreditarmos
nas mentiras, e sim que ninguém acredita em mais nada.
Hannah Arendt, entrevista, 1974

Em 2 de novembro de 2021, a estrela do tênis chinesa Peng Shuai postou na rede social Weibo que havia sido vítima de coerção sexual de um funcionário sênior do partido. Vinte minutos depois, a mensagem foi removida para nunca mais aparecer nas mídias sociais do país. Mas muitos usuários haviam feito a captura de tela e o post foi compartilhado na mídia estrangeira. Apesar do grande interesse pelo episódio, poucos puderam ver o post original, devido à censura que impedia o acesso a veículos estrangeiros, e nenhum debate público ocorreu.

Essa remoção quase imediata de informação politicamente delicada é a regra, e não a exceção, na China, onde a internet e as mídias sociais permanecem sob constante vigilância. Estima-se que o governo chinês gaste 6,6 bilhões de dólares por ano monitorando e censurando conteúdo online.

O governo também investe pesadamente em outras ferramentas digitais e sobretudo na vigilância por IA. Em nenhum lugar isso é mais evidente do que na província de Xinjiang, onde a coleta sistemática de dados sobre muçulmanos uigures teve início imediatamente após as manifestações de julho de 2009, multiplicando-se a partir de 2014. O Partido Comunista instruiu diversas empresas de tecnologia importantes a desenvolver ferramentas para coletar, agregar e analisar dados sobre indivíduos e seus hábitos domésticos, padrões de comunicação, empregos, gastos pessoais e até hobbies, a serem usados como inputs no "policiamento preventivo" contra os 11 milhões de habitantes da província tidos como potenciais dissidentes.

Companhias como o Ant Group (em parte propriedade do Alibaba), a gigante das telecomunicações Huawei e algumas das maiores empresas de IA do mundo, como SenseTime, CloudWalk e Megvii, cooperaram com os esforços do governo para desenvolver ferramentas de vigilância e empregá-las em Xinjiang. Além disso, o monitoramento por DNA está a caminho, enquanto tecnologias de IA para o reconhecimento facial de uigures já são rotineiramente utilizadas.

O que começou em Xinjiang mais tarde se estendeu ao resto da China. As câmeras de reconhecimento facial estão hoje espalhadas por todo o país, e o governo vem implementando um sistema de crédito social que recolhe informações sobre os indivíduos e os negócios a fim de monitorar atividades indesejáveis ou suspeitas — inclusas aí, obviamente, estão quaisquer críticas de dissidentes e pessoas consideradas subversivas. Segundo o documento oficial de planejamento, o sistema de crédito social

> está fundamentado em leis, regulamentos, normas e contratos; baseia-se em uma rede total que cobre os registros de crédito de membros da sociedade e a infraestrutura de crédito; é apoiado pela aplicação legal da informação de crédito e um sistema de serviços de crédito; suas exigências inerentes estão estabelecendo a ideia de uma cultura de sinceridade; e, ao promover a sinceridade e as virtudes tradicionais, utiliza o encorajamento para manter a confiança e restringir a quebra de confiança como mecanismos de incentivo; seu objetivo é elevar a mentalidade honesta e os níveis de crédito da sociedade como um todo.

Versões iniciais do sistema foram desenvolvidas junto a empresas do setor privado, como Alibaba, Tencent e a plataforma de transporte urbano Didi, com o objetivo declarado de distinguir entre os comportamentos vistos pelas autoridades como aceitáveis ou inaceitáveis — e limitar a mobilidade e outras ações dos transgressores. Desde 2017, protótipos do sistema de crédito social foram implementados em dezenas de cidades, incluindo Hangzhou, Chengdu e Nanjing. Segundo o Supremo Tribunal Popular, "os infratores [das ordens judiciais] foram impedidos de adquirir cerca de 27,3 milhões de passagens aéreas e quase 6 milhões de passagens de trem até o momento [9 de julho de 2019]". Alguns analistas enxergam no modelo chinês e seu sistema de crédito social o protótipo de um novo tipo de "ditadura digital" em que o governo autoritário é mantido por meio da intensa vigilância e coleta de dados.

Por ironia, isso é exatamente o contrário do que muitos pensaram que seriam os efeitos da internet e das mídias sociais no debate político e na democracia. A comunicação online guardava a promessa de liberar o potencial da sabedoria das multidões conforme diferentes pontos de vista se comunicassem para competir livremente e permitir o triunfo da verdade. A internet supostamente tornaria as democracias mais fortes e colocaria as ditaduras na defensiva conforme surgissem revelações sobre corrupção, repressão e abusos. Organizações como o hoje famoso WikiLeaks foram vistas como um passo rumo à democratização do jornalismo. As mídias sociais fariam tudo isso e ainda trariam melhorias, facilitando o debate político franco e a coordenação entre os cidadãos.

As evidências iniciais pareciam uma confirmação disso. Em 17 de janeiro de 2001, mensagens de texto foram usadas para coordenar protestos nas Filipinas contra o Congresso, que decidira descartar evidências críticas contra o presidente Joseph Estrada em seu julgamento de impeachment. À medida que as mensagens eram enviadas de um usuário para o seguinte, mais de 1 milhão de pessoas se dirigiam ao centro de Manila para protestar contra a cumplicidade dos congressistas com a corrupção e os crimes de Estrada. Depois que a capital foi paralisada, os legisladores reverteram sua decisão e o presidente foi removido do poder.

Menos de uma década depois foi a vez de Facebook e Twitter serem usados por manifestantes na Primavera Árabe para derrubar os antigos autocratas Zine El Abidine Ben Ali na Tunísia e Hosni Mubarak no Egito. Um dos líderes dos protestos egípcios, Wael Ghonim, engenheiro de computação na Google, resumiu o estado de espírito entre os manifestantes e o otimismo no mundo da tecnologia ao afirmar em uma entrevista: "Espero conhecer Mark Zuckerberg um dia para agradecer a ele. Grande parte dessa revolução começou no Facebook. Se queremos uma sociedade livre, basta lhe dar acesso à internet". Um dos cofundadores do Twitter adotou essa mesma linha, alegando: "Alguns tuítes podem ensejar uma mudança positiva num país sob repressão".

Muitos políticos concordavam. A secretária de Estado americana Hillary Clinton declarou em 2010 que a internet livre era um pilar fundamental de sua estratégia para difundir a democracia pelo mundo.

Com tais esperanças, como pudemos terminar em um mundo no qual as ferramentas digitais são armas poderosas nas mãos de autocratas para suprimir a informação e a dissidência, e as mídias sociais se transformaram em um vespeiro de desinformação e notícias falsas manipuladas não apenas por governos autoritários, como também por extremistas à direita e à esquerda?

Neste capítulo, argumentamos que os efeitos perniciosos das tecnologias digitais e da IA no discurso político e social não eram inevitáveis, tendo resultado do modo específico como foram desenvolvidas. Quando começaram a ser usadas primordialmente para a coleta e o processamento maciços de dados, essas ferramentas tornaram-se potentes nas mãos tanto de governos como de empresas interessadas em vigilância e manipulação. À medida que o povo era cada vez mais desempoderado, o controle de cima para baixo se intensificou tanto nos países autocráticos como nos democráticos, e novos modelos de negócios baseados em monetizar e maximizar o engajamento e a indignação do usuário prosperaram.

CENSURA COMO ARMA POLÍTICA

Nunca foi fácil fazer parte da dissidência na China comunista. No que muitos interpretaram como um relaxamento parcial da repressão que já havia custado milhões de vidas, o presidente Mao declarou em 1957: "Que uma centena de flores desabrochem", sugerindo uma abertura para ouvir críticas ao Partido Comunista. Mas as esperanças de que isso correspondesse a atitudes mais tolerantes não demoraram a cair por terra. Mao, em seguida, iniciou uma vigorosa campanha "antidireita", e os que caíram em sua armadilha e se manifestaram criticamente foram detidos, presos e torturados. Houve pelo menos 5 mil execuções entre 1957 e 1959.

Mas no final da década de 1970 e início dos anos 1980 as coisas mudaram. Após a morte de Mao, em 1976, um grupo linha dura que incluía sua esposa, Jiang Qing, e três outros membros do Partido Comunista, conhecido como a "Gangue dos Quatro", foram derrotados e destituídos na luta pelo poder que se seguiu. Deng Xiao Ping, um dos líderes da revolução, general bem-sucedido na guerra civil, arquiteto da campanha antidireita, secretário-geral e vice-premiê posteriormente expurgado por Mao, voltou à cena e chegou ao poder em 1978. Deng se reinventou como reformista e começou a fazer uma enorme reestruturação econômica no país.

Esse período testemunhou certo relaxamento do Partido Comunista. Novos veículos de mídia independente surgiram, alguns criticando o partido abertamente. Vários movimentos de base também tiveram início nessa época, incluindo organizações estudantis pró-democracia e iniciativas no campo para defender os direitos do povo contra a grilagem de terras.

Mas as esperanças de uma sociedade mais aberta voltaram a desmoronar com o massacre da praça Tiananmen em 1989. Nesses tempos relativamente mais permissivos da década de 1980, a reivindicação de mais liberdade e reformas nas cidades aumentou, particularmente entre os estudantes. Uma grande manifestação estudantil ocorrera em 1986 com pedidos por democracia, maior liberdade de expressão e liberalização econômica. A linha dura acusou o secretário-geral pró-reforma do partido, Hu Yaobang, de ser leniente com os manifestantes e o removeu do poder.

Novas manifestações explodiram em abril de 1989, depois que Hu faleceu de um ataque cardíaco. Centenas de estudantes da Universidade de Beijing marcharam para a praça Tiananmen, no centro de Beijing, separada da Cidade Proibida pelo Portão da Paz Celestial (Tiananmen). Conforme a multidão se juntava ao longo de várias horas, os estudantes rascunharam "sete reivindicações", entre as quais o reconhecimento oficial da visão de Hu Yaobang sobre democracia e liberdade, o fim da censura à imprensa, a liberdade de manifestação e o combate à corrupção e ao nepotismo dos líderes do governo.

Enquanto o partido tergiversava sobre como reagir, o apoio às manifestações cresceu, sobretudo após o início de uma greve de fome dos estudantes em 13 de maio. Isso levou meio milhão de pessoas às ruas de Beijing para protestar em solidariedade. Mas Deng Xiao Ping acabou adotando a linha dura e mandou os militares reprimirem os protestos. A lei marcial foi declarada em 20 de maio, e, nas duas semanas seguintes, mais de 250 mil soldados foram enviados a Beijing. Em 4 de junho, as manifestações foram esmagadas e a praça foi esvaziada. Fontes independentes estimam em cerca de 10 mil o número de manifestantes mortos. A praça Tiananmen constituiu um momento decisivo para a determinação do Partido Comunista de reprimir as liberdades e a oposição surgidas durante a década de 1980.

De qualquer forma, a capacidade do Partido Comunista de controlar a dissidência nos vastos territórios do país permaneceu limitada na década de 1990 e na maior parte da década seguinte. Assim, no início dos anos 2000, surgiu o movimento de Weiquan, reunindo um grande número de advogados que lutavam por direitos humanos, causas ambientais, direito à moradia e liberdade de expressão. Um dos movimentos pró-democracia de maior visibilidade, o Charter 08, liderado pelo escritor e ativista Liu Xiaobo, divulgou sua plataforma em 2008 e propôs reformas que iam muito além das reivindicações feitas na praça Tiananmen, incluindo uma nova constituição, eleições para todos os cargos públicos, separação de poderes, judiciário independente, garantia dos direitos humanos básicos e ampla liberdade de associação, reunião e expressão.

Em 2010, ficou ainda mais difícil fazer oposição pública na China. A internet havia chegado ao país em 1994 e em pouco tempo virou uma poderosa ferramenta para monitorar e higienizar o discurso político. O "Grande Firewall", limitando as informações e a comunicação para a população chinesa, foi iniciado em 2002 e concluído em 2009, e desde então é periodicamente ampliado.

No início da década de 2010, porém, a censura digital tinha certos limites. Um enorme esforço de pesquisa coletou e analisou milhões de posts em mídias sociais em 1382 websites e plataformas chineses em 2011 e os acompanhou desde então para verificar se seriam removidos pelas autoridades. Os resultados mostram que o Grande Firewall foi eficaz apenas até certo ponto. As autoridades não haviam sido capazes de censurar a maioria das centenas de milhares de posts que criticavam o governo ou o partido. Na verdade, elas removeram um subconjunto muito menor de publicações que tocavam em assuntos delicados e ofereciam um risco de reação em larga escala e a possibilidade de aglutinar diferentes grupos de oposição. A vasta maioria dos posts sobre manifestações na Mongólia Interior ou na província de Zhengcheng, assim como comentários sobre Bo Xilai (ex-prefeito de Dalian e membro do Politburo que estava sendo expurgado na época) e Fang Binxing (criador do Grande Firewall), foi rapidamente removida.

Outra equipe de pesquisadores descobriu que, a despeito do Grande Firewall e da censura sistemática, a comunicação nas mídias sociais continuou ajudando as manifestações. As mensagens na Weibo permitiram a coordenação e a distribuição dos protestos por diversos locais. Mas o papel das mídias sociais na dissidência teve vida curta.

A censura atenuada que permitiu a circulação de algumas mensagens cessou após 2014. Sob a liderança de Xi Jinping, o governo aprofundou a vigilância com o uso da tecnologia primeiro em Xinjiang e depois por toda a China. Em 2017, ele lançou o "Plano de Desenvolvimento da Nova Geração de IA", com a meta de obter a liderança global no setor (e claro foco na vigilância). Desde 2014, os gastos chineses com softwares e câmeras de circuito fechado, bem como sua participação no investimento global em IA, cresceram ano a ano, compondo atualmente cerca de 20% dos gastos com inteligência artificial no mundo todo. Pesquisadores chineses hoje respondem por mais patentes nessa área do que qualquer outro país.

Com tecnologias de IA melhores veio a vigilância mais intensa. Nas palavras do fundador do *China Digital Times*, Xiao Qiang,

> o sistema de censura chinês é usado como arma; ele é refinado, organizado, coordenado e apoiado pelos recursos do Estado. Não simplesmente para apagar coisas. O governo conta também com um poderoso aparato para construir narrativas e usá-las em imensa escala contra qualquer alvo.

Hoje, pouquíssimos posts escapam da censura em qualquer plataforma importante de mídias sociais, o Grande Firewall bloqueia praticamente qualquer site estrangeiro com conteúdo político indesejado e quase já não há evidências de manifestações sendo coordenadas nas mídias sociais. Os chineses não podem acessar veículos de mídia estrangeira independentes como *New York Times*, CNN, BBC, *Guardian* e *Wall Street Journal*. Grandes mídias sociais e ferramentas de busca ocidentais, como Google, YouTube, Facebook, Twitter, Instagram e blogs diversos com compartilhamento de vídeos também são bloqueados.

A IA ampliou significativamente a capacidade do governo chinês de suprimir a dissidência e evitar o discurso político e a informação, especialmente no contexto de conteúdo multimídia e chats ao vivo.

UM MUNDO NOVO AINDA MAIS ADMIRÁVEL

Na década de 2010, o discurso chinês tinha alguma coisa do *1984* de George Orwell. Suprimindo a informação e usando propaganda sistêmica, o governo tentou controlar a narrativa política. Quando alguma investigação de corrupção envolvendo figuras importantes do partido ou seus familiares era noticiada com destaque na imprensa estrangeira, a censura se encarregava de ocultar os detalhes do povo chinês e bombardeá-lo com propaganda, reiterando a virtuosidade de seus líderes.

Muitas pessoas pareciam ao menos em parte convencidas pela doutrinação, ou não ousavam admitir que se tratasse de propaganda. O Partido Comunista iniciou uma grande reforma na grade curricular do ensino médio em 2001. O objetivo era oferecer educação política à juventude da nação. Um memorando de 2004 sobre a reforma era intitulado "Sugestões para o fortalecimento da construção ideológica e moral de nossos jovens". Os novos livros didáticos publicados a partir de 2004 apresentavam um relato nacionalista da história, enfatizavam a autoridade e as virtudes do Partido Comunista, criticavam as democracias ocidentais e defendiam a superioridade do sistema político chinês.

Uma pesquisa feita em uma província chinesa revela que as opiniões dominantes entre a classe estudantil mudaram completamente após a introdução da reforma curricular. Os estudantes doutrinados por esses livros passaram a relatar maior confiança nos funcionários públicos e a considerar o sistema chinês mais democrático. Não é possível determinar até que ponto acreditavam de fato nessas coisas ou as diziam apenas da boca para fora, por receio do governo. Mas, de todo modo, as visões que eles expressaram mostram uma forte influência da propaganda.

No fim da década, houve um acentuado aprofundamento dessas tendências. O nacionalismo, o apoio irrestrito ao governo e a falta de questionamento da narrativa oficial se tornaram bem mais disseminados entre a juventude chinesa, com a censura e a propaganda digitais. Após os enormes investimentos em IA, o Grande Firewall passou a incorporar dados da vigilância constante coletados nas plataformas e nos locais de trabalho chineses. Em tal ambiente, será que os universitários chineses fariam alguma questão de acessar fontes de mídia estrangeira, se pudessem? Essa é a questão que dois pesquisadores se dispuseram a explorar em um ambicioso estudo. E a resposta que encontraram foi surpreendente, até para eles próprios.

Em meados da década de 2010, o Grande Firewall tinha uma falha. Ele bloqueava o acesso do usuário chinês a sites estrangeiros usando seus endereços de IP, e assim era possível saber se eles estavam localizados na China continental. Mas redes privadas virtuais (VPNs) podiam ser usadas para dissimular o endereço de IP dos usuários, permitindo seu acesso a sites censurados. O governo não proibira explicitamente as VPNs, e a informação sobre sites visitados por intermédio delas era inacessível para as autoridades, o que fazia delas uma alternativa razoavelmente segura. (As coisas mudaram desde então com a proibição do uso privado de VPNs e a obrigação de que todos os provedores de VPN sejam registrados pelo governo.)

Em um ambicioso experimento, dois pesquisadores ofereceram a estudantes de Beijing livre acesso a VPNs (e em alguns casos encorajamento extra por mala direta e outros meios) para acessarem veículos de comunicações ocidentais por um período de dezoito meses entre 2015 e 2017. Os que receberam encorajamento extra fizeram uso elevado do recurso e ao final da pesquisa mostraram espírito crítico em relação ao governo e maior interesse pelas instituições democráticas. Mas a vasta maioria, que não recebeu nenhum encorajamento extra, preferiu ignorar a oferta. Eles haviam introjetado de tal forma a censura que nem lhes ocorria mais ir atrás de informação alternativa à versão oficial.

O resultado do estudo estava mais para *Admirável mundo novo* do que para *1984*. Como afirmou o crítico social Neil Postman: "O medo de Orwell eram sociedades que proibiam livros; o de Huxley, sociedades em que não houvesse motivo para proibi-los, pois não haveria ninguém interessado em sua leitura".

Na distopia de Aldous Huxley, a sociedade se divide entre castas rigidamente segmentadas: os alfas, no topo, os betas, gamas e deltas, no meio, e os ípsilons, na base da sociedade. Mas a necessidade de censura e vigilância constantes não existe porque "sob um ditador científico o ensino funcionará de verdade — com o resultado de que a maioria dos homens e mulheres aprenderá a amar a servidão e jamais sonhará com revoluções. Não parece haver um único bom motivo para derrubar uma ditadura inteiramente científica".

DE PROMETEU A PÉGASO

Outras ditaduras como Irã e Rússia também se valeram das ferramentas digitais para reprimir a dissidência e o livre acesso à informação.

Mesmo antes da Primavera Árabe, o papel das mídias sociais nas manifestações pró-democracia chegaram à atenção internacional durante a Revolução Verde iraniana, que terminou fracassando. Enormes multidões (segundo algumas estimativas, de até 3 milhões) tomaram as ruas para derrubar o presidente Mahmoud Ahmadinejad, que segundo se acreditava fraudara a eleição de 2009 para permanecer no poder. Muitas ferramentas de mídias sociais, incluindo aplicativos de mensagens de texto e o Facebook, foram utilizadas para coordenar os protestos.

As manifestações foram rapidamente reprimidas, e um grande número de figuras da oposição e estudantes foram presos. Em seguida, a censura à internet se intensificou. Em 2012, um Supremo Conselho do Ciberespaço foi instituído para supervisionar a internet e as mídias sociais iranianas, e hoje quase todas as redes sociais ocidentais, vários serviços de streaming (incluindo a Netflix) e a maioria dos meios de comunicação ocidentais estão bloqueados no país.

A evolução do papel das mídias sociais na política e sua consequente repressão por parte do governo na Rússia são similares. O site VK (VKontakte) emergiu como a plataforma de mídias sociais mais popular do país e em 2011 já era amplamente utilizado. A fraude eleitoral de 4 de dezembro de 2011 nas eleições parlamentares, com fotos na internet de pessoas adulterando as urnas, desencadeou enormes manifestações. Pesquisas subsequentes revelaram que os protestos haviam sido coordenados na plataforma, e houve manifestações contra o governo significativamente maiores nas cidades onde o VK era mais utilizado.

Assim como na China e no Irã, os protestos funcionaram como um gatilho para o maior controle governamental e a censura da atividade online na Rússia. A censura sistemática desde então se intensificou. O Sistema para Atividades Investigativas Operativas obriga todas as operadoras de telecomunicações do país a instalar um hardware fornecido pelo Serviço de Segurança Federal que permite ao órgão monitorar metadados e conteúdo e bloquear o acesso do usuário sem a necessidade de um mandado judicial. Após uma nova onda de protestos em 2020, novos sites de dissidência e notícias foram bloqueados, ferramentas de VPN e o navegador protegido por criptografia Tor foram proibidos e multas astronômicas foram introduzidas como forma de coagir as empresas a impedirem o acesso a conteúdo ilegal, incluindo posts de mídias sociais e sites críticos ao governo. Embora as tecnologias de IA sejam menos centrais nos esforços russos de censura, recentemente seu papel também tem crescido.

O abuso das ferramentas digitais contra adversários não se limita às ditaduras. Em 2020, uma lista com cerca de 50 mil números de telefone foi vazada para a Forbidden Stories, uma organização internacional dedicada a publicar artigos de jornalistas sob sistemas repressores do mundo inteiro. Os números pertenciam a políticos de oposição, ativistas dos direitos humanos, jornalistas e dissidentes supostamente hackeados com o software Pegasus, desenvolvido pela empresa israelense NSO Group. (A NSO negou qualquer envolvimento, afirmando que o programa é fornecido apenas para "clientes selecionados do governo", e que estes por sua vez decidiam como usá-lo.)

O Pegasus é um spyware de "zero clique", ou seja, pode ser instalado remotamente e não exige que o usuário clique em algum link — em outras palavras, é instalado no celular sem o conhecimento ou consentimento de seu dono. A referência a Pégaso, o cavalo alado da mitologia, deve-se à classe ampla de softwares a que pertence (cavalo de Troia), e ao fato de que ele voa em vez de ser manualmente instalado. Como vimos no capítulo 1, os atuais líderes da tecnologia adoram enfatizar o potencial da IA e se retratar como modernos Prometeus, presenteando a humanidade não com o fogo, mas com a dádiva da tecnologia. O Pegasus, porém, e não Prometeu, foi o que pelo jeito obtivemos com as modernas tecnologias digitais.

O Pegasus lê mensagens de texto, escuta chamadas, informa a localização, captura senhas, monitora a atividade online e até assume o controle da câmera e do microfone de um celular. Parece fazer muito sucesso em países com soberanos autoritários como Arábia Saudita, Emirados Árabes Unidos e Hungria. Acredita-se que tenha sido utilizado pelos agentes sauditas para vigiar o jornalista Jamal Khashoggi, brutalmente assassinado em outubro de 2018.

Mas a investigação dos números obtidos pela Forbidden Stories revela o abuso sistemático do malware também por parte de muitos governos democraticamente eleitos. No México, ele foi originalmente adquirido como arma contra o narcotráfico e empregado na operação que levou à captura de El Chapo, chefão do cartel de Sinaloa. Posteriormente, porém, o governo o usou contra jornalistas, advogados e partidos de oposição, incluindo um de seus líderes, Andrés Manuel López Obrador, futuro presidente do país. O primeiro-ministro indiano Narendra Modi recorre ainda mais extensamente a ele para vigiar não só estudantes, ativistas e adversários em geral, como também os membros da Comissão Eleitoral e até os diretores do Escritório Central de Investigação do país.

Os abusos no uso do Pegasus foram além dos governos de países em desenvolvimento. O celular do presidente francês Emmanuel Macron estava na lista, assim como os números de diversos funcionários de alto escalão do Departamento de Estado americano.

Só que os Estados Unidos não precisam do Pegasus para suas transgressões high-tech (embora algumas agências de segurança o tenham experimentado, além de terem atuado como intermediárias em sua venda ao governo do Djibouti). Em 5 de junho de 2013, o jornal britânico *The Guardian* publicou as revelações de Edward Snowden sobre a coleta de dados ilegal empreendida pela Agência de Segurança Nacional americana (NSA). Contando com a colaboração de provedores de internet como Google, Microsoft, Facebook, Yahoo!, e de companhias telefônicas como AT&T e Verizon, a agência coletou dados em massa de buscas na internet, comunicações online e ligações telefônicas de cidadãos americanos, além de dados de satélites e cabos de fibra ótica subaquáticos, e grampeou líderes de países aliados, incluindo Alemanha e Brasil. Snowden, ex-analista da NSA, descreveu o alcance desses programas: "Da minha mesa na agência eu certamente estava autorizado a grampear qualquer um — podia ser você, seu contador, um juiz federal, até o presidente. Bastava ter um e-mail pessoal". Embora inconstitucional e ocorrendo sem o conhecimento ou a supervisão do Congresso, parte dessas atividades era sancionada pela Lei de Vigilância de Inteligência Estrangeira.

Os Estados Unidos não são a China, e essas atividades tinham de ser escondidas dos meios de comunicação e até da maioria dos legisladores. Quando as revelações de Snowden vieram à tona, houve uma poderosa reação contra as estratégias abusivas de coleta de dados da NSA e outras agências. Mas isso não foi o suficiente para pôr fim à maior parte da vigilância. Talvez de maneira ainda mais grave, empresas privadas como a Clearview AI captaram a imagem facial de centenas de milhões de usuários e venderam a informação para agências e forças de segurança basicamente sem qualquer supervisão da sociedade civil ou de outras instituições. Nas palavras do fundador e CEO da empresa, "esse é o melhor uso da tecnologia".

Todos esses casos ilustram um problema mais profundo. Uma vez criadas, tais ferramentas digitais para a coleta ampla de dados começam a ser adotadas pela maioria dos governos para reprimir a oposição e vigiar os cidadãos, não só ajudando regimes antidemocráticos como também estimulando o autoritarismo em países democráticos.

A democracia fenece no escuro, mas tampouco prospera à luz da moderna inteligência artificial.

VIGILÂNCIA E ORIENTAÇÃO TECNOLÓGICA

Após a euforia inicial quanto ao potencial libertário da internet e das mídias sociais, alguns se precipitaram em chegar à conclusão diametralmente oposta: a de que as ferramentas digitais são antidemocráticas por natureza. Nas palavras do historiador Yuval Noah Harari, "a tecnologia favorece a tirania".

Os dois pontos de vista estão errados. A tecnologia digital não é uma coisa nem outra. Tampouco havia qualquer necessidade de que as tecnologias de IA fossem desenvolvidas para dar aos governos o poder de monitorar a mídia, censurar a informação e reprimir os cidadãos. Trata-se antes das escolhas sobre a orientação tecnológica.

Como vimos no capítulo 9, as tecnologias digitais, com seu propósito geral inerente, poderiam ter sido utilizadas para promover a utilidade de máquina, gerando novas tarefas ou criando plataformas para multiplicar as capacidades humanas. Mas o foco em vigiar o trabalhador e usar a automação para cortar custos de mão de obra foi determinado pela visão e pelo modelo de negócio das grandes empresas de tecnologia. O mesmo se deu com o uso da IA pelos governos.

O empoderamento do cidadão não é nenhum sonho impossível. As tecnologias digitais podem ser usadas para criptografia, impedindo a espionagem de comunicações privadas. Serviços como VPNs podem ser utilizados para driblar a censura. Navegadores como o Tor são atualmente impossíveis de hackear (até onde sabemos), e portanto oferecem níveis mais elevados de privacidade e segurança. Entretanto, as esperanças iniciais de democratização digital foram frustradas porque o mundo da tecnologia deposita seu empenho onde estão o dinheiro e o poder — com a censura governamental.

Assim, é um caminho específico — e escuso — escolhido pela comunidade de tecnologia que intensifica a coleta de dados e a vigilância. Embora avanços no processamento de dados em larga escala por meio de ferramentas de inteligência de máquina tenham sido importantes nesse esforço, o verdadeiro ingrediente secreto na vigilância dos governos e das empresas é a quantidade maciça de dados.

Ao fortalecer os impulsos autoritários, as tecnologias de IA geram um círculo vicioso. À medida que um governo fica mais autoritário e utiliza a IA para rastrear e controlar a população, isso faz com que a IA se torne cada vez mais uma tecnologia de monitoramento plenamente desenvolvida.

Desde 2014, por exemplo, houve na China um enorme aumento na demanda de governos locais por tecnologias de IA para reconhecimento facial e outros tipos de monitoramento. Essa demanda parece desencadeada, em parte, pela inquietação política em nível local. Os políticos querem aumentar o policiamento e a vigilância quando veem descontentamento ou manifestações em sua região. Na segunda metade da década de 2010, protestos maciços contra o governo nacional eram praticamente impossíveis, embora protestos locais tenham continuado a ocorrer, sendo, por algum tempo, como já vimos, inclusive coordenados nas mídias sociais.

Mas a essa altura as ferramentas de IA estavam nas mãos firmes dos aparatos repressores, não dos manifestantes. Graças ao poder das tecnologias de IA, as autoridades locais tornaram-se mais eficazes na tarefa de debelar e evitar protestos. Incidentalmente, ainda que o governo central e as autoridades locais na China estivessem dispostos a contratar uma grande quantidade de policiais, o aumento dos investimentos em IA parece reduzir a necessidade de uso da força humana para vigilância e até para a efetiva repressão dos manifestantes.

Mais notavelmente, essa demanda dos governos locais afeta a orientação da inovação. Dados sobre as startups de IA chinesas mostram que a demanda do governo por tecnologias de monitoramento transforma de maneira fundamental a inovação subsequente. As empresas de IA que prestam serviços para os governos chineses locais começaram a direcionar sua pesquisa cada vez mais para o reconhecimento facial e outras tecnologias de rastreamento. Talvez como resultado desses incentivos, a China emergiu como uma líder global em tecnologias de vigilância (como o reconhecimento facial), mas ficou para trás em outras áreas, como processamento da linguagem natural, habilidades de raciocínio-linguagem e pensamento abstrato.

Especialistas internacionais consideram que a pesquisa em IA na China continua significativamente atrás da americana em quase todos os aspectos. Mas num deles a China leva vantagem: dados.

Os pesquisadores chineses trabalham com quantidades de dados muito maiores, e sem as restrições de privacidade que muitas vezes limitam o tipo de dados que os pesquisadores ocidentais conseguem acessar. O impacto dos contratos de serviços de IA fornecidos aos governos locais é particularmente pronunciado quando estes compartilham vastas quantidades de dados em seus contratos de compra. Dispondo de dados abundantes, sem precisar dar satisfação a ninguém e com a forte demanda pelas tecnologias de vigilância, as startups de IA puderam testar e desenvolver poderosos aplicativos capazes de rastrear, monitorar e controlar os cidadãos.

Aqui a tecnologia de vigilância esconde uma armadilha: governos poderosos e ricos determinados a reprimir dissidências demandam tecnologias de IA para controlar sua população. Quanto maior a demanda, mais produtiva é a pesquisa. E quanto mais a IA se move na direção da repressão, mais atraente se torna para os governos autoritários (ou aqueles que aspiram ao autoritarismo).

Hoje, de fato, as startups chinesas exportam seus produtos de IA destinados a monitoramento e repressão para outros governos antidemocráticos. A Huawei, uma das maiores beneficiárias do acesso irrestrito a dados e dos incentivos financeiros para desenvolver tecnologias de espionagem, exportou essas ferramentas para cinquenta outros países. No capítulo 9, vimos como a automação baseada em IA desenvolvida em países tecnologicamente avançados afetará o resto do mundo, com potenciais prejuízos para a maioria dos trabalhadores. O mesmo é verdade para a vigilância baseada em IA: a maioria dos cidadãos, em qualquer parte do mundo, encontra cada vez mais dificuldades para escapar da repressão.

MÍDIAS SOCIAIS E CLIPES DE PAPEL

A censura da internet e até os softwares de espionagem dificilmente têm algo a dizer sobre o potencial das mídias sociais como instrumentos para aprimorar o debate político e coordenar a oposição aos piores regimes do mundo. Que diversas ditaduras tenham usado as novas tecnologias para reprimir suas populações não deveria surpreender ninguém. Que os Estados Unidos tenham feito o mesmo também é compreensível quando pensamos que a longa tradição de comportamento ilegítimo de seus serviços de segurança só fez crescer com a "Guerra contra o Terror". Talvez a solução esteja em redobrar a aposta nas mídias sociais e permitir uma maior conectividade e a troca desimpedida de mensagens para lançar uma luz mais forte sobre os abusos. Para nossa tristeza, o atual rumo das mídias sociais parece quase tão pernicioso para a democracia e os direitos humanos quanto a censura à internet imposta pelos governos.

O experimento mental do clipe de papel é um dos exemplos favoritos de cientistas e filósofos da computação para enfatizar os perigos de uma IA superinteligente caso seus objetivos não estejam perfeitamente alinhados aos da humanidade. Ele imagina uma máquina impossivelmente inteligente e poderosa que recebe instruções para produzir clipes de papel e então usa suas capacidades para cumprir essa meta com excelência, concebendo novos métodos de transformar o mundo inteiro em clipes de papel. No que diz respeito aos efeitos da IA na política, talvez ela esteja transformando nossas instituições em clipes de papel, mas não graças a suas capacidades superiores, e sim devido a sua mediocridade.

O Facebook era tão popular em Mianmar em 2017 que as pessoas o identificavam com a própria internet. Seus 22 milhões de usuários, em meio a uma população de 53 milhões, foram um terreno fértil para a desinformação e o discurso de ódio. Um dos países etnicamente mais diversos do mundo, Mianmar abriga 135 etnias distintas oficialmente reconhecidas. Seu Exército, que controla o país com mão de ferro desde 1962, com um breve período de democracia parlamentar sob a tutela militar entre 2015 e 2020, com frequência incitou o ódio étnico entre a população majoritariamente budista. Nenhum outro grupo foi tão perseguido quanto os muçulmanos rohingyas, que a propaganda do governo retrata como estrangeiros, ainda que habitem a região por séculos. O discurso de ódio contra os rohingyas virou um lugar-comum na mídia controlada pelo governo.

O Facebook chegou a essa mistura combustível de tensão étnica e propaganda incendiária em 2010. A partir daí, expandiu-se rapidamente. Em linha com a crença do Vale do Silício na superioridade dos algoritmos sobre os humanos, e a despeito de sua imensa base de usuários no país, o Facebook empregou uma única pessoa para monitorar Mianmar — e ela até falava birmanês, mas não a maioria das demais cento e tantas línguas usadas no país.

Em Mianmar, o discurso e o incitamento do ódio grassaram no Facebook desde o início. Em junho de 2012, um funcionário sênior próximo do presidente, Thein Sein, postou em sua página na rede:

> Temos notícia de que terroristas rohingyas da chamada Organização de Solidariedade Rohingya estão cruzando a fronteira e entrando com armas no país. Trata-se de rohingyas de outros países vindo para o nosso. Como nosso Exército recebeu previamente essa informação, vamos erradicá-los até o fim! Creio que já estamos fazendo isso.

O post prosseguia: "Não queremos ouvir um pio de ninguém sobre questões humanitárias ou de direitos humanos". O post não só incitava o ódio contra a minoria muçulmana, como também promovia a falsa narrativa de que os rohingyas eram estrangeiros.

Em 2013, o monge budista Ashin Wirathu, considerado nesse ano um expoente do terrorismo religioso pela revista *Time*, postou mensagens no Facebook acusando os rohingyas de serem invasores, assassinos e um perigo para o país, afirmando: "Aceito com orgulho o termo extremista".

As denúncias de ativistas e organizações internacionais pedindo que o Facebook combatesse fake news e posts incendiários continuaram a crescer. Um executivo da empresa admitiu: "Concordamos que podemos e devemos fazer mais". Contudo, em agosto de 2017, o que o Facebook fazia, fosse lá o que fosse, estava longe de ser suficiente para monitorar o discurso de ódio. A plataforma se convertera no principal veículo para organizar o que os Estados Unidos acabariam tachando como genocídio.

A popularidade do discurso de ódio no Facebook em Mianmar não constitui surpresa. O modelo de negócios da rede baseava-se em maximizar o engajamento do usuário, e mensagens que despertavam fortes emoções, incluindo, é claro, discursos de ódio e fake news, eram favorecidas pelos algoritmos da plataforma porque acionavam um intenso engajamento de milhares, às vezes centenas de milhares de usuários.

Grupos de direitos humanos e ativistas levaram essas preocupações sobre o crescimento do discurso de ódio e suas consequentes atrocidades à liderança do Facebook já em 2014, com pouco sucesso. Suas acusações foram inicialmente ignoradas conforme fake news incendiárias contra os rohingyas continuavam a aumentar de modo vertiginoso, assim como as evidências de que crimes de ódio, incluindo assassinatos da minoria muçulmana, eram organizados na plataforma. Mas a apatia da empresa não significava desinteresse pelo país. Quando o governo de Mianmar bloqueou o Facebook, seus executivos entraram em ação imediatamente, temendo perder parte de seus 22 milhões de usuários.

O Facebook também atendeu ao pedido do governo em 2019 de banir quatro organizações étnicas rotuladas como "perigosas". Seus sites, embora ligados a grupos separatistas étnicos como o Exército Arakan, o Exército de Independência Kachin e a Aliança Democrática Nacional de Mianmar, eram a principal fonte de fotos e outras provas de assassinatos e demais atrocidades cometidas pelo Exército e pelos monges budistas extremistas.

Quando o Facebook finalmente respondeu à pressão inicial, sua solução foi criar "adesivos" para identificar potenciais discursos de ódio. O recurso permitiria ao usuário postar mensagens que incluíssem conteúdo nocivo ou questionável, mas alertando: "Pense antes de compartilhar" ou "Não estimule a violência". Mas, como se fosse uma versão estúpida do programa de IA obcecado pela produção de clipes de papel, o algoritmo do Facebook estava tão determinado a maximizar o engajamento que registrava posts nocivos como sendo mais populares porque as pessoas os acessavam para denunciá-lo como nocivos. O algoritmo a seguir recomendava o conteúdo, exacerbando ainda mais a disseminação do discurso de ódio.

O Facebook parece não ter aprendido muita coisa com as lições de Mianmar. Em 2018, uma dinâmica semelhante começou a se desenhar em Sri Lanka, com posts na plataforma incitando a violência contra muçulmanos. Grupos de direitos humanos denunciaram o discurso de ódio, mas de nada adiantou. Na avaliação de um pesquisador e ativista, "há incitamentos à violência contra comunidades inteiras, e o Facebook diz que isso não viola os padrões da comunidade".

Dois anos depois, em 2020, foi a vez da Índia. Os executivos do Facebook ignoraram as denúncias de seus funcionários e se recusaram a remover o perfil do político indiano T. Raja Singh, que exortava ao fuzilamento de imigrantes muçulmanos rohingyas e à destruição de mesquitas. Muitas delas foram de fato destruídas nas manifestações antimuçulmanas em Delhi nesse ano, que também custou a vida de mais de cinquenta pessoas.

MÁQUINA DE DESINFORMAÇÃO

Os problemas com discursos de ódio e fake news em Mianmar são análogos ao que ocorreu nos Estados Unidos: o extremismo e a desinformação despertam emoções fortes e aumentam o engajamento e o tempo gasto na plataforma, permitindo ao Facebook vender anúncios digitais mais individualizados.

Durante a eleição presidencial de 2016 nos Estados Unidos, houve um aumento notável na quantidade de posts com informação enganosa ou conteúdo comprovadamente falso. No entanto, em 2020, as mídias sociais eram a principal fonte de notícias para 14% dos americanos e, para 70%, uma das fontes normalmente consultadas.

Essas fake news representavam muito mais que um aborrecimento menor. Um estudo sobre desinformação na plataforma concluiu que "as notícias falsas se difundiram de forma significativamente mais ampla, rápida e profunda do que as reais em todas as categorias de informação". Muitos posts clamorosamente enganosos viralizavam porque continuavam sendo compartilhados. Mas a culpa não era apenas dos usuários: os algoritmos do Facebook davam mais destaque a artigos sensacionalistas do que a posts politicamente menos relevantes e à informação de veículos confiáveis.

A plataforma virou um imenso canal de desinformação, sobretudo para usuários de direita. Eleitores de Trump chegavam a sites de fake news por meio do Facebook. Houve uma queda no tráfego fluindo das mídias sociais para a mídia tradicional. Como agravante, uma pesquisa recente revela que as pessoas tendem a acreditar em notícias falsas porque não conseguem lembrar onde as leram. Isso pode ser particularmente significativo porque os usuários com frequência recebem informação pouco confiável e às vezes claramente falsa de amigos e conhecidos com a mesma mentalidade. Também é pouco provável que eles se exponham a vozes contrárias nesses ambientes de câmara de eco.

Talvez esse seja um subproduto inevitável das mídias sociais. Mas já se sabe há mais de uma década que as câmaras de eco são exacerbadas pelos algoritmos da plataforma. Eli Pariser, ativista da internet e diretor-executivo do MoveOn.org, relatou em uma TED Talk em 2010 que, embora acompanhasse sites de notícias tanto liberais como conservadores, após algum tempo notou que era cada vez mais direcionado para os sites liberais, pois o algoritmo notara sua tendência ligeiramente maior a clicar neles. Ele cunhou o termo "filtro-bolha" para descrever como os filtros algorítmicos estavam criando um espaço artificial em que as pessoas escutavam apenas vozes já alinhadas a suas opiniões políticas.

Os filtros-bolha têm efeitos perniciosos. O algoritmo do Facebook tende a mostrar conteúdo de direita para usuários de direita, e vice-versa. Os pesquisadores documentaram que os filtros-bolha exacerbam a disseminação de desinformação na plataforma porque as pessoas são influenciadas pelas notícias que leem. Os efeitos do filtro vão além das mídias sociais. Uma pesquisa recente que incentivou espectadores regulares da Fox News a assistirem à CNN revelou que a exposição ao conteúdo dessa rede exerceu um efeito moderador em suas crenças e atitudes políticas numa série de questões. A principal razão para esse resultado parece ser que a Fox News, de maneira tendenciosa, apresentava alguns fatos e ocultava outros, influenciando os usuários a adotarem uma visão mais de direita. Há evidências crescentes de que esses efeitos são ainda mais fortes nas mídias sociais.

A despeito das audiências perante o Congresso e da reação pública ao papel do Facebook durante a campanha eleitoral, não muita coisa havia mudado em 2020. A desinformação na plataforma se multiplicou, em parte promovida pelo presidente Donald Trump, que alegava a existência de fraude na votação pelo correio e imigrantes sem cidadania americana votando aos montes. Ele usou as mídias sociais em inúmeras ocasiões para pedir a suspensão da apuração.

Mas, meses antes da eleição, o Facebook já estava atolado em controvérsia por causa de um vídeo adulterado de Nancy Pelosi, presidente da Câmara, em que ela parecia embriagada ou doente, falando com a voz pastosa. O vídeo falso fora promovido por aliados de Trump, incluindo Rudy Giuliani, e a hashtag #DrunkNancy começou a viralizar, atraindo em pouco tempo mais de 2 milhões de visualizações. Teorias conspiratórias amalucadas, como as do movimento QAnon, também circularam sem parar nos filtros-bolha da plataforma. Documentos fornecidos ao Congresso norte-americano e à Comissão de Valores Mobiliários por Frances Haugen, ex-funcionária do Facebook, revelam que seus executivos eram constantemente mantidos a par desses fatos.

Conforme a pressão aumentava sobre o Facebook, seu vice-presidente de assuntos mundiais e comunicações, Nick Clegg (ex-vice-primeiro-ministro britânico), defendeu as políticas da empresa, afirmando que plataformas de mídias sociais deviam ser tratadas como uma quadra de tênis: "Nossa função é garantir que a quadra esteja preparada — o piso nivelado, as linhas pintadas, a rede na altura correta. Mas não pegamos a raquete para começar a jogar. Como as pessoas jogam é problema delas, não nosso".

Na semana seguinte à eleição, o Facebook introduziu uma medida emergencial, alterando seus algoritmos para impedir a disseminação de teorias conspiratórias segundo as quais a eleição havia sido roubada. Mas, no fim de dezembro, seu algoritmo voltara ao normal, e a "quadra de tênis" estava aberta para um tira-teima do fiasco de 2016.

Vários grupos de extrema direita, assim como Donald Trump, continuaram a divulgar mentiras, e mais tarde se descobriu que o ataque de 6 de janeiro de 2021 ao Capitólio fora organizado em parte com o uso do Facebook e de outras redes sociais. Membros do grupo miliciano Oath Keepers usaram a plataforma para combinar sua estratégia, e vários outros grupos extremistas conversaram pelo chat oferecido pela rede. Thomas Caldwell, um dos líderes dos Oath Keepers, teria postado atualizações enquanto a multidão invadia o Capitólio e recebido informações pela plataforma sobre como se orientar no edifício e incitar a violência contra os deputados e a polícia.

A desinformação e o discurso de ódio não se restringem ao Facebook. Por volta de 2016, o YouTube começou a se tornar uma das principais ferramentas de recrutamento da extrema direita. Três anos depois, Caleb Cain, um ex-estudante de 26 anos que havia abandonado a faculdade, postou um vídeo para explicar como fora radicalizado seguindo conteúdos recomendados pela plataforma: "Caí no buraco de coelho da direita alternativa e fui mergulhando cada vez mais fundo".

O jornalista Robert Evans estudou como esses grupos recrutavam pessoas do país todo em enormes quantidades e concluiu que o YouTube na maioria das vezes era mencionado nos sites desses próprios grupos: "Quinze de 75 ativistas do fascismo estudados atribuíram ao YouTube sua decisão de tomar a pílula vermelha" (famosa referência ao filme *Matrix*, querendo dizer com isso que haviam despertado para as mentiras da esquerda).

As opções algorítmicas do YouTube e sua determinação de impulsionar o tempo que os usuários passavam assistindo a vídeos na plataforma foram cruciais para esses resultados. Em 2012, a fim de aumentar o tempo de permanência dos usuários, o YouTube modificou seu algoritmo de forma a dar mais peso ao tempo que eles passavam assistindo aos vídeos, e não apenas clicando em conteúdo. Esse ajuste passou a favorecer vídeos que os deixavam grudados na tela, muitos deles apresentando o conteúdo extremista mais incendiário, do tipo que fez Cain ficar viciado.

Em 2015, o YouTube incumbiu uma equipe de pesquisa da divisão de IA de sua empresa-mãe, a Google Brain, de melhorar seu algoritmo. Isso levou a novos caminhos para radicalizar o usuário, ao mesmo tempo fazendo-o gastar mais tempo na plataforma, claro. Uma das pesquisadoras da Google Brain, Minmin Chen, vangloriou-se em uma conferência de IA de que o novo algoritmo era um sucesso no que dizia respeito a alterar comportamentos: "Podemos de fato conduzir o usuário a um estado diferente, em vez de apenas recomendar conteúdo familiar". Para os grupos extremistas, isso caiu como uma luva. Ao assistir a um vídeo do Onze de Setembro, por exemplo, uma pessoa era rapidamente direcionada a teorias da conspiração sobre o atentado. Como cerca de 70% de todos os vídeos na plataforma eram assistidos por recomendação do algoritmo, isso representava uma enorme oportunidade para atrair os usuários para o buraco do coelho.

Com o Twitter não foi diferente. Por se tratar do meio de comunicação preferido do ex-presidente Trump, o aplicativo se tornou uma importante ferramenta da direita (embora da esquerda também). Os tuítes islamofóbicos de Trump foram amplamente retuitados, levando não apenas a novos posts antimuçulmanos e xenófobos, mas também a crimes de ódio contra muçulmanos, sobretudo nos estados onde Trump tinha mais seguidores.

Parte do pior linguajar e o constante discurso de ódio eram propagados em outras plataformas, como 4chan, 8chan e Reddit, incluindo seus vários subreddits, como The_Donald (onde se originavam e circulavam teorias conspiratórias e desinformação relativas a Donald Trump), Physical_Removal (defendendo a eliminação dos liberais) e vários outros com nomes explicitamente racistas que preferimos não reproduzir aqui. Em 2015, o Southern Poverty Law Center classificou o Reddit como a plataforma que hospedava o conteúdo "mais violento e racista" da internet.

Teria sido inevitável as mídias sociais virarem esse ninho de vespas? Ou algumas decisões tomadas pelas principais empresas de tecnologia teriam levado a esse triste estado das coisas? A verdade está muito mais perto desta última, e também responde à questão feita no capítulo 9: por que a IA se popularizou tanto mesmo sem aumentar massivamente a produtividade nem superar o desempenho humano?

A resposta — e a razão para a orientação específica assumida pelas tecnologias digitais — são as receitas obtidas pelas empresas que coletam quantidades maciças de dados valendo-se da publicidade digital individualmente direcionada. Anúncios digitais funcionam apenas na medida em que as pessoas prestam atenção neles; assim, esse modelo de negócios se traduziu numa corrida das plataformas para aumentar o engajamento do usuário com o conteúdo online. E a maneira mais eficaz de fazê-lo se mostrou ser estimular fortes emoções, como a revolta e a indignação.

O NEGÓCIO DOS ANÚNCIOS

A raiz das fake news nos remete à origem da Google.

Embora a internet já prosperasse antes de sua criação, os motores de busca disponíveis não ajudavam muito. Filtrar a infinidade de conteúdo (1,88 bilhão de sites estimados em 2021) e encontrar a informação ou os produtos relevantes era um desafio.

Os primeiros buscadores funcionavam como o índice remissivo de um livro: assinalavam todas as ocorrências da palavra pesquisada. Digamos que o leitor queira encontrar as referências ao período Neolítico em determinado livro: com uma simples consulta ao índice, ele obtém a lista de páginas onde a palavra "Neolítico" aparece. Como a quantidade de ocorrências é limitada, o método de "busca exaustiva" por todas as páginas indicadas é praticável e bastante eficaz. Mas imagine agora que o leitor queira consultar um livro tão imenso a ponto de na prática ser infinito, como a internet. A menção à palavra renderia milhões de resultados. Boa sorte com uma busca exaustiva nesse caso!

O problema é que muitas dessas menções não são tão relevantes assim, e apenas um punhado de sites podem ser considerados fontes respeitadas no assunto. Para obter informação relevante é preciso priorizar as mais importantes, algo que as primeiras ferramentas de busca eram incapazes de fazer.

Foi nesse momento que entraram em cena dois jovens intrépidos e inteligentes, Larry Page e Sergey Brin. Page era aluno de pós-doutorado e trabalhava com o famoso cientista da computação Terry Winograd em Stanford, e Sergey Brin era seu amigo. Winograd, um antigo entusiasta do paradigma atualmente dominante da IA, a essa altura havia mudado de ideia e trabalhava em problemas nos quais o conhecimento humano e de máquina pudesse ser combinado — seguindo os conceitos de Wiener, Licklider e Engelbart. A internet, como vimos, era um terreno óbvio para tal combinação, pois sua matéria-prima era conteúdo e conhecimento criados por humanos, que precisavam no entanto ser navegados por algoritmos.

Page e Brin conceberam uma maneira inteligente de atingir essa combinação, em certo sentido uma verdadeira interação humano-máquina: os seres humanos eram os melhores árbitros da relevância das páginas, e os algoritmos de busca eram excelentes no processo de coletar e processar a informação de links. Assim, por que não deixar que as escolhas humanas conduzissem a forma como os algoritmos de busca priorizavam os sites relevantes?

Em princípio teórica, a ideia mais tarde serviu de base para o revolucionário algoritmo PageRank (referência tanto ao sobrenome de Larry como à palavra "página"), que priorizava, entre as páginas relevantes, as que recebiam mais links de entrada, isto é: aquelas referenciadas mais vezes em outras páginas. Em lugar de decidir caso a caso quais delas seriam sugeridas, o algoritmo as classificaria segundo esse critério. As mais populares figurariam no topo da classificação. Mas Page e Brin não pararam por aí. O passo lógico seguinte era determinar a ordem de relevância em função da quantidade de vezes que o link para uma página era referenciado em outras de classificação elevada. Para isso, eles desenvolveram um algoritmo recursivo em que cada página possuía uma classificação, determinada por quantas outras páginas com classificação elevada remetiam a ela. Diante de milhões de websites, calcular essas classificações não é um problema trivial, mas já era algo factível na década de 1990.

Em última análise, o modo como o algoritmo computa os resultados é secundário. O avanço importante dos dois pesquisadores foi elaborar um modo de usar a percepção humana, sintetizada em nossa avaliação subjetiva de quais páginas eram relevantes, para aperfeiçoar uma tarefa de máquina essencial: classificar os resultados de busca. Em "The Anatomy of a Large-Scale Hypertextual Web Search Engine", de 1998, Brin e Page afirmam:

> Neste artigo, apresentamos o Google, um protótipo de ferramenta de busca em larga escala que faz forte uso da estrutura presente no hipertexto. O Google foi projetado para raspar e indexar a rede de maneira eficiente e produzir resultados de busca muito mais satisfatórios do que os que existem hoje.

Embora percebessem que se tratava de uma grande inovação, eles não tinham um plano claro para comercializá-la. Larry Page chegou a dizer que, "por incrível que pareça, a ideia de construir um motor de busca nem me passava pela cabeça". Mas, ao final do projeto, ficou evidente que eles tinham um grande produto em mãos: se conseguissem construir esse motor de busca, seria um tremendo aperfeiçoamento na maneira como a internet funcionava.

A primeira coisa que ocorreu a eles foi vender ou licenciar o software para outras empresas. Mas suas tentativas iniciais não deram em nada, em parte porque as grandes empresas de tecnologia já estavam envolvidas em suas próprias abordagens ou priorizavam outras áreas: naquele momento, um buscador não era visto como um empreendimento muito lucrativo. A Yahoo!, uma das principais plataformas da época, não mostrou interesse no algoritmo que eles haviam desenvolvido.

Isso mudou em 1998, quando o investidor Andy Bechtolsheim entrou em cena. Após se encontrar com Page e Brin, ele percebeu imediatamente como a nova tecnologia era promissora e sugeriu uma forma de monetizá-la: publicidade. Embora os dois pesquisadores nunca tivessem sequer considerado a possibilidade de vender espaço para anúncios, Bechtolsheim os fez mudar rapidamente de ideia com um cheque de 100 mil dólares. Assim nasceu a Google. Quando o potencial publicitário da nova tecnologia ficou evidente, o dinheiro jorrou. E um novo modelo de negócios surgiu.

Em 2000, a Google introduziu o AdWords, uma plataforma que vendia anúncios para serem exibidos quando o usuário fazia buscas pelo Google. Ela se baseava numa extensão de conhecidos modelos de leilão usados em economia e rapidamente leiloava os lugares mais valiosos (com maior visibilidade) na tela de busca. Os preços dependiam dos lances de potenciais anunciantes e da quantidade de cliques recebidos pelos anúncios.

Nessa época quase ninguém falava em big data e inteligência artificial. Entretanto, as ferramentas de IA aplicadas a quantidades maciças de dados em breve municiariam as empresas com informação de sobra para que elas direcionassem anúncios ao usuário segundo seus interesses. A IA revolucionou rapidamente o já bem-sucedido modelo de monetização do buscador. Isso significou, em particular, que o Google podia rastrear os sites visitados com o endereço de IP único do usuário e desse modo direcionar anúncios individualizados para esse usuário específico. Assim, usuários procurando praias no Caribe recebiam anúncios de companhias aéreas, agências de viagens e hotéis, e pessoas pesquisando roupas ou sapatos eram bombardeadas com anúncios de vendedores desses artigos.

Em publicidade, saber encontrar o público-alvo não tem preço, como ilustra este comentário do fim do século XIX: "Sei que metade da minha publicidade é desperdiçada; só não sei qual das duas". Esse era um grande problema nos primórdios da internet. Os anúncios de uma loja de roupas masculinas seriam mostrados para todos os usuários de determinada plataforma (a aplicação de música Pandora, digamos), mas metade deles seriam mulheres (e, de todo modo, nessa época, poucos homens teriam manifestado interesse em comprar roupas pela internet). Com a publicidade direcionada, os anúncios podiam ser enviados apenas para quem tivesse mostrado interesse em fazer uma compra — por exemplo, ao visitar o site de uma loja de roupas ou ao pesquisar roupas em outros lugares. Isso revolucionou a publicidade digital, mas, como em tantas revoluções, haveria um bocado de danos colaterais.

A Google não demorou a ampliar sua coleta de dados, oferecendo uma série de produtos gratuitos sofisticados, como Gmail e Google Maps, que lhe permitiram descobrir muito mais sobre as preferências dos usuários, e além disso comprou o YouTube. Agora os anúncios podiam ser oferecidos muito mais especificamente em função do perfil de compras, atividades e localização do usuário, turbinando a lucratividade. Os resultados foram notáveis, e, em 2021, a maior parte da receita de 65,1 bilhões de dólares da Google (ou sua empresa-mãe, a Alphabet) vinha de anúncios.

A Google e outras empresas perceberam como ganhar muito dinheiro com anúncios, e isso não explica apenas a emergência de um novo modelo de negócios, mas também responde a uma questão fundamental que propusemos no capítulo 9: se a IA tantas vezes leva à automação moderada, por que tanto entusiasmo com ela? A resposta tem a ver em grande medida com a coleta maciça de dados e a publicidade direcionada, e muita coisa ainda estava por vir.

A FALÊNCIA SOCIAL DA INTERNET

O que a Google é capaz de descobrir sobre o usuário com os metadados de sua atividade de e-mail e localização não é nada comparado ao que algumas pessoas estão dispostas a compartilhar com os amigos e conhecidos sobre suas atividades, planos, desejos e opiniões. As mídias sociais estavam destinadas a turbinar o modelo de negócios da publicidade direcionada.

Mark Zuckerberg percebeu desde o início que, para ter sucesso, o Facebook precisava ser um veículo, ou na verdade fabricante, de uma "rede social" em que as pessoas se engajassem numa série de atividades. Tendo isso em mente, ele priorizou antes de mais nada o crescimento da plataforma.

Porém, mesmo contando com o modelo de negócios bem-sucedido da Google como exemplo a ser seguido, a monetização seria sempre um desafio. As primeiras tentativas do Facebook de coletar dados para direcionar melhor sua publicidade fracassaram. Em 2007, a empresa introduziu um programa chamado Beacon com o objetivo de levantar informações sobre as compras de seus usuários em outros sites e compartilhá-las com os amigos deles no feed de notícias. A iniciativa foi imediatamente repudiada como uma colossal violação de privacidade. O Facebook precisava assim elaborar uma estratégia que combinasse a coleta maciça de dados com ao menos certa dose de controle por parte do usuário.

A missão caberia a Sheryl Sandberg. Depois de se encarregar do AdWords da Google e de ter sido fundamental para transformar a empresa numa máquina de publicidade direcionada, ela foi contratada como diretora de operações do Facebook em março de 2008. Sandberg sabia como fazer essa combinação funcionar e compreendia o potencial do Facebook para gerar demanda por produtos — e, portanto, publicidade — valendo-se dos dados colhidos sobre os círculos sociais e preferências dos usuários. Em novembro desse ano, ela afirmou: "O que acreditamos ter feito foi pegar o poder da verdadeira confiança, dos verdadeiros controles de privacidade do usuário, e permitir às pessoas serem seu autêntico eu online". Se as pessoas fossem autênticas, revelariam mais sobre si mesmas, e haveria mais informações para gerar receitas de publicidade.

A primeira inovação importante nesse sentido foi o botão de "curtir", que além de revelar muito mais sobre as preferências do usuário também funcionava como deixa emocional para estimular maior engajamento. Várias outras mudanças de arquitetura – por exemplo, na operacionalidade do feed de notícias e do feedback do usuário – também foram introduzidas. E, de suma importância, os algoritmos de IA passaram a organizar o feed de notícias para atrair e reter a atenção do usuário (e, claro, exibir anúncios da forma mais lucrativa possível).

O Facebook também passou a oferecer novas ferramentas para os anunciantes, basicamente tecnologia de IA que lhes permitia direcionar seus anúncios a públicos personalizados, segundo determinado perfil demográfico, e a públicos semelhantes, que a própria empresa descreveu como "uma forma de seus anúncios atingirem pessoas novas que podem se interessar pelo seu negócio por partilharem de características similares com seus atuais clientes".

A grande vantagem das mídias sociais sobre os motores de busca na questão da publicidade era o seu intenso engajamento. Uma pessoa até podia prestar atenção nos anúncios enquanto procurava ou comprava algum produto usando buscadores como o Google, mas esse engajamento era breve, e a receita gerada pela venda de anúncios, igualmente limitada. Quanto mais tempo ela passasse olhando os anúncios pipocando na tela, maior seria o lucro com publicidade. A curtida em posts de amigos e conhecidos se mostrou uma grande maneira de impulsionar esse engajamento.

Essa manipulação da psicologia humana se fez presente no Facebook desde o começo, e a plataforma sempre realizou testes e experimentos sistemáticos com o usuário a fim de determinar que tipo de posts e que maneiras de apresentá-los geravam mais emoção e reação.

As relações sociais, sobretudo dentro de determinados grupos, muitas vezes são carregadas de sentimentos de inadequação, rejeição, falta de autoestima e inveja. Há muitas evidências hoje de que o Facebook desencadeia indignação com o conteúdo político e exacerbação das emoções negativas em outros contextos sociais, explorando o sensacionalismo e a ansiedade para estimular o usuário a permanecer mais tempo na plataforma. Vários estudos de psicologia social mostram que o uso das redes sociais está interligado com sentimentos de inveja e inadequação e muitas vezes leva a preocupações com a autoestima.

A expansão do Facebook pelas faculdades norte-americanas, por exemplo, exerceu um poderoso impacto negativo na saúde mental, muitas vezes levando a sentimentos de depressão. Os estudantes com acesso à plataforma também começaram a apresentar desempenho acadêmico significativamente piorado, indicando que os efeitos não se limitavam às emoções, mas afetavam também o comportamento longe do computador. O Facebook empreende uma poderosa monetização desses sentimentos porque tanto ansiedades como esforços para obter maior aprovação aumentam o tempo gasto na plataforma.

Um ambicioso projeto de pesquisa é revelador a esse respeito. Os pesquisadores incentivaram alguns usuários do Facebook a deixar de usar temporariamente a plataforma e então compararam seu uso do tempo e estado emocional com os de um grupo de controle que continuou a utilizar o Facebook com a intensidade de sempre. Os que foram encorajados a deixar o Facebook passaram mais tempo em outras atividades sociais e se revelaram significativamente mais felizes. Mas, refletindo a pressão social que podem ter sofrido de seus pares e da plataforma, tentando recuperar seu engajamento, assim que o estudo se encerrou eles voltaram à rede — com prejuízos à saúde mental e tudo mais.

Para aumentar o engajamento, o Facebook introduziu apressadamente diversos recursos e algoritmos sem promover estudos prévios sobre como o usuário seria afetado, algo que uma expressão citada com frequência por seus funcionários sintetiza muito bem: "*Fuck it, ship it*" [Foda-se, manda bala].

Mas não se tratou apenas de um caso de danos involuntários em meio a um processo para atingir maior engajamento. A liderança do Facebook estava determinada a maximizar o engajamento do usuário e não queria saber de nada que pudesse ficar em seu caminho. Sandberg insistiu repetidamente que deveria haver mais anúncios no Instagram, adquirido pelo Facebook em 2012 com a promessa de que permaneceria independente e tomaria suas próprias decisões de negócios, inclusive sobre design e publicidade.

Após a eleição presidencial americana de 2020, o Facebook finalmente consentiu em fazer uma mudança em seu algoritmo para combater fake news e links pouco confiáveis, com excelentes resultados. Os discursos de ódio e a desinformação pararam de viralizar. Mas, assim que percebeu os efeitos dessa medida no engajamento dos usuários (quanto menos raivosos e exaltados, menos tempo eles passavam na plataforma), a empresa voltou atrás.

A justificativa usada por Zuckerberg, Sandberg e Clegg ao longo dos anos sempre foi de que o Facebook era contra restringir a liberdade de expressão. Mas, na verdade, como afirmou o comediante Sacha Baron Cohen, "trata-se de proporcionar a algumas das pessoas mais repreensíveis do mundo a maior plataforma da história para ter acesso a um terço do planeta".

A GUINADA ANTIDEMOCRÁTICA

Para compreender o caos político causado pelas mídias sociais é preciso considerar a avidez pelo lucro obtido com a publicidade direcionada (propiciada pela coleta maciça de dados) que levou tais empresas a priorizarem a maximização do engajamento a todo custo.

Mas não foi apenas a lucratividade que motivou a indústria da tecnologia nessa direção antidemocrática. A ilusão da IA, que está na base da visão promovida por ela, desempenhou um papel igualmente importante.

Como vimos no capítulo 1, a democracia diz respeito acima de tudo à multiplicidade de vozes, incluindo as das pessoas comuns, que devem ser ouvidas e levadas em consideração na elaboração de políticas públicas. O conceito de "esfera pública" proposto por Jürgen Habermas capta algumas características essenciais do discurso democrático saudável. Para o filósofo alemão, ela se define como um espaço onde os indivíduos formam novas associações e discutem a condução da sociedade, sendo crucial para a política. Evocando como modelo os cafés britânicos e os salões franceses do século XIX, ele sugeriu que seu principal ingrediente é a capacidade que oferece às pessoas de participar livremente do debate sobre questões de interesse geral sem uma hierarquia rígida baseada no status. Dessa forma, a esfera pública representa tanto um fórum para que as diversas opiniões sejam ouvidas quanto uma plataforma para que influenciem as políticas públicas. Ela pode ser particularmente efetiva quando permite às pessoas interagir com outras em uma série de questões transversais.

17. Um momento decisivo no desenvolvimento dos contrapoderes nos Estados Unidos: membros da United Auto Workers sentam-se confortavelmente durante uma paralisação da produção na fábrica da General Motors em Flint, Michigan, em 1937.

18. Um protesto de funcionários da Organização dos Controladores Profissionais de Tráfego Aéreo em 1981. A greve foi interrompida pelo presidente Ronald Reagan.

19. Estivadores embarcando uma saca por vez na plataforma de Royal Albert Dock, Londres, 1885.

20. O trabalho nas docas hoje: um trabalhador, um guindaste, muitos contêineres.

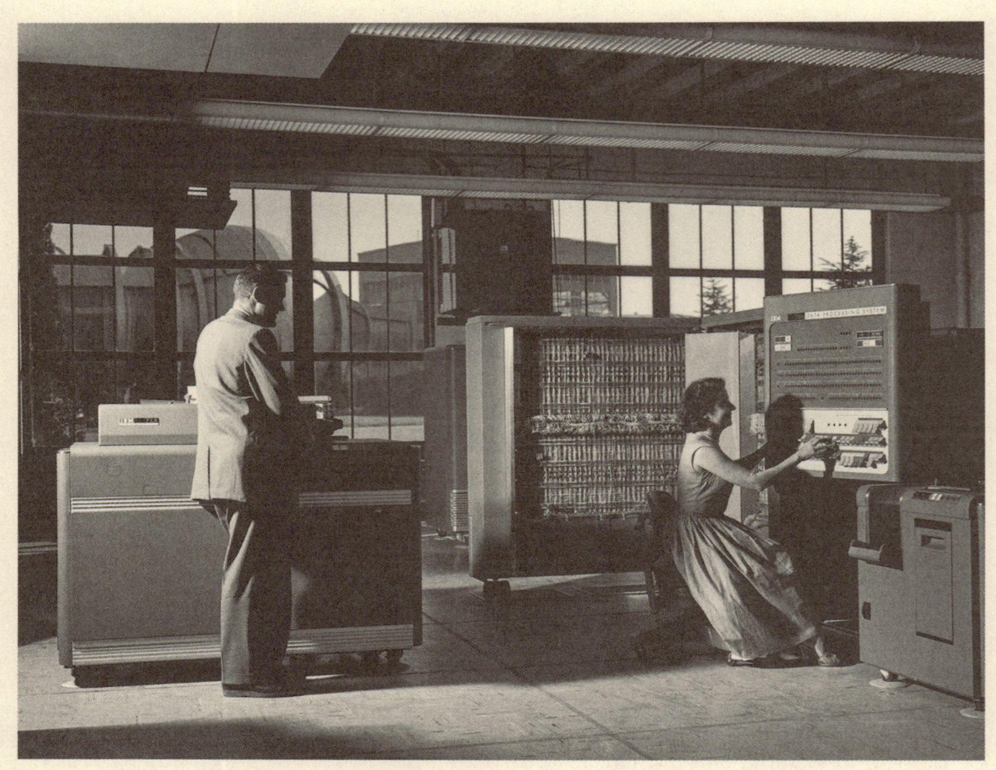

21. Um computador da IBM, 1959.

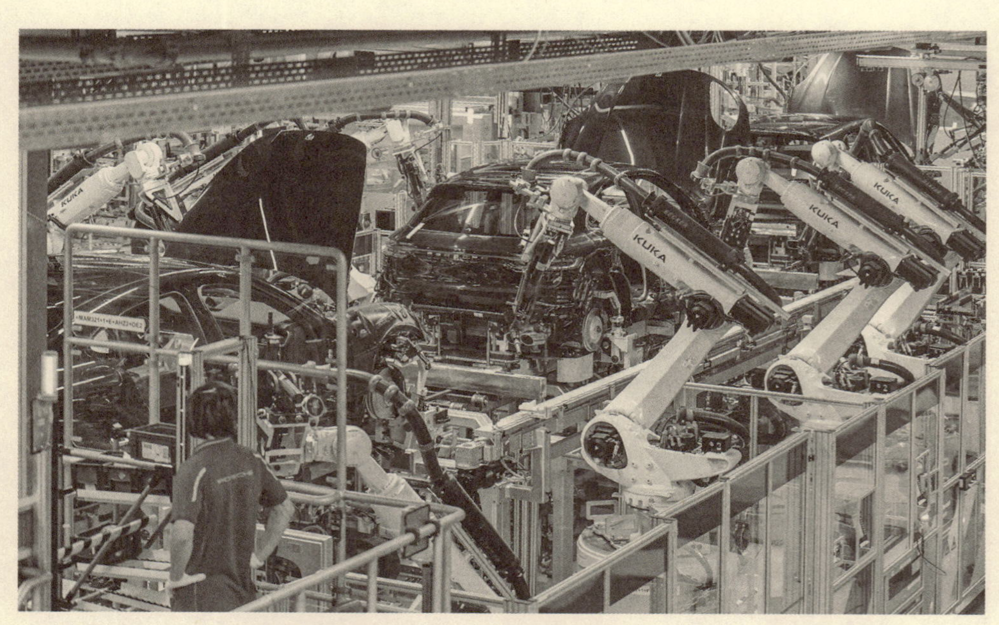

22. Robôs em uma fábrica da Porsche, 2022. Um trabalhador observa, usando luvas.

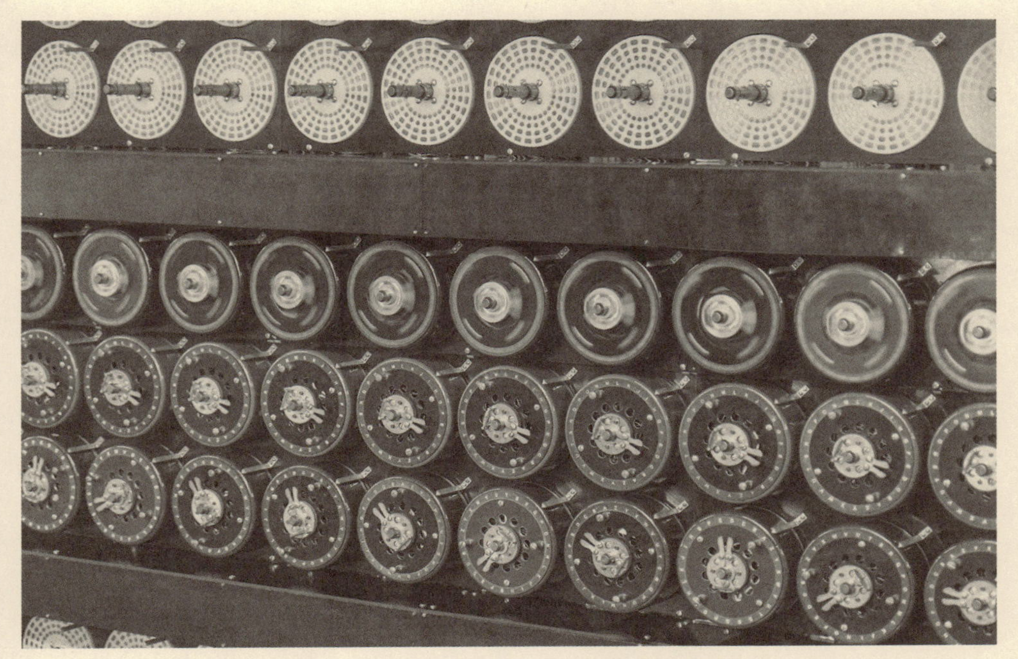

23. Uma reconstrução da Bombe, projetada por Alan Turing para acelerar a decodificação das comunicações alemãs durante a Segunda Guerra Mundial.

24. O brilhante professor de matemática do MIT, Norbert Wiener, advertiu em 1949 sobre uma nova "revolução industrial da mais absoluta crueldade".

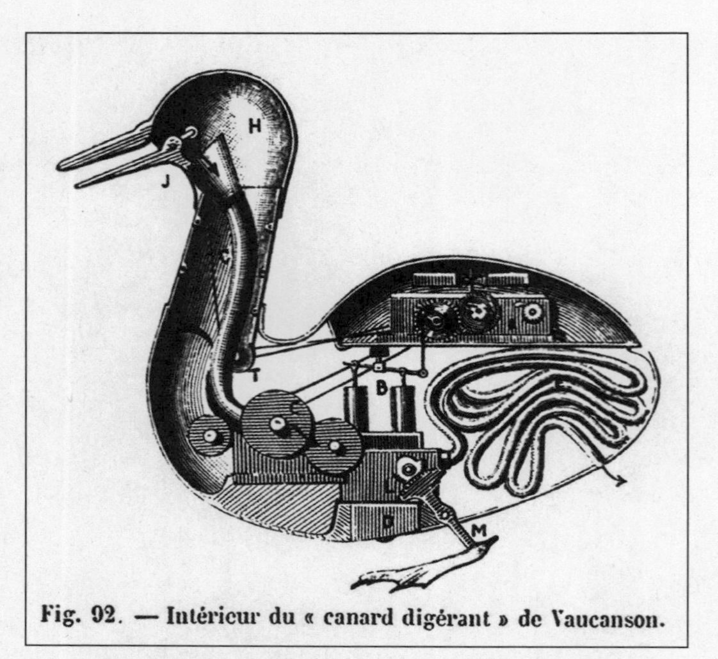

Fig. 92. — Intérieur du « canard digérant » de Vaucanson.

25. Um desenho imaginativo do pato digestor de Jacques de Vaucanson.

26. Tecnologia complementar humano-máquina: o mouse de Douglas Engelbart para controlar um computador, introduzido na "mãe de todas as demonstrações" em 1968.

27. Automação moderada: fregueses tentando fazer o trabalho, por vezes sem sucesso, nos quiosques de autoatendimento.

28. Facebook decidindo o que é adequado ou não que as pessoas vejam.

29. Monitoramento do fluxo de trabalho em um armazém da Amazon.

30. Vigilância digital ao estilo chinês: máquina para verificar a pontuação do crédito social na China.

31. Milton Friedman: “A responsabilidade social dos negócios é aumentar os lucros”.

32. Ralph Nader: “O comportamento descontrolado dos grandes negócios está sujeitando nossa democracia ao controle de uma plutocracia corporativa que parece não conhecer limites”.

33. Ted Nelson: “O poder do computador para o povo!”.

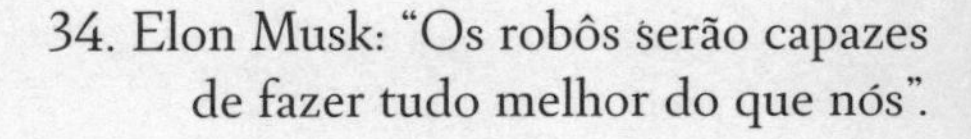

34. Elon Musk: “Os robôs serão capazes de fazer tudo melhor do que nós”.

No começo, havia alguma esperança de que a internet pudesse constituir um espaço privilegiado de livre expressão. Mas a democracia online acabou se revelando alinhada à ideologia tecnocrática do capital, bem como à ilusão da IA. A ideia prevalente nas empresas de tecnologia é de que as decisões realmente importantes para a sociedade são complexas demais para o cidadão normal, devendo ficar a cargo de gênios (quase sempre homens) a serviço do bem comum. Numa abordagem desse tipo, o discurso político das massas se torna algo a ser captado para ser manipulado, não encorajado e protegido.

A despeito da autoimagem progressista de muitos executivos da tecnologia, a ilusão da IA favorece uma tendência antidemocrática. A participação política das pessoas comuns também é particularmente desencorajada, porque a maioria dos empreendedores e investidores acredita que elas são incapazes de compreender a tecnologia e se preocupam desnecessariamente com seus efeitos intrusivos. Segundo um investidor, "a maioria dos temores em relação à inteligência artificial são exagerados, quando não completamente infundados". A solução para isso seria ignorar as preocupações e seguir em frente, incorporando a IA a todos os aspectos da vida, pois "talvez apenas quando uma tecnologia estiver plenamente integrada à vida cotidiana e se fundir no contexto de nossa imaginação as pessoas deixem de temê-la". Essa foi essencialmente a mesma abordagem defendida por Mark Zuckerberg quando afirmou à *Time*: "Sempre que surge uma tecnologia ou inovação e ela muda a natureza de algo, existem aqueles que lamentam e desejam voltar à fase anterior. Mas acho a mudança claramente positiva em termos de capacitar as pessoas a se conectar entre si".

Outro aspecto da ilusão da IA — a disrupção como virtude, sintetizada na frase "*move fast and break things*" — acelerou essa virada antidemocrática. A disrupção assumiu uma conotação positiva a despeito dos efeitos negativos sobre a classe trabalhadora, a sociedade civil, a mídia tradicional e até a democracia. Tudo era válido, na verdade encorajado, contanto que fosse uma consequência de empolgantes novas tecnologias e propiciasse maior participação no mercado e lucratividade.

Um reflexo desse impulso antidemocrático pode ser visto em um estudo realizado em 2014 dentro do próprio Facebook. A empresa manipulou as reações negativas e positivas no feed de notícias de quase 700 mil usuários durante uma semana sem pedir sua autorização, com consequências pessoais duradouras.

Quando os resultados foram publicados no *Proceedings of the National Academy of Sciences*, o diretor editorial expressou sua preocupação com o fato de o estudo ter sido feito sem o consentimento informado dos participantes e de não atender aos padrões da pesquisa acadêmica. A Google seguiu essa mesma cartilha para coletar mais dados com o Google Books e o Google Maps, com a diferença de que em seu caso ficou tudo por isso mesmo.

Facebook e Google não são exceções. As empresas de tecnologia rotineiramente coletam vastas quantidades de informações e fotos sem que as pessoas saibam. Para o reconhecimento de imagem, por exemplo, muitos algoritmos de IA são treinados no ImageNet, um conjunto de dados lançado pela cientista da computação e posteriormente cientista-chefe da Google Cloud, Fei-Fei Li. Contendo mais de 15 milhões de imagens classificadas em mais de 22 mil categorias, o ImageNet foi montado a partir da coleta de fotos privadas em várias plataformas da internet sem o conhecimento dos retratados ou dos fotógrafos, o que é de modo geral considerado aceitável na indústria da tecnologia. Na avaliação de Li, "na era da internet, presenciamos de repente uma explosão em termos de dados de imagens".

Segundo uma reportagem do *New York Times*, a Clearview sistematicamente coleta imagens sem consentimento com o intuito de construir ferramentas preditivas para identificar imigrantes ilegais e indivíduos propensos a cometer crimes. Tais estratégias são justificadas sob o argumento de que a coleta de dados em larga escala é necessária para o avanço tecnológico. Como resumiu um investidor numa startup de reconhecimento facial, a justificativa para a coleta de dados maciça é que "cabe à justiça determinar o que é legal, mas não se pode proibir a tecnologia. Claro que isso pode levar a um futuro distópico ou algo nessa linha, mas não se pode proibi-la".

A verdade tem mais nuances. Impor maciçamente a coleta de dados e a vigilância não é o único caminho do progresso tecnológico, e limitar a tecnologia não significa proibi-la. Mas o que testemunhamos é uma trajetória antidemocrática pautada pelo lucro e pela ilusão da IA, promovida por governos autoritários e empresas de tecnologia que desejam impingir sua visão a todos os demais.

A ERA DO RÁDIO

Toda tecnologia de comunicação transformadora guarda o potencial para abusos.

No início do século XX, o rádio foi a seu próprio modo tão revolucionário quanto as mídias sociais, permitindo formas inéditas de entretenimento, transmissão de notícias e, claro, propaganda política. O físico alemão Heinrich Hertz provou a existência das ondas de rádio em 1886, e os primeiros transmissores foram construídos pelo físico italiano Guglielmo Marconi uma década depois. Conforme o rádio se difundia por diversas nações ocidentais ao longo da década de 1920, a propaganda e a desinformação começaram quase de imediato. O presidente Franklin D. Roosevelt percebeu a importância da tecnologia e fez seus famosos pronunciamentos radiofônicos ao pé da lareira para explicar as políticas do New Deal ao povo americano.

Mas FDR tinha um desafeto que também enxergou o potencial do rádio: o padre católico Charles Coughlin, talentoso orador e fundador da União Nacional pela Justiça Social em meados da década de 1930. Em seus discursos antissemitas e contra Roosevelt, transmitidos pela CBS, ele não demorou a manifestar seu apoio a Benito Mussolini e Adolf Hitler.

A retórica fascista do padre Coughlin causou profundos efeitos na política norte-americana. Uma pesquisa recente investigou sua influência em diferentes condados dos Estados Unidos. Naqueles alcançados pela transmissão, constatou-se uma queda percentual acentuada tanto do apoio ao New Deal como da votação em FDR na eleição presidencial de 1936 (embora nada que evitasse sua vitória esmagadora), além de um maior interesse em abrir filiais locais da organização nazista German American Bund e de um apoio menor ao esforço de guerra americano. Muitas décadas depois, essas regiões ainda exibiam níveis mais altos de antissemitismo.

Nessa mesma época, na Alemanha, Joseph Goebbels aperfeiçoava o uso da tecnologia com discursos inflamados para difundir as políticas nazistas de ódio contra judeus e "bolcheviques". Segundo o ministro da Propaganda de Hitler, "nossa conquista do poder e o uso que fizemos dele teriam sido inconcebíveis sem o rádio e o avião".

Os nazistas, de fato, foram bastante eficazes na manipulação de sentimentos por meio de transmissões radiofônicas. Explorando mais uma vez variações na intensidade dos sinais de rádio em diferentes partes da Alemanha, bem como mudanças no conteúdo das transmissões ao longo do tempo, uma equipe de pesquisadores encontrou efeitos poderosos da propaganda nazista. Essas transmissões ampliaram as atividades antissemitas e denúncias de judeus às autoridades.

As medidas tomadas mais tarde tanto nos Estados Unidos como na Alemanha para coibir a propaganda radiofônica são reveladoras de sua diferença para as mídias sociais, e também sugerem algumas lições sobre como fazer melhor uso das tecnologias de comunicação.

O problema na década de 1930 era que o padre Coughlin dispunha de uma plataforma nacional para alcançar milhões com retórica inflamatória. O problema hoje é que a desinformação é propagada pelos algoritmos do Facebook e de outras redes sociais, atingindo potencialmente bilhões de pessoas.

A influência perniciosa do padre Coughlin foi neutralizada quando o governo de FDR decidiu que a Primeira Emenda protegia a liberdade de expressão, mas não dava a ninguém o direito de fazer transmissões radiofônicas. Argumentou-se que o espectro do rádio era um bem público de propriedade comum que precisava ser regulamentado. Com uma nova legislação exigindo licenças de radiodifusão, os programas do padre Coughlin foram forçados a sair do ar. Coughlin continuou a escrever e logo recomeçou a transmitir, embora com acesso mais limitado e apenas por meio de estações individuais. Sua propaganda antiguerra e pró-alemã foi ainda mais restringida após o início da Segunda Guerra Mundial.

Hoje em dia, existem muita desinformação e discursos de ódio em programas de rádio AM, mas eles não têm o alcance que as transmissões nacionais do padre Coughlin alcançaram nem dispõem do tipo de plataforma que os algoritmos do Facebook oferecem para a disseminação de desinformação online.

Na Alemanha do pós-guerra, a reação à propaganda radiofônica foi ainda mais abrangente. A Constituição alemã proíbe discursos de "incitação ao ódio" (*Volksverhetzung*) e à violência, assim como ações que neguem a dignidade de qualquer segmento da população. Dessa forma, negar o Holocausto e difundir propaganda antijudaica incendiária são considerados crimes.

Nada obrigou as tecnologias de IA a focarem o trabalho automatizado e o monitoramento de funcionários no local de trabalho. Elas tampouco foram forçadas a potencializar a censura governamental. Não há nada inerentemente antidemocrático nas tecnologias digitais, e as mídias sociais certamente não são obrigadas a focar a maximização da revolta, do extremismo e da indignação. Foi por opção — uma opção das empresas de tecnologia, dos pesquisadores de IA e dos governos — que nos metemos em apuros.

Como já mencionamos, o YouTube e o Reddit, no início, foram tão afligidos por extremistas de direita, desinformação e discursos de ódio quanto o Facebook. Mas, nos últimos cinco anos, tomaram algumas medidas para atenuar o problema.

À medida que a pressão pública aumentava sobre o YouTube e sua empresa-mãe, a Google, quando depoimentos como o de Caleb Cain e denúncias no *New York Times* e na *New Yorker* foram publicados, a plataforma começou a modificar seus algoritmos de forma a reduzir a disseminação de conteúdos mais perniciosos. Hoje, a Google diz promover vídeos de "fontes autorizadas", com menos probabilidade de serem usados para a radicalização ou conterem desinformação. Ela afirma também que esses ajustes algorítmicos reduziram a visualização de "conteúdo limítrofe" em 70% (querendo dizer com isso que o discurso de ódio já foi eliminado).

A história do Reddit é similar. Abrigando parte do pior material extremista e incendiário, a plataforma foi no início defendida por um de seus fundadores, Steve Huffman, como sendo coerente com sua filosofia "de debate franco". Em 2017, no entanto, depois que atos de violência durante um comício do movimento supremacista branco Unite the Right em Charlottesville, na Virgínia, organizado na plataforma, resultaram na morte de um contramanifestante e em dezenas de feridos, ela também sentiu a pressão e endureceu seus padrões de moderação, removendo dezenas de subreddits, a exemplo do que faria com The_Donald em 2019.

Mas convém não nos empolgarmos demais com essas medidas de autopoliciamento. A desinformação e o incitamento ao ódio nunca sumiram por completo dessas plataformas, que continuam dependentes da maximização do engajamento e das receitas com publicidade direcionada. Empresas com modelos de negócios diferentes, como Uber e Airbnb, se mostraram bem mais proativas na coibição de comportamentos antidemocráticos.

Ninguém mais do que a Wikipédia, um dos sites mais acessados da internet, com uma média de 5,5 bilhões de visitas anuais nos últimos tempos, demonstrou tão bem a viabilidade de modelos alternativos. Sem qualquer financiamento de publicidade, a plataforma não procura monopolizar a atenção do usuário.

Isso lhe permitiu desenvolver uma estratégia bem diferente em relação à desinformação e aos discursos de ódio. A enciclopédia online é composta de várias camadas de administradores, consistindo em voluntários anônimos (usuários frequentes com bom histórico) que podem sugerir novos verbetes, editar os existentes, proteger ou deletar páginas e bloquear conteúdos questionáveis. Os editores mais experientes detêm privilégios e responsabilidades adicionais, como manutenção ou resolução de disputas. A hierarquia compreende o comitê de arbitragem — "editores voluntários que trabalham em conjunto ou em subgrupos para propor soluções em disputas de conduta que a comunidade é incapaz de resolver" —, os *stewards* — "incumbidos da implementação técnica do consenso entre a comunidade, lidando com emergências e intervindo contra vandalismos" — e os burocratas, autorizados a adicionar e remover administradores.

A Wikipédia é prova de que a sabedoria da multidão, tão decantada pelos primeiros tecno-otimistas das mídias sociais, pode funcionar, mas somente quando sustentada e monitorada pela estrutura organizacional correta e com escolhas apropriadas sobre o uso e a orientação da tecnologia.

As alternativas ao modelo de negócios da publicidade direcionada não se limitam a uma organização sem fins lucrativos como a Wikipédia. A Netflix, utilizando um modelo de assinaturas, também coleta informações e investe pesadamente em IA de modo a fazer recomendações individuais específicas, mas visando melhorar a experiência do usuário e aumentar seu número de assinantes, não assegurar o máximo engajamento.

Embora não possam remediar todos os problemas das mídias sociais, as assinaturas são uma alternativa ao modelo baseado no engajamento intenso, que se revelou muito propício ao pior tipo de interação social, acarretando prejuízos tanto para a saúde mental da população como para o discurso democrático.

Uma "rede social" pode ter um sem-número de efeitos positivos se seu impacto pernicioso na desinformação, polarização e saúde mental puderem ser contidos. Uma pesquisa recente investiga o início do serviço do Facebook em novas línguas e mostra que os pequenos negócios nos países envolvidos são capazes de obter informações de mercados estrangeiros na plataforma e expandir suas vendas como resultado disso. Não existe motivo para acreditar que uma empresa não poderia ganhar dinheiro com base nesse tipo de serviço, em vez de fazê-lo com sua capacidade de manipular o usuário. As mídias sociais e as ferramentas digitais também podem proporcionar maior proteção aos indivíduos contra a vigilância e até desempenhar um papel pró-democrático, como veremos no capítulo 11. Influenciar reações emocionais e direcionar anúncios aos usuários suscetíveis a tais manobras nunca foram as únicas opções.

A DEMOCRACIA SABOTADA QUANDO MAIS PRECISAMOS DELA

A tragédia é que a IA está minando ainda mais a democracia quando mais precisamos dela. A menos que sua orientação seja fundamentalmente alterada, as tecnologias digitais continuarão a fomentar a desigualdade e a marginalizar amplos segmentos da força de trabalho no Ocidente e cada vez mais no mundo todo. As tecnologias de IA também estão sendo usadas para monitorar mais intensivamente os trabalhadores e, com isso, achatar ainda mais os salários.

Podemos depositar nossas esperanças no trem da produtividade, se preferirmos. Mas não há o menor indício de que os ganhos da produtividade compartilhada virão tão cedo. Como vimos, gestores e empresários muitas vezes tendem a usar novas tecnologias para automatizar o trabalho e desempoderar as pessoas, a menos que sejam refreados pelos contrapoderes. A coleta maciça de dados exacerbou essa tendência.

Mas sem democracia fica difícil surgirem contrapoderes. Quando uma elite controla completamente a política e é capaz de usar de forma eficiente as ferramentas de repressão e propaganda, é difícil construir qualquer oposição significativa, bem organizada. Assim, uma dissensão robusta não vai aparecer na China tão cedo, sobretudo sob o sistema de censura e vigilância por IA cada vez mais efetivo estabelecido pelo Partido Comunista. Mas também está ficando cada vez mais difícil ter esperanças no ressurgimento de contrapoderes nos Estados Unidos e em grande parte do resto do mundo ocidental. A IA está sufocando a democracia ao mesmo tempo que oferece as ferramentas de repressão e manipulação tanto a governos democraticamente eleitos como autoritários.

Como questionava George Orwell em *1984*: "Porque, afinal de contas, como fazer para saber que dois e dois são quatro? Ou que a força da gravidade funciona? Ou que o passado é imutável? Se tanto o passado como o mundo externo existem apenas na mente, e se a própria mente é controlável — como fazer então?".* A questão é ainda mais relevante hoje porque, como antecipou a filósofa Hannah Arendt, quando bombardeadas com mentiras e propaganda, a população (independentemente de o país ser democrático ou não) para de acreditar nas notícias.

Pode ser ainda pior do que isso. De olhos colados na tela, hipnotizadas pelas mídias sociais, com frequência indignadas e dominadas por fortes emoções, as pessoas se divorciam de suas comunidades e do discurso democrático porque uma realidade alternativa, segregada, foi criada na internet, onde as vozes extremistas são mais estridentes, as câmaras de eco proliferam, toda informação é considerada suspeita ou partidária e o compromisso é esquecido ou até condenado.

Alguns estão otimistas de que novas tecnologias, como a Web 3.0 ou o metaverso, possam proporcionar dinâmicas diferentes. Mas, na medida em que o atual modelo de negócios das empresas de tecnologia e a obsessão pela vigilância dos governos prevalecer, o mais provável é que elas exacerbem ainda mais essas tendências, criando filtros-bolha ainda mais poderosos e um descolamento ainda maior da realidade.

É tarde, mas talvez não tarde demais. O capítulo 11 delineia como inverter a maré e quais propostas específicas de políticas públicas guardam a promessa de transformação desse cenário.

* George Orwell, *1984*. Trad. de Heloisa Jahn e Alexandre Hubner. São Paulo: Companhia das Letras, 2009. (N. T.)

11. Para uma nova orientação tecnológica

Computadores são usados antes contra do que em prol das pessoas, mais para controlá-las do que para libertá-las. É hora de mudar tudo isso. Precisamos de uma... COMPANHIA DE COMPUTADORES DO POVO.
Primeira newsletter da People's Computer Company, outubro de 1972

A maioria das coisas neste mundo que vale a pena fazer foram consideradas impossíveis antes de serem feitas.
Louis Brandeis, advogado pioneiro do direito à privacidade

A Era Dourada americana do fim do século XIX foi, como hoje, um período de rápidas mudanças tecnológicas e de desigualdade alarmante. Os primeiros a investir em novas tecnologias e agarrar as oportunidades, especialmente nos setores mais dinâmicos da economia, como ferrovias, aço, maquinário, petróleo e bancos, prosperaram e obtiveram lucros fenomenais.

Negócios de dimensões sem precedentes surgiram nessa época. Algumas empresas empregavam mais de 100 mil pessoas, significativamente mais do que o Exército americano. Embora o salário real tenha subido conforme a economia se expandia, a desigualdade disparou, e as condições de trabalho eram terríveis para milhões de pessoas sem qualquer proteção contra o poder econômico e político de seus patrões. Os barões ladrões, como ficaram conhecidos os magnatas mais famosos e inescrupulosos, fizeram vastas fortunas não apenas por sua engenhosidade em introduzir novas tecnologias, mas também por comprarem a concorrência. As conexões políticas foram igualmente importantes na luta por dominar seus setores.

Emblemáticos da era foram os maciços "trustes" construídos por esses homens, como a Standard Oil, que controlava importantes insumos e eliminava negócios rivais. Em 1850, o químico britânico James Young descobriu como refinar o petróleo. Em alguns anos, dezenas de refinarias operavam ao redor do mundo. Em 1859, foram descobertas reservas de petróleo em Titusville, na Pensilvânia, e o petróleo se tornou o motor da industrialização nos Estados Unidos. O setor foi em pouco tempo definido pela Standard Oil, fundada e dirigida por John D. Rockefeller, que simboliza tanto as oportunidades da era como seus abusos. Nascido na pobreza, Rockefeller compreendeu a importância do petróleo e de se tornar o ator dominante em um setor, e rapidamente transformou sua companhia em um monopólio. No início da década de 1890, a Standard Oil controlava cerca de 90% das refinarias e oleodutos do país e ganhou reputação de precificação predatória, acordos por fora (impedindo, por exemplo, que a competição utilizasse as ferrovias para transporte) e intimidação de rivais e mão de obra.

Outras empresas dominantes tinham fama similar, como a companhia de aço de Andrew Carnegie, o conglomerado ferroviário de Cornelius Vanderbilt, a DuPont no setor de produtos químicos, a International Harvester na fabricação de implementos agrícolas e a J.P. Morgan nas finanças.

Havia uma clara sensação de que a trama institucional dos Estados Unidos era inadequada para conter a ascendência de tais companhias. Seu poder político era cada vez maior, não só por contarem com a conivência de sucessivos presidentes, como também, principalmente, por deterem grande influência sobre o Senado, que nessa época não era escolhido por eleição direta, mas pelas legislaturas estaduais. O sentimento geral (e na verdade uma constatação da realidade) era de que as posições dos senadores podiam ser "compradas e vendidas", sobretudo em negócios envolvendo os barões ladrões. Mas não era apenas o Senado. As campanhas do presidente William McKinley em 1896 e 1900, generosamente financiadas pelos industriais, foram organizadas em parte pelo senador Mark Hanna, que assim resumiu o sistema: "Em política, duas coisas são importantes: a primeira é o dinheiro; a segunda não lembro". Havia poucas leis efetivas para impedir os barões ladrões de controlar seus setores e frustrar a competição valendo-se do poderio conferido por seu tamanho.

Quando os trabalhadores se organizavam para pleitear melhores salários ou condições de trabalho, eram com frequência brutalmente reprimidos, como aconteceu na Grande Greve Ferroviária de 1877, na greve ferroviária do Grande Sudoeste de 1866, na greve da Carnegie Steel em 1892, na greve da Pullman de 1894 e na greve do carvão de 1902. Na greve da United Mine Workers, de 1913-4, na companhia Colorado Fuel and Iron, controlada por Rockefeller, a escalada das altercações entre grevistas e guardas de mina, soldados e fura-greves pagos pela siderúrgica levou à morte de 21 pessoas, incluindo mulheres e crianças.

Os Estados Unidos seriam um lugar bem diferente se as condições socioeconômicas da Era Dourada houvessem perdurado. Mas um amplo movimento progressista se formou para fazer oposição ao poder dos trustes e cobrar mudanças institucionais. Embora o movimento estivesse enraizado em organizações rurais anteriores, como a National Grange of the Order of Patrons of Husbandry e mais tarde o Partido Populista, os progressistas construíram uma coalizão bem mais ampla em torno das classes médias urbanas e exerceram um impacto marcante na história americana.

Fundamental para seu sucesso foi uma mudança nas visões e costumes do público americano, especialmente de classe média. A transformação resultou em boa parte do trabalho de um grupo de jornalistas especializados em denunciar escândalos, que vieram a ser conhecidos como *muckrakers*, bem como de outros reformistas, como o advogado Louis Brandeis, mais tarde juiz da Suprema Corte. O romance *The Jungle*, de Upton Sinclair, revelou as terríveis condições de trabalho na indústria de processamento de carne, e Lincoln Steffens denunciou a corrupção política em muitas cidades importantes.

Mas talvez o trabalho mais influente tenha sido o de uma integrante dos *muckrakers*. Em uma série de artigos publicados na *McClure's Magazine* a partir de 1902, Ida Tarbell, filha de um produtor de petróleo, denunciou a intimidação, fixação de preços e tramoias políticas da Standard Oil, de Rockefeller. Ela conhecia em primeira mão as práticas escusas da empresa. O magnata fizera um acordo sigiloso com ferrovias locais no oeste da Pensilvânia para elevar o custo do transporte para companhias rivais e tirara seu pai do negócio. Os artigos de Tarbell, reunidos em seu livro de 1904, *The History of the Standard Oil Company*, ajudaram a transformar a percepção do público americano sobre os efeitos sociais perniciosos dos trustes e barões ladrões.

Outros *muckrakers* seguiram seu exemplo. Numa série de artigos intitulados "A traição do Senado", publicados na revista *Cosmopolitan* em 1906, David Graham Phillips lançou luz sobre acordos feitos por debaixo do pano e a corrupção no Senado. Em *Other People's Money and How Bankers Use It*, Brandeis denunciou a indústria bancária, especialmente a J.P. Morgan.

Igualmente importante foi o trabalho de ativistas como Mary Harris Jones, por sua liderança na organização da United Mine Workers e do mais radical Knights of Labor. Mother Jones, como ficou conhecida, foi a principal instigadora da Cruzada das Crianças, em 1903, contra o trabalho infantil nas minas e usinas, em que os manifestantes se juntaram diante da casa de veraneio do presidente Teddy Roosevelt portando faixas como "QUEREMOS IR PARA A ESCOLA, NÃO PARA AS MINAS!".

A exemplo dos populistas, cujo movimento de protesto confluíra para se tornar um partido de abrangência nacional, os progressistas foram além da missão de conscientizar o público e se organizaram politicamente. Na eleição de 1892, o Partido Progressista recebeu 8,5% do total de votos. A classe média urbana partiu desse sucesso inicial e em seguida uma ampla variedade de políticos — como William Jennings Bryan, Teddy Roosevelt, Robert La Follette, William Taft e depois Woodrow Wilson — levou a agenda progressista aos partidos convencionais, vencendo eleições e pavimentando o caminho para a reforma.

Os progressistas tinham um programa ambicioso, incluindo a regulamentação e o desmembramento dos trustes, novos regramentos financeiros, uma reforma política voltada à erradicação da corrupção nas cidades e no Senado e a reforma tributária. Suas propostas não eram meros slogans. Eles acreditavam profundamente na importância do conhecimento especializado para criar políticas públicas e tiveram um papel central em incentivar novas associações profissionais e investigações sistemáticas de inúmeras questões sociais importantes da época.

Essas mudanças fundamentais haviam brotado das ideias popularizadas por *muckrakers*, ativistas e reformistas: a denúncia de Sinclair levou diretamente às leis de Pureza de Alimentos e Medicamentos e de Inspeção da

Carne; Ida Tarbell inspirou a aplicação da Lei Antitruste Sherman de 1890 contra conglomerados industriais e ferroviários. A aprovação da Lei Clayton em 1914 e a criação da Federal Trade Commission aprimoraram as leis contra monopólios e trustes.

A pressão dos progressistas também foi crucial para a formação do Comitê Pujo e suas investigações de corrupção na indústria financeira. Mudanças institucionais ainda mais importantes incluíram a Lei Tillman, de 1907, proibindo contribuições corporativas para candidatos a cargos políticos federais; a 16ª Emenda, ratificada em 1913, introduzindo o imposto de renda federal; a 17ª Emenda, de 1913, exigindo a eleição direta de todos os senadores americanos por voto popular; e a 19ª Emenda, de 1920, conferindo o direito de voto às mulheres.

As reformas progressistas não mudaram a economia política americana do dia para a noite: o poderio das grandes corporações permaneceu inabalado e a desigualdade seguiu elevada. No entanto, como vimos no capítulo 7, os progressistas lançaram as fundações para as reformas do New Deal e a prosperidade compartilhada do pós-guerra.

Sendo um movimento de base, os progressistas eram compostos de um conjunto diverso de vozes, algo crucial para seu sucesso em construir uma coalizão populista e produzir novas filosofias políticas. Mas isso levou também a alguns de seus elementos menos atraentes, incluindo o racismo (aberto ou disfarçado) de alguns de seus principais luminares, como Woodrow Wilson, as ideias de eugenia, que ganharam proeminência entre alguns progressistas, e a Lei Seca, estabelecida pela 18ª Emenda em 1919. A despeito de todas essas deficiências, o movimento reformulou completamente as instituições americanas.

O movimento progressista proporciona uma perspectiva histórica para uma atuação em três frentes necessária para escaparmos de nossos atuais apuros.

A primeira reside em uma mudança nas normas sociais e na narrativa. O movimento permitiu ao povo americano obter uma visão informada sobre os problemas socioeconômicos e questionar a versão sustentada não só por legisladores e magnatas, mas também pela imprensa marrom a seu serviço. Tarbell, por exemplo, nunca se envolveu na política, tampouco em qualquer causa, preferindo recorrer ao jornalismo investigativo para expor a Standard

Oil e Rockefeller. A partir dos progressistas, houve uma transformação na sociedade acerca do que era considerado aceitável no mundo corporativo e do que o cidadão comum podia fazer sobre as injustiças.

A segunda, partindo dessa mudança, é o cultivo de contrapoderes: o movimento possibilitou que a população se organizasse contra os barões ladrões e pressionasse os políticos, inclusive mediante os sindicatos, a fazer reformas.

A terceira é a proposta de soluções com base em novas pesquisas e conhecimento especializado.

REFAZENDO A TECNOLOGIA

As lições da Era Dourada seguem relevantes no atual cenário de desafios digitais e globais. O ambientalismo contemporâneo, buscando combater a ameaça existencial da mudança climática, mostra que essas três frentes podem dar uma nova orientação à tecnologia. Embora a maioria das grandes empresas energéticas continue baseada em combustíveis fósseis e as regulamentações nessa área pouco tenham avançado, houve notáveis inovações nas energias renováveis.

As emissões de combustíveis fósseis são um problema sobretudo tecnológico. Esses combustíveis constituem a base da industrialização, e desde meados do século XVIII são feitos investimentos tecnológicos visando seu aperfeiçoamento e expansão. Já no início da década de 1980 ficou evidente que as emissões não poderiam ser reduzidas a um nível capaz de impedir o contínuo aquecimento climático apenas com pequenos ajustes na produção e no consumo de carvão e petróleo. Novas fontes de energia eram necessárias, e exigiam um intenso redirecionamento tecnológico. Por várias décadas, nada foi feito em relação a isso. Em meados da década de 2000, o preço da energia solar era cerca de vinte vezes maior que a dos combustíveis fósseis, e o da eólica, dez vezes maior. A energia hidrelétrica era mais barata na década de 1990, mas tinha capacidade limitada.

Atualmente, as operações de energia solar, eólica e hídrica são mais baratas que as das centrais elétricas à base de energia fóssil. A Agência Internacional de Energia Renovável estima que os combustíveis fósseis custem entre cinquenta e 150 dólares por cem quilowatts-hora; a energia solar fotovoltaica, entre quarenta e 54 dólares; e a eólica *onshore*, menos de quarenta dólares. Embora não possam ser usadas efetivamente em algumas aplicações (como combustível de aviação) e seu armazenamento ofereça importantes desafios, as energias renováveis seriam suficientes para alimentar a maior parte da rede elétrica mundial caso houvesse vontade política.

Vários fatores contribuíram para essa queda nos custos. Primeiro, houve uma mudança na narrativa sobre o clima, entre outras coisas com a publicação, em 1962, de *Primavera silenciosa*, de Rachel Carson. Na década de 1970, diversas organizações (a mais proeminente delas sendo o Greenpeace) atuavam na proteção ao meio ambiente. Na década de 1990, o Greenpeace iniciou uma campanha de conscientização sobre o aquecimento global contra as táticas utilizadas pelas grandes companhias petrolíferas para ocultar os danos ambientais causados pelos combustíveis fósseis.

Em 2006, o ex-vice-presidente Al Gore lançou o documentário *Uma verdade inconveniente*, alcançando milhões de espectadores no mundo todo. Nessa mesma época, surgiram novas organizações dedicadas a combater a mudança climática, como a 350.org, cujo fundador, Bill McKibben, declarou: "Daqui a cinquenta anos as pessoas não vão estar preocupadas com o abismo fiscal ou com a crise do euro, simplesmente vão querer saber: 'Quando o Ártico derreteu, o que vocês fizeram?'".

A mudança na narrativa confluiu para um movimento político mais organizado, com partidos verdes fazendo do aquecimento global uma prioridade em seus programas. O Partido Verde alemão se tornou uma força eleitoral poderosa e chegou ao poder em algumas ocasiões. Os ambientalistas desempenharam um papel similar também em outras nações da Europa ocidental. Uma demonstração da força do movimento ambientalista ocorreu durante uma série de greves do clima em setembro de 2019, com protestos e paralisações em escolas e locais de trabalho por 4500 cidades no mundo todo.

Duas importantes consequências decorreram da segunda frente. Esses movimentos pressionaram o setor corporativo. Uma vez informadas sobre os perigos da mudança climática, as populações de muitas nações ocidentais passaram a exigir produtos ecologicamente corretos, e em muitas grandes empresas os funcionários lutaram para reduzir a pegada de carbono de seus patrões, ao mesmo tempo que os governantes eram cobrados para levar o problema a sério.

Isso levou à terceira frente, de soluções técnicas e legislativas. As análises econômicas e ambientais identificaram três alavancagens críticas no combate à mudança climática: imposto sobre o carbono para reduzir as emissões de combustíveis fósseis; apoio à inovação e pesquisa em energias renováveis e outras tecnologias limpas; e regulamentação contra as tecnologias mais poluentes.

Embora tenham enfrentado dura oposição em muitos países, sobretudo Estados Unidos, Grã-Bretanha e Austrália, os impostos sobre o carbono foram introduzidos em diversos países europeus. A taxação continua inadequada no mundo todo, tendo em vista as atuais tendências de aquecimento, mas alguns países vêm aumentando gradativamente o valor do imposto. Na Suécia, hoje, ele é superior a 120 dólares por tonelada métrica de dióxido de carbono, totalizando um aumento significativo no preço da energia a carvão.

O imposto sobre o carbono é uma ferramenta poderosa para conter as emissões. Como reduz a lucratividade da produção de combustíveis fósseis, ele estimula o investimento em fontes de energia alternativas. Mas, nos níveis atuais, não constitui mais que uma fração ínfima dos lucros das companhias de carvão e petróleo, e não levaria a uma reorientação tecnológica significativa. Muito mais efetivos são os esquemas que incentivem diretamente as inovações e o investimento em energia limpa. O governo americano forneceu recentemente créditos tributários anuais de mais de 10 bilhões de dólares para energias renováveis e quase 3 bilhões de dólares para melhorar a eficiência energética. Alguns fundos também são diretamente direcionados para novas tecnologias – por exemplo, sob os auspícios do Laboratório Nacional de Energias Renováveis da Nasa e do Departamento de Defesa. Os subsídios para a pesquisa em energias renováveis foram ainda mais generosos na Alemanha e nos países nórdicos.

Algumas regulamentações, como os padrões de emissões do estado da Califórnia, adotados a partir de 2002, ajudaram a desencorajar o uso mais ineficaz de combustíveis fósseis, por exemplo, tirando das ruas os veículos mais antigos, cujo consumo era mais elevado, e estimulando ao mesmo tempo mais pesquisas na área dos carros elétricos.

Essas três alavancagens (imposto sobre o carbono, subsídios à pesquisa e regulamentações), combinadas à pressão dos consumidores e da sociedade civil, levaram tanto a um estímulo das inovações em energias renováveis como a uma explosão na produção de painéis solares (e também turbinas de energia eólica).

A tecnologia básica que gera energia por meio do efeito fotovoltaico usando a luz do sol é conhecida desde o fim do século XIX, e painéis solares viáveis foram produzidos pela primeira vez nos Bell Labs na década de 1950. Importantes inovações se seguiram, a começar pela década de 2000, quando o número de patentes relacionadas à energia limpa aumentou de maneira dramática em países como Estados Unidos, França, Alemanha e Grã-Bretanha. Conforme a produção aumentava, os custos despencavam. Como resultado dessas rápidas melhorias, as energias renováveis hoje representam mais de 20% do consumo total de energia na Europa, embora os Estados Unidos tenham ficado para trás.

Um fato notável é que a China acompanhou esse redirecionamento tecnológico europeu e americano. O país começou a produzir painéis solares em resposta à demanda europeia crescente, sobretudo na Alemanha, no fim da década de 1990, após a Europa implementar políticas de atenuação dos efeitos climáticos. Movido pelo desejo de ocupar um papel de liderança no setor e de lidar com os sérios problemas de poluição em seu próprio território, o governo chinês passou a oferecer generosos subsídios e empréstimos, impulsionando rapidamente a capacidade produtiva. O custo dos painéis fotovoltaicos e de outros equipamentos solares começou a cair à medida que a demanda aumentava e as empresas ficavam cada vez mais proficientes na produção de painéis de bom custo-benefício e alta eficiência energética, num processo de "aprender fazendo". As fábricas chinesas introduziram novo maquinário e aperfeiçoaram as técnicas para cortar fatias mais finas de silício policristalino, ampliando o aproveitamento do material para produzir mais células e reduzir ainda mais os custos. Atualmente, a China é a maior produtora mundial de painéis solares e polissilício (embora muitas fábricas de painéis solares sejam alimentadas a carvão). Segundo estatísticas do governo chinês, em 2020 as energias renováveis responderam por cerca de 29% do consumo elétrico.

Mas convém não se empolgar demais com os sucessos até o momento. Ainda há muitas áreas, como o armazenamento, em que se fazem necessárias grandes inovações, e diversos setores, como transporte aéreo e agricultura, não reduziram suas emissões de carbono. As emissões no mundo em desenvolvimento, assim como na China e na Índia, continuam a aumentar, a despeito dos avanços nas tecnologias renováveis. As perspectivas de um imposto mundial sobre o carbono capaz de ocasionar uma forte redução do consumo no futuro imediato são reduzidas.

Entretanto, do ponto de vista do desafio oferecido pelas tecnologias digitais, há muita coisa que podemos aprender com o redirecionamento tecnológico do setor energético. Essa mesma combinação de mudança da narrativa, criação de contrapoderes e implementação de políticas específicas para lidar com os problemas mais urgentes pode ser efetiva para sua reorientação.

REFAZENDO AS TECNOLOGIAS DIGITAIS

As raízes dos nossos problemas atuais residem no imenso poder econômico, político e social das corporações, especialmente na indústria tecnológica. O poder concentrado dos negócios mina a prosperidade compartilhada porque limita a divisão dos ganhos advindos com a mudança tecnológica. Mas seu impacto mais pernicioso deve-se à orientação da tecnologia, excessivamente inclinada pela automação, vigilância, coleta de dados e publicidade. Para retomar a prosperidade compartilhada, devemos redirecioná-la, adotando uma versão da abordagem que funcionou há mais de um século para os progressistas.

Para isso é preciso alterar primeiro a narrativa e as normas sociais, dois passos fundamentais. A sociedade e seus poderosos líderes não podem mais se deixar hipnotizar pelos bilionários da tecnologia e suas prioridades. Os debates sobre novas tecnologias devem girar em torno não apenas dos fascinantes novos produtos e algoritmos, mas também de seus prós e contras para a população. A decisão sobre o uso das tecnologias digitais para automatizar o trabalho e deixar o poder nas mãos das corporações e dos governos antidemocráticos não deve caber exclusivamente a um punhado de empreendedores e engenheiros. Ninguém precisa ser um especialista em IA para ter uma opinião sobre a direção do progresso e o futuro da sociedade forjado por tais tecnologias, nem um investidor em tecnologia ou capitalista de risco para cobrar a responsabilização de empreendedores e engenheiros pelas consequências de suas inovações.

As escolhas sobre a orientação tecnológica devem fazer parte dos critérios que os investidores usam para avaliar as empresas e seus efeitos sobre a sociedade, exigindo transparência para que possamos saber se as novas tecnologias irão automatizar o trabalho ou criar novas tarefas, se os trabalhadores serão vigiados ou empoderados e como o discurso político e outros aspectos sociais serão afetados. Tais decisões não podem ser orientadas apenas pelo lucro.

Uma sociedade em duas camadas com uma elite reduzida e uma classe média enfraquecida não serve de base para a prosperidade ou a democracia. Mesmo assim, é possível tornar as tecnologias digitais úteis para o ser humano e impulsionar a produtividade de modo que o investimento nelas também possa ser um bom negócio.

Como no caso das reformas da Era Dourada e do redirecionamento no setor energético, uma nova narrativa é fundamental para a formação de contrapoderes na era digital. Tal narrativa e a pressão pública podem suscitar um comportamento mais responsável entre alguns tomadores de decisão. Vimos no capítulo 8 que gestores egressos das escolas de negócios tendem a reduzir os salários e cortar custos trabalhistas, presumivelmente devido à influência duradoura da doutrina de Friedman — segundo a qual a única finalidade e responsabilidade dos negócios é produzir lucros. Uma nova narrativa sobre a prosperidade compartilhada serviria de contrapeso, influenciando as prioridades de alguns gestores e até o paradigma predominante nas faculdades de administração, e ajudando a remodelar o pensamento de dezenas de milhares de jovens brilhantes desejosos de trabalhar no setor tecnológico — ainda que isso dificilmente exerça grande impacto nos magnatas da tecnologia.

Mais fundamentalmente, esses esforços devem formular e apoiar políticas específicas para mapear um novo curso tecnológico. Como explicamos no capítulo 9, as tecnologias digitais podem complementar o ser humano da seguinte forma:

- melhorando a produtividade dos trabalhadores em seus atuais empregos;
- criando novas tarefas com auxílio das capacidades humanas, aumentadas pela inteligência de máquina;
- fornecendo informação melhor e mais proveitosa para o processo decisório humano;
- construindo novas plataformas que unam pessoas com diferentes habilidades e necessidades.

As tecnologias digitais e a IA podem aumentar a eficácia do aprendizado em sala de aula, oferecendo novas ferramentas e informação de melhor qualidade para o corpo docente; possibilitar o ensino personalizado, identificando em tempo real áreas de dificuldade ou brilho de cada aluno, gerando assim um sem-número de novas tarefas produtivas para os professores; e construir plataformas em que estes tenham acesso mais efetivo aos recursos de ensino. Como vimos, caminhos similares estão abertos nas áreas da saúde, do entretenimento e do trabalho.

Uma abordagem voltada antes a complementar do que a eliminar a mão de obra é mais provável quando habilidades humanas diversas, baseadas nos aspectos situacionais e sociais da cognição humana, são reconhecidas. Contudo, esses objetivos diversos para a mudança tecnológica exigem uma pluralidade de estratégias de inovação, e a probabilidade de sua concretização é menor quando um punhado de empresas domina o futuro da tecnologia.

Estratégias de inovação diversas também são importantes porque a automação em si não é prejudicial. Tecnologias que substituem tarefas humanas por máquinas e algoritmos são tão antigas quanto a própria indústria e continuarão a existir no futuro. De forma similar, a coleta de dados não é ruim em si, mas se torna incompatível tanto com a prosperidade compartilhada como com a governança democrática quando fica centralizada nas mãos de empresas e governos que não prestam contas a ninguém e usam os dados coletados para desempoderar a população. O problema é um portfólio de inovações desequilibrado que prioriza excessivamente a automação e a vigilância, deixando de criar novas tarefas e oportunidades para os trabalhadores. Redirecionar a tecnologia não implica impor barreiras à automação e à coleta de dados, mas encorajar o desenvolvimento de tecnologias que complementem e auxiliem as capacidades humanas.

A sociedade e o governo devem trabalhar em conjunto para atingir esse objetivo. A pressão da sociedade civil, como no caso das importantes e bem-sucedidas reformas do passado, é chave. A regulamentação e os incentivos governamentais também são críticos, como no caso da energia. Mas o governo não pode ser o centro nervoso da inovação: burocratas não projetam algoritmos nem criam novos produtos. É necessária uma estrutura institucional correta e incentivos moldados pelas políticas governamentais, impulsionados por uma narrativa construtiva, para induzir o setor privado a tirar a excessiva ênfase da automação e vigilância e direcioná-la a tecnologias amigáveis aos trabalhadores.

Uma questão central é se os esforços para redirecionar a tecnologia no Ocidente serão de alguma serventia caso a China continue no caminho da automação e da vigilância. É provável que sim. A China ainda é apenas uma seguidora na maioria das tecnologias de fronteira, e tentativas de redirecionamento nos Estados Unidos e na Europa terão enorme impacto na tecnologia global. Como no caso das inovações em energia, um redirecionamento sério no Ocidente pode exercer uma enorme influência também nos investimentos chineses.

Como promover contrapoderes que influenciem os rumos das futuras tecnologias e incentivem a mudança tecnológica socialmente benéfica é nosso foco no resto deste capítulo.

REFAZENDO OS CONTRAPODERES

É impossível redirecionar a tecnologia sem construir novos contrapoderes, e para isso dependemos de organizações da sociedade civil que reúnam as pessoas em torno de questões compartilhadas e cultivem normas de autogoverno e ação política.

Organização da mão de obra

Os sindicatos trabalhistas foram um esteio dos contrapoderes desde o princípio da era industrial, constituindo um veículo fundamental em prol da divisão dos ganhos de produtividade entre empregadores e empregados. Nos locais onde a mão de obra tem voz (seja por meio de sindicatos ou de conselhos, como em muitas empresas alemãs), os trabalhadores são consultados sobre decisões de tecnologia e organização e conseguem por vezes atuar como um contrapeso à automação excessiva.

Em seu auge, os sindicatos trabalhistas foram bem-sucedidos porque geravam laços que proporcionavam camaradagem a pessoas trabalhando juntas em tarefas similares. Eles constituíam um nexo da cooperação em interesses econômicos comuns, centrados em melhores condições de trabalho e salários maiores, e cultivavam objetivos políticos alinhados às crenças e aspirações de seus membros, como o direito ao voto. Tais ingredientes dificilmente operam com igual sinergia hoje.

O ambiente de trabalho ficou bem menos concentrado e mais diverso, e a camaradagem, mais distante. Com o crescimento dos funcionários de colarinho-

-branco de formação superior na maioria das empresas, os interesses econômicos entre os trabalhadores igualmente passaram a ser mais variados. Os funcionários de colarinho-azul constituem hoje uma fração menor da força de trabalho americana (cerca de 13,7% em 2016), e modelos organizacionais centrados em suas aspirações dificilmente os representam por completo. As metas políticas de interesse comum também se tornaram mais escassas, e a força de trabalho atual está mais dividida entre direita e esquerda do que há meio século.

Não obstante, novos métodos de organização podem funcionar onde abordagens mais antigas falharam, como ficou claro nas bem-sucedidas tentativas de sindicalização em empresas como Amazon e Starbucks em 2021-2. A iniciativa de eleição sindical promovida por funcionários do armazém da Amazon em Staten Island utilizou táticas bem diferentes para obter sucesso em um ambiente distinto daquele onde outrora prosperaram os movimentos trabalhistas tradicionais. A taxa de rotatividade nos armazéns da empresa era enorme, e havia uma diversidade da força de trabalho em todos os aspectos, com gente vindo dos mais variados contextos e falando dezenas de línguas diferentes. O movimento partiu da própria mão de obra, não de sindicalistas profissionais, e foi financiado pela plataforma de mídias sociais GoFundMe, não por dinheiro centralizado nas mãos de um sindicato. Seu sucesso pareceu derivar de uma abordagem menos rígida e ideológica, focando questões relevantes para a maioria dos funcionários de armazém da empresa, como monitoramento excessivo, pausas insuficientes e taxa de acidentes elevada. Embora sua estratégia seja muito distinta da icônica "greve de ocupação" da GM em 1936 (um ponto de virada para o movimento trabalhista norte-americano), é reminiscente dela no sentido de que foram criados novos métodos organizacionais de baixo para cima.

O outro problema com o sindicalismo americano e britânico, como vimos, é que sua estrutura tradicional atua individualmente em cada fábrica ou empresa, gerando uma relação mais conflituosa com a gerência. Organizações com uma base mais ampla serão necessárias no futuro. Elas podem assumir a forma de multicamadas, com parte das decisões sendo tomadas nos locais de trabalho e parte no nível da indústria. O sistema alemão em duas vias serve de exemplo: conselhos de trabalho são empregados na comunicação e coordenação no local de trabalho e influenciam as decisões de tecnologia e treinamento, ao passo que a determinação dos salários recai mais sobre os sindicatos. Sem dúvida é possível que futuros movimentos trabalhistas terminem parecendo mais com outras organizações da sociedade civil ou confederações industriais mais livremente associadas. Isso sugere que experimentar novas formas de organização é um passo importante rumo ao progresso.

Ação da sociedade civil: sozinhos e juntos

O Ocidente, hoje, é uma sociedade de consumo, e as preferências e ações da sociedade civil são importantes alavancagens para influenciar as empresas e tecnologias. A pressão do consumidor foi vital para o desenvolvimento das energias renováveis e dos carros elétricos, assim como contribuiu para o combate ao extremismo em plataformas como YouTube e Reddit.

Mas a ação coletiva exige que grandes grupos de pessoas atuem em parceria para alcançar seus objetivos — por exemplo, obrigar as empresas a reduzir sua pegada de carbono. Isso é custoso para a maioria dos indivíduos, que precisarão reservar um tempo pessoal para se manter informados, comparecer a reuniões, mudar hábitos de consumo e, ocasionalmente, participar de protestos públicos. Tais custos se multiplicam quando há uma reação do setor empresarial ou, pior ainda, das forças de segurança do Estado. Em regimes autoritários ou mesmo apenas parcialmente democráticos, as autoridades podem reprimir manifestações e organizações de sociedade civil.

Tais dinâmicas ocasionam o problema do "aproveitador": alguém que, embora partilhando dos mesmos valores dos demais, prefere não participar das ações coletivas para não ter de arcar com os custos. Essa tendência sem dúvida se intensifica quando a repressão aumenta, como mostra uma pesquisa recente sobre as manifestações estudantis pró-democracia em Hong Kong. O problema está na raiz da ação coletiva: sem coordenação, apenas uma minoria participa.

A escolha do consumidor, uma ação por excelência não coordenada e individual, sofre terrivelmente com o dilema da ação coletiva. Apenas uma fração das pessoas que desejam reduzir as emissões de carbono no planeta abrirá mão de viagens áreas ou dos combustíveis fósseis. Daí a importância de existirem organizações da sociedade civil para coordenar os consumidores e levá-los a agir antes como cidadãos do que como tomadores de decisão individuais em um mercado.

Além de proporcionarem um foro para o debate e a divulgação de informação confiável, as organizações da sociedade civil podem criar um mecanismo de incentivos e punições para coordenar protestos e gerar pressão pública sobre as empresas: cultivando um éthos de participação em manifestações que visem o interesse público e promovendo laços entre diferentes pessoas para o encorajamento mútuo, por um lado, e coibindo o comportamento parasitário de pegar carona nos esforços alheios, por outro.

Embora os sindicatos e outras formas de associação também possam cumprir tal papel, as organizações da sociedade civil são importantes sobretudo quando as principais questões (como a mudança climática ou as tecnologias digitais) têm consequências para um grande número de pessoas e vão além de grupos tradicionais. Um sindicato poderia contribuir para o ativismo contra a mudança climática, mas organizações como o Greenpeace ou a 350.org são muito mais indicadas para reunir pessoas dos mais variados contextos sociais. O mesmo se aplica às tecnologias digitais e à regulamentação dos negócios: em ambos os casos os efeitos são abrangentes, exigindo coalizões amplas que organizações da sociedade civil são bem melhores em criar.

E quanto a ações organizadas nas plataformas virtuais? Será que podem ajudar nesses esforços? A propósito, uma sociedade civil de base ampla seria de fato possível na era digital? Embora o otimismo da virada do século em relação à internet enquanto esfera pública para o debate tenha sido frustrado, ainda é possível construir comunidades online melhores.

Eleições periódicas não são o único caminho para a representação democrática. O autogoverno, tanto no local de trabalho como em âmbito geral, é de igual importância. Períodos bem-sucedidos da democracia no Ocidente na verdade muitas vezes coincidem com diferentes veículos institucionais para que as pessoas possam participar da vida pública, expressar e formar opiniões e exercer pressão por políticas públicas, incluindo política em nível local, assembleias e, acima de tudo, variadas organizações da sociedade civil. Em algumas sociedades não ocidentais da África subsaariana, como Botswana, um dos países de maior progresso econômico dos últimos cinquenta anos, a participação política se dá em tradicionais conselhos de aldeia chamados *kgotla*, que são presididos por um chefe eleito mas cujas decisões exigem consenso.

Caminhos para que as instituições democráticas possam cultivar comunidades online novas e melhores são de enorme importância. Algumas tecnologias digitais podem ser mais úteis que nocivas, e encontrar novos modos de encorajar seu desenvolvimento é crucial. Por exemplo, ferramentas digitais são indicadas para criar novos foros onde o debate e a troca de opiniões possam ser realizados em tempo real e dentro de um conjunto de regras preestabelecido. Reuniões e comunicações pela internet podem reduzir custos de participação, possibilitando associações transversais em maior escala. As ferramentas digitais podem assegurar também que, mesmo em reuniões muito grandes, os indivíduos tenham direito a participar do debate fazendo comentários ou deixando registrada sua aprovação ou desaprovação. Se forem bem projetadas, essas ferramentas podem ajudar a empoderar e ampliar vozes diversas – um imperativo para a governança democrática bem-sucedida. Entre as iniciativas nesse sentido está o projeto New_Public, criado pelo ativista Eli Pariser e pela professora Talia Stroud, que busca desenvolver uma plataforma e ferramentas para a deliberação e participação de baixo para cima, sobretudo em questões relevantes para o futuro da tecnologia. O projeto defende uma visão mais rica da tecnologia (ou "o que podemos aprender a fazer", tal como articulado pela autora de ficção científica Ursula Le Guin) e pede por uma abordagem mais descentralizada de seu desenvolvimento.

A iniciativa da nova democracia liderada por Audrey Tang, uma ex-ativista e atual ministra digital de Taiwan, é particularmente digna de nota. Tang entrou na política como parte do movimento estudantil Girassol, que ocupou o Parlamento taiwanês para protestar contra o acordo comercial que estava sendo firmado com a China em 2013 pelo partido então no poder, o Kuomintang, sem suficiente revisão ou consulta pública.

Tang, antes uma programadora e empreendedora na área de software, voluntariou-se para ajudar o movimento a comunicar sua mensagem ao público mais amplo. E depois que o Partido Progressista Democrático chegou ao poder na eleição geral de 2016, foi nomeada ministra, com foco na comunicação digital e na transparência. Tang construiu uma variedade de ferramentas digitais para proporcionar transparência na tomada de decisões do governo e aumentar a deliberação e a consulta públicas. Sua atuação envolveu desde a regulamentação da Uber e da venda de bebidas alcoólicas no país até um "*hackathon* presidencial" (permitindo que os cidadãos fizessem propostas executivas e legislativas) e a criação da plataforma g0v (com dados abertos de diversos ministérios taiwaneses que hackers civis podem usar para desenvolver versões alternativas dos serviços burocráticos). Essa democracia digital contribuiu para uma resposta rápida e efetiva de Taiwan à covid-19, em que o setor privado e a sociedade civil colaboraram com o governo para desenvolver ferramentas de testes e rastreamento do contágio.

Novos foros para a participação virtual podem sem dúvida repetir os mesmos equívocos cometidos hoje pelas mídias sociais, exacerbando câmaras de eco e extremismo. Uma vez que essas ferramentas comecem a ser usadas de maneira extensa, surgirão grupos com estratégias para divulgar desinformação, e outros que tentarão usá-las para fazer demagogia. Conteúdos sensacionalistas e enganosos podem começar a se espalhar, e pontos de vista rivais começarem um embate, em vez de uma deliberação construtiva. A melhor maneira de evitar esses equívocos é ver as ferramentas online pró-democráticas como um trabalho em curso que precisa ser continuamente aprimorado à medida que novos desafios surgem, e também como um complemento, mais do que um completo substituto, para o engajamento cívico tradicional, pessoal.

Essas soluções têm tanto um aspecto técnico como uma dimensão social. A arquitetura algorítmica dos sistemas online pode ser projetada para auxiliar a deliberação e o diálogo, em vez de chamar a atenção e provocar. Como os algoritmos precisam vir do setor privado, melhores incentivos de mercado para o desenvolvimento da tecnologia continuarão sendo cruciais, como discutiremos a seguir.

A ação da sociedade civil também depende da informação sobre os acordos e decisões nos corredores do poder. As tecnologias digitais ajudarão a lançar luz sobre a influência das grandes corporações e do dinheiro corporativo na política, enquanto ferramentas online podem rastrear links e fluxos de dinheiro e favores entre empresas e políticos e burocratas. Decerto não concordamos com a perspectiva excessivamente otimista de Anthony Kennedy, ex-juiz da Suprema Corte americana: "Com o advento da internet, promover a revelação de gastos proporcionará aos acionistas e cidadãos a informação necessária para responsabilizar empresas e funcionários eleitos por suas posições e apoiadores". Para isso serão necessárias outras salvaguardas tradicionais. A transparência deve ser vista como uma atividade complementar aos tipos mais tradicionais de ação da sociedade civil. Ela poderia, por exemplo, assumir a forma de detecção e publicação automática de todas as reuniões e interações dos políticos e altos burocratas com lobbies e gestores do setor privado.

Mas é importante encontrar o equilíbrio certo na transparência. O público não precisa ser informado sobre cada debate de políticas públicas e cada negociação realizada pelos políticos para formar coalizões. Entretanto, com os gastos com lobby no mundo ocidental atingindo níveis astronômicos, as pessoas têm o direito de saber sobre acordos firmados por lobistas, políticos e empresas, e essas ligações têm de ser regulamentadas.

COMO REDIRECIONAR A TECNOLOGIA?

A existência de contrapoderes e até de novas instituições em si não vai alterar os rumos da tecnologia. Políticas específicas que mudem os incentivos e encorajem inovações socialmente benéficas são necessárias. Medidas complementares – incluindo subsídios e apoio a tecnologias mais amigáveis aos trabalhadores, reforma tributária, programas de capacitação, leis sobre propriedade e proteção de dados, desmembramento das gigantes da tecnologia e impostos sobre publicidade digital – podem ajudar a pôr em curso a reorientação tecnológica.

Incentivos de mercado

Subsídios governamentais para o desenvolvimento de tecnologias socialmente mais benéficas são um dos meios mais poderosos de redirecionar a tecnologia numa economia de mercado. Os subsídios são mais efetivos quando motivados por mudanças nas normas sociais e preferências do consumidor que pressionem na mesma direção, como demonstra a experiência com as energias renováveis.

Mas as tecnologias verde e digital têm importantes diferenças. No início do movimento ecológico, as consequências climáticas de nossas fontes energéticas e a medição da quantidade de carbono despejada na atmosfera ainda não eram muito bem compreendidas, mas na década de 1980 a ciência já avançara muito nesse aspecto. Assim, foi possível atacar o problema do efeito estufa e fundamentar coisas como o imposto sobre carbono, o sistema de incentivos econômicos para a redução da emissão de poluentes e os subsídios para energias renováveis e carros elétricos.

Determinar como as diferentes tecnologias digitais são usadas e seu impacto nos salários, na desigualdade, na automação, na vigilância e em outras coisas é bem mais complicado. Por exemplo, novas tecnologias digitais que permitem aos gestores monitorar de forma mais eficiente o desempenho de seus subordinados poderiam ser vistas como uma complementação do trabalho humano, pois possibilitam à gerência realizar novas tarefas e expandir suas capacidades. Simultaneamente, devem intensificar a vigilância ou eliminar tarefas que costumavam ser realizadas por outros funcionários de colarinho-branco.

No entanto, existem alguns princípios úteis para criar uma estrutura de medição do impacto da tecnologia digital. Primeiro, o desenvolvimento de tecnologias de monitoramento e vigilância deve ser desencorajado. Órgãos governamentais como a Agência de Segurança e Saúde Ocupacional poderiam desenvolver diretrizes claras para impedir as formas mais intrusivas de vigilância e coleta de dados dos empregados, e outras agências, de maneira semelhante, regulamentariam essa área para consumidores e cidadãos. O governo, além disso, deveria rejeitar patentes de tecnologias voltadas à vigilância, como as desenvolvidas na China e em outros lugares, promovendo em vez disso ferramentas para a privacidade do cidadão em sua condição de trabalhador, usuário e consumidor.

Segundo, existe um sinal denunciador das tecnologias de automação: elas reduzem a parcela do trabalhador no valor agregado e aumentam a do capital. Pesquisas mostram que a introdução de robôs e outras tecnologias de automação quase sempre leva a uma participação significativamente menor do trabalhador. Da mesma forma, tecnologias que criam novas tarefas para os trabalhadores tendem a aumentar sua participação, de modo que podem e devem ser encorajadas mediante subsídios para sua utilização e desenvolvimento. Políticas desse tipo também podem ser úteis para encorajar a participação da mão de obra nos ganhos de produtividade, uma vez que o crescimento salarial aumentaria a parcela do trabalhador e assim qualificaria as empresas para subsídios adicionais.

Terceiro, os subsídios à pesquisa devem se basear em dados mais detalhados para determinar se os novos métodos na prática prestam-se à complementação do trabalho humano ou à automação. Citamos diversos exemplos em que as novas tecnologias digitais podem complementar a mão de obra criando novas tarefas — por exemplo, fornecendo melhor informação para ensino e saúde personalizados e permitindo que aprimoramentos de projeto e produção sejam implementados no chão de fábrica com o auxílio das capacidades oferecidas pela realidade aumentada e virtual. Embora essa classificação possa ser bem mais fácil após o efetivo emprego das tecnologias, parte dessa informação é disponibilizada no estágio de desenvolvimento e poderia ser um primeiro passo na direção de uma estrutura de medição para o alcance da automação das novas tecnologias. Tal estrutura seria usada a seguir para fornecer subsídios para determinadas linhas de inovação.

Uma dose de ambiguidade quanto ao propósito e à aplicação exatos das novas tecnologias não constitui um grande problema: o objetivo não é impedir a automação. A legislação deve tentar cultivar uma pluralidade de abordagens para encorajar um maior foco nas tecnologias complementares e empoderadoras de humanos. Esse objetivo não exige uma métrica perfeita para determinar se a tecnologia tende à automação ou à geração de novas tarefas, apenas o compromisso de experimentar novas tecnologias que visem ajudar trabalhadores e cidadãos.

Pelos mesmos motivos, não apoiamos os impostos sobre a automação concebidos para desencorajar diretamente o desenvolvimento e a adoção desse tipo de tecnologia. O redirecionamento deve ter como alvo um portfólio tecnológico mais equilibrado, e, nesse sentido, subsídios para novas tecnologias complementares de humanos podem ser mais eficazes. Além do mais, tendo em vista a dificuldade de distinguir a automação de outros usos das tecnologias digitais, impostos sobre a automação no momento não são práticos. Simplesmente taxar os exemplos óbvios de tecnologias de automação, como robôs industriais, tampouco seria o ideal, uma vez que essa política deixaria de fora tecnologias de automação algorítmica muito mais onipresentes. Não obstante, se os subsídios e outras políticas não tiverem sucesso em redirecionar os esforços tecnológicos, impostos sobre a automação talvez precisem ser considerados no futuro.

Desmantelamento das big techs

Os grandes negócios ficaram poderosos demais, e isso por si só já é um problema. A Google domina as ferramentas de busca, o Facebook não conhece rivais nas redes sociais e a Amazon desenvolve um aprisionamento tecnológico do comércio eletrônico. Esses quase monopólios evocam a Standard Oil, cuja participação no mercado de petróleo e derivados era de 90% quando foi dissolvida, em 1911, e a AT&T, que detinha o monopólio da telefonia ao ser dissolvida em 1982.

Altos níveis de concentração de mercado e gigantescos monopólios podem sufocar a inovação e perturbar sua orientação. A Netscape criou um navegador muito melhor do que a Microsoft em meados dos anos 1990 e alterou o curso do desenvolvimento dos buscadores ao estimular uma série de inovações subsequentes em outras empresas (o Navigator foi escolhido como o "melhor produto de todos os tempos" pela *PC Magazine* em 2007). Infelizmente, a Netscape acabou esmagada pela Microsoft, a despeito de um processo antitruste movido pelo Departamento de Justiça.

Essas considerações talvez sejam ainda mais importantes hoje, pois um punhado de empresas determina o rumo das tecnologias digitais, especialmente no campo da IA. Seus modelos de negócio e suas prioridades focam a automação e a coleta de dados. Logo, dissolver as maiores gigantes da tecnologia para diminuir seu predomínio e criar espaço para maior diversidade de inovações é uma parte importante do redirecionamento da tecnologia.

O desmembramento em si não basta, pois não altera o rumo tecnológico em direção à automação, vigilância ou publicidade digital. Vejamos o exemplo do Facebook, que provavelmente seria o primeiro alvo de uma ação antitruste, com suas controversas aquisições do WhatsApp e do Instagram. Se a empresa fosse dissolvida e os dois aplicativos fossem separados do Facebook, o compartilhamento de dados entre eles cessaria, mas seus modelos de negócios permaneceriam intocados. O Facebook continuaria a almejar a atenção do usuário e portanto seguiria sendo uma plataforma para a exploração de inseguranças, desinformação e extremismo. O WhatsApp e o Instagram também adotariam o mesmo modelo de negócios, a menos que fossem forçados a abandoná-lo devido a regulamentações e à pressão pública. O mesmo provavelmente é verdade para o YouTube, caso fosse separado da empresa-mãe da Google, a Alphabet.

Portanto, a dissolução e mais amplamente o antitruste deveriam ser considerados ferramentas complementares para o objetivo maior de desviar a tecnologia do caminho da automação, vigilância, coleta de dados e publicidade digital.

Reforma tributária

O atual sistema tributário de muitas economias industrializadas encoraja a automação. Vimos no capítulo 8 que os Estados Unidos taxaram o trabalhador em 25% em média nas últimas quatro décadas por meio de impostos na fonte e IR, ao mesmo tempo que exigiam tributos bem mais baixos do capital para equipamentos e software. Além disso, os impostos sobre esse tipo de investimentos diminuíram regularmente a partir de 2000 devido a reduções mais abrangentes na tributação de empresas e no IR dos mais ricos e a isenções fiscais cada vez mais generosas para empresas que investem em maquinário e software.

Hoje, uma empresa que investe em equipamentos de automação e software paga menos de 5% de imposto — vinte pontos percentuais abaixo do que precisa pagar quando contrata trabalhadores para realizar as mesmas tarefas. Isso significa que, se uma empresa contrata um trabalhador por 100 mil dólares ao ano, ela e o trabalhador, juntos, deverão ao governo 25 mil dólares em impostos. Mas se ela decidir comprar um novo equipamento por 100 mil dólares para realizar as mesmas tarefas, pagará menos de 5 mil dólares em taxas. Essa assimetria serve de impulso extra para a automação e está presente de formas similares, ainda que por vezes menos pronunciadas, nos códigos tributários de várias outras economias ocidentais.

A reforma tributária pode eliminar essa assimetria e, assim, os incentivos para a automação excessiva. Um primeiro passo para isso seria reduzir significativamente ou até eliminar por completo os descontos na folha de pagamento. A última coisa que queremos hoje é ver o trabalhador pagando ainda mais caro pelo próprio trabalho.

Um segundo passo seria aumentar ligeiramente os impostos sobre o capital. Eliminar disposições que reduzem a taxação efetiva do capital, como generosas deduções por depreciação e o status tributário vantajoso dos fundos de investimento privado, seria uma maneira de fazer isso. Além do mais, impostos corporativos moderadamente mais altos aumentariam diretamente a carga tributária marginal enfrentada pelos donos do capital, diminuindo o abismo entre a taxação do capital e da mão de obra. E é importante ao mesmo tempo eliminar as brechas fiscais, incluindo esquemas que minimizam o passivo das multinacionais ao distribuir seus lucros contábeis por várias jurisdições; de outro modo, a tributação das empresas poderia ser evitada, comprometendo a eficácia da medida.

Investimento na mão de obra

Os incentivos fiscais para a compra de equipamentos e software não são disponibilizados para as empresas quando se trata de investir no trabalhador. Equiparar a carga tributária do capital e da mão de obra é um passo importante para eliminar o viés em favor da automação antes de contratar trabalhadores e investir em sua qualificação.

Mas o código tributário poderia fazer mais do que isso. A produtividade marginal do trabalhador tende a crescer com treinamentos pós-escolares. Até mesmo pessoas com ensino superior completo ou pós-graduação aprendem a maior parte das habilidades exigidas por determinada tarefa ou indústria quando começam a trabalhar em uma empresa. Parte desses investimentos em treinamento têm lugar em contextos formais, como cursos vocacionais, ao passo que outras habilidades relevantes são aprendidas no serviço, com colegas e supervisores mais experientes, um processo com frequência ajudado pela forma como os empregos são concebidos e pelo tempo de treinamento concedido aos funcionários. Como vimos, a qualificação do trabalhador de baixa escolaridade foi um pilar importante da prosperidade compartilhada antes da década de 1980.

Há bons motivos para o nível de investimento em capacitação determinado pelas empresas ser insuficiente. Grande parte do que um trabalhador aprende via treinamento é "geral", podendo ser usado também com outros patrões. Investir em treinamento geral é menos atraente para as empresas porque a competição de outros empregadores implica que elas teriam de pagar salários maiores ou talvez até perder o trabalhador após sua capacitação, sem terem a chance de reaver seu investimento. Gary Becker, premiado com o Nobel de economia, observou como níveis de qualificação mais eficientes seriam estimulados se os trabalhadores pagassem indiretamente por eles por meio de descontos na folha salarial durante o treinamento, na esperança de poderem desfrutar de salários maiores no futuro. Mas essa solução é com frequência imperfeita. O trabalhador muitas vezes não tem condições de arcar com descontos salariais e não confia que a empresa devotaria de fato cuidado e tempo suficientes para o treinamento após realizar os descontos. Pior ainda, quando os salários são negociados, como tantas vezes acontece, tanto a empresa como o trabalhador deixam de receber o retorno completo de seus investimentos em capacitação, impossibilitando que mesmo o desconto na folha sustente níveis de treinamento adequados.

Soluções institucionais e subsídios do governo poderiam retificar o problema do subinvestimento resultante. Por exemplo, o sistema de aprendizado alemão incentiva as empresas a financiarem grandes programas de treinamento. Em muitas indústrias eles duram dois, três ou às vezes até quatro anos, e são possíveis graças ao fato de os trabalhadores desenvolverem relações próximas com o empregador e não irem embora imediatamente após o treinamento. Esses esquemas são muitas vezes apoiados e supervisionados pelos sindicatos. Programas de treinamento similares existem em outros países, mas seria mais complicado instituí-los nos Estados Unidos e no Reino Unido, onde os sindicatos dificilmente desempenham esse papel e onde as taxas de desistência entre a mão de obra jovem são muito mais elevadas do que na Alemanha. Subsídios do governo — por exemplo, permitindo às empresas deduzir investimentos em capacitação dos lucros tributáveis — deveriam portanto desempenhar um papel mais importante nos Estados Unidos.

A liderança do governo

O governo não é o motor da inovação, mas pode desempenhar um papel central em redirecionar a mudança tecnológica por meio de impostos, subsídios, regulamentação e determinação da ordem do dia. De fato, em muitas áreas de pesquisa de tecnologia de fronteira, a identificação da necessidade específica, combinada à liderança do governo, tem sido fundamental, porque foca a atenção dos pesquisadores no estabelecimento de metas ou aspirações exequíveis.

Esse foi certamente o caso dos antibióticos, uma das tecnologias mais transformativas do século XX. Diversas substâncias para combater infecções já haviam sido pesquisadas quando Alexander Fleming descobriu por acaso as propriedades bactericidas da penicilina no Hospital St. Mary, em Londres, em 1928. Ernst Chain, Howard Florey e mais tarde outros químicos partiram da descoberta de Fleming para purificar e produzir penicilina que pudesse ser ministrada a humanos. Tão importante quanto os avanços científicos, porém, foi a demanda do Exército, especialmente nos Estados Unidos. A primeira aplicação bem-sucedida do medicamento durante a Segunda Guerra Mundial ocorreu em 1942. No Dia D, em 6 de junho de 1944, o Exército americano já adquirira 2,3 milhões de doses de penicilina. De maneira notável, os incentivos financeiros desempenharam papel relativamente pequeno nesse processo de descoberta e desenvolvimento.

A mesma combinação foi importante para muitas inovações científicas do pós-guerra articuladas a uma necessidade estratégica do governo americano, incluindo defesa aérea, sensores, satélites e computadores. Essa necessidade fez com que cientistas se reunissem para trabalhar no problema e em seguida gerou uma demanda considerável pelas novas tecnologias criadas, encorajando o setor privado. Uma variante dessa abordagem levou ao rápido desenvolvimento de vacinas durante a pandemia de covid-19.

Uma receita semelhante poderia ser efetiva para redirecionar a tecnologia digital. Quando o valor social de novos rumos de pesquisa encontra-se estabelecido, muitos pesquisadores sentem-se atraídos. A demanda garantida por tecnologias bem-sucedidas, além disso, incentivaria o empreendimento privado. Por exemplo, o governo americano poderia recrutar e financiar equipes de pesquisa para desenvolver tecnologias digitais complementares às habilidades humanas a serem usadas em educação e saúde e se comprometer em empregá-las nas escolas americanas e em hospitais de veteranos, contanto que atendessem a padrões de normas técnicas.

Isso, apressamo-nos a apontar, não é uma "política industrial" tradicional, que envolve burocratas tentando escolher vencedores, seja em termos de empresas ou de tecnologias específicas. O histórico das políticas industriais é ambíguo. Quando bem-sucedido, assumiu a forma de incentivos do governo para amplos setores, como as indústrias química, metalúrgica e de máquinas-ferramentas na Coreia do Sul na década de 1970 ou a indústria metalúrgica na Finlândia entre 1944 e 1952 (devido às reparações de guerra em espécie que o país teve de pagar à União Soviética).

Em vez de escolher vencedores, a reorientação tecnológica tem muito mais a ver com a identificação de classes de tecnologias que tenham efeitos socialmente mais benéficos. No setor energético, por exemplo, o redirecionamento tecnológico exige o apoio das tecnologias verdes como um todo, mais do que tentativas de determinar o que é mais promissor, se a energia eólica ou solar, muito menos qual modelo de painel fotovoltaico. O tipo de liderança governamental que defendemos parte da mesma abordagem e, em vez de tentar selecionar trajetórias tecnológicas específicas, procura encorajar o desenvolvimento de tecnologias mais complementares para os trabalhadores e empoderadoras do cidadão.

Proteção da privacidade e propriedade de dados

Controlar e redirecionar a tecnologia do futuro tem a ver em grande parte com a IA, e a IA tem a ver acima de tudo com a coleta de dados incessante. Vale a pena discutir duas propostas nesse domínio.

A primeira é fortalecer a proteção da privacidade. A coleta maciça de dados de usuários e de suas redes de contatos tem uma série de efeitos adversos. As plataformas aproveitam esses dados para manipulação (o que sem dúvida é parte essencial de seu modelo de negócios baseado em publicidade direcionada). A coleta também abre caminho para a colaboração nefasta entre plataformas e governos ávidos por espionar os cidadãos. Da mesma forma, a imensa quantidade de dados nas mãos de algumas poucas plataformas cultiva um desequilíbrio de poder entre elas e seus competidores e usuários.

Uma proteção mais forte à privacidade, exigindo que as plataformas obtenham aprovação explícita acerca de quais dados serão coletados e como serão usados, seria bastante desejável. Mas tentativas de implementá-la — por exemplo, com o Regulamento Geral sobre a Proteção de Dados (RGPD) da União Europeia em 2018 — não foram muito bem-sucedidas. Muitos usuários não se preocupam com a privacidade, mesmo quando estimulados a fazê-lo, porque não compreendem como os dados serão utilizados contra eles. Há evidências de que o RGPD foi desvantajoso para as empresas menores e ineficaz em contornar a coleta de dados e o monitoramento das grandes empresas, como Google, Facebook e Microsoft.

Há outro motivo fundamental para a dificuldade em proteger a privacidade: as plataformas, por meio de seus usuários, obtêm informações sobre outras pessoas, seja porque eles revelam indiretamente dados sobre os amigos ou porque possibilitam que elas descubram mais sobre as especificidades de seus grupos demográficos, que podem ser usadas para direcionar anúncios ou produtos a outros com característica semelhantes. Esse tipo de "externalidade dos dados" é com frequência ignorado pelos usuários.

Uma ideia afim, centrada em fornecer direitos de propriedade ao usuário, pode ser mais efetiva do que a regulamentação da privacidade. A propriedade de dados, proposta originalmente pelo cientista da computação Jaron Lanier, ao mesmo tempo protege o modo como os dados do usuário são reunidos e impede que grandes empresas de tecnologia os consolidem como um input gratuito em seus programas de IA. Além disso, ela limita a capacidade das empresas de tecnologia de coletar vastas quantidades de dados na internet e em registros públicos sem o consentimento dos envolvidos. A propriedade de dados pode até desencorajar, direta ou indiretamente, modelos de negócios baseados em publicidade.

Parte do objetivo da propriedade de dados é assegurar que os usuários sejam remunerados. Porém, em muitas aplicações, os dados de um usuário são facilmente substituíveis pelos de outros. Do ponto de vista das plataformas, por exemplo, há centenas de milhares de usuários capazes de identificar gatinhos fofos, e quem exatamente faz isso não tem a menor importância. Isso implica que elas deterão todo o poder de negociação, e que serão capazes de comprar esses dados por uma ninharia. Esse problema é agravado na presença de externalidades. Lanier admite a questão e defende "sindicatos de dados", construídos nos moldes da Writers Guild of America, que representa os autores de conteúdo para filmes, televisão e programas online. Sindicatos de dados podem negociar preços e termos para todos os usuários ou subgrupos, desse modo contornando as estratégias de "dividir e conquistar" das plataformas, que de outro modo obteriam dados de um subgrupo e então os usariam para obter termos melhores junto a outros. Os sindicatos de dados também impedem as gigantes da tecnologia de usar dados coletados em uma parte de seus negócios a fim de criar uma barreira de entrada em outras atividades — como o fato de a Uber usar dados de seu aplicativo de transporte para obter uma vantagem na entrega de comida (uma prática de compartilhamento de dados que os órgãos reguladores em Vancouver recentemente tentaram impedir).

Sindicatos de dados, além disso, poderiam fornecer modelos para outros tipos de organização do local de trabalho, constituindo poderosas associações da sociedade civil e contribuindo para a emergência de um movimento social mais amplo, especialmente se combinados a outras medidas aqui propostas.

Fundamental para a regulamentação da indústria da tecnologia é a seção 230 da Lei de Decência nas Comunicações de 1996, que protege as plataformas da internet contra ações legais ou regulamentação devido ao conteúdo que abrigam. Como declara explicitamente a seção 230, "nenhum provedor ou usuário de um serviço de computador interativo deve ser tratado como editor ou porta-voz de qualquer informação fornecida por outro provedor de conteúdo informativo". Essa passagem serviu de proteção para plataformas como Facebook e YouTube contra acusações de apresentarem desinformação ou até discursos de ódio, e é com frequência suplementada por argumentos de executivos defendendo a liberdade de expressão. Mark Zuckerberg foi categórico a esse respeito em uma entrevista concedida à Fox News em 2020: "Acredito firmemente que o Facebook não deveria ser o árbitro da verdade de tudo que as pessoas dizem na internet".

Sob pressão pública, as plataformas de tecnologia tomaram recentemente algumas medidas para limitar a difusão de desinformação e conteúdos extremos. Mas dificilmente podem fazer muito sozinhas, por um simples motivo: seu modelo de negócios prospera com material controverso e sensacionalista. Isso significa que é necessário rever a legislação, e um primeiro passo nesse sentido seria revogar a seção 230 e exigir uma prestação de contas das plataformas quando *promovem* tal material.

A ênfase aqui é importante. Mesmo com ferramentas de monitoramento muito melhores, seria pouco realista esperar que o Facebook fosse capaz de eliminar todos os posts incluindo desinformação ou discurso de ódio. Mas não seria demais esperar que seus algoritmos não proporcionassem uma plataforma muito mais ampla a esse tipo de material "turbinando-o" e o recomendando ativamente a outros usuários. É esse objetivo que a revogação da seção 230 deve focar.

Vale acrescentar também que a adoção dessa medida seria mais eficaz para plataformas como Facebook e YouTube, que usam a promoção algorítmica de conteúdo, e menos relevante para mídias sociais como o Twitter, em que a promoção direta é menos relevante. No caso do Twitter, talvez seja necessário experimentar diferentes estratégias de regulamentação, exigindo o monitoramento das contas com mais seguidores.

Imposto sobre a publicidade digital

Mas nem eliminar a seção 230 será suficiente, pois o modelo de negócios das plataformas de internet permanece inalterado. Defendemos um imposto substancial sobre a publicidade digital para encorajar modelos de negócios alternativos, como os baseados em assinatura, em vez do atual modelo dominante, amplamente baseado em publicidade digital direcionada e individualizada. Algumas empresas, como o YouTube, deram passos (ainda que tímidos) nessa direção. Mas, atualmente, sem um imposto sobre a publicidade digital, um sistema baseado em assinatura não é tão lucrativo. Como a publicidade digital é a fonte de receitas mais importante da coleta de dados e rastreamento do consumidor, a mudança no modelo de negócios também seria uma poderosa ferramenta para redirecionar a tecnologia.

A publicidade em geral tem um importante elemento de "corrida armamentista". Ainda que alguns anúncios introduzam o consumidor a marcas ou produtos dos quais talvez ele não tenha conhecimento, expandindo assim suas escolhas, grande parte deles simplesmente procura tornar seu produto mais atraente que o da competição. A publicidade da Coca-Cola não visa chamar a atenção do consumidor para sua marca (podemos presumir seguramente que todo mundo, pelo menos nos Estados Unidos, já ouviu falar na Coca-Cola), mas convencê-lo a comprar Coca em vez de Pepsi. A Pepsi, então, responde intensificando sua própria publicidade. Nas atividades do tipo corrida armamentista, quando os custos declinam ou o impacto potencial aumenta, o resultado pode ser mais desperdício. A publicidade digital nos conduziu por esse caminho individualizando os anúncios e aumentando seu impacto, ao mesmo tempo reduzindo o custo da publicidade para os negócios. Isso mostra as vantagens de um imposto sobre a publicidade digital.

Embora não saibamos até que ponto esses impostos digitais precisam ser elevados para exercer um impacto significativo sobre modelos de negócios amplamente lucrativos, suspeitamos que os valores precisem ser substanciais. Lembremos que a razão de ser de tais impostos não é aumentar a receita ou exercer uma pequena influência no volume da publicidade, mas alterar o modelo de negócios das plataformas online. Em todo caso, uma boa dose de políticas experimentais provavelmente serão necessárias para determinar e ajustar o nível correto dos impostos.

A desinformação e a manipulação também estão presentes fora da rede — por exemplo, na Fox News. Embora talvez haja motivos para estender os impostos de publicidade à TV, há uma grande diferença em relação às plataformas online: os canais de TV não têm acesso à tecnologia para anúncios digitais individualizados e não coletam vastas quantidades de dados sobre o público para uso posterior.

OUTRAS POLÍTICAS ÚTEIS

Políticas que não reorientem diretamente a tecnologia são menos indicadas para o problema, mas ainda assim pode valer a pena considerá-las, especialmente quando lidam com as grandes desigualdades e o excessivo poder político das empresas e seus chefes.

Impostos sobre a riqueza

A ideia começou a ganhar tração na última década. Em 1989, o presidente Mitterrand introduziu na França um imposto sobre fortunas acima de 1,3 milhão de euros, patamar reduzido pelo presidente Macron em 2017. Nos Estados Unidos, tanto Bernie Sanders como Elizabeth Warren, que disputaram a presidência em 2020, propuseram esse tipo de taxação. O plano de Sanders em 2020 era um imposto de 2% para famílias cuja riqueza ultrapassasse 50 milhões de dólares, aumentando gradualmente até 8% acima de 10 bilhões. A proposta mais recente de Warren é de 2% para 50 milhões e 4% para 1 bilhão. Considerando as vastas fortunas amealhadas nas últimas décadas, uma tributação bem administrada, combinada à necessidade de recursos adicionais para impulsionar a rede de proteção social e outros investimentos (como detalhamos abaixo), pode representar uma valiosa fonte de receita.

Embora não contribuam diretamente para reorientar a mudança tecnológica, os impostos sobre a riqueza seriam úteis para reduzir a desigualdade econômica em muitas nações industrializadas. Um imposto de 3%, com o tempo, morderia uma fatia significativa da fortuna de magnatas da tecnologia como Jeff Bezos, Bill Gates e Mark Zuckerberg. Uma questão importante a ser considerada é se a menor desigualdade econômica também reduziria o poder de persuasão desses bilionários. Isso dependeria de outras mudanças sociais mais amplas, não apenas da riqueza em si.

Impostos sobre a riqueza, além disso, são difíceis de calcular e constituem um tipo de tributação que multiplica os esquemas elaborados para esconder fortunas em trustes e outros veículos financeiros complexos, muitas vezes no exterior. Por isso, eles deveriam ser combinados à tributação das empresas, incidindo diretamente sobre seu lucro, uma forma mais fácil de calcular e coletar impostos, e teriam no mínimo de vir acompanhados de uma cooperação internacional mais enfática das autoridades, incluindo uma revisão das leis sobre paraísos fiscais e um esforço conjunto para fechar tais brechas. Qualquer imposto sobre a riqueza também precisaria incorporar as restrições impostas pela soberania da lei, pela política democrática e por diretrizes constitucionais claras que impeçam que essas taxações sejam usadas para expropriar determinados grupos.

De modo geral, acreditamos que a tributação da riqueza, se aliada a esforços significativos para eliminar brechas fiscais e mudar a indústria contábil, poderia trazer benefícios, mas ela não é o aspecto primordial das soluções mais sistêmicas que buscamos.

Redistribuição e fortalecimento da rede de proteção social

Os Estados Unidos precisam de uma rede de proteção social melhor e de maior redistribuição. As evidências mostram que as redes de segurança social ficaram muito mais enfraquecidas nos Estados Unidos e na Grã-Bretanha, e que essa deficiência agrava a pobreza e diminui a mobilidade social. A mobilidade social hoje é muito menor nos Estados Unidos do que nos países da Europa ocidental.

Na Dinamarca, 85% das diferenças de renda familiar são eliminadas em uma geração, e filhos de pais pobres tendem a ter uma situação melhor; nos Estados Unidos, esse percentual é de apenas cerca de 50%. Estimular as redes de segurança social e melhorar as escolas em áreas menos privilegiadas se tornaram necessidades urgentes. E essas políticas precisam ser suplementadas com medidas distributivas mais amplas.

Embora uma redistribuição mais ampla e redes de segurança melhoradas não influenciem por si só a orientação tecnológica nem reduzam o poder das *big techs*, elas podem constituir uma ferramenta efetiva para a redução das grandes desigualdades surgidas nos Estados Unidos e em outras nações industrializadas.

Uma proposta popularizada durante a campanha de Andrew Yang nas primárias democratas de 2020 merece ser discutida: a renda básica universal (RBU), que surgiu como uma ideia popular em alguns círculos de esquerda e entre estudiosos mais libertários como Milton Friedman e Charles Murray, além de bilionários da tecnologia como Jeff Bezos. O apoio à ideia está em parte enraizado nas claras inadequações da rede de proteção social em muitos países, como os Estados Unidos. Mas também recebe um poderoso estímulo da narrativa de que os robôs e a IA nos conduzirão a um futuro sem empregos. E assim, de acordo com essa visão, precisamos que uma renda básica seja levada de forma incondicional à maioria das pessoas (inclusive como prevenção contra a proverbial turba de forcados e tochas tão temida pelos bilionários da tecnologia).

Só que a RBU não é a ferramenta mais adequada para estimular a rede de proteção social, porque transfere recursos não apenas para quem necessita, mas para todos. Por outro lado, muitos programas que formaram a base do Estado de bem-estar social do século XX pelo mundo afora objetivam a transferência de recursos (compreendendo gastos com saúde e redistribuição de riqueza) para os necessitados. Devido a essa falta de um direcionamento específico, a RBU seria mais dispendiosa e menos efetiva do que propostas alternativas.

A RBU também é provavelmente o tipo errado de solução para nossos percalços atuais, sobretudo quando comparada a medidas voltadas à criação de novas oportunidades para o trabalhador. Há evidências consideráveis de que as pessoas ficam mais satisfeitas e engajadas com sua comunidade quando sentem que estão dando a ela uma contribuição valiosa. Em pesquisas, elas não apenas relatam maior bem-estar psicológico por obterem dinheiro por meio do trabalho, como dizem também que prefeririam abrir mão de uma parcela de seus rendimentos a viver puramente da transferência de recursos.

Mas a questão mais fundamental da RBU não diz respeito aos benefícios psicológicos de trabalhar, e sim à narrativa equivocada que ela gera sobre os problemas sociais enfrentados hoje. A RBU naturalmente se presta a interpretações equivocadas e contraproducentes de nossos atuais apuros, ao implicar que caminhamos de maneira inexorável para um mundo de desemprego e desigualdade crescentes, sendo a redistribuição ampla a única solução. Ela também é por vezes justificada como a única forma de aplacar o crescente descontentamento social. Como enfatizamos, essa visão está equivocada. O avanço da desigualdade não é inevitável, mas deve-se a escolhas falhas daqueles que detêm o poder na sociedade e determinam sua orientação tecnológica. São essas as questões fundamentais que devem ser abordadas, ao passo que a RBU é derrotista ao aceitar esse destino.

Na verdade, a RBU normaliza totalmente a ideia de que os empresários e a elite tecnológica constituem a classe esclarecida e talentosa que deve generosamente financiar o resto da sociedade. A renda básica universal, assim, apazigua o resto da população e acentua as diferenças de status. Em outras palavras, em vez de tratar da natureza de duas camadas emergentes da sociedade, reafirma essas divisões artificiais.

Isso tudo sugere que, em vez de procurar sofisticados mecanismos de transferência de recursos financeiros, a sociedade deveria fortalecer as atuais redes de segurança social e tentar combiná-las à criação de empregos significativos e bem remunerados para todos os grupos demográficos — o que exige a reorientação tecnológica.

Educação

Um maior investimento em educação é imprescindível para qualificar o trabalhador, além de contribuir para a sociedade inculcando seus valores fundamentais entre os jovens. Essa sabedoria convencional, sustentada por muitos economistas e políticos, tem certa razão de ser. A educação é uma deficiência enfrentada por várias nações, sobretudo entre estudantes de origem socioeconômica humilde. Além disso, como vimos, é na escola que a complementaridade humana da IA pode ser aplicada com maior proveito a fim de melhorar os resultados e gerar novos empregos significativos. Boa parte do sistema educacional americano, como faculdades comunitárias e escolas vocacionais, está fadada a uma total reformulação, sobretudo para dar enfoque a habilidades de maior demanda no futuro.

Embora a educação em si tampouco baste para alterar a trajetória da tecnologia ou fortalecer os contrapoderes, investimentos em ensino ajudam cidadãos em situação desvantajosa e sem acesso a boas oportunidades de qualificação.

Maiores investimentos em educação podem ajudar a sociedade a produzir mais engenheiros e programadores, que obterão rendimentos maiores como resultado de suas habilidades aprimoradas, mas devemos ter em mente que há um limite para a futura demanda dessa mão de obra. O ensino também exerce um efeito benéfico indireto capaz de ajudar o restante das pessoas. Mais engenheiros e programadores aumentariam a demanda por outras ocupações de menor capacitação, e a mão de obra com menor escolaridade também se beneficiaria – mesmo não sendo ela a desfrutar dessa formação e a obter os cobiçados empregos em programação e engenharia. Essa transferência de prosperidade está ligada ao trem da produtividade e às vezes opera da forma esperada, mas seu alcance depende da natureza da tecnologia e do alcance do poder do trabalhador. Logo, esses efeitos indiretos do ensino podem ser mais significativos quando acompanhados de um redirecionamento da tecnologia (de modo que nem todo emprego de pouca qualificação seja automatizado), e quando as instituições capacitam até mão de obra não especializada a negociar salários decentes.

Por fim, cabe aqui um alerta contra a visão de que a tecnologia deve se ajustar por conta própria e que a única coisa que a sociedade precisa fazer para conter seus efeitos adversos é ampliar a escolaridade entre a força de trabalho. A direção da tecnologia, suas implicações para a desigualdade e o grau em que os ganhos de produtividade são compartilhados entre capital e mão de obra não são fatos inescapáveis, mas escolhas da sociedade. Tal postulado, uma vez admitido o argumento de que a sociedade deve permitir que a tecnologia assuma a orientação determinada por corporações poderosas e reduzidos grupos de interesse, na esperança de que baste a educação para corrigir o problema, soa menos convincente. A tecnologia na verdade deve ser orientada em uma direção que faça o melhor uso das habilidades da força de trabalho, e a formação sem dúvida deve ao mesmo tempo se adaptar às novas exigências de qualificação.

Salário mínimo

Pisos salariais podem ser uma ferramenta útil para economias onde empregos mal remunerados são um problema persistente, como os Estados Unidos e o Reino Unido. Muitos economistas se opuseram ao salário mínimo no passado alegando que ele reduziria o emprego: os custos salariais aumentados desencorajariam as empresas a contratar. Mas o consenso nessa questão é cada vez menor, pois evidências de muitos mercados de trabalho ocidentais indicam que um salário mínimo de nível moderado não reduz os empregos de maneira significativa. Nos Estados Unidos, o atual salário mínimo nacional é de 7,25 dólares por hora, um valor muito baixo, sobretudo para trabalhadores em áreas urbanas. Na verdade, muitos estados e cidades têm seu próprio salário mínimo, em patamares mais elevados. Por exemplo, Massachusetts atualmente tem um salário mínimo de 14,5 dólares para empregados que não recebem gorjetas.

As evidências indicam também que o salário mínimo reduz a desigualdade porque aumenta a remuneração do trabalhador no quarto inferior da distribuição salarial. Aumentos modestos no salário mínimo federal americano (alinhados, por exemplo, às propostas de elevá-lo gradualmente para quinze dólares por hora) e aumentos similares no piso salarial em outras nações ocidentais serão socialmente benéficos, e nós os apoiamos.

Não obstante, o aumento do salário mínimo não oferece uma solução sistêmica para nossos problemas. Primeiro, o maior impacto do salário mínimo se dá sobre a mão de obra mais barata, ao passo que reduzir a desigualdade geral requer o compartilhamento dos ganhos de produtividade de forma mais justa entre a população. Segundo, o salário mínimo consegue ter um papel apenas modesto em compensar o excessivo poder dos grandes negócios e dos mercados de trabalho.

Ainda mais importante, se a orientação tecnológica permanece propensa à automação, o crescimento do salário mínimo tem o efeito inverso. Como mostrou a pandemia de covid-19, quando não há maior disponibilidade de mão de obra para empregos de salários relativamente baixos nos setores de hospitalidade e serviços, as empresas têm um poderoso incentivo para automatizar. Logo, na era da automação, o salário mínimo pode ter consequências inesperadas — a menos que seja acompanhado de um redirecionamento mais amplo da tecnologia.

Isso motiva nossa perspectiva de que o salário mínimo é mais útil como parte de um pacote mais abrangente destinado a tirar a tecnologia do caminho da automação. Se a tecnologia for mais favorável ao trabalhador, os negócios ficarão menos tentados a automatizar o trabalho sempre que enfrentarem aumentos salariais. Nesse cenário, o patrão também poderia optar por investir na produtividade da força de trabalho — oferecendo treinamento ou fazendo ajustes na tecnologia. Isso reitera nossa conclusão geral de que é imperativo redirecionar a mudança tecnológica e fazer as corporações enxergarem os trabalhadores como um recurso importante. Se conseguirmos chegar lá, o salário mínimo talvez seja mais eficaz e tenha menos probabilidade de sair pela culatra.

Reforma da academia

Por último, mas não menos importante, está a reforma da academia. A tecnologia depende de visão, e a visão está enraizada no poder social, que diz respeito em larga medida a convencer o público e os tomadores de decisão sobre as virtudes de um caminho particular da tecnologia. A academia desempenha um papel central no cultivo e no exercício desse tipo de poder social porque é nas universidades que se constroem as perspectivas, interesses e capacitações de milhões de jovens talentosos que virão a integrar o setor tecnológico. Além do mais, acadêmicos de ponta muitas vezes trabalham junto às principais empresas de tecnologia e influenciam diretamente a opinião pública. A sociedade, assim, se beneficiaria de poder contar com um mundo acadêmico mais independente. Nas últimas quatro décadas, acadêmicos nos Estados Unidos e em outros países têm perdido sua independência devido à enorme quantidade de dinheiro corporativo injetado nas universidades. Muitos pesquisadores nos departamentos de ciência da computação, engenharia, estatística, economia e física — e, é claro, nas escolas de negócios — das principais universidades recebem bolsas e ofertas como consultores das empresas de tecnologia.

Acreditamos que é fundamental exigir maior transparência nessas relações de financiamento e estabelecer alguns limites, a fim de restaurar a independência da academia. Um maior subsídio dos governos à pesquisa básica também eliminaria a dependência de patrocinadores corporativos. Mas é claro que a reforma acadêmica por si só também não será suficiente para redirecionar a tecnologia, devendo ser vista como uma política complementar.

O FUTURO DA TECNOLOGIA AINDA ESTÁ POR SER ESCRITO

As reformas aqui delineadas constituem uma missão desafiadora. A indústria da tecnologia e as grandes corporações são politicamente mais influentes hoje do que foram durante a maior parte dos últimos cem anos. A despeito dos escândalos, os titãs da tecnologia permanecem respeitados e socialmente influentes, e raras vezes são questionados acerca dos rumos — e do tipo de "progresso" — que ditam ao restante da sociedade. Um movimento social para afastar a mudança tecnológica da automação e da vigilância decerto não virá de uma hora para outra.

Mesmo assim, achamos que o futuro da tecnologia ainda está por ser escrito.

As perspectivas pareciam sombrias para os pacientes de aids no fim da década de 1980. Em diversos contextos, eles foram considerados os culpados por seu próprio destino, não vítimas inocentes de uma doença fatal, e não contavam com nenhuma organização forte nem políticos para defender sua causa. Embora a aids já matasse milhares de pessoas no mundo, havia pouca pesquisa para o tratamento da doença ou uma vacina contra o vírus.

Tudo isso mudou ao longo da década seguinte. Primeiro veio a mudança de narrativa, exibindo o sofrimento de dezenas de milhares de pessoas inocentes acometidas por uma doença debilitante e mortal. Ela foi liderada pelo ativismo de alguns poucos, como o dramaturgo, roteirista e produtor de filmes Larry Kramer e o escritor Edmund White, e jornalistas e personalidades da mídia em pouco tempo se juntaram à campanha. O filme *Filadélfia*, de 1993, foi uma das primeiras representações na tela grande dos problemas dos homossexuais americanos portadores do vírus do HIV, e causou grande impacto na percepção pública. Séries de TV tratando de questões similares vieram em seguida.

À medida que a narrativa mudava, ativistas dos direitos dos homossexuais e da luta contra a aids começaram a se organizar. Uma de suas reivindicações era maior investimento em pesquisa para tratamento e vacinas. No início, houve resistência de políticos americanos e alguns importantes cientistas. Mas a mobilização valeu a pena, e em pouco tempo houve uma guinada na visão dos políticos e da comunidade médica. Milhões de dólares foram então despejados na pesquisa da doença.

Quando o dinheiro e a pressão social aumentaram, a orientação da pesquisa médica mudou, e no fim da década de 1990 havia novos medicamentos capazes de reduzir as infecções por HIV, bem como novas terapias, incluindo os primeiros tratamentos com células-tronco, imunoterapias e estratégias de edição de genoma. No início da década de 2010, um coquetel de medicações efetivo estava disponível para conter a replicação do vírus e permitir que o paciente de aids levasse uma vida mais normal. Hoje, há diversas vacinas para o HIV em fase de ensaios clínicos.

A exemplo das energias renováveis, o que parecia impossível na luta contra a aids foi alcançado com relativa rapidez. Depois que a narrativa mudou e os indivíduos se organizaram, a pressão social e os incentivos financeiros redirecionaram a transformação tecnológica.

O mesmo pode ser feito pelo futuro das tecnologias digitais.

Agradecimentos

Este livro se baseia em duas décadas de pesquisa sobre tecnologia, desigualdade e instituições. No processo, acumulamos uma imensa dívida intelectual com muitos estudiosos cuja influência pode ser percebida claramente em todo o livro. Dois deles, Pascual Restrepo e David Autor, merecem menção especial, pois inúmeras ideias relacionadas a automação, novas tarefas, desigualdade e tendências do mercado de trabalho são extraídas de sua obra e da nossa pesquisa conjunta com eles. Somos imensamente gratos a Pascual e David pela inspiração fornecida a nossa teoria e abordagem e esperamos que interpretem nosso livre empréstimo de sua obra como a mais elevada forma de elogio.

Temos uma dívida intelectual igualmente enorme para com nosso amigo e colaborador de longa data, James Robinson. Nosso trabalho em parceria com James sobre instituições, conflito político e democracia informa e motiva grande parte de nossa presente teoria.

O trabalho com Alex Wolitzky foi fundamental para a estrutura conceitual deste livro. Também nos baseamos no trabalho conjunto com Jonathan Gruber, Alex He, James Kwak, Claire Lelarge, Daniel LeMaire, Ali Makhdoumi, Azarakhsh Malekian, Andrea Manera, Suresh Naidu, Andrew Newman, Asu Ozdaglar, Steve Pischke, James Siderius e Fabrizio Zilibotti, e somos extremamente gratos a todos eles por sua generosidade intelectual e apoio.

Também extraímos inspiração e nos beneficiamos enormemente do trabalho de Joel Mokyr, a quem somos profundamente agradecidos.

Várias pessoas leram os rascunhos iniciais deste livro e, com grande generosidade, nos forneceram comentários excelentes e construtivos. Somos particularmente gratos a David Autor, Bruno Caprettini, Alice Evans, Patrick François, Peter Hart, Leander Heldring, Katya Klinova, Tom Kochan, James Kwak, Jaron Lanier, Andy Lippman, Aleksander Madry, Jacob Moscona, Joel Mokyr, Suresh Naidu, Cathy O'Neil, Jonathan Ruane, Jared Rubin, John See, Ben Shneiderman, Ganesh Sitaraman, Anna Stansbury, Cihat Tokgöz, John Van Reenen, Luis Videgaray, Glen Weyl, Alex Wolitzky e David Yang por suas detalhadas sugestões, que melhoraram imensamente o manuscrito. Também somos gratos a Michael Cusumano, Simon Jäger, Sendhil Mullainathan, Asu Ozdaglar, Drazen Prelec e Pascual Restrepo por discussões e sugestões muito úteis.

Gostaríamos de agradecer também a Ryan Hetrick, Austin Lentsch, Matthew Mason, Carlos Molina e Aaron Perez pela extraordinária assistência à pesquisa. Lauren Fahey e Michelle Fiorenza foram incrivelmente prestativas, como sempre. A soberba checagem de fatos coube a Rachael Brown e Hilary McClellen.

A pesquisa que fundamenta este livro foi apoiada pelo financiamento de muitas organizações ao longo da última década. Em particular, Acemoglu agradece o apoio financeiro por projetos relacionados da Accenture, Air Force Office of Scientific Research, Army Research Office, Bradley Foundation, Canadian Institute for Advanced Research, Department of Economics, MIT, Google, Hewlett Foundation, IBM, Microsoft, National Science Foundation, Schmidt Sciences, Sloan Foundation, Smith Richardson Foundation e Toulouse Network on Information Technology. Johnson agradece o apoio da Sloan School, MIT. Também somos gratos a nossos agentes, Max Brockman e Rafe Sagalyn, por seu apoio, orientação e sugestões ao longo da última década e de todo o processo de escrita deste livro. Agradecemos ainda toda a equipe da Brockman, bem como a Emily Sacks e Colin Graham por seu grande apoio. Somos particularmente gratos a nosso editor fotográfico, Toby Greenberg, pela soberba assistência.

Por fim, somos afortunados por trabalhar mais uma vez com nosso amigo e editor John Mahaney, com quem também temos uma imensa dívida. Gostaríamos ainda de exaltar o extraordinário trabalho da equipe do PublicAffairs, incluindo Clive Priddle, Jaime Leifer e Lindsay Fradkoff.

Ensaio bibliográfico

PARTE I: FONTES GERAIS E CONTEXTOS

Na primeira parte deste ensaio, explicamos como nossa abordagem se relaciona com trabalhos e teorias anteriores. Fontes detalhadas para dados, citações e outros materiais são fornecidos na segunda parte. Ao longo da parte II também destacamos trabalhos que foram particularmente inspiradores para nossa abordagem de tópicos específicos.

Nossa estrutura conceitual difere da sabedoria convencional em economia e grande parte das ciências sociais em quatro aspectos cruciais: primeiro, como os aumentos de produtividade afetam os salários e assim a validade do trem da produtividade; segundo, a maleabilidade da tecnologia e a importância da escolha quanto à direção da inovação; terceiro, o papel da negociação e de outros fatores não competitivos na determinação salarial e como estes afetam o modo como os ganhos de produtividade são ou deixam de ser compartilhados com os trabalhadores; e quarto, o papel dos fatores não econômicos — em particular, o poder, as ideias e a visão sociais e políticos — nas escolhas tecnológicas. O primeiro é explicitamente discutido no capítulo 1, ao passo que os outros três ficam mais implícitos. Fornecemos aqui algum histórico adicional sobre esses conceitos, enfatizando como partem e divergem de contribuições existentes. Também ressaltamos de que maneira, com base nessas ideias, nossa interpretação das principais transições tecnológicas na história diferem de trabalhos anteriores. Por fim, relacionamos nossa abordagem a alguns livros recentes sobre tecnologia e desigualdade.

Principiamos pelos quatro blocos de construção que distinguem nossa estrutura conceitual de abordagens passadas.

Primeiro, com mercados de trabalho competitivos, os salários são determinados pela *produtividade marginal da mão de obra*, como discutimos no capítulo 1. Abordagens mais comuns em economia associam essa produtividade marginal à *produtividade média* (produção ou valor agregado por trabalhador) e portanto geram a previsão de que o salário médio varia com a produtividade média (ou, simplesmente, produtividade). Consequentemente, quando a produtividade aumenta, a média dos salários também sobe — o que chamamos de "trem da produtividade".

Embora a expressão "trem da produtividade" não seja utilizada em livros de economia tradicionais, as ideias que capta são comuns. A maioria dos modelos abordados pelos livros sobre crescimento econômico (incluindo Barro e Sala-i-Martin, 2004, Jones, 1998, e Acemoglu, 2009) sugere que a maior produtividade se traduz diretamente em maiores salários. Estudos seminais sobre o progresso tecnológico – como Solow (1956), Romer (1990) e Lucas (1988) – sustentam que ele eleva todos os padrões.

O livro mais popular hoje entre os alunos de graduação, *Principles of Economics* [Introdução à economia], de Gregory Mankiw, afirma que "quase toda variação no padrão de vida pode ser atribuída a diferenças na *produtividade* do país – ou seja, a quantidade de bens e serviços produzidos por cada unidade de homem-hora" (Mankiw, 2018, p. 13, grifo do original). Mankiw a seguir liga a produtividade à mudança tecnológica e faz uma descrição sucinta do trem da produtividade. Numa seção chamada "Por que a produtividade é tão importante", ele explica que o padrão de vida é determinado pela produtividade, que por sua vez depende da tecnologia, e escreve que "os americanos vivem melhor do que os nigerianos porque o trabalhador americano é mais produtivo que o trabalhador nigeriano" (pp. 518-9). Ele afirma também que essa observação é um dos dez princípios mais importantes da economia. Mankiw admite a possibilidade da perda de empregos, mas analisa a questão da seguinte forma: "Também é possível que a mudança tecnológica reduza a demanda por mão de obra. É concebível que a invenção de um robô industrial barato, por exemplo, reduza a produtividade marginal do trabalhador, desviando a curva da demanda de mão de obra para a esquerda. Os economistas chamam isso de mudança tecnológica *economizadora da mão de obra*. A história sugere, contudo, que a maior parte do progresso tecnológico na verdade é *fomentador da mão de obra*" (Mankiw, 2018, p. 367, grifos do original).

O crescimento salarial implicado pelo trem da produtividade não precisa ser de um para um, então o aumento da produtividade pode ao mesmo tempo elevar a participação do capital e reduzir a participação da mão de obra na renda nacional. Mas, pela visão padrão, ele sempre beneficiará o trabalhador. Quando há múltiplos tipos de mão de obra (qualificada e não qualificada), o progresso tecnológico pode elevar a desigualdade, mas também vai aumentar o nível salarial de todo tipo de mão de obra. Como resultado, embora a mudança tecnológica possa trazer desigualdade, será a maré que fará flutuar todos os barcos. Por exemplo, como explicado em Acemoglu (2002b), na estrutura mais comum usada em economia, o progresso tecnológico sempre eleva o salário médio, e, mesmo que aumente a desigualdade, também eleva os salários na parte de baixo da curva normal.

Esses resultados são consequência do tipo de modelo visado pela maioria dos economistas, que presume que as mudanças tecnológicas elevam diretamente a produtividade do capital ou da mão de obra ou ambos (em outras palavras, na terminologia econômica, a mudança tecnológica é "fomentadora da mão de obra" ou "fomentadora do capital" (ver Barro e Sala-i-Martin, 2004, e Acemoglu, 2009, para uma visão geral dos modelos de crescimento padrão e as formas da mudança tecnológica). Com esses tipos de mudança tecnológica e sob o pressuposto de que há "constantes retornos à escala" (de modo que a duplicação do capital e da mão de obra dobra a produção), há de fato uma relação próxima entre a produtividade e os salários de todos os tipos de mão de obra.

O principal problema é que a automação, que segundo argumentamos foi fundamental durante os diversos estágios da industrialização moderna, não corresponde a um aumento na produtividade do capital ou da mão de obra, envolvendo antes o uso de máquinas (ou algoritmos) para tarefas previamente realizadas pelo ser humano. Avanços na tecnologia da automação podem aumentar a produtividade média e ao mesmo tempo reduzir o salário real médio. Além do mais, as implicações da desigualdade tecnológica podem ser muito mais acentuadas quando a automação toma conta das tarefas realizadas por trabalhadores de baixa qualificação, reduzindo seus salários reais e ao mesmo tempo elevando os retornos para o capital e a remuneração do trabalhador altamente qualificado (Acemoglu e Restrepo, 2022).

É importante enfatizar que a automação *pode* reduzir os salários — mas não *necessariamente*. Em teoria, ela tira os trabalhadores das tarefas que costumavam desempenhar e assim o esperado é que reduza a participação da mão de obra no valor agregado (a quantidade do valor de produção total que vai para a mão de obra em vez do capital). Essa previsão é confirmada de forma empírica (ver, por exemplo, Acemoglu e Restrepo, 2020a, e Acemoglu, Lelarge e Restrepo, 2020). Como vimos de passagem no capítulo 1, se a automação eleva suficientemente a produtividade, pode aumentar também a demanda por mão de obra e salários reais, mesmo ao desempregar trabalhadores e reduzir sua participação. Isso acontece porque os custos menores (a produtividade mais elevada) encorajam as empresas automatizadas a contratar mais trabalhadores para realizar tarefas não automatizadas. Esse tipo de automação de alta produtividade também eleva a demanda por produtos de outros setores, seja por meio da demanda por inputs das empresas que instalam tecnologias de automação, seja porque a renda real dos consumidores se eleva devido aos produtos mais baratos dessas empresas. De maneira crucial, porém, esses benefícios não ocorrerão quando a automação for "moderada", isto é, quando aumenta a produtividade apenas ligeiramente (ver discussão abaixo e no contexto do capítulo 9). Outra parte crítica de nossa estrutura conceitual, o papel das novas tarefas em gerar oportunidades para os trabalhadores e contrabalançar a automação, também é distinta da maioria das abordagens em economia.

Nossa abordagem geral parte de uma série de contribuições prévias na literatura econômica. Atkinson e Stiglitz (1969) propuseram um modelo de mudança tecnológica que difere da sabedoria convencional ao permitir que as inovações afetem a produtividade "localmente" — ou seja, apenas na proporção prevalecente entre capital e mão de obra. O primeiro trabalho a propor uma teoria baseada em máquinas substituindo a mão de obra em certas atividades foi Zeira (1998). Uma abordagem parecida foi desenvolvida em Acemoglu e Zilibotti (2001). Essa ideia foi posteriormente investigada e desenvolvida na obra seminal de Autor, Levy e Murnane (2003), que propuseram o mapeamento das tarefas em categorias rotineiras e não rotineiras, argumentando que as atividades rotineiras podiam ser automatizadas. Eles também empreenderam a primeira análise empírica sistemática da automação, demonstrando que estava estreitamente relacionada ao aumento da desigualdade nos Estados Unidos. Acemoglu e Autor (2011) desenvolveram um modelo geral baseado em tarefas e deduziram as implicações da automação para a polarização do salário e do emprego.

A estrutura deste livro está mais próxima de Acemoglu e Restrepo (2018 e 2022). O artigo de 2018 introduz um modelo em que o crescimento econômico tem lugar por meio de um processo de automação e criação de novas tarefas, e identifica condições sob as quais o progresso tecnológico e o crescimento da produtividade reduzem os salários. Propõe ainda a ideia de novas tarefas como elementos-chave para contrabalançar os efeitos da automação e mostra de que forma a expansão simultânea da automação e das novas tarefas afeta a evolução da demanda de mão de obra, esclarecendo que a automação não necessariamente é ruim para os salários ou agrava a desigualdade, mas tem efeitos adversos quando segue num ritmo mais rápido que a adoção de tecnologias mais amigáveis aos trabalhadores. O artigo de 2022 apresenta uma estrutura geral, multissetor, em que as implicações distributivas e salariais de diferentes tipos de tecnologia podem ser sistematicamente medidas. Também fornece evidências de que a automação é a principal causa das tendências de desigualdade crescente na economia norte-americana. O artigo corrobora ainda mais nossa discussão do capítulo 1 sobre como aumentos de produtividade suficientemente amplos podem gerar emprego e crescimento salarial — por exemplo, induzindo a expansão em outros setores.

Essa estrutura também é a base de nossa discussão da "automação moderada" ou "tecnologia moderada" (termo introduzido em Acemoglu e Restrepo, 2019b). Em particular quando tarefas que costumavam ser realizadas por seres humanos são automatizadas, mas há uma limitação nas reduções de custo (os aumentos de produtividade), essa mudança tecnológica gera desemprego significativo, mas pouca coisa em termos de produtividade. A automação moderada tem mais chance de surgir quando a mão de obra é razoavelmente produtiva nas tarefas que estão sendo automatizadas, e as máquinas e os algoritmos não são muito produtivos. A automação excessiva — que vai além do que seria eficaz de uma perspectiva puramente produtiva e pode assim até reduzir a produtividade corretamente medida — é desse modo moderada por definição. A referência à "produtividade corretamente medida" deve-se ao fato de que a automação, ao reduzir a necessidade de mão de obra, sempre aumenta mecanicamente a produção por trabalhador, mas pode reduzir a produtividade total dos fatores, que leva em consideração a contribuição tanto da mão de obra como do capital, como explicado no capítulo 7.

Segundo, a maioria das teorias de crescimento econômico pressupõe que o caminho da mudança tecnológica é exógeno, como em Solow (1956), ou considera a taxa de inovações como endógena, mas pressupondo que ocorre ao longo de uma dada trajetória, como em Lucas (1988) ou Romer (1990). Incidentalmente, ambas as linhas de trabalho introduzem a tecnologia da mesma forma — como algo que provoca um aumento direto na produtividade da mão de obra —, e é por isso que afirmam o trem da produtividade.

Nossa estrutura conceitual difere ao enfatizar a maleabilidade da tecnologia e o fato de que a orientação da mudança tecnológica — por exemplo, quanto as novas técnicas economizarão em diferentes fatores, e como mudarão sua produtividade — é uma escolha. Aqui também partimos de uma série de trabalhos anteriores. O primeiro economista a discutir essas questões foi Hicks (1932), conjecturando que custos de mão de obra mais elevados induzem as empresas a adotar tecnologias que economizam no trabalho humano. Ideias relacionadas foram desenvolvidas pela literatura de "inovação induzida" da década de 1960, incluindo, entre outros, Kennedy (1964), Samuelson (1965) e Drandakis e Phelps (1966), embora essas contribuições focassem sobretudo nas possíveis razões naturais para a mudança tecnológica manter constantes as participações do capital e da mão de obra na renda nacional.

A primeira grande aplicação empírica dessas ideias está em Habakkuk (1962), no contexto da tecnologia americana do século XIX. O principal argumento de Habakkuk era alinhado à alegação de Hicks: a escassez de mão de obra e particularmente de mão de obra especializada nos Estados Unidos desencadeou a rápida adoção e o desenvolvimento de maquinário, como discutimos no capítulo 6. Robert Allen (2009a) propôs a ideia afim de que o custo elevado da mão de obra foi uma causa preponderante da Revolução Industrial britânica em meados do século XVIII. Nossa interpretação da evolução tecnológica no fim do século XIX nos Estados Unidos baseia-se fortemente na tese de Habakkuk, e argumentamos ainda que essa direção induzida da tecnologia persistiu na primeira metade do século XX e se espalhou para a Grã-Bretanha e também para outras nações industrializadas.

Nossa teoria se baseia também na literatura mais recente sobre a mudança tecnológica direcionada, que começa com Acemoglu (1998, 2002a) e Kiley (1999). Esses artigos se debruçaram sobre as implicações da desigualdade, mas trabalhos subsequentes exploraram outras dimensões da maleabilidade tecnológica, incluindo questões gerais relativas à divisão da renda nacional entre a mão de obra e o capital em Acemoglu (2003a), os efeitos do comércio internacional e das instituições do mercado de trabalho sobre a desigualdade em Acemoglu (2003b) e as causas e consequências da tecnologia inadequada em Acemoglu e Zilibotti (2001) e Gancia e Zilibotti (2009). Há hoje uma literatura empírica considerável inspirada por essas ideias. Obras relevantes incluem as focadas no direcionamento da pesquisa farmacêutica em Finkelstein (2004) e Acemoglu e Linn (2004); a mudança climática e as tecnologias verdes em Popp (2002) e Acemoglu, Aghion, Bursztyn e Hemous (2012); as inovações têxteis durante a Revolução Industrial britânica em Hanlon (2015); e a agricultura em Moscona e Sastry (2002). Se a orientação tecnológica economiza na mão de obra ou a complementa é uma questão analisada teoricamente em Acemoglu (2010) e Acemoglu e Restrepo (2018).

Estendemos essas abordagens em direções conceituais, empíricas e históricas. Conceitualmente, enfatizamos o papel dos fatores políticos e sociais em moldar a direção da tecnologia, ao passo que a literatura prévia focava principalmente os fatores econômicos. Em Acemoglu e Restrepo (2018), por exemplo, a direção da mudança tecnológica é determinada por fatores puramente econômicos, como a participação da mão de obra na renda nacional, o preço do capital a longo prazo e rendas do mercado de trabalho.

Outra implicação dessas ideias, brevemente mencionada nos capítulos 1 e 8, merece ser enfatizada aqui: a maleabilidade da tecnologia abre as portas para opções socialmente custosas relativas à direção da inovação. De fato, quando há decisões importantes sobre a orientação tecnológica, nada garante que o processo de inovação baseado no mercado selecione áreas mais benéficas para a sociedade como um todo ou para os trabalhadores. Um motivo para isso é que algumas tecnologias geram mais lucros para os negócios do que outras, ainda que não contribuam ou talvez até prejudiquem o bem-estar social. Exemplos incluem as tecnologias que aumentam a produtividade e a dominação dos monopólios ou grandes oligopólios (que podem cobrar preços mais elevados e gerar lucros maiores); as que ajudam as empresas a monitorar melhor os trabalhadores e assim aumentar os lucros com a redução dos salários; e as que complementam a coleta de dados e asseguram o poder das empresas que os monopolizam. Uma razão ainda mais importante para distorções na orientação da inovação, apontada em Acemoglu e Restrepo (2018), é que as empresas podem ter uma demanda excessiva por tecnologias de automação, particularmente quando isso lhes permite economizar em altos salários. As distorções na inovação podem se multiplicar quando há fatores não econômicos influenciando as escolhas tecnológicas — por exemplo, quando a visão de indivíduos influentes, empreendedores e organizações determina grandes investimentos (como no setor da tecnologia nos Estados Unidos no momento) ou quando as demandas de um governo poderoso pressionam os inovadores por tecnologias de vigilância (como as políticas do governo chinês, discutidas no capítulo 10).

Da perspectiva empírica e histórica, oferecemos um relato das consequências distributivas do crescimento econômico para os últimos mil anos, focando especialmente as orientações tecnológicas industriais de meados do século XVIII até hoje. Não temos conhecimento de outros precursores para nossa interpretação e evidência histórica, que enfatizam o seguinte: de que maneira o equilíbrio entre as tecnologias de automação e as tecnologias favoráveis ao trabalhador foi forjado no início da industrialização; depois assumiu uma direção mais favorável na segunda metade do século XIX, persistindo durante os primeiros oitenta anos do século XX; e subsequentemente voltou a mudar a partir de 1980, mais uma vez orientado no rumo da automação. Exceções parciais são a exploração da amplitude do desemprego e da reintegração da mão de obra na economia americana a partir de 1950 em Acemoglu e Restrepo (2019b); o livro de Brynjolfsson e McAfee (2014); e a obra mais recente de Frey (2019), discutida a seguir.

Terceiro, a maioria das abordagens econômicas, mesmo quando admitem importantes desvios do padrão estabelecido por mercados de trabalho competitivos (por exemplo, devido ao poder das empresas em ditar os salários em negociações ou a problemas informacionais), não os consideram um fator determinante central para os aumentos de produtividade se traduzirem em aumento salarial. A abordagem canônica das economias modernas que incorpora a renda econômica e os atritos do mercado de trabalho tem origem em Diamond (1982), Mortensen (1982) e Pissarides (1985); como ressaltado no importante tratado de Pissarides (2000) sobre o assunto, *Equilibrium Unemployment Theory*, ela prevê que o crescimento da produtividade se traduzirá em crescimento salarial numa proporção de um para um.

Ao contrário dessas abordagens, a extensão e a natureza da divisão de renda econômica são a nosso ver uma característica essencial de como os ganhos com o crescimento de produtividade serão partilhados. Precursores importantes de nossa abordagem incluem a crítica das teorias neoclássicas e neomalthusianas do colapso do feudalismo em Brenner (1976). Brenner destacou o papel do poder político para o funcionamento e o fim do feudalismo. Segundo ele, os fatores demográficos foram secundários e o mais importante era determinar se os camponeses tinham poder suficiente para resistir às exigências dos senhores. A abordagem de Brenner foi uma inspiração valiosa para a teoria de Acemoglu e Wolitzky (2011), que nos serviu de base. Essa teoria sustenta que o crescimento de produtividade às vezes achata os salários em vez de aumentá-los, como quando os patrões decidem intensificar a coerção (contratando mais capatazes ou criando barreiras para o trabalhador mudar de emprego, por exemplo) em vez de remunerar melhor seus funcionários. O contexto institucional e as opções dos trabalhadores no mercado de trabalho (por exemplo, se a despeito das medidas coercitivas do empregador eles são capazes de escapar e encontrar meios alternativos de subsistir) determinam se isso acontece ou não. Algumas dessas implicações podem ser estendidas a ambientes não coercitivos. Quando o equilíbrio de poder na negociação entre empresa e trabalhador se mantém constante, uma nova tecnologia que aumente a produtividade aumentará os salários. Mas novas tecnologias também fazem a balança do poder pender em favor do empregador, e nesse caso os salários costumam baixar. Ou então a mudança tecnológica altera o equilíbrio da inclinação do patrão entre tratar bem seus empregados e manter o moral elevado ou monitorá-los opressivamente, e isso quebra mais uma vez o elo entre a elevação produtiva e salarial.

Nossa presente abordagem generaliza essas perspectivas, particularmente no capítulo 4, que analisa economias agrícolas. A seguir, examinamos o papel da mudança tecnológica em tal estrutura, e nos capítulos 6, 7 e 8 desenvolvemos ideias similares que se aplicam à divisão do lucro nas economias modernas. Essas ideias são então combinadas a duas outras normalmente ignoradas em discussões sobre os efeitos da tecnologia nos salários. A primeira, proposta em Acemoglu (1997) e em Acemoglu e Pischke (1999), é a possibilidade de que, na presença de divisão de renda econômica, salários mais elevados possam por vezes aumentar o investimento na produtividade marginal do trabalhador, porque as empresas consideram mais lucrativo elevar a produtividade do trabalhador. A segunda, proposta em Acemoglu (2001), observa que uma maior proteção do trabalhador pode incentivar o patrão a criar "bons empregos" (com salários maiores, maior segurança no trabalho e oportunidades de carreira), e bons empregos contribuem para o crescimento salarial. Essas ideias nos ajudam a compreender por que durante certos episódios a divisão de renda econômica andou junto com o rápido crescimento salarial e a prosperidade amplamente compartilhada (capítulos 6 e 7), e como a diminuição de poder do trabalhador pode estar associada a menos crescimento compartilhado e menos investimento em tecnologias favoráveis ao trabalhador (capítulo 8).

Quarto, oferecemos uma teoria da visão da tecnologia e do papel do poder social em moldar tais visões. Especificamente, enfatizamos que, uma vez que a maleabilidade da tecnologia e a ausência de um trem da produtividade automático são admitidas, a questão sobre o que determina a orientação tecnológica, e desse modo quem sai ganhando ou perdendo, passa a ser central. Quem são os detentores do poder de persuasão cuja visão influencia os demais está entre os fatores-chave focados nesse contexto.

Nossa ênfase no papel do poder socioeconômico nos vincula à literatura cada vez mais abundante sobre instituições, política e desenvolvimento econômico. Nisso partimos da obra de North e Thomas (1973), North (1982), North, Wallis e Weingast (2009) e Besley e Persson (2011), bem como nosso próprio trabalho anterior — Acemoglu, Johnson e Robinson (2003, 2005b), Acemoglu e Johnson (2005) e Acemoglu e Robinson (2006b, 2012 e 2019) — e as ideias de Brenner (1976), já mencionadas. Acrescentamos a essas teorias fatores sociais relativos a visões e ideias, persuasão e status, frisando a interação entre política e economia. Nisso, partimos do livro seminal de Mann (1986) sobre as origens do poder social e da distinção que ele faz entre poder econômico, militar, político e ideológico. Relativamente a Mann, enfatizamos o papel crucial do poder de persuasão, sobretudo nas sociedades modernas, e enfatizamos também de que forma o poder de persuasão é moldado pelas instituições. Além disso, nossa discussão das origens do poder de persuasão é inspirada pela literatura de psicologia social sobre como funciona a persuasão, resumida em Cialdini (2006) e Turner (1991).

Além dessas diferenças fundamentais, a forma como conceituamos o papel dos fatores sociopolíticos na mudança tecnológica difere da maioria das abordagens existentes. Tanto na economia como em grande parte das demais ciências sociais, como a maleabilidade da tecnologia não é levada em consideração, maior ênfase é dada a discutir se as instituições e as forças sociais impedem a mudança tecnológica. Essa perspectiva foi articulada sistematicamente pela primeira vez em Mokyr (1990) e modelada na economia por Krusell e Ríos-Rull (1996) e Acemoglu e Robinson (2006a), entre outros.

Uma implicação adicional dessas considerações é a maior margem para agência e escolha que elas geram entre atores poderosos. Nas abordagens mais simples da economia política, fatores institucionais operam principalmente mudando os incentivos de mercado e a tecnologia, e as políticas salariais das empresas são em grande parte ditadas pela maximização do lucro. Esse não é mais o caso quando as ideias e visões importam: à medida que as visões influentes mudam, podem ocorrer grandes mudanças na direção da inovação e dos padrões de divisão de renda econômica, transformando a distribuição dos ganhos de produtividade dentro da sociedade.

Nossa estrutura combina esses quatro blocos de construção. Até onde temos conhecimento, o modo como o poder sociopolítico molda as escolhas tecnológicas e o modo como as instituições e escolhas tecnológicas determinam juntas em que medida os donos do capital, os empreendedores e trabalhadores de diferentes níveis de habilidade se beneficiam dos novos métodos produtivos aparecem pela primeira vez neste livro. Usando tal estrutura, reinterpretamos os principais acontecimentos econômicos dos últimos mil anos.

Contribuições recentes e importantes nesse contexto incluem Brynjolfsson e McAfee (2014) e Frey (2019). Brynjolfsson e McAfee (2014) discutiram questões relacionadas à nossa análise quase uma década atrás e anteciparam muitas disrupções do mercado de trabalho que se seguiriam após a onda das tecnologias de IA, embora sua interpretação seja mais otimista que a nossa. Tanto o livro deles como o de Frey reconhecem os efeitos da automação sobre o desemprego e alguns custos sociais e econômicos que impõem, e Frey, como nós, descreve vividamente alguns desses custos no contexto dos acontecimentos econômicos dos séculos XIX e XX. Especificamente, Frey parte da estrutura de Acemoglu e Restrepo (2018) e frisa a possibilidade de que a tecnologia leve à automação ou aumente a produtividade do trabalhador. Entretanto, ele não admite que a orientação tecnológica seja determinada por instituições e forças sociais, e sua principal preocupação, como a de Brynjolfsson e McAfee (2014) e Mokyr (1990), permanece sendo a possibilidade de que a desigualdade e as implicações salariais das tecnologias de automação possam levar a um impedimento do progresso.

Por outro lado, a estrutura neste livro enfatiza que a resistência às tecnologias de automação nem sempre é um impedimento para o crescimento econômico; ela também pode ser socialmente benéfica quando afasta a inovação de direções desfavoráveis à mão de obra (preservando a participação democrática que empodera grupos sociais mais amplos). Como esses efeitos positivos de resistência e reação política dos trabalhadores e outros segmentos da sociedade estão ausentes da estrutura de Frey, ele os vê como negativos, e as políticas recomendadas por ele são igualmente sobre prevenir essa resistência — por exemplo, redistribuindo os ganhos resultantes da automação ou promovendo o ensino.

Nesse contexto, devemos também relacionar nosso livro a duas outras contribuições recentes, West (2018) e Susskind (2020). Esses autores também se preocupam com as implicações negativas da automação, especialmente da IA, mas não reconhecem a natureza orientada da tecnologia. Além do mais, diferente de nosso enfoque, destacam que a IA já se tornou uma tecnologia eficaz que eliminará rapidamente muitos empregos. Para eles, um futuro de menos empregos é inevitável, e assim eles sugerem medidas como a renda básica universal para combater as implicações negativas dessas tendências tecnológicas inexoráveis. Trata-se de uma perspectiva claramente diferente da nossa. Consideramos especificamente (nos capítulos 9 e 10) muitos usos da moderna IA como moderados precisamente porque as capacidades da inteligência de máquina são mais limitadas do que muitas vezes se presumiu, e porque o ser humano realiza diversas tarefas recorrendo a uma grande quantidade de conhecimentos e inteligência social acumulados. Não obstante, as tecnologias de automação moderada ainda podem ser adotadas, e nesse caso tendem a ser prejudiciais para os trabalhadores, sem gerar grandes ganhos de produtividade nem reduções de custo para as empresas (ver Acemoglu e Restrepo, 2020c, e Acemoglu, 2021). Assim, diferente do foco dado por West e Susskind, consideramos neste livro que o mais importante é desviar a orientação tecnológica da automação e da coleta de dados, buscando um portfólio de inovações mais equilibrado.

PARTE II: FONTES E REFERÊNCIAS

EPÍGRAFE [p. 7]

"Se combinarmos..." é de Wiener (1949).

PRÓLOGO: O QUE É O PROGRESSO? [pp. 11-7]

Jeremy Bentham, "você ficaria surpreso...", é de Steadman (2012), com detalhes em sua nota 7. O texto vem de uma carta de Bentham a Charles Brown datada de dezembro de 1786. Para maior contextualização e detalhes, ver Bentham (1791).

"Ninguém apreciaria trabalhar" é de Select Committee (1834, p. 428, parágrafo 5473), depoimento de Richard Needham em 18 de julho de 1834, e aparece também em Thompson (1966, p. 307). "Por mim, se inventarem máquinas..." é de Select Committee (1835, p. 186, parágrafo 2644), depoimento de John Scott em 11 de abril de 1835, e aparece também em Thompson (1966, p. 307). "Em consequência do melhor maquinário..." é de Smith (1999, p. 350). "As leis da natureza..." é de Burke (1795, p. 30). O texto integral da passagem diz: "Nós, o povo, devemos ter consciência de que não é quebrando as leis do comércio, que são as leis da natureza e, consequentemente, as leis de Deus, que podemos esperar abrandar o desagrado divino a fim de remover qualquer calamidade de que soframos, ou que paire sobre nós".

"O fato é que o monopólio..." é de Thelwall (1796, p. 21), e uma versão parcial pode ser encontrada em Thompson (1966, p. 185).

1. O CONTROLE DA TECNOLOGIA [pp. 19-47]

Vale a pena revisar brevemente os debates históricos em torno do conceito de desemprego tecnológico e as visões de David Ricardo sobre o maquinário, que são discutidos neste capítulo.

A ideia de desemprego tecnológico resultante de aperfeiçoamentos nos métodos produtivos é com frequência atribuída a John Maynard Keynes (1966), mas, na verdade, precede Keynes significativamente. Diversos autores no século XVIII se preocuparam com o desemprego causado pela mudança tecnológica. Thomas Mortimer escreveu sobre essa possibilidade nos estágios iniciais da Revolução Industrial (Mortimer, 1772). Um dos principais economistas da era, James Steuart, também estudou essas questões, admitindo que o maquinário podia "forçar um homem à ociosidade", embora entendesse que fosse o cenário menos provável (Steuart, 1767, p. 122). Peter Gaskell enfatizou esses riscos mais vividamente no início do século XIX: "A adaptação dos dispositivos mecânicos a quase todos os processos que até o momento exigem o contato delicado da mão humana em breve acabará com a necessidade de empregá-la, ou ela deverá ser empregada a um preço que lhe permita competir com o mecanismo" (Gaskell, 1833, p. 12).

Economistas proeminentes ficaram menos preocupados, pelo menos no começo. Em *Uma investigação sobre a natureza e as causas da riqueza das nações* (1776), Adam Smith viu os aperfeiçoamentos tecnológicos como amplamente benéficos. Como observamos no prólogo, ele argumentou que um "melhor maquinário" tende a aumentar o salário real "de maneira bastante considerável".

Como vimos no início do capítulo, esse otimismo foi a princípio compartilhado por David Ricardo, outra figura fundadora da disciplina da economia nessa era. Em *Princípios de economia política e tributação*, publicado originalmente em 1817, Ricardo traçou um paralelo entre maquinário e comércio exterior, vendo ambos como benéficos. Ele escreveu que "o preço natural de todos os artigos, excetuando a produção bruta e o trabalho, tem uma tendência a cair no progresso da riqueza e da população; pois embora por um lado cresçam em valor real devido ao aumento no preço natural da matéria-prima de que são feitos, tal fato é mais do que contrabalançado pelos aperfeiçoamentos de maquinário, pela melhor divisão e distribuição do trabalho e pela crescente habilidade, em ciência assim como em arte, dos produtores" (Ricardo, 2001, p. 95).

Ricardo, no entanto, mais tarde mudou de ideia e acrescentou um novo capítulo, "Sobre o maquinário", à terceira edição dos *Princípios*, articulando uma primeira versão da teoria do desemprego tecnológico: "tudo que desejo provar é que a descoberta e o uso do maquinário devem vir acompanhados de uma definição de produto bruto; e, sempre que esse for o caso, será prejudicial para a classe trabalhadora, na medida em que parte dela será lançada no desemprego, e a população se tornará redundante em comparação aos fundos destinados aos empregados" (Ricardo, 2001, p. 286). Mas suas ideias não influenciaram a maioria de seus seguidores. Mesmo quando notaram a possibilidade de efeitos extremamente negativos para os trabalhadores braçais ou não qualificados, os economistas concluíram que eles eram pouco prováveis ou podiam ser no máximo temporários. Como afirmou John Stuart Mill, "não acredito que [...] aperfeiçoamentos na produção sejam com frequência — se é que alguma vez — prejudiciais, ainda que temporariamente, para as classes trabalhadoras no agregado" (Mill, 1848, p. 97).

Temores similares acerca do desemprego tecnológico foram expressos por uma série de outros economistas proeminentes, o mais importante deles sendo Wassily Leontief, mencionado no capítulo 8. A história desses debates iniciais é relatada em Berg (1980) e Hollander (2019). Frey (2019) e Mokyr, Vickers e Ziebarth (2015) também incluem discussões detalhadas.

O ensaio de Keynes era mais otimista do que o capítulo "Sobre o maquinário" de Ricardo. Ele escreveu: "Por muitas eras futuras o velho Adão será tão forte em nós que todo mundo precisará realizar algum trabalho se esperar contentá-lo. Deveremos fazer mais coisas por nós do que é usual entre os ricos de hoje, assumindo de muito bom grado pequenos deveres, tarefas e rotinas. Mas além disso deveremos nos empenhar em espalhar sobre o pão uma camada fina de manteiga — para que o trabalho ainda por ser feito seja compartilhado o mais amplamente possível. Turnos de três horas ou semanas de quinze horas deverão postergar o problema por um bom tempo" (1966, pp. 368-9). E depois complementava a afirmação com as seguintes palavras: "Mas trata-se apenas de uma fase temporária de desajuste. No longo prazo tudo isso significa *que a humanidade está resolvendo seu problema econômico*" (p. 364, grifos do original).

A despeito da estatura de Keynes, seus pontos de vista sobre o desemprego tecnológico, como os de Ricardo antes dele, não exerceram impacto significativo no pensamento econômico convencional. Paul Douglas (1930a, 1930b) debateu a questão independente de Keynes, ao mesmo tempo ou até antes dele. Mas Douglas, como Gottfried Haberler (1932), argumentava que o mecanismo de mercado quase automaticamente se encarregaria de restabelecer os empregos mesmo que as máquinas tirassem o serviço de alguns trabalhadores. Na verdade, até recentemente, o pensamento econômico convencional nem prestava muita atenção nas preocupações de Ricardo, Keynes e Leontief.

Por fim, o conceito de tecnologia de propósito geral introduzido neste capítulo remete a David (1989), Bresnahan e Trajtenberg (1995), Helpman e Trajtenberg (1998) e David e Wright (2003). Sua importância para nós deriva do fato de que essa escolha de orientação tecnológica é particularmente relevante quando as tecnologias são de propósito geral, como enfatizado em Acemoglu e Restrepo (2019b).

EPÍGRAFES. Bacon (2017, p. 128); Wells (2005, p. 49).

"Os 340 anos transcorridos..." é da *Time* (1960), página 2 da versão online. "Não consigo pensar em nenhum outro período..." é de Kennedy (1936). "Desemprego devido à descoberta..." é de Keynes (1966, p. 364).

"O maquinário não diminuiu a demanda por mão de obra" é de Ricardo (1951-73, p. 30), de uma versão editada das transcrições parlamentares de 16 de dezembro de 1819. "Tenho obrigação ainda maior..." é de Ricardo (2001, p. 282). "Se o maquinário pudesse..." é de Ricardo (1951-73, pp. 399-400, carta datada de 30 de junho de 1821).

Bill Gates, "as tecnologias [digitais] envolvidas aqui...", é de um evento realizado na Universidade Stanford em 28 de janeiro de 1998 (sem versão online atualmente disponível). Steve Jobs, "Vamos inventar o amanhã..." é de uma conferência de 2007, disponível em <allthingsd.com/20070531/d5-gates-jobs-transcript>. Os acontecimentos no mercado de trabalho, incluindo a desigualdade salarial por nível de escolaridade, são examinados mais detalhadamente no capítulo 8; ver as notas desse capítulo para detalhes sobre fontes e cálculos.

O TREM DO PROGRESSO. "O que podemos fazer..." é de uma TED Talk de Erik Brynjolfsson em abril de 2017, disponível em <www.techpolicy.com/Blog/April-2017/Erik-Brynjolfsson-Racing-with-the-Machine-Beats-R.aspx>. Fatos da indústria automotiva são de McCraw (2009, pp. 14, 17, 23). O emprego na indústria automotiva na década de 1920 é de CQ Researcher (1945). A evolução das tarefas na indústria automotiva é discutida em maiores detalhes nos capítulos 7 e 8; as fontes completas estão nas notas desses capítulos. A afirmação sobre a fábrica do futuro costuma ser atribuída a Warren Bennis. Um exame mais cuidadoso, porém — ver <quoteinvestigator.com/2022/01/30/future-factory> —, indica que "Warren Bennis de fato fez essa piada em 1988 e 1989, mas afirmou que não era de sua autoria", e que uma avaliação razoável é "Bennis merece o crédito por ter ajudado a popularizá-la".

POR QUE É IMPORTANTE EMPODERAR O TRABALHADOR? As conquistas educacionais do trabalhador americano em 2016 são do Bureau of Labor Statistics, incluídas em Brundage (2017).

OTIMISMO, COM RESSALVAS. O debate sobre o sistema heliocêntrico e sua aceitação está em <galileo.ou.edu/exhibits/revolutions-heavenly-spheres-1543>. Sobre o desenvolvimento da vacina da Moderna, ver <www.bostonmagazine.com/health/2020/06/04/moderna-coronavirus-vaccine>. Em 24 de fevereiro de 2020, a Moderna anunciou o envio do primeiro lote de mRNA-1273, 42 dias após a identificação da sequência. Para os motores a vapor, ver Tunzelman (1978). Sobre o sistema de crédito social chinês, ver <www.wired.co.uk/article/china-social-credit-system-explained>. Sobre a mudança de algoritmo do Facebook em 2018, ver <www.wsj.com/articles/facebook-algorithm-change-zuckerberg-11631654215>.

O FOGO, NOVAMENTE. Essa interpretação da evidência de Swartkrans é de Pyne (2019, p. 25). Sundar Pichai, "a IA provavelmente...", é de <money.cnn.com/2018/01/24/technology/

sundar-pichai-google-ai-artificial-intelligence/index.html>. Kai-Fu Lee, "a IA pode ser...", é de Lee (2021). Demis Hassabis, "ao aprofundar nossa capacidade", é de <theworldin.economist.com/edition/2020/article/17385/demis-hassabis-ais-potential>; "precisamos de uma melhora..." é de <www.techrepublic.com/article/google-deepmind-founder-demis-hassabis-three-truths-about-ai>. "A revolução inteligente..." é de Li (2020). Sobre as ideias de Ray Kurzweil, ver Kurzweil (2005). Reid Hoffman, "pode acontecer de termos...", é de <www.city-journal.org/html/disrupters-14950.html>.

2. SONHANDO COM CANAIS [pp. 48-73]

Este capítulo se baseia nas seguintes histórias: Wilson (1939), Mack (1944), DuVal (1947), Beatty (1956), Marlowe (1964), Kinross (1969), Silvestre (1969), McCullough (1977), Karabell (2003) e Bonin (2010). Seu foco — de que o fiasco do canal do Panamá estava enraizado na visão e no poder social de Lesseps, ampliado devido ao sucesso do canal de Suez — baseia-se em nossa leitura dessas fontes e dos itens específicos mencionados abaixo.

O debate no Congresso de Paris de 1879 foi relatado por Ammen (1879), Johnston (1879) e Menocal (1879). Lesseps (1880 e 2011) forneceram sua própria versão deturpada sobre os eventos. O episódio de Napoleão é descrito por Chandler (1966) e Wilkinson (2020). Os escritos de Saint-Simon estão em Manuel (1956). O "espírito de Saint-Simon" no projeto do Panamá é sugerido por Siegfried (1940, p. 239).

EPÍGRAFES. Lewis (1964, p. 7); Ferdinand de Lesseps é de DuVal (1947, p. 58).

As declarações e atitudes de Lesseps no Congresso de 1879 são de Johnston (1879) e Ammen (1879), nenhum dos dois particularmente simpático a elas. Mack (1944, cap. 25) detalha o trabalho feito por vários comitês e as queixas dos delegados americanos. A *Compte Rendu des Séances* do Congrès International d'Études du Canal Interocéanique (1879) é o registro oficial das sessões do plenário e do trabalho das comissões individuais.

Lesseps, "*à americana*", é de Johnston (1879, p. 174), um pitoresco relato em primeira mão. Ao contrário de Ammen, Monocal ou do próprio Lesseps, ele parece um pouco mais isento. Mack (1944, p. 290) relata uma versão mais elegante da transcrição oficial: "Peço ao congresso que conduza seus procedimentos à maneira americana, ou seja, com celeridade e pragmatismo, embora com atenção escrupulosa".

"DEVEMOS IR PARA O ORIENTE." "O general em chefe do Exército do Oriente..." é de Karabell (2003, p. 20). Baixas na "Batalha das Pirâmides" é de Chandler (1966, p. 226), que afirma que os franceses sofreram "uma perda nominal de 29 mortos e talvez 260 feridos".

UTOPIA CAPITALISTA. A citação de Saint-Simon está em Taylor (1975). Para mais análises, ver também o capítulo 25, "The Natural Elite", em Manuel (1956). A citação de Enfantin é de Karabell (2003, p. 205).

A VISÃO DE LESSEPS. Detalhes do canal do Erie são de Bernstein (2005). Karabell (2003) apresenta a história inicial da discussão sobre a construção do canal de Suez. As tentativas iniciais de Lesseps estão em Wilson (1939), Beatty (1956), Marlowe (1964), Kinross (1969), Silvestre (1969) e Karabell (2003). A questão dos "homens de gênio" é destacada por McCullough (1977, p. 79).

GENTE HUMILDE E AÇÕES MODESTAS. "Os nomes dos soberanos egípcios..." é de Lesseps (2011, pp. 170-5). Uma tradução ligeiramente diferente aparece em Karabell (2003, p. 74): "Os nomes dos soberanos egípcios que erigiram as pirâmides, esses monumentos inúteis do orgulho humano, serão ignorados. O nome do príncipe que abrir o grande canal através de Suez será abençoado ao longo dos séculos pela posteridade". Os detalhes financeiros sobre a oferta de uma participação estão em Beatty (1956, pp. 181-3), inclusive esta afirmação do prospecto: "O capital da companhia é limitado a 200 milhões de francos repartidos em 400 mil ações a quinhentos francos cada" (p. 182). Palmerston, "gente humilde foi induzida a adquirir ações modestas", é de Beatty (1956, p. 187). O capítulo 10 de Beatty contém mais detalhes sobre essa fase da angariação de fundos.

NÃO SE PODE FALAR EXATAMENTE EM TRABALHO FORÇADO. "O sistema de trabalhos forçados..." é de Lord Russell, citado em Kinross (1969, p. 174).

"É verdade que sem a intervenção..." é de Beatty (1956, p. 218). Lesseps citava Lord Henry Scott.

FRANCESES DE GÊNIO. Esta seção baseia-se diretamente em Karabell (2003). Os resultados financeiros iniciais do canal de Suez estão em Beatty (1956, p. 270); as páginas 271-8 da mesma fonte discutem os eventos políticos subsequentes conforme a Grã-Bretanha agia para aumentar sua influência sobre o Egito e o canal. O aumento no preço e dividendos da ação em 1880 é de McCullough (1977, p. 125).

EMPENHO PANAMENHO. "Não hesito em declarar..." e "Criar um porto..." são de Lesseps (1880, p. 14). "[Lesseps] é o grande escavador de canais" é de Johnston (1879, p. 172).

O argumento de que vidas poderiam ter sido salvas com uma abordagem diferente foi apresentado com sucesso no congresso por Godin de Lépinay (ver, por exemplo, Mack, 1944, p. 294). Lépinay defendia um canal com eclusas, centrado em um lago artificial criado acima do nível do mar — muito parecido com o que os americanos acabaram construindo. Recusando-se a votar pelo projeto a nível do mar, Lépinay previu que construir um canal com eclusas salvaria a vida de 50 mil homens; ver Congrès International d'Études du Canal Interocéanique (1879, p. 659). (O raciocínio de Lépinay é apresentado em uma carta incluída como anexo a esse relatório para o congresso.)

Mack (1944, p. 295) observa que o argumento de Lépinay baseava-se em parte na "teoria equivocada, mas prevalecente na época, de que as febres tropicais eram causadas por um misterioso miasma tóxico que emanava da terra recém-escavada e exposta ao ar, e que, portanto, quanto menos solo fosse perturbado, menos doença haveria". Não obstante, Lépinay se mostrou com a razão, ainda que por motivos em parte equivocados.

No que diz respeito à nossa alegação de que franceses, britânicos e outros europeus haviam desenvolvido medidas práticas de saúde ao longo de mais de um século de operações militares em países tropicais, ver Curtin (1998). Quando os exércitos europeus podiam escolher o momento de suas campanhas nos trópicos — e evitar uma presença muito grande de soldados durante a temporada de chuvas —, a mortalidade podia ser abreviada, ao menos em alguns lugares e por algum tempo. Ver Curtin (1998, cap. 3, p. 73) sobre a expedição de Asante de 1874, com sua importante ressalva: "O sucesso, tenha se devido à habilidade ou à sorte, era difícil de reproduzir".

DESPERTANDO A INVEJA DOS VENTUROSOS DEUSES. "Agora que passei pelas..." é de McCullough (1977, p. 118). As caras revisões de Lesseps são discutidas em DuVal (1947, pp. 40, 56-7, 64); ver também McCullough (1977, pp. 117-8, 125-8) sobre estimativas de custo, comissões e "publicidade". "Lembre-se: quando há algo importante a realizar..." é de Lesseps (1880, p. 9).

CONTABILIZANDO A MORTE. "Qualquer homenagem prestada..." é de Philippe Bunau-Varilla, citado em McCullough (1977, p. 187).

ARMADILHAS DA VISÃO. "O fracasso deste congresso..." é de Johnston (1879, p. 180).

3. PODER DE PERSUASÃO [pp. 74-103]

O material apresentado neste capítulo é uma síntese do tratado de Michael Mann (1986) sobre poder social, traçando distinções fundamentais entre poder econômico, político, militar e ideológico; de trabalhos em psicologia social sobre influência e persuasão (por exemplo, Cialdini, 2006, e Turner, 1991); e de nosso próprio trabalho anterior sobre instituições e poder político (Acemoglu, Johnson e Robinson, 2005a; Acemoglu e Robinson, 2006b, 2012 e 2019), que por sua vez parte de, entre outros, Brenner (1976), North (1982) e North, Wallis e Weingast (2009). Os aspectos distintivos de nossa abordagem neste capítulo são nossa ênfase na primazia do poder de persuasão, mesmo quando se trata de oportunidades coercitivas, e nossa teoria de que o poder de persuasão é moldado por redes e instituições. Dessa forma, ela se baseia na literatura sobre a economia política das instituições, mas vai além disso ao enfatizar o papel das ideias, do poder de persuasão e das instituições (ao estruturar a forma como o poder de persuasão funciona).

EPÍGRAFES. Deutsch (1966, p. 111); Bernays (2005, p. 1).

"ATIRAI EM VOSSO IMPERADOR, SE OUSAIS." "Soldados do 5º..." é de Chandler (1966, p. 1011). Esta seção baseia-se no relato do capítulo 88 de Chandler.

AUGE DE WALL STREET. A discussão do poder de Wall Street nesta seção baseia-se em Johnson e Kwak (2010). Para evidências de como o poder afeta o comportamento e as percepções alheias, ver Keltner, Gruenfeld e Anderson (2003). Sobre se os grandes bancos eram de fato "grandes demais para enquadrar", e em que sentido, ver <www.pbs.org/wgbh/frontline/article/eric-holder-backtracks-remarks-on-too-big-to-jail>, que inclui uma discussão do advogado-geral Eric Holder, repassando afirmações anteriores. Ver também a seguinte entrevista com Lanny Breuer, advogado-geral assistente da Divisão Criminal do Departamento de Justiça: <www.pbs.org/wgbh/frontline/article/lanny-breuer-financial-fraud-has-not-gone-unpunished>. Para o uso de "grandes demais para enquadrar" pelos críticos, ver <financialservices.house.gov/uploadedfiles/07072016_oi_tbtj_sr.pdf>.

O PODER DAS IDEIAS. Os detalhes sobre *Liar's Poker* são de Lewis (1989) e foram previamente citados dessa forma por Johnson e Kwak (2010).

UM MERCADO NADA IMPARCIAL. Sobre memes e sua disseminação, ver Dawkins (1976). Sobre imitação em crianças e aprendizado social, ver Tomasello, Carpenter, Call, Behne e Moll (2005) e Henrich (2016) para uma discussão geral; ver também Tomasello (2019) para uma visão mais holística. Ver também Shteynberg e Apfelbaum (2013). Sobre superimitação em crianças, ver Gergely, Bekkering e Király (2002) e Carpenter, Call e Tomasello (2005). O experimento discutido no texto é de Lyons, Young e Keil (2007). Sobre a ausência de superimitação em chimpanzés, ver Buttelmann, Carpenter, Call e Tomasello (2007). Sobre o fato de os experimentos revelarem os efeitos do comportamento de observadores casuais no aprendizado infantil, ver Chudek, Heller, Birch e Henrich (2012).

ESTABELECENDO A ORDEM DO DIA. O consumo do cérebro em relação à energia total é de Swaminathan (2008).

AS PRIORIDADES DO BANQUEIRO. O material nesta seção mais uma vez baseia-se em Johnson e Kwak (2010). Sobre a decisão de não ajudar os proprietários de imóveis, ver Hundt (2019). Sobre "pródigos bônus" de mais de 1 milhão de dólares por executivo, ver Story e Dash (2009): "Em 2008, nove instituições financeiras entre as maiores beneficiárias do resgate federal pagaram bônus individuais de mais de 1 milhão de dólares a cerca de 5 mil traders e investidores, segundo um relatório apresentado [...] por Andrew M. Cuomo, advogado-geral de Nova York".

IDEIAS E INTERESSES. Blankfein, "obra divina", foi amplamente noticiado, inclusive pela Reuters Staff (2009).

UM JOGO DE CARTAS MARCADAS. "Não devemos permitir..." é de Foner (1989, p. 148). Para uma discussão das restrições pré-Guerra Civil quanto à alfabetização de escravizados e outros temas, ver Woodward (1955). Foner (1989, p. 111) explica assim: "Antes da guerra, todos os estados sulistas, com exceção do Tennessee, haviam proibido a instrução de escravizados, e embora muitos negros livres tivessem frequentado a escola e uma boa quantidade de escravizados tivesse se alfabetizado por esforço próprio ou com a ajuda de senhores solidários, em 1860, mais de 90% da população negra adulta do Sul era analfabeta".

Sobre a representação política negra nos estados sulistas e no governo federal após a Guerra Civil, ver Woodward (1955, p. 54). "A adoção do racismo extremo..." é de Woodward (1955, p. 69). "Nada além de um acampamento..." é de Du Bois (1903, p. 88). "De que serve uma lei..." é de Wiener (1978, p. 6); a mesma fonte discute a propriedade de terra e as origens agrícolas do poder. Ager, Boustan e Eriksson (2021) examinam como a riqueza dos proprietários de escravizados se recuperou do choque da emancipação. Sobre a escola Dunning, ver Foner (1989). "Sejam quais forem as benesses..." é da *Atlantic Monthly* (1 out. 1901, p. 1).

UMA QUESTÃO DE INSTITUIÇÕES. Para nossa visão sobre instituições, democracia e desenvolvimento econômico, ver Acemoglu, Johnson e Robinson (2005a).

O PODER DE PERSUASÃO É ABSOLUTAMENTE CORRUPTOR. A declaração de Lord Acton é de uma carta ao arcebispo da Cantuária (disponível em <oll.libertyfund.org/title/acton-acton-creighton-correspondence>). Sobre o comportamento de indivíduos poderosos, ver Keltner (2016). Os experimentos relatados no texto estão resumidos em Piff, Stancato, Côté, Mendoza-Denton e Keltner (2012).

ESCOLHENDO A VISÃO E A TECNOLOGIA. Esta seção se baseia nas fontes gerais listadas no início desta seção.

QUAL É O PAPEL DA DEMOCRACIA NISSO? Para uma discussão das ideias de Condorcet e sua aplicabilidade hoje, ver Landemore (2017). Para evidências de que a democracia aumenta o PIB per capita, introduz reformas adicionais e investe mais em educação e saúde, ver Acemoglu, Naidu, Restrepo e Robinson (2019). Sobre as atitudes das pessoas em relação ao fato de a democracia depender de seu desempenho em relação ao crescimento econômico e à redistribuição, ver Acemoglu, Ajzeman, Aksoy, Fiszbein e Molina (2021), que revelam que as pessoas relutam em delegar poder a especialistas que não prestam contas à sociedade, sobretudo quando têm experiência com a democracia. Sobre tomada de decisão e atitudes em grupos diversos, ver Gaither, Apfelbaum, Birnbaum, Babbitt e Sommers (2018) e Levine, Apfelbaum, Bernard, Bartelt, Zajac e Stark (2014). Sobre o fato de "aqueles que acreditam no sistema democrático" não desejarem ceder voz política em favor dos especialistas e suas prioridades, ver Acemoglu, Ajzeman, Aksoy, Fiszbeine Molina (2021).

VISÃO É PODER; PODER É VISÃO. Sobre a relação entre status e superconfiança, ver Anderson, Brion, Moore e Kennedy (2012).

4. CULTIVANDO A MISÉRIA [pp. 104-41]

Nossa interpretação neste capítulo baseia-se nas ideias teóricas apresentadas em Brenner (1976) e Acemoglu e Wolitzky (2011), além de Naidu e Yuchtman (2013). Embora enfatizem o papel do equilíbrio de poder entre senhores e camponeses (ou entre empregadores e empregados na agricultura), esses trabalhos não exploram as implicações da mudança tecnológica. Não temos conhecimento de outras abordagens da tecnologia agrícola que tenham apontado suas consequências empobrecedoras a depender da estrutura institucional e do equilíbrio de poder.

EPÍGRAFES. Bertolt Brecht, de Kuhn e Constantine (2019, p. 675); Arthur Young (1801), citado em Gazley (1973, pp. 436-7). O título desse poema de Brecht é muitas vezes traduzido como "Um trabalhador interpreta a história".

A lista de aperfeiçoamentos tecnológicos na Idade Média baseia-se em Carus-Wilson (1941), White (1964, 1978), Cipolla (1972b), Duby (1972), Thrupp (1972), Gimpel (1976), Fox (1986), Hills (1994), Smil (1994, 2017), Gies e Gies (1994) e Centennial Spotlight (2021).

A discussão dos moinhos e seu impacto na produtividade baseia-se em Gimpel (1976), Smil (1994, 2017), Langdon (1986, 1991) e Reynolds (1983). A população total e urbana é discutida em Russell (1972), e há uma análise de Londres muito interessante em Galloway, Kane e Murphy (1996). Nossas principais referências para a economia geral e as condições de vida são Dyer (1989, 2002), suplementadas por May (1973) e Keene (1998). Sobre o impacto da conquista normanda, ver as mesmas fontes, e também Welldon (1971) e Kapelle (1979). A Europa medieval é coberta mais amplamente por Pirenne (1937, 1952) e Wickham (2016). Postan (1966) e Barlow (1999) também são instrutivos.

Em 1100, 2 milhões de residentes rurais alimentavam 2,2 milhões de pessoas, enquanto em 1300 eram 4 milhões alimentando 5 milhões. Se a composição etária das áreas rurais se mantivesse parecida, com a população em idade ativa correspondendo a cerca da metade do total, isso sugere que a proporção de pessoas alimentadas para trabalhadores agrícolas ativos aumentou de 2,2 para 2,5, representando um aumento na produtividade, medindo de maneira simplificada, de pouco menos de 15%.

A construção e operação dos mosteiros, igrejas e catedrais é de Gimpel (1983), Burton (1994), Swanson (1995) e Tellenbach (1993). Mais detalhes econômicos aparecem em Kraus (1979). Detalhes sobre a população clerical estão em Russell (1944). A Inglaterra do século XIII é analisada por Harding (1993). Detalhes sobre o número de prédios religiosos e sua data de fundação estão em Knowles (1940, p. 147). A fala do abade Suger, "Aqueles que nos criticam...", é de Gimpel (1983, p. 14). O custo de construir catedrais na França é de Denning (2012).

Sobre o tamanho da população nas ordens religiosas, Burton (1994, p. 174) afirma que "no século XIII o número total de monges, cônegos, freiras e membros das ordens militares girava em torno de 18 mil a 20 mil, ou, fazendo um cálculo grosseiro, cerca de um para cada 150 habitantes". Harding (1993, p. 233) calcula os números do século XIII em 30 mil clérigos "seculares" em 9500 paróquias, além de 20 mil a 25 mil monges, freiras e frades em "530 mosteiros importantes e 250 estabelecimentos menores".

UMA SOCIEDADE DE ORDENS. Walsingham, "As pessoas se juntaram...", é de Dobson (1970, p. 132). Knighton, "Não mais restritos...", é de Dobson (1970, p. 136). Walsingham e Knighton devem ser lidos com cuidado, pois eram claramente tendenciosos contra os camponeses. Becket, "isso decerto jamais...", é de Guy (2012, p. 177). A sociedade de ordens é discutida em Duby (1982). Sobre a Revolta dos Camponeses de 1381, ver também Barker (2014).

UM TREM QUEBRADO. Esta seção usa as fontes gerais mencionadas no início das notas para este capítulo.

A SINERGIA ENTRE COERÇÃO E PERSUASÃO. Jocelin de Brakelond, "Ao saber disso...", e o abade, "Agradeço o senhor...", são de Gimpel (1983, p. 25); o texto original é de Brakelond (1903). Gimpel (1983) usa a tradução para o inglês de H. E. Butler, disponível em <archive.org/details/chronicleofjoce00joceuoft/page/n151/mode/2up> (pp. 59-60). Gimpel (1983) fornece os detalhes sobre Saint Albans e seus confrontos.

UMA ARMADILHA MALTHUSIANA. A famosa frase "a população, se não houver controle" é de Malthus (2018a, p. 70); ela é um grande destaque da edição de 1798 e uma afirmação central no capítulo 1, mas não aparece na edição normalmente citada e reimpressa de 1803. Nossa perspectiva sobre os efeitos da Peste Negra nas relações entre camponeses e senhores baseia-se em Brenner (1976), Hatcher (1981, 1994) e Hatcher (2008, pp. 180-2, 242, entre outras). Ver o resumo de Hatcher (1981, pp. 37-8) da literatura sobre a relação entre população e salários. A interpretação de como isso foi transformado devido às mudanças no equilíbrio de poder entre senhores e camponeses é baseada em Brenner (1976) e Hatcher (1994, especialmente pp. 14-20). O alarme do rei e de seus assessores é descrito em Hatcher (1994, p. 11). "Como grande parte das pessoas..." e "Que ninguém além disso..." são do Estatuto dos Trabalhadores (1351, primeiro e segundo parágrafos, respectivamente). Nossa leitura do Estatuto dos Trabalhadores é consistente com Hatcher (1994, pp. 10-1). Knighton, "tão arrogantes e obstinados...", é de Hatcher (1994, p. 11). Gower, "seja qual for o trabalho...", é de Hatcher (1994, p. 16); esse texto foi escrito antes de 1378. Os dois excertos da petição da Câmara dos Comuns de 1367, "assim que os amos..." e "eles são admitidos imediatamente..." são de Hatcher (1994, p. 12). Knighton, "os subalternos se regozijam", é de Hatcher (1994, p. 19). Gower, "Os servos são agora...", é de Hatcher (1994, p. 17). A Grécia antiga é discutida em Morris (2004) e Ober (2015b), e a República Romana em Allen (2009b). A queda de Roma é o foco de Goldsworthy (2009). Link (2022) apresenta evidências sobre episódios iniciais de crescimento mundial.

O PECADO AGRÍCOLA ORIGINAL. A agricultura antiga é de Smil (1994, 2017), além de Childe (1950), Brothwell e Brothwell (1969), Smith (1995), Mithen (2003), Morris (2013, 2015) e Reich (2018). O material em Scott (2017) é instrutivo sobre determinados cereais. Flannery e Marcus (2012) discutem o surgimento da desigualdade. As vantagens potenciais da vida de caçador-coletor estão em Suzman (2017); McCauley (2019) discute a expectativa de vida. Os padrões de vida ao longo de 2 mil anos são analisados em Koepke e Baten (2005). Evidências recentes de DNA sobre caçadores-coletores europeus são analisadas em Reich (2018). Wright (2014) apresenta uma discussão detalhada de Çatalhöyük. Göbekli Tepe é discutida por Collins (2014). Cauvin (2007) fala mais amplamente sobre o surgimento da religião.

O MAL DO CEREAL. Registros de trabalho detalhados das pirâmides estão em Tallet e Lehner (2022). Lehner (1997) fornece mais detalhes sobre o que foi preciso para construir as pirâmides. O estilo de vida pastoral e a dieta no antigo Egito são discutidos por Wilkinson (2020, pp. 9-12) e Smil (1994, p. 57). O cultivo do arroz no vale do Indo é discutido em Green (2021); ver também Agrawal (2007) e Chase (2010).

UM TIPO DE MODERNIZAÇÃO. Nossa discussão sobre cercamentos baseia-se em Tawney (1941), Neeson (1993) e Mingay (1997). Descobertas recentes são relatadas em Heldring, Robinson e

Vollmer (2021a, 2021b). Eles encontraram benefícios de produtividade um pouco maiores com os cercamentos, mas também substanciais aumentos de desigualdade, compatíveis com nossa discussão. "Um homem nascido..." é de Malthus (2018b, p. 417); a frase não aparece na primeira edição, de 1798. Young, "Se é dos interesses...", é de Young (1771, p. 361). "O benefício universal..." é de Young (1768, p. 95). "Como é para o pobre..." é de Young (1801, p. 42), e também citado em Gazley (1973, p. 436). A produção dos fazendeiros de campo aberto é de Allen (2003). O desenvolvimento social mais amplo a partir de 1500 é abordado em Wrightson (1982, 2017) e Hindle (1999, 2000). As mudanças na agricultura inglesa são discutidas em Overton (1996) e Allen (1992, 2009a), e a ascensão do moderno Estado europeu é de Ertman (1997).

O DESCAROÇADOR DE ALGODÃO. "Um homem com um cavalo..." é de uma carta de Whitney para o pai em 11 de setembro de 1793; uma imagem digitalizada do original pode ser vista em <www.teachingushistory.org/ttrove/documents/WhitneyLetter.pdf>.

Sobre o Sul americano, ver Woodward (1955), Wright (1986) e Baptist (2014). As estatísticas de Cotton são de Beckert (2014). Juiz Johnson, "Indivíduos mergulhados...", é de Lyman (1868, p. 158). "Arregimentado e incessante" é do artigo online dos Arquivos Nacionais sobre a patente do descaroçador, "Eli Whitney's Patent for the Cotton Gin", disponível em <www.archives.gov/education/lessons/cotton-gin-patent>. "Ainda que o aumento seja insignificante..." é de Brown (2001, p. 171); parte dessa citação também aparece em Beckert (2014, p. 110). O desenvolvimento da contabilidade nas fazendas de escravizados é de Rosenthal (2018). O descaroçador de algodão é discutido em detalhe por Lakwete (2003). O discurso de Hammond é de Hammond (1836). Sobre o "bem positivo da escravidão", ver Calhoun (1837).

UMA "COLHEITA DA TRISTEZA" TECNOLÓGICA. A agricultura soviética e a fome dos anos 1930 são discutidas por Conquest (1986), Ellman (2002), Allen (2003), Davies e Wheatcroft (2006) e Applebaum (2017). Usamos os números de Allen (2003). "O comunismo é o poder..." é do volume 31 das *Collected Works* (p. 419) de Lênin; a sentença continua: "uma vez que a indústria não pode ser desenvolvida sem eletrificação". "O sucesso de nossas políticas..." é do volume 12 das *Works* (p. 199) de Stálin. Detalhes sobre os "cerca de 10 mil trabalhadores americanos qualificados, entre os quais engenheiros, professores, metalúrgicos, encanadores e mineiros, [que] viajaram à União Soviética para ajudar a instalar e empregar tecnologias industriais no país" são de Tzouliadis (2008). Para um maior contexto sobre as políticas agrícolas durante a década de 1920, ver Johnson e Temin (1993).

5. A REVOLUÇÃO DOS MEDIANOS [pp. 142-72]

As ideias que apresentamos neste capítulo baseiam-se em diversas análises seminais das origens da Revolução Industrial. Particularmente importantes são Mantoux (1927), Ashton (1986), Mokyr (1990, 1993, 2002, 2010 e 2016), Allen (2009a), Voth (2004), Kelly, Mokyr e Ó Gráda (2014 e 2020), Crafts (1977, 2011), Freeman (2018) e Koyama e Rubin (2022). Não temos conhecimento de outras teorias que relacionem a Revolução Industrial britânica às aspirações da classe mediana de empreendedores e a seguir expliquem o desenvolvimento dessas aspirações e seu sucesso por meio das mudanças institucionais adotadas pela sociedade inglesa e depois britânica a partir do século XVI. Mokyr (2016) aponta uma "cultura de crescimento" surgida no século XVIII como um dos principais fatores que levaram à Revolução Industrial, embora seu foco esteja mais nos avanços da ciência e na fase mais científica da revolução na segunda metade do século XIX.

McCloskey (2006) enfatiza um ponto relacionado, focando a ascensão das "virtudes burguesas". Sua interpretação é bem diferente da nossa, porém. Em particular, ele não relaciona as origens da visão da classe mediana às mudanças institucionais que começaram a acontecer na Inglaterra (e depois na Grã-Bretanha) a partir do século XV. Ao mesmo tempo, McCloskey vê as "virtudes burguesas" como descaradamente positivas, e não partilha de nossa ênfase de que a visão emergente estava tentando se impor dentro do sistema em vigor e assim dificilmente conduziria a um enriquecimento amplo ou favorável às classes trabalhadoras.

Nossa discussão das mudanças institucionais na Inglaterra baseia-se fortemente em Acemoglu, Johnson e Robinson (2005b) e Acemoglu e Robinson (2012).

EPÍGRAFES. Defoe (1887, primeira linha da "Introdução"); Charles Babbage (1968, p. 103).

A história da visita dos trabalhadores ao Crystal Palace é de Leapman (2001, cap. 1). Detalhes sobre o que foi exibido na Grande Exposição são de *Official Catalogue of the Great Exhibition of the Works of Industry of All Nations* (Londres: Spicer Brothers, 1851). Para mais detalhes, ver Auerbach (1999) e Shears (2017). "Por volta de 1760..." é de Ashton (1986, p. 58).

Os cálculos do padrão de vida ao longo das épocas são de Morris (2013). As estimativas populacionais são de McEvedy e Jones (1978), e as taxas de crescimento anteriores à industrialização são de Maddison (2001, pp. 28, 90, 265).

PAIS POBRES, FILHOS RICOS. O material de Stephenson baseia-se fortemente em Rolt (2009). "Afirmo que ele..." é de Rolt (2009, p. 98). "Se forem um sucesso..." é de Rolt (2009, p. 59).

A CIÊNCIA NA LINHA DE LARGADA. As citações de Davy, Losh e do conde de Strathmore são de Rolt (2009, pp. 28-9). "Foram recebidas comunicações..." é de Ferneyhough (1980, p. 45).

POR QUE A GRÃ-BRETANHA? Nossa discussão sobre o crescimento europeu no passado baseia-se em Acemoglu, Johnson e Robinson (2005b) e Allen (2009a) — ver esses artigos para mais detalhes sobre a literatura relevante. Tunzelman (1978) calcula qual seria o grau de desenvolvimento da economia britânica em 1800 sem o motor a vapor de Watt. As taxas de alfabetização em 1500 e 1800 são de Allen (2009a, tabela 2.6, p. 53). Pomeranz (2001) questiona se a geografia favoreceu a China, argumentando que o país carecia de carvão suficiente em lugares adequados. A ideia da armadilha do alto nível de equilíbrio é de Elvin (1973). Para o motivo da diferença britânica, ver Brenner (1993) e Brenner e Isett (2002). Ver também as fontes listadas no início dos capítulos 5 e 6 desta bibliografia para contexto mais geral e hipóteses alternativas.

UMA NAÇÃO DE NOVOS-RICOS. A informação sobre os fundadores de empreendimentos industriais é de Crouzet (1985). Para mais detalhes sobre a noção de individualismo e quando pode ter sido originada, ver Macfarlane (1978) e Wickham (2016).

UMA NOVA MOBILIDADE SOCIAL. A divisão da sociedade inglesa de William Harrison é de Wrightson (1982). Thomas Rainsborough, "Pois na verdade creio..." e "Nada encontro...", são de Sharp (1998, pp. 103 e 106, respectivamente). Thomas Turner, "Oh, que prazer...", é de Muldrew (2017, p. 290). O diário de Turner foi publicado em 1761.

NOVO NÃO QUER DIZER INCLUSIVO. Soames Jenyns, "O comerciante compete...", é de Porter (1982, p. 73). Philip Stanhope, "As pessoas de classe média...", é de Porter (1982, p. 73). Gregory King, "depreciavam a riqueza...", é de Green (2017, p. 256). William Harrison, "voz nem autoridade...", é de Wrightson (1982, p. 19). Segundo Wrightson (1982), esse grupo incluía "trabalhadores diários, lavradores pobres, artífices e servos". Na classificação de Harrison da hierarquia da sociedade inglesa, esse era o nível mais baixo.

6. AS BAIXAS DO PROGRESSO [pp. 173-216]

Além dos principais elementos de nossa estrutura conceitual, este capítulo enfatiza as implicações não salariais do equilíbrio de poder entre capital e mão de obra, inclusive para a autonomia, as condições de trabalho e a saúde dos trabalhadores. Em particular, em linha com nossa discussão do monitoramento do trabalhador e da transferência de renda, os empregadores às vezes são capazes de usar novas tecnologias ou mudar as condições sociais a fim de aumentar seus lucros mediante a intensificação dos deveres do trabalho ou a imposição de maior disciplina sobre os trabalhadores. Essas questões foram originalmente destacadas no contexto da Revolução Industrial britânica por Thompson (1966). Embora parte das ideias de Thompson — sobre as origens das organizações trabalhistas, por exemplo, ou se os luditas deveriam ser vistos como o início de um movimento trabalhista consistente — sejam controversas, aquelas que enfatizamos neste capítulo, relacionadas ao acirramento da disciplina fabril e à reação dos trabalhadores, não têm nada de polêmico, e foram confirmadas pela produção acadêmica posterior — por exemplo, De Vries (2008), Mokyr (2010) e Voth (2012).

Nossa discussão da orientação tecnológica na segunda metade do século XIX baseia-se em Habakkuk (1962) e especialmente em sua ênfase de que as tecnologias dos Estados Unidos, sobretudo o sistema de manufatura americano, foram motivadas em parte pela necessidade de poupar em mão de obra qualificada, que era escassa no país. Nossa discussão também se baseia em Rosenberg (1972).

Não temos conhecimento de outras estruturas conceituais que combinem esses elementos, nem de outras interpretações da segunda fase da Revolução Industrial que enfatizem o começo de tecnologias mais favoráveis ao trabalhador (por exemplo, criando novas tarefas), embora Mokyr (1990, 2009) e Frey (2019) também argumentem que a tecnologia começou a gerar maior demanda por mão de obra a partir de 1850.

A ideia de que o rápido crescimento da produtividade das novas tecnologias pode contribuir para o crescimento do emprego ao expandir a demanda por mão de obra em outros setores, já mencionada no capítulo 1, desempenha um importante papel neste capítulo. Nós a expandimos e a usamos no contexto dos efeitos sistêmicos das ferrovias. As ideias teóricas aqui também são tomadas de empréstimo da literatura sobre "ligações regressivas e progressivas". Ligações regressivas surgem quando a expansão de um setor desencadeia o crescimento de indústrias que fornecem insumos para esse setor. Já as ligações progressivas ocorrem quando um setor contribui para o crescimento de indústrias que utilizam seus produtos como insumos — caso por exemplo do setor ferroviário, que ao crescer reduziu o custo do transporte para setores que dependiam de serviços de transporte. As ligações regressivas e progressivas foram enfatizadas por Hirschman (1958) como um importante fator no desenvolvimento econômico, e partem da análise de relações de insumo e produção cujo pioneiro é Leontief (1936). Acemoglu e Restrepo (2019b e 2022) ilustram como grandes aumentos de produtividade e ligações setoriais podem aumentar a demanda por trabalhadores, mesmo na presença da automação.

Críticas iniciais da industrialização e de seus efeitos negativos foram formuladas por Gaskell (1833), Carlyle (1829) e Engels (1892). Marx também repetiu algumas delas em *O capital* — por exemplo, quando argumentou que, nas primeiras fábricas, "todos os órgãos dos sentidos são prejudicados em igual medida pela elevação artificial da temperatura, pelo ambiente carregado de poeira, pelo barulho ensurdecedor, para não mencionar o risco de vida e mutilação em meio ao amontoamento do maquinário, que, com a regularidade das estações, produz seu rol de mortos e feridos na batalha industrial" (Marx, 1887, pp. 286-7).

A questão dos eventuais aumentos de salários e rendimentos é extensamente debatida na literatura sobre a história da economia. A ausência de crescimento da renda real foi inicialmente chamada de "paradoxo dos padrões de vida". Contribuições importantes para esse debate incluem Williamson (1985), Allen (1992, 2009a), Feinstein (1998), Mokyr (1988, 2002) e Voth (2004). O crescimento do número de horas trabalhadas é discutido em McCormick (1959), De Vries (2008) e Voth (2004). Os efeitos disruptivos da disciplina fabril e os sofrimentos impostos por ela são discutidos em Thompson (1966), Pollard (1963) e Freeman (2018).

EPÍGRAFES. Greeley (1851, p. 25); Engels (1892, p. 48). As citações na introdução deste capítulo são da Royal Commission of Inquiry into Children's Employment (1997). Utilizamos um anexo ao relatório principal contendo detalhes das entrevistas em Yorkshire. Citamos as páginas 116 (David Pyrah), 135 (William Packard), 93 (Sarah Gooder), 124 (Fanny Drake), 120 (sra. Day) e 116 (sr. Briggs). Apreciamos sinceramente o trabalho despendido pelo Coal Mining History Resource Centre, pela Picks Publishing e por Ian Winstanley na digitação do registro das experiências dessas pessoas. As informações técnicas sobre mineração de carvão e motores a vapor são de Smil (2017).

MAIS TRABALHO E MENOS DINHEIRO. Os dados sobre renda e consumo são de Allen (2009a), e os de horas trabalhadas são de Voth (2012, incluindo tabela 4.8, p. 317). Os dados da indústria de algodão são de Beckert (2014). Também nos baseamos em De Vries (2008). A história do treinamento militar é de Lockhart (2021). A fábrica de Arkwright e sua carreira são discutidas em Freeman (2018). A balada popular iniciada com o verso "Assim, vinde todos...", de John Grimshaw, intitulada "Hand-Loom v. Power-Loom", foi publicada em Harland (1882, p. 189); ela também é citada em Thompson (1966, p. 306), embora com um erro tipográfico. "Tive sete filhos..." está na página 186, parágrafo 2643, do *Report from Select Committee on Hand-Loom Weavers' Petitions*, publicado em 1º de julho de 1835 pela Câmara dos Comuns. O depoimento de John Scott é de 11 de abril de 1835, e também aparece em Thompson (1966, p. 307).

O MOVIMENTO LUDITA. O discurso de Byron foi publicado originalmente em Dallas (1824): "Os trabalhadores rejeitados..." aparece na página 208, e "Cruzei o palco..." na página 214. "Por toda parte..." é de Greeley (1851, p. 25). "De fato, a divisão..." é de Ure (1861, p. 317). As palavras do tecelão de Glasgow, "Os teóricos da economia política...", são de Richmond (1825, p. 1). Parte dessa declaração aparece também em Donnelly (1976, p. 222), onde Richmond é identificado como um "tecelão autodidata de Glasgow". Sobre o Estatuto dos Trabalhadores e a Lei do Senhor e do Servo, ver Naidu e Yuchtman (2013), bem como Steinfeld (1991). Pelling (1976) discute a ascensão dos sindicatos trabalhistas britânicos mais amplamente. Nossa discussão da Lei dos Pobres baseia-se em Lewis (1952). "Sistema prisional para punir a pobreza" é de Richardson (2012, p. 14).

A CONSUMAÇÃO DA ENTRADA NO INFERNO. "Um motor de cem cavalos-vapor" é de Baines (1835, p. 244); ele cita o sr. Farey, em seu *Treatise on the Steam Engine*. "É verdadeiramente revoltante o modo..." é de Engels (1892, p. 74). "A consumação da entrada no inferno!" é de uma anotação no diário do major-general Sir Charles James Napier em 20 de julho de 1839; ver Napier (2011, p. 57) e Freeman (2018, p. 27). As taxas de mortalidade em Birmingham e outras cidades do norte são de Finer (1952, p. 213), e o número de vasos é da mesma fonte (215), citando a Comissão de Saúde e Municípios de 1843-4. Cartwright e Biddiss (2004, pp. 152-6) discutem a tuberculose e fornecem a mortalidade da doença para alguns anos. A mortalidade anual é de dados oficiais britânicos em "Deaths Registered in England and Wales", 2021, disponível em <www.ons.gov.uk/peoplepopulationandcommunity/birthsdeathsandmarriages/deaths/datasets/deathsregisteredinenglandandwalesseriesdrreferencetables>. A população de Manchester é de Marcus (2015, p. 2). Ver também a discussão no capítulo 6 de Rosen (1993) e Harrison (2004). O consumo britânico de gim e outros problemas de saúde pública são discutidos no capítulo 7 de Cartwright e Biddiss (2004, pp. 143-5, entre outras).

O EQUÍVOCO DOS WHIGS. "A história do nosso país..." é de Macaulay (1848, pp. 1-2). "Assim é o sistema fabril..." é de Ure (1861, p. 307).

Sobre a interpretação whig da história, ver Butterfield (1965). Os whigs eram um partido político, mas a interpretação whig da história abrange qualquer um que visse a história britânica, antes de aproximadamente 1850, sob um prisma demasiadamente otimista.

O PROGRESSO E SEUS MOTORES. Os números sobre o transporte por carroças são de Wolmar (2007, p. 6). "A rápida introdução do ferro fundido..." é de Field (1848), e parte dela também aparece em Jefferys (1970, p. 15). Sobre o desenvolvimento mais amplo das ferrovias, ver Ferneyhough (1975), Buchanan (2001) e Jones (2011).

DÁDIVAS TRANSATLÂNTICAS. Joseph Whitworth, "As classes trabalhadoras são em número...", é citado em Habakkuk (1962, p. 6); Whitworth fez essa afirmação em um relatório de 1854 ao Parlamento. "O gênio inventivo..." é de Levasseur (1897, p. 9). Eli Whitney, "implementar as operações corretas...", é de Habakkuk (1962, p. 22). Comitê Parlamentar Britânico, "O trabalhador cuja função é 'montar'...", é de Rosenberg (1972, p. 94). O superintendente na fábrica da Colt é Gage Stickney; "cerca de 50%" e "trabalhadores de primeira linha..." são de Hounshell (1984, p. 21). O desenvolvimento da máquina de costura é discutido em Hounshell (1984, pp. 67-123). "No que diz respeito ao..." é de *Report of the Committee on the Machinery of the U.S.* (pp. 128-9), tal como citado em Rosenberg (1972, p. 96). "O único obstáculo..." é de Buchanan (1841, apêndice B, "Remarks on the Introduction of the Slide Principle in Tools and Machines Employed in the Production of Machinery", por James Nasmyth, p. 395). Parte dessa passagem também aparece em Jefferys (1970, p. 12). Nasmyth foi um engenheiro que trabalhou com Henry Maudslay, "o maior de todos [os engenheiros que projetavam novas máquinas-ferramentas]" (Jefferys, 1970, p. 13). Ver também James e Skinner (1985) para evidências estatísticas de que a tecnologia americana na segunda metade do século XIX foi complementar à mão de obra não qualificada.

A ERA DOS CONTRAPODERES. "Embora nem toda oficina..." é de Thelwall (1796, p. 24), e parte de sua afirmação também aparece em Thompson (1966, p. 185). Reverendo J. R. Stephens, "o sufrágio universal...", é de Briggs (1959, p. 34). Parece uma paráfrase do que consta que ele teria dito na página 6 do *Northern Star* de 29 de setembro de 1838: "Essa questão do sufrágio universal no final das contas era uma questão de faca e garfo; uma questão de pão e queijo, não obstante tudo que fora dito contra ela; e para qualquer um que lhe perguntasse o que ele entendia por sufrágio universal, ele respondia que todo trabalhador no país tinha direito a ter um bom casaco sobre as costas, uma moradia confortável na qual se abrigar com a família, uma boa refeição sobre a mesa, não mais trabalho do que o necessário para se manter com saúde e uma remuneração por esse trabalho capaz de mantê-lo e lhe permitir o usufruto de todas as bênçãos da vida que um homem razoável pudesse desejar".

Conde Grey, "Não apoio...", é de Grey (1830). Ver Hansard, debate na Câmara dos Lordes, 22 de novembro de 1830, volume 1, pp. cc604-18. Existem versões mais cativantes da declaração do conde Grey, inclusive em referências tradicionais como Evans (1996, p. 282). Essas versões talvez tenham captado o estado de espírito do primeiro-ministro, mas sua origem parece ter sido um artigo de Henry Hetherington em *Poor Man's Guardian* (19 de novembro de 1831, p. 171) alegando que a declaração de Grey era: "Se alguém supõe que essa reforma levará a medidas posteriores, está muito enganado; pois não há ninguém mais decidido do que eu contra parlamentos anuais, sufrágio universal e a votações. Meu objetivo não é favorecer, mas *dar um basta a 'tais esperanças e projetos'*" (grifos do artigo de Hetherington).

Nossa discussão de Disraeli está baseada em Blake (1966). O discurso de Disraeli em Manchester foi realizado no Free Trade Hall em 3 de abril de 1872 (ver Disraeli, 1872, p. 22). A discussão de Chadwick baseia-se em Lewis (1952) e Finer (1952).

AOS DEMAIS, A PENÚRIA. A história do algodão na Índia é baseada em Beckert (2014). O cálculo geral de Lord Dalhousie é de Spear (1965). "Permitirá que a Índia..." é de Dalhousie (1850, parágrafo 47). Dalhousie e as ferrovias indianas são discutidos em Wolmar (2010, pp. 51-2, entre outras) e Kerr (2007). Winston Churchill, "Estou plenamente satisfeito...", é de Dalton (1986, p. 126). Uma versão ligeiramente diferente aparece em Roberts (1991, p. 56). Churchill, ao que parece, fez essa observação para Lord Halifax em uma conversa privada; Halifax mais tarde contou a Dalton.

CONFRONTANDO O VIÉS TECNOLÓGICO. Os cartistas são discutidos em Briggs (1959).

7. O CAMINHO CONTESTADO [pp. 217-54]

Este capítulo oferece uma reinterpretação do crescimento econômico do século XX nos Estados Unidos e na Europa ocidental com base nos principais elementos de nossa estrutura conceitual: o equilíbrio entre as tecnologias de automação e a criação de novas tarefas e as bases institucionais da divisão dos lucros.

Frisamos que a orientação tecnológica no início do século XX foi moldada em parte por escolhas que buscavam economizar mão de obra qualificada na economia americana do século XIX. Não temos conhecimento de nenhum outro relato que apresente teoria semelhante, embora muitos estudiosos enfatizem a importância das peças intercambiáveis e do sistema americano de manufatura no início do século XX — por exemplo, no contexto da introdução do novo maquinário elétrico e especialmente nas fábricas automotivas da Ford.

EPÍGRAFES. Remarque (2013, p. 142); President's Advisory Committee on Labor-Management Policy, 11 de janeiro de 1962, carta de apresentação anexada ao primeiro relatório formal para o presidente Kennedy.

Sobre a evolução das tecnologias militares entre a Idade Média e Waterloo, ver Lockhart (2021). Sobre os números de mortos na Primeira Guerra Mundial e pela gripe espanhola, ver Mougel (2011) e Centers for Disease Control and Prevention (2019). "Mesmo a partir do precipício..." é de Zweig (1943, p. 5). Sobre as cicatrizes deixadas pela Grande Depressão, ver Malmendier e Nagel (2011). Nossa discussão sobre escolhas tecnológicas no início do século XX baseia-se fortemente em Hounshell (1984). Nossa ênfase nos engenheiros-gestores baseia-se em Jefferys (1970) e Noble (1977). O papel central que atribuímos à eletricidade e à reorganização das fábricas, que possibilitaram a introdução de maquinário avançado e peças intercambiáveis mais avançadas, baseia-se em Hounshell (1984) e Nye (1992, 1998). Nossa discussão das fábricas da Ford também segue essas referências. Rosenberg (1972) é a base para nossa interpretação de que as tecnologias americanas, gerando demanda por mão de obra, qualificada ou não, espalharam-se pela Grã-Bretanha e pelo resto da Europa. Exemplos de tecnologias específicas que foram exportadas dos Estados Unidos para a Grã-Bretanha e o Canadá vêm de Hounshell (1984). Nossa discussão sobre como a negociação coletiva e o poder dos sindicatos influenciam a orientação tecnológica baseia-se nas ideias teóricas de Acemoglu e Pischke (1998, 1999) e Acemoglu (1997, 2002b, 2003b), bem como na discussão histórica de Noble (1984). A importância da precisão na manufatura é analisada em detalhes em Hounshell (1984, p. 228). A discussão do papel-chave do sequenciamento na organização da produção vem de Nye (1998, p. 142), Nye (1992, cap. 5) e Hounshell (1984, cap. 6).

UM CRESCIMENTO ELETRIZANTE. O PIB americano em 1870 e 1913 é de Maddison (2001, p. 261), em dólares internacionais de 1990. Para o crescente status científico dos Estados Unidos, ver Gruber e Johnson (2019, cap. 1). A parcela dos trabalhadores americanos na agricultura em 1860 é de <www.digitalhistory.uh.edu/disp_textbook.cfm?smtID=11&psid=3837>. O desenvolvimento da ceifadeira de McCormick é discutido em Hounshell (1984, cap. 4). As exigências de mão de obra para a produção manual e mecanizada de milho, algodão, batata, trigo e outros cultivos são do Departamento de Agricultura americano (Boletim n. 1348, 1926, tabela 3). Dados sobre a parcela da mão de obra no valor agregado para a indústria e a agricultura são de Edward Budd e estão disponíveis em <www.nber.org/system/files/chapters/c2484/c2484.pdf>. Ver Acemoglu e Restrepo (2019b) para a interpretação. As estatísticas sobre patentes são de <www.uspto.gov/ip-policy/economic-research/research-datasets/historical-patent-data-files>. "Os fabricantes consideram..." é de Levasseur (1897, p. 18). Parte dessa declaração está em Nye (1998, p. 132), onde Levasseur é descrito em visita a "aciarias, fábricas de seda e embaladoras americanas". A julgar por Levasseur (1897), parece que ele viajou muito pelos Estados Unidos, com um olhar clínico para o uso da mão de obra em relação às máquinas. "A expressão 'sistema fabril'..." é de Ure (1861, p. 13). A importância de novas aplicações movidas a eletricidade parte diretamente de Nye (1992, pp. 188-91). O uso de eletricidade nas fábricas em 1889 e 1919 é de Nye (1992, tabela 5.1, p. 187). "A luz elétrica incandescente..." é de Lent (1895, p. 84), no contexto das construções residenciais. Essa declaração também aparece em Nye (1998, p. 95). "A grande vantagem..." é de Warner (1904, p. 97), que se baseou em um discurso perante a Sociedade de Engenharia Elétrica do Instituto Politécnico de Worcester em 20 de novembro de 1903. Warner foi um executivo sênior na Westinghouse com ampla visão sobre como a tecnologia estava se desenvolvendo. Essa passagem também aparece em Nye (1992, p. 202), onde é atribuída a uma "circular técnica da Westinghouse", mas a nota 40 de Nye na página 202 e também a página 416 apontam para o artigo de Warner. Parece provável que as opiniões de Warner refletissem a visão oficial na Westinghouse. Sobre a nova organização fabril tornada possível pela eletricidade, ver Nye (1992, cap. 5, especialmente pp. 195-6). Ver também a discussão sobre iluminação e produtividade em Nye (1992, pp. 222-3). A Columbia Mills é discutida em Nye (1992, pp. 197-8). As fábricas da Westinghouse são discutidas em Hounshell (1984, p. 240) e Nye (1992, pp. 170-1, 196, 202, 220). Estimativas de ganhos de produtividade nas fundições que introduziram esses métodos são relatadas em Hounshell (1984, p. 240).

NOVOS ENGENHEIROS, NOVAS TAREFAS. A participação de trabalhadores de colarinho-branco nas manufaturas em 1860, 1910 e 1940 é de Michaels (2007). Dados sobre conquistas na educação (porcentagem de pessoas com diploma de ensino médio etc.) são de Goldin e Katz (2008). Michaels (2007) constata que novas indústrias com um conjunto mais diverso de ocupações estavam na linha de frente do crescimento geral do emprego e da expansão das ocupações de colarinho-branco na manufatura americana durante esse período. A associação entre crescimento de produtividade mais rápido e crescimento do emprego de 1909 a 1914 está documentada em Alexopoulos e Cohen (2016), que também mostram que essa associação foi mais forte em novas indústrias baseadas em maquinário elétrico e eletrônicos. Fiszbein, Lafortune, Lewis e Tessada (2020) confirmam a mesma associação e mostram que os efeitos da eletrificação no emprego eram mais positivos quando havia menos concentração, o que é compatível com nosso argumento de que os monopólios podem enfraquecer o trem da produtividade. A importância de organizar maquinário para uso de trabalhadores não qualificados nos Estados Unidos é discutida em detalhes em Hounshell (1984, p. 230) e Nye (1992, p. 211). Nye (1992, p. 211) enfatiza a meta de reduzir a rotatividade da mão de obra, que se tornou mais cara "com mais capital investido em máquinas".

SENTADO AO VOLANTE DA INDÚSTRIA. A discussão geral e a descrição da produção inicial de Highland Park e do Modelo N são de Hounshell (1984, cap. 6). "Fabricamos 40 mil cilindros..." é de Hounshell (1984, p. 221). "Sistema, sistema, sistema!" é de Hounshell (1984, p. 229). "A sequência de operações..." é da *American Machinist* e aparece em Colvin (1913a, p. 759). Essa passagem é citada também em Hounshell (1984, p. 229); na página 228, Colvin é descrito como um "renomado jornalista técnico". Hounshell (1984) também apresenta o importante argumento de que as observações detalhadas de Colvin foram feitas logo antes que a produção de linha de montagem fosse adotada por Ford. "O fornecimento..." é de Ford (1930, p. 33); partes são citadas também em Nye (1998, p. 143). Os preços do Modelo T são de Hounshell (1984, tabela 6.1, p. 224); a conversão para preços atuais usa a calculadora para 1908-2021 disponível em <www.measuringworth.com/calculators/uscompare>. "A produção em massa não é..." foi publicado em 1926 (Ford, 1926, p. 821). O artigo está assinado com as iniciais "H. F.", mas a autoria de Henry Ford é confirmada aqui: <www.britannica.com/topic/Encyclopaedia-Britannica-English-language-reference-work/Thirteenth-edition>. Parte dessa passagem aparece também em Hounshell (1984, p. 217). A rotatividade na fábrica de Highland Park é discutida em Hounshell (1984, pp. 257-9) e Nye (1992, p. 210). "Seu sistema em cadeia..." é de Hounshell (1984, p. 259). A abordagem sistêmica de aumentar salários, reorganizar fábricas e reduzir a rotatividade é discutida em Nye (1992, pp. 215-6). "A ênfase do trabalho todo..." é de Colvin (1913b, p. 442); Colvin escrevia sobre os departamentos de montagem e de maquinário. Essa declaração também é citada em Hounshell (1984, p. 236). O recrutamento na Ford durante a década de 1960 é discutido em Murnane e Levy (1996). "Quando abria uma vaga..." é de Art Johnson, diretor de recursos humanos na Ford Motor Company; ver Murnane e Levy (1996, p. 19). "Produtividade gera..." é de Alexander (1929, p. 43); citado também em Noble (1977, pp. 52-3).

UMA PERSPECTIVA NOVA (E INCOMPLETA). Magnus Alexander, "enquanto o laissez-faire...", é de Alexander (1929, p. 47); uma versão parcial aparece em Noble (1977, p. 53). John R. Commons é discutido em Nye (1998, pp. 147-8).

ESCOLHAS NÓRDICAS. A discussão alemã e os números são de Evans (2005). Nossa discussão do caso escandinavo é baseada em Berman (2006, cap. 5), Baldwin (1990) e Gourevitch (1986). Branting, "Num lugar atrasado...", é de Berman (2006, p. 157). "O objetivo do partido..." é de Berman (2006, p. 172). Para a ideia de que o estabelecimento de salários no nível da indústria pode aumentar o investimento, ver Moene e Wallerstein (1997), e para a compressão salarial imposta pelos sindicatos, encorajando o investimento, ver Acemoglu (2002b).

ASPIRAÇÕES DE UM NEW DEAL. Nossa discussão do New Deal parte de Katznelson (2013) e Fraser e Gerstle (1989). "Um governo forte..." é de Tugwell (1933). "Os interesses da sociedade..." é de Cooke (1929, p. 2). Parte dessa passagem aparece também em Fraser e Gerstle (1989, pp. 60-1). "Sem dúvida qualquer um..." é de Fraser e Gerstle (1989, pp. 75-6). Sobre porta-aviões, ver Dunnigan e Nofi (1995, p. 364), que mencionam onze lançamentos de porta-aviões em 1945. Isso não é uma aberração: houve oito lançamentos desse tipo em 1944 e doze em 1943. Além do mais, os Estados Unidos construíram porta-aviões de escolta menores — a mesma fonte mostra 25 desses lançamentos em 1943, 35 em 1944 e nove em 1945. Os seis porta-aviões operacionais em 7 de dezembro de 1941 eram *Enterprise*, *Lexington* e *Saratoga*, no Pacífico, e *Yorktown*, *Ranger* e *Wasp*, no Atlântico. Sobre as dificuldades na cadeia de suprimentos do Exército durante os primeiros tempos da participação americana na Segunda Guerra Mundial, ver Atkinson (2002): "Parece que enviamos..." está na página 50, e "O Exército americano..." na página 415. Atkinson (2002, p. 414) cita também um relatório britânico que afirma que "o gênio [americano] reside antes em criar recursos do que em usá-los com parcimônia".

ANOS GLORIOSOS. A "Grande Compressão" é de Goldin e Margo (1992). Os números da participação na renda do 1% mais rico vêm de nossos próprios cálculos, feitos com base na World Inequality Database, disponível em <wid.world>. Em todos os casos, relatamos números relativos ao rendimento bruto de indivíduos com mais de vinte anos. Dados sobre o crescimento salarial real médio para diferentes grupos foram calculados a partir de várias fontes, como descrito em maior detalhe nas notas bibliográficas do início do capítulo 8. Os números de PTF também vêm de cálculos nossos; detalhes e estimativas alternativas são apresentados nas notas do capítulo seguinte.

O CHOQUE ENTRE AUTOMAÇÃO E SALÁRIOS. Sobre o tear de Jacquard, ver Essinger (2004). Nossa discussão na seção baseia-se em Noble (1977, 1984); ver Noble (1984, p. 84, entre outras) para o modo como a abordagem geral — automação de máquina-ferramenta programável — tornou-se controle numérico. "A ameaça e as promessas..." e "Imaginemos uma fábrica..." são de um editorial não assinado na *Fortune* (1º de novembro de 1946, p. 160) e citados em Leaver e Brown (1946, p. 165). Essas citações aparecem também em Noble (1984, pp. 67 e 68, respectivamente). A abordagem da automação na Força Aérea e na Marinha é discutida em Noble (1984, pp. 84-5). Em uma coletiva de imprensa em 14 de fevereiro de 1962, perguntaram ao presidente Kennedy: "O Departamento de Trabalho estima que cerca de 1,8 milhão de indivíduos empregados são substituídos todos os anos por máquinas: como o senhor vê a urgência do problema da automação?". A resposta de Kennedy está em <www.jfklibrary.org/archives/other-resources/john-f-kennedy-press-conferences/news-conference-24>. A discussão e os números das telefonistas da Bell Company são de Feigenbaum e Gross (2022). Lin (2011) fornece o primeiro estudo empírico de novas tarefas no mercado de trabalho norte-americano, e os números que relatamos sobre o crescimento de ocupações profissionais, administrativas e de escritório são de Autor, Chin, Salomons e Seegmiller (2022). Harold Ickes, "Agora que se puseram...", é de Brinkley (1989, p. 123). "O período de maior concentração..." refere-se aos seis primeiros meses de 1946 e é do Bureau of Labor Statistics, "Work Stoppages Caused by Labor-Management Disputes in 1946" (Boletim n. 918, 1947, p. 9). A arbitragem UAW-GM e o debate sobre qualificação/desqualificação ocasionadas pelas máquinas são de Noble (1984, pp. 253, 255). A declaração da UAW, "Oferecemos nossa cooperação...", é de Noble (1984, p. 253), que também discute a abordagem geral da UAW. Essa resolução, emitida em sua convenção de 1955, começava assim: "A UAW-CIO acolhe a automação, o progresso tecnológico...". A declaração do arbitrador, "A gerência não eliminou...", é de Noble (1984, p. 254). "Tem de adquirir habilidades..." é de Earl Via, um técnico de manutenção de controle numérico, e está em Noble (1984, p. 256). "O maior esforço..." é da United Electrical, Radio and Machine Workers (UE), e aparece em Noble (1984, p. 257). Pelo contexto, ambas as afirmações foram feitas na década de 1970. O estudo recente de Boustan, Choi e Clingingsmith (2022) fornece evidências de que maquinário numericamente controlado alijou trabalhadores de algumas tarefas manuais, mas também criou novas tarefas, sobretudo para os sindicalizados. Harry Bridges, "Quem acha que...", é de Levinson (2006, pp. 109-10). "Acreditamos ser possível..." é de Levinson (2006, p. 110). "Todos os estivadores..." é de Levinson (2006, p. 112). "Os dias de suar..." é de Levinson (2006, p. 117). A discussão das taxas de desemprego provocado pela automação e da geração de empregos resultante de novas tarefas, assim como os números que usamos, são de Acemoglu e Restrepo (2019b). Os efeitos da automação e das novas tarefas na demanda por habilidades e desigualdades são de Acemoglu e Restrepo (2020b e 2022).

ABOLIÇÃO DA CARESTIA. Discussão geral, números da população, desemprego e a situação na Europa são de Judt (2006). Beveridge (1942) é a fonte de "momentos revolucionários..." (p. 6) e "A abolição da carestia..." (p. 7). A discussão da recepção do relatório e a atitude do Partido Trabalhista estão em Baldwin (1990).

O PROGRESSO SOCIAL E SEUS LIMITES. Detalhes do crescimento na Grécia antiga são de Ober (2015b). Taxas de crescimento na Roma antiga são de Morris (2004). Ver também Allen (2009b). Para estatísticas de saúde e discussões relacionadas, ver Deaton (2013). As estatísticas do ensino são da Organização para a Cooperação e Desenvolvimento Econômico (<data.oecd.org/education.htm>) e de Goldin e Katz (2008). As taxas de crescimento no período pré-industrial e no início da indústria referem-se ao PIB total; ver Maddison (2001, pp. 28, 126, entre outras). A expectativa de vida em 1900 é de Maddison (2001, p. 30). A expectativa de vida em 1970 é dos Indicadores de Desenvolvimento do Banco Mundial (banco de dados online).

8. DANOS DIGITAIS [pp. 255-96]

A estrutura conceitual deste capítulo está delineada no capítulo 1 e é usada nos capítulos 6 e 7. A ênfase está em como, dentro dessa estrutura, ambos os pilares da prosperidade compartilhada se desenvolveram nos Estados Unidos após 1980. Em particular, enfatizamos tecnologias mais focadas na automação, com base em Acemoglu e Restrepo (2019b), e um declínio nos contrapoderes da mão de obra (ver, por exemplo, Phillips-Fein, 2010, Andersen, 2021, e Gerstle, 2022). Ver também Perlstein (2009), Burgin (2015) e Appelbaum (2019). Inspirados na discussão de Noble (1984), argumentamos também que o declínio do poder de negociação do trabalhador contribuiu para a tecnologia se mover ainda mais em direção à automação.

Os padrões empíricos apresentados neste capítulo baseiam-se fortemente em Acemoglu e Autor (2011) e Autor (2019). Na maioria dos casos, eles foram reproduzidos e aplicados neste livro com base nas mesmas fontes de dados e com o auxílio da soberba pesquisa de Carlos Molina. As evidências sobre o papel da automação no declínio da participação do trabalhador, no crescimento lento do salário médio e na disparada da desigualdade vêm de Acemoglu e Restrepo (2022). Nossa interpretação do éthos e das abordagens dos primeiros hackers e entusiastas da computação e a ideia de que seu foco não estava na automação de cima para baixo são inspiradas pela discussão em Levy (2010) e Isaacson (2014). Noble (1984) e Zuboff (1988) fornecem a base para nossa visão da automação moderna nas fábricas e escritórios e as reações dos trabalhadores a ela.

Nossa discussão dos decepcionantes benefícios das tecnologias digitais para a produtividade baseia-se em Gordon (2016), bem como nas ideias teóricas discutidas em Acemoglu e Restrepo (2019b).

EPÍGRAFES. Qualquer pesquisa na internet confirmará que a declaração de Ted Nelson é amplamente atribuída a ele, sem uma fonte confirmada; e Leontief (1983, p. 405).

Lee Feltenstein citando *Revolt in 2100*, "O sigilo é a pedra angular...", é de Levy (2010, p. 131). Ted Nelson, "O PÚBLICO..." e "ESTE LIVRO...", é de Levy (2010, p. 144). Grace Hopper é discutida extensamente em Isaacson (2014, cap. 3).

UM RETROCESSO. As tendências de desigualdade nos Estados Unidos são exploradas e discutidas em Goldin e Margo (1992), Katz e Murphy (1992), Piketty e Saez (2003), Goldin e Katz (2008) e Autor e Dorn (2013). Nossa abordagem parte de Acemoglu e Autor (2011), Autor (2019) e Acemoglu e Restrepo (2022), que também fornecem números relacionados. Aqui, apresentamos detalhes adicionais dos métodos e fontes dos dados. Para a maioria dos números sobre desigualdade no mercado de trabalho, emprego e tendências salariais, combinamos dados do Censo da População dos Estados Unidos para 1940, 1950, 1970, 1980, 1990 e 2000 com dados anuais da March Current Population Survey (March CPS) e da American Community Survey (ACS). Todos esses dados são extraídos do repositório IPUMS. As classificações ocupacionais são harmonizadas ao longo das décadas usando o esquema de classificação desenvolvido por Dorn (2009). Quando o rendimento anual envolve codificação superior (procedimento estatístico que consiste na substituição de observações extremas da variável numérica por um limite máximo), tal como definida pelo instrumento de pesquisa, nós o imputamos como sendo 1,5 vez o valor máximo estabelecido (que varia ano a ano e até de Estado para Estado em anos mais recentes). Apenas uma pequena fração de observações é afetada por esse procedimento. Em 2019, por exemplo, menos de 0,5% das observações envolvem codificação superior. Para lidar com erros de informação na parte inferior da curva de distribuição de renda, impomos um salário mínimo por hora equivalente ao primeiro percentil da distribuição salarial por hora. Computamos o salário por hora dividindo a renda por ano pelo número autorrelatado de horas em um ano, a menos que exceda o número máximo de horas (3570 = setenta horas por semana para 51 semanas por ano). Para observações envolvendo codificação superior, usamos horas anuais de 1750 no denominador (35 horas por semana para cinquenta semanas por ano). Definimos salário semanal e anual como o produto do salário por hora e o número de horas trabalhadas por semana e por ano, respectivamente (após o ajuste do limite superior e inferior da curva de distribuição salarial por hora).

Em termos de classificações educacionais, seguimos as descritas em detalhe em Acemoglu e Autor (2011) e em Autor (2019). De ponta a ponta, todos os números são médias ou medianas ajustadas à composição do logaritmo dos salários para trabalhadores em período integral, em ano integral, com idades de dezesseis a 64 anos no grupo indicado (por exemplo, todos os trabalhadores ou alunos de ensino médio etc.). Para o ajuste da composição, separamos os dados em grupos de gênero-formação-experiência de dois gêneros, cinco categorias de formação (ensino médio incompleto, ensino médio completo, ensino superior completo, ensino superior incompleto e pós-graduação) e quatro categorias de experiência potencial (0-9, 10-19, 20-29 e 30-39 anos).

Categorias educacionais são harmonizadas seguindo os procedimentos em Autor, Katz e Kearney (2008). As médias do logaritmo dos salários para grupos mais amplos em cada ano representam médias ponderadas da célula relevante (ajustadas à composição) usando um conjunto fixo de pesos, igual à parcela média das horas totais trabalhadas por cada grupo ao longo de 1963-2005. Medianas do logaritmo dos salários são computadas similarmente. Todos os números de rendimentos são convertidos em rendimentos reais ao serem deflacionados. A participação da força de trabalho para trabalhadores americanos na flor da idade é computada a partir dos mesmos dados, e para outros países usamos dados da Organização para a Cooperação e o Desenvolvimento Econômico (OECD), disponíveis em <data.oecd.org/emp/labour-force-participation-rate.htm>.

O relatório do Pew Research Center é de Schumacher e Moncus (2021). Os números para diferenças salariais entre negros e brancos são computados a partir das mesmas fontes acima. Para discussões relacionadas e análises, ver Daly, Hobijn e Pedtke (2017). Números sobre a evolução do capital agregado e a participação da mão de obra na renda nacional dos países são de Karabarbounis e Neiman (2014).

O QUE ACONTECEU? Mudanças na indústria automotiva americana são discutidas em Murnane e Levy (1996) e Krzywdzinski (2021). Os números sobre empregos de colarinho-azul baseiam-se em nossos cálculos a partir das mesmas fontes acima. Para o choque da China, a referência é Autor, Dorn e Hanson (2013). As estimativas de perdas de empregos nos Estados Unidos causadas pelas importações de mercadorias chinesas são de Acemoglu, Autor, Dorn, Hanson e Price (2016). A lista de áreas afetadas por essas importações vem desses estudos. A evidência sobre os efeitos dos robôs industriais no emprego e nos salários é de Acemoglu e Restrepo (2020a). Ver também Graetz e Michaels (2018). A lista de áreas mais afetadas pela introdução de robôs também vem desse estudo. Nossa discussão de bons empregos baseia-se em Harrison e Bluestone (1990, incluindo o cap. 5) e Acemoglu (1999, 2001). Acemoglu e Restrepo (2022) estimam a contribuição relativa da automação industrial (incluindo robôs, equipamento dedicado e software especializado), da terceirização no estrangeiro e das importações de mercadorias chinesas, e sugerem que algo entre 50% a 70% das mudanças na desigualdade salarial entre quinhentos grupos demográficos (definidos por formação, idade, gênero, etnicidade e status doméstico versus nascido no estrangeiro) é explicado pela automação. A terceirização no estrangeiro e a importação chinesa exerceram menor impacto. Em parte, isso é resultado de que tipo de indústrias são afetadas pelas importações chinesas em comparação à automação, como discutido em Acemoglu e Restrepo (2020a). "Mortalidade por desespero" é uma expressão usada por Case e Deaton (2020) para descrever a mortalidade por alcoolismo (doenças do fígado), overdose e suicídios. Eles discutem em detalhes os potenciais efeitos negativos dos choques econômicos nesse tipo de mortalidade. Uma análise estatística dos efeitos dos choques das importações chinesas no casamento, em nascimentos ilegítimos, na gravidez na adolescência e em outros problemas sociais é apresentada em Autor, Dorn e Hanson (2019).

Para discussões mais gerais sobre os efeitos da globalização nos mercados de trabalho americanos, ver Autor, Dorn e Hanson (2013); para os efeitos do poder de mercado cada vez maior das empresas, ver Philippon (2019); para o papel da indústria financeira, ver Philippon e Reshef (2012); e para uma discussão mais ampla sobre as consequências das mudanças ideológicas, ver Sandel (2020).

O MAL-ESTAR NO ESTABLISHMENT LIBERAL. Uma versão particular da história da proteção ao consumidor é fornecida por Digital History (2021). A oposição de várias organizações comerciais e empresas de ponta ao New Deal é discutida detalhadamente em Phillips-Fein (2010). Sobre

Stanton Evans, ver Evans (1965) e Phillips-Fein (2010). "O principal detalhe..." é de Evans (1965, p. 18). Sobre o bem-estar social nos Estados Unidos, ver Hacker (2002).

BOM PARA O PAÍS, BOM PARA A GM. "O que é bom para..." é da audiência de nomeação de Charles Wilson, Committee on Armed Services, Senado dos Estados Unidos, 15 de janeiro de 1953 (transcrição da audiência, p. 26). O senador Henrickson perguntou se Wilson poderia, hipoteticamente, tomar uma decisão "extremamente adversa aos interesses de seu capital social e da General Motors" se isso fosse do interesse do governo americano. A resposta integral de Wilson é a seguinte:

> Sim, senhor; poderia. Não consigo conceber uma porque durante anos achei que o que era bom para nosso país era bom para a General Motors, e vice-versa. A diferença não existe.
>
> Nossa empresa é grande demais. Anda de mãos dadas com a prosperidade do país. Nossa contribuição para a nação é bastante considerável.

Sobre Buckley, ver Judis (1988) e Schneider (2003). "Em sua maturidade..." e "Como as ideias..." são de Buckley (1955). A discussão sobre as mudanças de atitude da Business Roundtable e da Câmara de Comércio são de Phillips-Fein (2010, cap. 9). "Os negócios têm um problema..." é de Phillips-Fein (2010, p. 192). "Nosso 'ganha-pão'...", "o sistema de livre-iniciativa..." e "a livre-iniciativa concentra..." são de Phillips-Fein (2010, p. 193). George H. W. Bush, "Há menos de cinquenta..." é de Phillips-Fein (2010, p. 185). Sobre Hayek, ver Phillips-Fein (2010, cap. 2) e Appelbaum (2019). A contextualização histórica sobre as visões pró-mercado na Universidade de Chicago e na Hoover Institution de Stanford pode ser encontrada em Appelbaum (2019).

DO LADO DOS ANJOS E ACIONISTAS. "A Friedman Doctrine" é o título de Friedman (1970). A contextualização histórica para Friedman está em Appelbaum (2019, cap. 1). Para o que chamamos de emenda Jensen, ver Jensen e Meckling (1976) e Jensen (1986). "A Business Roundtable acredita..." é de Phillips-Fein (2010, p. 194). Sobre o escândalo da Enron, ver McLean e Elkind (2003). Sobre políticas salariais e as consequências de CEOs egressos de escolas de negócios, ver Acemoglu, He e LeMaire (2022), que são ainda a fonte de todos os demais números relacionados nesse tópico. Ver também a discussão geral em Marens (2011).

QUANTO MAIOR, MELHOR. "Pessoas de um mesmo ramo..." é de Smith (1999, p. 232). Sobre o efeito de substituição de Arrow, ver Arrow (1962). "Podemos ter democracia..." é de Lonergan (1941, p. 42). Lonergan disse que Brandeis fez essa afirmação a um "amigo mais jovem". O tributo de Lonergan foi originalmente publicado no *Labor*, o "órgão das quinze organizações ferroviárias reconhecidas", pouco após a morte de Brandeis.

Sobre o caráter inovador de empresas menores e mais novas, ver Acemoglu, Akcigit, Alp, Bloom e Kerr (2018). Esse artigo mostra especificamente que, de modo geral, empresas pequenas e jovens são muito mais inovadoras do que as grandes e antigas (onde grandes são aquelas com mais de duzentos empregados, pequenas aquelas com menos de duzentos, e jovens as que existem há menos de nove anos). Por exemplo, a proporção entre P&D e vendas é cerca de duas vezes maior nas empresas pequenas e novas. A probabilidade de requerer patentes também é mais elevada entre elas. Robert Bork é discutido em Appelbaum (2019). Sobre o Manne Economics Institute for Federal Judges e seus efeitos nos veredictos, ver Ash, Chen e Naidu (2022). Sobre a relação dos juízes da Suprema Corte com a Sociedade Federalista, ver Feldman (2021), embora alguns detalhes sejam discutíveis.

UMA CAUSA PERDIDA. Ver a discussão geral em Phillips-Fein (2010). Sobre a Lei Taft-Hartley, ver Philips-Fein (2010, pp. 31-3). Estatísticas gerais sobre paralisações, incluindo a Tabela Histórica Anual de 1947, são do US Bureau of Labor Statistics e estão disponíveis em ‹www.bls.gov/wsp›.

UMA REENGENHARIA SINISTRA. A expressão "reengenharia corporativa" foi cunhada e defendida em Hammer e Champy (1993). Ver também Davenport (1992) para ideias afins. "Grande parte do antigo..." é de Hammer e Champy (1993, p. 74). Sobre a máquina processadora de texto da IBM, ver Haigh (2006).

"A automação do escritório..." é de Hammer and Sirbu (1980, p. 38). A citação do presidente da Xerox, "Deveremos presenciar...", é de Spinrad (1982, p. 812). "A automação de todas as fases" é de Menzies (1981, p. xv). "Não sabemos..." é de Zuboff (1988, p. 3). Ver Autor, Levy e Murnane (2002) sobre a automação do processamento de cheques em um grande banco. Os números sobre a fração de mulheres americanas em trabalhos de escritório e sua evolução estão baseados em nossos cálculos a partir das mesmas fontes acima.

Lee Felsenstein, "A abordagem industrial é sinistra..." e "capacidade do usuário...", são de Levy (2010, p. 201). Bob Marsh, "Queremos tornar o microcomputador...", é de Levy (2010, p. 203). "Como praticamente..." é de uma carta de Bill Gates disponível em ‹lettersofnote.com/2009/10/08/most-of-you-steal-your-software›. Essa carta também é citada em Levy (2010, p. 193). A evolução da adaptação robótica americana é discutida em Acemoglu e Restrepo (2020a). Evidências de que fatores demográficos desencadearam a rápida adoção da robótica na Alemanha, no Japão e na Coreia do Sul, e de que fatores demográficos diferentes causaram uma adoção relativamente mais lenta nos Estados Unidos, são de Acemoglu e Restrepo (2021). Os números sobre a evolução das ocupações de colarinho-azul foram computados por nós a partir das mesmas fontes acima.

NOVAMENTE, UMA QUESTÃO DE ESCOLHA. Os efeitos da robótica industrial na Alemanha são estimados em Dauth, Findeisen, Suedekum e Woessner (2021). Esses autores seguem a mesma metodologia de Acemoglu e Restrepo (2020a), e também avaliam os efeitos negativos nos empregos de colarinho-azul e nos salários. A evolução diferencial dos empregos de colarinho-branco na manufatura alemã e japonesa e sua abordagem diferente da tecnologia, incluindo as iniciativas "Indústria 4.0" e "Fábrica Digital", são discutidas em Krzywdzinski (2021) e Krzywdzinski e Gerber (2020). A comparação entre vendas de automóveis e tendências de emprego e ocupações de colarinho-azul na manufatura automotiva nesses três países é de Krzywdzinski (2021). O sistema de aprendizagem alemão é discutido em Acemoglu e Pischke (1998) e Thelen (1991), e a voz do trabalhador mediada por conselhos de trabalho que incorporam representantes trabalhistas às diretorias corporativas é debatida em Thelen (1991) e Jäger, Schoefer e Heining (2021). Este último artigo revela que tal tipo de participação proporciona uma voz para os trabalhadores nas escolhas tecnológicas. Impostos efetivos sobre equipamento, software e outros capitais, bem como sobre a mão de obra, são estimados em Acemoglu, Manera e Restrepo (2020), e os números que reproduzimos são de seu artigo. Sobre a evolução do apoio federal americano à pesquisa, ver Gruber e Johnson (2019).

UTOPIA DIGITAL. "Apresente-me um problema..." é de Gates (2021, p. 14). O velho lema de Zuckerberg, "*Move fast and break things*", é relatado em Blodget (2009). Uma discussão detalhada das atitudes que resumimos está em Ferenstein (2017), que também relata as afirmações "pouquíssima gente..." e "Virei especialista...".

"MENOS NAS ESTATÍSTICAS DE PRODUTIVIDADE." Sobre a desaceleração das inovações, ver Gordon (2016) e Gruber e Johnson (2019). Bloom, Jones, Van Reenen e Webb (2020) mostram que mais gastos são feitos com P&D para produzir o mesmo ritmo de melhorias em uma série de setores. Sobre o número de patentes e tendências de crescimento de produtividade, ver também Acemoglu, Autor e Patterson (2023). "A era do computador..." é de Solow (1987).

Estimativas da produtividade total dos fatores (PTF) são computadas usando as fórmulas-padrão com a função de produção de Cobb-Douglas, com pesos para a mão de obra e o capital de, respectivamente, 0,7 e 0,3, como em Gordon (2016). Assim, o crescimento da PTF é computado como: crescimento do PIB – 0,7 × crescimento do aporte de mão de obra – 0,3 × crescimento do aporte de capital.

O crescimento do aporte de mão de obra é ajustado para um índice de qualidade que leva em consideração a evolução da composição educacional da força de trabalho a partir das estimativas de Goldin e Katz (2008). Dados para o PIB são das tabelas de National Income and Product Accounts do Bureau of Economic Analysis. Computamos também estimativas de PTF usando diferentes fontes de dados e metodologias alternativas — por exemplo, seguindo a metodologia em Fernald (2014), Bergeaud, Cette e Lecat (2016) e Feenstra, Inklaar e Timmer (2015) —, com resultados muito similares. Por exemplo, nos períodos de 1948-60, 1961-80, 1981-2000 e 2001-19, as estimativas de crescimento da PTF anual média de Gordon (2016) são 2%, 1%, 0,7% e 0,6%, respectivamente. Os mesmos números usando os dados e a metodologia de Fernald (2014) são, respectivamente, 2,2%, 1,5%, 0,8% e 0,8%. De Bergeaud, Cette e Lecat (2016), 2,4%, 1,5%, 1,3% e 0,9%. Finalmente, os de Feenstra, Inklaar e Timmer (2015) são 1,3%, 0,7%, 0,6% e 0,6%.

"Vivemos na idade de ouro..." é de Irwin (2016). Sobre os argumentos de Varian relativos a erros de medição, ver Varian (2016) e Pethokoukis (2017a). Hatzius, "O mais provável...", é de Pethokoukis (2016). Ver também Pethokoukis (2017b).

A evidência de que as indústrias manufatureiras que mais investem em tecnologias digitais não estão apresentando crescimento de produtividade mais acelerada ou qualquer evidência de um aumento no número de erros de medição é de Acemoglu, Autor, Dorn, Hanson e Price (2014). As opiniões de Robert Gordon estão em Gordon (2016). Para as opiniões de Tyler Cowen, ver Cowen (2010).

A discussão sobre a adoção da robótica japonesa e as tentativas mais recentes de introduzir a flexibilidade aparecem em Krzywdzinski (2021). Sobre a fábrica de Fremont antes e depois dos investimentos da Toyota e comparações com outras fábricas automotivas americanas, ver Shimada e MacDuffie (1986) e MacDuffie e Krafcik (1992).

Sobre os seguidores divergindo dos líderes da indústria, ver Andrews, Criscuolo e Gal (2016). Sobre os custos do investimento desequilibrado em P&D por setores, ver Acemoglu, Autor e Patterson (2023). Sobre a automação na Tesla, ver Boudette (2018) e Büchel e Floreano (2018). Musk, "A automação excessiva...", é do seguinte tuíte: <twitter.com/elonmusk/status/984882630947753984> (@elonmusk, 13 de abril de 2018). Čapek, "Os mistérios...", é de Čapek (2004).

RUMO À DISTOPIA. Zuboff (1988) apresenta uma presciente discussão inicial.

9. LUTA ARTIFICIAL [pp. 297-335]

Nossa interpretação neste capítulo tem três principais blocos de construção.

O primeiro baseia-se em nossa estrutura geral e especialmente em nossa discussão da automação moderada. Em particular, argumentamos que a inteligência artificial tende a gerar benefícios de produtividade mais limitados do que muitos entusiastas esperam, pois está se expandindo para tarefas em que as capacidades da máquina ainda são muito limitadas e porque a produtividade humana está alicerçada no conhecimento tácito, na expertise acumulada e na inteligência social. Essa interpretação é inspirada pelo relato de Larson (2021) sobre o fato de o raciocínio humano estar atualmente fora do alcance da IA, pela discussão de Mercier e Sperber (2017) sobre a natureza social da inteligência humana e as evidências de adaptação flexível dos grupos humanos (por exemplo, Henrich, 2016) e pela discussão de Pearl (2021) sobre os limites do aprendizado de máquina e as opiniões de Chomsky sobre as desvantagens dos modelos de linguagem baseados em IA (como mostrado, por exemplo, no debate disponível em <languagelog.ldc.upenn.edu/myl/PinkerChomskyMIT.html>). Discussões gerais das tecnologias de IA, métodos de aprendizado de máquina e redes de aprendizagem profunda e redes neurais são fornecidos em Russell e Norvig (2009), Neapolitan e Jiang (2018) e Wooldridge (2020). Para o foco das tecnologias de IA na predição, ver Agrawal, Gans e Goldfarb (2018).

O segundo também se baseia em nossa estrutura conceitual geral, frisando que a maleabilidade da tecnologia, sobretudo nessa área abrangente, possibilita muitas trajetórias distintas de desenvolvimento. Além do mais, mesmo que se revele mediana, a automação baseada em IA pode de todo modo acontecer rapidamente. A razão para isso pode estar nos incentivos de mercado, como a lucratividade da automação, o monitoramento do trabalhador e outras atividades de transferência de renda, ou nas visões específicas de atores poderosos na indústria de tecnologia.

O terceiro é a ênfase de que deveríamos nos preocupar mais com a "utilidade de máquina" do que com a inteligência de máquina. Não temos conhecimento de outros trabalhos defendendo esse ponto, mas nossas ideias aqui estão fortemente baseadas em Wiener (1954) e Licklider (1960). Um excelente relato da vida e obra de Engelbart, com uma discussão explícita de duas visões sobre como os computadores podem ser usados, é o livro extremamente acessível de Markoff (2015).

Devemos notar que essas ideias ainda estão longe do pensamento convencional na área, que tende a ser muito mais otimista acerca dos benefícios da IA e até da possibilidade de uma inteligência artificial geral. Ver, por exemplo, Bostrom (2017), Christian (2020), Stuart Russell (2019) e Ford (2021) sobre os avanços na inteligência artificial, e Kurzweil (2005) e Diamandis e Kotler (2014) sobre a abundância econômica que isso geraria.

Nossa discussão de tarefas rotineiras e não rotineiras parte do artigo seminal de Autor, Levy e Murnane (2003) e da discussão de Autor (2014) sobre os limites da automação. Nossa interpretação de que a atual IA continua focada sobretudo em tarefas rotineiras baseia-se na evidência em Acemoglu, Autor, Hazell e Restrepo (2022). O famoso estudo de Frey e Osborne (2013) também apoia a ideia de que a IA diz respeito antes de mais nada à automação; eles calculam que cerca de 50% dos empregos americanos podem ser automatizados pela IA ao longo das próximas décadas. Sobre as dificuldades de usar o aprendizado de máquina para melhorar a tomada de decisão humana, ver Kleinberg, Lakkaraju, Leskovec, Ludwig e Mullainathan (2018).

Por fim, nossa ênfase de que a atual IA está sendo usada para o monitoramento amplo do trabalhador é influenciada por Zuboff (1988, 2019), no tocante ao uso de tecnologias digitais nos escritórios, Pasquale (2015) e O'Neil (2016). A interpretação do monitoramento do trabalhador como modo de desviar as rendas ou as remunerações da mão de obra para o capital e as aplicações sociais negativas disso baseiam-se em Acemoglu e Newman (2002).

EPÍGRAFES. Poe (1975, p. 421); Wiener (1964, p. 43).

As informações da *Economist* — "Desde a aurora..." e "percepções populares..." — são da primeira seção, "A Bright Future for the World of Work", em Williams (2021). "Na verdade, ao baixar os custos..." é da quinta seção, "Robots Threaten Jobs Less Than Fearmongers Claim". McKinsey, "Para muitos integrantes...", é de Luchtenberg (2022), e é a introdução escrita para um podcast, *McKinsey Talks Operations*. Essa citação aparece no site da McKinsey sob capacidades/operações/nossos insights; ver a referência a Luchtenberg (2020) para o endereço de internet completo. O McKinsey Global Institute produziu relatórios que reconhecem explicitamente a possibilidade de perdas de vagas ocasionadas pela IA. Ver, por exemplo, Manyika et al. (2017). "Nos próximos doze..." e "Claro que haverá..." estão em Anderson e Rainie (2018). "O desafio é projetar...", "melhorar a vida...", "capitalismo criativo" e "assuma um projeto..." são de Gates (2008). Sobre as várias definições de IA, ver o importante livro de Russell e Norvig (2009), que fornece várias definições diferentes.

A IDEALIZAÇÃO DA IA. Sobre o tear de Jacquard, ver Essinger (2004). Sobre a automação robótica de processos, ver AIIM (2022) e Roose (2021). Sobre os resultados mistos da automação robótica de processos, ver Trefler (2018). Sobre a classificação de tarefas rotineiras, ver Autor, Levy e Murnane (2003) e Acemoglu e Autor (2011). A previsão de que a IA poderá executar perto de 50% dos trabalhos humanos está em Frey e Osborne (2013). Mais discussões também em Susskind (2020). Kai-Fu Lee, "Como a maioria das tecnologias...", é de sua introdução a Lee e Qiufan (2021, p. xiv). A evidência de que a introdução da IA se concentra nas empresas e nos estabelecimentos com empregos passíveis de serem substituídos e seus efeitos negativos estão em Acemoglu, Autor, Hazell e Restrepo (2022). Sobre as consequências agregadas da robótica industrial nos empregos, ver Acemoglu e Restrepo (2020a).

A FALÁCIA DA IMITAÇÃO. O contexto pessoal de Turing pode ser visto em Isaacson (2014, cap. 2) e Dyson (2012). "É impossível fazer..." é de Turing (2004, p. 105). "Não quero dar a impressão..." é de Turing (1950, p. 447).

A EMPOLGAÇÃO COM A IA E SEUS FIASCOS. As histórias do pato digestor e do turco mecânico podem ser vistas em Wood (2002) e Levitt (2000). Sobre a conferência do Dartmouth, ver Isaacson (2014) e Markoff (2015). Minsky, "Dentro de três a oito anos...", está relatado em Heaven (2020). "Se você trabalha em IA..." é de Romero (2021). Hassabis, "solucionar a inteligência...", é de Simonite (2016). "Alguém excepcional no que faz..." e "cinco grandes programadores..." são de Taylor (2011).

O HUMANO SUBVALORIZADO. O conceito de "tecnologia mediana" é de Acemoglu e Restrepo (2019b). Sobre a mandioca e outras adaptações no Yucatán, ver Henrich (2016, pp. 97-9). Sobre ruas nuas, ver McKone (2010). Sobre a teoria da mente, ver Baron-Cohen, Leslie e Frith (1985), Tomasello (1995) e Sapolsky (2017). Sobre a demanda crescente por habilidades sociais, ver Deming (2017). Sobre a relação entre QI e sucesso em áreas técnicas e não técnicas, ver Strenze (2007). "Deveríamos parar..." é de Hinton (2016, na marca de 0:29). Para ser justo, Hinton diz a seguir: "Podem ser dez anos". Sobre como essa previsão se saiu, ver Smith e Funk (2021), que afirmam: "No entanto, o número de radiologistas nos Estados Unidos não diminuiu, mas aumentou, crescendo cerca de 7% entre 2015 e 2019. Na verdade, há no momento falta de radiologistas, prevista para aumentar ao longo da próxima década".

Sobre o diagnóstico de retinopatia diabética e a combinação de algoritmos de IA e especialistas, ver Raghu, Blumer, Corrado, Kleinberg, Obermeyer e Mullainathan (2019).

Sobre os desejos do chefe de veículos autônomos da Google, ver Fried (2015).

Para os comentários de Elon Musk sobre veículos autônomos, ver Hawkins (2021).

A ILUSÃO DA IA GERAL. Sobre superinteligência, ver Bostrom (2017). Para uma crítica interessante da atual abordagem da IA à inteligência, que também enfatiza seus aspectos sociais e situacionais, ver Larson (2021). Ver também Tomasello (2019) para uma excelente discussão geral, embora ele não utilize os termos "inteligência social" e "inteligência situacional". Para mais discussões sobre os aspectos sociais e situacionais da inteligência, ver Mercier e Sperber (2017) e Chollet (2017, 2019). Sobre inteligência social, ver Riggio (2014) e Henrich (2016). Sobre os defeitos do GPT-3, ver Marcus e Davis (2020). O sobreajuste é discutido em muitas referências-padrão, entre as quais Russell e Norvig (2009). Uma discussão mais geral é fornecida em Everitt e Skrondal (2010). Nossa definição de sobreajuste é um pouco mais geral e abrange ideias por vezes discutidas sob o título de "desalinhamento" para captar a incapacidade dos modelos de serem identificados por dimensões irrelevantes da amostra e desse modo fracassarem em obter uma generalização apropriada. Para mais referências, ver Gilbert, Dean, Lambert, Zick e Snoswell (2022), Pan, Bhatia e Steinhardt (2022) e Ilyas, Santurkar, Tsipras, Engstrom, Tran e Mądry (2019). "Tamanho é o poder..." é de Romero (2021).

O PANÓPTICO MODERNO. "O sistema digital..." é de Zuboff (1988, p. 263). "Os trabalhadores se queixam ..." é de Lecher (2019). "Eles basicamente..." é de Greene (2021). Os números da Agência de Segurança e Saúde Ocupacional são de Greene e Alcantara (2021). Uma discussão geral do horário flexível, contratos de zero hora e *clopening* é fornecida por O'Neil (2016). "Não existe plano de carreira..." é de Ndzi (2019).

A ESTRADA NÃO PERCORRIDA. "O melhor modelo material..." é de Rosenblueth e Wiener (1945, p. 320). "Lembremos que a máquina..." é de Wiener (1954, p. 162). "É necessário perceber..." e "quando uma máquina..." são de Wiener (1960, 1957). "Podemos ser humildes..." é de Wiener (1949). A história por trás do artigo de opinião de Wiener e do motivo de não ter sido publicado por mais de seis décadas é explicada em Markoff (2013). A história da Apple/Macintosh e o contexto sobre J. C. R. Licklider podem ser encontrados em Isaacson (2014). As afirmações de Licklider são de seu próprio artigo, Licklider (1960). Mais informações sobre projeto centrado em humanos podem ser obtidas em Norman (2013) e sobretudo em Shneiderman (2022). Para mais detalhes sobre o contraste entre as duas visões de inteligência de máquina, ver Markoff (2015).

A UTILIDADE DE MÁQUINA EM AÇÃO. O material nesta seção baseia-se em Acemoglu (2021). Kai-Fu Lee, "Os robôs e a IA...", é de Lee (2021). "O que as pessoas hoje..." é de Asimov (1989, p. 267). Ganhos do ensino personalizado, adaptativo, são discutidos em Bloom (1984), Banerjee, Cole, Duflo e Linden (2007) e Muralidharan, Singh e Ganimian (2019). Ver também discussão e referências adicionais em Acemoglu (2021). Para mais detalhes sobre as origens da World Wide Web, ver Isaacson (2014). A discussão das consequências do celular na indústria pesqueira em Kerala baseia-se em Jensen (2006). Sobre o M-Pesa, ver Jack e Suri (2011). Outros exemplos do uso das tecnologias digitais para construir novas plataformas são fornecidos em Acemoglu, Jordan e Weyl (2021). Estimativas de gastos com IA são para 2016, em McKinsey Global Institute (2017).

A MÃE DE TODAS AS TECNOLOGIAS INADEQUADAS. Sobre as ideias de Frances Stewart, ver Stewart (1977). Discussões mais modernas da tecnologia inadequada são fornecidas em Basu e Weil (1998) e Acemoglu e Zilibotti (2001). A discussão da resistência das novas variedades de cultivo a diferentes pragas e patógenos e exemplos de inovações direcionadas à agricultura americana e europeia ocidental mas inadequadas para as condições na África são de Moscona e Sastry (2022). Os exemplos agrícolas são também de Moscona e Sastry (2022). Sobre a Revolução

Verde, ver Evanson e Gollin (2003), e, sobre Borlaug, ver Hesser (2019). As implicações das tecnologias inadequadas para a desigualdade dentro do país e entre países são discutidas em Acemoglu e Zilibotti (2001).

O RESSURGIMENTO DA SOCIEDADE EM DUAS CAMADAS. Esta seção usa as fontes gerais listadas no início da nota bibliográfica deste capítulo.

10. O COLAPSO DEMOCRÁTICO [pp. 336-81]

A ideia central deste capítulo — a de que o atual uso da IA diz respeito sobretudo à coleta de dados, que proporciona controle sobre os indivíduos enquanto consumidores, cidadãos e trabalhadores — baseia-se em Pasquale (2015), O'Neil (2016), Lanier (2018), Zuboff (2019) e Crawford (2021), expandindo suas ideias. Sunstein (2001) forneceu uma análise inicial dos efeitos perniciosos das câmaras de eco digitais; ver também Cinelli et al. (2021). A ideia de que esse tipo de coleta de dados deturpa o funcionamento das plataformas de mídias sociais também é explorada em Acemoglu, Ozdaglar e Siderius (2022) e Acemoglu (2023). Até onde sabemos, o paralelo que extraímos entre as abordagens do governo chinês e das principais empresas de tecnologia nos Estados Unidos — e como ambas são possibilitadas pelo acesso a dados abundantes — é novo. Nossa discussão da vigilância e da censura na China é influenciada por McGregor (2010) para a fase inicial e Dickson (2021) para o período mais recente. Inspiramo-nos particularmente em vários trabalhos de David Yang e coautores, que citamos abaixo, bem como em extensas discussões com David.

EPÍGRAFES. Chris Cox é de Frenkel e Kang (2021, p. 224); Arendt (1978).

Sobre o crescimento dos gastos com IA na China, ver Beraja, Yang e Yuchtman (2020). Usamos a tradução do documento de planejamento oficial do Conselho de Estado disponível em <chinacopyrightandmedia.wordpress.com/2014/06/14/planning-outline-for-the-construction-of-a-social-credit-system-2014-2020>. Supremo Tribunal Popular, "Os infratores...", é de <english.court.gov.cn/2019-07/11/c_766610.htm>, site oficial do governo chinês via *China Daily*. Os protestos envolvendo o impeachment do presidente Joseph Estrada estão descritos em Shirky (2011). Wael Ghonim, "Espero conhecer...", é de uma entrevista à NPR em 17 de janeiro de 2012, disponível em <www.npr.org/2012/01/17/145326759/revolution-2-0-social-medias-role-in-removing-mubarak-from-power>. A frase do cofundador do Twitter, Biz Stone, "Alguns tuítes podem...", está em <blog.twitter.com/en_us/a/2011/the-tweets-must-flow>. Os pensamentos da secretária de Estado americana Hillary Rodham Clinton sobre a internet e a liberdade estão em Clinton (2010).

CENSURA COMO ARMA POLÍTICA. Sobre os acontecimentos na China após a morte de Mao, ver MacFarquhar e Schoenhals (2008), e sobre a censura na década de 2000, McGregor (2010). Detalhes sobre o massacre da praça Tiananmen e as "sete reivindicações" podem ser encontrados em Zhang, Nathan, Link e Schell (2002). O "enorme esforço de pesquisa" sobre censura e liberdades limitadas no início da década de 2010 está em King, Pan e Roberts (2013). "Outra equipe de pesquisadores..." é de Qin, Strömberg e Wu (2017), que oferecem evidências de ação coletiva limitada usando as mídias sociais. O "Plano de Desenvolvimento da Nova Geração de IA" pode ser encontrado em <www.newamerica.org/cybersecurity-initiative/digichina/blog/full-translation-chinas-new-generation-artificial-intelligence-development-plan-2017>. Xiao Qiang, "o sistema de censura chinês...", é de Zhong, Mozur e Krolik (2020).

UM MUNDO NOVO AINDA MAIS ADMIRÁVEL. Sobre a censura da mídia, incluindo casos de corrupção, ver Xu e Albert (2017). Sobre matérias censuradas da mídia estrangeira, especificamente em relação a alegações de corrupção no escritório namíbio de uma empresa dirigida pelo filho de um alto funcionário chinês, ver McGregor (2010, p. 148). Esse caso envolveu Hu Haifeng, filho de Hu Jintao, à época principal líder chinês.

A reforma do currículo e suas implicações são estudadas em Cantoni, Chen, Yang, Yuchtman e Zhang (2017). O estudo experimental das implicações do Grande Firewall e contexto adicional sobre suas implicações são apresentados em Chen e Yang (2019). "O medo de Orwell..." é de Postman (1985, p. xxi). "Sob um ditador científico..." é de Huxley (1958, p. 37).

DE PROMETEU A PÉGASO. Sobre a disseminação do VK e seu papel nos protestos, ver Enikolopov, Makarin e Petrova (2020). Sobre o NSO Group, ver Bergman e Mazzetti (2022). A história do Pegasus foi confirmada por reportagens em diversas fontes de mídia, incluindo *Washington Post*, National Public Radio, *New York Times*, *Guardian* e *Foreign Policy*: <www.washingtonpost.com/investigations/interactive/2021/nso-spyware-pegasus-cellphones>; <www.washingtonpost.com/world/2021/07/19/india-nso-pegasus>; <www.npr.org/2021/02/25/971215788/biden-administration-poised-to-release-report-on-killing-of-jamal-khashoggi>; <www.nytimes.com/2021/07/17/world/middleeast/israel-saudi-khashoggi-hacking-nso.html>; <www.theguardian.com/world/2021/jul/18/nso-spyware-used-to-target-family-of-jamal-khashoggi-leaked-data-shows-saudis-pegasus>; e <foreignpolicy.com/2021/07/21/india-israel-nso-pegasus-spyware-hack-modi-bjp-democracy-watergate>.

Para as alegações sauditas sobre o assassinato, ver <www.reuters.com/article/us-saudi-khashoggi/saudi-arabia-calls-khashoggi-killing-grave-mistake-says-prince-not-aware-idUSKCN1MV0HI>.

A resposta do NSO à Forbidden Stories apareceu em <www.theguardian.com/news/2021/jul/18/response-from-nso-and-governments>, e assim começa: "NSO Group nega categoricamente as falsas alegações feitas em seu relatório". O NSO rejeitou especificamente qualquer envolvimento na morte de Khashoggi: "Como já dissemos, nossa tecnologia não esteve ligada de modo algum ao horrível assassinato de Jamal Khashoggi". De modo geral, o NSO assim resume sua política relativa à forma como sua tecnologia é usada: "[o NSO Group] não opera os sistemas que vende para clientes governamentais selecionados e não tem acesso aos dados dos alvos de seus clientes, embora [seus clientes] sejam obrigados a nos fornecer tal informação sob investigações. O NSO não opera sua tecnologia, não coleta, não possui, não tem acesso a nenhum tipo de dados de seus clientes".

Snowden, "Da minha mesa...", é de Sorkin (2013). CEO da Clearview, "esse é o melhor uso...", está em Hill (2020), que também discute a IA da Clearview mais amplamente.

VIGILÂNCIA E ORIENTAÇÃO TECNOLÓGICA. "A tecnologia favorece..." e "ditadura digital" são de Harari (2018). A evidência de como as ferramentas de IA estão sendo usadas pelos governos locais na China e de como o compartilhamento de dados encoraja mais monitoramento por IA é de Beraja, Yang e Yuchtman (2020). Esse artigo também fornece evidências sobre o efeito dessas atividades no tamanho da força policial. Evidências da eficácia do emprego de IA contra manifestações são de Beraja, Kao, Yang e Yuchtman (2021), que também são a fonte sobre a exportação das tecnologias de monitoramento para outros governos autoritários. Sobre o papel da Huawei na exportação de tecnologias de vigilância para outras nações autoritárias, ver também Feldstein (2019), de onde tiramos a estimativa de que a empresa exportou tais tecnologias para mais de cinquenta países.

MÍDIAS SOCIAIS E CLIPES DE PAPEL. A parábola do clipe de papel é de Bostrom (2017). A discussão sobre a nota do Facebook e as políticas em Mianmar baseiam-se em Frenkel e Kang (2021). "Temos notícia..." é de Human Rights Watch (2013), <www.hrw.org/report/2013/04/22/all-you-can-do-pray/crimes-against-humanity-and-ethnic-cleansing-rohingya-muslims>. "Aceito com orgulho..." é de uma entrevista ao *60 Minutes* da CBS com Ashin Wirathu; a transcrição está disponível em <www.cbsnews.com/news/new-burma-aung-san-suu-kyi-60-minutes>. A resposta do Facebook às exigências do governo em 2019 — rotulando as organizações étnicas como "perigosas" e expulsando-as da plataforma — é discutida em Frenkel e Kang (2021). O veto aos quatro grupos é discutido em Jon Russell (2019). "Pense antes de compartilhar" está no capítulo 9 de Frenkel e Kang (2021). O argumento sobre os comentários antimuçulmanos difundidos via Facebook em Sri Lanka e "Há incitamentos..." são de Taub e Fisher (2018). Os comentários de T. Raja Singh no Facebook estão em Purnell e Horwitz (2020).

MÁQUINA DE DESINFORMAÇÃO. Estatísticas sobre o uso das mídias sociais e fontes de notícias são de Levy (2021), Allcott, Gentzkow e Yu (2019) e Allcott e Gentzkow (2017). "As notícias falsas..." é de Vosoughi, Roy e Aral (2018). Ver Guess, Nyhan e Reifler (2020) sobre a eleição de 2015-6. A TED Talk de Pariser de 2010 está disponível em <www.youtube.com/watch?v=B8of-WFx525s>. A discussão sobre o vídeo adulterado da presidente da Câmara Nancy Pelosi é de Frenkel e Kang (2021). Nick Clegg, "Nossa função...", é de Timberg, Romm e Harwell (2019). A discussão sobre os Oath Keepers é de Frenkel e Kang (2021). Radicalização do YouTube e "Caí no buraco..." são de Roose (2019). A declaração de Robert Evans, "Quinze de 75...", é de Evans (2018). Minmin Chen, "Podemos de fato...", é de Ditum (2019). Evidências sobre posts antimuçulmanos e a violência subsequente aos tuítes de Trump são de Müller e Schwarz (2021). Para mais detalhes sobre o Twitter, ver Halberstam e Knight (2016). O material sobre o Reddit baseia-se em Marantz (2020).

O NEGÓCIO DOS ANÚNCIOS. O texto desta seção baseia-se em Isaacson (2014) e Markoff (2015). "Neste artigo..." é do resumo em Brin e Page (1998). Page, "a ideia de construir...", é de Isaacson (2014, p. 458).

A FALÊNCIA SOCIAL DA INTERNET. O texto desta seção baseia-se em Frenkel e Kang (2021), que são também a fonte para Sheryl Sandberg, "O que acreditamos ter feito..." (2021, p. 61). Públicos parecidos e "uma forma de seus anúncios..." são do Meta Business Help Center, disponível em <www.facebook.com/business/help/164749007013531?id=401668390442328>. Os efeitos da difusão do Facebook sobre a saúde mental são de Braghieri, Levy e Makarin (2022) e O'Neil (2022). Sobre o uso das mídias sociais e indignação, ver Rathje, Van Bavel e Van der Linden (2021) e O'Neil (2022). Sobre os efeitos dos algoritmos nessas reações emocionais, ver Stella, Ferrara e De Domenico (2018). Ver também as discussões gerais em Brady, Wills, Jost, Tucker e Van Bavel (2017), Tirole (2021) e Brown, Bisbee, Lai, Bonneau, Nagler e Tucker (2022). Sobre o "ambicioso projeto de pesquisa" do Facebook e suas implicações sobre a felicidade e outras atividades, ver Allcott, Gentzkow e Song (2021) e Allcott, Braghieri, Eichmeyer e Gentzkow (2020). "*Fuck it, ship it*" é de Frenkel e Kang (2021). "Trata-se de proporcionar..." é de Cohen (2019).

A GUINADA ANTIDEMOCRÁTICA. Sobre a teoria de Habermas da esfera pública, ver Habermas (1991). "A maioria dos temores..." e "talvez apenas..." são de Vassallo (2021); o autor é um parceiro geral na Foundation Capital. A declaração de Mark Zuckerberg à revista *Time*, "Sempre que surge uma tecnologia...", está em Grossman (2014). A declaração editorial relativa ao amplo estudo do Facebook no *Proceedings of the National Academy of Sciences* está em Verna (2014). A estratégia da Google ao estabelecer o Google Books e o Google Maps é discutida em Zuboff (2019). Sobre o ImageNet, ver <www.image-net.org>. Fei-Fei Li, "na era da internet...", é de Markoff (2012). Para a reportagem do *New York Times* sobre a IA da Clearview, ver Kashmir Hill, "The Secretive Company That Might End Privacy as We Know It", disponível em <www.nytimes.com/2020/01/18/technology/clearview-privacy-facial-recognition.html>, incluindo a seguinte declaração: "O sistema — cuja espinha dorsal é um banco de dados de mais de 3 bilhões de imagens que a Clearview alega ter tirado do Facebook, do YouTube, do Venmo e de milhões de outros sites — vai muito além de tudo que já foi construído pelo governo dos Estados Unidos ou pelas gigantes do Vale do Silício". Para mais informações sobre o pensamento por trás da Clearview e o antigo envolvimento de Peter Thiel, ver Chafkin (2021, pp. 296-7, entre outras).

"Cabe à justiça..." são as palavras de David Scalzo, um investidor na IA da Clearview; ver Hill (2020).

A ERA DO RÁDIO. O contexto sobre o padre Coughlin pode ser encontrado em Brinkley (1983). Os efeitos dos discursos radiofônicos de Coughlin são analisados em Wang (2021). Joseph Goebbels, "nossa conquista do poder...", é de agosto de 1933; ver Tworek (2019). Os efeitos da propaganda radiofônica de apoio aos nazistas estão documentados em Adena, Enikolopov, Petrova, Santarosa e Zhuravskaya (2015). Ver também Satyanath, Voigtländer e Voth (2017). Para a Constituição alemã, liberdade de expressão e *Volksverhetzung*, ver <www.gesetze-im-internet.de/englisch_gg/englisch_gg.html>.

ESCOLHAS DIGITAIS. Aprimoramentos limitados no Reddit e no YouTube contra o discurso de ódio são debatidos em <www.nytimes.com/2019/06/05/business/youtube-remove-extremist-videos.html> e <variety.com/2020/digital/news/reddit-bans-hate-speech-groups-removes-2000-subreddits-donald-trump-1234692898>; ver também <time.com/6121915/reddit-international-hate-speech>. Os procedimentos de arbitragem e a estrutura burocrática da Wikipédia estão descritos em <en.wikipedia.org/wiki/Wikipedia>. Sobre a facilitação propiciada pelo Facebook às exportações de pequenos negócios, ver Fergusson e Molina (2022).

A DEMOCRACIA SABOTADA QUANDO MAIS PRECISAMOS DELA. "Porque, afinal de contas..." é de Orwell (1949, p. 92).

11. PARA UMA NOVA ORIENTAÇÃO TECNOLÓGICA [pp. 382-420]

A importância de redirecionar a tecnologia e parte dos esquemas de subsídios fiscais que poderiam ajudar nesse esforço são discutidos em Acemoglu (2021). Até onde sabemos, a ideia de que qualquer redirecionamento tecnológico precisa partir de uma mudança de narrativa — sobre como deveríamos usar a tecnologia e quem deveria controlá-la — e de novos contrapoderes é nova.

EPÍGRAFES. People's Computer Company é de <www.digibarn.com/collections/newsletters/peoples-computer/peoples-1972-oct/index.html>; Brandeis é de Baron (1996), que fornece a origem como "Arbitration Proceedings, N.Y., Cloak Industry, October 13, 1913".

Uma discussão inicial do movimento progressista está em Acemoglu e Johnson (2017). Para maior contexto sobre o movimento progressista, ver McGerr (2003). "Em política, duas coisas..." é amplamente atribuído a Mark Hanna — entre outros por Safire (2008, p. 237). Sobre Ida Tarbell, ver Tarbell (1904). Sobre Mother Jones e a marcha das crianças operárias, ver McFarland (1971). Para o trabalho do Comitê Pujo, a separação da Standard Oil e o pensamento antitruste inicial, ver Johnson e Kwak (2010).

REFAZENDO A TECNOLOGIA. O papel da política em redirecionar as escolhas tecnológicas em energia é discutida em Acemoglu (2021). Dados sobre patentes verdes ou renováveis no mundo são informados em Acemoglu, Aghion, Barrage e Hemous (2019). Dados sobre custos e evolução das energias renováveis ao longo do tempo são de ‹www.irena.org/publications/2021/Jun/Renewable-Power-Costs-in-2020›, estimando o "custo nivelado da eletricidade" gerada de várias fontes. "Daqui a cinquenta anos..." é de McKibben (2013).

REFAZENDO OS CONTRAPODERES. Sobre as implicações econômicas e mais amplas da concentração cada vez maior de poder nas mãos das *big techs*, ver Foer (2017). Para os trabalhadores de colarinho-azul como uma parcela da força de trabalho americana, ver ‹bluecollarjobs.us/2017/04/10/highest-to-lowest-share-of-blue-collar-jobs-by-state›. A sindicalização do Starbucks é discutida em Eavis (2022). Sobre os protestos em Hong Kong, ver Cantoni, Yang, Yuchtman e Zhang (2019). Sobre a paralisação na GM, ver Fine (1969). Sobre os conselhos de aldeia de Botswana, ver Acemoglu, Johnson e Robinson (2003). Sobre o projeto New_Public e Ursula Le Guin, "o que podemos aprender a fazer", ver Chan (2021). A expressão "o que podemos aprender" é de Le Guin (2004); a afirmação mais completa é "as tecnologias têm isto de interessante: elas são o que podemos aprender a fazer". Sobre as tentativas de Audrey Tang e o *hackathon* presidencial, ver Tang (2019). Sobre a reação de Taiwan à covid-19 envolvendo a sociedade civil e as empresas privadas, ver Lanier e Weyl (2020). "Com o advento da internet..." é do juiz Anthony Kennedy, escrevendo em janeiro de 2010 sobre a decisão majoritária (por cinco votos a quatro) da Suprema Corte em *Citizens United* que permitiu contribuições corporativas ilimitadas às campanhas políticas. Ver *Citizens United v. Federal Election Commission*, 558 U.S. 310 (2010), disponível em ‹www.supremecourt.gov/opinions/boundvolumes/558bv.pdf›, começando na p. 310.

COMO REDIRECIONAR A TECNOLOGIA? Sobre reforma tributária, ver Acemoglu, Manera e Restrepo (2020). Sobre treinamento, ver Becker (1993) e Acemoglu e Pischke (1999). Sobre o desenvolvimento de antibióticos e seu uso na Segunda Guerra Mundial, ver Gruber e Johnson (2019). Sobre os efeitos negativos do RGPD nas pequenas empresas, ver Prasad (2020). Sobre os problemas dos mercados de dados quando os indivíduos revelam informações de sua rede social, ver Acemoglu, Makhdoumi, Malekian e Ozdaglar (2022). Sobre propriedade de dados, ver Lanier (2018, 2019) e Posner e Weyl (2019). Zuckerberg, "Acredito firmemente...", é citado em McCarthy (2020). Sobre remover as assimetrias na taxação entre o capital e a mão de obra e as implicações para a automação, ver Acemoglu, Manera e Restrepo (2020). O imposto de publicidade digital é proposto por Romer (2021). Sobre a seção 230, ver Waldman (2021). As políticas industriais da Coreia do Sul e da Finlândia são discutidas, respectivamente, em Lane (2022) e Mitrunen (2019).

OUTRAS POLÍTICAS ÚTEIS. Para impostos sobre a riqueza, ver *Boston Review* (2020). Para a mobilidade social de cada país, ver Corak (2013) e Chetty, Hendren, Kline e Saez (2014). As estimativas sobre diferenças de rendimento eliminadas em uma geração na Dinamarca e nos Estados Unidos baseiam-se na figura 1 em Corak (2013). Sobre o estado atual e os salários mínimos federais, ver ‹www.dol.gov/agencies/whd/minimum-wage/state›.

Sobre os efeitos do salário mínimo, ver Card e Krueger (2015). Sobre o fato de um salário mínimo mais elevado encorajar investimentos mais favoráveis ao trabalhador, ver Acemoglu e Pischke (1999). Sobre o potencial impacto da pandemia na automação, ver Chernoff e Warman (2021).

O FUTURO DA TECNOLOGIA AINDA ESTÁ POR SER ESCRITO. A discussão sobre o ativismo e as respostas em relação ao HIV baseiam-se em Shilts (2007) e Specter (2021).

Referências bibliográficas

ACEMOGLU, Daron. "Training and Innovation in an Imperfect Labor Market". *Review of Economic Studies*, v. 64, n. 2, pp. 445-64, 1997.

______. "Why Do New Technologies Complement Skills? Directed Technical Change and Wage Inequality". *Quarterly Journal of Economics*, v. 113, n. 4, pp. 1055-89, 1998.

______. "Changes in Unemployment and Wage Inequality: An Alternative Theory and Some Evidence". *American Economic Review*, v. 89, n. 5, pp. 1259-78, 1999.

______. "Good Jobs vs. Bad Jobs". *Journal of Labor Economics*, v. 19, n. 1, pp. 1-21, 2001.

______. "Directed Technical Change". *Review of Economic Studies*, v. 69, n. 4, pp. 781-810, 2002a.

______. "Technical Change, Inequality, and the Labor Market". *Journal of Economic Literature*, v. 40, n. 1, pp. 7-72, 2002b.

______. "Labor-and Capital-Augmenting Technical Change". *Journal of European Economic Association*, v. 1, n. 1, pp. 1-37, 2003a.

______. "Patterns of Skill Premia". *Review of Economic Studies*, v. 70, n. 2, pp. 199-230, 2003b.

______. *Introduction to Modern Economic Growth*. Princeton, NJ: Princeton University Press, 2009.

______. "When Does Labor Scarcity Encourage Innovation?". *Journal of Political Economy*, v. 118, n. 6, pp. 1037-78, 2010.

______. "AI's Future Doesn't Have to Be Dystopian". *Boston Review*, 20 maio 2021. Disponível em: <www.bostonreview.net/forum/ais-future-doesnt-have-to-be-dystopian>.

______. "Harms of AI". In: BULLOCK, Justin B. et al. (Orgs.). *The Handbook of AI Governance*. Nova York: Oxford University Press, 2023.

ACEMOGLU, Daron; AGHION, Philippe; BARRAGE, Lint; HEMOUS, David. "Climate Change, Directed Innovation, and the Energy Transition: The Long-Run Consequences of the Shale Gas Revolution", 2019.

ACEMOGLU, Daron; AGHION, Philippe; BURSZTYN, Leonardo; HEMOUS, David. "The Environment and Directed Technical Change". *American Economic Review*, v. 102, n. 1, pp. 131-66, 2012.

ACEMOGLU, Daron; AJZEMAN, Nicolás; AKSOY, Cevat Giray; FISZBEIN, Martin; MOLINA, Carlos. "(Successful) Democracies Breed Their Own Support". NBER, documento de trabalho n. 29167, 2021. DOI: 10.3386/w29167.

ACEMOGLU, Daron; AKCIGIT, Ufuk; ALP, Harun; BLOOM, Nicholas; KERR, William. "Innovation, Reallocation, and Growth". *American Economic Review*, v. 108, n. 11, pp. 3450-91, 2018.

ACEMOGLU, Daron; AUTOR, David H. "Skills, Tasks and Technologies: Implications for Employment and Earnings". *Handbook of Labor Economics*, v. 4, pp. 1043-71, 2011.

ACEMOGLU, Daron; AUTOR, David H.; DORN, David; HANSON, Gordon H.; PRICE, Brendan. "Return of the Solow Paradox? IT, Productivity, and Employment in US Manufacturing". *American Economic Review*, v. 104, n. 5, pp. 394-9, 2014.

______. "Import Competition and the Great U.S. Employment Sag of the 2000s". *Journal of Labor Economics*, v. 34, pp. S141-S198, 2016.

ACEMOGLU, Daron; AUTOR, David H.; HAZELL, Jonathon; RESTREPO, Pascual. "AI and Jobs: Evidence from Online Vacancies". *Journal of Labor Economics*, v. 40, pp. S293-S340, 2022.

ACEMOGLU, Daron; AUTOR, David H.; PATTERSON, Christina H. "Bottlenecks: Sectoral Imbalances in the U.S. Productivity Slowdown". Preparado para a NBER Macroeconomics Annual, 2023.

ACEMOGLU, Daron; HE, Alex Xi; LEMAIRE, Daniel. "Eclipse of Rent-Sharing: The Effects of Managers Business Education on Wages and the Labor Share in the US and Denmark". NBER, documento de trabalho n. 29874, 2022. DOI: 10.3386/w29874.

ACEMOGLU, Daron; JOHNSON, Simon. "Unbundling Institutions". *Journal of Political Economy*, v. 113, pp. 949-95, 2005.

______. "It's Time to Found a New Republic". *Foreign Policy*, 15 ago. 2017. Disponível em: <foreign-policy.com/2017/08/15/its-time-to-found-a-new-republic>.

ACEMOGLU, Daron; JOHNSON, Simon; ROBINSON, James A. "An African Success Story: Botswana". In: RODRIK, Dani (Org.). *In Search of Prosperity: Analytical Narratives on Economic Growth*. Princeton, NJ: Princeton University Press, 2003. pp. 80-119.

______. "Institutions as Fundamental Determinants of Long-Run Growth". In: AGHION, Philippe; DURLAUF, Steven (Orgs.). *Handbook of Economic Growth*. Amsterdam: North-Holland, 2005a. pp. 385-472.

______. "The Rise of Europe: Atlantic Trade, Institutional Change and Economic Growth". *American Economic Review*, v. 95, pp. 546-79, 2005b.

ACEMOGLU, Daron; JORDAN, Michael; WEYL, Glen. "The Turing Test Is Bad for Business". *Wired*, 2021. Disponível em: <www.wired.com/story/artificial-intelligence-turing-test-economics-business>.

ACEMOGLU, Daron; LELARGE, Claire; RESTREPO, Pascual. "Competing with Robots: Firm-Level Evidence from France". *American Economic Review Papers and Proceedings*, v. 110, pp. 383-8, 2020.

ACEMOGLU, Daron; LINN, Joshua. "Market Size in Innovation: Theory and Evidence from the Pharmaceutical Industry". *Quarterly Journal of Economics*, v. 119, pp. 1049-90, 2004.

ACEMOGLU, Daron; MAKHDOUMI, Ali; MALEKIAN, Azarakhsh; OZDAGLAR, Asu. "Too Much Data: Prices and Inefficiencies in Data Markets". *American Economic Journal: Microeconomics*, v. 14, n. 4, pp. 218-56, 2022.

ACEMOGLU, Daron; MANERA, Andrea; RESTREPO, Pascual. "Does the US Tax Code Favor Automation?". *Brookings Papers on Economic Activity*, n. 1, pp. 231-85, 2020.

ACEMOGLU, Daron; NAIDU, Suresh; RESTREPO, Pascual; ROBINSON, James A. "Democracy Does Cause Growth". *Journal of Political Economy*, v. 127, n. 1, pp. 47-100, 2019.

ACEMOGLU, Daron; NEWMAN, Andrew F. "The Labor Market and Corporate Structure". *European Economic Review*, v. 46, n. 10, pp. 1733-56, 2002.

ACEMOGLU, Daron; OZDAGLAR, Asu; SIDERIUS, James. "A Model of Online Misinformation". NBER, documento de trabalho n. 28884, 2022. DOI: 10.3386/w28884.

ACEMOGLU, Daron; PISCHKE, Jörn-Steffen. "Why Do Firms Train? Theory and Evidence". *Quarterly Journal of Economics*, v. 113, n. 1, pp. 79-119, 1998.

______. "The Structure of Wages and Investment in General Training". *Journal of Political Economy*, v. 107, n. 3, pp. 539-72, 1999.

ACEMOGLU, Daron; RESTREPO, Pascual. "The Race Between Machine and Man: Implications of Technology for Growth, Factor Shares and Employment". *American Economic Review*, v. 108, n. 6, pp. 1488-542, 2018.

______. "Artificial Intelligence, Automation and Work". In: AGARWAL, Ajay; GANS, Joshua S.; GOLDFARB, Avi (Orgs.). *The Economics of Artificial Intelligence: An Agenda*. Chicago: University of Chicago Press, 2019a. pp. 197-236.

______. "Automation and New Tasks: How Technology Changes Labor Demand". *Journal of Economic Perspectives*, v. 33, n. 2, p. 330, 2019b.

______. "Robots and Jobs: Evidence from U.S. Labor Markets". *Journal of Political Economy*, v. 128, n. 6, pp. 2188-244, 2020a.

______. "Unpacking Skill Bias: Automation and New Tasks". *American Economic Review: Papers and Proceedings*, v. 110, pp. 356-61, 2020b.

______. "The Wrong Kind of AI". *Cambridge Journal of Regions, Economy and Society*, v. 13, pp. 25-35, 2020c.

______. "Demographics and Automation". *Review of Economic Studies*, v. 89, n. 1, pp. 1-44, 2021.

______. "Tasks, Automation and the Rise in US Wage Equality". *Econometrica*, v. 90, n. 5, pp. 1973-2016, 2022.

ACEMOGLU, Daron; ROBINSON, James A. "Economic Backwardness in Political Perspective". *American Political Science Review*, v. 100, n. 1, pp. 15-31, 2006a.

______. *Economic Origins of Dictatorship and Democracy*. Nova York: Cambridge University Press, 2006b.

______. *Why Nations Fail: The Origins of Power, Prosperity, and Poverty*. Nova York: Crown, 2012.

______. *The Narrow Corridor: States, Societies, and the Fate of Liberty*. Nova York: Penguin, 2019.

ACEMOGLU, Daron; WOLITZKY, Alexander. "The Economics of Labor Coercion". *Econometrica*, v. 79, n. 2, pp. 555-600, 2011.

ACEMOGLU, Daron; ZILIBOTTI, Fabrizio. "Productivity Differences". *Quarterly Journal of Economics*, v. 116, n. 2, pp. 563-606, 2001.

ADENA, Maja et al. "Radio and the Rise of the Nazis in Prewar Germany". *Quarterly Journal of Economics*, v. 130, n. 4, pp. 1885-939, 2015.

AGER, Philipp; BOUSTAN, Leah; ERIKSSON, Katherine. "The Intergenerational Effects of a Large Wealth Shock: White Southerners After the Civil War". *American Economic Review*, v. 111, n. 11, pp. 3767-94, 2021.

AGRAWAL, Ajay; GANS, Joshua S.; GOLDFARB, Avi. *Prediction Machines: The Simple Economics of Artificial Intelligence*. Cambridge, MA: Harvard Business Review Press, 2018.

AGRAWAL, D. P. *The Indus Civilization: An Interdisciplinary Perspective*. Nova Delhi: Aryan, 2007.

AIIM (Association for Intelligent Information Management). "What Is Robotic Process Automation?", 2022. Disponível em: <www.aiim.org/what-is-robotic-process-automation>.

ALEXANDER, Magnus W. "The Economic Evolution of the United States: Its Background and Significance". Discurso apresentado no World Engineering Congress, Tóquio, Japão, nov. 1929. National Industrial Conference Board, Nova York.

ALEXOPOULOS, Michelle; COHEN, Jon. "The Medium Is the Measure: Technical Change and Employment, 1909-1949". *Review of Economics and Statistics*, v. 98, n. 4, pp. 792-810, 2016.

ALLCOTT, Hunt; BRAGHIERI, Luca; EICHMEYER, Sarah; GENTZKOW, Matthew. "The Welfare Effects of Social Media". *American Economic Review*, v. 110, n. 3, pp. 629-76, 2020.

ALLCOTT, Hunt; GENTZKOW, Matthew. "Social Media and Fake News in the 2016 Election". *Journal of Economic Perspectives*, v. 31, pp. 211-36, 2017.

ALLCOTT, Hunt; GENTZKOW, Matthew; SONG, Lena. "Digital Addiction". NBER, documento de trabalho n. 28936, 2021. DOI: 10.3386/w28936.

ALLCOTT, Hunt; GENTZKOW, Matthew; YU, Chuan. "Trends in the Diffusion of Misinformation on Social Media". *Research and Politics*, v. 6, n. 2, pp. 1-8, 2019.

ALLEN, Robert C. *Enclosure and the Yeoman: The Agricultural Development of the South Midlands, 1450-1850*. Oxford: Clarendon, 1992.

______. *Farm to Factory: A Reinterpretation of the Soviet Industrial Revolution*. Princeton, NJ: Princeton University Press, 2003.

______. *The British Industrial Revolution in Global Perspective*. Nova York: Cambridge University Press, 2009a.

______. "How Prosperous Were the Romans? Evidence from Diocletian's Price Edict (301 AD)". In: BOWMAN, Alan; WILSON, Andrew (Orgs.). *Quantifying the Roman Economy: Methods and Problems*. Oxford: Oxford University Press, 2009b. pp. 327-45.

AMMEN, Daniel. "The Proposed Interoceanic Ship Canal Across Nicaragua". In: "Appendix A, Proceedings in the General Session of the Canal Congress in Paris, May 23, and in the 4th Commission". *Journal of the American Geographical Society of New York*, v. 11, pp. 153-60, 26 maio 1879.

ANDERSEN, Kurt. *Evil Geniuses: The Unmaking of America, a Recent History*. Nova York: Random House, 2021.

ANDERSON, Cameron et al. "A Status-Enhancement Account of Overconfidence". *Journal of Personality and Social Psychology*, v. 103, n. 4, pp. 718-35, 2012.

ANDERSON, Janna; RAINIE, Lee. "Improvements Ahead: How Humans and AI Might Evolve Together in the Next Decade". Pew Research Center, 10 dez. 2018. Disponível em: <www.pewresearch.org/internet/2018/12/10/improvements-ahead-how-humans-and-ai-might-evolve-together-in-the-next-decade>.

ANDREWS, Dan; CRISCUOLO, Chiara; GAL, Peter N. "The Best versus the Rest: The Global Productivity Slowdown, Divergence across Firms in the Role of Public Policy". OECD, documento de trabalho n. 5, 2016. Disponível em: <www.oecd-ilibrary.org/economics/the-best-versus-the-rest_63629cc9-en>.

APPELBAUM, Binyamin. *Economists' Hour: False Prophets, Free Markets, and the Fracture of Society*. Nova York: Little, Brown, 2019.

APPLEBAUM, Anne. *Red Famine: Stalin's War on Ukraine*. Nova York: Doubleday, 2017.

ARENDT, Hannah. "Totalitarianism: Interview with Roger Errera". *New York Review of Books*, 26 out. 1978. Disponível em: <www.nybooks.com/articles/1978/10/26/hannah-arendt-from-an-interview>.

ARROW, Kenneth J. "The Economic Implications of Learning by Doing". *Review of Economic Studies*, v. 29, pp. 155-73, 1962.

ASH, Elliott; CHEN, Daniel L.; NAIDU, Suresh. "Ideas Have Consequences: The Impact of Law and Economics on American Justice". NBER, documento de trabalho n. 29788, 2022. DOI: 10.3386/w29788.

ASHTON, T. S. *The Industrial Revolution 1760-1830*. Oxford: Oxford University Press, 1986.

ASIMOV, Isaac. "Interview with Bill Moyers". In: FLOWERS, Betty Sue (Org.). *Bill Moyers: A World of Ideas*. Nova York: Doubleday, 1989. pp. 265-78.

ATKINSON, Anthony B.; STIGLITZ, Joseph E. "A New View of Technological Change". *Economic Journal*, v. 79, n. 315, pp. 573-8, 1969.

ATKINSON, Rick. *An Army at Dawn: The War in North Africa, 1942-1943*. Nova York: Henry Holt, 2002.

AUERBACH, Jeffrey A. *The Great Exhibition of 1851: A Nation on Display*. New Haven, CT: Yale University Press, 1999.

AUTOR, David H. "Skills, Education and the Rise of Earnings Inequality Among the Other 99 Percent". *Science*, v. 344, n. 6186, pp. 843-51, 2014.

______. "Work of the Past, Work of the Future". *American Economic Review: Papers and Proceedings*, v. 109, pp. 1-32, 2019.

AUTOR, David H.; CHIN, Caroline; SALOMONS, Anna; SEEGMILLER, Bryan. "New Frontiers: The Origins and Content of New Work, 1940-2018". NBER, documento de trabalho n. 30389, 2022. DOI: 10.3386/w30389.

AUTOR, David H.; DORN, David. "The Growth of Low-Skill Service Jobs and the Polarization of the U.S. Labor Market". *American Economic Review*, v. 103, n. 5, pp. 1553-97, 2013.

AUTOR, David H.; DORN, David; HANSON, Gordon H. "The China Syndrome: Local Labor Market Effects of Import Competition in the United States". *American Economic Review*, v. 103, pp. 2121-68, 2013.

______. "When Work Disappears: How Adverse Labor Market Shocks Affect Fertility, Marriage, and Children's Living Circumstances". *American Economic Review: Insights*, v. 1, n. 2, pp. 161-78, 2019.

AUTOR, David H.; KATZ, Lawrence; KEARNEY, Melissa. "Trends in U.S. Wage Inequality: Revising the Revisionists". *Review of Economics and Statistics*, v. 90, n. 2, pp. 300-23, 2008.

AUTOR, David H.; LEVY, Frank; MURNANE, Richard J. "Upstairs, Downstairs: Computers and Skills on Two Floors of a Large Bank". *Industrial Labor Relations Review*, v. 55, n. 3, pp. 432-47, 2002.

______. "The Skill Content of Recent Technological Change: An Empirical Exploration". *Quarterly Journal of Economics*, v. 118, n. 4, pp. 1279-333, 2003.

BABBAGE, Charles. *The Exposition of 1851; Or, Views of the Industry, the Science, and the Government, of England* (1851). 2. ed. Abingdon: Routledge, 1968.

BACON, Francis. *The New Organon: Or True Directions Concerning the Interpretation of Nature* (1620). Disponível em: <www.earlymoderntexts.com/assets/pdfs/bacon1620.pdf>.

BAINES, Edward. *History of the Cotton Manufacture in Great Britain*. Londres: Fisher, Fisher, and Jackson, 1835.

BALDWIN, Peter. *The Politics of Social Solidarity: Class Basis of the European Welfare State 1875-1975*. Cambridge: Cambridge University Press, 1990.

BANERJEE, Abhijit V. et al. "Remedying Education: Evidence from Two Randomized Experiments in India". *Quarterly Journal of Economics*, v. 122, n. 3, pp. 1235-64, 2007.

BAPTIST, Edward E. *The Half Has Never Been Told: Slavery and the Making of American Capitalism*. Nova York: Basic Books, 2014.

BARKER, Juliet. *1381: The Year of the Peasants' Revolt*. Cambridge, MA: Harvard University Press, 2014.

BARLOW, Frank. *The Feudal Kingdom of England, 1042-1216*. 5. ed. Londres: Routledge, 1999.

BARON, Joseph L. *A Treasury of Jewish Quotations*. Lanham, MD: Jason Aronson, 1996.

BARON-COHEN, Simon; LESLIE, Alan M.; FRITH, Uta. "Does the Autistic Child Have a 'Theory of Mind'?". *Cognition*, v. 21, n. 1, pp. 37-46, 1985.

BARRO, Robert; SALA-I-MARTIN, Xavier. *Economic Growth*. Cambridge, MA: MIT Press, 2004.

BASU, Susanto; WEIL, David N. "Appropriate Technology and Growth". *Quarterly Journal of Economics*, v. 113, n. 4, pp. 1025-54, 1998.

BEATTY, Charles. *De Lesseps of Suez: The Man and His Times*. Nova York: Harper, 1956.

BECKER, Gary S. *Human Capital*. 3. ed. Chicago: University of Chicago Press, 1993.

BECKERT, Sven. *Empire of Cotton: A Global History*. Nova York: Vintage, 2014.

BENTHAM, Jeremy. *Panopticon, or The Inspection House*. Dublin: Thomas Payne, 1791.

BERAJA, Martin; KAO, Andrew; YANG, David Y.; YUCHTMAN, Noam. "AI-tocracy". NBER, documento de trabalho n. 29466, 2021. DOI: 10.3386/ w29466.

BERAJA, Martin; YANG, David Y.; YUCHTMAN, Noam. "Data-Intensive Innovation and the State: Evidence from AI Firms in China". NBER, documento de trabalho n. 27723, 2020. DOI: 10.3386/ w27723. Reproduzido em *Review of Economic Studies*, v. 90, n. 4, pp. 1701-23.

BERG, Maxine. *The Machinery Question in the Making of Political Economy 1815-1848*. Cambridge: Cambridge University Press, 1980.

BERGEAUD, Antonin; CETTE, Gilbert; LECAT, Remy. "Productivity Trends in Advanced Countries Between 1890 and 2012". *Review of Income and Wealth*, v. 62, n. 3, pp. 420-44, 2016.

BERGMAN, Ronen; MAZZETTI, Mark. "The Battle for the World's Most Powerful Cyberweapon". *New York Times Magazine*, 28 jan. 2022 (atualizado em 31 jan. 2022).

BERMAN, Sheri. *The Primacy of Politics: Social Democracy in the Making of Europe's 20th Century*. Nova York: Cambridge University Press, 2006.

BERNAYS, Edward L. *Propaganda* (1928). Brooklyn: Ig Publishing, 2005.

BERNSTEIN, Peter L. *Wedding of the Waters: The Erie Canal and the Making of a Great Nation*. Nova York: W.W. Norton, 2005.

BESLEY, Timothy; PERSSON, Torsten. *The Pillars of Prosperity*. Princeton, NJ: Princeton University Press, 2011.

BEVERIDGE, William H. "Social Insurance and Allied Services". Apresentado ao Parlamento da Grã-Bretanha em nov. 1942. Disponível em: <pombo.free.fr/beveridge42.pdf>.

BLAKE, Robert. *Disraeli*. Londres: Faber and Faber, 1966.

BLODGET, Henry. "Mark Zuckerberg on Innovation". *Business Insider*, 1 out. 2009. Disponível em: <www.businessinsider.com/mark-zuckerberg-innovation-2009-10>.

BLOOM, Benjamin. "The Two Sigma Problem: The Search for Methods of Proof Instruction as Effective as One-To-One Tutoring". *Educational Researcher*, v. 13, n. 6, pp. 4-16, 1984.

BLOOM, Nicholas et al. "Are Ideas Getting Harder to Find?". *American Economic Review*, v. 110, n. 4, pp. 1104-44, 2020.

BONIN, Hubert. *History of the Suez Canal Company, 1858-2008: Between Controversy and Utility*. Genebra: Librarie Droz, 2010.

BOSTON *Review*. "Taxing the Superrich". Forum, 17 mar. 2020. Disponível em: <bostonreview.net/forum/gabriel-zucman-taxing-superrich>.

BOSTROM, Nick. *Superintelligence*. Nova York: Danod, 2017.

BOUDETTE, Neal. "Inside Tesla's Audacious Push to Reinvent the Way Cars Are Made". *New York Times*, 30 jun. 2018. Disponível em: <www.nytimes.com/2018/06/30/business/tesla-factory-musk.html>.

BOUSTAN, Leah Platt; CHOI, Jiwon; CLINGINGSMITH, David. "Automation After the Assembly Line: Computerized Machine Tools, Employment and Productivity in the United States". NBER, documento de trabalho n. 30400, out. 2022.

BRADY, William J. et al. "Emotion Shapes the Diffusion of Moralized Content in Social Networks". *Proceedings of the National Academy of Sciences*, v. 114, n. 28, pp. 7313-8, 2017.

BRAGHIERI, Luca; LEVY, Ro'ee; MAKARIN, Alexey. "Social Media and Mental Health". SSRN, documento de trabalho, 2022. Disponível em: <papers.ssrn.com/sol3/papers.cfm?abstract_id=3919760>.

BRENNER, Robert. "Agrarian Class Structure and Economic Development in Preindustrial Europe". *Past and Present*, v. 70, pp. 30-75, 1976.

______. *Merchants and Revolution*. Princeton, NJ: Princeton University Press, 1993.

BRENNER, Robert; ISETT, Christopher. "England's Divergence from China's Yangzi Delta: Property Relations, Microeconomics, and Patterns of Development". *Journal of Asian Studies*, v. 61, n. 2, pp. 609-62, 2002.

BRESNAHAN, Timothy F.; TRAJTENBERG, Manuel. "General-Purpose Technologies: Engines of Growth?". *Journal of Econometrics*, v. 65, n. 1, pp. 83-108, 1995.

BRIGGS, Asa. *Chartist Studies*. Londres: Macmillan, 1959.

BRIN, Sergey; PAGE, Lawrence. "The Anatomy of a Large-Scale Hypertextual Web Search Engine". *Computer Networks and ISDN Systems*, v. 30, pp. 107-17, 1998.

BRINKLEY, Alan. *Voices of Protests: Huey Long, Father Coughlin, and the Great Depression*. Nova York: Vintage, 1983.

______. "The New Deal and the Idea of the State". In: FRASER, Steve; GERSTLE, Gary (Orgs.). *The Rise and Fall of the New Deal Order, 1930-1980*. Princeton, NJ: Princeton University Press, 1989. pp. 85-121.

BROODBANK, Cyprian. *The Making of the Middle Sea: A History of the Mediterranean from the Beginning to the Emergence of the Classical World*. Oxford: Oxford University Press, 2013.

BROTHWELL, Don; BROTHWELL, Patricia. *Food in Antiquity: A Survey of the Diet of Early Peoples*. Baltimore: Johns Hopkins University Press, 1969.

BROWN, John. *Slave Life in Georgia: A Narrative of the Life, Sufferings, and Escape of John Brown, a Fugitive Slave, Now in England* (1854). Org. de Louis Alexis Chamerovzow. Disponível em: <docsouth.unc.edu/neh/jbrown/jbrown.html>.

BROWN, Megan A. et al. "Echo Chambers, Rabbit Holes, and Algorithmic Bias: How YouTube Recommends Content to Real Users", 25 maio 2022. Disponível em: <ssrn.com/abstract=4114905>.

BRUNDAGE JR, Vernon. "Profile of the Labor Force by Educational Attainment". US Bureau of Labor Statistics, Spotlight on Statistics, 2017. Disponível em: <www.bls.gov/spotlight/2017/educational-attainment-of-the-labor-force>.

BRYNJOLFSSON, Erik; MCAFEE, Andrew. *The Second Machine Age: Work, Progress, and Prosperity in a Time of Brilliant Technologies*. Nova York: W.W. Norton, 2014.

BUCHANAN, Angus. *Brunel: The Life and Times of Isambard Kingdom Brunel*. Londres: Bloomsbury, 2001.

BUCHANAN, Robertson. *Practical Essays on Millwork and Other Machinery*. 3. ed. Londres: John Weale, 1841.

BÜCHEL, Bettina; FLOREANO, Dario. "Tesla's Problem: Overestimating Automation, Underestimating Humans". *Conversation*, 2 maio 2018. Disponível em: <theconversation.com/teslas-problem-overestimating-automation-underestimating-humans-95388>.

BUCKLEY JR, William F. "Our Mission Statement". *National Review*, 19 nov. 1955. Disponível em: <www.nationalreview.com/1955/11/our-mission-statement-william-f-buckley-jr>.

BURGIN, Angus. *The Great Persuasion: Reinventing Free-Markets Since the Great Depression*. Cambridge, MA: Harvard University Press, 2015.

BURKE, Edmund. *Thoughts and Details on Scarcity*. Londres: F. and C. Rivington, 1795.

BURTON, Janet. *Monastic and Religious Orders in Britain, 1000-1300*. Cambridge Medieval Textbooks. Cambridge: Cambridge University Press, 1994.

BUTTELMANN, David et al. "Enculturated Chimpanzees Imitate Rationally". *Developmental Science*, v. 10, n. 4, pp. F31-F38, 2007.

BUTTERFIELD, Herbert. *The Whig Interpretation of History*. Nova York: W.W. Norton, 1965.

CALHOUN, John C. "The Positive Good of Slavery". Discurso ao Senado dos Estados Unidos, 6 fev. 1837.

CANTONI, Davide; CHEN, Yuyu; YANG, David Y.; YUCHTMAN, Noam; ZHANG, Y. Jane. "Curriculum and Ideology". *Journal of Political Economy*, v. 125, n. 1, pp. 338-92, 2017.

CANTONI, Davide; YANG, David Y.; YUCHTMAN, Noam; ZHANG, Y. Jane. "Protests as Strategic Games: Experimental Evidence from Hong Kong's Antiauthoritarian Movement". *Quarterly Journal of Economics*, v. 134, n. 2, pp. 1021-77, 2019.

ČAPEK, Karel. *R.U.R.* (*Rossum's Universal Robots*) (1920). Nova York: Dover, 2001.

______. *The Gardener's Year* (1929). Londres: Bloomsbury, 2004.

CARD, David; KRUEGER, Alan. *Myth and Measurement: The New Economics of the Minimum Wage*. Princeton, NJ: Princeton University Press, 2015.

CARLYLE, Thomas. "Signs of the Times". *Edinburgh Review*, v. 49, pp. 490-506, 1829.

CARPENTER, Malinda; CALL, Josep; TOMASELLO, Michael. "Twelve and 18-Month-Olds Copy Actions in Terms of Goals". *Developmental Science*, v. 8, n. 1, pp. F13-F20, 2005.

CARTWRIGHT, Frederick F.; BIDDISS, Michael. *Disease & History*. 2. ed. Phoenix Mill: Sutton, 2004.

CARUS-WILSON, E. M. "An Industrial Revolution of the Thirteenth Century". *Economic History Review*, v. 11, n. 1, pp. 39-60, 1941.

CASE, Ann; DEATON, Angus. *Deaths of Despair and the Future of Capitalism*. Princeton, NJ: Princeton University Press, 2020.

CAUVIN, Jacques. *The Birth of the Gods and the Origins of Agriculture*. Cambridge: Cambridge University Press, 2007.

CENTENNIAL SPOTLIGHT. *The Complete Guide to the Medieval Times*. Miami: Centennial Media, 2021.

CENTERS FOR DISEASE CONTROL AND PREVENTION. "1918 Pandemic (H1N1 Virus)", 2019. Disponível em: <www.cdc.gov/flu/pandemic-resources/1918-pandemic-h1n1.html>.

CHAFKIN, Max. *The Contrarian: Peter Thiel and Silicon Valley's Pursuit of Power*. Nova York: Penguin, 2021.

CHAN, Wilfred. "A First Look at Our New Magazine". *New_ Public*, 12 set. 2021. Disponível em: <newpublic.substack.com/p/-a-first-look-at-our-new-magazine?s=r>.

CHANDLER, David G. *The Campaigns of Napoleon*. Nova York: Scribner, 1966.

CHASE, Brad. "Social Change at the Harappan Settlement of Gola Dhoro: A Reading from Animal Bones". *Antiquity*, v. 84, pp. 528-43, 2010.

CHEN, Yuyu; YANG, David Y. "The Impact of Media Censorship: *1984* or *Brave New World*?". *American Economic Review*, v. 109, n. 6, pp. 2294-332, 2019.

CHERNOFF, Alex; WARMAN, Casey. "COVID-19 and Implications for Automation". Bank of Canada, Staff Working Paper 2021-25, 31 maio 2021. Disponível em: <www.bankofcanada.ca/wp-content/uploads/2021/05/swp2021-25.pdf>.

CHETTY, Raj et al. "Where Is the Land of Opportunity? The Geography of Intergenerational Mobility in the United States". *Quarterly Journal of Economics*, v. 129, n. 4, pp. 1553-623, nov. 2014.

CHILDE, Gordon. "The Urban Revolution". *Town Planning Review*, v. 21, n. 1, pp. 3-17, abr. 1950.

CHOLLET, François. "The Implausibility of Intelligence Explosion". *Medium*, 27 nov. 2017. Disponível em: <medium.com/@francois.chollet/the-impossibility-of-intelligence-explosion-5be4a9eda6ec>.

______. "On the Measure of Intelligence". Documento de trabalho, 2019. Disponível em: <arxiv.org/pdf/1911.01547.pdf?ref=githubhelp.com>.

CHRISTIAN, Brian. *The Alignment Problem: Machine Learning and Human Values*. Nova York: W.W. Norton, 2020.

CHUDEK, Maciej et al. "Prestige-Biased Cultural Learning: Bystander's Differential Attention to Potential Models Influences Children's Learning". *Evolution and Human Behavior*, v. 33, n. 1, pp. 46-56, 2012.

CIALDINI, Robert B. *Influence: The Psychology of Persuasion*. Nova York: Harper Business, 2006.

CINELLI, Matteo et al. "The Echo Chamber Effect on Social Media". *Proceedings of the National Academy of Sciences*, v. 118, n. 9, 2021. Disponível em: <www.pnas.org/doi/10.1073/pnas.2023301118>.

CIPOLLA, Carlo M. (Org.). *The Fontana Economic History of Europe: The Middle Ages*. Londres: Collins/Fontana, 1972a.

______. "The Origins". In: CIPOLLA, Carlo M. (Org.). *The Fontana Economic History of Europe: The Middle Ages*. Londres: Collins/Fontana, 1972b, pp. 11-24.

CLINTON, Hillary Rodham. "Remarks on Internet Freedom". *Newseum*, 10 jan. 2010. Disponível em: <2009-2017.state.gov/secretary/20092013clinton/rm/2010/01/135519.htm>.

COHEN, Sacha Baron. "Keynote Address". ADL's 2019 Never Is Now Summit on Anti-Semitism and Hate, 21 nov. 2019. Disponível em: <www.adl.org/news/article/sacha-baron-cohens-keynote-address-at-adls-2019-never-is-now-summit-on-anti-semitism>.

COLLINS, Andrew. *Göbekli Tepe: Genesis of the Gods, The Temple of the Watchers and the Discovery of Eden*. Rochester: Bear, 2014.

COLVIN, Fred H. "Building an Automobile Every 40 Seconds". *American Machinist*, v. 38, n. 19, pp. 757-62, 8 maio 1913a.

______. "Special Machines for Auto Small Parts". *American Machinist*, v. 39, n. 11, pp. 439-43, 11 set. 1913b.

CONGRÈS INTERNATIONAL D'ÉTUDES DU CANAL INTEROCÉANIQUE. *Compte Rendu des Séances*, 15-29 maio. Paris: Émile Martinet, 1879.

CONQUEST, Robert. *The Harvest of Sorrow: Soviet Collectivization and the Terror Famine*. Oxford: Oxford University Press, 1986.

COOKE, Morris Llewellyn. "Some Observations on Workers' Organizations". Discurso presidencial no 15º encontro anual da Taylor Society, 6 dez. 1928. *Bulletin of the Taylor Society*, v. 14, n. 1, pp. 2-10, fev. 1929.

CORAK, Miles. "Income Inequality, Equality of Opportunity, and Intergenerational Mobility". *Journal of Economic Perspectives*, v. 27, n. 3, pp. 79-102, verão 2013.

COWEN, Tyler. *The Great Stagnation*. Nova York: Dutton, 2010.

CQ RESEARCHER. "Automobiles in the Postwar Economy", 1945. Disponível em: <library.cqpress.com/cqresearcher/document.php?id=cqresrre1945082100>.

CRAFTS, Nicholas F. R. "Industrial Revolution in England and France: Some Thoughts on the Question, Why Was England First?". *Economic History Review*, v. 30, n. 3, pp. 429-41, 1977.

______. "Explaining the First Industrial Revolution: Two Views". *European Economic History Review*, v. 15, n. 1, pp. 153-68, 2011.

CRAWFORD, Kate. *Atlas of AI: Power, Politics, and the Planetary Cost of Artificial Intelligence*. New Haven, CT: Yale University Press, 2021.

CROUZET, François. *The First Industrialists: The Problem of Origins*. Nova York: Cambridge University Press, 1985.

CURTIN, Philip D. *Disease and Empire: The Health of European Troops in the Conquest of Africa*. Cambridge: Cambridge University Press, 1998.

DALHOUSIE, Lord. "Minute by Dalhousie on Introduction of Railways in India" (1850). In: SRINIVASAN, Roopa; TIWARI Manish; SILAS, Sandeep (Orgs.). *Our Indian Railway*. Delhi: Foundation Books, 2006, cap. 2.

DALLAS, R. C. *Recollections of the Life of Lord Byron, from the Year 1808 to the End of 1814*. Londres: Charles Knight, 1824.

DALTON, Hugh. *The Second World War Diary of Hugh Dalton, 1940-45*. Org. de Ben Pimlott. Londres: Jonathan Cape, 1986.

DALY, Mary C.; HOBIJN, Bart; PEDTKE, Joseph H. "Disappointing Facts About the Black-White Wage Gap". *FRBSF Economic Letter*, Federal Reserve Bank of San Francisco, 5 set. 2017.

DAUTH, Wolfgang et al. "The Adjustment of Labor Markets to Robots". *Journal of the European Economic Association*, v. 19, n. 6, pp. 3104-53, 2021.

DAVENPORT, Thomas H. *Process Innovation: Reengineering Work Through Information Technology*. Cambridge, MA: Harvard Business Review Press, 1992.

DAVID, Paul A. "Computer and Dynamo: The Modern Productivity Paradox in a Not-Too-Distant Mirror", 1989. Disponível em: <www.gwern.net/docs/economics/automation/1989-david.pdf>.

DAVID, Paul A.; WRIGHT, Gavin. "General Purpose Technologies and Surges in Productivity: Historical Reflections on the Future of the ICT Revolution". In: DAVID, Paul A.; THOMAS, Mark (Orgs.). *The Economic Future in Historical Perspective*. Oxford: Oxford University Press, 2003, pp. 135-66.

DAVIES, R. W.; WHEATCROFT, Stephen G. "Stalin and the Soviet Famine of 1932-33: A Reply to Ellman". *Europe-Asia Studies*, v. 58, n. 4, pp. 625-33, jun. 2006.

DAWKINS, Richard. *The Selfish Gene*. Oxford: Oxford University Press, 1976.

DE BRAKELOND, Jocelin. *The Chronicle of Jocelin of Brakelond: A Picture of Monastic Life in the Days of Abbot Samson* (c. 1190). Londres: De La More, 1903.

DE VRIES, Jan. *The Industrious Revolution: Consumer Behavior and the Household Economy, 1650 to the Present*. Cambridge: Cambridge University Press, 2008.

DEATON, Angus. *The Great Escape: Health, Wealth, and the Origins of Inequality*. Princeton, NJ: Princeton University Press, 2013.

DEFOE, Daniel. *An Essay on Projects* (1697). Londres: Cassell, 1887.

DEMING, David J. "The Growing Importance of Social Skills in the Labor Market". *Quarterly Journal of Economics*, v. 132, n. 4, pp. 1593-640, 2017.

DENNING, Amy. "How Much Did the Gothic Churches Cost? An Estimate of Ecclesiastical Building Costs in the Paris Basin Between 1100-1250". Florida Atlantic University, 2012. Disponível em: <www.medievalists.net/2019/04/how-much-did-the-gothic-churches-cost-an-estimate-of-ecclesiastical-building-costs-in-the-paris-basin-between-1100-1250>.

DEUTSCH, Karl. *The Nerves of Government: Models of Political Communication and Control*. Nova York: Free Press, 1966.

DIAMANDIS, Peter H.; KOTLER, Steven. *Abundance: The Future Is Better Than You Think*. Nova York: Free Press, 2014.

DIAMOND, Peter. "Wage Determination and Efficiency in Search Equilibrium". *Review of Economic Studies*, v. 49, n. 2, pp. 217-27, 1982.

DICKSON, Bruce J. *The Party and the People: Chinese Politics in the 21st Century*. Princeton, NJ: Princeton University Press, 2021.

DIGITAL HISTORY. "Ralph Nader and the Consumer Movement", 2021. Disponível em: <www.digitalhistory.uh.edu/disp_textbook.cfm?smtid=2&psid=3351>.

DISRAELI, Benjamin. "Speech of the Right Hon. B. Disraeli, M.P.". Free Trade Hall, Manchester, 3 abr. 1872.

DITUM, Sarah. "How YouTube's Algorithms to Keep Us Watching Are Helping to Radicalise Viewers". *New Statesman*, 31 jul. 2019. Disponível em: <www.newstatesman.com/science-tech/2019/07/how-youtube-s-algorithms-keep-us-watching-are-helping-radicalise>.

DOBSON, R. B. *The Peasants' Revolt of 1381*. Londres: Macmillan, 1970.

DONNELLY, F. K. "Ideology and Early English Working-Class History: Edward Thompson and His Critics". *Social History*, v. 1, n. 2, pp. 219-38, 1976.

DORN, David. *Essays on Inequality, Spatial Interaction, and the Demand for Skills*. University of St. Gallen, 2009.

DOUGLAS, Paul H. "Technological Unemployment". *American Federationist*, v. 37, n. 8, pp. 923-50, ago. 1930a.

______. "Technological Unemployment: Measurement of Elasticity of Demand as a Basis of Prediction of Labor Displacement". *Bulletin of Taylor Society*, v. 15, n. 6, pp. 254-70, 1930b.

DRANDAKIS, E. M.; PHELPS, Edmund. "A Model of Induced Invention, Growth and Distribution". *Economic Journal*, v. 76, pp. 823-40, 1966.

DU BOIS, W. E. B. *The Souls of Black Folk*. Nova York: AC McClurg, 1903.

DUBY, Georges. "Medieval Agriculture". In: CIPOLLA, Carlo M. (Org.). *The Fontana Economic History of Europe: The Middle Ages*. Londres: Collins/Fontana, 1972. pp. 175-220.

______. *The Three Orders: Feudal Society Imagined*. Chicago: University of Chicago Press, 1982.

DUNNIGAN, James F.; NOFI, Albert A. *Victory at Sea: World War II in the Pacific*. Nova York: William Morrow, 1995.

DUVAL JR, Miles P. *And the Mountains Will Move*. Stanford, CA: Stanford University Press, 1947.

DYER, Christopher. *Standards of Living in the Later Middle Ages: Social Change in England* c. *1200-1520*. Cambridge Medieval Textbooks. Cambridge: Cambridge University Press, 1989.

______. *Making a Living in the Middle Ages: The People of Britain 850-1520*. New Haven, CT: Yale University Press, 2002.

DYSON, George. *Turing's Cathedral: The Origins of the Digital World*. Nova York: Pantheon, 2012.

EAVIS, Peter. "A Starbucks Store in Seattle, the Company's Hometown, Votes to Unionize". *New York Times*, 22 mar. 2022.

ELLMAN, Michael. "Soviet Repression Statistics: Some Comments". *Europe-Asia Studies*, v. 54, n. 7, pp. 1151-72, 2002.

ELVIN, Mark. *The Pattern of the Chinese Past*. Stanford, CA: Stanford University Press, 1973.

ENGELS, Friedrich. *The Condition of the Working-Class in England in 1844 with a Preface Written in 1892*. Londres: George Allen & Unwin, 1892. [Ed. bras.: *A condição da classe trabalhadora na Inglaterra*. São Paulo: Boitempo, 2008.]

ENIKOLOPOV, Ruben; MAKARIN, Alexey; PETROVA, Maria. "Social Media and Protest Participation: Evidence from Russia". *Econometrica*, v. 88, n. 4, pp. 1479-514, 2020.

ERTMAN, Thomas. *Birth of the Leviathan: Building States and Regimes in Medieval and Early Modern Europe*. Nova York: Cambridge University Press, 1997.

ESSINGER, Jesse. *Jacquard's Web: How a Hand-Loom Led to the Birth of the Information Age*. Oxford: Oxford University Press, 2004.

EVANS, Eric J. *The Forging of the Modern State: Early Industrial Britain, 1783-1870*. 2. ed. Nova York: Longman, 1996.

EVANS, M. Stanton. *The Liberal Establishment: Who Runs America... and How*. Nova York: Devin-Adair, 1965.

EVANS, Richard J. *The Coming of the Third Reich*. Nova York: Penguin, 2005.

EVANS, Robert. "From Memes to Infowars: How 75 Fascist Activists Were 'Red-Pilled'", 2018. Disponível em: <www.bellingcat.com/news/americas/2018/10/11/memes-infowars-75-fascist-activists-red-pilled>.

EVANSON, Robert E.; GOLLIN, Douglas. "Assessing the Impact of the Green Revolution, 1960 to 2000". *Science*, v. 300, n. 5620, pp. 758-62, 2003.

EVERITT, B. S.; SKRONDAL, A. *Cambridge Dictionary of Statistics*. Cambridge: Cambridge University Press, 2010.

FEENSTRA, Robert C.; INKLAAR, Robert; TIMMER, Marcel P. "The Next Generation of the Penn World Table". *American Economic Review*, v. 105, n. 10, pp. 3150-82, 2015. Disponível em: <www.ggdc.net/pwt>.

FEIGENBAUM, James; GROSS, Daniel P. "Answering the Call of Automation: How the Labor Market Adjusted to the Mechanization of Telephone Operation". NBER, documento de trabalho n. w28061, revisado em 30 abr. 2022. DOI: 10.3386/w28061.

FEINSTEIN, Charles H. "Pessimism Perpetuated: Real Wages and the Standard of Living in Britain During and After the Industrial Revolution". *Journal of Economic History*, v. 58, n. 3, pp. 625-58, 1998.

FELDMAN, Noah. *Takeover: How a Conservative Student Club Captured the Supreme Court*, 2021. Audiobook. Disponível em: <www.pushkin.fm/audiobooks/takeover-how-a-conservative-student-club-captured-the-supreme-court>.

FELDSTEIN, Steven. "The Global Expansion of AI Surveillance". Carnegie Endowment for International Peace, documento de trabalho, 2019. Disponível em: <carnegieendowment.org/2019/09/17/global-expansion-of-ai-surveillance-pub-79847>.

FERENSTEIN, Gregory. "The Disrupters: Silicon Valley Elites' Vision of the Future". *City Journal*, inverno 2017. Disponível em: <www.city-journal.org/html/disrupters-14950.html>.

FERGUSSON, Leopoldo; MOLINA, Carlos. "Facebook and International Trade", 2022.

FERNALD, John. "A Quarterly, Utilization-Adjusted Series on Total Factor Productivity". Federal Reserve Bank of San Francisco Working Paper 2012-19, 2014. Disponível em: <doi.org/10.24148/wp2012-19>.

FERNEYHOUGH, Frank. *The History of Railways in Britain*. Reading: Osprey, 1975.

______. *Liverpool & Manchester Railway, 1830-1980*. Londres: Hale, 1980.

FIELD, Joshua. "Presidential Address". *Proceedings of the Institute of Civil Engineers*, 1 fev. 1848. Disponível em: <www.icevirtuallibrary.com/doi/epdf/10.1680/imotp.1848.24213>.

FINE, Sidney. *Sit-Down: The General Motors Strike of 1936-1937*. Michigan: University of Michigan Press, 1969.

FINER, S. E. *The Life and Times of Sir Edwin Chadwick*. Londres: Routledge, 1952.

FINKELSTEIN, Amy. "Static and Dynamic Effects of Health Policy: Evidence from the Vaccine Industry". *Quarterly Journal of Economics*, v. 119, pp. 527-64, 2004.

FISZBEIN, Martin et al. "New Technologies, Productivity, and Jobs: The (Heterogeneous) Effects of Electrification on US Manufacturing". NBER, documento de trabalho n. 28076, 2020. DOI: 10.3386/w28076.

FLANNERY, Kent; MARCUS, Joyce. *The Creation of Inequality: How Our Prehistoric Ancestors Set the Stage for Monarchy, Slavery, and Empire*. Cambridge, MA: Harvard University Press, 2012.

FOER, Franklin. *World Without Mind: The Existential Threat of Big Tech*. Nova York: Penguin, 2017.

FONER, Eric. *Reconstruction: America's Unfinished Revolution, 1863-1877*. Nova York: Harper Perennial, 1989.

FORD, Henry. "Mass Production". In: GARVIN, J. L. (Org.). *Encyclopedia Britannica*. 13. ed. Volume suplementar 2. 1926, pp. 823.

______ (em colaboração com Samuel Crowther). *Edison as I Know Him*. Nova York: Cosmopolitan, 1930.

FORD, Martin. *Rule of the Robots: How Artificial Intelligence Will Transform Everything*. Nova York: Basic Books, 2021.

FOX, H. S. A. "The Alleged Transformation from Two-Field to Three-Field Systems in Medieval England". *Economic History Review*, v. 39, n. 4, pp. 526-48, nov. 1986.

FRASER, Steve; GERSTLE, Gary. *The Rise and Fall of the New Deal Order, 1930-1980*. Princeton, NJ: Princeton University Press, 1989.

FREEMAN, Joshua B. *Behemoth: A History of the Factory and the Making of the Modern World*. Nova York: W.W. Norton, 2018.

FRENKEL, Sheera; KANG, Cecelia. *An Ugly Truth: Inside Facebook's Battle for Domination*. Nova York: HarperCollins, 2021.

FREY, Carl Benedikt. *The Technology Trap: Capital, Labor, and Power in the Age of Automation*. Princeton, NJ: Princeton University Press, 2019.

FREY, Carl Benedikt; OSBORNE, Michael A. "The Future of Employment: How Susceptible Are Jobs to Computerisation?". Oxford: Oxford Martin School, 2013. Mimeografado.

FRIED, Ina. "Google Self-Driving Car Chief Wants Tech on the Market Within Five Years". *Vox*, 17 mar. 2015. Disponível em: <www.vox.com/2015/3/17/11560406/google-self-driving-car-chief-wants-tech-on-the-market-within-five>.

FRIEDMAN, Milton. "A Friedman Doctrine: The Social Responsibility of Business Is to Increase Its Profits". *New York Times*, 13 set. 1970. Disponível em: <www.nytimes.com/1970/09/13/archives/a-friedman-doctrine-the-social-responsibility-of-business-is-to.html>.

GAITHER, Sarah E. et al. "Mere Membership in Racially Diverse Groups Reduces Conformity". *Social Psychological and Personality Science*, v. 9, n. 4, pp. 402-10, 2018.

GALBRAITH, John Kenneth. *American Capitalism: The Concept of Countervailing Power*. Nova York: Houghton Mifflin, 1952.

GALLOWAY, James A.; KANE, Derek; MURPHY, Margaret. "Fuelling the City: Production and Distribution of Firewood and Fuel in London's Region, 1290-1400". *Economic History Review*, v. 49, n. 3, pp. 447-72, ago. 1996.

GANCIA, Gino; ZILIBOTTI, Fabrizio. "Technological Change and the Wealth of Nations". *Annual Review of Economics*, v. 1, pp. 93-120, 2009.

GASKELL, P. *The Manufacturing Population of England: Its Moral, Social, and Physical Conditions, and the Changes Which Have Arisen from the Use of Steam Machinery, with an Examination of Infant Labor*. Londres: Baldwin and Cradock, 1833.

GATES, Bill. "Prepared Remarks". World Economic Forum, 24 jan. 2008. Disponível em: <www.gatesfoundation.org/ideas/speeches/2008/01/bill-gates-2008-world-economic-forum>.

______. *How to Avoid a Climate Disaster: The Solutions We Have and the Breakthroughs We Need*. Nova York: Alfred A. Knopf, 2021.

GAZLEY, John G. *The Life of Arthur Young*. Filadélfia: American Philosophical Society, 1973.

GEERTZ, Clifford. *Peddlers and Princes*. Chicago: University of Chicago Press, 1963.

GERGELY, György; BEKKERING, Harold; KIRÁLY, Ildikó. "Rational Imitation in Preverbal Infants". *Nature*, v. 415, n. 6873, p. 755, 2002.

GERSTLE, Gary. *The Rise and Fall of the Neoliberal Order: America and the World in the Free Market Era*. Nova York: Oxford University Press, 2022.

GIES, Frances; GIES, Joseph. *Cathedral, Forge, and Waterwheel: Technology and Invention in the Middle Ages*. Nova York: HarperCollins, 1994.

GILBERT, Thomas Krendl et al. "Reward Reports for Reinforcement Learning", 2022. Disponível em: <arxiv.org/abs/2204.10817>.

GIMPEL, Jean. *The Medieval Machine: The Industrial Revolution of the Middle Ages*. Nova York: Penguin, 1976.

GIMPEL, Jean. *The Cathedral Builders*. Nova York: Grove, 1983.

GOLDIN, Claudia; KATZ, Lawrence F. *The Race Between Education and Technology*. Cambridge, MA: Harvard University Press, 2008.

GOLDIN, Claudia; MARGO, Robert A. "The Great Compression: The Wage Structure in the United States at Midcentury". *Quarterly Journal of Economics*, v. 107, n. 1, pp. 1-34, 1992.

GOLDSWORTHY, Adrian. *How Rome Fell: Death of a Superpower*. New Haven, CT: Yale University Press, 2009.

GORDON, Robert. *The Rise and Fall of American Growth*. Princeton, NJ: Princeton University Press, 2016.

GOUREVITCH, Peter. *Politics in Hard Times: Comparative Responses to International Economic Crises*. Ithaca, NY: Cornell University Press, 1986.

GRAETZ, Georg; MICHAELS, Guy. "Robots at Work". *Review of Economics and Statistics*, v. 100, n. 5, pp. 753-68, 2018.

GREELEY, Horace. *The Crystal Palace and Its Lessons: A Lecture*. Nova York: Dewitt and Davenport, 1851.

GREEN, Adam S. "Killing the Priest-King: Addressing Egalitarianism in the Indus Civilization". *Journal of Archaeological Research*, v. 29, pp. 153-202, 2021.

GREEN, Adrian. "Consumption and Material Culture". In: WRIGHTSON, Keith (Org.). *A Social History of England, 1500-1750*. Cambridge: Cambridge University Press, 2017, pp. 242-66.

GREENE, Jay. "Amazon's Employee Surveillance Fuels Unionization Efforts: 'It's Not Prison, It's Work'". *Washington Post*, 2 dez. 2021. Disponível em: <www.washingtonpost.com/technology/2021/12/02/amazon-workplace-monitoring-unions>.

GREENE, Jay; ALCANTARA, Chris. "Amazon Warehouse Workers Suffer Serious Injuries at Higher Rates Than Other Firms". *Washington Post*, 1 jun. 2021. Disponível em: <www.washingtonpost.com/technology/2021/06/01/amazon-osha-injury-rate>.

GREY, Earl. Discurso na Câmara dos Lordes. *Hansard*, v. 1, pp. cc604-18, 22 nov. 1830.

GROSSMAN, Lev. "Inside Facebook's Plan to Wire the World". *Time*, 15 dez. 2014. Disponível em: <time.com/facebook-world-plan.@@>.

GRUBER, Jonathan; JOHNSON, Simon. *Jump-Starting America: How Breakthrough Science Can Revive Economic Growth and the American Dream*. Nova York: PublicAffairs, 2019.

GUESS, Andrew M.; NYHAN, Brendan; REIFLER, Jason. "Exposure to Untrustworthy Websites in the 2016 US Election". *Nature Human Behavior*, v. 4, n. 5, pp. 472-80, 2020.

GUY, John. *Thomas Becket: Warrior, Priest, Rebel*. Nova York: Random House, 2012.

HABAKKUK, H. J. *American and British Technology in the Nineteenth Century: The Search for Labour-Saving Inventions*. Cambridge: Cambridge University Press, 1962.

HABERLER, Gottfried. "Some Remarks on Professor Hansen's View on Technological Unemployment". *Quarterly Journal of Economics*, v. 46, n. 3, pp. 558-62, 1932.

HABERMAS, Jürgen. *The Structural Transformation of the Public Sphere* (1962). Cambridge, MA: MIT Press, 1991.

HACKER, Jacob S. *The Divided Welfare State: The Battle over Public and Private Social Benefits in the United States*. Nova York: Cambridge University Press, 2002.

HAIGH, Thomas. "Remembering the Office of the Future: The Origins of Word Processing and Office Automation". *IEEE Annals of the History of Computing*, v. 28, n. 4, pp. 6-31, 2006.

HALBERSTAM, Yosh; KNIGHT, Brian. "Homophily, Group Size, and the Diffusion of Political Information in Social Networks: Evidence from Twitter". *Journal of Public Economics*, v. 143, n. 1, pp. 73-88, 2016.

HAMMER, Michael; CHAMPY, James. *Reengineering the Corporation: A Manifesto for Business Revolution*. Nova York: HarperBusiness Essentials, 1993.

HAMMER, Michael; SIRBU, Marvin. "What Is Office Automation?". Automation Conference, Georgia World Congress Center, 3-5 mar. 1980.

HAMMOND, James Henry. "Remarks of Mr. Hammond of South Carolina on the Question of Receiving Petitions for the Abolition of Slavery in the District of Columbia". Apresentada à Câmara dos Representantes em 1 fev. 1836.

HANLON, W. Walker. "Necessity Is the Mother of Invention: Input Supplies and Direct Technical Change". *Econometrica*, v. 83, n. 1, pp. 67-100, 2015.

HARDING, Alan. *England in the Thirteenth Century*. Cambridge Medieval Textbooks. Cambridge: Cambridge University Press, 1993.

HARARI, Yuval Noah. "Why Technology Favors Tyranny". *Atlantic*, out. 2018. Disponível em: <www.theatlantic.com/magazine/archive/2018/10/yuval-noah-harari-technology-tyranny/568330>.

HARLAND, John. *Ballads and Songs of Lancashire, Ancient and Modern*. 3. ed. Manchester: John Heywood, 1882.

HARRISON, Bennett; BLUESTONE, Barry. *The Great U-Turn: Corporate Restructuring and the Polarizing of America*. Nova York: Basic Books, 1990.

HARRISON, Mark. *Disease and the Modern World*. Cambridge, Reino Unido: Polity, 2004.

HATCHER, John. "English Serfdom and Villeinage: Towards a Reassessment". *Past and Present*, v. 90, pp. 3-39, 1981.

______. "England in the Aftermath of the Black Death". *Past and Present*, v. 144, pp. 3-35, 1994.

______. *The Black Death: A Personal History*. Filadélfia: Da Capo, 2008.

HAWKINS, Andrew J. "Elon Musk Just Now Realizing That Self-Driving Cars Are a 'Hard Problem'". *Verge*, 5 jul. 2021. Disponível em: <www.theverge.com/2021/7/5/22563751/tesla-elon-musk-full-self-driving-admission-autopilot-crash>.

HEAVEN, Will Douglas. "Artificial General Intelligence: Are We Close, and Does It Even Make Sense to Try?". *MIT Technology Review*, 15 out. 2020. Disponível em: <www.technologyreview.com/2020/10/15/1010461/artificial-general-intelligence-robots-ai-agi-deepmind-google-openai>.

HELDRING, Leander; ROBINSON, James; VOLLMER, Sebastian. "The Economic Effects of the English Parliamentary Enclosures". NBER, documento de trabalho n. 29772, 2021a. DOI: 10.3386/w29772.

______. "The Long-Run Impact of the Dissolution of the English Monasteries". *Quarterly Journal of Economics*, v. 136, n. 4, pp. 2093-145, 2021b.

HELPMAN, Elhanan; TRAJTENBERG, Manuel. "Diffusion of General Purpose Technologies". In: HELPMAN, Elhanan (Org.). *General-Purpose Technologies and Economic Growth*. Cambridge, MA: MIT Press, 1998, pp. 85-120.

HENRICH, Joseph. *The Secret of Our Success: How Culture Is Driving Human Evolution, Domesticating Our Species, and Making Us Smarter*. Princeton, NJ: Princeton University Press, 2016.

HESSER, Leon. *The Man Who Fed the World*. Princeton, NJ: Righter's Mill, 2019.

HICKS, John. *The Theory of Wages*. Londres: Macmillan, 1932.

HILL, Kashmir. "The Secretive Company That Might End Privacy as We Know It". *New York Times*, 18 jan. 2020 (atualizado em 2 nov. 2021). Disponível em: <www.nytimes.com/2020/01/18/technology/clearview-privacy-facial-recognition.html>.

HILLS, Richard L. *Power from Wind: A History of Windmill Technology*. Cambridge: Cambridge University Press, 1994.

HINDLE, Steve. "Hierarchy and Community in the Elizabethan Parish: The Swallowfield Articles of 1596". *Historical Journal*, v. 42, n. 3, pp. 835-51, 1999.

______. *The State and Social Change in Early Modern England, 1550-1640*. Nova York: Palgrave Macmillan, 2000.

HINTON, Geoff. "On Radiology". Creative Destruction Lab: Machine Learning and the Market for Intelligence, 24 nov. 2016. Disponível em: <www.youtube.com/watch?v=2HMPRXstSvQ>.

HIRSCHMAN, Albert O. *The Strategy of Economic Development*. New Haven, CT: Yale University Press, 1958.

HOCHSCHILD, Adam. *King Leopold's Ghost: A History of Greed, Terror, and Heroism in Colonial Africa*. Boston: Mariner, 1999.

HOLLANDER, Samuel. "Ricardo on Machinery". *Journal of Economic Perspectives*, v. 33, n. 2, pp. 229-42, 2019.

HOUNSHELL, David A. *From the American System to Mass Production, 1800-1932: The Development of Manufacturing Technology in the United States*. Baltimore: Johns Hopkins University Press, 1984.

HUMAN RIGHTS WATCH. "'All You Can Do Is Pray': Crimes Against Humanity and Ethnic Cleansing of Rohingya Muslims in Burma's Arakan State", abr. 2013. Disponível em: <www.hrw.org/report/2013/04/22/all-you-can-do-pray/crimes-against-humanity-and-ethnic-cleansing-rohingya-muslims>.

HUNDT, Reed. *A Crisis Wasted: Barack Obama's Defining Decisions*. Nova York: Rosetta, 2019.

HUXLEY, Aldous. *Brave New World Revisited*, 1958. Disponível em: <www.huxley.net/bnw-revisited>.

ILYAS, Andrew et al. "Adversarial Examples Are Not Bugs, They Are Features". *Gradient Science*, 6 maio 2019. Disponível em: <gradientscience.org/adv>.

IRWIN, Neil. "What Was the Greatest Era for Innovation? A Brief Guided Tour". *New York Times*, 13 maio 2016. Disponível em: <www.nytimes.com/2016/05/15/upshot/what-was-the-greatest-era-for-american-innovation-a-brief-guided-tour.html>.

ISAACSON, Walter. *The Innovators: How a Group of Hackers, Geniuses and Geeks Created the Digital Revolution*. Nova York: Simon & Schuster, 2014.

JACK, William; SURI, Tavneet. "Mobile Money: The Economics of M-PESA". NBER, documento de trabalho n. 16721, 2011. DOI: 10.3386/w16721.

JÄGER, Simon; SCHOEFER, Benjamin; HEINING, Jörg. "Labor in the Boardroom". *Quarterly Journal of Economics*, v. 136, n. 2, pp. 669-725, 2021.

JAMES, John A.; SKINNER, Jonathan S. "The Resolution of the Labor-Scarcity Paradox". *Journal of Economic History*, v. 45, pp. 513-40, 1985.

JEFFERYS, James B. *The Story of the Engineers, 1800-1945*. Nova York: Johnson Reprint, 1970.

JENSEN, Michael C. "Agency Costs of Free Cash Flow, Corporate Finance, and Takeovers". *American Economic Review*, v. 76, n. 2, pp. 323-9, 1986.

JENSEN, Michael C.; MECKLING, William H. "Theory of the Firm: Managerial Behavior, Agency Costs and Ownership Structure". *Journal of Financial Economics*, v. 3, n. 4, pp. 305-60, 1976.

JENSEN, Robert. "The Digital Provide: Information (Technology), Market Performance, and Welfare in the Indian Fisheries Sector". *Quarterly Journal of Economics*, v. 122, n. 3, pp. 879-924, 2006.

JOHNSON, Simon; KWAK, James. *13 Bankers: The Wall Street Takeover and the Next Financial Meltdown*. Nova York: Pantheon, 2010.

JOHNSON, Simon; TEMIN, Peter. "The Macroeconomics of NEP". *Economic History Review*, v. 46, n. 4, pp. 750-67, 1993.

JOHNSTON, W. E. "Report". Parte de "The Interoceanic Ship Canal Meeting at Chickering Hall". *Journal of the American Geographical Society of New York*, v. 11, pp. 172-80, 1879.

JONES, Charles I. *Introduction to Economic Growth*. Nova York: Norton, 1998.

JONES, Robin. *Isambard Kingdom Brunel*. Barnsley: Pen and Sword, 2011.

JUDIS, John B. *William F. Buckley: Patron Saint of Conservatives*. Nova York: Simon & Schuster, 1988.

JUDT, Tony. *Postwar: A History of Europe Since 1945*. Nova York: Penguin, 2006.

KAPELLE, William E. *The Norman Conquest of the North: The Region and Its Transformation, 1000--1135*. Chapel Hill: University of North Carolina Press, 1979.

KARABARBOUNIS, Loukas; NEIMAN, Brent. "The Global Decline of the Labor Share". *Quarterly Journal of Economics*, v. 129, n. 1, pp. 61-103, 2014.

KARABELL, Zachary. *Parting the Desert*. Nova York: Knopf Doubleday, 2003.

KATZ, Lawrence F.; MURPHY, Kevin M. "Changes in Relative Wages, 1963-1987: Supply and Demand Factors". *Quarterly Journal of Economics*, v. 107, n. 1, pp. 35-78, 1992.

KATZNELSON, Ira. *Fear Itself: The New Deal and the Origins of Our Time*. Nova York: W.W. Norton, 2013.

KEENE, Derek. "Feeding Medieval European Cities, 600-1500". Institute of Historical Research, University of London, School of Advanced Study, 1998. Disponível em: <core.ac.uk/download/pdf/9548918.pdf>.

KELLY, Morgan; MOKYR, Joel; GRÁDA, Cormac Ó. "Precocious Albion: A New Interpretation of the British Industrial Revolution". *Annual Review of Economics*, v. 6, n. 1, pp. 363-89, 2014.

______. "The Mechanics of the Industrial Revolution". *Journal of Political Economy*, jun. 2020. Disponível em: <papers.ssrn.com/sol3/papers.cfm?abstract_id=3628205>.

KELTNER, Dacher. *The Power Paradox: How We Gain and Lose Influence*. Nova York: Penguin, 2016.

KELTNER, Dacher; GRUENFELD, Deborah H.; ANDERSON, Cameron. "Power, Approach, and Inhibition". *Psychological Review*, v. 110, n. 2, pp. 265-84, 2003.

KENNEDY, Charles. "Induced Bias in Innovation and the Theory of Distribution". *Economic Journal*, v. 74, pp. 541-7, 1964.

KENNEDY, John F. "Address at the Anniversary Convocation of the National Academy of Sciences", 22 out. 1963. Disponível em: <www.presidency.ucsb.edu/documents/address-the-anniversary-convocation-the-national-academy-sciences>.

KERR, Ian. *Engines of Change: The Railroads That Made India*. Santa Barbara, CA: Praeger, 2007.

KEYNES, John Maynard. "Economic Possibilities for Our Grandchildren" (1930). In: ____. *Essays in Persuasion*. Nova York: W.W. Norton, 1966.

KILEY, Michael T. "The Supply of Skilled Labor and Skill-Biased Technological Progress". *Economic Journal*, v. 109, n. 458, pp. 708-24, 1999.

KING, Gary; PAN, Jennifer; ROBERTS, Margaret. "How Censorship in China Allows Government Criticism but Silences Collective Expression". *American Political Science Review*, v. 107, n. 2, pp. 326-43, 2013.

KINROSS, Lord. *Between Two Seas: The Creation of the Suez Canal*. Nova York: William Morrow, 1969.

KLEINBERG, Jon et al. "Human Decisions and Machine Predictions". *Quarterly Journal of Economics*, v. 133, n. 1, pp. 237-93, 2018.

KNOWLES, Dom David. *The Religious Houses of Medieval England*. Londres: Sheed & Ward, 1940.

KOEPKE, Nikola; BATEN, Joerg. "The Biological Standard of Living in Europe during the Last Two Millennia". *European Review of Economic History*, v. 9, pp. 61-95, 2005.

KOYAMA, Mark; RUBIN, Jared. *How the World Became Rich: The Historical Origins of Economic Growth*. Nova York: Polity, 2022.

KRAUS, Henry. *Gold Was the Mortar: The Economics of Cathedral Building*. Routledge Library Editions: The Medieval World, v. 30. Londres: Routledge, 1979.

KRUSELL, Per; RÍOS-RULL, José-Víctor. "Vested Interests in a Theory of Stagnation and Growth". *Review of Economic Studies*, v. 63, pp. 301-30, 1996.

KRZYWDZINSKI, Martin. "Automation, Digitalization, and Changes in Occupational Structure in the Automobile Industry in Germany, Japan, and the United States: A Brief History from the Early 1990s Until 2018". *Industrial and Corporate Change*, v. 30, n. 3, pp. 499-535, 2021.

KRZYWDZINSKI, Martin; GERBER, Christine. "Varieties of Platform Work: Platforms and Social Inequality in Germany and the United States". Weizenbaum Series, n. 7, maio 2020. DOI: 10.34669/wi.ws/7.

KUHN, Tom; CONSTANTINE, David. *The Collected Poems of Bertolt Brecht*. Nova York: Liveright/Norton, 2019.

KURZWEIL, Ray. *The Singularity Is Near: When Humans Transcend Biology*. Nova York: Penguin, 2005.

LAKWETE, Angela. *Inventing the Cotton Gin: Machine and Myth in Antebellum America*. Baltimore: Johns Hopkins University Press, 2003.

LANDEMORE, Helene. *Democratic Reason: Politics, Collective Intelligence, and the Rule of the Many*. Princeton, NJ: Princeton University Press, 2017.

LANE, Nathan. "Manufacturing Revolutions: Industrial Policy and Industrialization in South Korea". Universidade de Oxford, documento de trabalho, 2022. Disponível em: <nathanlane.info/assets/papers/ManufacturingRevolutions_Lane_Live.pdf>.

LANGDON, John. *Horses, Oxen, and Technological Innovation: The Use of Draft Animals in English Farming from 1066 to 1500*. Cambridge: Cambridge University Press, 1986.

______. "Water-Mills and Windmills in the West Midlands, 1086-1500". *Economic History Review*, v. 44, n. 3, pp. 424-44, 1991.

LANIER, Jaron. *Ten Arguments for Deleting Your Social Media Accounts Right Now*. Nova York: Hoffmann, 2018.

______. "Jaron Lanier Fixes the Internet". *New York Times*, 23 set. 2019. Disponível em: <www.nytimes.com/interactive/2019/09/23/opinion/data-privacy-jaron-lanier.html>.

LANIER, Jaron; WEYL, E. Glen. "How Civic Technology Can Help Stop a Pandemic. Taiwan's Initial Success Is a Model for the Rest of the World". *Foreign Affairs*, 20 mar. 2020. Disponível em:

<www.foreignaffairs.com/articles/asia/2020-03-20/how-civic-technology-can-help-stop-pandemic>.

LARSON, Erik J. *The Myths of Artificial Intelligence: Why Computers Can't Think the Way We Do*. Cambridge, MA: Harvard University Press, 2021.

LE GUIN, Ursula. "A Rant About 'Technology'", 2004. Disponível em: <www.ursulakleguinarchive.com/Note-Technology.html>.

LEAPMAN, Michael. *The World for a Shilling: How the Great Exhibition of 1851 Shaped a Nation*. Londres: Headline, 2001.

LEAVER, E. W.; BROWN, J. J. "Machines Without Men". *Fortune*, 1 nov. 1946.

LECHER, Colin. "How Amazon Automatically Tracks and Fires Warehouse Workers for 'Productivity'". *Verge*, 25 abr. 2019. Disponível em: <www.theverge.com/2019/4/25/18516004/amazon-warehouse-fulfillment-centers-productivity-firing-terminations>.

LEE, Kai-Fu. "How AI Will Completely Change the Way We Live in the Next 20 Years". *Time*, 14 set. 2021. Disponível em: <time.com/6097625/kai-fu-lee-book-ai-2041>.

______. *AI 2041: Ten Visions for Our Future*. Nova York: Currency, 2021.

LEHNER, Mark. *The Complete Pyramids*. Londres: Thames & Hudson, 1997.

LENIN, Vladimir I. *Collected Works*, v. 31 (1920). Moscou: Progress, 1966.

LENT, Frank. *Suburban Architecture, Containing Hints, Suggestions, and Bits of Practical Advice for the Building of Inexpensive Country Houses*. 2. ed. Nova York: W.T. Comstock, 1895.

LEONTIEF, Wassily W. "Quantitative Input and Output Relations in the Economic Systems of the United States". *Review of Economic Statistics*, v. 18, n. 3, pp. 105-25, 1936.

______. "Technological Advance, Economic Growth, and the Distribution of Income". *Population and Development Review*, v. 9, n. 3, pp. 403-10, 1983.

LESSEPS, Ferdinand de. "The Interoceanic Canal". *North American Review*, v. 130, n. 278, pp. 1-15, jan. 1880.

______. *Recollections of Forty Years*, v. 2 (1887). Cambridge: Cambridge University Press, 2011.

LEVASSEUR, E. "The Concentration of Industry, and Machinery in the United States". *Annals of the American Academy of Political and Social Science*, v. 9, pp. 6-25, mar. 1897.

LEVINE, Sheen S. et al. "Ethnic Diversity Deflates Price Bubbles". *Proceedings of the National Academy of Sciences*, v. 111, n. 4, pp. 18524-9, 2014.

LEVINSON, Marc. *The Box: How the Shipping Container Made the World Smaller and the World Economy Bigger*. Princeton, NJ: Princeton University Press, 2006.

LEVITT, Gerald M. *The Turk, Chess Automaton*. Jefferson, NC: McFarland, 2000.

LEVY, Ro'ee. "Social Media, News Consumption, and Polarization: Evidence from a Field Experiment". *American Economic Review*, v. 111, n. 3, pp. 831-70, 2021.

LEVY, Steven. *Hackers: Heroes of the Computer Revolution*. Nova York: O'Reilly, 2010.

LEWIS, C. S. *Poems*. Nova York: Harcourt Brace, 1964.

LEWIS, Michael. *Liar's Poker: Rising Through the Wreckage of Wall Street*. Nova York: W.W. Norton, 1989.

LEWIS, R. A. *Edwin Chadwick and the Public Health Movement 1832-1854*. Londres: Longmans, 1952.

LI, Robin. *Artificial Intelligence Revolution: How AI Will Change Our Society, Economy, and Culture*. Nova York: Skyhorse. Kindle, 2020.

LICKLIDER, J. C. R. "Man-Computer Symbiosis". *IRE Transactions on Human Factors in Electronics*, HFE-1, pp. 4-11, 1960. Disponível em: <groups.csail.mit.edu/medg/people/psz/Licklider.html>.

LIN, Jeffrey. "Technological Adaptation, Cities, and New Work". *Review of Economics and Statistics*, v. 93, n. 2, pp. 554-74, 2011.

LINK, Andreas. "Beasts of Burden, Trade, and Hierarchy: The Long Shadow of Domestication". Universidade de Nuremberg, documento de trabalho, 2022.

LOCKHART, Paul. *Firepower: How Weapons Shaped Warfare*. Nova York: Basic Books, 2021.

LONERGAN, Raymond. "A Steadfast Friend of Labor". In: DILLARD, Irving. *Mr. Justice Brandeis, Great American*. Saint Louis: Modern View, 1941, pp. 42-5.

LUCAS, Robert E. "On the Mechanics of Economic Development". *Journal of Monetary Economics*, v. 22, pp. 3-42, 1988.

LUCHTENBERG, Daphne. "The Fourth Industrial Revolution Will Be People Powered". McKinsey, podcast, 7 jan. 2022. Disponível em: <www.mckinsey.com/business-functions/operations/our-insights/the-fourth-industrial-revolution-will-be-people-powered>.

LYMAN, Joseph B. *Cotton Culture*. Nova York: Orange Judd, 1868.

LYONS, Derek E.; YOUNG, Andrew G.; KEIL, Frank C. "The Hidden Structure of Overimitation". *Proceedings of the National Academy of Sciences*, v. 104, n. 50, pp. 19751-6, 2007.

MACAULAY, Thomas Babbington. *Macaulay's History of England, from the Accession of James II*, v. 1. Londres: J. M. Dent, 1848.

MACDUFFIE, John Paul; KRAFCIK John. "Integrating Technology and Human Resources for High--Performance Manufacturing: Evidence from the International Auto Industry". In: KOCHAN, Thomas A.; USEEM, Michael (Orgs.). *Transforming Organizations*. Oxford: Oxford University Press, 1992. pp. 209-25.

MACFARLANE, Alan. *The Origins of English Individualism*. Oxford: Basil Blackwell, 1978.

MACFARQUHAR, Roderick; SCHOENHALS, Michael. *Mao's Last Revolution*. Cambridge, MA: Harvard University Press, 2008.

MACK, Gestle. *The Land Divided: A History of the Panama Canal and Other Isthmian Canal Projects*. Nova York: Alfred A. Knopf, 1944.

MADDISON, Angus. *The World Economy: A Millennial Perspective*. Paris: OECD Development Centre, 2001.

MALMENDIER, Ulrike; NAGEL, Stefan. "Depression Babies: Do Macroeconomic Experiences Affect Risk Taking?". *Quarterly Journal of Economics*, v. 126, n. 1, pp. 373-416, 2011.

MALTHUS, Thomas. *An Essay on the Principle of Population* (1798). Org. de Joyce E. Chaplin. Nova York: W.W. Norton, 2018a.

______. *An Essay on the Principle of Population* (1803). Org. de Shannon C. Stimson. New Haven, CT: Yale University Press, 2018b.

MANKIW, N. Gregory. *Principles of Economics*. 8. ed. Nova York: Cengage, 2018.

MANN, Michael. *The Sources of Social Power*, v. 1: *A History of Power from the Beginning to AD 1760*. Cambridge: Cambridge University Press, 1986.

MANTOUX, Paul. *The Industrial Revolution in the Eighteenth Century: An Outline of the Beginning of the Factory System in England*. Londres: Jonathan Cape, 1927.

MANUEL, Frank E. *The New World of Henri Saint-Simon*. Cambridge, MA: Harvard University Press, 1956.

MANYIKA, James et al. "Jobs Lost, Jobs Gained: Workforce Transitions in a Time of Automation". McKinsey Global Institute, dez. 2017. Disponível em: <www.mckinsey.com/~/media/BA-B489A30B724BECB5DEDC41E9BB9FAC.ashx>.

MARANTZ, Andrew. *Antisocial: Online Extremists, Techno-Utopians and the Hijacking of the American Conversation*. Nova York: Penguin, 2020.

MARCUS, Gary; DAVIS, Ernest. "GPT-3, Bloviator: OpenAI's Language Generator Has No Idea What It's Talking About". *MIT Technology Review*, 22 ago. 2020.

MARCUS, Steven. *Engels, Manchester, and the Working Class* (1974). Routledge: Londres, 2015.

MARENS, Richard. "We Don't Need You Anymore: Corporate Social Responsibilities, Executive Class Interests, and Solving Mizruchi-Hirschman Paradox", 2011. Disponível em: <heinonline.org/HOL/LandingPage?handle=hein.journals/sealr35&div=46&id=&page=>.

MARKOFF, John. "Seeking a Better Way to Find Web Images". *New York Times*, 19 nov. 2012. Disponível em: <www.nytimes.com/2012/11/20/science/for-web-images-creating-new-technology-to-seek-and-find.html>.

______. "In 1949, He Imagined an Age of Robots". *New York Times*, 20 maio 2013. Disponível em: <www.nytimes.com/2013/05/21/science/mit-scholars-1949-essay-on-machine-age-is-found.html>.

______. *Machines of Loving Grace: The Quest for Common Ground Between Humans and Robots*. Nova York: HarperCollins, 2015.

MARLOWE, John. *The Making of the Suez Canal*. Londres: Cresset, 1964.

MARX, Karl. *Capital: A Critique of Political Economy* (1867). Moscou: Progress, 1887. Disponível em: <www.marxists.org/archive/marx/works/download/pdf/Capital-Volume-I.pdf>.

MAY, Alfred N. "An Index of Thirteenth-Century Peasant Impoverishment? Manor Court Fines". *Economic History Review*, v. 26, n. 3, pp. 389-402, 1973.

MCCARTHY, Tom. "Zuckerberg Says Facebook Won't Be 'Arbiters of Truth' After Trump Threat". *Guardian*, 28 maio 2020. Disponível em: <www.theguardian.com/technology/2020/may/28/zuckerberg-facebook-police-online-speech-trump>.

MCCAULEY, Brea. "Life Expectancy in Hunter-Gatherers". *Encyclopedia of Evolutionary Psychological Science*, pp. 4552-4, 1 jan. 2019.

MCCLOSKEY, Deidre N. *The Bourgeois Virtues: Ethics for an Age of Commerce*. Chicago: University of Chicago Press, 2006.

MCCORMICK, Brian. "Hours of Work in British Industry". *ILR Review*, v. 12, n. 3, pp. 423-33, abr. 1959.

MCCRAW, Thomas K. *American Business Since 1920: How It Worked*. 2. ed. Chichester: Wiley Blackwell, 2009.

MCCULLOUGH, David. *The Path Between the Seas: The Creation of the Panama Canal, 1870-1914*. Nova York: Simon & Schuster, 1977.

MCEVEDY, Colin; JONES, Richard. *Atlas of World Population History*. Londres: Penguin, 1978.

MCFARLAND, C. K. "Crusade for Child Labourers: 'Mother' Jones and the March of the Mill Children". *Pennsylvania History: A Journal of Mid-Atlantic Studies*, v. 38, n. 3, pp. 283-96, jul. 1971.

MCGERR, Michael. *A Fierce Discontent: The Rise and Fall of the Progressive Movement in America*. Oxford: Oxford University Press, 2003.

MCGREGOR, Richard. *The Party: The Secret World of China's Communist Rulers*. Nova York: Harper, 2010.

MCKIBBEN, Bill. "The Fossil Fuel Resistance". *Rolling Stone*, 11 abr. 2013. Disponível em: <www.rollingstone.com/politics/politics-news/the-fossil-fuel-resistance-89916>.

MCKINSEY GLOBAL INSTITUTE. "Artificial Intelligence: The Next Digital Frontier". Documento de trabalho, jun. 2017.

MCKONE, Jonna. "'Naked Streets' Without Traffic Lights Improve Flow and Safety". TheCityFix, 18 out. 2010. Disponível em: <thecityfix.com/blog/naked-streets-without-traffic-lights-improve-flow-and-safety>.

MCLEAN, Bethany; ELKIND, Peter. *The Smartest Guys in the Room: The Amazing Rise and Scandalous Fall of Enron*. Nova York: Penguin, 2003.

MENOCAL, A. G. "Intrigues at the Paris Canal Congress". *North American Review*, v. 129, n. 274, pp. 288-93, set. 1879.

MENZIES, Heather. "Women and the Chip: Case Studies of the Effects of Informatics on Employment in Canada". Montreal: Institute for Research on Public Policy, 1981.

MERCIER, Hugo; SPERBER, Dan. *The Enigma of Reason*. Cambridge, MA: Harvard University Press, 2017.

MICHAELS, Guy. "The Division of Labour, Coordination, and the Demand for Information Processing". CEPR, documento de trabalho n. DP6358, 2008. Disponível em: <cepr.org/publications/dp6358>.

MILL, John Stuart. *Principles of Political Economy*. Org. de W. G. Ashley. Londres: Longmans, Green, 1848.

MINGAY, G. E. *Parliamentary Enclosure in England: An Introduction to Its Causes, Incidence, and Impact 1750-1850*. Londres: Routledge, 1997.

MITHEN, Steven. *After the Ice: A Global Human History 20,000-5,000 BC*. Cambridge, MA: Harvard University Press, 2003.

MITRUNEN, Matti. "War Reparations, Structural Change, and Intergenerational Mobility". Institute for International Economic Studies, Universidade de Estocolmo, documento de trabalho, 2 jan. 2019.

MOENE, Karl-Ove; WALLERSTEIN, Michael. "Pay Inequality". *Journal of Labor Economics*, v. 15, n. 3, pp. 403-30, jul. 1997.

MOKYR, Joel. "Is There Still Life in the Pessimistic Case? Consumption During the Industrial Revolution, 1790-1850". *Journal of Economic History*, v. 48, n. 1, pp. 69-92, 1988.

______. *The Lever of Riches, Technological Creativity and Economic Progress*. Nova York: Oxford University Press, 1990.

______. "Introduction". In: MOKYR, Joel. (Org.). *The British Industrial Revolution: An Economic Perspective*. Boulder, CO: Westview, 1993. pp. 1-131.

______. *The Gifts of Athena: Historical Origins of the Knowledge Economy*. Princeton, NJ: Princeton University Press, 2002.

______. *Enlightened Economy: An Economic History of Britain, 1700-1850*. New Haven, CT: Yale University Press, 2010.

______. *A Culture of Growth: The Origins of the Modern Economy*. Princeton, NJ: Princeton University Press, 2016.

MOKYR, Joel; VICKERS, Chris; ZIEBARTH, Nicolas L. "The History of Technological Anxiety in the Future of Economic Growth: Is This Time Different?". *Journal of Economic Perspectives*, v. 29, n. 3, pp. 31-50, 2015.

MORRIS, Ian. "Economic Growth in Ancient Greece". *Journal of Institutional and Theoretical Economics*, v. 160, pp. 709-42, 2004.

______. *The Measure of Civilization: How Social Development Decides the Fate of Nations*. Princeton, NJ: Princeton University Press, 2013.

______. *Foragers, Farmers, and Fossil Fuels: How Human Values Evolve*. Princeton, NJ: Princeton University Press, 2015.

MORTENSEN, Dale. "Property Rights and Efficiency in Mating, Racing and Related Games". *American Economic Review*, v. 72, pp. 968-79, 1982.

MORTIMER, Thomas. *The Elements of Commerce, Politics and Finances*. Londres: Hooper, 1772.

MOSCONA, Jacob; SASTRY, Karthik. "Inappropriate Technology: Evidence from Global Agriculture", 19 abr. 2022. Disponível em: <papers.ssrn.com/sol3/papers.cfm?abstract_id=3886019>.

MOUGEL, Nadège. "World War I Casualties". REPERES, módulo 1-0, notas explicativas, 2011. Disponível em: <www.centre-robert-schuman.org/userfiles/files/REPERES%20-%20module%20 1-1-1%20-%20explanatory%20notes%20-%20World%20War%20I%20casualties%20-%20 EN.pdf>.

MULDREW, Craig. "The 'Middling Sort': An Emergent Cultural Identity". In: WRIGHTSON, Keith. *A Social History of England, 1500-1750*. Cambridge: Cambridge University Press, 2017. pp. 290-309.

MÜLLER, Karsten; SCHWARZ, Carlo. "Fanning the Flames of Hate: Social Media and Hate Crime". *Journal of the European Economic Association*, v. 19, n. 4, pp. 2131-67, 2021.

MURALIDHARAN, Karthik; SINGH, Abhijeet; GANIMIAN, Alejandro J. "Disrupting Education? Experimental Evidence on Technology-Aided Instruction in India". *American Economic Review*, v. 109, n. 4, pp. 1426-60, 2019.

MURNANE, Richard J; LEVY, Frank. *Teaching the New Basic Skills: Principles for Educating Children to Thrive in the Changing Economy*. Nova York: Free Press, 1996.

NAIDU, Suresh; YUCHTMAN, Noam. "Coercive Contract Enforcement: Law and the Labor Market in the Nineteenth Century Industrial Britain". *American Economic Review*, v. 103, n. 1, pp. 107-44, 2013.

NAPIER, William. *The Life and Opinions of General Sir Charles James Napier, G.C.B.*, v. 2 (1857). Cambridge: Cambridge University Press, 2011.

NDZI, Ernestine Gheyoh. "Zero-Hours Contracts Have a Devastating Impact on Career Progression – Labour Is Right to Ban Them". *Conversation*, 24 set. 2019. Disponível em: <theconversation.com/zero-hours-contracts-have-a-devastating-impact-on-career-progression-labour-is-right-to-ban-them-123066>.

NEAPOLITAN, Richard E.; JIANG, Xia. *Artificial Intelligence: With an Introduction to Machine Learning*. 2. ed. Londres: Chapman and Hall/CRC, 2018.

NEESON, J. M. *Commoners, Common Right, Enclosure and Social Change in England, 1700-1820*. Cambridge: Cambridge University Press, 1993.

NOBLE, David. *America by Design: Science, Technology, and the Rise of Corporate Capitalism*. Nova York: Alfred A. Knopf, 1977.

______. *Forces of Production: A Social History of Industrial Automation*. Nova York: Alfred A. Knopf, 1984.

NORMAN, Douglas. *The Design of Everyday Things*. Nova York: Basic Books, 2013.

NORTH, Douglass C. *Structure and Change in Economic History*. Nova York: W.W. Norton, 1982.

NORTH, Douglass C; THOMAS, Robert Paul. *The Rise of the Western World: A New Economic History*. Cambridge: Cambridge University Press, 1973.

NORTH, Douglass C.; WALLIS, John; WEINGAST, Barry R. *Violence and Social Orders: A Conceptual Framework for Interpreting Recorded Human History*. Nova York: Cambridge University Press, 2009.

NYE, David E. *Electrifying America: Social Meanings of a New Technology*. Cambridge, MA: MIT Press, 1992.

______. *Consuming Power: A Social History of American Energies*. Cambridge, MA: MIT Press, 1998.

OBER, Josiah. "Classical Athens". In: SCHEIDEL, Walter; MONSON, Andrew (Orgs.). *Fiscal Regimes and Political Economy of Early States*. Cambridge: Cambridge University Press, 2015a, pp. 492-522.

______. *The Rise and Fall of Classical Greece*. Nova York: Penguin, 2015b.

O'NEIL, Cathy. *Weapons of Math Destruction: How Big Data Increases Inequality and Threatens Democracy*. Nova York: Penguin, 2016.

______. *The Shame Machine: Who Profits in the New Age of Humiliation*. Nova York: Crown, 2022.

ORWELL, GEORGE. *Nineteen Eighty-Four*. Londres: Secker and Warburg, 1949. [Ed. bras.: *1984*. São Paulo: Companhia das Letras, 2009.]

OVERTON, Mark. *Agricultural Revolution in England: The Transformation of the Agrarian Economy 1500-1850*. Cambridge: Cambridge University Press, 1996.

PAN, Alexander; BHATIA, Kush; STEINHARDT, Jacob. "The Effects of Reward Misspecification: Mapping and Mitigating Misaligned Models", 2022. Disponível em: <arxiv.org/abs/2201.03544>.

PASQUALE, Frank. *The Black Box Society: The Secret Algorithms That Control Money and Information*. Cambridge, MA: Harvard University Press, 2015.

PEARL, Judea. "Radical Empiricism and Machine Learning Research". *Journal of Causal Inference*, v. 9, n. 1, 24 maio 2021, pp. 78-82.

PELLING, Henry. *A History of British Trade Unionism*. 3. ed. Londres: Penguin, 1976.

PERLSTEIN, Rick. *Before the Storm: Barry Goldwater and the Unmaking of the American Consensus*. Nova York: Bold Type Books, 2009.

PETHOKOUKIS, James. "The Productivity Paradox: Why the US Economy Might Be a Lot Stronger Than the Government Is Saying". AEI Blog, 20 maio 2016. Disponível em: <www.aei.org/technology-and-innovation/the-productivity-paradox-us-economy-might-be-a-lot-stronger>.

______. "Google Economist Hal Varian Tries to Explain America's Productivity Paradox, and How Workers Should Deal with Automation", 5 maio 2017a. Disponível em: <www.aei.org/economics/google-economist-hal-varian-tries-to-explain-americas-productivity-paradox-and-how-workers-should-deal-with-automation>.

______. "If Not Mismeasurement, Why Is Productivity Growth So Slow?". AEI Blog, 14 fev. 2017b. Disponível em: <www.aei.org/economics/if-not-mismeasurement-why-is-productivity-growth-so-slow>.

PHILIPPON, Thomas. *The Great Reversal: How America Gave Up on Free Markets*. Cambridge, MA: Harvard University Press, 2019.

PHILLIPPON, Thomas; RESHEF, Ariell. "Wages in Human Capital in the U.S. Finance Industry: 1909-2006". *Quarterly Journal of Economics*, v. 127, pp. 1551-609, 2012.

PHILLIPS-FEIN, Kim. *Invisible Hands: The Businessmen's Crusade Against the New Deal*. Nova York: W.W. Norton, 2010.

PIFF, Paul K. et al. "Higher Social Class Predicts Increased Unethical Behavior". *Proceedings of the National Academy of Sciences*, v. 109, n. 11, pp. 4086-91, 2012.

PIKETTY, Thomas; SAEZ, Emmanuel. "Income Inequality in the United States, 1913-1998". *Quarterly Journal of Economics*, v. 118, n. 1, pp. 1-41, 2003.

PIRENNE, Henri. *Economic and Social History of Medieval Europe*. Nova York: Harcourt Brace, 1937.

______. *Medieval Cities: Their Origins and the Revival of Trade*. Princeton, NJ: Princeton University Press, 1952.

PISSARIDES, Christopher. "Short-Run Equilibrium Dynamics of Unemployment, Vacancies, and Real Wages". *American Economic Review*, v. 75, n. 4, pp. 676-90, 1985.

______. *Equilibrium Unemployment Theory*. 2. ed. Cambridge, MA: MIT Press, 2000.

POE, Edgar Allan. "Maelzel's Chess Player". In: ____. *The Complete Tales and Poems of Edgar Allan Poe* (1836). Nova York: Vintage, 1975.

POLLARD, Sidney. "Factory Discipline in the Industrial Revolution". *Economic History Review*, v. 16, n. 2, pp. 254-71, 1963.

POMERANZ, Kenneth. *The Great Divergence: China, Europe and the Making of the Modern World Economy*. Princeton, NJ: Princeton University Press, 2001.

POPP, David. "Induced Innovation and Energy Prices". *American Economic Review*, v. 92, pp. 160-80, 2002.

PORTER, Roy. *English Society in the Eighteenth Century*. Londres: Penguin, 1982.

POSNER, Eric A.; WEYL, E. Glen. *Radical Markets*. Princeton, NJ: Princeton University Press, 2019.

POSTAN, M. M. "Medieval Agrarian Society in Its Prime: England". In: ______. (Org.). *The Cambridge Economic History of Europe*. Londres: Cambridge University Press, 1966. pp. 548-632.

POSTMAN, Neil. *Amusing Ourselves to Death: Public Discourse in the Age of Show Business*. Nova York: Penguin, 1985.

PRASAD, Aryamala. "Two Years Later: A Look at the Unintended Consequences of RGPD". Regulatory Studies Center, George Washington University, 2 set. 2020. Disponível em: <regulatorystudies.columbian.gwu.edu/unintended-consequences-rgpd>.

PURNELL, Newley; HORWITZ, Jeff. "Facebook's Hate-Speech Rules Collide with Indian Politics". *Wall Street Journal*, 14 ago. 2020.

PYNE, Stephen J. *Fire: A Brief History*. 2. ed. Seattle: University of Washington Press, 2019.

QIN, Bei; STRÖMBERG, David; WU, Yanhui. "Why Does China Allow Freer Social Media? Protests vs. Surveillance and Propaganda". *Journal of Economic Perspectives*, v. 31, n. 1, pp. 117-40, 2017.

RAGHU, Maithra et al. "The Algorithmic Automation Problem: Prediction, Trash, and Human Effort", 2019. Disponível em: <arxiv.org/abs/1903.12220>.

RATHJE, Steve; BAVEL, Jay J. Van; LINDEN, Sander van der. "OutGroup Animosity Drives Engagement on Social Media". *Proceedings of the National Academy of Sciences*, v. 118, n. 26, p. e2024292118, 2021.

REICH, David. *Who We Are and How We Got Here: Ancient DNA and the New Science of the Human Past*. Nova York: Pantheon, 2018.

REMARQUE, Erich Maria. *All Quiet on the Western Front* (1928). Nova York: Random House, 2013.

REUTERS STAFF. "Goldman Sachs Boss Says Banks Do 'God's Work'", 8 nov. 2009. Disponível em: <www.reuters.com/article/us-goldmansachs-blankfein/goldman-sachs-boss-says-banks-do-gods-work-idUSTRE5A719520091108>.

REYNOLDS, Terry S. *Stronger Than a Hundred Men: A History of the Vertical Water Wheel*. Baltimore: Johns Hopkins University Press, 1983.

RICARDO, David. *On the Principles of Political Economy, and Taxation* (1821). 3. ed. Kitchener, ON: Batoche, 2001.

______. *The Works and Correspondences of David Ricardo*. Org. de Piero Sraffa. Cambridge: Cambridge University Press, 1951-73.

RICHARDSON, Ruth. *Dickens and the Workhouse: Oliver Twist and the London Poor*. Oxford: Oxford University Press, 2012.

RICHMOND, Alex B. *Narrative of the Condition of the Manufacturing Population*. Londres: John Miller, 1825.

RIGGIO, Ronald E. "What Is Social Intelligence? Why Does It Matter?". *Psychology Today*, 1 jul. 2014. Disponível em: <www.psychologytoday.com/us/blog/cutting-edge-leadership/201407/what-is-social-intelligence-why-does-it-matter>.

ROBERTS, Andrew. *The Holy Fox: The Life of Lord Halifax*. Londres: George Weidenfeld and Nicolson, 1991.

ROLT, L. T. C. *George and Robert Stephenson: The Railway Revolution*. Chalford: Amberley, 2009.

ROMER, Paul M. "Endogenous Technological Change". *Journal of Political Economy*, v. 98, pp. S71-S102, 1990.

______. "Taxing Digital Advertising", 17 maio 2021. Disponível em: <adtax.paulromer.net>.

ROMERO, Alberto. "5 Reasons Why I Left the AI Industry", 2021. Disponível em: <towardsdatascience.com/5-reasons-why-i-left-the-ai-industry-2c88ea183cdd>.

ROOSE, Kevin. "The Making of a YouTube Radical". *New York Times*, 8 jun. 2019.

______. "The Robots Are Coming for Phil in Accounting". *New York Times*, 6 mar. 2021.

ROSEN, George. *A History of Public Health*. Baltimore: Johns Hopkins, 1993.

ROSENBERG, Nathan. *Technology in American Economic Growth*. Nova York: M. E. Sharpe, 1972.

ROSENBLUETH, Arturo; WIENER, Norbert. "The Role of Models in Science". *Philosophy of Science*, v. 12, n. 4, pp. 316-21, out. 1945.

ROSENTHAL, Caitlin. *Accounting for Slavery: Masters and Management*. Cambridge, MA: Harvard University Press, 2018.

ROYAL COMMISSION OF INQUIRY INTO CHILDREN'S EMPLOYMENT. *Report by Jelinger C. Symons Esq., on the Employment of Children and Young Persons in the Mines and Collieries of the West Riding of Yorkshire, and on the State, Condition and Treatment of Such Children and Young Persons* (1842). Org. de Ian Winstanley. Coal Mining History Resource Centre. Wigan: Picks Publishing, 1997. Disponível em: <www.cmhrc.co.uk/cms/document/1842_Yorkshir__1.pdf>.

RUSSELL, J. C. "Population in Europe". In: CIPOLLA, Carlo M. (Org.). *The Fontana Economic History of Europe: The Middle Ages*. Londres: Collins/Fontana, 1972. pp. 25-70.

RUSSELL, Jon. "Facebook Bans Four Armed Groups in Myanmar". *TechCrunch*, 5 fev. 2019. Disponível em: <techcrunch.com/2019/02/05/facebook-bans-four-insurgent-groups-myanmar>.

RUSSELL, Josiah Cox. "The Clerical Population of Medieval England". *Traditio*, v. 2, pp. 177-212, 1944.

RUSSELL, Stuart J. *Human Compatible: Artificial Intelligence and the Problem of Control*. Nova York: Penguin, 2019.

RUSSELL, Stuart J; NORVIG, Peter. *Artificial Intelligence: A Modern Approach*. 3. ed. Hoboken, NJ: Prentice Hall, 2009.

SAFIRE, William. *Safire's Political Dictionary*. Oxford: Oxford University Press, 2008.

SAMUELSON, Paul A. "A Theory of Induced Innovation Along Kennedy-Weisäcker Lines". *Review of Economics and Statistics*, v. 47, pp. 343-56, 1965.

SANDEL, Michael J. *The Tyranny of Merit: What's Become of the Common Good?* Nova York: Penguin, 2020.

SAPOLSKY, Robert M. *Behave: The Biology of Humans at Our Best and Worst*. Nova York: Penguin, 2017.

SATYANATH, Shanker; VOIGTLÄNDER, Nico; VOTH, Hans-Joachim. "Bowling for Fascism: Social Capital and the Rise of the Nazi Party". *Journal of Political Economy*, v. 125, n. 2, pp. 478-526, 2017.

SCHNEIDER, Gregory. *Conservatism in America Since 1930: A Reader*. Nova York: New York University Press, 2003.

SCHUMACHER, Shannon; MONCUS, J. J. "Economic Attitudes Improve in Many Nations Even as Pandemic Endures". Pew Research Center, 21 jul. 2021. Disponível em: <www.pewresearch.org/global/2021/07/21/economic-attitudes-improve-in-many-nations-even-as-pandemic-endures>.

SCOTT, James C. *Against the Grain: A Deep History of the Earliest States*. New Haven, CT: Yale University Press, 2017.

SELECT COMMITTEE. *Report from Select Committee on Hand-Loom Weavers' Petitions*. Câmara dos Comuns, 4 ago. 1834.

______. *Report from Select Committee on Hand-Loom Weavers' Petitions*. Câmara dos Comuns, 1 jul. 1835.

SHARP, Andrew. *The English Levellers*. Cambridge: Cambridge University Press, 1998.

SHEARS, Jonathan. *The Great Exhibition, 1851: A Sourcebook*. Manchester, UK: Manchester University Press, 2017.

SHILTS, Randy. *And the Band Played On: Politics, People, and the AIDS Epidemic*. Nova York: St. Martin's Griffin, 2007.

SHIMADA, Haruo; MACDUFFIE, John Paul. "Industrial Relations and 'Humanware': Japanese Investments in Automobile Manufacturing in the United States". MIT Sloan School, documento de trabalho n. 1855-87, dez. 1986. Disponível em: <dspace.mit.edu/bitstream/handle/1721.1/48159/industrialrelati00shim.pdf;sequence=1>.

SHIRKY, Clay. "The Political Power of Social Media". *Foreign Affairs*, jan./fev. 2011.

SHNEIDERMAN, Ben. *Human-Centered AI*. Nova York: Oxford University Press, 2022.

SHTEYNBERG, Garriy; APFELBAUM, Evan P. "The Power of Shared Experience: Simultaneous Observation with Similar Others Facilitates Social Learning". *Social Psychological and Personality Science*, v. 4, n. 6, pp. 738-44, 2013.

SIEGFRIED, André. *Suez and Panama*. Londres: Jonathan Cape, 1940.

SILVESTRE, Henri. *L'Isthme de Suez 1854-1869*. Marselha: Cayer, 1969.

SIMONITE, Tom. "How Google Plans to Solve Artificial Intelligence". *MIT Technology Review*, 31 mar. 2016. Disponível em: ‹www.technologyreview.com/2016/03/31/161234/how-google-plans-to-solve-artificial-intelligence›.

SMIL, Vaclav. *Energy in World History*. Nova York: Routledge, 1994.

______. *Energy and Civilization: A History*. Cambridge, MA: MIT Press, 2017.

SMITH, Adam. *The Wealth of Nations* (1776), v. 1-3. Londres: Penguin Classics, 1999.

SMITH, Bruce D. *The Emergence of Agriculture*. Nova York: Scientific American Library, 1995.

SMITH, Gary; FUNK, Jeffrey. "AI Has a Long Way to Go Before Doctors Can Trust It with Your Life". *Quartz*, 4 jun. 2021 (última atualização em 20 jul. 2022). Disponível em: ‹qz.com/2016153/ai-promised-to-revolutionize-radiology-but-so-far-its-failing›.

SOLOW, Robert M. "A Contribution to the Theory of Economic Growth". *Quarterly Journal of Economics*, v. 70, pp. 65-94, 1956.

______. "We'd Better Watch Out". *New York Times Book Review*, 12 jul. 1987, p. 36.

SORKIN, Amy Davidson. "Edward Snowden, the N.S.A. Leaker, Comes Forward". *New Yorker*, 9 jun. 2013.

SPEAR, Percival. *The Oxford History of Modern India, 1740-1947*. Oxford: Clarendon, 1965.

SPECTER, Michael. "How ACT UP Changed America". *New Yorker*, 7 jun. 2021. Disponível em: ‹www.newyorker.com/magazine/2021/06/14/how-act-up-changed-america›.

SPINRAD, R. J. "Office Automation". *Science*, v. 215, n. 4534, pp. 808-13, 1982.

STALIN, Joseph V. *Works*, v. 12. Moscou: Foreign Languages Publishing, 1954.

STATUTE OF LABOURERS. In: *Statutes of the Realm*, v. 1, p. 307, 1351. Disponível em: ‹avalon.law.yale.edu/medieval/statlab.asp›.

STEADMAN, Philip. "Samuel Bentham's Panopticon". *Journal of Bentham Studies*, v. 14, n. 1, pp. 1-30, 2012.

STEINFELD, Robert J. *The Invention of Free Labor: The Employment Relation in English and American Law and Culture, 1350-1870*. Chapel Hill: University of North Carolina Press, 1991.

STELLA, Massimo; FERRARA, Emilio; DOMENICO, Manlio De. "Bots Increase Exposure to Negative and Inflammatory Content in Online Social Systems". *Proceedings of the National Academy of Sciences*, v. 115, n. 49, pp. 12435-40, 2018.

STEUART, James. *An Inquiry into the Principles of Political Economy*. Londres: A. Millar and T. Cadell, 1767.

STEWART, Frances. *Technology and Underdevelopment*. Londres: Macmillan, 1977.

STORY, Louise; DASH, Eric. "Bankers Reaped Lavish Bonuses During Bailouts". *New York Times*, 30 jul. 2009.

STRENZE, Tarmo. "Intelligence and Social-Economic Success: A Meta-Analytical Review of Longitudinal Research". *Intelligence*, v. 35, pp. 401-26, 2007.

SUNSTEIN, Cass. *Republic.com*. Princeton, NJ: Princeton University Press, 2001.

SUSSKIND, Daniel. *A World Without Work: Technology, Automation, and How We Should Respond*. Nova York: Picador, 2020.

SUZMAN, James. *Affluence Without Abundance: What We Can Learn from the World's Most Successful Civilization*. Londres: Bloomsbury, 2017.

SWAMINATHAN, Nikhil. "Why Does the Brain Need So Much Power?". *Scientific American*, 28 abr. 2008.

SWANSON, R. N. *Religion and Devotion in Europe, c. 1215-c. 1515*. Cambridge Medieval Textbooks. Cambridge: Cambridge University Press, 1995.

TALLET, Pierre; LEHNER, Mark. *The Red Sea Scrolls: How Ancient Papyri Reveal the Secrets of the Pyramids*. Londres: Thames & Hudson, 2022.

TANG, Audrey. "A Strong Democracy Is a Digital Democracy". *New York Times*, 15 out. 2019.

TARBELL, Ida M. *The History of the Standard Oil Company*. Nova York: Macmillan, 1904.

TAUB, Amanda; FISHER, Max. "Where Countries Are Tinderboxes and Facebook Is a Match". *New York Times*, 21 abr. 2018.

TAWNEY, R. H. "The Rise of the Gentry". *Economic History Review*, v. 11, pp. 1-38, 1941.

TAYLOR, Bill. "Great People Are Overrated". *Harvard Business Review*, 20 jun. 2011. Disponível em: <hbr.org/2011/06/great-people-are-overrated>.

TAYLOR, Keith (Org.). *Henri Saint-Simon (1760-1825): Selected Writings on Science, Industry, and Social Organisation*. Londres: Routledge, 1975.

TELLENBACH, Gerd. *The Church in Western Europe from the Tenth to the Early Twelfth Century*. Cambridge Medieval Textbooks. Cambridge: Cambridge University Press, 1993.

THELEN, Kathleen A. *Union of Parts: Labor Politics and Postwar Germany*. Ithaca, NY: Cornell University Press, 1991.

THELWALL, John. *The Rights of Nature, Against the Usurpations of Establishments*. Londres: H. D. Symonds, 1796.

THOMPSON, E. P. *The Making of the English Working Class*. Nova York: Vintage, 1966.

THRUPP, Sylvia L. "Medieval Industry". In: CIPOLLA, Carlo M. (Org.). *The Fontana Economic History of Europe: The Middle Ages*. Londres: Collins/Fontana, 1972, pp. 221-73.

TIMBERG, Craig; ROMM, Tony; HARWELL, Drew. "A Facebook Policy Lets Politicians Lie in Ads, Leaving Democrats Fearing What Trump Will Do". *Washington Post*, 10 out. 2019. Disponível em: <www.washingtonpost.com/technology/2019/10/10/facebook-policy-political-speech-lets-politicians-lie-ads>.

TIME. "Men of the Year: U.S. Scientists", 2 jan. 1961. Disponível em: <content.time.com/time/subscriber/article/0,33009,895239,00.html>.

TIROLE, Jean. "Digital Dystopia". *American Economic Review*, v. 111, n. 6, pp. 2007-48, 2021.

TOMASELLO, Michael. "Joint Attention as Social Cognition". In: MOORE, C.; DUNHAM, P. J. (Orgs.). *Joint Attention: Its Origins and Role in Development*. Mahwah, NJ: Lawrence Erlbaum, 1995, pp. 103-30.

______. *Becoming Human: A Theory of Ontogeny*. Cambridge, MA: Harvard University Press, 2019.

TOMASELLO, Michael et al. "Understanding and Sharing Intentions: The Origins of Cultural Cognition". *Behavioral and Brain Sciences*, v. 28, n. 5, pp. 675-91, 2005.

TREFLER, Alan. "The Big RPA Bubble". *Forbes*, 2 dez. 2018. Disponível em: <www.forbes.com/sites/cognitiveworld/2018/12/02/the-big-rpa-bubble/?sh=9972fe68d950>.

TUGWELL, Rexford G. "Design for Government". *Political Science Quarterly*, v. 48, n. 3, pp. 331-2, set. 1933.

TUNZELMANN, G. N. von. *Steam Power and British Industrialization to 1860*. Oxford: Clarendon, 1978.

TURING, Alan. "Computing Machinery and Intelligence". *Mind*, v. 59, n. 236, pp. 433-60, 1950.

TURING, Alan. "Intelligent Machinery, a Heretical Theory" (1951). In: SHIEBER, Stuart M. (Org.). *The Turing Test: Verbal Behavior as the Hallmark of Intelligence*. Cambridge, MA: MIT Press, 2004, pp. 105-10.

TURNER, John. *Social Influence*. Nova York: Thomson Brooks/Cole, 1991.

TWOREK, Heidi. "A Lesson from 1930s Germany: Beware State Control of Social Media". *Atlantic*, 26 maio 2019. Disponível em: <www.theatlantic.com/international/archive/2019/05/germany-war-radio-social-media/590149>.

TZOULIADIS, Tim. *The Forsaken: An American Tragedy in Stalin's Russia*. Nova York: Penguin, 2008.

URE, Andrew. *The Philosophy of Manufactures or, an Exposition of the Scientific, Moral, and Commercial Economy of the Factory System of Great Britain* (1835). Londres: H.G. Bohn, 1861.

VARIAN, Hal. "A Microeconomist Looks at Productivity: A View from the Valley". Slides da apresentação no Brookings Institute, 2016. Disponível em: <www.brookings.edu/wp-content/uploads/2016/08/varian.pdf>.

VASSALLO, Steve. "How I Learned to Stop Worrying and Love AI". *Forbes*, 3 fev. 2021. Disponível em: <www.forbes.com/sites/stevevassallo/2021/02/03/how-i-learned-to-stop-worrying-and-love-ai>.

VERNA, Inder M. "Editorial Expression of Concern: Experimental Evidence of Massivescale Emotional Contagion Through Social Networks". *PNAS*, v. 111, n. 29, p. 10779, 3 jul. 2014. Disponível em: <www.pnas.org/doi/10.1073/pnas.1412469111>.

VOSOUGHI, Soroush; ROY, Deb; ARAL, Sinan. "The Spread of True and False News Online". *Science*, v. 359, pp. 1146-51, 2018.

VOTH, Hans-Joachim. "Living Standards and the Urban Environment". In: FLOUD, Roderick; JOHNSON, Paul (Orgs.). *The Cambridge Economic History of Modern Britain*. Cambridge: Cambridge University Press, 2004. pp. 268-94.

_______. *Time and Work in England During the Industrial Revolution*. Nova York: Xlibris, 2012.

WALDMAN, Steve Randy. "The 1996 Law That Ruined the Internet". *Atlantic*, 3 jan. 2021. Disponível em: <www.theatlantic.com/ideas/archive/2021/01/trump-fighting-section-230-wrong-reason/617497>.

WANG, Tianyi. "Media, Pulpit, and Populist Persuasion: Evidence from Father Coughlin". *American Economic Review*, v. 111, n. 9, pp. 3064-94, 2021.

WARNER, R. L. "Electrically Driven Shops". *Journal of the Worcester Polytechnic Institute*, v. 7, n. 2, pp. 83-100, jan. 1904.

WELLDON, Finn, R. *The Norman Conquest and Its Effects on the Economy*. Hamden, CT: Archon, 1971.

WELLS, H. G. *The Time Machine* (1895). Londres: Penguin Classics, 2005. [Ed. bras.: *A máquina do tempo*. Rio de Janeiro: Zahar, 2019.]

WEST, Darrell M. *The Future of Work: Robots, AI and Automation*. Washington: Brookings Institution, 2018.

WHITE, Lynn T. *Medieval Technology and Social Change*. Nova York: Oxford University Press, 1964.

WHITE JR, Lynn. *Medieval Religion and Technology: Collected Essays*. Berkeley: University of California Press, 1978.

WICKHAM, Christopher. *Medieval Europe*. New Haven, CT: Yale University Press, 2016.

WIENER, Jonathan M. *Social Origins of the New South: Alabama 1860-1885*. Baton Rouge: Louisiana State University Press, 1978.

WIENER, Norbert. "The Machine Age". Versão 3. Documento inédito. Massachusetts Institute of Technology, 1949. Disponível em: <libraries.mit.edu/app/dissemination/DIPonline/MC0022/MC0022_MachineAgeV3_1949.pdf>.

______. *The Human Use of Human Beings: Cybernetics and Society*. Boston: Da Capo, 1954.

______. "Some Moral and Technical Consequences of Automation". *Science*, v. 131, n. 3410, pp. 1355-8, 1960.

______. *God and Golem, Inc: A Comment on Certain Points Where Cybernetics Impinges on Religion*. Cambridge, MA: MIT Press, 1964.

WILKINSON, Toby. *A World Beneath the Sands: The Golden Age of Egyptology*. Nova York: W.W. Norton, 2020.

WILLIAMS, Callum. "A Bright Future for the World of Work". *The Economist: Special Report*, 10 abr. 2021. Disponível em: <www.economist.com/special-report/2021/04/08/a-bright-future-for-the-world-of-work>.

WILLIAMSON, Jeffrey G. *Did British Capitalism Breed Inequality?*. Londres: Routledge, 1985.

WILSON, Arnold. *The Suez Canal: Its Past, Present, and Future*. Oxford: Oxford University Press, 1939.

WOLMAR, Christian. *Fire & Steam: How the Railways Transformed Britain*. Londres: Atlantic, 2007.

______. *Blood, Iron, & Gold: How the Railways Transformed the World*. Nova York: PublicAffairs, 2010.

WOOD, Gaby. *Edison's Eve: A Magical History of the Quest for Mechanical Life*. Nova York: Anchor, 2002.

WOODWARD, C. Vann. *The Strange Career of Jim Crow*. Nova York: Oxford University Press, 1955.

WOOLDRIDGE, Michael. *A Brief History of Artificial Intelligence: What It Is, Where We Are, and Where We Are Going*. Nova York: Flatiron, 2020.

WRIGHT, Gavin. *Old South, New South: Revolutions in the Southern Economy Since the Civil War*. Nova York: Basic Books, 1986.

WRIGHT, Katherine I. (Karen). "Domestication and Inequality? Households, Corporate Groups, and Food Processing Tools at Neolithic Çatalhöyük". *Journal of Anthropological Archaeology*, v. 33, pp. 1-33, 2014.

WRIGHTSON, Keith. *English Society, 1580-1680*. New Brunswick, NJ: Rutgers University Press, 1982.

WRIGHTSON, Keith (Org.). *A Social History of England, 1500-1750*. Cambridge: Cambridge University Press, 2017.

XU, Beina; ALBERT, Eleanor. "Media Censorship in China". Council on Foreign Relations, 2017. Disponível em: <www.cfr.org/backgrounder/media-censorship-china>.

YOUNG, Arthur. *The Farmer's Letters to the People of England*. Londres: Strahan, 1768.

______. *The Farmer's Tour Through the East of England*. Londres: Strahan, 1771.

______. *An Inquiry into the Propriety of Applying Wastes to the Better Maintenance and Support of the Poor*. Rackham: Angel Hill, 1801.

ZEIRA, Joseph. "Workers, Machines, and Economic Growth". *Quarterly Journal of Economics*, v. 113, n. 4, pp. 1091-117, 1998.

ZHANG, Liang et al. *The Tiananmen Papers*. Nova York: PublicAffairs, 2002.

ZHONG, Raymond et al. "Leaked Documents Show How China's Army of Paid Internet Trolls Helped Censor the Coronavirus". *ProPublica*, 19 dez. 2020. Disponível em: <www.propublica.org/article/leaked-documents-show-how-chinas-army-of-paid-internet-trolls-helped-censor-the-coronavirus>.

ZUBOFF, Shoshana. *In the Age of the Smart Machine: The Future of Work and Power*. Nova York: Basic Books, 1988.

______. *The Age of Surveillance Capitalism: The Fight for a Human Future at the New Frontier of Power*. Londres: Profile Books, 2019

ZWEIG, Stefan. *The World of Yesterday*. Nova York: Viking, 1943. [Ed. bras.: *Autobiografia: o mundo de ontem*. Rio de Janeiro: Zahar, 2014.]

Créditos das imagens

1. Smith Archive/ Alamy Stock Photo
2. © British Library Board. Todos os direitos reservados/ Bridgeman Images
3. The Print Collector/ Hulton Archive/ Getty Images
4. North Wind Picture Archives/ Alamy Stock Photo
5. Cortesia Science History Institute
6. DrMoschi, CC BY-SA 4.0, <creativecommons.org/licenses/BY-SA/4.0>, via Wikimedia Commons <commons.wikimedia.org/wiki/File: Lincoln_Cathedral_viewed_from_Lincoln_Castle.jpg>
7. AKG-images/ Florilegius
8. AKG-images/ WHA/ World History Archive
9. Granger
10. SSPL/ Getty Images
11. Heritage Images/ Historica Graphica Collection/ AKG-images
12. Library of Congress, Prints & Photographs Division, LC-DIG-ggbain-09513
13. Bridgeman Images
14. © Hulton-Deutsch Collection/ Corbis/ Corbis via Getty Images
15. World History Archive/ Alamy Stock Photo
16. Das coleções de Henry Ford
17. Bettmann/ Getty Images
18. AP/ Bourdier
19. London Stereoscopic Company/ Hulton Archive/ Getty Images

20. Press Association via AP Images
21. Hum Images/ Alamy Stock Photo
22. Jan Woitas/ picture-alliance/ DPA/ AP Images
23. Andrew Nicholson/ Alamy Stock Photo
24. Bettmann/ Getty Images
25. Photo 12/ Alamy Stock Photo
26. Christoph Dernbach/ picture-alliance/ DPA/ AP Images
27. Jeffrey Isaac Greenber 3+/ Alamy Stock Photo
28. Noah Berger/ AFP via Getty Images
29. Thorsten Wagner/ Bloomberg via Getty Images
30. Qilai Shen/ Bloomberg via Getty Images
31. AKG-images/ brandstaetter images/ Votava
32. Associated Press
33. Dgies, CC BY-SA 3.0, <creativecommons.org/licenses/BY-SA/3.0>, via Wikimedia Commons <commons.wikimedia.org/wiki/File: Ted_Nelson_cropped.jpg>
34. Benjamin Lowy/ Contour by Getty Images

Índice remissivo

As páginas indicadas em *itálico* referem-se às imagens.

ESTA OBRA FOI COMPOSTA PELA ABREU'S SYSTEM EM INES LIGHT
E IMPRESSA EM OFSETE PELA GRÁFICA SANTA MARTA SOBRE PAPEL PÓLEN NATURAL
DA SUZANO S.A. PARA A EDITORA SCHWARCZ EM MARÇO DE 2024

A marca FSC® é a garantia de que a madeira utilizada na fabricação do papel deste livro provém de florestas que foram gerenciadas de maneira ambientalmente correta, socialmente justa e economicamente viável, além de outras fontes de origem controlada.